电磁理论中的边界元方法探索

覃新川　著

科 学 出 版 社

北　京

内 容 简 介

本书是一本关于电磁场数值计算理论的专著，共 10 章和 5 个附录，是作者近十年来对电磁理论边界积分方程公式体系的探索和数值实施的研究总结。其中，第 1、2 章对本书所要求的主要数学基础和电磁场相关基础理论进行了简单的叙述。第 3 章是本书的引论，为本书研究内容定下了基调。第 4～9 章分别给出包含双旋度算子的三类微分方程的基本积分表述和旋度积分表述，从数学上分析了三类微分方程的基本性质，并对三类微分方程的两个积分表述进行数值验证和少量的实验验证探索。第 10 章给出包含双旋度算子的三类微分方程的分离变量解。

本书可供从事应用物理、电磁场工程以及相关领域研究的科技工作者参考，也可作为电磁场理论和计算电磁学相关专业的教学参考书。

图书在版编目 (CIP) 数据

电磁理论中的边界元方法探索 / 覃新川著. —北京：科学出版社，2017.6

ISBN 978-7-03-053313-5

Ⅰ. ①电… Ⅱ. ①覃… Ⅲ. ①边界元法－研究 Ⅳ. ①O241.82

中国版本图书馆 CIP 数据核字（2017）第 130701 号

责任编辑：闫　悦 / 责任校对：郭瑞芝

责任印制：张　倩 / 封面设计：迷底书装

科学出版社 出版

北京东黄城根北街 16 号

邮政编码：100717

http://www.sciencep.com

文林印务有限公司 印刷

科学出版社发行　各地新华书店经销

*

2017 年 6 月第　一　版　开本：720×1 000 1/16

2017 年 6 月第一次印刷　印张：20 1/2

字数：398 000

定价：108.00 元

（如有印装质量问题，我社负责调换）

前　言

本书是一本关于电磁场数值计算理论的专著，是作者近十年来对电磁理论边界积分方程公式体系的探索和数值实施的研究总结。

本书由 10 章和 5 个附录组成。

第 1 章和第 2 章主要就本书所要求的数学基础和电磁场相关基础理论进行了简单的叙述，这两章的内容是按照提纲格式来书写的，它们只是预备知识。除了第 2 章中少量对计算电磁学理论的部分疑问，对于专业读者可直接从第 3 章开始阅读。

第 3 章是本书的引论，为本书研究内容定下了基调。本章首先从多个方面指出麦克斯韦方程组的现有求解方法可能存在问题的各种表现形式，并大致描述了其他研究人员对麦克斯韦方程现有解法所提出的质疑和主要研究思路，分析了麦克斯韦方程现有解法存在的主要问题。在此基础上首先给出包含双旋度算子的三类微分方程本身隐含的所谓协调条件，并说明协调条件是由物理规律直接给予保证的。因此，经典理论中的各类规范条件是不必要的。其次本章明确指出通过规范（或者协调条件）和矢量恒等式$\nabla\times\nabla\times\boldsymbol{F}=\nabla\nabla\cdot\boldsymbol{F}-\nabla^2\boldsymbol{F}$结合，将包含双旋度算子的微分方程转换为包含拉普拉斯算子的微分方程在物理上是存在问题的，并通过理论实例（或者说反例）说明了这一结论，从而纠正了经典电磁理论在这两方面的模糊认识。本章还从物理上推测麦克斯韦方程组的完善求解可能只能通过求解势函数表述的方程来实现，这本质上就是从计算电磁学的角度指出电磁场的基本量是势量 $\boldsymbol{A},\varphi$，而不是场量 $\boldsymbol{E},\boldsymbol{B}$ 或者场量 $\boldsymbol{D},\boldsymbol{H}$，并明确指出：包含双旋度算子的一类微分方程的所谓欠定性是这类微分方程本身所固有的属性，它不可能完全消除。本章最后给出了电磁理论中出现的包含双旋度算子的三类微分方程定解问题的恰当提法，明确提出了完善求解麦克斯韦方程组的标准，这就是完善求解由麦克斯韦方程导出的反映静磁场分布规律的双旋度泊松方程、反映时谐电磁场分布规律的双旋度赫姆霍兹方程和反映一般电磁场变化规律的双旋度一般时域波动方程，这三个包含双旋度算子的微分方程的完善求解，我们将其比喻为需要翻越的“三座大山”。另外，为了实现工程应用，还必须解决实际工程材料的边界条件问题，我们将边界问题形象地称为一条不知深浅的河。

第 4 章、第 6 章和第 8 章分别用两种或三种方法推导出反映静磁场分布规律的双旋度泊松方程、反映时谐电磁场分布规律的双旋度赫姆霍兹方程和反映一般电磁场变化规律的双旋度一般时域波动方程的基本积分表述和旋度积分表述，并从数学上分析了包含双旋度算子的相应微分方程本身的欠定性特征、任意散度假设特性和初步的势分析等。限于作者的数学基础主要是工程数学，这些分析和数学证明如果从纯数学角度来看并不十分严格，尽管如此，它们还是能为后续章节的数值验证和实验检验提供必要的数学基础。

第 5 章、第 7 章和第 9 章是在第 4 章、第 6 章和第 8 章的基础上，对三类方程的两个积分表述进行数值验证和实验验证。在第 5 章中数值验证包括两方面的内容：①从数学角度验证包含双旋度算子的微分方程的两个积分表述是否可行，也就是分别构造满足双旋度泊松方程和双旋度赫姆霍兹方程的理论解并由此构造恰当的边界条件，用数值计算验证所得数值解与理论解的差距；②选定可实现的物理模型，用新的积分表述的计算结果与经典理论的计算结果进行比较研究，找出两者明显不同的条件，并希望通过实验来证实这种不同。

实验验证当然需要建立具有一定检测精度的实验平台。第 5 章中作者选择“平行于铁磁体的通电导线产生的静磁场”这一问题作为反映静磁场分布规律的双旋度泊松方程的检验模型，该问题在理想条件下（理想磁体和无穷大尺寸）可得到理论解。同时实验较容易实现，且边界形状可以有一些变化，通过大量计算总能找到经典算法和新方法存在可以检测的差异的地方。事实上，在第 5 章我们将看到新的计算方法的计算结果与理论解、实测结果的吻合情况良好。

在第 7 章中，作者曾选择“平面波双孔干涉”实验来检验反映时谐电磁波的赫姆霍兹方程的相关结论。这一问题在实验实现上并不像人们想象得那么容易，例如，作为理论研究经常使用的平面波，在实验室的实现就有很大的困难，更不用说精确地检测电磁场了。后来作者考虑将以“平面波双孔干涉”实验为基础，降低频率，通过检测低频磁场的方式来检测。最近有朋友建议利用单色平面波球体衍射的严格解（米氏理论）来验证双旋度赫姆霍兹方程积分表述的正确性，但由于精力、能力和条件的限制，双旋度赫姆霍兹方程的实验验证并没有完成。

对于双旋度一般时域波动方程，由于问题过于复杂，对实验条件要求太高，作者没有进行实验验证的条件。除去构造理论解的数值验证外，只是选择索莫菲尔德问题，希望利用索莫菲尔德和布里渊的相关结论与数值计算结果相互检验。

第 10 章是用分离变量法求解包含双旋度算子的三个微分方程的一个尝试。本章在本书的最初计划中是没有的。本书作者自开始电磁场数值计算研究的近十年来曾进行了各种尝试，但由于牵扯的函数太多（9 个），一直没能找到突破口。在本书初稿完成约 50%时，再次尝试获得突破，当然这也推迟了本书交稿的时间至少 3 个月。看来当研究工作进行到一定程度后，静下心来进行认真的总结（如写书）是很有必要的。

本书在内容上主要有如下创新点。①说明包含双旋度算子的三类微分方程存在本身隐含的所谓协调条件，并且协调条件还与物理规律相联系，而经典理论中的规范条件是不必要的。②说明通过各类规范（或者协调条件）和矢量恒等式 $\nabla\times\nabla\times\boldsymbol{F}=\nabla\nabla\cdot\boldsymbol{F}-\nabla^2\boldsymbol{F}$ 结合，将包含双旋度算子的微分方程转换为包含拉普拉斯算子的微分方程在物理上是存在问题的，并通过理论例子说明了这一结论。③从物理上推测电磁场的完善求解可能只能通过求解势函数表述的方程来实现。这本质上就是从计算电磁学的角度指出电磁场的基本量是势量 $\boldsymbol{A}, \varphi$，而不是场量 $\boldsymbol{E}, \boldsymbol{B}$ 或者场量 $\boldsymbol{D}, \boldsymbol{H}$。并明确指出：包含双旋度算子的一类微分方程的所谓欠定性是这类微分方程本身所固有的属性，它不可能完全消除。这三部分的相关内容在经典理论的相关著述中应该说或明或暗大致都能看到，但对其进行系统的研究，并将三者放在一起且明确指出应该说是很少见到（甚至可以说是没有的）。这些内容主要在第 3 章体现。④首次用最基本的分离变量法直接给出了包含双旋度算子的三个微分方程的分离变量解，这主要在第 10 章体现。⑤系统地给出了用边界元方法求解包含双旋度算子的微分方程时经常使用的 Cauchy 主值积分和 Hadamard 有限积分，为边界元法在计算电磁学的广泛应用提供了一定基础。这主要体现在附录 B、附录 D 和附录 E 中。⑥用两种或三种方法给出了包含双旋度算子的双旋度泊松方程、双旋度赫姆霍兹方程和双旋度一般时域波动方程的基本积分表述和旋度积分表述，并对其数学性质、边界元求解方法等进行了较为详细的讨论。这主要在第 4～9 章论述。本书的核心内容是作者近十年来所做主要研究工作的总结。

总之，本书作者认为：作为一个科学体系，在确定了明确的研究对象（或者理想模型）之后，逻辑自洽就是这个科学体系的唯一要求。这就必须以数学为工具，没有数学就不能以逻辑形式表达物质运动的本质规律，也就无法透过错综复杂的表面现象发现物质运动的本质规律。作者以此为原则进行本书相关内容的研究。

自麦克斯韦建立电磁场理论体系的 100 多年以来，麦克斯韦电磁理论不仅是现代理论物理中的一个重要分支，还一直被绝大多数研究者视为自然科学体系中一个最为成熟的经典理论。本书作者认为经典的牛顿理论体系和麦克斯韦电磁理论体系是人类现代物质文明的两大最重要的基础理论体系，也是现代所有工程应用都离不开的基础理论体系。也可以说，没有这两大理论体系的指导，就不可能建立起现代物质文明。对于如此重要的理论体系所存在的系统问题，仅凭个人或几个人的力量是难臻完善的。因此把个人所做的有限工作（当然就是这些有限的工作也是在很多人的支持和帮助下完成的，关于这一点后记中有较完整的记录，这里不再复述）发表出来，就是希望与感兴趣的读者进行研讨，希望大家对书中的不足之处给予批评指正，使计算电磁学真正成为电磁工程设计的有力工具。

借此机会向所有曾给予支持和帮助的前辈、同学、亲人和朋友表示深深的谢意。

作　者

2017 年 1 月

于上海奉贤海湾棕榈滩家中

qxczm@ecust.edu.cn

目　录

第 1 章　电磁场分析中的数学基础

麦克斯韦方程组是反映电磁变化规律的基本方程，是用矢量表示的场方程（偏微分方程组），由此必要的矢量微分算符[1,2]知识是必须要了解的。

格林函数法是由微分方程导出积分方程的主要方法，而边界元法是本书在解决电磁场数值计算中使用的主要方法，因此，本章将介绍广义函数理论、格林函数法、加权余量法、边界元法等方法。

本章就本书所需的主要数学基础进行简单叙述。为了减少不必要的篇幅，本章是按照提纲式来书写的，缺乏必要的证明、说明和实例。欲了解更为详细的内容，请参阅相关参考文献。

1.1　矢量微分算符

电磁理论的场涉及标量场和矢量场。标量（如电位等）的空间分布构成标量场，矢量（如电场强度等）的空间分布构成矢量场。描写场在各点的空间变化趋势需要用微分手段，微分算符∇（读作“哈密顿”或“那勃勒”）就是为此引入的。

1.1.1　标量场的方向导数与梯度

标量场可用等值面来加以形象描述。等值面方程为

$$\Phi(\boldsymbol{r}) = \text{常数值} \tag{1.1}$$

标量函数 $\Phi(\boldsymbol{r},t)$ 在给定时刻 t_0 给定点 M_0 沿给定方向 l 的方向导数为

$$\frac{\partial \Phi}{\partial l} = \lim_{\Delta l \to 0} \frac{\Phi(M) - \Phi(M_0)}{\Delta l} = \lim_{\Delta l \to 0} \frac{\Delta \Phi}{\Delta l} \tag{1.2}$$

显然，当 $\dfrac{\partial \Phi}{\partial l} > 0$ 时，表示标量 $\Phi(\boldsymbol{r},t)$ 在给定时刻 t_0 给定点 M_0 沿给定方向 l 的方向是增大的，如图 1.1 所示。

在笛卡儿直角坐标系中，

$$\frac{\partial \Phi}{\partial l} = \frac{\partial \Phi}{\partial x}\cos\alpha + \frac{\partial \Phi}{\partial y}\cos\beta + \frac{\partial \Phi}{\partial z}\cos\gamma \tag{1.3}$$

式中，$\dfrac{\partial x}{\partial l} = \cos\alpha$，$\dfrac{\partial y}{\partial l} = \cos\beta$，$\dfrac{\partial z}{\partial l} = \cos\gamma$ 是沿三个直角分量的方向余弦。

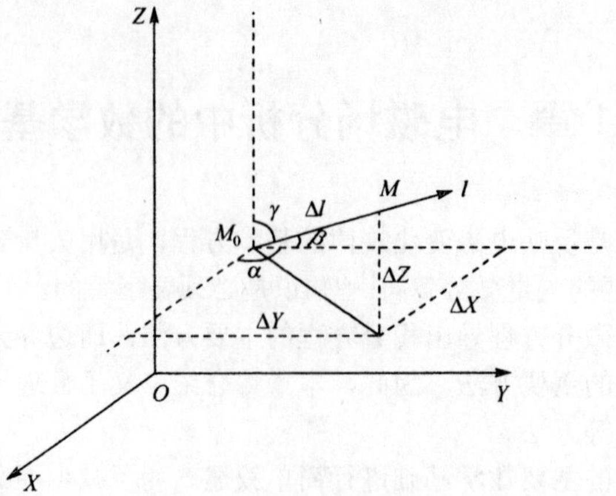

图 1.1　方向导数的方向

引入方向余弦矢量 $\boldsymbol{e}_l=\boldsymbol{e}_x\cos\alpha+\boldsymbol{e}_y\cos\beta+\boldsymbol{e}_z\cos\gamma$ 和 $G=\boldsymbol{e}_x\dfrac{\partial\Phi}{\partial x}+\boldsymbol{e}_y\dfrac{\partial\Phi}{\partial y}+\boldsymbol{e}_z\dfrac{\partial\Phi}{\partial z}$，则方向导数可表示为

$$\frac{\partial\Phi}{\partial l}=\frac{\partial\Phi}{\partial x}\cos\alpha+\frac{\partial\Phi}{\partial y}\cos\beta+\frac{\partial\Phi}{\partial z}\cos\gamma=\boldsymbol{e}_l\cdot\boldsymbol{G} \tag{1.4}$$

当 $\boldsymbol{e}_l$ 和 $\boldsymbol{G}$ 同方向时，方向导数具有最大值，这个最大值称为标量场的梯度。记为

$$\text{grad}\,\Phi=\boldsymbol{G}=\boldsymbol{e}_x\frac{\partial\Phi}{\partial x}+\boldsymbol{e}_y\frac{\partial\Phi}{\partial y}+\boldsymbol{e}_z\frac{\partial\Phi}{\partial z} \tag{1.5}$$

梯度同时给出了最大方向导数的方向和最大方向的导数值，是空间点的矢量函数。为简洁表达，引入哈密顿算符∇，即

$$\text{grad}\,\Phi=\nabla\Phi=\boldsymbol{e}_x\frac{\partial\Phi}{\partial x}+\boldsymbol{e}_y\frac{\partial\Phi}{\partial y}+\boldsymbol{e}_z\frac{\partial\Phi}{\partial z} \tag{1.6}$$

1.1.2　矢量场的通量和散度

面元矢量的定义为

$$\mathrm{d}\boldsymbol{S}=\boldsymbol{n}\mathrm{d}S \tag{1.7}$$

式中，$\boldsymbol{n}$ 是一个与面元相垂直的单位矢量，一般取闭合面的外法线方向。而开表面的法线方向 $\boldsymbol{n}$，则与构成表面的闭合曲线呈右手螺旋关系，闭合曲线的绕行方向应保证左手始终在内侧。

微元的通量为

$$\boldsymbol{A}(r)\cdot\mathrm{d}S(r)=A(r)\cos\theta\mathrm{d}S(r) \tag{1.8}$$

指定曲面的通量为

$$\int_S \boldsymbol{A}(r)\cdot \mathrm{d}\boldsymbol{S}(r)=\int_S \boldsymbol{A}\cdot \boldsymbol{n}\mathrm{d}S=\int_S A\cos\theta \mathrm{d}S \tag{1.9}$$

若为闭曲面，则通量为

$$\oint_S \boldsymbol{A}(r)\cdot \mathrm{d}\boldsymbol{S}(r)=\oint_S \boldsymbol{A}\cdot \boldsymbol{n}\mathrm{d}S=\oint_S A\cos\theta \mathrm{d}S \tag{1.10}$$

封闭曲面通量的极限，就是散度为

$$\operatorname{div}\boldsymbol{A}=\nabla\cdot\boldsymbol{A}=\lim_{\Delta V\to 0}\frac{\oint_{\Delta V}\boldsymbol{A}(r)\cdot \mathrm{d}\boldsymbol{S}(r)}{\Delta V} \tag{1.11}$$

在笛卡儿直角坐标系中，

$$\operatorname{div}\boldsymbol{A}=\nabla\cdot\boldsymbol{A}=\frac{\partial A_x}{\partial x}+\frac{\partial A_y}{\partial y}+\frac{\partial A_z}{\partial z} \tag{1.12}$$

散度定理（高斯定理）为

$$\int_V \nabla\cdot\boldsymbol{A}(r)\mathrm{d}V=\oint_S \boldsymbol{A}(r)\cdot \mathrm{d}\boldsymbol{S}=\oint_S \boldsymbol{A}(r)\cdot \boldsymbol{n}\mathrm{d}S \tag{1.13}$$

1.1.3　矢量场的环量与旋度

环量为

$$\oint_l \boldsymbol{A}\cdot \mathrm{d}\boldsymbol{l}=\oint_l A\cos\theta \mathrm{d}l \tag{1.14}$$

注意：环量的积分曲线一定是封闭的。

环量的极限就是环流面密度（或称环量强度），但环量面密度与面元的法向方向 $\boldsymbol{n}$ 有关，因此空间一点有多个环流面密度：

$$\lim_{\Delta S\to 0}\frac{\oint_l \boldsymbol{A}\cdot \mathrm{d}\boldsymbol{l}}{\Delta S}=\operatorname{rot}_n \boldsymbol{A} \tag{1.15}$$

规定某点环流面密度的最大值为该点的旋度：

$$\nabla\times\boldsymbol{A}=\operatorname{rot}\boldsymbol{A}=\lim_{\Delta S\to 0}\frac{\left(n\oint_l \boldsymbol{A}\cdot \mathrm{d}\boldsymbol{l}\right)_{\max}}{\Delta S} \tag{1.16}$$

在笛卡儿直角坐标系中，矢量 $\boldsymbol{A}$ 的旋度可表示：

$$\begin{aligned}\nabla\times\boldsymbol{A}&=\operatorname{rot}\boldsymbol{A}=\boldsymbol{e}_x\operatorname{rot}_x\boldsymbol{A}+\boldsymbol{e}_y\operatorname{rot}_y\boldsymbol{A}+\boldsymbol{e}_z\operatorname{rot}_z\boldsymbol{A}=\begin{vmatrix}\boldsymbol{e}_x & \boldsymbol{e}_y & \boldsymbol{e}_z\\ \dfrac{\partial}{\partial x} & \dfrac{\partial}{\partial y} & \dfrac{\partial}{\partial z}\\ A_x & A_y & A_z\end{vmatrix}\\ &=\boldsymbol{e}_x\left(\frac{\partial A_z}{\partial y}-\frac{\partial A_y}{\partial z}\right)+\boldsymbol{e}_y\left(\frac{\partial A_x}{\partial z}-\frac{\partial A_z}{\partial x}\right)+\boldsymbol{e}_z\left(\frac{\partial A_y}{\partial x}-\frac{\partial A_x}{\partial y}\right)\end{aligned} \tag{1.17}$$

斯托克斯定律为

$$\oint_L \boldsymbol{A}\cdot \mathrm{d}\boldsymbol{l} = \int_S (\nabla\times\boldsymbol{A})\cdot \mathrm{d}\boldsymbol{S} = \int_S (\nabla\times\boldsymbol{A})\cdot \boldsymbol{n}\mathrm{d}S \tag{1.18}$$

散度、旋度的重要性质为

$$\mathrm{div}(\mathrm{rot}\,\boldsymbol{A}) = \nabla\cdot(\nabla\times\boldsymbol{A}) = 0 \tag{1.19}$$

$$\mathrm{rot}(\mathrm{grad}\,\varphi) = \nabla\times\nabla\varphi = 0 \tag{1.20}$$

1.1.4　正交曲线坐标系中的矢量微分算符

在电磁场理论研究中，除了笛卡儿直角坐标系，还经常用到圆柱坐标系、球坐标系等曲线坐标系，为减少不必要的篇幅，这里直接给出正交曲线坐标系中的矢量微分算符的相关公式如下：

$$\nabla = \boldsymbol{e}_1\frac{\partial}{h_1\partial q_1} + \boldsymbol{e}_2\frac{\partial}{h_2\partial q_2} + \boldsymbol{e}_3\frac{\partial}{h_3\partial q_3} \tag{1.21}$$

$$\nabla^2\phi = \frac{1}{h_1h_2h_3}\left[\frac{\partial}{\partial q_1}\left(\frac{h_2h_3}{h_1}\frac{\partial\phi}{\partial q_1}\right) + \frac{\partial}{\partial q_2}\left(\frac{h_3h_1}{h_2}\frac{\partial\phi}{\partial q_2}\right) + \frac{\partial}{\partial q_3}\left(\frac{h_1h_2}{h_3}\frac{\partial\phi}{\partial q_3}\right)\right] \tag{1.22}$$

$$\nabla\cdot\boldsymbol{A} = \frac{1}{h_1h_2h_3}\left[\frac{\partial}{\partial q_1}(A_1h_2h_3) + \frac{\partial}{\partial q_2}(A_2h_1h_3) + \frac{\partial}{\partial q_3}(A_3h_1h_2)\right] \tag{1.23}$$

$$\nabla\times\boldsymbol{A} = \frac{1}{h_1h_2h_3}\begin{bmatrix} h_1\boldsymbol{e}_1 & h_2\boldsymbol{e}_2 & h_3\boldsymbol{e}_3 \\ \dfrac{\partial}{\partial q_1} & \dfrac{\partial}{\partial q_2} & \dfrac{\partial}{\partial q_3} \\ h_1A_1 & h_2A_2 & h_3A_3 \end{bmatrix} \tag{1.24}$$

式中，h_1,h_2,h_3 称为拉梅系数（或度规因子）；对于笛卡儿直角坐标系(x,y,z)，$h_1=1$，$h_2=1$，$h_3=1$；对于圆柱坐标系(ρ,θ,z)，$h_1=1$，$h_2=\rho$，$h_3=1$；对于球坐标系(r,θ,φ)，$h_1=1$，$h_2=r$，$h_3=r\sin\theta$。

1.1.5　矢量（场）分解定理

1）赫姆霍兹矢量分解定理

在有限的区域 V 内，任一矢量场由它的散度、旋度和边界条件唯一地确定，且可表示为

$$\boldsymbol{F}(\boldsymbol{r}) = -\nabla\varphi(\boldsymbol{r}) + \nabla\times\boldsymbol{A}(\boldsymbol{r}) \tag{1.25}$$

式中，

$$\varphi(\boldsymbol{r})=\frac{1}{4\pi}\int_V \frac{\nabla'\cdot \boldsymbol{F}(\boldsymbol{r}')}{|\boldsymbol{r}-\boldsymbol{r}'|}\mathrm{d}V'-\frac{1}{4\pi}\oint_S \frac{\boldsymbol{n}\cdot \boldsymbol{F}(\boldsymbol{r}')}{|\boldsymbol{r}-\boldsymbol{r}'|}\mathrm{d}S' \tag{1.26}$$

$$\boldsymbol{A}(\boldsymbol{r})=\frac{1}{4\pi}\int_V \frac{\nabla'\times \boldsymbol{F}(\boldsymbol{r}')}{|\boldsymbol{r}-\boldsymbol{r}'|}\mathrm{d}V'-\frac{1}{4\pi}\oint_S \frac{\boldsymbol{n}\times \boldsymbol{F}(\boldsymbol{r}')}{|\boldsymbol{r}-\boldsymbol{r}'|}\mathrm{d}S' \tag{1.27}$$

式中，$\boldsymbol{n}$ 为区域边界的单位外法向分量。

赫姆霍兹矢量分解定理表明：一个矢量场所具有的性质可完全由它的散度和旋度来表示。

特别指出：只有矢量函数 $\boldsymbol{F}(\boldsymbol{r})$ 是在连续的区域内，$\nabla\cdot\boldsymbol{F}(\boldsymbol{r})$ 和 $\nabla\times\boldsymbol{F}(\boldsymbol{r})$ 才有意义，因为它们都包含 $\boldsymbol{F}(\boldsymbol{r})$ 对空间位置的导数。另外，赫姆霍兹分解不是唯一的。

2）广义赫姆霍兹定理[3]

$$E=E_x\hat{x}+E_y\hat{y}+E_z\hat{z}=\nabla\varphi_l+\nabla\times(\varphi_m\hat{z})+\frac{1}{\lambda}\nabla\times\nabla\times(\varphi_n\hat{z}) \tag{1.28}$$

式中，$\varphi_l,\varphi_m,\varphi_n$ 满足标量赫姆霍兹方程 $\nabla^2\varphi+k^2\varphi=0$ 的解①。

式（1.28）第一个等号表示在欧氏空间上的投影；第二个等号表示在矢量偏微分算子的本征函数空间上的投影。其第一项 $E_l=\nabla\varphi_l$ 称为无旋场子空间；而后两项：

$$E_r=\nabla\times(\varphi_m\hat{z})+\frac{1}{\lambda}\nabla\times\nabla\times(\varphi_n\hat{z}) \tag{1.29}$$

称为旋量场函数，属于旋量场子空间。旋量场中包含两个独立的标量函数 φ_m 与 φ_n，所以从矢量偏微分算子空间上看，旋量场只是一个“二维”的矢量。

3）边界上的矢量分解

矢量场中任一点的矢量 $\boldsymbol{a}$ 还可以按指定方向 $\boldsymbol{l}$ 进行分解。即

$$\boldsymbol{a}=\boldsymbol{l}(\boldsymbol{a}\cdot\boldsymbol{l})-\boldsymbol{l}\times(\boldsymbol{a}\times\boldsymbol{l}) \tag{1.30}$$

这种分解经常用在边界上，此时一般将其分解为法向分量和切向分量。即

$$\boldsymbol{a}=\boldsymbol{n}(\boldsymbol{a}\cdot\boldsymbol{n})-\boldsymbol{n}\times(\boldsymbol{a}\times\boldsymbol{n}) \tag{1.31}$$

1.2　广 义 函 数

广义函数[1,4-7]是对经典函数概念的推广。广义函数的主要内容之一就是把用经典数学观点不能解析运算的奇异函数变成能够严格进行解析运算的广义函数。首先对广义函数中，历史最悠久、应用最广泛的 δ 函数进行简略介绍。

---

① 在一般电磁学著述中，是将 $\varphi_l,\varphi_m,\varphi_n$ 统一标记为 φ。这里采用文献[3]的标记方法。

1.2.1 δ 函数

1）一维 δ 函数的定义

δ 函数的定义为

$$\delta(x)=\begin{cases}0, & x\neq 0\\ \infty, & x=0\end{cases},\quad \int_{-\infty}^{\infty}\delta(x)\mathrm{d}x=1 \tag{1.32}$$

δ 函数的导数为

$$\delta'(x)=\begin{cases}\infty, & x=0^-\\ 0, & x=0\\ -\infty, & x=0^+\end{cases} \tag{1.33}$$

$\delta'(x)$ 与一般连续函数的导数不同，它本身也不是连续函数，仅在积分中有意义。由分部积分可得

$$\int_{-\infty}^{\infty}\delta'(x)\phi(x)\mathrm{d}x=\delta(x)\phi(x)\Big|_{-\infty}^{\infty}-\int_{-\infty}^{\infty}\delta(x)\phi'(x)\mathrm{d}x=-\int_{-\infty}^{\infty}\delta(x)\phi'(x)\mathrm{d}x=-\phi'(0) \tag{1.34}$$

2）δ 函数的基本性质

（1）$\delta(x)$ 是偶函数：

$$\delta(x)=\delta(-x) \tag{1.35}$$

（2）

$$x\delta(x)\equiv 0 \tag{1.36}$$

（3）$\delta(x)$ 函数的过滤性质：

$$f(x)\delta(x-x_0)=f(x_0)\delta(x-x_0),\quad \int_{-\infty}^{\infty}f(x)\delta(x-x_0)\mathrm{d}x=f(x_0) \tag{1.37}$$

（4）

$$\int_{-\infty}^{\infty}f(x)\delta(ax-b)\mathrm{d}x=\frac{1}{|a|}f\left(\frac{b}{a}\right) \tag{1.38}$$

（5）

$$\int_a^b f(x)\delta(x-x_0)\mathrm{d}x=\begin{cases}f(x_0), & a<x_0<b\\ 0, & a>x_0, x_0>b\\ \dfrac{1}{2}f(x_0), & x_0=a, x_0=b\end{cases} \tag{1.39}$$

（6）对于连续函数 $f(x)$，如果 $f(x_k)=0(k=1,2,\cdots)$，且 $f(x)$ 在每一 x_k 邻域内单调，则有

$$\delta[f(x)]=\sum_k\frac{\delta(x-x_k)}{|f'(x_k)|} \tag{1.40}$$

（7）如果 $f(x)$ 在 $x=0$ 的 n 阶导数 $f^{(n)}(0)$ 存在，则

$$\int_{-\infty}^{\infty} f(x)\delta^{(n)}(x)\mathrm{d}x = (-1)^n f^{(n)}(x_0) \tag{1.41}$$

（8）$\delta(x)$ 函数的积分表示：由傅里叶变换可得

$$\delta(x-x_0) = \frac{1}{2\pi}\int_{-\infty}^{\infty} \mathrm{e}^{\mathrm{i}k(x-x_0)}\mathrm{d}k = \frac{1}{\pi}\int_0^{\infty} \cos[k(x-x_0)]\mathrm{d}k \tag{1.42}$$

1.2.2 亥维赛单位阶跃函数与符号函数

亥维赛单位阶跃函数为

$$H(x) = \begin{cases} 1, & x>0 \\ 0, & x<0 \end{cases} \tag{1.43}$$

其导数为

$$H'(x) = \delta(x), \quad H'(x-x_0) = \delta(x-x_0) \tag{1.44}$$

符号函数为

$$\operatorname{sgn} x = \begin{cases} 1, & x>0 \\ -1, & x<0 \end{cases}, \quad \operatorname{sgn} x = -1 + 2H(x), \quad \frac{\mathrm{d}}{\mathrm{d}x}\operatorname{sgn} x = 2\delta(x) \tag{1.45}$$

符号导数：在间断点仅在积分意义下有意义的导数，如 δ 函数、H 函数。

分段连续函数的符号导数：如果 $f(x)$ 为分段可微函数，则其符号导数 $f_s'(x)$ 满足：

$$\int_{-\infty}^{\infty} f_s'(x)\phi(x)\mathrm{d}x = -\int_{-\infty}^{\infty} f(x)\phi'(x)\mathrm{d}x \tag{1.46}$$

式中，$\phi(x)$ 是满足条件 $\phi(\pm\infty)\to 0$ 的连续函数。

1.2.3 三维 δ 函数

三维空间的 δ 函数的定义：

$$\delta(\boldsymbol{r}-\boldsymbol{r}_0) = \begin{cases} 0, & \boldsymbol{r}\neq\boldsymbol{r}_0 \\ \infty, & \boldsymbol{r}=\boldsymbol{r}_0 \end{cases}, \quad \int_V \delta(\boldsymbol{r}-\boldsymbol{r}_0)\mathrm{d}V = \begin{cases} 1, & \boldsymbol{r}_0\in V \\ 0, & \boldsymbol{r}_0\notin V \end{cases} \tag{1.47}$$

正交曲线坐标系中的三维 δ 函数的分离变量形式：

$$\delta(\boldsymbol{r}-\boldsymbol{r}_0) = \frac{1}{h_1h_2h_3}\delta(q_1-q_{10})\delta(q_2-q_{20})\delta(q_3-q_{30}) \tag{1.48}$$

特别地，对于直角坐标系，

$$\delta(\boldsymbol{r}-\boldsymbol{r}_0) = \delta(x-x_0)\delta(y-y_0)\delta(z-z_0) \tag{1.49}$$

对于柱坐标系，

$$\delta(\boldsymbol{r}-\boldsymbol{r}_0)=\frac{1}{\rho}\delta(\rho-\rho_0)\delta(\varphi-\varphi_0)\delta(z-z_0) \tag{1.50}$$

对于球坐标系，

$$\delta(\boldsymbol{r}-\boldsymbol{r}_0)=\frac{1}{r^2\sin\theta}\delta(r-r_0)\delta(\theta-\theta_0)\delta(\varphi-\varphi_0) \tag{1.51}$$

在坐标原点，正交曲线坐标系的三维δ函数还有特殊的形式，此处略。

1.2.4 广义函数的正则化

除δ函数外，在将偏微分方程归化为边界积分方程以及讨论积分方程的意义、边界元数值计算时，还会遇到另一类广义函数。

δ函数的另一种定义形式:

$$\langle\delta,\varPhi\rangle\equiv\int\delta(x-x_0)\varPhi(x)\mathrm{d}\varOmega=\varPhi(x_0) \tag{1.52}$$

式中，$\varPhi(x)\in\boldsymbol{\varPhi}$是属于某个函数空间$\boldsymbol{\varPhi}$的任意函数。

按式（1.52）定义的广义函数实质上就是构造一种规则，使得数域上的一个点能与某个给定函数空间中的函数元之间建立确定的关系。因此，在具有一定性态的函数空间$\boldsymbol{\varPhi}$上，对于另外一个任意的，不一定属于$\boldsymbol{\varPhi}$古典意义下的函数$f(x)$，可以定义广义函数为

$$f(\varPhi)=\langle f(x),\varPhi(x)\rangle\equiv\int f(x)\varPhi(x)\mathrm{d}\varOmega,\quad \varPhi(x)\in\boldsymbol{\varPhi} \tag{1.53}$$

只要式（1.53）积分存在，则这样的广义函数通常称为正则广义函数。

但是，对某些函数$f(x)$，按上述形式定义的积分在经典意义下并不存在，此时需要重新定义一种规则，这称为非正则的广义函数。

例如：对于函数$f(x)=\dfrac{1}{x}$，其在$x=0$处奇异，因此该函数按式（1.53）定义的广义函数仅仅在函数空间$\boldsymbol{\varPhi}$的函数元$\varPhi(x)$在$x=0$处等于零时，才在古典意义下存在。为此广义函数理论在Cauchy主值意义下，定义积分运算为

$$\langle f,\varPhi\rangle\equiv\text{P.V.}\int_{-a}^{a}\frac{\varPhi(x)}{x}\mathrm{d}x\equiv\varPhi(x)\ln|x|\Big|_{-a}^{a}-\int_{-a}^{a}\varPhi'(x)\ln|x|\mathrm{d}x \tag{1.54}$$

这称为对函数$f(x)=\dfrac{1}{x}$的正则化。

进一步，对于函数$f(x)=\dfrac{1}{|x|}$，Cauchy 主值积分也不存在，为此广义函数理论给出在Hadamard有限积分的意义下，定义积分运算为

$$\langle f,\Phi\rangle \equiv \text{F.P.}\int_{-a}^{a}\frac{\Phi(x)}{|x|}\mathrm{d}x \equiv 2\Phi(0)\ln|a| + \int_{-a}^{a}\frac{\Phi(x)-\Phi(0)}{|x|}\ln|x|\mathrm{d}x \tag{1.55}$$

在电磁理论中，通过格林函数归化的两类积分方程，在经典意义下积分都具有奇异性，正是在 Cauchy 主值意义和 Hadamard 有限积分的意义下，使两类积分方程具有了明确的数学意义和物理意义。

1.3　格林函数法

1.3.1　格林公式

微分方程边值问题可通过格林函数归化为相应的积分方程，这必然要用到相应的格林公式。这里给出常用的格林公式[5,6]。

（1）标量格林公式：

$$\int_{\Omega}(\varphi\nabla^2\psi + \nabla\varphi\cdot\nabla\psi)\mathrm{d}\Omega = \oint_{\Gamma}(\boldsymbol{n}\cdot\nabla\psi)\varphi\mathrm{d}S \tag{1.56}$$

$$\int_{\Omega}(\varphi\nabla^2\psi - \psi\nabla^2\varphi)\mathrm{d}\Omega = \oint_{\Gamma}\boldsymbol{n}\cdot(\varphi\nabla\psi - \psi\nabla\varphi)\mathrm{d}S \tag{1.57}$$

（2）向量格林公式：

$$\int_{\Omega}(\boldsymbol{Q}\cdot\nabla^2\boldsymbol{R} - \boldsymbol{R}\cdot\nabla^2\boldsymbol{Q})\mathrm{d}\Omega = \oint_{\Gamma}n\cdot(\nabla\boldsymbol{R}\cdot\boldsymbol{Q} - \nabla\boldsymbol{Q}\cdot\boldsymbol{R})\mathrm{d}S \tag{1.58}$$

$$\int_{\Omega}(\boldsymbol{Q}\cdot\nabla\times\nabla\times\boldsymbol{R} - \boldsymbol{R}\cdot\nabla\times\nabla\times\boldsymbol{Q})\mathrm{d}\Omega = \oint_{\Gamma}n\cdot(\boldsymbol{R}\times\nabla\times\boldsymbol{Q} - \boldsymbol{Q}\times\nabla\times\boldsymbol{R})\mathrm{d}S \tag{1.59}$$

式（1.59）在本书中使用较多，这里给出其简略推导过程。

因为

$$\nabla\cdot(\boldsymbol{Q}\times\nabla\times\boldsymbol{R}) = (\nabla\times\boldsymbol{Q})\cdot(\nabla\times\boldsymbol{R}) - \boldsymbol{Q}\cdot\nabla\times\nabla\times\boldsymbol{R}$$

$$\nabla\cdot(\boldsymbol{R}\times\nabla\times\boldsymbol{Q}) = (\nabla\times\boldsymbol{R})\cdot(\nabla\times\boldsymbol{Q}) - \boldsymbol{R}\cdot\nabla\times\nabla\times\boldsymbol{Q}$$

两式相减可得

$$\nabla\cdot(\boldsymbol{R}\times\nabla\times\boldsymbol{Q} - \boldsymbol{Q}\times\nabla\times\boldsymbol{R}) = \boldsymbol{Q}\cdot\nabla\times\nabla\times\boldsymbol{R} - \boldsymbol{R}\cdot\nabla\times\nabla\times\boldsymbol{Q}$$

对上式在 Ω 内积分并利用散度定理（1.13）可直接得到式（1.59）。

对式（1.59）稍加改造（以 $\boldsymbol{G}$ 代替 $\boldsymbol{R}$，并移项）可得方便应用的矢量第二格林公式：

$$\int_{\Omega}\boldsymbol{G}\cdot(\nabla\times\nabla\times\boldsymbol{Q})\mathrm{d}\Omega = \int_{\Omega}\boldsymbol{Q}\cdot(\nabla\times\nabla\times\boldsymbol{G})\mathrm{d}\Omega - \int_{\Gamma}\boldsymbol{n}\cdot(\boldsymbol{G}\times\nabla\times\boldsymbol{Q})\mathrm{d}\Gamma + \int_{\Gamma}\boldsymbol{n}\cdot(\boldsymbol{Q}\times\nabla\times\boldsymbol{G})\mathrm{d}\Gamma \tag{1.60}$$

1.3.2 格林函数的物理意义和一般性质

格林函数 $G(\boldsymbol{r},\boldsymbol{r}')$ 的物理意义是 $\boldsymbol{r}'$ 处的单位源在场点 $\boldsymbol{r}$ 处产生的场效应。

格林函数的一般性质：①格林函数关于 $\boldsymbol{r},\boldsymbol{r}'$ 对称（也称为互易性），即 $G(\boldsymbol{r},\boldsymbol{r}')=G(\boldsymbol{r}',\boldsymbol{r})$；②空间的维数越高，则格林函数的奇性越强。

1.3.3 无界标量泊松方程问题中的格林函数

标量泊松方程：

$$\nabla^2\psi(\boldsymbol{r})=-\boldsymbol{f}(\boldsymbol{r}) \tag{1.61}$$

三维情况下有界空间的泊松方程的积分形式解：

$$\boldsymbol{u}(\boldsymbol{r})=\oint_{S'}\left[G\frac{\partial \boldsymbol{u}}{\partial n}-\boldsymbol{u}\frac{\partial G}{\partial n}\right]\mathrm{d}S'+\int_{V'}\boldsymbol{f}(\boldsymbol{r}')G\mathrm{d}V' \tag{1.62}$$

式中，$G(\boldsymbol{r},\boldsymbol{r}')$ 为 $\nabla^2 G=-\delta$ 在无界空间的解，称为基本解（或格林函数）[5,6,8]。

不同维数的格林函数如下。

三维情况：

$$G(\boldsymbol{r},\boldsymbol{r}')=\frac{1}{4\pi R},\quad R=|\boldsymbol{r}-\boldsymbol{r}'| \tag{1.63}$$

二维情况：

$$G(\boldsymbol{\rho},\boldsymbol{\rho}')=\frac{1}{2\pi}\ln\frac{1}{\rho} \tag{1.64}$$

一维情况：

$$G(x,x')=xH(x'-x)+x'H(x-x') \tag{1.65}$$

n 维情况：

$$G(\boldsymbol{X},\boldsymbol{X}')=\frac{\Gamma\left(\dfrac{n}{2}\right)}{2(n-2)\pi^{n/2}}\frac{1}{r_{XX_0}^{n-2}} \tag{1.66}$$

式中，$\Gamma\left(\dfrac{n}{2}\right)$ 是伽马函数（Γ 函数），其运算关系式 $\Gamma(Z)=(Z-1)\Gamma(Z-1)$，且 $\Gamma\left(\dfrac{1}{2}\right)=\sqrt{\pi}$。

1.3.4 无界时谐波动问题中的格林函数

无界波动方程：

$$\nabla^2\psi(\boldsymbol{r},t)-\frac{1}{c^2}\frac{\partial^2\psi(\boldsymbol{r},t)}{\partial t^2}=-\boldsymbol{f}(\boldsymbol{r})\mathrm{e}^{\mathrm{i}\omega t} \tag{1.67}$$

设 $\psi(\boldsymbol{r},t)=\boldsymbol{u}(\boldsymbol{r})\mathrm{e}^{\mathrm{i}\omega t}$，则 $\boldsymbol{u}(\boldsymbol{r})$ 满足的方程为赫姆霍兹方程：

$$\nabla^2 \boldsymbol{u}(\boldsymbol{r}) + k^2 \frac{\partial^2 \boldsymbol{u}(\boldsymbol{r})}{\partial t^2} = -\boldsymbol{f}(\boldsymbol{r}) \tag{1.68}$$

三维情况下有界空间的赫姆霍兹方程的积分形式解：

$$\boldsymbol{u}(\boldsymbol{r}) = \oint_{S'} \left[G \frac{\partial \boldsymbol{u}}{\partial n} - \boldsymbol{u} \frac{\partial G}{\partial n} \right] \mathrm{d}S' + \int_{V'} \boldsymbol{f}(\boldsymbol{r}') G \mathrm{d}V' \tag{1.69}$$

式中，$G(\boldsymbol{r},\boldsymbol{r}')$ 为 $\nabla^2 G + k^2 G = -\delta$ 在无界空间的解，称为格林函数[1,6,8]。

不同维数的格林函数如下。

三维情况：

$$G(\boldsymbol{r},\boldsymbol{r}') = \frac{1}{4\pi|\boldsymbol{r}-\boldsymbol{r}'|} \mathrm{e}^{-\mathrm{i}k|\boldsymbol{r}-\boldsymbol{r}'|} \tag{1.70}$$

这是自点源发出的球面波。

二维情况：

$$G(\boldsymbol{\rho},0) = -\frac{i}{4} H_0^{(2)}(k\rho) \tag{1.71}$$

这是垂直于轴线（源）向外传播的柱面波。

一维情况：

$$G(x,x') = -\frac{i}{2k} \mathrm{e}^{-\mathrm{j}k|x-x'|} \tag{1.72}$$

这是自源点沿轴线向外传播的平面波。

1.3.5　无界时域波动问题中的格林函数

对于一般时域标量波动问题：

$$\left(\nabla^2 - \frac{1}{c^2} \frac{\partial^2}{\partial t^2} \right) \psi(\boldsymbol{r},t) = -f(\boldsymbol{r},t) \tag{1.73}$$

三维情况下有界空间的一般时域标量波动方程的积分形式解：

$$\psi(\boldsymbol{r},t) = \int_0^t \left[\int_V \mathrm{d}V' G f(\boldsymbol{r}',t') + \oint_S \mathrm{d}S' \left(G \frac{\partial \psi}{\partial n} - \psi \frac{\partial G}{\partial n} \right) \right] + \frac{1}{c^2} \int_V \left[\frac{\partial \psi(\boldsymbol{r}')}{\partial t} G \bigg|_{t'=0} - \psi(\boldsymbol{r}') \frac{\partial G}{\partial t} \bigg|_{t'=0} \right] \mathrm{d}V \tag{1.74}$$

式中，$G(\boldsymbol{r},\boldsymbol{r}',t,t')$ 为 $\nabla^2 G - \frac{1}{v^2} \frac{\partial^2 G}{\partial t^2} = -\delta(\boldsymbol{r}-\boldsymbol{r}')\delta(t-t')$ 在无界空间的解，称为格林函数。

不同维数的格林函数如下。

三维情况：

$$G(\boldsymbol{r},t;\boldsymbol{r}',t')=G(R,t-t')=\frac{1}{4\pi R}\delta\left[\frac{R}{c}-(t-t')\right],\quad t>t' \tag{1.75}$$

这表明：仅当$t=\dfrac{R}{c}+t'$时，G才不为零；即在t'时刻由$R=0$处发出，在经历时间$t-t'$后，到达半径为R的球面的一个脉冲振动。对于该球面，G既无前效，也无后效。

二维情况：

$$G(\boldsymbol{\rho},t;\boldsymbol{\rho}',t')=\frac{1}{2\pi}\frac{H[c(t-t')-|\boldsymbol{\rho}-\boldsymbol{\rho}'|]}{\sqrt{c^2(t-t')^2-|\boldsymbol{\rho}-\boldsymbol{\rho}'|^2}},\quad t>t' \tag{1.76}$$

二维问题中的点源实际上是三维情况下平行于z轴均匀分布的无限长线源。故二维情况是有后效的（距离不同）。

一维情况：

$$G(x,t;x',t')=\frac{c}{2}H[c(t-t')-|x-x'|] \tag{1.77}$$

一维情况下的点源实际上是三维空间中垂直于x轴的无限大平面源。

1.4 加权余量法

1.4.1 加权余量法简介

加权余量法[9,10]是一种数学方法，可以直接从微分方程及其定解条件中求出近似解。方法的特点是先设一个测试函数作为方程的近似解，近似解中的测试函数是选定的，而系数是待定的。将测试函数代入方程，一般不能满足，于是出现了余量，为了按某种平均的意义消去余量，要组成消除余量的方程组，解这种方程组得到待求的系数，从而最终确定了近似解。

如果测试函数满足边界条件，但不满足微分方程，则只需消除方程在求解区域内的余量，这种方法称为内部法。若测试函数满足微分方程，但不满足边界条件，则只需消除边界上的余量，这称为边界法。若测试函数既不满足方程，也不满足边界条件，则需同时消除区域和边界上的余量，这就是混合法。

加权余量法可以将各种数值计算方法（包括有限差分法、有限元法、边界元法等）都纳入一个统一的框架，方便对各种计算方法进行比较研究。

1.4.2 应用实例

下面以标量泊松方程为例[9]，说明用加权余量法建立边界积分方程的主要步骤和方法。

对于标量泊松方程的定解问题：

$$\begin{cases}\nabla^2 u(r) = -f, & r \in \Omega \\ u(r) = \bar{u}, & r \in \Gamma_1 \\ \boldsymbol{n} \cdot \nabla u = \bar{q}, & r \in \Gamma_2\end{cases} \tag{1.78}$$

式中，Γ_1, Γ_2 为域 Ω 的边界，$\Gamma_1 + \Gamma_2 = \Gamma$。

1）加权余量表达式（也就是确定其中的拉格朗日乘子）

选择相应齐次方程的基本解 G 作为权函数，利用拉格朗日乘子法，直接给出泛函形式的误差函数表达式：

$$R = \int_\Omega (\nabla^2 u + f) G \mathrm{d}\Omega + \int_{\Gamma 1} [u - \bar{u}] \lambda_1 \mathrm{d}\Gamma + \int_{\Gamma 2} [\boldsymbol{n} \cdot \nabla u - \bar{q}] \lambda_2 \mathrm{d}\Gamma \tag{1.79}$$

其中，$G(r, r') = \dfrac{1}{4\pi |r - r'|}$ 为标量泊松方程 $\nabla^2 \varphi(r) + \delta(r, r') = 0$ 的基本解。

应用式（1.57），有

$$\int_\Omega G \nabla^2 u \mathrm{d}\Omega = \int_\Omega u \nabla^2 G \mathrm{d}\Omega + \oint_\Gamma \boldsymbol{n} \cdot (G \nabla u - u \nabla G) \mathrm{d}S \tag{1.80}$$

对第一项进行两次分部积分（或应用标量第二格林公式）有

$$\begin{aligned} R = & \int_\Omega u \nabla^2 G \mathrm{d}\Omega + \oint_\Gamma G n \cdot \nabla u \mathrm{d}S - \oint_\Gamma u \boldsymbol{n} \cdot \nabla G \mathrm{d}S \\ & + \int_\Omega f G \mathrm{d}\Omega + \int_{\Gamma 1} [u - \bar{u}] \lambda_1 \mathrm{d}\Gamma + \int_{\Gamma 2} [\boldsymbol{n} \cdot \nabla u - \bar{q}] \lambda_2 \mathrm{d}\Gamma \end{aligned} \tag{1.81}$$

求误差函数 R 的变分（变分参量为 u, λ_1, λ_2）：

$$\begin{aligned} \delta R = & \int_\Omega \delta u \nabla^2 G \mathrm{d}\Omega + \oint_\Gamma G \boldsymbol{n} \cdot \nabla \delta u \mathrm{d}S - \oint_\Gamma \boldsymbol{n} \cdot \nabla G \delta u \mathrm{d}S + \int_{\Gamma 1} \delta u \lambda_1 \mathrm{d}\Gamma \\ & + \int_{\Gamma 1} [u - \bar{u}] \delta \lambda_1 \mathrm{d}\Gamma + \int_{\Gamma 2} \boldsymbol{n} \cdot \nabla \delta u \lambda_2 \mathrm{d}\Gamma + \int_{\Gamma 2} [\boldsymbol{n} \cdot \nabla u - \bar{q}] \delta \lambda_2 \mathrm{d}\Gamma \end{aligned} \tag{1.82}$$

考虑 $\Gamma = \Gamma_1 + \Gamma_2$，有

$$\begin{aligned} \delta R = & \int_\Omega \delta u \nabla^2 G \mathrm{d}\Omega + \oint_{\Gamma 1} G \boldsymbol{n} \cdot \nabla \delta u \mathrm{d}S + \oint_{\Gamma 2} G \boldsymbol{n} \cdot \nabla \delta u \mathrm{d}S - \oint_{\Gamma 1} \boldsymbol{n} \cdot \nabla G \delta u \mathrm{d}S - \oint_{\Gamma 2} \boldsymbol{n} \cdot \nabla G \delta u \mathrm{d}S \\ & + \int_{\Gamma 1} \delta u \lambda_1 \mathrm{d}\Gamma + \int_{\Gamma 1} [u - \bar{u}] \delta \lambda_1 \mathrm{d}\Gamma + \int_{\Gamma 2} \boldsymbol{n} \cdot \nabla \delta u \lambda_2 \mathrm{d}\Gamma + \int_{\Gamma 2} [\boldsymbol{n} \cdot \nabla u - \bar{q}] \delta \lambda_2 \mathrm{d}\Gamma \\ = & \int_\Omega \delta u \nabla^2 G \mathrm{d}\Omega + \oint_{\Gamma 1} G \boldsymbol{n} \cdot \nabla \delta u \mathrm{d}S + \oint_{\Gamma 2} (G + \lambda_2) \boldsymbol{n} \cdot \nabla \delta u \mathrm{d}S - \oint_{\Gamma 1} (\boldsymbol{n} \cdot \nabla G - \lambda_1) \delta u \mathrm{d}S \\ & - \oint_{\Gamma 2} \boldsymbol{n} \cdot \nabla G \delta u \mathrm{d}S + \int_{\Gamma 1} [u - \bar{u}] \delta \lambda_1 \mathrm{d}\Gamma + \int_{\Gamma 2} [\boldsymbol{n} \cdot \nabla u - \bar{q}] \delta \lambda_2 \mathrm{d}\Gamma \end{aligned} \tag{1.83}$$

令 $\delta R = 0$，由于变分的任意性，于是，

$$\lambda_1 = \boldsymbol{n} \cdot \nabla G, \quad \lambda_2 = -G \tag{1.84}$$

也就是说，在考虑给定的边界条件下，误差函数为

$$R=\int_\Omega u\nabla^2 G\mathrm{d}\Omega+\oint_\Gamma G\boldsymbol{n}\cdot\nabla u\mathrm{d}S-\oint_\Gamma u\boldsymbol{n}\cdot\nabla G\mathrm{d}S+\int_\Omega fG\mathrm{d}\Omega$$
$$+\int_{\Gamma 1}[u-\overline{u}]n\cdot\nabla G\mathrm{d}\Gamma-\int_{\Gamma 2}[\boldsymbol{n}\cdot\nabla u-\overline{q}]G\mathrm{d}\Gamma \tag{1.85}$$

至此，完全实现了第一个目标，给出了原问题的加权余量表达式。

2）根据误差函数表达式确定边界积分方程

令误差函数为零，即可得原问题的伽辽金形式的加权余量表达式：

$$\int_\Omega u\nabla^2 G\mathrm{d}\Omega+\oint_\Gamma G\boldsymbol{n}\cdot\nabla u\mathrm{d}S-\oint_\Gamma u\boldsymbol{n}\cdot\nabla G\mathrm{d}S+\int_\Omega fG\mathrm{d}\Omega$$
$$+\int_{\Gamma 1}[u-\overline{u}]\boldsymbol{n}\cdot\nabla G\mathrm{d}\Gamma-\int_{\Gamma 2}[\boldsymbol{n}\cdot\nabla G-\overline{q}]G\mathrm{d}\Gamma=0 \tag{1.86}$$

考虑 $\Gamma=\Gamma_1+\Gamma_2$，有

$$\int_\Omega u\nabla^2 G\mathrm{d}\Omega+\oint_{\Gamma 1} G\boldsymbol{n}\cdot\nabla u\mathrm{d}S+\oint_{\Gamma 2} G\boldsymbol{n}\cdot\nabla u\mathrm{d}S-\oint_{\Gamma 1} u\boldsymbol{n}\cdot\nabla G\mathrm{d}S-\oint_{\Gamma 2} u\boldsymbol{n}\cdot\nabla G\mathrm{d}S$$
$$+\int_\Omega fG\mathrm{d}\Omega+\int_{\Gamma 1}[u-\overline{u}]\boldsymbol{n}\cdot\nabla G\mathrm{d}\Gamma-\int_{\Gamma 2}[\boldsymbol{n}\cdot\nabla u-\overline{q}]G\mathrm{d}\Gamma=0$$

$$\int_\Omega u\nabla^2 G\mathrm{d}\Omega+\oint_{\Gamma 1} G\boldsymbol{n}\cdot\nabla u\mathrm{d}S-\oint_{\Gamma 2} u\boldsymbol{n}\cdot\nabla G\mathrm{d}S+\int_\Omega fG\mathrm{d}\Omega-\int_{\Gamma 1}\overline{u}\boldsymbol{n}\cdot\nabla G\mathrm{d}\Gamma+\int_{\Gamma 2}\overline{q}G\mathrm{d}\Gamma=0 \tag{1.87}$$

再考虑在边界上 $u=\overline{u}$，$\boldsymbol{n}\cdot\nabla G=\overline{q}$，则

$$\int_\Omega u\nabla^2 G\mathrm{d}\Omega+\int_\Omega fG\mathrm{d}\Omega-\int_\Gamma\overline{u}\boldsymbol{n}\cdot\nabla G\mathrm{d}\Gamma+\oint_\Gamma G\boldsymbol{n}\cdot\nabla u\mathrm{d}S=0 \tag{1.88}$$

最后，考虑 G 为标量拉普拉斯方程的基本解（也是泊松方程的基本解），即

$$\nabla^2 G(r)+\delta(r)=0 \tag{1.89}$$

利用 δ 函数的性质，最后得到泊松方程的基本积分表述：

$$u=\int_\Omega fG\mathrm{d}\Omega-\int_\Gamma u\boldsymbol{n}\cdot\nabla G\mathrm{d}\Gamma+\oint_\Gamma G\boldsymbol{n}\cdot\nabla u\mathrm{d}S \tag{1.90}$$

1.5 边界元法

最基本的数值计算方法主要有三种：①差分法；②有限元法；③边界元法[9-13]。

有限差分法是最早的离散数值方法，它直接从微分方程出发，近似地用差分、差商代替微分、微商，这种方法对规则边界的使用极为方便。其优点是容易实现，但数值解的稳定性难于保证，对非规则边界的适应性较差。

有限元法的重要归化途径是从微分方程对应的泛函出发，用变分原理结合区域离散得到代数方程组，它是目前工程计算的主要手段。其主要优点是对不规则区域的适用性好，但计算量较大，需要划分巨大数量的单元。

有限差分法和有限元法的研究和应用都比较成熟，都已经有了比较成熟的商业化软件。

边界元法是在经典的边界积分方程基础上建立的一种相对较新的数值方法，目前获得迅速发展。

1.5.1　边界元法简介

边界元法（boundary element method，BEM）是在经典的积分方程基础上，吸收有限元法的离散技术而发展起来的一种数值计算方法。边界元法的基本思想是用边界积分方程来求解微分方程。

边界元法的最大优点是使求解空间的维数降低了一维，从而大大减少了数据准备时间、计算时间和存储容量，同时，边界元法在处理无穷空间的计算问题时具有无可比拟的优越性。另外边界元法可以直接给出表面的参数，计算精度高，这些都极大地提高了边界元法在实际工程中的应用。

边界元法的基本思想早在 100 多年前就已出现（把线性偏微分方程的边值问题转化为等价的边界积分方程求解），其名称最早出现在 1975 年 Cruse 和 Rizzo 的专著中。1978 年第一届国际边界元法会议召开，标志着边界元法逐渐走向成熟。

边界元法的第一步是根据微分方程的定解问题，推导相应的边界积分方程（这个过程在 1.4 节已做了介绍）。在获得边界积分方程的基础上，利用有限元离散技术，将边界积分方程转化为代数方程，从而获得原问题的数值解。

1.5.2　应用实例——三维标量泊松方程的边界元解法

1.4 节已将标量泊松方程的定解问题式（1.78）归化为积分方程（1.90），通过极限过程可将此积分方程转化为边界积分方程：

$$Wu=\int_{\Omega} fG\mathrm{d}\Omega-\int_{\Gamma} u\boldsymbol{n}\cdot\nabla G\mathrm{d}\Gamma+\oint_{\Gamma} G\boldsymbol{n}\cdot\nabla u\mathrm{d}S \tag{1.91}$$

式中，W 是与边界形状相关的权系数，对于一般的光滑表面，$W=\dfrac{1}{2}$。

为了方便后面叙述，这里不妨假定边界条件都为第 1 类边界条件（狄里克雷问题）。

对于三维问题，利用有限元的离散技术，将边界 Γ 划分为 N 个边界单元，源区划分为 M 个体积元，采用最简单的常单元，则边界积分方程成为

$$W_i u_i=\sum_{k=1}^{M} f_k\int_{\Omega_k} G\mathrm{d}\Omega_k-\sum_{j=1}^{N} u_j\int_{S_j}\frac{\partial G}{\partial n}\mathrm{d}S_j+\sum_{j=1}^{N}\left.\frac{\partial u}{\partial n}\right|_j\int_{S_j} G\mathrm{d}S_j,\quad i=1,2,\cdots,N \tag{1.92}$$

如令

$$B_{ik}=\int_{\Omega_k} G(\boldsymbol{r}_i,\boldsymbol{r}_k)\mathrm{d}\Omega_k,\quad H_{ij}=\int_{\Gamma_j}\frac{\partial G(\boldsymbol{r}_i,\boldsymbol{r}_j)}{\partial n}\mathrm{d}S_j,\quad G_{ij}=\int_{\Gamma_j} G(\boldsymbol{r}_i,\boldsymbol{r}_j)\mathrm{d}S_j \tag{1.93}$$

一般情况下，这三个系数的计算并不困难。由于基本解$G=\dfrac{1}{4\pi|\boldsymbol{r}-\boldsymbol{r}'|}$具有奇异性，所以当源点与场点重合$(i=j)$时，将出现奇异性，关于这一点，将在1.5.3节专门叙述。现假设前述各系数都可方便获得，则有代数方程：

$$W_i u_i=\sum_{k=1}^{M}f_k B_{ik}-\sum_{j=1}^{N}H_{ij}u_j+\sum_{j=1}^{N}G_{ij}q_j,\quad i=1,2,\cdots,N \tag{1.94}$$

分离变量后可得（对于狄里克雷问题，未知量为边界各点的$q_j=\left.\dfrac{\partial u}{\partial n}\right|_j$）

$$\sum_{j=1}^{N}\left.\frac{\partial u}{\partial n}\right|_j G_{ij}=W_i u_i+\sum_{j=1}^{N}u_j H_{ij}-\sum_{k=1}^{M}f_k B_{ik}=D_i,\quad i=1,2,\cdots,N \tag{1.95}$$

解此线性代数方程组，可求出边界上各点的$\left.\dfrac{\partial u}{\partial n}\right|_j$，进而可由积分方程（1.90）得到计算域内各点的函数值u。

1.5.3 边界元法实施过程中的奇异积分的处理

对于三维标量泊松方程，其基本解为

$$G(\boldsymbol{r},\boldsymbol{r}')=\frac{1}{4\pi|\boldsymbol{r}-\boldsymbol{r}'|} \tag{1.96}$$

当源点与场点重合$(i=j)$时，式（1.93）给出的三个系数将出现奇异性，在经典意义下，这三个积分不存在。不过，根据广义函数理论，可以在Cauchy主值意义或Hadamard有限积分的意义下，使积分方程具有了明确的数学意义。

在用边界元法求解电磁场的三类偏微分方程的过程中，都将遇到这类广义积分，为此文献[13]曾用各种数值方法对这种广义积分进行尝试，但没有找到满意的数值方法。本书作者建议采用解析方法，这类广义积分的解析结果可以在边界元方法、计算电磁学的相关教科书和专著中找到一部分，它们一般只给出结果。但有相当一部分难于找到，为此本书作者花费了大量的时间和精力对这些奇异积分进行解析推导，这些结果经过反复检查，也经过了计算实践的检验，应该是可靠的。现将与所谓标量泊松方程相关的结果列在后面，供大家参考。推导过程与其他相关结果在相关章节再提及。

$$\int_\Gamma \frac{1}{r}\mathrm{d}S=\int_\Gamma \frac{1}{\sqrt{x^2+y^2}}\mathrm{d}x\mathrm{d}y=4a\ln\frac{\sqrt{2}+1}{\sqrt{2}-1}=8a\ln(\sqrt{2}+1) \tag{1.97}$$

$$\int_\Gamma \nabla\frac{1}{r}\mathrm{d}S=-\int_\Gamma \frac{1}{r^2}\boldsymbol{r}_0\mathrm{d}S=\int_\Gamma \frac{x\boldsymbol{i}+y\boldsymbol{j}}{(x^2+y^2)^{\frac{3}{2}}}\mathrm{d}x\mathrm{d}y=0 \tag{1.98}$$

$$\int_{\Omega}\frac{1}{r}\mathrm{d}V=\int_{z_1}^{z_2}\mathrm{d}z\int_{y_1}^{y_2}\mathrm{d}y\int_{x_1}^{x_2}\frac{1}{\sqrt{x^2+y^2+z^2}}\mathrm{d}x=12a^2\ln(2+\sqrt{3})-2a^2\pi \tag{1.99}$$

$$\int_{\Omega}\nabla\frac{1}{r}\mathrm{d}V=-\int_{\Omega}\frac{1}{r^2}r_0\mathrm{d}V=\int_{\Omega}\frac{x\boldsymbol{i}+y\boldsymbol{j}+z\boldsymbol{k}}{(x^2+y^2+z^2)^{\frac{3}{2}}}\mathrm{d}x\mathrm{d}y\mathrm{d}z=0 \tag{1.100}$$

说明：①积分区域为正方形或正方体；②积分表达式的 r 表示$|\boldsymbol{r}-\boldsymbol{r}'|$，解析结果中的 a 为正方形（或正方体，体积分）单元边长之半。

1.5.4　无奇异边界元法

传统边界元法存在若干不足：①奇异积分的处理麻烦、计算耗时；②边界层效应将降低边界层附近解的精度；③求解线性代数方程系数矩阵为满阵且不具对称性，造成存储多、计算耗时等。

仍然以标量泊松方程的狄里克雷问题（第 1 类边界条件）为例，说明无奇异边界元法[14]消除奇异性的方法。

将求解区域解析延拓，增加虚边界，则根据等效原理，可用虚边界 Γ' 上的 $u,\boldsymbol{n}\cdot\nabla u$ 来表示真实边界 Γ 上的 $u,\boldsymbol{n}\cdot\nabla u$ 。对于狄里克雷问题，此时原边界是经延拓后问题的内部区域，因此可直接用前面得到的标量泊松方程基本积分表述计算即可，即

$$u=\int_{\Omega}fG\mathrm{d}\Omega-\int_{\Gamma'}u\boldsymbol{n}\cdot\nabla G\mathrm{d}\Gamma+\oint_{\Gamma'}G\boldsymbol{n}\cdot\nabla u\mathrm{d}S \tag{1.101}$$

只是此时方程左端为真实边界的已知值，方程右端的面积分是针对虚边界 Γ' 而言。同样，根据等效原理，为了简化计算，对于本问题，可以假设虚边界 Γ' 的 u 或 $\boldsymbol{n}\cdot\nabla u$ 为零。如果设虚边界 Γ' 上 $u=0$，则利用真实边界 Γ 上给定的第 1 类边界条件，可由式（1.101）决定虚边界 Γ' 的 $\boldsymbol{n}\cdot\nabla u$ 值，最后，用得到的虚边界 Γ' 的 $\boldsymbol{n}\cdot\nabla u$ 值和设定的虚边界 Γ' 上 $u=0$ 可以确定计算域任一点的值。显然这个过程不会出现边界元奇异。

1.5.5　向量泊松方程

本书第 4、6、8 章将对相关积分表述进行势分析，因此有必要就向量泊松方程的势分析等相关内容进行简单地介绍。

向量泊松方程[5]实际上是三个标量泊松方程的有序集合。

1）向量泊松方程的积分表述

向量泊松方程 $\nabla^2\boldsymbol{Q}+\boldsymbol{f}=0$ 的积分表述为

$$W\boldsymbol{Q}(\boldsymbol{r})=-\int_{\Omega}\boldsymbol{f}(\boldsymbol{r}')G\mathrm{d}\Omega-\int_{\Gamma}\left[\boldsymbol{Q}(\boldsymbol{r}')\frac{\partial G}{\partial n}-\frac{\partial \boldsymbol{Q}(\boldsymbol{r}')}{\partial n}G\right]\mathrm{d}A \tag{1.102}$$

式中，$G(\boldsymbol{r},\boldsymbol{r}')=\dfrac{1}{4\pi|\boldsymbol{r}-\boldsymbol{r}'|}$ 为标量泊松方程 $\nabla^2\varphi(\boldsymbol{r})+\delta(\boldsymbol{r},\boldsymbol{r}')=0$ 的基本解。

2）向量泊松方程定解问题的势分析

根据向量泊松方程的积分表述式（1.102），可得向量泊松方程定解问题的恰当数学提法：

$$\begin{cases}\nabla^2 \boldsymbol{Q} + \boldsymbol{f} = 0, & x \in \Omega \\ \boldsymbol{Q} = \boldsymbol{g}, & x \in \Gamma_1 \\ \boldsymbol{n} \cdot \nabla \boldsymbol{Q} = \boldsymbol{h}, & x \in \Gamma_2\end{cases} \tag{1.103}$$

相仿于标量泊松方程的势论研究方法，分别有

体矢势：

$$\boldsymbol{Q}_V = \int_\Omega \boldsymbol{f} G \mathrm{d}\Omega \tag{1.104}$$

单层面势：

$$\boldsymbol{Q}_S = \oint_\Gamma \frac{\partial \boldsymbol{Q}}{\partial n} G \mathrm{d}S \tag{1.105}$$

双层面势：

$$\boldsymbol{Q}_D = \oint_\Gamma \boldsymbol{Q} \frac{\partial G}{\partial n} \mathrm{d}S \tag{1.106}$$

对于体矢势，将其代入拉普拉斯算子 ∇^2 为

$$\nabla_r^2 \boldsymbol{Q}_V = \nabla_r^2 \int_\Omega G \boldsymbol{f} \mathrm{d}\Omega = \int_\Omega \nabla_r^2 G \boldsymbol{f} \mathrm{d}\Omega = -\int_\Omega \delta \boldsymbol{f} \mathrm{d}\Omega = -\boldsymbol{f} \tag{1.107}$$

同样，对于单层面势：

$$\nabla_r^2 \boldsymbol{Q}_S = \nabla_r^2 \oint_\Gamma \frac{\partial \boldsymbol{Q}(\boldsymbol{\xi})}{\partial n} G \mathrm{d}S = \oint_\Gamma \frac{\partial \boldsymbol{Q}(\boldsymbol{\xi})}{\partial n} \nabla_r^2 G \mathrm{d}S = -\oint_\Gamma \frac{\partial \boldsymbol{Q}(\boldsymbol{\xi})}{\partial n} \delta \mathrm{d}S = 0 \tag{1.108}$$

对于双层面势：

$$\nabla_r^2 \boldsymbol{Q}_D = \nabla_r^2 \oint_\Gamma \frac{\partial G}{\partial n} \boldsymbol{Q}(\boldsymbol{\xi}) \mathrm{d}S = \frac{\partial}{\partial n_r} \oint_\Gamma \boldsymbol{Q}(\boldsymbol{\xi}) \nabla_r^2 G \mathrm{d}S = \frac{\partial}{\partial n_r} \oint_\Gamma \boldsymbol{Q}(\boldsymbol{\xi}) \delta \mathrm{d}S = 0 \tag{1.109}$$

由此可知，向量泊松方程的体积势是向量泊松方程的特解（或者说是向量泊松方程在无穷空间的解），而两个面势则是相应齐次方程的解。

参 考 文 献

[1] 余恬, 雷虹. 电磁场分析中的应用数学. 北京: 北京邮电大学出版社, 2009.

[2] 谢处方, 饶克谨. 电磁场与电磁波. 3 版. 北京: 高等教育出版社, 1999.

[3] 宋文淼. 电磁波基本方程组. 北京: 科学出版社, 2003.

[4] 刘星桥. 电工电子用广义函数. 北京: 电子工业出版社, 1995.

[5] 杨本洛. 流体运动经典分析. 北京: 科学出版社, 1996.
[6] 符果行. 电磁场中的格林函数法. 北京: 高等教育出版社, 1993.
[7] L. 施瓦兹. 广义函数论. 姚家燕, 译. 北京: 高等教育出版社, 2010.
[8] 钱伟长. 格林函数和变分法在电磁场和电磁波计算中的应用. 上海: 上海大学出版社, 2006.
[9] 李忠元. 电磁场边界元素法. 北京: 北京工业学院出版社, 1987.
[10] 王怀玉. 物理学中的数学方法. 北京: 科学出版社, 2013.
[11] 杨德全, 赵忠生. 边界元理论及应用. 北京: 北京理工大学出版社, 2002.
[12] 姚振汉, 王海涛. 边界元法. 北京: 高等教育出版社, 2010.
[13] 余德浩. 自然边界元方法的数学理论. 北京: 科学出版社, 1993.
[14] 孙焕纯. 无奇异边界元法. 大连: 大连理工大学出版社, 1999.

第 2 章 宏观电磁场理论基础

计算电磁学作为解决科学研究和工程应用中有关电磁场问题的重要手段，必然涉及宏观电磁场理论的多个方面。希望通过本章的概括性介绍，使得大家对经典宏观电磁场理论和计算电磁学有一个整体的了解，这对后面的具体讨论，在物理上是非常必要的。电磁规律有多种表现形式，本章重点阐述电磁规律的三种数学表述形式：矢量偏微分方程组、矢量波动方程和矢量积分方程。从计算方法角度看，这三种表现形式分别是时域有限差分法、有限元法、矩量法（边界元法）的基础。

本章是按照提纲式来书写的，缺乏必要的证明、说明和实例，欲了解更为详细的内容，请参阅相关参考文献。本书的重点是麦克斯韦方程组的求解，对计算电磁学的部分相关内容，本书作者有不同看法，并进行了适当提示，这一点请读者注意。本章主要依据参考文献[1]～[3]书写。

2.1 描述宏观电磁场的基本方程组

2.1.1 麦克斯韦方程组

麦克斯韦方程组的基本变量为四个场向量：电场强度 $\boldsymbol{E}$(V/m)、磁感应强度 $\boldsymbol{B}$(T)、电位移向量 $\boldsymbol{D}$(C/m^2) 和磁场强度 $\boldsymbol{H}$(A/m)，以及两个源量：电流密度 $\boldsymbol{J}$(A/m^2) 和电荷密度 ρ(C/m^3)。

麦克斯韦在安培、法拉第等大量工作的基础上，提出涡旋电场概念，并通过引入位移电流，建立了反映电磁场基本规律的方程组，后由赫兹进一步整理得到目前使用的麦克斯韦方程组：

$$\begin{cases}\nabla\times\boldsymbol{E}=-\dfrac{\partial\boldsymbol{B}}{\partial t} & \text{(法拉第定律)}\\ \nabla\times\boldsymbol{H}=\boldsymbol{J}+\dfrac{\partial\boldsymbol{D}}{\partial t} & \text{(麦克斯韦-安培定律)}\\ \nabla\cdot\boldsymbol{D}=\rho & \text{(电位移高斯定律)}\\ \nabla\cdot\boldsymbol{B}=0 & \text{(磁感应高斯定律)}\end{cases} \tag{2.1}$$

一般认为，还应将电流连续方程作为基本方程：

$$\nabla\cdot\boldsymbol{J}=-\frac{\partial\rho}{\partial t} \tag{2.2}$$

上述 5 个方程能够完全决定由电荷和电流所激发的电磁场的运动规律①，是经典电磁理论的理论基础。

习惯上认为时变电磁场的麦克斯韦方程组中的两个旋度方程是独立的，称为基本方程；而两个散度方程则视为辅助方程。

介质的本构关系通常是由实验或根据介质的微观结构推导而得。应用最多的也是最简单的是所谓各向同性介质，它满足如下关系：

$$\boldsymbol{D}=\varepsilon_0\varepsilon_r\boldsymbol{E}=\varepsilon\boldsymbol{E},\quad \boldsymbol{B}=\mu_0\mu_r\boldsymbol{H}=\mu\boldsymbol{H},\quad \boldsymbol{J}=\sigma\boldsymbol{E} \tag{2.3}$$

式中，ε(F/m)、μ(H/m)、σ(S/m) 分别称为介电常数、磁导率和电导率。

根据 ε、μ、σ 的形式，介质被分为均匀介质和非均匀介质（是否随空间位置而变）；色散介质和非色散介质（是否随频率而变）；各向同性介质和各向异性介质（标量形式或张量形式）；甚至不再满足上述各种形式的关系（如手征介质）。

特别说明：由于本书讨论的问题较为根本，为避免陷入不必要的复杂中，除了特别需要，本书后面的讨论都假定介质为各向同性的均匀介质。

分别利用向量的斯托克斯公式 $\int_S \nabla\times\boldsymbol{F}\cdot\mathrm{d}\boldsymbol{S}=\oint_L \boldsymbol{F}\cdot\mathrm{d}\boldsymbol{l}$ 和高斯公式 $\int_V \nabla\cdot\boldsymbol{F}\mathrm{d}V=\oint_S \boldsymbol{F}\cdot\mathrm{d}\boldsymbol{S}$，可得积分形式的麦克斯韦方程：

$$\begin{cases}\oint_L \boldsymbol{E}\cdot\mathrm{d}\boldsymbol{l}=-\int_S \dfrac{\partial\boldsymbol{B}}{\partial t}\cdot\mathrm{d}\boldsymbol{S} & \text{(法拉第定律)}\\ \oint_L \boldsymbol{H}\cdot\mathrm{d}\boldsymbol{l}=\int_S\left(\boldsymbol{J}+\dfrac{\partial\boldsymbol{D}}{\partial t}\right)\cdot\mathrm{d}\boldsymbol{S} & \text{(麦克斯韦－安培定律)}\\ \oint_S \boldsymbol{D}\cdot\mathrm{d}\boldsymbol{S}=\int_V \rho\mathrm{d}V & \text{(电位移高斯定律)}\\ \oint_S \boldsymbol{B}\cdot\mathrm{d}\boldsymbol{S}=0 & \text{(磁感应高斯定律)}\end{cases} \tag{2.4}$$

与微分形式的麦克斯韦方程组所具有的局域性不同的是：积分形式的麦克斯韦方程组是对电磁场的全域描述，即表示一个区域中电磁场的总体性质。

由于积分形式的麦克斯韦方程组适用于媒质的不连续处，可以导出该处场量应满足的关系，称为边界条件。

边界条件的一般表述为

$$\boldsymbol{n}\times(\boldsymbol{E}_2-\boldsymbol{E}_1)=0,\quad \boldsymbol{n}\times(\boldsymbol{H}_2-\boldsymbol{H}_1)=\boldsymbol{J}_\mathrm{s},\quad (\boldsymbol{D}_2-\boldsymbol{D}_1)\cdot\boldsymbol{n}=\rho_\mathrm{s},\quad (\boldsymbol{B}_2-\boldsymbol{B}_1)\cdot\boldsymbol{n}=0 \tag{2.5}$$

式中，$\boldsymbol{J}_\mathrm{s}$ 为交界面上的面电流密度，ρ_s 为交界面上的面电荷密度。

另外，当两种媒质之一是所谓的良导体时，工程上一般认为导体内部不存在任何

---

① 还有一个更为广泛的说法：麦克斯韦方程组、连续性方程、洛伦兹力公式三者构成了宏观电磁场的理论基础。因为本书主要讨论电磁场计算，故没有采用这一说法。

时变电磁场。当导体的导电性能良好时，可将其电导率理想化为无限大，称为理想导体。如果用 $\boldsymbol{E}$、$\boldsymbol{H}$、$\boldsymbol{D}$、$\boldsymbol{B}$ 表示导体外的场量，则理想导体表面的边界条件成为

$$\boldsymbol{n}\times\boldsymbol{E}=0,\quad \boldsymbol{n}\times\boldsymbol{H}=\boldsymbol{J}_{\mathrm{s}},\quad \boldsymbol{B}\cdot\boldsymbol{n}=0,\quad \boldsymbol{D}\cdot\boldsymbol{n}=\rho_{\mathrm{s}} \tag{2.6}$$

无穷远处的边界条件：

$$\boldsymbol{u}\big|_{r\to\infty}=\text{有限值} \tag{2.7}$$

无穷远条件反映了这样一个物理事实：空间任何一点的电磁场的能量都是有限的，即任何源产生的电磁场的能量都是有限的。其具体值可以是零或均匀场条件。

当然，并不是所有电磁场问题的求解都应用到全部 4 个边界条件。一方面这 4 个边界条件从科学角度讲都应该得到满足。因为它们来自物理实验定律，也就是说它们本身是物理事实，应该得到遵守。另一方面在电磁理论中解的唯一性定理中要求的边界条件是切向边界条件。因此一般认为：切向边界条件是必需的、根本的条件；而法向边界条件是辅助的、验证性的条件。文献[4]更是证明：对于时谐场，两个关于法向边界条件不独立，它们可以由两个切向边界条件以及电荷守恒定律导出，即由切向边界条件 $\boldsymbol{E}_{1t}=\boldsymbol{E}_{2t}$，可以导出：$\boldsymbol{B}_{1n}=\boldsymbol{B}_{2n}$；由切向边界条件 $\boldsymbol{n}\times(\boldsymbol{H}_2-\boldsymbol{H}_1)=\boldsymbol{J}_s$，以及连续性方程可以导出：$\boldsymbol{D}_{2n}-\boldsymbol{D}_{1n}=\rho_s$。

2.1.2 复数形式的麦克斯韦方程组

在电磁工程中，常涉及随时间正弦规律变化的电磁场（所谓时谐问题），此时任何一个电磁场量都可用一个复向量表示，例如，电场强度可用一个与时间无关的复向量表示为 $\dot{\boldsymbol{E}}(\boldsymbol{r})=\boldsymbol{E}(\boldsymbol{r})\mathrm{e}^{\mathrm{j}\varphi_E(\boldsymbol{r})}$，它所对应的实际时变电场则可取 $\dot{\boldsymbol{E}}(\boldsymbol{r})\mathrm{e}^{\mathrm{j}\omega t}$ 的实部（ω 为正弦激励的角频率），即所论场点 p 处电场的实时描述为

$$\boldsymbol{E}_p(\boldsymbol{r},t)=\mathrm{Re}[\dot{\boldsymbol{E}}_p(\boldsymbol{r})\mathrm{e}^{\mathrm{j}\omega t}]=\mathrm{Re}[\boldsymbol{E}_p(\boldsymbol{r})\mathrm{e}^{\mathrm{j}(\omega t+\varphi_E)}]=\boldsymbol{E}_p(\boldsymbol{r})\cos(\omega t+\varphi_E) \tag{2.8}$$

这样，正弦稳态情况下的时变电磁场（时谐电磁场）的相应麦克斯韦方程组为

$$\begin{cases}\nabla\times\boldsymbol{E}(\boldsymbol{r})=-\mathrm{j}\omega\boldsymbol{B}(\boldsymbol{r})\\ \nabla\times\boldsymbol{H}(\boldsymbol{r})=\boldsymbol{J}(\boldsymbol{r})+\mathrm{j}\omega\boldsymbol{D}(\boldsymbol{r})\\ \nabla\cdot\boldsymbol{D}(\boldsymbol{r})=\rho(\boldsymbol{r})\\ \nabla\cdot\boldsymbol{B}(\boldsymbol{r})=0\end{cases} \tag{2.9}$$

当然，也可像 2.1.1 节那样给出积分形式表述并讨论本构关系、边界条件等，这里从略。但对于时谐问题，必须补充与无穷远边界条件（2.7）相当的索末菲（Sommerfeld）辐射条件：

$$\lim_{r\to\infty}\left[\nabla\times\begin{Bmatrix}\boldsymbol{E}\\ \boldsymbol{H}\end{Bmatrix}+\mathrm{j}k\boldsymbol{r}\times\begin{Bmatrix}\boldsymbol{E}\\ \boldsymbol{H}\end{Bmatrix}\right]r=0 \tag{2.10}$$

说明：本书中一般时域场量、时谐场量以及静场量都用相同矢量符号表示，可根据上下文关系来区分。当需要特别指明时，也通过标明自变量来区分，如：$\boldsymbol{E}(\boldsymbol{r},t)$、$\boldsymbol{E}(\boldsymbol{r},\omega)$或$\boldsymbol{E}(\boldsymbol{r})$。

2.1.3　广义形式的麦克斯韦方程

由麦克斯韦方程组可以看出：就场量$\boldsymbol{E}$、$\boldsymbol{H}$和$\boldsymbol{D}$、$\boldsymbol{B}$而言，它们之间存在一定的对称性；但对场源而言，却是不对称的。这里反映出这样一个物理事实：至今在自然界尚未发现与电荷对应的磁荷，当然也就没有相应的磁流。但是，为了使某些问题的分析、计算得以简化，可以人为地引入磁荷$\rho_{\mathrm{m}}(\mathrm{Wb/m^3})$和磁流$\boldsymbol{J}_{\mathrm{m}}(\mathrm{V/m^2})$，于是可得所谓广义形式的麦克斯韦方程组：

$$\begin{cases}\nabla\times\boldsymbol{E}(\boldsymbol{r},t)=-\boldsymbol{J}_{\mathrm{m}}(\boldsymbol{r},t)-\dfrac{\partial\boldsymbol{B}(\boldsymbol{r},t)}{\partial t}\\ \nabla\times\boldsymbol{H}(\boldsymbol{r},t)=\boldsymbol{J}_{\mathrm{e}}(\boldsymbol{r},t)+\dfrac{\partial\boldsymbol{D}(\boldsymbol{r},t)}{\partial t}\\ \nabla\cdot\boldsymbol{D}(\boldsymbol{r},t)=\rho(\boldsymbol{r},t)\\ \nabla\cdot\boldsymbol{B}(\boldsymbol{r},t)=\rho_{\mathrm{m}}(\boldsymbol{r},t)\end{cases}\tag{2.11}$$

方程组的对称形式使其所包含的物理量之间具有某种对偶关系。

当描述两种物理现象的方程具有相同的数学形式时，解也将表达为相同的数学形式，这种现象称为对偶性，其中处于相同位置的量称为对偶量。由于对偶关系，只要知道任何一组解，就可以借助于替换关系$\boldsymbol{E}\to\boldsymbol{H},\boldsymbol{D}\to-\boldsymbol{B};\boldsymbol{J}\to-\boldsymbol{J}_{\mathrm{m}},\rho\to-\rho_{\mathrm{m}}$直接获得另一组解。

尽管磁性源$\rho_{\mathrm{m}},\boldsymbol{J}_{\mathrm{m}}$在自然界中并不存在，但它的引入却为计算电磁学带来方便。工程上利用等效源进行计算就常用到磁性源。

广义形式的麦克斯韦方程还可以写成复数形式：

$$\begin{cases}\nabla\times\boldsymbol{E}(\boldsymbol{r})=-\boldsymbol{J}_{\mathrm{m}}(\boldsymbol{r})-\mathrm{j}\omega\mu\boldsymbol{H}(\boldsymbol{r})\\ \nabla\times\boldsymbol{H}(\boldsymbol{r})=\boldsymbol{J}_{\mathrm{e}}(\boldsymbol{r})+\mathrm{j}\omega\varepsilon\boldsymbol{H}(\boldsymbol{r})\\ \nabla\cdot\boldsymbol{D}(\boldsymbol{r})=\rho(\boldsymbol{r})\\ \nabla\cdot\boldsymbol{B}(\boldsymbol{r})=\rho_{\mathrm{m}}(\boldsymbol{r})\end{cases}\tag{2.12}$$

2.2　波 动 方 程

2.2.1　原始变量表示的波动方程

麦克斯韦方程组只有两个旋度方程是独立的，但两者是相互耦合的。对两个旋度方程经过一系列变换可以得到解耦的所谓波动方程。

如对旋度方程$\nabla\times\boldsymbol{H}(\boldsymbol{r},t)=\boldsymbol{J}(\boldsymbol{r},t)+\dfrac{\partial\boldsymbol{D}(\boldsymbol{r},t)}{\partial t}$再取旋度，并利用本构关系（2.3）可得关于$\boldsymbol{H}(\boldsymbol{r},t)$的包含双旋度算子的波动方程：

$$\nabla\times\nabla\times\boldsymbol{H}(\boldsymbol{r},t)+\varepsilon\mu\frac{\partial^2\boldsymbol{H}(\boldsymbol{r},t)}{\partial t^2}+\gamma\mu\frac{\partial\boldsymbol{H}}{\partial t}=0 \tag{2.13}$$

或

$$\nabla\times\nabla\times\boldsymbol{H}(\boldsymbol{r},t)+\varepsilon\mu\frac{\partial^2\boldsymbol{H}(\boldsymbol{r},t)}{\partial t^2}=\mu\nabla\times\boldsymbol{J}(\boldsymbol{r},t) \tag{2.14}$$

类似地，可以得到关于电场强度$\boldsymbol{E}(\boldsymbol{r},t)$的波动方程：

$$\nabla\times\nabla\times\boldsymbol{E}+\varepsilon\mu\frac{\partial^2\boldsymbol{E}}{\partial t^2}+\gamma\mu\frac{\partial\boldsymbol{E}}{\partial t}=0 \tag{2.15}$$

或

$$\nabla\times\nabla\times\boldsymbol{E}+\varepsilon\mu\frac{\partial^2\boldsymbol{E}}{\partial t^2}=-\mu\frac{\partial\boldsymbol{J}}{\partial t} \tag{2.16}$$

这两组包含双旋度算子的波动方程具有不同的意义，可用于不同的场所。式（2.13）、式（2.15）在一般的电磁场理论著作中都能见到，主要在研究介质中（无源）电磁波传播时使用；式（2.14）、式（2.16）在电磁场理论著作中很少见到，从理论上讲应该是可以在有源电磁波发射装置计算时使用的，但实际在相关文献中很少见到，理由将在第3章叙述。

在时谐情况下，式（2.13）、式（2.15）成为

$$\nabla\times\nabla\times\boldsymbol{H}(\boldsymbol{r})-\varepsilon\mu\omega^2\boldsymbol{H}(\boldsymbol{r})+\mathrm{j}\gamma\mu\omega\boldsymbol{H}(\boldsymbol{r})=0 \tag{2.17}$$

$$\nabla\times\nabla\times\boldsymbol{E}(\boldsymbol{r})-\varepsilon\mu\omega^2\boldsymbol{E}(\boldsymbol{r})+\mathrm{j}\gamma\mu\omega\boldsymbol{E}(\boldsymbol{r})=0 \tag{2.18}$$

因为关于$\boldsymbol{H}$、$\boldsymbol{E}$的表述完全相同，下面只列出关于$\boldsymbol{H}$的方程。

为了方便求解，相应的经典表述常利用矢量恒等式$\nabla\times\nabla\times\boldsymbol{A}=\nabla\nabla\cdot\boldsymbol{A}+\nabla^2\boldsymbol{A}$和库仑规范，将双旋度算子$\nabla\times\nabla\times$相关方程转化为拉普拉斯算子$\nabla^2$对应的方程。

对于一般时域：

$$\nabla^2\boldsymbol{H}(\boldsymbol{r},t)-\varepsilon\mu\frac{\partial^2\boldsymbol{H}(\boldsymbol{r},t)}{\partial t^2}-\gamma\mu\frac{\partial\boldsymbol{H}(\boldsymbol{r},t)}{\partial t}=0 \tag{2.19}$$

对于时谐情况：

$$\nabla^2\boldsymbol{H}(\boldsymbol{r})+\varepsilon\mu\omega^2\boldsymbol{H}(\boldsymbol{r})-\mathrm{j}\gamma\mu\omega\boldsymbol{H}(\boldsymbol{r})=0 \tag{2.20}$$

2.2.2 势函数形式的波动方程

利用麦克斯韦方程组中的磁场高斯定理和法拉第定理可以引入标势 φ 和矢势 $\boldsymbol{A}$，使得

$$\begin{cases}\boldsymbol{B}=\nabla\times\boldsymbol{A},\\ \boldsymbol{E}=-\nabla\varphi-\dfrac{\partial\boldsymbol{A}}{\partial t}\end{cases}\tag{2.21}$$

将这两个势函数代入麦克斯韦方程组中的另两个方程中可得

$$\begin{cases}\nabla^2\varphi=-\dfrac{\rho}{\varepsilon}-\dfrac{\partial}{\partial t}\nabla\cdot\boldsymbol{A}\\ \nabla\times\nabla\times\boldsymbol{A}-\varepsilon\mu\dfrac{\partial^2\boldsymbol{A}}{\partial t^2}=\mu\boldsymbol{J}+\varepsilon\mu\dfrac{\partial}{\partial t}\nabla\varphi\end{cases}\tag{2.22}$$

由于标势 φ 和矢势 $\boldsymbol{A}$ 的不唯一性，所以可利用此简化求解。设标势 φ 和矢势 $\boldsymbol{A}$ 是满足某电磁场 $\boldsymbol{E}$ 和 $\boldsymbol{B}$ 的一对势函数，对于任意标量函数 ψ，有

$$\begin{cases}\boldsymbol{A}'=\boldsymbol{A}+\nabla\psi,\\ \varphi'=\varphi-\dfrac{\partial\psi}{\partial t}\end{cases}\tag{2.23}$$

也对应同一个电磁场的 $\boldsymbol{E}$ 和 $\boldsymbol{B}$，这称为规范不变性。经典理论认为：不难证明，标势 φ 和矢势 $\boldsymbol{A}$ 的不唯一性可以导致随意规定 $\nabla\cdot\boldsymbol{A}$ 值而不影响场量的数值，也就是可以采用规范对矢势 $\boldsymbol{A}$ 的散度施加约束条件。规范的选择不仅可以唯一地确定相应的位函数值，还可以使标势 φ 和矢势 $\boldsymbol{A}$ 的求解变得更为简单。

通常，对自由空间的动态电磁场，引入洛伦兹规范条件：

$$\nabla\cdot\boldsymbol{A}+\varepsilon\mu\frac{\partial\varphi}{\partial t}=0\tag{2.24}$$

在该规范条件下，由式（2.22）可导出如下简单且对称的位函数方程：

$$\begin{cases}\nabla^2\varphi-\varepsilon\mu\dfrac{\partial^2\varphi}{\partial t^2}=-\dfrac{1}{\varepsilon}\rho\\ \nabla^2\boldsymbol{A}-\varepsilon\mu\dfrac{\partial^2\boldsymbol{A}}{\partial t^2}=-\mu\boldsymbol{J}\end{cases}\tag{2.25}$$

此时，关于标势 φ 和矢势 $\boldsymbol{A}$ 的方程成为独立的（非耦合）非齐次波动方程，常称为达朗贝尔方程。此方程组和洛伦兹规范条件一起构成了与麦克斯韦方程等价的方程组：

$$\begin{cases}\nabla^2\varphi-\varepsilon\mu\dfrac{\partial^2\varphi}{\partial t^2}=-\dfrac{1}{\varepsilon}\rho\\ \nabla^2\boldsymbol{A}-\varepsilon\mu\dfrac{\partial^2\boldsymbol{A}}{\partial t^2}=-\mu\boldsymbol{J}\\ \nabla\cdot\boldsymbol{A}+\varepsilon\mu\dfrac{\partial\varphi}{\partial t}=0\end{cases}\tag{2.26}$$

从而，计算域内各点的场量为

$$\begin{cases}\boldsymbol{H}=\dfrac{1}{\mu}\nabla\times\boldsymbol{A},\quad \boldsymbol{E}=-\nabla\varphi-\dfrac{\partial \boldsymbol{A}}{\partial t}\end{cases}\tag{2.27}$$

对于时谐场，上述位势方程化为

$$\begin{cases}\nabla^2\varphi+\omega^2\varepsilon\mu\varphi=-\rho/\varepsilon\\ \nabla^2\boldsymbol{A}+\omega^2\varepsilon\mu\boldsymbol{A}=-\mu\boldsymbol{J}\\ \nabla\cdot\boldsymbol{A}=-\mathrm{j}\omega\varepsilon\mu\varphi\end{cases}\tag{2.28}$$

从而，场量为

$$\begin{cases}\boldsymbol{H}=\dfrac{1}{\mu}\nabla\times\boldsymbol{A},\quad \boldsymbol{E}=-\mathrm{j}\omega\boldsymbol{A}-\nabla\varphi\end{cases}\tag{2.29}$$

或

$$\begin{cases}\boldsymbol{H}=\dfrac{1}{\mu}\nabla\times\boldsymbol{A},\\ \boldsymbol{E}=-\mathrm{j}\omega\left(\boldsymbol{A}+\dfrac{1}{\omega^2\varepsilon\mu}\nabla\nabla\cdot\boldsymbol{A}\right)\end{cases}\tag{2.30}$$

式（2.29）是按位势函数的定义计算的，式（2.30）则利用了洛伦兹规范条件，当然还可以利用无源时谐情况下的麦克斯韦方程组进行代换，如 $\boldsymbol{E}=\dfrac{1}{\mathrm{j}\omega\varepsilon}\nabla\times\boldsymbol{H}(\boldsymbol{r})$ 等。如果方程的求解方法没有错误，那么这些表达式在理论上应该具有相同的结果，关于此点的讨论后面章节会简单述及。

另一个使用较多的规范是库仑规范条件：

$$\nabla\cdot\boldsymbol{A}=0\tag{2.31}$$

经库仑规范，式（2.22）成为

$$\begin{cases}\nabla^2\varphi=-\dfrac{\rho}{\varepsilon}\\ \nabla\times\nabla\times\boldsymbol{A}-\varepsilon\mu\dfrac{\partial^2\boldsymbol{A}}{\partial t^2}=\mu\boldsymbol{J}+\varepsilon\mu\dfrac{\partial}{\partial t}\nabla\varphi\end{cases}\tag{2.32}$$

该方程没有完全解耦。关于它的类似讨论，此处略去。

2.3　电磁场理论的基本定理

2.3.1　解的唯一性定理

在场域边界上给定电场或磁场的切向分量，或在边界的一部分给定电场切向分量而在其余部分给定磁场的切向分量，则场域内电磁场的麦克斯韦方程组的解是唯一的。

需要特别注意：唯一性定理要求的边界条件是切向边界条件。

2.3.2　坡印亭定理

电磁场的能量密度：

$$u = u_{\mathrm{e}} + u_{\mathrm{m}} = \frac{1}{2}[\boldsymbol{E}(\boldsymbol{r},t)\cdot\boldsymbol{D}(\boldsymbol{r},t) + \boldsymbol{B}(\boldsymbol{r},t)\cdot\boldsymbol{H}(\boldsymbol{r},t)] \tag{2.33}$$

电磁场的能流密度（坡印亭矢量——单位时间内通过与传播方向垂直的单位面积的能量）：

$$\boldsymbol{S} = \boldsymbol{E}(\boldsymbol{r},t)\times\boldsymbol{H}(\boldsymbol{r},t) \tag{2.34}$$

对于时谐场，如果已求得复矢量 $\boldsymbol{E}(\boldsymbol{r})$、$\boldsymbol{H}(\boldsymbol{r})$，则可得平均功率流密度为

$$P_{\mathrm{ave}} = \frac{1}{T}\int_0^T \boldsymbol{E}(\boldsymbol{r},t)\times\boldsymbol{H}(\boldsymbol{r},t)\mathrm{d}t = \frac{1}{2}\mathrm{Re}[\boldsymbol{E}(\boldsymbol{r})\times\boldsymbol{H}^*(\boldsymbol{r})] \tag{2.35}$$

坡印亭定理（电磁场能量守恒定律）：给定体积内电磁场能量的减小率等于电磁场做的机械功率和从体积表面上单位时间内流出去的能量之和。

积分形式：

$$-\int_V \frac{\partial u}{\partial t}\mathrm{d}V = \int_V \boldsymbol{J}\cdot\boldsymbol{E}\mathrm{d}V + \oint_s \boldsymbol{S}\cdot\mathrm{d}\boldsymbol{s} \tag{2.36}$$

微分形式：

$$-\frac{\partial u}{\partial t} = \boldsymbol{J}\cdot\boldsymbol{E} + \nabla\cdot\boldsymbol{S} \tag{2.37}$$

2.3.3　等效原理

等效原理是唯一性定理的直接应用，等效原理的灵活应用可为求解复杂电磁场问题提供诸多方便。

这里所谓等效是指如果有两种不同（如分布、大小和类型）的源在给定的区域内产生相同的场，就称这两种源对该区域的场解是等效的。

等效原理的一个重要用途是告诉我们如何分解问题才能保证与原问题一致。一般认为它有三种主要表达形式，最常用的是惠更斯原理。它需要同时使用电流源和磁流源来等效，另外两种方式是惠更斯原理的简化版本，只需要使用一种源来等效。这三种等效形式可具体表述如下。

第一种等效形式（惠更斯原理）：假设源区内的电磁场为零，边界上的场源为 $\boldsymbol{M}_{\mathrm{s}}=\boldsymbol{E}\times\boldsymbol{n}$, $\boldsymbol{J}_{\mathrm{s}}=\boldsymbol{n}\times\boldsymbol{H}$；进一步假设源区内的介质与源区外的计算区域的介质相同，这样原问题便等效成一个边界上一组等效源 $\boldsymbol{M}_{\mathrm{s}}=\boldsymbol{E}\times\boldsymbol{n}$, $\boldsymbol{J}_{\mathrm{s}}=\boldsymbol{n}\times\boldsymbol{H}$ 在均匀介质中产生场的问题。

第二种等效形式：假设源区内为理想导体（即其电场为零），边界上的场源为 $\boldsymbol{M}_{\mathrm{s}}=\boldsymbol{E}\times\boldsymbol{n}$；这样原问题便等效成一个理想导体上等效磁流源 $\boldsymbol{M}_{\mathrm{s}}=\boldsymbol{E}\times\boldsymbol{n}$ 产生场的问题。

第三种等效形式：假设源区内为理想磁体（即其磁场为零），边界上的场源为 $\boldsymbol{J}_{\mathrm{s}}=\boldsymbol{n}\times\boldsymbol{H}$；这样原问题便等效成一个理想磁导体上等效电流源 $\boldsymbol{J}_{\mathrm{s}}=\boldsymbol{n}\times\boldsymbol{H}$ 产生场的问题。

2.4 齐次波动方程的解和基本波函数

2.4.1 标量波动方程和基本波函数

时谐波都满足齐次标量波动方程（齐次标量赫姆霍兹方程）：$(\nabla^2+k^2)\psi(\boldsymbol{r})=0$，在给定边界条件或辐射条件时，该方程构成特征值问题。

在可以对该方程（齐次标量赫姆霍兹方程）进行变量分离的坐标系中，所求得的通解具有特殊意义，称为基本波函数[2]。

1）平面波函数

方程 $(\nabla^2+k^2)\psi(\boldsymbol{r})=0$ 的直角坐标形式：

$$\left(\frac{\partial^2}{\partial x^2}+\frac{\partial^2}{\partial y^2}+\frac{\partial^2}{\partial z^2}+k^2\right)\psi(\boldsymbol{r})=0 \tag{2.38}$$

以分离变量 $\psi(x,y,z)=X(x)Y(y)Z(z)$ 代入式（2.38）可得

$$\begin{cases}\dfrac{\mathrm{d}^2X}{\mathrm{d}x^2}+k_x^2X=0\\ \dfrac{\mathrm{d}^2Y}{\mathrm{d}y^2}+k_y^2Y=0\ ,\quad k_x^2+k_y^2+k_z^2=k^2\\ \dfrac{\mathrm{d}^2Z}{\mathrm{d}z^2}+k_z^2Z=0\end{cases} \tag{2.39}$$

这三个常微分方程形式相同，称为谐方程，其解由相应的齐次边界条件决定。由此可得平面波解：

$$\psi(\boldsymbol{r}) = A\mathrm{e}^{-\mathrm{i}\boldsymbol{k}\cdot\boldsymbol{r}} \tag{2.40}$$

式中，$\boldsymbol{k} = k_x \mathrm{e}_x + k_y \mathrm{e}_y + k_z \mathrm{e}_z$ 称为波矢，其方向代表波的传播方向。

2）柱面波函数

在柱面坐标系 (ρ,φ,z) 中，赫姆霍兹方程可以表示为

$$\left(\frac{1}{\rho}\frac{\partial}{\partial\rho}\rho\frac{\partial}{\partial\rho} + \frac{1}{\rho^2}\frac{\partial^2}{\partial\phi^2} + \frac{\partial^2}{\partial z^2} + k^2\right)\psi(\boldsymbol{r}) = 0 \tag{2.41}$$

以分离变量 $\psi(\rho,\varphi,z) = R(\rho)\Phi(\varphi)Z(z)$ 代入式（2.41）可得

$$\begin{cases} \rho^2\dfrac{\mathrm{d}^2 R}{\mathrm{d}\rho^2} + \rho\dfrac{\mathrm{d}R}{\mathrm{d}\rho} + (k_\rho^2\rho^2 - n^2)R = 0 \\ \dfrac{\mathrm{d}^2\Phi}{\mathrm{d}\varphi^2} + n^2\Phi = 0 \\ \dfrac{\mathrm{d}^2 Z}{\mathrm{d}z^2} + k_z Z = 0 \end{cases}, \quad k_\rho^2 + k_z^2 = k^2 \tag{2.42}$$

这是三个常微分方程，其中两个为谐方程，一个为柱贝塞尔方程。后两个常微分方程的解分别为

$$\Phi = C_1\mathrm{e}^{\mathrm{j}n\varphi} + C_2\mathrm{e}^{-\mathrm{j}n\varphi} \text{ 和 } Z = C_3\mathrm{e}^{\mathrm{j}k_z z} + C_4\mathrm{e}^{-\mathrm{j}k_z z}$$

第一个方程为柱贝塞尔方程，其解可根据情况分别由三类柱函数 $R_n(\rho)$（柱贝塞尔函数 $J_n(k_\rho\rho)$、柱诺依曼函数 $N_n(k_\rho\rho)$ 和柱汉克尔函数 $H_n^{(1)}(k_\rho\rho), H_n^{(2)}(k_\rho\rho)$）来表达。从而，柱面波函数可表达为

$$\psi(r) = AR_n(\rho)\mathrm{e}^{\mathrm{j}n\varphi}\mathrm{e}^{-\mathrm{j}k_z z} \tag{2.43}$$

3）球面波函数

在球坐标系 (r,θ,φ) 中，赫姆霍兹方程可以表述为

$$\left(\frac{1}{r^2}\frac{\partial}{\partial r}r^2\frac{\partial}{\partial r} + \frac{1}{r^2\sin\theta}\frac{\partial}{\partial\theta}\sin\theta\frac{\partial}{\partial\theta} + \frac{1}{r^2\sin^2\theta}\frac{\partial^2}{\partial\phi^2} + k^2\right)\psi(\boldsymbol{r}) = 0 \tag{2.44}$$

以分离变量 $\psi(r,\theta,\varphi) = R(r)\Theta(\theta)\Phi(\varphi)$ 代入可得

$$\begin{cases} r^2 \dfrac{\mathrm{d}^2 R}{\mathrm{d}r^2} + r\dfrac{\mathrm{d}R}{\mathrm{d}r} + [k^2 r^2 - n(n+1)]R = 0 \\ (1-x^2)\dfrac{\mathrm{d}^2 \Theta}{\mathrm{d}x^2} - 2x\dfrac{\mathrm{d}\Theta}{\mathrm{d}x} + \left[n(n+1) - \dfrac{m^2}{1-x^2}\right]\Theta = 0, \quad x = \cos\theta \\ \dfrac{\mathrm{d}^2 \Phi}{\mathrm{d}\varphi^2} + m^2 \Phi = 0 \end{cases} \tag{2.45}$$

这三个常微分方程分别是：一个谐方程、一个球贝塞尔方程和一个连带勒让德方程。其解可表达为

$$\psi(r) = b_n(kr) P_n^m(\cos\theta) \mathrm{e}^{\mathrm{j}m\varphi} \tag{2.46}$$

式中，$P_n^m(\cos\theta)$ 是连带勒让德函数；$b_n(kr)$ 为球方程的解，可根据情况分别由三类球函数（球贝塞尔函数 $j_n(kr)$、球诺依曼函数 $n_n(kr)$ 和球汉克尔函数 $h_n^{(1)}(kr), h_n^{(2)}(kr)$）来表达。

当 $r \to \infty$ 时，球面波与平面波接近。

2.4.2 基本波函数的相互关系

平面波、柱面波和球面波可以相互转换，相互表达。

任意平面波可表示为柱面波的叠加：

$$\mathrm{e}^{-\mathrm{i}k_\rho \rho \cos\varphi} = \sum_{n=-\infty}^{\infty} J_n(k_\rho \rho) \mathrm{i}^n \mathrm{e}^{\mathrm{i}n\varphi} (-1)^n = J_0(k_\rho \rho) + 2\sum_{n=1}^{\infty} J_n(k_\rho \rho) \mathrm{i}^{-n} \mathrm{e}^{\mathrm{i}n\varphi} \cos n\varphi \tag{2.47}$$

任意平面波展开为球面波的叠加：

$$\mathrm{e}^{-\mathrm{i}kr\cos\theta} = \sum_{n=0}^{\infty} (2n+1) j_n(kr) \mathrm{i}^{-n} P_n(\cos\theta) \tag{2.48}$$

至于其他转换关系，可参考文献[2]和[4]等，此处省略。

2.4.3 矢量波动方程和矢量波函数

对无源矢量波动方程：

$$\nabla \times \nabla \times \boldsymbol{F}(\boldsymbol{r}) - k^2 \boldsymbol{F}(\boldsymbol{r}) = 0 \tag{2.49}$$

它与给定的边界条件（或辐射条件）构成本征值问题，在一般的正交坐标系中是不能直接分离的，即使是最简单的笛卡儿直角坐标系，因为

$$\nabla\times\nabla\times\boldsymbol{F}(\boldsymbol{r})=\nabla\times\begin{bmatrix}\boldsymbol{i} & \boldsymbol{j} & \boldsymbol{k}\\ \dfrac{\partial}{\partial x} & \dfrac{\partial}{\partial y} & \dfrac{\partial}{\partial z}\\ F^x & F^y & F^z\end{bmatrix}$$

$$=\begin{bmatrix}\boldsymbol{i} & \boldsymbol{j} & \boldsymbol{k}\\ \dfrac{\partial}{\partial x} & \dfrac{\partial}{\partial y} & \dfrac{\partial}{\partial z}\\ F_y^z-F_z^y & F_z^x-F_x^z & F_x^y-F_y^x\end{bmatrix}=\begin{bmatrix}\{(F_{xy}^y-F_{yy}^x)-(F_{zz}^x-F_{xz}^z)\}\boldsymbol{i}\\ \{(F_{yz}^z-F_{zz}^y)-(F_{xx}^y-F_{yx}^x)\}\boldsymbol{j}\\ \{(F_{zx}^x-F_{xx}^z)-(F_{yy}^z-F_{zy}^y)\}\boldsymbol{k}\end{bmatrix} \tag{2.50}$$

由于各个分量的相互影响，仍然是很难直接分离的①，难以获得九个相互独立的分量方程，从而需要直接求其矢量解，这种矢量解称为矢量波函数。

设标量函数$\psi(r)$满足无源标量波动方程：

$$(\nabla^2+k^2)\psi(\boldsymbol{r})=0 \tag{2.51}$$

则利用矢量恒等式$\nabla\times\nabla\times\boldsymbol{A}=\nabla\nabla\cdot\boldsymbol{A}+\nabla^2\boldsymbol{A}$可以方便地验证矢量波函数：

$$\begin{cases}\boldsymbol{M}(\boldsymbol{r})=\nabla\times[\boldsymbol{a}\psi(\boldsymbol{r})]\\ \boldsymbol{N}(\boldsymbol{r})=\dfrac{1}{k}\nabla\times\boldsymbol{M}(\boldsymbol{r})\end{cases} \tag{2.52}$$

是无源矢量波动方程（2.49）的解，其中 $\boldsymbol{a}$ 是任意常矢量，称为引导矢量。这两个解称为矢量方程的矢量波函数或矢量特征函数，相应的特征值为 $\boldsymbol{k}$。

两个矢量波函数都是通过旋度定义的，因此它们都是无散的。所以，通过矢量恒等式$\nabla\times\nabla\times\boldsymbol{A}=\nabla\nabla\cdot\boldsymbol{A}+\nabla^2\boldsymbol{A}$可以方便的证明，$\boldsymbol{M}(\boldsymbol{r}),\boldsymbol{N}(\boldsymbol{r})$同时满足：

$$\begin{cases}\nabla^2\boldsymbol{M}(\boldsymbol{r})+k^2\boldsymbol{M}(\boldsymbol{r})=0,\\ \nabla^2\boldsymbol{N}(\boldsymbol{r})+k^2\boldsymbol{N}(\boldsymbol{r})=0\end{cases} \tag{2.53}$$

根据定义，$\boldsymbol{M}(r),\boldsymbol{N}(r)$的关系为

$$\begin{cases}\nabla\times\boldsymbol{M}(\boldsymbol{r})=k\boldsymbol{N}(\boldsymbol{r})\\ \nabla\times\boldsymbol{N}(\boldsymbol{r})=k\boldsymbol{M}(\boldsymbol{r})\end{cases} \tag{2.54}$$

时谐情况下麦克斯韦方程组的两个旋度方程为

$$\begin{cases}\nabla\times\boldsymbol{E}(\boldsymbol{r})=-\mathrm{j}\omega\mu\boldsymbol{H}(\boldsymbol{r})\\ \nabla\times\boldsymbol{H}(\boldsymbol{r})=\mathrm{j}\omega\varepsilon\boldsymbol{E}(\boldsymbol{r})\end{cases} \tag{2.55}$$

将式（2.54）与式（2.55）相比可以看出：$\boldsymbol{M}(\boldsymbol{r}),\boldsymbol{N}(\boldsymbol{r})$分别是$\boldsymbol{E}(\boldsymbol{r}),\boldsymbol{H}(\boldsymbol{r})$的等效量。

① 虽然本书作者在研究电磁场数值计算过程中，一直关注包含双旋度算子的微分方程的分离变量解，也曾尝试过几次，但都以失败而告终。在本书书稿写作过程中，又再次对此进行了尝试，终于在 2016 年 5 月下旬得到一些有用的结果，详见本书第 10 章。

因为$\boldsymbol{M}(\boldsymbol{r}),\boldsymbol{N}(\boldsymbol{r})$是通过旋度定义的，而旋度的散度恒等于零，故$\boldsymbol{M}(\boldsymbol{r}),\boldsymbol{N}(\boldsymbol{r})$又称为无散度矢量波函数。但是，并非所有的电磁场都是无散的，为了能用矢量波函数表示各种情况下的电磁场，必须引入用于表示散度场的第三个矢量波函数 $\boldsymbol{L}$，其定义为

$$\boldsymbol{L}(\boldsymbol{r})=\nabla\psi(\boldsymbol{r}) \tag{2.56}$$

因为矢量波函数$\boldsymbol{L}$满足：

$$\begin{cases}\nabla\cdot\boldsymbol{L}(\boldsymbol{r})=\nabla\cdot\nabla\psi(\boldsymbol{r})=-k^2\psi(\boldsymbol{r})\\ \nabla\times\boldsymbol{L}(\boldsymbol{r})=\nabla\times\nabla\psi(\boldsymbol{r})=0\end{cases} \tag{2.57}$$

所以$\boldsymbol{L}$称为无旋度矢量波函数或散度波函数。

同时，由于$\boldsymbol{L}(\boldsymbol{r})$满足方程$\nabla\nabla\cdot\boldsymbol{L}(\boldsymbol{r})+k^2\boldsymbol{L}(\boldsymbol{r})=0$，而$\nabla\times\nabla\times\boldsymbol{L}(\boldsymbol{r})=0$，故$\boldsymbol{L}(\boldsymbol{r})$也满足$\nabla^2\boldsymbol{L}(\boldsymbol{r})+k^2\boldsymbol{L}(\boldsymbol{r})=0$，但$\boldsymbol{L}(\boldsymbol{r})$不满足$\nabla\times\nabla\times\boldsymbol{L}(\boldsymbol{r})-k^2\boldsymbol{L}(\boldsymbol{r})=0$，除非$k,\boldsymbol{L}(\boldsymbol{r})$中有一个为零。

在自由空间中，对同一标量函数$\psi(\boldsymbol{r})$，矢量波函数$\boldsymbol{M},\boldsymbol{N},\boldsymbol{L}$相互正交。

在有界空间中，一定边界条件下的矢量波函数也具有希尔伯特空间的正交性，可表示为

$$\begin{cases}\int_V\boldsymbol{M}_a(\boldsymbol{r})\cdot\boldsymbol{M}_b(\boldsymbol{r})\mathrm{d}V=0\\ \int_V\boldsymbol{N}_a(\boldsymbol{r})\cdot\boldsymbol{N}_b(\boldsymbol{r})\mathrm{d}V=0\\ \int_V\boldsymbol{L}_a(\boldsymbol{r})\cdot\boldsymbol{L}_b(\boldsymbol{r})\mathrm{d}V=0\end{cases} \tag{2.58}$$

式中，$k_a^2\neq k_b^2$；而且，$\boldsymbol{M},\boldsymbol{N},\boldsymbol{L}$之间也具有类似的正交关系：

$$\begin{cases}\int_V\boldsymbol{M}_a(\boldsymbol{r})\cdot\boldsymbol{N}_b(\boldsymbol{r})\mathrm{d}V=0\\ \int_V\boldsymbol{M}_a(\boldsymbol{r})\cdot\boldsymbol{L}_b(\boldsymbol{r})\mathrm{d}V=0\\ \int_V\boldsymbol{N}_a(\boldsymbol{r})\cdot\boldsymbol{L}_b(\boldsymbol{r})\mathrm{d}V=0\end{cases} \tag{2.59}$$

这里我们看到了矢量恒等式$\nabla\times\nabla\times\boldsymbol{A}=\nabla\nabla\cdot\boldsymbol{A}+\nabla^2\boldsymbol{A}$的神奇作用，它非常方便地将满足$\nabla\times\nabla\times\boldsymbol{F}(\boldsymbol{r})-k^2\boldsymbol{F}(\boldsymbol{r})=0$的$\begin{cases}\boldsymbol{M}(\boldsymbol{r})=\nabla\times[\boldsymbol{a}\psi(\boldsymbol{r})]\\ \boldsymbol{N}(\boldsymbol{r})=\dfrac{1}{k}\nabla\times\boldsymbol{M}(\boldsymbol{r})\end{cases}$转化为$\nabla^2\begin{Bmatrix}\boldsymbol{M}(\boldsymbol{r})\\ \boldsymbol{N}(\boldsymbol{r})\end{Bmatrix}+k^2\begin{Bmatrix}\boldsymbol{M}(\boldsymbol{r})\\ \boldsymbol{N}(\boldsymbol{r})\end{Bmatrix}=0$。（当然，这里应用了$\boldsymbol{M}(\boldsymbol{r}),\boldsymbol{N}(\boldsymbol{r})$的无散特性），也正因为此，有人认为该矢量恒等式是联系经典的力学规律和电磁规律的一种宇宙间的基本的逻辑规律[5]。但是，这种在反映不同物理机理的微分算子之间的转换，真的合适吗？

2.5　非齐次波动方程的积分表述

格林函数表示单位强度的点源所产生的场，是非齐次（波动）方程的基本解。

2.5.1　非齐次标量波动方程

设有边值问题：

$$\begin{cases}(\nabla^2+k^2)\psi(\boldsymbol{r})=f(\boldsymbol{r}), & \boldsymbol{r}\in V\\ \left[\alpha\dfrac{\partial\psi(\boldsymbol{r})}{\partial n}+\beta\psi(\boldsymbol{r})\right]_\Gamma=0, & \boldsymbol{r}\in\Gamma\end{cases}\tag{2.60}$$

式中，$\psi(\boldsymbol{r})$ 为未知函数，α,β 为已知函数，若格林函数 $G(\boldsymbol{r},\boldsymbol{r}')$ 是标量赫姆霍兹方程 $(\nabla^2+k^2)\psi(\boldsymbol{r})=-\delta(\boldsymbol{r}-\boldsymbol{r}')$ 在无穷空间的解，则利用格林公式和 δ 函数的性质，问题（2.60）的解（基本积分表述）为

$$\psi(\boldsymbol{r})=-\int_V G(\boldsymbol{r},\boldsymbol{r}')f(\boldsymbol{r}')\mathrm{d}V+\oint_S\left(G\frac{\partial\psi}{\partial n}-\psi\frac{\partial G}{\partial n}\right)\mathrm{d}S\tag{2.61}$$

2.5.2　非齐次矢量波动方程的积分解

对于非齐次矢量波动方程：

$$\begin{cases}\nabla\times\nabla\times\boldsymbol{E}(\boldsymbol{r})-k^2\boldsymbol{E}(\boldsymbol{r})=-\mathrm{j}\omega\mu\boldsymbol{J}(\boldsymbol{r})-\nabla\times\boldsymbol{M}(\boldsymbol{r})\\ \nabla\times\nabla\times\boldsymbol{H}(\boldsymbol{r})-k^2\boldsymbol{H}(\boldsymbol{r})=-\mathrm{j}\omega\mu\boldsymbol{M}(\boldsymbol{r})+\nabla\times\boldsymbol{J}(\boldsymbol{r})\end{cases},\quad \boldsymbol{r}\in V\tag{2.62}$$

中国电磁学家朱兰成与斯特莱顿共同提出了 Stratton-Chu 公式[6]：

$$\begin{cases}\boldsymbol{E}(\boldsymbol{r})=\displaystyle\int_V\left[-\mathrm{j}\omega\mu G\boldsymbol{J}(\boldsymbol{r}')-\boldsymbol{M}(\boldsymbol{r}')\times\nabla'G+\frac{\rho(\boldsymbol{r}')}{\varepsilon}\nabla'G\right]\mathrm{d}V\\ \qquad\displaystyle+\int_\Gamma(\mathrm{j}\omega\mu G\boldsymbol{n}\times\boldsymbol{H}-\boldsymbol{n}\times\boldsymbol{E}\times\nabla'G-\boldsymbol{n}\cdot\boldsymbol{E}\nabla'G)\mathrm{d}S\\ \boldsymbol{H}(\boldsymbol{r})=\displaystyle\int_V\left[-\mathrm{j}\omega\varepsilon G\boldsymbol{M}(\boldsymbol{r}')+\boldsymbol{J}(\boldsymbol{r}')\times\nabla'G+\frac{\rho_m(\boldsymbol{r}')}{\varepsilon}\nabla'G\right]\mathrm{d}V\\ \qquad\displaystyle-\int_\Gamma(\mathrm{j}\omega\varepsilon G\boldsymbol{n}\times\boldsymbol{E}+\boldsymbol{n}\times\boldsymbol{H}\times\nabla'G+\boldsymbol{n}\cdot H\nabla'G)\mathrm{d}S\end{cases}\tag{2.63}$$

式（2.62）和式（2.63）表明：V 内任意一点 $\boldsymbol{r}$ 处的电磁场可由 V 内的体分布源以及边界 Γ 上的等效面源 $\boldsymbol{J}_\mathrm{s}=\boldsymbol{n}\times\boldsymbol{E},\boldsymbol{M}_\mathrm{s}=-\boldsymbol{n}\times\boldsymbol{E},\rho_\mathrm{s}=\varepsilon\boldsymbol{n}\cdot\boldsymbol{E},\rho_\mathrm{ms}=\mu\boldsymbol{n}\cdot\boldsymbol{H}$ 的积分表示。

对于真实电磁场，$\boldsymbol{M}(\boldsymbol{r}')=0,\rho_\mathrm{m}=0$，所以

$$\begin{cases} \boldsymbol{E}(\boldsymbol{r}) = \int_V -\mathrm{j}\omega\mu G\boldsymbol{J}(\boldsymbol{r}')\mathrm{d}V' + \int_\Gamma (\mathrm{j}\omega\mu G\boldsymbol{n}\times\boldsymbol{H} - \boldsymbol{n}\times\boldsymbol{E}\times\nabla' G - \boldsymbol{n}\cdot\boldsymbol{E}\nabla' G)\mathrm{d}S \\ \boldsymbol{H}(\boldsymbol{r}) = \int_V \boldsymbol{J}(\boldsymbol{r}')\times\nabla' G\mathrm{d}V' - \int_\Gamma (\mathrm{j}\omega\varepsilon G\boldsymbol{n}\times\boldsymbol{E} + \boldsymbol{n}\times\boldsymbol{H}\times\nabla' G + \boldsymbol{n}\cdot\boldsymbol{H}\nabla' G)\mathrm{d}S \end{cases} \tag{2.64}$$

Stratton-Chu 公式的缺点是场量 $\boldsymbol{H},\boldsymbol{E}$ 在边界仍然是耦合的，并且要求 2.1 节给出的全部四个边界条件，尽管这些要求的边界条件在物理上是合理的，但这与唯一性定理不符。也就是说 Stratton-Chu 公式起码还不是最简洁的表达式。同时，由于在边界上 $\boldsymbol{H},\boldsymbol{E}$ 仍然是耦合，这将给边界元数值计算带来麻烦。也很少见到有利用此积分公式进行电磁场计算的。但它给我们指明了研究的方向，是可能通过严格数学推导得到包含双旋度算子的微分方程对应的积分表达式的。

2.6 计算电磁学中的矢量积分方程

在电磁工程数值计算中，积分方程的形式因问题而异，但大体可用一种模式来建立，即可先用等效原理将问题分成规则部分和不规则两部分，解析求解出规则部分，再利用规则部分的解建立未知等效源在不规则部分的方程[3]。也就是说，目前计算电磁学所使用的边界积分方程并不（都）是由相应的微分方程经数学严格推导出来的。

2.6.1 自由空间中的麦克斯韦方程的解

在 2.2.2 节，曾引入矢量位 $\boldsymbol{A}$ 和标量位 φ 并利用规范 $\nabla\cdot\boldsymbol{A}=\mathrm{j}\omega\varepsilon\varphi$ 和矢量恒等式 $\nabla\times\nabla\times\boldsymbol{A}=\nabla(\nabla\cdot\boldsymbol{A})-\nabla^2\boldsymbol{A}$ 得到式（2.28）：

$$\begin{cases} \nabla^2\varphi + \omega^2\mu\varepsilon\varphi = -\dfrac{1}{\varepsilon}\rho \\ \nabla^2\boldsymbol{A} + \omega^2\mu\varepsilon\boldsymbol{A} = -\mu\boldsymbol{J} \\ \nabla\cdot\boldsymbol{A} = -\mathrm{j}\omega\varepsilon\mu\varphi \end{cases}$$

因为标量齐次赫姆霍兹方程 $(\nabla^2+k^2)G+\delta=0$ 无穷空间的解（也称为格林函数）为

$$G(\boldsymbol{r},\boldsymbol{r}') = \frac{\mathrm{e}^{-\mathrm{j}k|\boldsymbol{r}-\boldsymbol{r}'|}}{4\pi|\boldsymbol{r}-\boldsymbol{r}'|} \tag{2.65}$$

则矢量位在无穷空间的解为

$$\boldsymbol{A}(\boldsymbol{r}) = -\int_{V'} \mu\boldsymbol{J}(\boldsymbol{r}')G(\boldsymbol{r},\boldsymbol{r}')\mathrm{d}V' \tag{2.66}$$

同理，标量位由微分方程可直接解得

$$\varphi(\boldsymbol{r}) = -\frac{1}{\mathrm{j}\omega\varepsilon}\int_{V'} \nabla'\cdot\boldsymbol{J}(\boldsymbol{r}')G(\boldsymbol{r},\boldsymbol{r}')\mathrm{d}V' \tag{2.67}$$

同时，标量位 φ 还可以由规范 $\nabla\cdot\boldsymbol{A}=\mathrm{j}\omega\varepsilon\varphi$ 通过矢量位得到

$$\varphi(\boldsymbol{r})=\frac{\nabla\cdot\boldsymbol{A}}{\mathrm{j}\omega\varepsilon}=-\frac{\mu}{\mathrm{j}\omega\varepsilon}\int_{V'}\boldsymbol{J}(\boldsymbol{r}')\cdot\nabla G(\boldsymbol{r},\boldsymbol{r}')\mathrm{d}V' \tag{2.68}$$

这样，电场的计算就存在两种表达形式，一方面，由式（2.66）和使用规范得到的标量位表达式（2.68），有

$$\boldsymbol{E}=\mathrm{j}\omega\mu\boldsymbol{A}-\nabla\varphi=-\mathrm{j}\omega\mu\int_{V'}\left[1+\frac{1}{k^2}\nabla\nabla\right]\cdot\boldsymbol{J}(\boldsymbol{r})G(\boldsymbol{r},\boldsymbol{r}')\mathrm{d}V' \tag{2.69}$$

另一方面，将矢量位 $\boldsymbol{A}$ 和标量位 φ 的解(2.66)、解(2.67)直接代入 $\boldsymbol{E}-\mathrm{j}\omega\mu\boldsymbol{A}=-\nabla\varphi$ 中又可得

$$\boldsymbol{E}=\mathrm{j}\omega\mu\boldsymbol{A}-\nabla\varphi=-\mathrm{j}\omega\mu\int_{V'}\left[\boldsymbol{J}(\boldsymbol{r}')+\frac{1}{k^2}\nabla(\nabla'\cdot\boldsymbol{J})\right]G(\boldsymbol{r},\boldsymbol{r}')\mathrm{d}V' \tag{2.70}$$

文献[3]指出：这两种表达式是不同的。式（2.69）的两个 ∇ 算子都是对场点，也就是仅作用在格林函数上，导致积分核奇异性阶次很高，由于没有作用在源上，在某些条件下可以得到简明的表达式，一般用于远场计算；式（2.70）的两个 ∇ 算子一个对场点，作用在格林函数上，一个对源点，作用在等效源上，因而积分核的奇异性阶次低于前者，一般用于计算近场。

对于同一个物理量，按照所谓规范不变性，在位的计算上出现差异是允许的，但在我们关注的真实物理量计算上也出现不同，需要根据场点的不同来选择不同的计算式，并且这种选择还可能（几乎可以肯定）仅仅是从计算结果的比对中得到的。那么当没有比对结果时就让人无所适从了。

磁场的表达式是通过式 $\nabla\times\boldsymbol{E}=-\mathrm{j}\omega\mu\boldsymbol{H}$ 由电场或者由矢量位的定义 $\boldsymbol{B}=\nabla\times\boldsymbol{A}$ 求得，这样磁场也就有两种以上的求法，出现前面相同的困惑。

2.6.2　金属体散射问题积分方程的建立

假设有一个电磁波 $\boldsymbol{E}^{\mathrm{i}},\boldsymbol{H}^{\mathrm{i}}$ 照射到一个边界为 S 的金属体上，此金属体自然会产生散射场。在 S 上应用惠更斯原理可知：散射场可等效为由 S 上的等效源在均匀介质中产生的场，这组等效源满足：$\boldsymbol{M}=\boldsymbol{E}\times\boldsymbol{n},\boldsymbol{J}=\boldsymbol{n}\times\boldsymbol{H}$。

由于金属表面的切向电场为零，则磁流源 $\boldsymbol{M}=\boldsymbol{E}\times\boldsymbol{n}=0$，因而，散射场可只用等效电流 $\boldsymbol{J}$ 表达：

$$\begin{cases}\boldsymbol{E}^{\mathrm{s}}=-\mathrm{j}k\sqrt{\dfrac{\mu}{\varepsilon}}\displaystyle\int_V\left[\boldsymbol{J}+\frac{1}{k^2}\nabla(\nabla'\cdot\boldsymbol{J})\right]\mathrm{d}\tau\\ \boldsymbol{H}^{\mathrm{s}}=-\displaystyle\int_V\boldsymbol{J}\times\nabla G\mathrm{d}\tau\end{cases} \tag{2.71}$$

根据总场等于入射场和散射场之和可得

$$\begin{cases} \boldsymbol{E}=\boldsymbol{E}^{\mathrm{i}}+\boldsymbol{E}^{\mathrm{s}}=\boldsymbol{E}^{\mathrm{i}}-\mathrm{j}k\sqrt{\dfrac{\mu}{\varepsilon}}\int_V\left[\boldsymbol{J}+\dfrac{1}{k^2}\nabla(\nabla'\cdot\boldsymbol{J})\right]\mathrm{d}\tau \\ \boldsymbol{H}=\boldsymbol{H}^{\mathrm{i}}+\boldsymbol{H}^{\mathrm{s}}=\boldsymbol{H}^{\mathrm{i}}-\int_V\boldsymbol{J}\times\nabla G\mathrm{d}\tau \end{cases} \tag{2.72}$$

再根据金属表面的切向电场为零可得

$$\left.\left\{\boldsymbol{E}^{\mathrm{i}}-\mathrm{j}k\sqrt{\frac{\mu}{\varepsilon}}\int_V\left[\boldsymbol{J}+\frac{1}{k^2}\nabla(\nabla'\cdot\boldsymbol{J})\right]\mathrm{d}\tau\right\}\right|_t=0 \tag{2.73}$$

这是由电场边界条件建立的，故称为电场积分方程。

对 $\boldsymbol{H}=\boldsymbol{H}^{\mathrm{i}}-\int_V\boldsymbol{J}\times\nabla G\mathrm{d}\tau$ 两边取差积 $\boldsymbol{n}$，并利用关系式 $\boldsymbol{J}=\boldsymbol{n}\times\boldsymbol{H}$ 可得

$$\boldsymbol{J}-\boldsymbol{n}\times\left(-\int_V\boldsymbol{J}\times\nabla G\mathrm{d}\tau\right)=\boldsymbol{n}\times\boldsymbol{H}^{\mathrm{i}} \tag{2.74}$$

这是根据磁场边界条件建立的，故称为磁场积分方程。

原则上讲，电场积分方程和磁场积分方程是等价的，但其数值性能却有很大的不同。文献[3]进一步指出：一般情况下，磁场积分方程强于电场积分方程。因为：①从磁场积分方程出发得到的离散矩阵条件数要比电场积分方程好得多；②在频率低时电场积分方程中的电流源不唯一，磁场积分方程没有这种情况。但对于非常薄的物体，又只能应用电场积分方程求解。很明显，这些结论应该是根据计算结果与实际情况比对而来的。

从这些描述可以看到：计算电磁学尽管已经取得了巨大的成就，为现代物质文明和信息社会的发展起了极大的促进作用，但在其内部还存在瑕疵，存在进一步发展的空间。

参考文献

[1] 谢处方, 饶克谨. 电磁场与电磁波. 3 版. 北京: 高等教育出版社, 1999.
[2] 王长清. 现代计算电磁学基础. 北京: 北京大学出版社, 2005.
[3] 盛新庆. 计算电磁学要论. 北京: 科学出版社, 2008.
[4] 余恬, 雷虹. 电磁场分析中的应用数学. 北京: 北京邮电大学出版社, 2009.
[5] 宋文淼. 电磁波基本方程组. 北京: 科学出版社, 2003.
[6] 斯特莱顿. 电磁理论. 何国瑜, 译. 北京: 北京航空学院出版社. 1986.

第 3 章 麦克斯韦方程组的一致性分析

本章首先从多个方面说明了麦克斯韦方程组现有求解方法可能存在的问题，并大致描述了其他研究者对麦克斯韦方程组现有解法所提出的质疑和主要研究思路，分析了麦克斯韦方程组现有解法存在的主要问题。在此基础上首先说明包含双旋度算子的三类微分方程本身隐含的所谓协调条件。对于电磁场理论给出的双旋度赫姆霍兹方程和双旋度一般时域波动方程，其协调条件还是物理规律，因此，经典理论中的规范条件是不必要的。其次本章说明通过规范（或者协调条件）和矢量恒等式$\nabla\times\nabla\times\boldsymbol{F}=\nabla\nabla\cdot\boldsymbol{F}-\nabla^2\boldsymbol{F}$结合，将包含双旋度算子的微分方程转换为包含拉普拉斯算子的微分方程在物理上是存在问题的，并就双旋度泊松方程通过三个理论例子说明了这一结论。另外需要指出，本章还提出了一个重要推测：希望通过包含双旋度算子的三类微分方程完善求解麦克斯韦方程组，只能依靠势函数表达来实现，不可能完善解决双旋度算子矢性变量的求解问题，这是由双旋度算子的欠定特性所决定的，这实际上从计算电磁学角度说明了电磁场的基本量是势函数。遗憾的是关于这一点只能给出勉强说得过去的物理解释，不能给出满意的数学证明，总之本章纠正了经典理论在这方面的模糊认识。最后本章给出了电磁理论中出现的包含双旋度算子的三类微分方程定解问题的恰当提法，并明确提出了完善求解麦克斯韦方程组的标准。

3.1 概　　述

自麦克斯韦建立电磁场理论体系的 100 多年以来，麦克斯韦电磁理论不仅是现代理论物理中的一个重要分支，还一直被绝大多数研究者视为自然科学体系中一个最为成熟的经典理论。例如，文献[1]是这样评价麦克斯韦电磁理论的：“这一理论是完备的，它有一套完备方程组，可以计算电磁现象的每一细节；这一理论是正确的，在它适用的范围内，它导出的每一细节都与实际一致；这一理论是基本的，它不能由更基本的经典理论导出；这一理论是重要的，它所表达的规律已成为现代技术和现代文明的重要组成部分。”

同时电磁理论对人类的科技进步和文明发展无疑发挥了巨大作用。现代通信、现代传媒以及现代生活的各个方面可以说都离不开电磁理论的指导。无论是电磁理论与应用方面的专业研究人员，还是广大普通民众，绝大多数都普遍认为电磁理论是非常成熟的。可以毫不夸张地说[2]，“没有经典电磁理论的发展就不可能有信息社会的出现，也可以说就没有现代文明”。

长期致力于电磁基础理论研究与工程应用研究的中国科学院电子学研究所原理论室主任宋文淼教授结合自己的研究，在其专著的前言中就电磁理论的研究历史、研究现状用三句话进行了精辟的概括[2]。

（1）麦克斯韦在 19 世纪 70 年代①提出了关于存在电磁波以及光就是电磁波这样一个科学史上最大胆的预言。但是，麦克斯韦所提出的关于电磁场的统一方程组实际上是无法求解的。麦克斯韦指出了科学发展的方向，而把如何求解电磁场这样的细节问题留给了后人。

（2）赫兹在 20 世纪初（通过实验）证明了电磁波的存在，并把麦克斯韦提出的方程组简化为现在常用的形式，称为麦克斯韦方程组。但是，当时同样无法对这样的方程组求解。所能证明的只是，从当时已经掌握的标量波动方程的理论和求解方法求得麦克斯韦方程组的某些特殊情况下的解。同样，赫兹把精确、普遍地求解这一方程组的问题留给了后人。

（3）一个多世纪以来，人们一直致力于对麦克斯韦方程组的精确求解方法研究。但是，经过了一个多世纪的努力，这个问题一直没有得到完善解决。看起来，在经典数学的基础上是不可能完善地解决宏观电磁场理论问题的。

宋文淼的上述陈述，起码告诉人们这样一个事实（这非常重要，是需要一定勇气的）：求解麦克斯韦方程组的问题并没有真正完成。他的研究结论：在经典数学的范围内，麦克斯韦方程组不可能得到完善解决。

另外，清华大学李泉凤在著作[3]中明确指出："从电磁场理论来看，在确定的条件下，场的分布是唯一的。但是用不同的方法求解（代数方程组）得到的收敛解及其求解的速度相差很大，因而寻找有效的求解方法也是当前重点研究的课题。"

美国著名学者哈尔姆斯在谈到麦克斯韦方程组的一系列军事应用（如隐身与反隐身技术）后，明确指出[4]：军事科学家对这些问题已作出大量努力，都没有得到满意的结果，这就很清楚地表明肯定有某种问题超出了数学和计算的范畴而没有得到解决。不过，他的解决之道是认为麦克斯韦方程组需要适当修正。

这些论述表明：对于偏重于理论（物理）的研究人员，由于规范条件（或规范变换）的存在，认为经典电磁理论已完美无缺；对于偏重于数值计算和工程实际的研究人员，由于必须进行大量的实际工程计算，随着计算机计算能力的快速提升和测试能力的大幅度提高，已清楚地看到过去认为的所谓"计算误差"，可能是经典电磁理论在电磁场求解理论和求解方法上存在问题造成的。

---

① 原文如此。实际上麦克斯韦关于电磁理论的三篇重要论文发表时间分别为《论 Faraday 力线》（1855－1856），《论物理力线》（1861－1862），《电磁场的动力学理论》（1865）。当然其巨著《电磁通论》是 1873 年出版的。因此此处严格讲应该为 19 世纪 60 年代。

3.2 关于麦克斯韦方程组求解的讨论

3.2.1 哈尔姆斯问题

哈尔姆斯在研究非正弦电磁波在有耗媒质中传播时遇到解不收敛的困惑，由此引起世界范围的电磁科学工作者在20世纪80年代末90年代初对麦克斯韦方程组是否需要修正的大争论。这次争论尽管长达十多年，至今并没有明确的结论（时至1999年北京大学王长清还在《电波科学学报》发表文章参与讨论[5]）。哈尔姆斯认为[4]："解不收敛表明肯定有某种问题超出了数学和计算的范围而未得到解决。"他在经过一些尝试后进一步指出："由于麦克斯韦方程组本身存在缺陷，一般说来，它不可能对有耗媒质中传播的信号有解。更为科学地说，当波的相对带宽不可忽略并在损耗介质中传播时，麦克斯韦方程是不适用的。"哈尔姆斯的观点并没有得到电磁学界的广泛认可，但也没有办法解决哈尔姆斯提出的问题。初步研究表明：哈尔姆斯问题是由于规范变换引起的麦克斯韦方程在现有理论体系下不可解的一个反映。关于哈尔姆斯问题，可详见其论文和专著[4]。文献[6]也有专门章节对此进行了较为详尽的阐述。

3.2.2 实验研究与理论研究的脱节

目标与环境电磁散射辐射国防科技重点实验室的黄培康在聂在平 2009 年 3 月主编的著作[7,8]的序言中明确指出：计算电磁学尽管已取得很大进展，但其计算精度远远不够，甚至还达不到测量精度（复散射测量准确度仍优于理论计算）。

事实上，早在 1941 年美国政府由于第二次世界大战的需要，支持麻省理工学院建立了辐射实验室（后改名为林肯实验室），研制高性能雷达技术，在最初的 6 年里，投入了 21 亿美元的资金，其投资强度和研制原子弹的曼哈顿计划①相当。通过大量的试验研究和理论研究，雷达技术获得飞跃。这天量的资金投入从侧面证明：在当时麦克斯韦方程的求解并没有获得较好解决，需要花费大量人力物力进行试验研究。当然，高性能雷达技术不仅仅包含电磁场计算（或麦克斯韦方程组的求解），但计算手段的欠缺导致大量试验研究不得不进行却是不争的事实。

3.2.3 计算电磁学的现状

计算方法多种多样。从计算数学的角度来看：有限元方法、差分法和边界元方法是三种基本数值方法。对于计算电磁学，除了使用这三种基本数值计算方法，更有利

---

① 据百度资料：曼哈顿计划(Manhattan Project)。该工程集中了当时西方主要国家（除德国外）最优秀的核科学家，动员了 10 万多人参加，历时 3 年，耗资 20 亿美元，于 1945 年 7 月 16 日成功地进行了世界上第一次核爆炸，并按计划制造出两颗实用的原子弹。

用物理规律构造的时域有限差分法和利用矢量特性的棱边元矢量有限元法，甚至以中学物理所学的镜像法为基础的所谓模拟电荷法[9]也用于电磁场的数值分析。各种近似方法更是层出不穷，仅高频近似的各种理论就有 9 大类（如几何光学、物理光学、几何绕射理论、一致性绕射理论、物理绕射理论等），其中物理光学又有近似 12 种形式[7,8]。

事实上，随着计算技术的发展，计算技术在各理论和应用学科上得到广泛应用。例如，一个有限元法解决了固体力学的几乎所有静、动力学问题，因此固体（或结构）计算力学教材只讲有限元方法；而流体力学或数值传热学则用差分法，如陶文铨院士的经典专著《数值传热学》[10]就只讲了有限容积差分法，因为这一方法基本能够解决数值传热学的几乎所有工程实际问题。但是任何一本称为《计算电磁学》的教材中，都起码会涉及有限元法、差分法和边界元法这三种基本数值方法。在三种基本数值方法中，边界元法是理论最复杂、应用最烦琐的①，但由于计算中使用了理论解（基本解或格林函数），计算精度最高。边界元法（计算电磁学中称为矩量法）也因此在计算电磁学中获得了最好的发展。这些都从另一个侧面说明：麦克斯韦方程组的求解问题是一个尚待更好解决的问题，否则在工程上就无需使用多种方法去进行多种尝试了。另外，需要说明，本书作者也正是由于这一点而首先意识到计算电磁学可能存在问题而开始进行深入研究的。

3.2.4 基准问题

国际计算电磁学会议（COMPUMAG，1974 年由英国卢瑟福阿普尔顿国家实验室发起）自 1974 年起至今，大约两年举办一次，该国际会议的一个显著特点是开展了用于验证电磁场数值计算方法正确性的 TEAM 问题的学术交流，作为每届会议的专题活动之一。计算电磁学的研究者提出了一些实验模型并给出详细的测试数据，分别模拟某一类工程问题，经确认后作为基准算例，用来检验和比较各种算法计算的正确性和精度，为解决该类 TEAM 问题相对应的工程问题提供依据。到 2010 年为止，已经确认的基准算例共有 34 个。这个事实本身就表明：麦克斯韦方程的求解并没有获得完善解决，但工程上的需要已经使大家迫不及待了。

这里需要说明，科学和技术是完全不同的两个概念。科学的两个基本要素是物质性（明确的研究对象）和逻辑自洽性，缺一不可。技术的基本特点是实用性，可以有各种合理或不合理的假设。一个实例：我国著名科学家钱学森作出巨大贡献的空气动力学的基础是理想流体力学＋库塔-茹可夫斯基条件。这只是一门技术，不能称为科学。因为理想流体力学和库塔-茹可夫斯基条件本身就是一对矛盾，但两者的结合又确实能解决空气动力学的绝大部分问题。

① 有限元法、差分法很早就有商业化的通用程序，而边界元法在这方面存在很大的差距。

3.2.5　国际国内主要研究现状

（1）寻求麦克斯韦方程新的高效求解方法，国际上的主要流派可以说是以美国密歇根大学的戴振铎[11]（曾担任美国天线与电波传播学会主席）为首的研究团队，自 20 世纪 40 年代开始研究，其研究思路在国内得到继承（中国科学院电子学研究所的宋文淼和武汉大学的鲁述），其主要研究思路是使用并矢、广义函数等现代数学工具来研究电磁场的理论和数值计算问题。我国著名科学家钱伟长也曾在 20 世纪 80 年代与戴振铎合作在上海举办研究班，希望解决电磁场的计算问题，并出版了专著[12]。并矢方法可以说是格林函数和广义函数理论的综合，其理论艰深。但相关资料指出[2]：戴振铎的工作并没有在经典电磁场理论的范围内得到真正的应用，却为现代电磁场理论开辟了道路。

（2）宋文淼在继承戴振铎研究思路的基础上，利用所谓广义赫姆霍兹矢量分解定理，按矢量源的性质进行分解，最后获得用两个标量拉普拉斯算子决定的态函数表示的纯旋量，应该说这可能是一个正确的思路。但据文献[2]指出该法目前只能应用于理想的电磁谐振腔和无损微波网络问题（这里实际上出现了边界条件的问题，实际上就是工程材料与电磁场的相互作用的问题）。用该方法解决一般的麦克斯韦方程的求解还有很多问题需要解决。

（3）另外，福建大学的马昌凤在这方面也做了不少有意义的尝试。其主要思路是：不采用任何规范条件，用有限元法直接求解用势函数表示的麦克斯韦方程组，并出版了专著[13]。

（4）上海交通大学的杨本洛在坚持物质第一性和逻辑自洽化这两个基本原则的基础上，对电磁理论进行了大胆的梳理，认真研究了麦克斯韦方程所涉及的双旋度算子的数学特性（特别是对双旋度泊松方程的求解理论有非常深刻的研究），明确提出了各种规范条件缺乏相应的物理基础，却又试图寻求新的规范（他所说的合理限制条件），这些研究成果在其专著[14-17]中都有较好的体现，但这些成果还缺乏全面的数值验证、实验验证和工程实践的检验。本书作者也是由杨本洛引领（指导和鼓励下逐渐）进入（电磁场）基础理论研究的。

总之，相当一部分研究者认识到：电磁场理论中的各种规范条件可能是麦克斯韦方程难以准确求解的根源。

3.3　麦克斯韦方程组的一致性分析

除极少数研究者外，绝大多数研究人员都认为：麦克斯韦方程组是真实地反映所有电磁现象的基本物理规律。我们的研究工作也是在肯定麦克斯韦方程组本身是真实物理规律的条件下进行的，那么在科学高度发达、计算机技术日新月异的今天，为什么还会出现上述电磁场数值计算的困难？

我们确信：任何一个长期得不到解决的科学难题，必然存在物理模型或者数学逻辑推理的不自洽。

麦克斯韦方程组的不可解性，最主要的原因正是对双旋度算子$\nabla\times\nabla\times$的性质在数学上缺乏深刻的研究①，从而错误的应用各种规范条件（如洛伦兹规范、库仑规范、时间规范等）将包含双旋度算子$\nabla\times\nabla\times$的双旋度泊松方程$\nabla\times\nabla\times\boldsymbol{F}=\boldsymbol{f}$、双旋度赫姆霍兹方程$\nabla\times\nabla\times\boldsymbol{F}-k^2\boldsymbol{F}=\boldsymbol{f}$和一般时域双旋度波动方程$\nabla\times\nabla\times\boldsymbol{F}+\dfrac{1}{c^2}\dfrac{\partial\boldsymbol{F}^2}{\partial t^2}=\boldsymbol{f}$转化为拉普拉斯算子$\nabla^2$对应的一般向量（甚至是标量）泊松方程$\nabla^2\boldsymbol{F}=\boldsymbol{f}$、赫姆霍兹方程$\nabla^2\boldsymbol{F}+k^2\boldsymbol{F}=\boldsymbol{f}$和一般时域波动方程$\nabla^2\boldsymbol{F}-\dfrac{1}{c^2}\dfrac{\partial\boldsymbol{F}^2}{\partial t^2}=\boldsymbol{f}$来求解。由于拉普拉斯算子$\nabla^2$和双旋度算子$\nabla\times\nabla\times$是两类完全不同的算子，这种转换可能存在如下的问题。

3.3.1 旋度和散度是矢量场中不同性质的源

很多电磁学著述都明确指出旋度和散度是矢量场中不同性质的源。例如，文献[19]是这样描述旋度和散度的。

（1）旋度所表示的是矢量场中各点的场量与漩涡源的关系，而散度所表示的是矢量场中各点场量与通量源的关系。

（2）旋度所描述的是矢量场的各个分量沿着与它相垂直的方向上的变换规律，而散度所描述的是矢量沿各自方向上的变化规律。

显然，漩涡源（和旋度运算相对应）和通量源（和散度运算相对应）是两类完全不同性质的源，从物理的角度上讲绝不能相互转换或替代。

3.3.2 关于规范条件

所谓“规范”，从字面上理解就是人为规定。例如，在工程技术的各个领域，为了简化设计过程，对某个具体参数简单的“规定”其取值范围或满足某个简单关系。当然，这个“规定”是人们根据科学理论或者试验结果或者大量工程实践经验确定的。经典电磁场理论中的规范则是依据所谓“规范不变性”，再考虑使两个分别关于$\boldsymbol{H}$和$\boldsymbol{E}$（或关于势函数$\boldsymbol{A}$和φ）的波动方程解耦或方便求解而来的，总之是为了方便麦克斯韦方程给出确定值而提出的。

经典电磁场理论是通过各种规范条件来实现麦克斯韦方程组两类变量（对于原始变量是$\boldsymbol{H}$和$\boldsymbol{E}$，对于势函数表达是$\boldsymbol{A}$和φ）的解耦并将包含双旋度算子$\nabla\times\nabla\times$的微分方程转化为拉普拉斯算子∇^2的微分方程的。但是，规范变换完全是从数学角度引入的，

① 在逾千万字数的 5 卷本《数学百科全书》[18]中，竟然没有与‘双旋度算子’或‘双旋度泊松方程’或‘双旋度赫姆霍兹方程’等相关的条目。这或许能够证明数学家对双旋度算子的忽视吧。当然最大的可能是规范变换的误导，认为包含双旋度算子的微分方程的求解问题已经解决，没有仔细研究的必要。

其物理背景值得讨论。尽管相当多理论物理学家都认为规范条件特别是洛伦兹规范具有深刻的物理含义。宋文淼在提到洛伦兹规范条件$\nabla\cdot\boldsymbol{A}+\varepsilon\mu\dfrac{\partial\varphi}{\partial t}=0$时是这样评价的[2]：该规范条件把一个物理量的空间关系与另一物理量的时间变化率联系到一起，在物理上和数学上都很难将两者联系在一起，把这种变换引入到麦克斯韦方程组无疑会改变麦克斯韦方程的数学和物理性质。但是这样的运算从经典数学的角度又似乎看不出有什么问题。

3.3.3　关于赫姆霍兹矢量分解定理

根据赫姆霍兹矢量分解定理，对于一般的矢量场$\boldsymbol{F}(\boldsymbol{r})$，总可以将其表示成一个无旋分量$\boldsymbol{F}_{\rm l}(\boldsymbol{r})$和一个无散分量$\boldsymbol{F}_{\rm s}(\boldsymbol{r})$之和，即

$$\boldsymbol{F}(\boldsymbol{r})=\boldsymbol{F}_{\rm l}(\boldsymbol{r})+\boldsymbol{F}_{\rm s}(\boldsymbol{r})\text{，}\ \nabla\cdot\boldsymbol{F}_{\rm s}(\boldsymbol{r})=0,\ \nabla\times\boldsymbol{F}_{\rm l}(\boldsymbol{r})=0 \tag{3.1}$$

用势函数$\varphi,\boldsymbol{A}$表达，赫姆霍兹分解可表示为

$$\boldsymbol{F}=-\nabla\varphi+\nabla\times\boldsymbol{A} \tag{3.2}$$

赫姆霍兹矢量分解定理的成立也从另一个侧面说明：任何一个矢量场的无旋分量和无散分量是矢量场的不同部分，两者不能混淆，不能相互替代。

经典理论特别指出[1,6,20,21]：将一个矢量场分解为无旋分量$\boldsymbol{F}_{\rm l}(\boldsymbol{r})$和无散分量$\boldsymbol{F}_{\rm s}(\boldsymbol{r})$两部分，这种分解在物理上是唯一的。但由于标量势叠加任意一个常数、矢量势叠加任意一个有势向量，不影响物理量$\boldsymbol{F}$的值，所以赫姆霍兹分解的势函数表达又是不唯一的，这与经典电磁理论中的“规范不变性”相呼应。

3.3.4　一个重要的特殊矢量恒等式

$$\nabla\times\nabla\times\boldsymbol{F}=\nabla\nabla\cdot\boldsymbol{F}-\nabla^2\boldsymbol{F} \tag{3.3}$$

赫姆霍兹矢量分解定理可以看作该矢量恒等式的重要推论。

作为一个矢量恒等式，其正确性在数学上是无疑的。但是将其与规范结合，将双旋度算子转变为拉普拉斯算子，这两类不同性质的算子进行转换，在物理上肯定是存在问题的。从这个角度上讲，即使所使用的规范有明确的物理含义（即某个物理规律），这种转换从物理上讲也是不允许的。当然，这个矢量恒等式在数学上成立又标志着两种不同的源（在某个意义上）具有某种联系（例如，从某个度量基准出发或者从某个角度出发，两种源所具有的关系），这是一个尚待研究的问题。

如果将该矢量恒等式改写为赫姆霍兹矢量分解定理：

$$-\nabla^2\boldsymbol{F}=\boldsymbol{G}=\nabla\times\nabla\times\boldsymbol{F}-\nabla\nabla\cdot\boldsymbol{F} \tag{3.4}$$

其物理意义和数学意义就比较明显了。前端可看作由拉普拉斯算子与矢量$\boldsymbol{F}$结合将唯一地决定一个矢量（场）$\boldsymbol{G}$；后端则表示这个矢量（场）$\boldsymbol{G}$由矢量$\boldsymbol{F}$的旋度$\nabla\times\boldsymbol{F}$和

散度$\nabla \cdot \boldsymbol{F}$唯一决定。在逻辑上这个等式表达的是矢量$\boldsymbol{G}$是由两个性质不同的部分组成的，而经典电磁理论则是通过规范使与散度相关的部分$\nabla\nabla \cdot \boldsymbol{F}$为零（或$\nabla\nabla \cdot \boldsymbol{F}$与相关方程的其他部分一起为零）。这从逻辑上相当于某事物如矢量$\boldsymbol{A}$由不可相互转换的两个方面$\boldsymbol{B}$和$\boldsymbol{C}$组成，即$\boldsymbol{A}=\boldsymbol{B}+\boldsymbol{C}$。现在通过规范假定$\boldsymbol{B}$为零（对$\boldsymbol{A}$没有贡献），那么$\boldsymbol{A}=\boldsymbol{C}$，这显然是存在问题的。更通俗地讲，一条鱼$\boldsymbol{A}$由鱼头$\boldsymbol{B}$和鱼身$\boldsymbol{C}$（包括鱼尾）两部分组成，现在由规范假设鱼头$\boldsymbol{B}$没有了，就成了鱼$\boldsymbol{A}$等于鱼身$\boldsymbol{C}$了。当然在很多实际情况下鱼$\boldsymbol{A}$等于鱼身$\boldsymbol{C}$是很好的近似，如在餐馆，当只需要鱼身做菜时，对于客户来讲鱼身等于整条鱼就是很好的近似；同理，当只需要鱼头做菜时，对于客户来讲鱼头等于整条鱼也是很好的近似。

也正因为这种近似在电磁场数值计算中的应用，使得电磁场数值计算在某些情况下与实验验证、工程应用高度吻合。正是这种不严格的近似的规范，使得电磁场的问题成为经典数学方法可以求解的问题，没有这种不严格的近似的规范，也就没有 20 世纪经典场论的发展，也很难想象 20 世纪电磁工程和信息科学技术的发展。因此当人们还没有明白其中的蹊跷时，显然对该矢量恒等式给予了过高的评价，如文献[2]指出：该矢量恒等式是联系经典的力学规律和电磁规律的一种宇宙间的基本的逻辑规律。

3.3.5 双旋度算子和拉普拉斯算子

人们没有注意到双旋度算子$\nabla\times\nabla\times$对应的微分方程和拉普拉斯算子∇^2对应的微分方程具有完全不同的性质，描述的是完全不同的物理现象。不严格地讲拉普拉斯算子∇^2刻画物质场在任意空间点（微体积元）的法向行为特征，所要求的边界条件是法向分量。双旋度算子$\nabla\times\nabla\times$所描述的恰恰是对应于给定空间域边界的“切向”行为特征，所要求的边界条件是切向分量。两类方程解的性质、要求的边界条件等完全不同。也就是说：即使对某个规范赋予明确的物理内涵，也不能由此将双旋度算子对应的微分方程在没有任何变量代换的条件下转换为拉普拉斯算子对应的微分方程。同时，电磁场边值问题的唯一性定理要求给定切向边界条件。

总之，即使对某个规范赋予明确的物理内涵，也不能由此将双旋度算子$\nabla\times\nabla\times$对应的微分方程在没有任何变量代换的条件下转换为拉普拉斯算子∇^2对应的微分方程。同时，电磁场解的唯一性定理也要求的是切向边界条件，这与双旋度算子$\nabla\times\nabla\times$对应的微分方程所要求的边界条件相一致，而与拉普拉斯算子∇^2对应的微分方程所要求的法向边界条件并不相同。

3.4 包含双旋度算子的微分方程的一致性分析

3.4.1 电磁场经典理论的微分方程与规范条件

麦克斯韦在安培、法拉第等工作的基础上，建立了麦克斯韦方程组：

$$
\begin{cases}
\nabla\times\boldsymbol{E}=-\dfrac{\partial\boldsymbol{B}}{\partial t}\\
\nabla\times\boldsymbol{H}=\boldsymbol{J}+\dfrac{\partial\boldsymbol{D}}{\partial t}\\
\nabla\cdot\boldsymbol{D}=\rho\\
\nabla\cdot\boldsymbol{B}=0
\end{cases}
\tag{3.5}
$$

麦克斯韦方程组只有两个旋度方程是独立的，且电场场量和磁场场量是相互耦合的。

分别对两个旋度方程取旋度，可得关于原始变量 $\boldsymbol{B}(\boldsymbol{r},t)$、$\boldsymbol{E}(\boldsymbol{r},t)$ 的波动方程：

$$
\begin{cases}
\nabla\times\nabla\times\boldsymbol{B}+\varepsilon\mu\dfrac{\partial^2\boldsymbol{B}}{\partial t^2}=\mu\nabla\times\boldsymbol{J}\\
\nabla\times\nabla\times\boldsymbol{E}+\varepsilon\mu\dfrac{\partial^2\boldsymbol{E}}{\partial t^2}=-\mu\dfrac{\partial\boldsymbol{J}}{\partial t}
\end{cases}
\tag{3.6}
$$

这是将麦克斯韦方程组中右边的电流 $\boldsymbol{J}$ 作为源来处理，从物理上讲应该可用于包含电磁波的发射装置的电磁场计算，但在经典电磁理论中很少见到这两个方程。在经典理论中见得较多的是将式（3.6）中的电流 $\boldsymbol{J}$ 作为介质的感生电流来处理，从而得到反映无源电磁波在媒质中传播的下述波动方程：

$$
\begin{cases}
\nabla\times\nabla\times\boldsymbol{B}+\varepsilon\mu\dfrac{\partial^2\boldsymbol{B}}{\partial t^2}+\gamma\mu\dfrac{\partial\boldsymbol{B}}{\partial t}=0\\
\nabla\times\nabla\times\boldsymbol{E}+\varepsilon\mu\dfrac{\partial^2\boldsymbol{E}}{\partial t^2}+\mu\dfrac{\partial\boldsymbol{E}}{\partial t}=0
\end{cases}
\tag{3.7}
$$

在时谐情况下，有

$$
\begin{cases}
\nabla\times\nabla\times\boldsymbol{B}(\boldsymbol{r})-k^2\boldsymbol{B}(\boldsymbol{r})=\mu\nabla\times\boldsymbol{J}(\boldsymbol{r})\\
\nabla\times\nabla\times\boldsymbol{E}(\boldsymbol{r})-k^2\boldsymbol{E}(\boldsymbol{r})=-\mathrm{j}\omega\mu\boldsymbol{J}(\boldsymbol{r})
\end{cases},\quad k=\omega\sqrt{\varepsilon\mu}
\tag{3.8}
$$

$$
\begin{cases}
\nabla\times\nabla\times\boldsymbol{B}(\boldsymbol{r})-\varepsilon\mu\omega^2\boldsymbol{B}(\boldsymbol{r})+\mathrm{j}\gamma\mu\omega\boldsymbol{B}(\boldsymbol{r})=0\\
\nabla\times\nabla\times\boldsymbol{E}(\boldsymbol{r})-\varepsilon\mu\omega^2\boldsymbol{E}(\boldsymbol{r})+\mathrm{j}\gamma\mu\omega\boldsymbol{E}(\boldsymbol{r})=0
\end{cases}
\tag{3.9}
$$

对静磁场，由安培回路定理直接取旋可得反映由恒定电流产生的静磁场分布规律的原始变量的双旋度泊松方程：

$$
\nabla\times\nabla\times\boldsymbol{B}=\mu\nabla\times\boldsymbol{J}
\tag{3.10}
$$

在经典电磁理论中，由于静电场是有势场，求解静电场只能通过标量的电势 φ 来表达，由标量泊松方程唯一确定，静电场的问题已获得完善解决。

式（3.6）～式（3.10）从反映物理规律的角度应该没有大的问题，至于如何求解则是另一回事。

利用麦克斯韦方程组中的磁场高斯定理和法拉第定理可以引入标势 φ 和矢势 $\boldsymbol{A}$：

$$\boldsymbol{B}=\nabla\times\boldsymbol{A},\quad \boldsymbol{E}=-\nabla\varphi-\frac{\partial \boldsymbol{A}}{\partial t} \tag{3.11}$$

将这两个势函数代入麦克斯韦方程组中的另两个方程中可得

$$\begin{cases}\nabla^2\varphi=-\dfrac{\rho}{\varepsilon}-\dfrac{\partial}{\partial t}\nabla\cdot\boldsymbol{A}\\ \nabla\times\nabla\times\boldsymbol{A}+\varepsilon\mu\dfrac{\partial^2\boldsymbol{A}}{\partial t^2}=\mu\boldsymbol{J}-\varepsilon\mu\dfrac{\partial}{\partial t}\nabla\varphi\end{cases} \tag{3.12}$$

式中，电流 $\boldsymbol{J}$ 是作为源来处理的。

如果电流 $\boldsymbol{J}$ 不是作为源来处理，则相应的势函数方程为

$$\begin{cases}\nabla^2\varphi=-\dfrac{\rho}{\varepsilon}-\dfrac{\partial}{\partial t}\nabla\cdot\boldsymbol{A}\\ \nabla\times\nabla\times\boldsymbol{A}+\varepsilon\mu\dfrac{\partial^2\boldsymbol{A}}{\partial t^2}+\mu\gamma\dfrac{\partial\boldsymbol{A}}{\partial t}=-\mu\gamma\nabla\varphi-\varepsilon\mu\dfrac{\partial}{\partial t}\nabla\varphi\end{cases} \tag{3.13}$$

同时，势函数表示的时谐问题分别为

$$\begin{cases}\nabla^2\varphi+\nabla\cdot(\mathrm{j}\omega\boldsymbol{A})=-\dfrac{1}{\varepsilon}\rho\\ \nabla\times\nabla\times\boldsymbol{A}-\varepsilon\mu\omega^2\boldsymbol{A}+\mathrm{j}\omega\varepsilon\mu\nabla\varphi=\mu\boldsymbol{J}\end{cases} \tag{3.14}$$

$$\begin{cases}\nabla^2\varphi+\nabla\cdot(\mathrm{j}\omega\boldsymbol{A})=-\dfrac{1}{\varepsilon}\rho\\ \nabla\times\nabla\times\boldsymbol{A}-\varepsilon\mu\omega^2\boldsymbol{A}+\mu\gamma\omega\mathrm{j}\boldsymbol{A}+\mathrm{j}\omega\varepsilon\mu\nabla\varphi=-\mu\gamma\nabla\varphi\end{cases} \tag{3.15}$$

对于静磁场，矢量势表达的双旋度泊松方程：

$$\nabla\times\nabla\times\boldsymbol{A}=\mu\boldsymbol{J} \tag{3.16}$$

在流体力学的涡动理论中，还有由速度势 $\boldsymbol{\psi}$ 表达的所谓涡动力学基本方程：

$$\nabla\times\nabla\times\boldsymbol{\psi}=\boldsymbol{\omega} \tag{3.17}$$

经典理论认为：在上述包含双旋度算子的偏微分方程中，仅仅给定一个包含双旋度算子的偏微分方程，由于双旋度算子的欠定性，无论给定怎样的边界条件，都不可能唯一地确定矢性未知量本身，为此需要单独给出散度限制条件。

因标势和矢势的不唯一性，设标势 φ 和矢势 $\boldsymbol{A}$ 是满足某电磁场 $\boldsymbol{E}$ 和 $\boldsymbol{B}$ 的一对势函数，对于任意标量函数 ψ 有

$$\boldsymbol{A}'=\boldsymbol{A}+\nabla\psi,\quad \varphi'=\varphi-\frac{\partial\psi}{\partial t} \tag{3.18}$$

也对应同一个电磁场的 $\boldsymbol{E}$ 和 $\boldsymbol{B}$，这称为规范不变性。经典理论认为：标势 φ 和矢势 $\boldsymbol{A}$

的不唯一性可以导致随意规定$\nabla\cdot\boldsymbol{A}$值而不影响场量的数值$\boldsymbol{E}$和$\boldsymbol{B}$,也就是可以采用规范对矢势$\boldsymbol{A}$的散度施加约束条件。规范的选择不仅可以唯一确定相应的位函数值，还可以使标势φ和矢势$\boldsymbol{A}$的求解变得更为简单、容易。

在经典电磁理论中使用较多的规范条件有：洛伦兹规范条件$\nabla\cdot\boldsymbol{A}+\varepsilon\mu\dfrac{\partial\varphi}{\partial t}=0$、库仑规范（又称为横规范，辐射规范）条件$\nabla\cdot\boldsymbol{A}=0$、时间规范条件$\varphi(\boldsymbol{r},t)=0$等，并指出[1]，有时为方便应用，可两个规范条件同时使用，如同时满足库仑规范和时间规范条件，则属于时间-库仑规范。

3.4.2　协调条件

由于双旋度算子的欠定性特征，经典理论是通过人为添加规范条件的方式来实现矢量未知量唯一解的。其实，这种散度限制可通过直接对微分方程进行散度运算从数学上得到。对矢量微分方程进行散度运算是一个普通的操作，关于这一点在很多文献[17,22,23]中都有提到，但将其与规范条件联系并进行深入系统的讨论却是没人进行的。

1. *双旋度时域波动方程*

对于一般的双旋度时域波动方程：

$$\nabla\times\nabla\times\boldsymbol{B}+\frac{1}{c^2}\frac{\partial^2\boldsymbol{B}}{\partial t^2}=\boldsymbol{f}\tag{3.19}$$

一般而论，直接进行散度运算可得

$$\frac{1}{c^2}\frac{\partial^2\nabla\cdot\boldsymbol{B}}{\partial t^2}=\nabla\cdot\boldsymbol{f}\tag{3.20}$$

这里临时将式（3.20）称为一般时域双旋度波动方程的协调条件。

（1）对于前述原始变量的双旋度时域波动方程（3.6），仍然是直接取散度运算。前者由$\nabla\cdot\nabla\times\boldsymbol{J}=0$可以得到

$$\nabla\cdot\boldsymbol{B}=0\tag{3.21}$$

式（3.21）实际上是$\dfrac{\partial^2\nabla\cdot\boldsymbol{B}}{\partial t^2}=0$，显然只要在某一时刻具有齐次初始条件（即在某一时刻$\nabla\cdot\boldsymbol{B}=0$、$\dfrac{\partial\nabla\cdot\boldsymbol{B}}{\partial t}=0$），就有$\nabla\cdot\boldsymbol{B}=0$，此时协调性条件就是磁场的高斯定律，是物理规律。

后者由电流连续方程$\nabla\cdot\boldsymbol{J}=-\dfrac{\partial\rho}{\partial t}$可得

$$\varepsilon\mu\frac{\partial^2\nabla\cdot\boldsymbol{E}}{\partial t^2}=-\mu\frac{\partial\nabla\cdot\boldsymbol{J}}{\partial t}=\mu\frac{\partial^2\rho}{\partial t^2}\tag{3.22}$$

同样，只要在某一时刻$\frac{\partial^2}{\partial t^2}\left(\nabla\cdot\boldsymbol{E}-\frac{\rho}{\varepsilon}\right)=0$具有齐次初始条件，则此时协调条件实际上就是电场高斯定律：

$$\nabla\cdot\boldsymbol{E}=\frac{\rho}{\varepsilon} \tag{3.23}$$

也就是说，对于原始变量的两个双旋度时域波动方程（3.6），由方程本身给出的协调条件就是物理规律。

对于前述原始变量的双旋度时域波动方程（3.7），在适当初始条件下，可分别得到

$$\nabla\cdot\boldsymbol{B}=0\text{，}\ \nabla\cdot\boldsymbol{E}=0 \tag{3.24}$$

只要注意到式（3.7）是反映无源电磁波在媒质中传播的波动方程，就能很好地理解$\nabla\cdot\boldsymbol{E}=0$了。

（2）对于由势函数表述的电磁场时域波动方程（3.12），对其中的双旋度时域波动方程取散度运算，有

$$\varepsilon\mu\frac{\partial^2\nabla\cdot\boldsymbol{A}}{\partial t^2}+\varepsilon\mu\frac{\partial\nabla\cdot\nabla\varphi}{\partial t}=\mu\nabla\cdot\boldsymbol{J} \tag{3.25}$$

显然，将$\boldsymbol{E}=-\nabla\varphi-\frac{\partial\boldsymbol{A}}{\partial t}$做$\varepsilon\mu\frac{\partial\nabla\cdot}{\partial t}$运算后代入式（3.25）可立即得到

$$-\frac{\partial\rho}{\partial t}=\nabla\cdot\boldsymbol{J} \tag{3.26}$$

虽然没有得到关于矢量势$\boldsymbol{A}$的散度相关表达式，但这仍然是物理规律的不同表达形式。

对于由势函数表述的电磁场时域波动方程（3.13），其协调条件仍然是对其中的双旋度时域波动方程取散度运算：$\varepsilon\mu\frac{\partial^2\nabla\cdot\boldsymbol{A}}{\partial t^2}+\mu\gamma\frac{\partial\nabla\cdot\boldsymbol{A}}{\partial t}=-\mu\gamma\nabla\cdot\nabla\varphi-\varepsilon\mu\frac{\partial}{\partial t}\nabla\cdot\nabla\varphi$，毫无疑问，经过适当变换该式仍然是物理规律。

麦克斯韦方程组各式是物理规律，经过某些代换和运算可得包含双旋度算子的各种微分方程，这些微分方程仍然是相关物理规律的综合体现，对其实行散度运算后的表达式毫无疑问仍然是物理规律，经过适当变换总能得到物理规律的原始表达式。因此，对于包括势函数表达的上述等式，不再费力地寻找变换来获得原始物理规律的表达式。

2. *双旋度赫姆霍兹方程*

对于时谐问题的双旋度赫姆霍兹方程：

$$\nabla\times\nabla\times\boldsymbol{B}-k^2\boldsymbol{B}=\boldsymbol{f} \tag{3.27}$$

一般而论，两边同时进行散度运算可立即得到协调条件：

$$k^2\nabla\cdot\boldsymbol{B}=-\nabla\cdot\boldsymbol{f} \tag{3.28}$$

（1）对于原始变量的双旋度赫姆霍兹方程（3.8）和方程（3.9），对式（3.8）直接取散度，可得到

$$\nabla\cdot\boldsymbol{B}=0\,,\quad \nabla\cdot\boldsymbol{E}=\frac{\rho}{\varepsilon} \tag{3.29}$$

对式（3.9）直接取散度，可得到

$$\nabla\cdot\boldsymbol{B}=0\,,\quad \nabla\cdot\boldsymbol{E}=0 \tag{3.30}$$

前者为有源情况下的高斯定理，后者为无源条件下的高斯定理。

（2）对于势函数表示的时谐问题（3.14）、问题（3.15），对式（3.14）中的包含双旋度算子的微分方程，两边取散度可得

$$-\varepsilon\mu\omega^2\nabla\cdot\boldsymbol{A}+\mathrm{j}\omega\varepsilon\mu\nabla\cdot\nabla\varphi=\mu\nabla\cdot\boldsymbol{J} \tag{3.31}$$

对式（3.15），对其中的包含双旋度算子的微分方程直接取散度，可得

$$-\varepsilon\mu\omega^2\nabla\cdot\boldsymbol{A}+\mu\gamma\omega\mathrm{j}\nabla\cdot\boldsymbol{A}+\mathrm{j}\omega\varepsilon\mu\nabla\cdot\nabla\varphi=-\mu\gamma\nabla\cdot\nabla\varphi \tag{3.32}$$

毫无疑问，经过适当变换，仍然可得物理规律的表达式，此处略。

3. 双旋度泊松方程

对于一般的双旋度泊松方程：

$$\nabla\times\nabla\times\boldsymbol{B}=\boldsymbol{f} \tag{3.33}$$

直接取散度可得

$$\nabla\cdot\boldsymbol{f}=0 \tag{3.34}$$

该协调条件没有和待求向量的散度相联系，而是直接给出其“源”必须满足的条件。

（1）对于原始变量的双旋度泊松方程（3.10），显然，满足“源”的散度条件：

$$\nabla\cdot(\mu\nabla\times\boldsymbol{J})=\mu\nabla\cdot(\nabla\times\boldsymbol{J})=0 \tag{3.35}$$

（2）对于矢量势表示的双旋度泊松方程（3.16），考虑恒定电流的无源性可得

$$\nabla\cdot(\mu\boldsymbol{J})=0 \tag{3.36}$$

由此可知：无论是原始变量的双旋度泊松方程，还是势函数表达的双旋度泊松方程，其“源”的无散性也是通过物理规律直接给予保证的（矢量恒等式$\nabla\cdot(\nabla\times\boldsymbol{J})=0$反映的是矢量场具有的共性特征，当然也是物理规律）。

按经典理论的说法，对于包含双旋度算子的微分方程必须独立地给出散度补充条件，才能唯一地确定待求向量的值。文献[14]证明：对于双旋度泊松方程的基本积分表述，其散度具有任意假设的特性（本书后续章节还将证明：双旋度时域波动方程和双旋度赫姆霍兹方程也具有散度任意假设的特性）。任意假设，也就是没有条件，就是说只要给出任何散度限制，就可唯一地确定包含双旋度算子的微分方程的基本矢量的值。只是这个唯

一确定的包含双旋度算子的微分方程的基本矢量的值并不保证就是原方程的真值。计算实践表明：即使给出与真解相符合的散度条件（也就是协调条件）也同样如此。只保证对具有真实物理意义的旋度而言，任意散度假设不影响旋度与真解相一致。

从前面的讨论中可以看出：对于一般的双旋度波动方程和双旋度赫姆霍兹方程而言，协调条件本质上就是给出了“源”（指偏微分方程的非齐次项）和待求量的散度之间的协调关系，并且这个协调关系是物理规律。对于双旋度泊松方程，更是直接要求其“源”必须是无散的，而这也由物理规律直接给予保证。其实这应该是非常好理解的，因为麦克斯韦方程是物理规律，它经过一些运算后（当然包括散度运算）只是改变了物理规律的表现形式而已。

协调条件和任意散度假设的成立，也从另一个侧面证明：电磁场定解问题的切向边界条件是基本的，而从计算包含双旋度算子的微分方程来讲，法向边界条件是不必要的。因为矢量场的散度可以任意假设，而散度是反映矢量场的“通量源”，与边界的法向特征相对应，这样法向边界条件当然就是不必要的了。

3.4.3 包含双旋度算子的微分方程转换的讨论

尽管有协调条件与规范条件相当（除双旋度泊松方程外都是对微分方程的矢性变量的散度给出约束方程），并不表明经典理论通过规范和矢量恒等式 $\nabla\times\nabla\times\boldsymbol{F}=\nabla\nabla\cdot\boldsymbol{F}-\nabla^2\boldsymbol{F}$ 将包含双旋度算子的方程转化为拉普拉斯算子的方程的思路是合理的。前面已经说明，这里再次强调：即使所采用的规范或者说现在的协调条件是物理规律，在物理上这种转换也是不行的。主要原因是双旋度算子和拉普拉斯算子反映不同的物质运动机理，相应的微分方程所要求的边界条件也完全不同（边界条件是与方程所反映的物质运动形式相适应的）。

3.4.4 理论验证实例

下面通过具体实例说明这种转换确实是不合理的。

经典电磁理论对由稳恒电流产生的静磁场是这样描述的[20,21]。

由于 $\nabla\cdot\boldsymbol{B}=0$，可令

$$\boldsymbol{B}=\nabla\times\boldsymbol{A} \tag{3.37}$$

将 $\boldsymbol{B}=\nabla\times\boldsymbol{A}$ 代入麦克斯韦方程组中的安培环路定理 $\nabla\times\boldsymbol{H}=\boldsymbol{J}$ 中有

$$\nabla\times\boldsymbol{H}=\frac{1}{\mu}\nabla\times\nabla\times\boldsymbol{A}=\boldsymbol{J} \tag{3.38}$$

为了唯一地确定矢量位，还必须对矢量的散度作出规定，一般采用库仑规范：$\nabla\cdot\boldsymbol{A}=0$，利用矢量恒等式 $\nabla\times\nabla\times\boldsymbol{A}=\nabla\nabla\cdot\boldsymbol{A}-\nabla^2\boldsymbol{A}$，可得到关于矢量位的矢量泊松方程：

$$\nabla^2\boldsymbol{A}=-\mu\boldsymbol{J} \tag{3.39}$$

矢量泊松方程（3.39）在无限空间的解为

$$A=\frac{\mu}{4\pi}\int_{V'}\frac{J}{R}\mathrm{d}V'+C=\mu\int_{V'}J(r')G(r,r')\mathrm{d}V'+C \tag{3.40}$$

从而，无限空间内任一点的磁感应强度可以表示为

$$B=\nabla\times A=\nabla\times\left[\frac{\mu}{4\pi}\int_{V'}\frac{J}{R}\mathrm{d}V'+C\right]=\mu\int_{V'}J(r')\times\nabla G(r,r')\mathrm{d}V' \tag{3.41}$$

式中，$G(r,r')$是标量泊松方程的基本解。

显然，

$$\begin{aligned}\nabla\cdot B&=\nabla\cdot(\nabla\times A)=\mu\nabla\cdot\int_{V'}J(r')\times\nabla G(r,r')\mathrm{d}V'\\&=\mu\int_{V'}-J(r')\cdot\nabla\times\nabla G(r,r')\mathrm{d}V'=0\end{aligned} \tag{3.42}$$

满足磁场的高斯定律。

毫无疑问，式（3.40）是矢量泊松方程（3.39）在无限空间的一个确定解；但可以证明，式（3.40）并不是双旋度泊松方程（3.38）的解。

证明　如果式（3.40）是双旋度泊松方程（3.38）的解，则式（3.40）应该能够满足方程（3.38）。

对式（3.41）再次求旋可得

$$\begin{aligned}\nabla\times\nabla\times A&=\nabla_r\times\left[\mu\int_{V'}J(r')\times\nabla G(r,r')\mathrm{d}V'\right]=\mu\int_{V'}\nabla_r\times[J(r')\times\nabla G(r,r')]\mathrm{d}V'\\&=\mu\int_{V'}[-(J(r')\cdot\nabla_r)\nabla G(r,r')+J(r')\nabla_r\cdot\nabla G(r,r')]\mathrm{d}V'\\&=-\mu\int_{V'}[-(J\cdot\nabla)\nabla G+J\nabla\cdot\nabla G]\mathrm{d}V'=\mu\int_{V'}[(J\cdot\nabla)\nabla G+J\delta(r,r')]\mathrm{d}V'\\&=\mu J(r)+\mu\int_{V'}(J(r')\cdot\nabla)\nabla G(r,r')\mathrm{d}V'\neq\mu J(r)\end{aligned} \tag{3.43}$$

证毕。

显然，两者相等的条件是$\mu\int_{V'}(J(r')\cdot\nabla)\nabla G(r,r')\mathrm{d}V'=0$。事实上，在远离源点的地方，即$R=|r-r'|>>|r'|$时，$\mu\int_{V'}(J(r')\cdot\nabla)\nabla G(r,r')\mathrm{d}V'\to 0$。这也是目前在某些条件下（特别是远场条件下），电磁学的某些计算结果与实际检测数据吻合较好的主要原因①。

① 对于另外两类包含双旋度算子的微分方程：双旋度赫姆霍兹方程和双旋度一般时域波动方程也有类似结论，本希望能在本书相关章节论述，实际上由于没有找到合适的位置而没能实现，考虑问题本身并不复杂，仅在此说明一下即可。

由前面的证明过程可以得到：双旋度泊松方程（3.38）如果用通过库仑规范转换得到的一般向量泊松方程（3.39）的解代替，将引起源误差$\varDelta$为

$$\varDelta = -\mu\int_{V'}(\boldsymbol{J}(\boldsymbol{r}')\cdot\nabla)\nabla\boldsymbol{G}(\boldsymbol{r},\boldsymbol{r}')\mathrm{d}V' \tag{3.44}$$

为了更直观地了解经典解法（也就是向量泊松方程（3.39）的解）与反映物理真实的双旋度泊松方程（3.38）的解所引起的源误差的分布情况，在直角坐标系下，分别取$\mu\boldsymbol{J}=\boldsymbol{i},\boldsymbol{j},\boldsymbol{k}$和$\mu\boldsymbol{J}=\{1,1,1\}$，在图3.1～图3.4中给出了源误差的图示。这些图示的计算条件为：源为$[0,1]^3$的单位立方体，水平轴为过立方体源侧面中心且垂直于该侧面的轴线，垂直轴分别为x,y,z方向或x,y,z方向的组合的源误差。

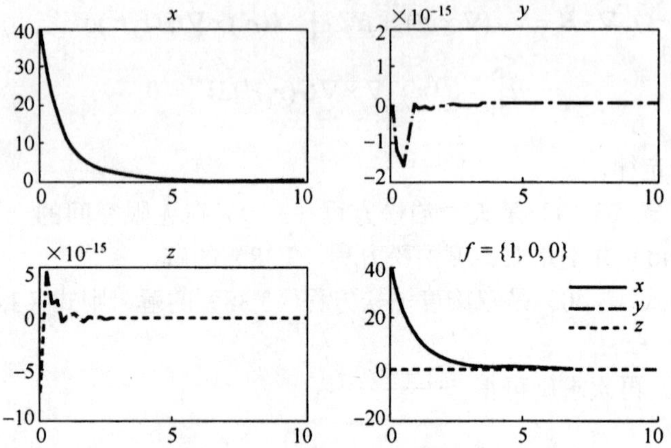

图 3.1　当源为$\mu\boldsymbol{J}=\boldsymbol{i}=\{1,0,0\}$时，源误差各方向的分布

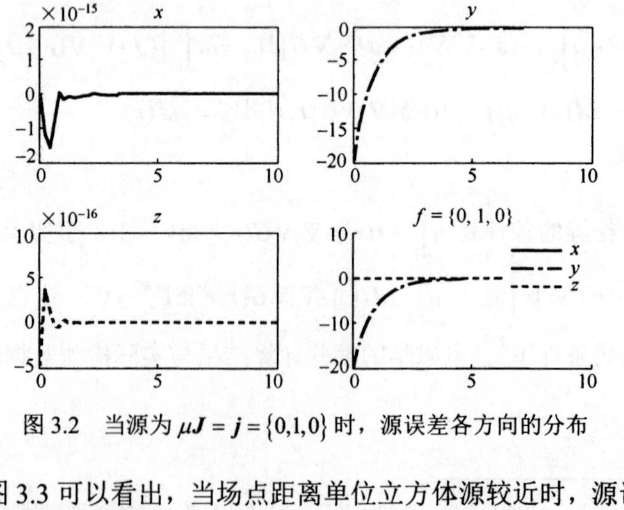

图 3.2　当源为$\mu\boldsymbol{J}=\boldsymbol{j}=\{0,1,0\}$时，源误差各方向的分布

从图3.1～图3.3可以看出，当场点距离单位立方体源较近时，源误差较大；随着场点离单位立方体源距离的增加，源误差减小；当场点距单位立方体源超过5个长度

单位时，源误差趋于零，并且沿各方向的源只在该方向存在误差（这一点只要注意到各图中 y 方向的数量级相差 10 个以上就可立即得到）。图 3.4 则是各方向误差的综合效应，显然可以得到类似结论：各方向的源误差与该方向上源的大小成正比。

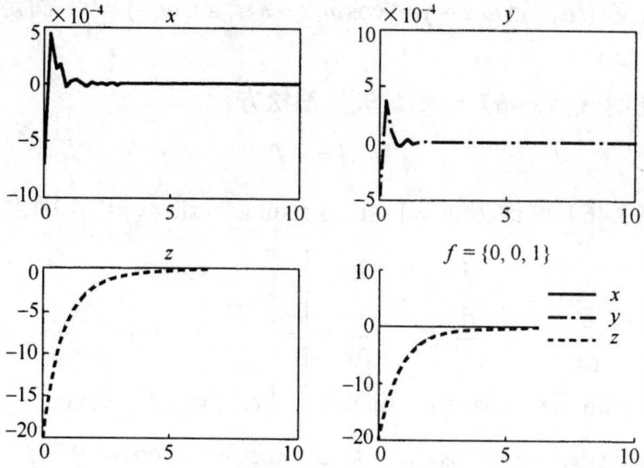

图 3.3　当源为 $\mu \boldsymbol{J} = \boldsymbol{k} = \{0,0,1\}$ 时，源误差各方向的分布

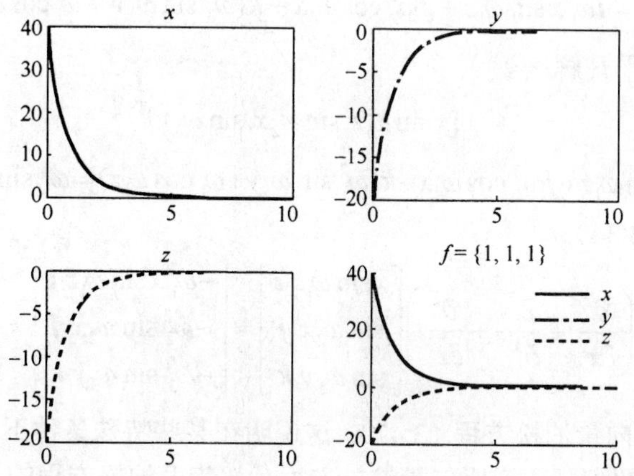

图 3.4　当源为 $\mu \boldsymbol{J} = \{1,1,1\}$ 时，源误差各方向的分布

下面再举个更具体的例子。

在第 5 章为了验证新的积分表述的正确性，构造了一个满足恰当定解问题的理论解。现在利用此理论解再一次证明：经典理论将双旋度泊松方程转换为向量泊松方程并不能保证两个方程是完全等价的。

对于泛定方程为

$$\nabla \times \nabla \times \boldsymbol{A} = \boldsymbol{f} = \boldsymbol{i}\omega_1^2 \sin \omega_1 z + \boldsymbol{j}\omega_2^2 \cos \omega_2 x + \boldsymbol{k}\omega_3^2 \sin \omega_3 y \tag{3.45}$$

在无穷空间存在非平凡解：

$$A=[\sin\omega_1 z,\cos\omega_2 x,\sin\omega_3 y]^{\mathrm{T}} \tag{3.46}$$

式中，$\omega_1,\omega_2,\omega_3$ 是不等于零的实常数。

直接将式（3.46）代入式（3.45）可以很方便地证明这一结论。

显然，$\nabla\cdot\boldsymbol{f}=\nabla\cdot(\boldsymbol{i}\omega_1^2\sin\omega_1 z+\boldsymbol{j}\omega_2^2\cos\omega_2 x+\boldsymbol{k}\omega_3^2\sin\omega_3 y)=0$，满足双旋度泊松方程的协调条件式（3.34）。

进一步可以证明式（3.46）也满足矢量泊松方程：

$$\nabla^2\boldsymbol{A}=-\boldsymbol{f} \tag{3.47}$$

但是，如果将解（3.46）修改为 $\boldsymbol{A}'=[x\sin\omega_1 z,\sin\omega_2 x,\sin\omega_3 y]^{\mathrm{T}}$，则由于存在关系：

$$\nabla\times\nabla\times\boldsymbol{A}'=\nabla\times\begin{bmatrix}\boldsymbol{i} & \boldsymbol{j} & \boldsymbol{k}\\ \dfrac{\partial}{\partial x} & \dfrac{\partial}{\partial y} & \dfrac{\partial}{\partial z}\\ x\sin\omega_1 z & \cos\omega_2 x & \sin\omega_3 y\end{bmatrix}=\begin{bmatrix}\boldsymbol{i} & \boldsymbol{j} & \boldsymbol{k}\\ \dfrac{\partial}{\partial x} & \dfrac{\partial}{\partial y} & \dfrac{\partial}{\partial z}\\ \omega_3\cos\omega_3 y & \omega_1 x\cos\omega_1 z & -\omega_2\sin\omega_2 x\end{bmatrix}$$

$$=\boldsymbol{i}\omega_1^2 x\sin\omega_1 z+\boldsymbol{j}\omega_2^2\cos\omega_2 x+\boldsymbol{k}(\omega_3^2\sin\omega_3 y+\omega_1\cos\omega_1 z)=\boldsymbol{f}'$$

可以说，对于泛定方程：

$$\nabla\times\nabla\times A'=\boldsymbol{i}\omega_1^2 x\sin\omega_1 z+\boldsymbol{j}\omega_2^2\cos\omega_2 x+\boldsymbol{k}(\omega_3^2\sin\omega_3 y+\omega_1\cos\omega_1 z)=\boldsymbol{f}' \tag{3.48}$$

在无穷空间存在非平凡解：

$$\boldsymbol{A}'=[x\sin\omega_1 z,\sin\omega_2 x,\sin\omega_3 y]^{\mathrm{T}} \tag{3.49}$$

且 $\nabla\cdot\boldsymbol{f}'=\nabla\cdot[\boldsymbol{i}\omega_1^2 x\sin\omega_1 z+\boldsymbol{j}\omega_2^2\cos\omega_2 x+\boldsymbol{k}(\omega_3^2\sin\omega_3 y+\omega_1\cos\omega_1 z)]=\omega_1^2\sin\omega_1 z-\omega_1^2\sin\omega_1 z=0$，满足协调条件式（3.34）。

但是，$\nabla^2\boldsymbol{A}'=\left(\dfrac{\partial^2}{\partial x^2}+\dfrac{\partial^2}{\partial y^2}+\dfrac{\partial^2}{\partial z^2}\right)\begin{bmatrix}x\sin\omega_1 z\,\boldsymbol{i}\\ \sin\omega_2 x\,\boldsymbol{j}\\ \sin\omega_3 y\,\boldsymbol{k}\end{bmatrix}=\begin{bmatrix}-\omega_1^2 x\sin\omega_1 z\,\boldsymbol{i}\\ -\omega_2^2\sin\omega_2 x\,\boldsymbol{j}\\ -\omega_3^2\sin\omega_3 y\,\boldsymbol{k}\end{bmatrix}\neq-\boldsymbol{f}'$，也就是说这个新解 A' 不再满足向量泊松方程（3.47）。这说明在某些特殊条件下，双旋度泊松方程和矢量泊松方程的解相同，说明矢量泊松方程是双旋度泊松方程的某种近似。

更进一步，本书第 10 章给出了双旋度泊松方程的分离变量解（10.47）①：

$$\boldsymbol{F}=\begin{bmatrix}F^x\boldsymbol{i}\\ F^y\boldsymbol{j}\\ F^z\boldsymbol{k}\end{bmatrix}=\begin{bmatrix}X^x(x)Y^x(y)Z^x(z)\boldsymbol{i}\\ X^y(x)Y^y(y)Z^y(z)\boldsymbol{j}\\ X^z(x)Y^z(y)Z^z(z)\boldsymbol{k}\end{bmatrix}=\begin{bmatrix}C\cos(k_n x)\sin(k_n y)\sin(k_n z)\boldsymbol{i}\\ C\sin(k_n x)\cos(k_n y)\sin(k_n z)\boldsymbol{j}\\ C\sin(k_n x)\sin(k_n y)\cos(k_n z)\boldsymbol{k}\end{bmatrix}$$

显然，因为

① 关于此分离变量法解的推导过程及符号的含义详见第 10 章相关内容，此处只需认为 k_n 为分离常数即可。

$$\nabla\times\nabla\times\boldsymbol{F}=\nabla\times\begin{bmatrix}\boldsymbol{i} & \boldsymbol{j} & \boldsymbol{k}\\ \dfrac{\partial}{\partial x} & \dfrac{\partial}{\partial y} & \dfrac{\partial}{\partial z}\\ F^x & F^y & F^z\end{bmatrix}=\begin{bmatrix}\{(F_{xy}^y-F_{yy}^x)-(F_{zz}^x-F_{xz}^z)\}\boldsymbol{i}\\ \{(F_{yz}^z-F_{zz}^y)-(F_{xx}^y-F_{yx}^x)\}\boldsymbol{j}\\ \{(F_{zx}^x-F_{xx}^z)-(F_{yy}^z-F_{zy}^y)\}\boldsymbol{k}\end{bmatrix}$$

$$=\begin{bmatrix}\{(X_x^yY_y^yZ^y-X^xY_{yy}^xZ^x)-(X^xY^xZ_{zz}^x-X_x^zY^zZ_z^z)\}\boldsymbol{i}\\ \{(X^zY_y^zZ_z^z-X^yY^yZ_{zz}^y)-(X_{xx}^yY^yZ^y-X_x^xY_y^xZ^x)\}\boldsymbol{j}\\ \{(X_x^xY^xZ_z^x-X_{xx}^zY^zZ^z)-(X^zY_{yy}^zZ^z-X^yY_y^yZ_z^y)\}\boldsymbol{k}\end{bmatrix}$$

$$=\begin{bmatrix}-Ck_n^2\{[\cos(k_nx)\sin(k_ny)\sin(k_nz)-\cos(k_nx)\sin(k_ny)\sin(k_nz)]\\ \quad-[\cos(k_nx)\sin(k_ny)\sin(k_nz)-\cos(k_nx)\sin(k_ny)\sin(k_nz)]\}\boldsymbol{i}\\ -Ck_n^2\{[\sin(k_nx)\cos(k_ny)\sin(k_nz)-\sin(k_nx)\cos(k_ny)\sin(k_nz)]\\ \quad-[\sin(k_nx)\cos(k_ny)\sin(k_nz)-\sin(k_nx)\cos(k_ny)\sin(k_nz)]\}\boldsymbol{j}\\ -Ck_n^2\{[\sin(k_nx)\sin(k_ny)\cos(k_nz)-\sin(k_nx)\sin(k_ny)\cos(k_nz)]\\ \quad-[\sin(k_nx)\sin(k_ny)\cos(k_nz)-\sin(k_nx)\sin(k_ny)\cos(k_nz)]\}\boldsymbol{k}\end{bmatrix}=\begin{bmatrix}0\boldsymbol{i}\\ 0\boldsymbol{j}\\ 0\boldsymbol{k}\end{bmatrix}\tag{3.50}$$

该解满足齐次双旋度泊松方程$\nabla\times\nabla\times\boldsymbol{F}=0$，但

$$\nabla^2\boldsymbol{F}=\left(\frac{\partial^2}{\partial x^2}+\frac{\partial^2}{\partial y^2}+\frac{\partial^2}{\partial z^2}\right)\begin{bmatrix}F^x\boldsymbol{i}\\ F^y\boldsymbol{j}\\ F^z\boldsymbol{k}\end{bmatrix}=\left(\frac{\partial^2}{\partial x^2}+\frac{\partial^2}{\partial y^2}+\frac{\partial^2}{\partial z^2}\right)\begin{bmatrix}C\cos(k_nx)\sin(k_ny)\sin(k_nz)\boldsymbol{i}\\ C\sin(k_nx)\cos(k_ny)\sin(k_nz)\boldsymbol{j}\\ C\sin(k_nx)\sin(k_ny)\cos(k_nz)\boldsymbol{k}\end{bmatrix}$$

$$=-3k_n^2C\begin{bmatrix}\cos(k_nx)\sin(k_ny)\sin(k_nz)\boldsymbol{i}\\ \sin(k_nx)\cos(k_ny)\sin(k_nz)\boldsymbol{j}\\ \sin(k_nx)\sin(k_ny)\cos(k_nz)\boldsymbol{k}\end{bmatrix}\neq 0\tag{3.51}$$

显然，解（10.47）不满足相应的齐次泊松方程$\nabla^2\boldsymbol{F}=0$。这再一次有力地证明：经典电磁理论将双旋度泊松方程转换为向量泊松方程肯定是存在问题的①。

3.4.5　电磁势量为基本量的物理解释

在电磁理论中，究竟场量 $\boldsymbol{E}$、$\boldsymbol{B}$ 或者场量 $\boldsymbol{D}$、$\boldsymbol{H}$ 是基本量还是势量 $\boldsymbol{A}$、φ是基本量？这是有所争议的。按照量子电动力学的观点，矢量势 $\boldsymbol{A}$ 是基本物理量。但在经典电磁学（或者说经典物理学）中，由于矢量势 $\boldsymbol{A}$ 并没有显示出任何直接的重要性，仅仅是为了方便计算而引入的一个量，再加上矢量势 $\boldsymbol{A}$ 又具有可以相差任意标量函数ψ的梯度$\nabla\psi$的不确定性，以致在相当长的时间里人们都认为矢势 $\boldsymbol{A}$ 并不具有直接的物理意义。一直到 1959 年 Aharonov 和 Bohm 提出的 A-B 效应实验才打破僵局。一系列

① 对于另外两类包含双旋度算子的微分方程双旋度赫姆霍兹方程和双旋度一般时域波动方程，在本书第 10 章也进行了类似的验证，但结论却是耐人寻味的。

A-B 效应实验的确立，肯定了矢量势 $\boldsymbol{A}$ 是比场量 $\boldsymbol{B}$ 更基本的物理量。尽管如此，在相当多的电磁学的相关专著[20,21]以及各类教科书[24]中仍然认为场量 $\boldsymbol{E}$、$\boldsymbol{H}$ 是基本量，而势量 $\boldsymbol{A}$、φ 是为了方便求解引入的辅助量。这里从计算电磁学的角度说明：电磁场的基本量是势量 $\boldsymbol{A}$、φ，而不是场量 $\boldsymbol{E}$、$\boldsymbol{B}$ 或者场量 $\boldsymbol{D}$、$\boldsymbol{H}$，电磁场的完善求解可能只能通过求解势函数表述的方程来实现。

从计算电磁学角度，两个旋度方程求旋获得原始物理量表示的双旋度波动方程，再利用矢量恒等式 $\nabla\times\nabla\times\boldsymbol{F}=\nabla\nabla\cdot\boldsymbol{F}-\nabla^2\boldsymbol{F}$ 和（磁场或电场的）高斯定律转换为拉普拉斯算子表示的波动方程。这一过程从逻辑推理或者数学分析角度来看没有什么不对。不过从物理上讲这实际上就是势量 $\boldsymbol{A}$、φ 是基本量，还是场量 $\boldsymbol{E}$、$\boldsymbol{B}$ 是基本量问题的一个反映。

根据麦克斯韦方程组，反映由确定电荷分布产生的静电场分布规律的原始变量的微分方程组无疑是

$$\begin{cases}\nabla\cdot\boldsymbol{D}(\boldsymbol{r})=\rho(\boldsymbol{r})\\ \nabla\times\boldsymbol{E}(\boldsymbol{r})=0\end{cases}\tag{3.52}$$

该微分方程组的积分表达为

$$\begin{cases}\oint_S\boldsymbol{D}(\boldsymbol{r})\cdot\mathrm{d}\boldsymbol{S}=\int_V\rho(\boldsymbol{r})\mathrm{d}V=Q=\sum q_i\\ \oint_l\boldsymbol{E}\cdot\mathrm{d}\boldsymbol{l}=0\end{cases}\tag{3.53}$$

为了求解静电场问题，一般采用势函数的方法，即因为 $\nabla\times\boldsymbol{E}(\boldsymbol{r})=0$，从而可以引入电位函数 φ，使 $\boldsymbol{E}=-\mathrm{grad}\varphi=-\nabla\varphi$，将此代入电场高斯定律，并利用媒质本构关系 $\boldsymbol{D}(\boldsymbol{r})=\varepsilon\boldsymbol{E}(\boldsymbol{r})$ 可得包含拉普拉斯算子的泊松方程：

$$\nabla^2\varphi=-\frac{\rho}{\varepsilon}=-f\tag{3.54}$$

泊松方程的基本积分表述为

$$\varphi=\int_\Omega fG\mathrm{d}\Omega-\oint_\Gamma\varphi\boldsymbol{n}\cdot\nabla G\mathrm{d}\Gamma+\oint_\Gamma G\boldsymbol{n}\cdot\nabla\varphi\mathrm{d}\Gamma\tag{3.55}$$

根据泊松方程的基本积分表述，可以确定泊松方程边值问题恰当的边界条件，从而获得泊松方程的边值问题（即静电场的边值问题）的恰当提法：

$$\begin{cases}\nabla^2\varphi(\boldsymbol{r})=-f, & \boldsymbol{r}\in\Omega\\ \varphi(\boldsymbol{r})=\overline{p}, & \boldsymbol{r}\in\Gamma_1\\ \boldsymbol{n}\cdot\nabla\varphi=\overline{q}, & \boldsymbol{r}\in\Gamma_2\end{cases}\tag{3.56}$$

泊松方程边值问题的求解是在微分方程理论中较早就获得完善解决的一个问题，从而静电场的求解也在经典电磁理论中获得完善解决。当然，需要注意的是，与双旋度泊松方程中的磁矢量不同，这里的电位函数具有明确的物理含义。

显然，包含拉普拉斯算子的泊松方程反映了静电场的数学本质特征。但是反映静电场物理本质特征的物理量是电场强度 $\boldsymbol{E}$ 或电位移矢量 $\boldsymbol{D}$，即它与带电粒子相互作用

时表现出来的特性（电场与带电粒子发生相互作用时，只有通过 ***E*** 才能描述这种相互作用过程）。为此宋文淼明确指出，静电场有两个属性：一个是它的物理属性——静电场 ***E***，即它与带电粒子相互作用时表现出来的特性，这在物理上看是本质的；另一个是它的数学属性，只能通过电位φ这个唯一的标量才能求出静电场。所以，静电场的外部形式是电场 ***E***，它在欧氏空间是三维的。但它本质上又是一维的，表示这个一维性质的量就是电位函数φ。

对于包含双旋度算子的三类微分方程也存在类似情况，当研究电磁场与其他物质的相互作用时，必须研究它的物理属性 ***E***、***B*** 或 ***D***、***H***。但是，当研究它的数学特征或者说希望完善地求解麦克斯韦方程组时，就不能限于研究它的物理属性，而必须研究反映电磁场本质属性的“物理量”，这个本质属性的物理量可能就是电磁场的势函数表达。并且，势函数表达的电磁场方程最后又归结为包含双旋度算子的双旋度泊松方程、双旋度赫姆霍兹方程和双旋度一般时域波动方程，而这类微分方程有一个最重要的特性就是欠定性特征。同时欠定性特征的一个主要表现形式就是其基本积分表述具有任意散度假设特性。这应该是包含双旋度算子的双旋度泊松方程、双旋度赫姆霍兹方程和双旋度一般时域波动方程的基本积分表述都具有任意散度假设这一重要数学特性在物理学上的一个解释。也就是说，对于原始变量表示的包含双旋度算子的任何微分方程，当所求变量是原始物理变量本身时，从数学角度上讲它们都是不可解的（当采用积分方程法求解时，这一结论是肯定的）。欲求解相应的物理问题，只能通过势函数表达的相应方程来求解。这一结论从另一个角度解读可以得到另一个重要结论：对于包含双旋度算子的微分方程的直接矢性变量而言，其欠定性是这类微分方程本身所具有的本质属性，不可能完全消除。这里同样只能从物理上给予解释，因为双旋度算子是描述矢量场的旋转特性的微分算子，而旋转（旋度）只是矢量场运动属性的一个方面。因此对于描述矢量场的矢性变量而言，当然是欠定。

也正是因为这一结论，在本书后续章节的三类包含双旋度算子的微分方程的数值验证中，自然出现了凡是以求解矢性变量为目的的都毫无例外的失败，而以求解矢性变量的旋度为目的的都给出了令人满意的数值结果。于是，一方面势量 ***A***、φ是基本量，只有通过它才能完善地解决电磁场的计算问题；另一方面又不能准确求出势量 ***A***、φ，只能在相差一个任意常数时求出φ，在相差的一个任意无旋函数$\nabla\psi$的意义上确定势量 ***A***。正是这看似矛盾的结论，让电磁计算问题变得格外复杂。

3.5　包含双旋度算子的微分方程定解问题的恰当提法

3.5.1　包含双旋度算子微分方程的定解对象

经典理论[1,20,21]认为：仅仅给定一个包含双旋度算子的偏微分方程，由于双旋度算子的欠定性特征，无论给定怎样的边界条件，都不可能唯一地确定矢性未知量本身，但可以唯一地确定其旋度。如果以确定矢性未知量本身为目的，需要补充散度条件，经典理论由此产生了各种各样的规范（也就是散度限制条件）。也正因为如此，经典理论（包括文献[14]）认为：包含双旋度算子的偏微分方程的定解问题的恰当提法应该根据待求量的不同而不同，简单地讲就是当待求量是矢性量本身时，必须添加散度约束，而对于以求矢量的旋度为目的（具有明确的物理意义的量）时，则无需添加散度约束。

出现上述现象的原因是经典理论对包含双旋度算子的微分方程研究不够深入，没有了解包含双旋度算子的微分方程本身所蕴含的协调条件和欠定性质。当然也更不可能了解即使添加的散度假设是矢量场的真实散度，基本积分表述也不能保证所得矢量场就是真实矢量场。也就是说从物理上讲对于电磁理论中包含双旋度算子的三类微分方程只能求解以势函数表达的微分方程（求真实物理量，即旋度），不能一般地求解以原始变量表达的包含双旋度算子的三类微分方程。因此本书后续章节的数值验证都是以求解矢性变量的旋度为定解对象。

3.5.2 包含双旋度算子的微分方程定解问题的数学提法

基于 3.5.1 节的考虑，对于包含双旋度算子的微分方程的定解问题的数学提法无需考虑待求量是待求矢量本身还是其旋度而有所不同。因为矢性未知量本身就不可能准确求出来，只能准确求解矢性未知量的旋度。因此在后面的恰当提法中不特别指明求解对象。本书的主要内容是如何求解包含双旋度算子的三类微分方程，从体系的完整性出发，当然需要尝试直接求解矢性未知量（虽然这种尝试都是以失败而告终）。

为方便运用，考虑适当的边界条件，将包含双旋度算子的三种基本微分方程的定解问题的恰当提法罗列于后。

（1）对于双旋度泊松方程定解问题在数学上允许的提法为

$$\begin{cases}\nabla\times\nabla\times\boldsymbol{u}(\boldsymbol{r})=\boldsymbol{f}(\boldsymbol{r}), & \boldsymbol{r}\in\Omega\\ \boldsymbol{n}\times\boldsymbol{u}(\boldsymbol{r})=\boldsymbol{g}, & \boldsymbol{r}\in\Gamma_1\\ \boldsymbol{n}\times\nabla\times\boldsymbol{u}(\boldsymbol{r})=\boldsymbol{h}, & \boldsymbol{r}\in\Gamma_2\end{cases}\tag{3.57}$$

式中，Γ_1,Γ_2 为计算域 Ω 的边界，且满足 $\Gamma_1\cup\Gamma_2=\Gamma$，$\Gamma_1\cap\Gamma_2=0$。

上述两类边界条件分别称为第 1 类（或狄利克雷条件）边界条件和第 2 类（或诺伊曼条件）边界条件。作为上述两种边界条件的线性组合，$\boldsymbol{A}\cdot[\boldsymbol{n}\times\boldsymbol{u}(\boldsymbol{r})]+\boldsymbol{B}\cdot[\boldsymbol{n}\times\nabla\times\boldsymbol{u}(\boldsymbol{r})]=C$ 称为第 3 类（或罗宾条件）边界条件。显然第 3 类边界条件可以方便地转化为第 1 类或第 2 类边界条件，因此作为数学上允许的提法或恰当的提法只需写出第 1、第 2 类边界条件就可以了。

当然，未必每个实际问题中都同时具有 3 类边界条件。

（2）对于双旋度赫姆霍兹方程定解问题在数学上允许的提法为

$$\begin{cases} \nabla\times\nabla\times\boldsymbol{u}(\boldsymbol{r})-k^2\boldsymbol{u}(\boldsymbol{r})=\boldsymbol{f}(\boldsymbol{r}), & \boldsymbol{r}\in\Omega \\ \boldsymbol{n}\times\nabla\times\boldsymbol{u}(\boldsymbol{r})=\overline{\boldsymbol{v}}(\boldsymbol{r}), & \boldsymbol{r}\in\Gamma_2 \\ \boldsymbol{n}\times\boldsymbol{u}(\boldsymbol{r})=\overline{\boldsymbol{u}}(\boldsymbol{r}), & \boldsymbol{r}\in\Gamma_1 \end{cases} \tag{3.58}$$

式中，Γ_1,Γ_2 为计算域 Ω 的边界，且满足 $\Gamma_1\cup\Gamma_2=\Gamma$，$\Gamma_1\cap\Gamma_2=0$。

（3）对于双旋度时域波动方程定解问题在数学上允许的提法为

$$\begin{cases} \nabla\times\nabla\times\boldsymbol{u}(\boldsymbol{r},t)+\dfrac{1}{c^2}\dfrac{\partial^2\boldsymbol{u}(\boldsymbol{r},t)}{\partial t^2}=\boldsymbol{f}(\boldsymbol{r},t), & \boldsymbol{r}\in\Omega,t\geqslant 0 \\ \boldsymbol{n}\times\nabla\times\boldsymbol{u}(\boldsymbol{r},t)=\overline{\boldsymbol{v}}(\boldsymbol{r},t), & \boldsymbol{r}\in\Gamma_2,t\geqslant 0 \\ \boldsymbol{n}\times\boldsymbol{u}(\boldsymbol{r},t)=\overline{\boldsymbol{u}}(\boldsymbol{r},t), & \boldsymbol{r}\in\Gamma_1,t\geqslant 0 \\ \boldsymbol{u}(\boldsymbol{r},t)\big|_{t=0}=\overline{\boldsymbol{p}}(\boldsymbol{r}),\quad \left.\dfrac{\partial\boldsymbol{u}(\boldsymbol{r},t)}{\partial t}\right|_{t=0}=\overline{\boldsymbol{q}}(\boldsymbol{r}), & \boldsymbol{r}\in\Omega,t=0 \end{cases} \tag{3.59}$$

式中，Γ_1,Γ_2 为计算域 Ω 的边界，且满足 $\Gamma_1\cup\Gamma_2=\Gamma$，$\Gamma_1\cap\Gamma_2=0$。

3.6　麦克斯韦方程组完善求解的标准

我们认为：麦克斯韦电磁理论是以试验定律为基础，以法拉第的场观点为媒介，引入位移电流概念，并对安培环路定律做适当合理扩充而建立的。以此理论为依据提出的关于存在电磁波以及光就是电磁波这样一个科学史上最大胆的预言也为试验所证实。更为重要的是 100 多年科学实验和工程实践都证明了麦克斯韦电磁理论的正确性。如果说麦克斯韦方程组求解并没有完善解决，尚存在诸多不足（前面的理论实例就是明显的例证），那么这个标准又该是什么呢？

我们说麦克斯韦方程组是反映电磁现象的基本规律，通过对电磁现象的广泛深入研究，可以根据电磁场量随时间的变化规律将所有宏观电磁现象分为三大类：①电磁场量随时间、空间变化，称为一般时域问题；②所有电磁场量随时间按正弦（或余弦）规律周期性变化，这就是使用最为广泛的电磁波，称为时谐问题；③所有电磁场量不随时间变化，这包括静电场和静磁场。

根据麦克斯韦方程组可以得到以下方程。

描述电磁场一般时域波动的双旋度一般时域波动方程：

$$\nabla\times\nabla\times\boldsymbol{F}+\frac{\partial\boldsymbol{F}^2}{\partial t^2}=\boldsymbol{f} \tag{3.60}$$

描述时谐电磁场的双旋度赫姆霍兹方程：

$$\nabla\times\nabla\times\boldsymbol{F}-k^2\boldsymbol{F}=\boldsymbol{f} \tag{3.61}$$

描述静磁场的双旋度泊松方程：

$$\nabla \times \nabla \times \boldsymbol{F} = \boldsymbol{f} \tag{3.62}$$

当然，还有描述静电场的泊松方程：

$$\nabla^2 \varphi = f \tag{3.63}$$

不用质疑，描述静电场的泊松方程的求解已获得完善解决。

在经典电磁理论中，式（3.60）～式（3.62）这三个方程的完善求解问题是没有得到很好解决的。

应该说，对于式（3.62）所表示的双旋度泊松方程，上海交通大学的杨本洛[14]早在20世纪90年代就进行了细致深入的理论分析，使我们对双旋度泊松方程方程的认识前进了一大步，并由其研究生给出了二维数值验证[25]，作者和杨本洛更在2005年给出了简单的三维数值验证[26]。但这一结果并未得到科学界的广泛认可，更没有得到实验验证和工程应用的检验。

我们认为：麦克斯韦方程求解的完善解决，就是完善求解式（3.60）～式（3.62）这三个方程，我们将其形象地比喻为需要翻越的三座大山。

另外，为了实现工程应用，还必须解决边界条件问题，目前除阻抗条件外，还只能给定理想边界条件。关于这个问题，作者曾进行过很多尝试，但收效不多。对此将边界条件问题形象地称为一条不知深浅的河。

最后，为了避免数值方法本身带来的复杂性，本书自编程序的数值验证全部采用标准的边界元方法[27-29]，不使用计算电磁学中矩量法的各种技巧，且边界单元采用最简单的四边形常单元（常单元可以避免角点问题带来的麻烦）。有时为了考察奇异性的影响，也使用无奇异边界元方法[30]，当然，边界单元仍是四边形常单元。

总而言之，完善求解麦克斯韦方程组，解决电磁场的计算问题就是要完善求解反映电磁场一般规律的双旋度一般时域波动方程、反映时谐电磁规律的双旋度赫姆霍兹方程和反映静磁场分布规律的双旋度泊松方程，并能处理和方程相匹配反映实际工程材料特性的边界条件。只有这样才能更好地将电磁理论与工程实际相结合，真正使计算电磁学成为电磁工程创新的强有力的工具。

参考文献

[1] 张启仁. 经典场论. 北京: 科学出版社, 2003.

[2] 宋文淼. 电磁波基本方程组. 北京: 科学出版社, 2003.

[3] 李泉凤. 电磁场数值计算与电磁铁设计. 北京: 清华大学出版社, 2002.

[4] 哈尔姆斯. 非正弦电磁波的传播. 沈士团, 藕锋, 译. 北京: 人民邮电出版社, 1990.

[5] 王长清. Maxwell 方程用于电磁脉冲在损耗介质中的传播问题. 电波科学学报, 1999(1): 97-101.

[6] 傅君眉, 冯恩信. 高等电磁理论. 西安: 西安交通大学出版社, 2000.

[7] 聂在平. 目标与环境电磁散射特性建模——理论、方法与应用(基础篇). 北京: 国防工业出版社, 2009.
[8] 聂在平. 目标与环境电磁散射特性建模——理论、方法与应用(应用篇). 北京: 国防工业出版社, 2009.
[9] 倪光正, 杨仕友. 工程电磁场数值计算. 北京: 机械工业出版社, 2006.
[10] 陶文铨. 数值传热学. 西安: 西安交通大学出版社, 2001.
[11] 戴振铎, 鲁述. 电磁理论中的并矢格林函数. 武汉: 武汉大学出版社, 1995.
[12] 钱伟长. 格林函数和变分法在电磁场和电磁波计算中的应用. 上海: 上海大学出版社, 2006.
[13] 马昌凤. 非稳态电磁场的 $A-\phi$ 方法. 北京: 科学出版社, 2008.
[14] 杨本洛. 流体运动经典分析. 北京: 科学出版社, 1996.
[15] 杨本洛. 量子力学形式逻辑与物质基础探析(中册). 上海: 上海交通大学出版社, 2006.
[16] 杨本洛. 自然科学体系梳理. 上海: 上海交通大学出版社, 2005.
[17] 杨本洛. 电磁场形式逻辑分析. 上海: 上海交通大学出版社, 2009.
[18] 维诺格拉多夫. 数学百科全书（1～5 册）. 北京: 科学出版社, 1994～2004.
[19] 任伟, 赵家升. 电磁场与微波技术. 北京: 电子工业出版社, 2005.
[20] 斯特来顿. 电磁理论. 何国瑜, 译. 北京: 北京航空学院出版社, 1986.
[21] 谢处方, 饶克谨. 电磁场与电磁波. 3 版. 北京: 高等教育出版社, 1999.
[22] 宋文淼. 矢量偏微分算子. 北京: 科学出版社, 1999.
[23] 任伟. 数学化的场论: 球面世界的哲学. 北京: 科学出版社, 2013.
[24] 杨诚敏. 电磁场的基本物理量 E、D、B、H. 北京: 人民教育出版社, 1983.
[25] 徐明浩. 速度场的表述和边界涡量产生方法的研究. 上海: 上海交通大学, 1995.
[26] 覃新川, 杨本洛. 双旋度泊松方程零阶积分表述的数值研究// 第九届全国现代数学和力学学术会议论文集. 上海: 上海大学出版社, 2004.
[27] 杨德全, 赵忠生. 边界元理论及应用. 北京: 北京理工大学出版社, 2002.
[28] 祝家麟, 袁政强. 边界元分析. 北京: 科学出版社, 2009.
[29] 姚振汉, 王海涛. 边界元法. 北京: 高等教育出版社, 2010.
[30] 孙焕纯, 张立洲. 无奇异边界元法. 大连: 大连理工大学出版社, 1999.

第 4 章　双旋度泊松方程求解理论

双旋度（泊松）方程$\nabla\times\nabla\times\boldsymbol{u}=\boldsymbol{f}$作为线性偏微分方程组中的一类重要矢量方程，在电磁场理论、流体力学、数值传热学等一切涉及场的学科中都有非常重要的应用。由于对双旋度泊松方程研究不够充分，所以流体力学和电磁理论一系列基础问题不能完备化。为此，上海交通大学的杨本洛曾在文献[1]中对双旋度泊松方程在有限域内的积分形式解、双旋度泊松方程解的欠定性与积分表述的自洽性、解的势分析等问题进行了深入的讨论，给出了与经典理论不同的结论。其研究生曾给出了二维情况的数值验证工作[2]，本书作者在上海交通大学担任其助手期间曾给出三维情况下初步的数值验证工作[3]。遗憾的是杨本洛的相关工作缺乏严格的数值验证以及相应的比较研究（与经典算法）和实验验证工作的支持，并没有得到科学界的广泛认可，更没有得到工程实践的检验。

本章用两种以上方法推导出双旋度泊松方程的基本积分表述和旋度积分表述，并从数学上分析了双旋度泊松方程本身的欠定性特征、任意散度假设和初步的势分析。再次说明这类方程的求解无需人为添加各类“规范条件”来消除这类方程的所谓“欠定性”。本章的大部分内容主要参考了文献[1]、文献[4]和文献[5]。

4.1　双旋度泊松方程的基本积分表述推导

双旋度泊松方程的基本积分表述是讨论双旋度泊松方程数学性态的基础。本节首先用两种方法分别推出双旋度泊松方程的基本积分表述（也称为 0 阶积分表述，或势函数表述）。

根据第 3 章的相关讨论，双旋度泊松方程的边值问题的恰当提法应该是

$$\begin{cases}\nabla\times\nabla\times\boldsymbol{Q}(\boldsymbol{r})=\boldsymbol{f}(\boldsymbol{r}), & \boldsymbol{r}\in\Omega\\ \boldsymbol{n}\times\nabla\times\boldsymbol{Q}(\boldsymbol{r})=\overline{\boldsymbol{v}}(\boldsymbol{r}), & \boldsymbol{r}\in\Gamma_2\\ \boldsymbol{n}\times\boldsymbol{Q}(\boldsymbol{r})=\overline{\boldsymbol{u}}(\boldsymbol{r}), & \boldsymbol{r}\in\Gamma_1\end{cases}\tag{4.1}$$

式中，Γ_1,Γ_2为域Ω的边界，$\Gamma_1+\Gamma_2=\Gamma$。

4.1.1　基本积分表述的导出（格林函数法）

用格林函数法推导基本积分表述，将用到式（1.59）所示向量格林公式：

$$\int_{\Omega}(\boldsymbol{Q}\cdot\nabla\times\nabla\times\boldsymbol{R}-\boldsymbol{R}\cdot\nabla\times\nabla\times\boldsymbol{Q})\mathrm{d}\Omega=\oint_{\Gamma}\boldsymbol{n}\cdot(\boldsymbol{R}\times\nabla\times\boldsymbol{Q}-\boldsymbol{Q}\times\nabla\times\boldsymbol{R})\mathrm{d}S$$

令 $\boldsymbol{Q}$ 为双旋度泊松方程 $\nabla\times\nabla\times\boldsymbol{Q}=\boldsymbol{f}$ 的待解向量。$\boldsymbol{R}=\boldsymbol{a}G(\boldsymbol{r},\boldsymbol{r}')$，$\boldsymbol{a}$ 为任意常向量。$G(\boldsymbol{r},\boldsymbol{r}')=\dfrac{1}{4\pi|\boldsymbol{r}-\boldsymbol{r}'|}$ 为标量泊松方程 $\nabla^2\varphi(\boldsymbol{r})+\delta(\boldsymbol{r},\boldsymbol{r}')=0$ 的基本解。

因为

$$\nabla\times(\boldsymbol{a}G)=\nabla G\times\boldsymbol{a}\quad\left\{\nabla\times(\boldsymbol{a}\varphi)=\nabla\varphi\times\boldsymbol{a}+\varphi\nabla\times\boldsymbol{a}\right\}^{①}\tag{4.2}$$

$$\begin{aligned}&\nabla\times\nabla\times(\boldsymbol{a}G)=\nabla\times(\nabla G\times\boldsymbol{a})\quad\left\{\nabla\times(b\times\boldsymbol{a})=b\nabla\cdot\boldsymbol{a}-\boldsymbol{a}\nabla\cdot b+(a\cdot\nabla)b-(b\cdot\nabla)\boldsymbol{a}\right\}\\&=\boldsymbol{a}\cdot\nabla\nabla G-\boldsymbol{a}\nabla^2G\quad\left\{\nabla(\boldsymbol{a}\cdot b)=(\boldsymbol{a}\cdot\nabla)b+(b\cdot\nabla)\boldsymbol{a}+a\times\nabla\times b+b\times\nabla\times\boldsymbol{a},\quad b=\nabla G\right\}\\&=\nabla(\boldsymbol{a}\cdot\nabla G)-\boldsymbol{a}\times\nabla\times\nabla G-\boldsymbol{a}\nabla^2G=\nabla(\boldsymbol{a}\cdot\nabla G)-\boldsymbol{a}\nabla^2G\quad\left\{\nabla\times\nabla G=0\right\}\end{aligned}\tag{4.3}$$

所以

$$\begin{aligned}&\boldsymbol{Q}\cdot\nabla\times\nabla\times(\boldsymbol{a}G)\quad\left\{\nabla\times\nabla\times(\boldsymbol{a}G)=\nabla(\boldsymbol{a}\cdot\nabla G)-\boldsymbol{a}\nabla^2G\right\}\\&=\boldsymbol{Q}\cdot\nabla(\boldsymbol{a}\cdot\nabla G)-\boldsymbol{Q}\cdot\boldsymbol{a}\nabla^2G\quad\left\{\nabla\cdot(b\boldsymbol{B})=b\cdot\nabla\boldsymbol{B}+\boldsymbol{B}\nabla\cdot b,\quad\boldsymbol{B}=\boldsymbol{a}\cdot\nabla G\right\}\\&=\nabla\cdot[\boldsymbol{Q}(\boldsymbol{a}\cdot\nabla G)]-(\nabla\cdot\boldsymbol{Q})\boldsymbol{a}\cdot\nabla G-\boldsymbol{Q}\cdot\boldsymbol{a}\nabla^2G\end{aligned}\tag{4.4}$$

则格林公式的体积分部分为

$$\begin{aligned}&\int_\Omega(\boldsymbol{Q}\cdot\nabla\times\nabla\times\boldsymbol{R}-\boldsymbol{R}\cdot\nabla\times\nabla\times\boldsymbol{Q})\mathrm{d}\Omega\quad\left\{\boldsymbol{R}=\boldsymbol{a}G\right\}\\&=\int_\Omega[\boldsymbol{Q}\cdot\nabla\times\nabla\times(\boldsymbol{a}G)-(\boldsymbol{a}G)\cdot\nabla\times\nabla\times\boldsymbol{Q}]\mathrm{d}\Omega\quad\left\{\boldsymbol{Q}\cdot\nabla\times\nabla\times(\boldsymbol{a}G)=\cdots\right\}\\&=\int_\Omega\{\nabla\cdot[\boldsymbol{Q}(\boldsymbol{a}\cdot\nabla G)]-(\nabla\cdot\boldsymbol{Q})\boldsymbol{a}\cdot\nabla G-\boldsymbol{Q}\cdot\boldsymbol{a}\nabla^2G-(\boldsymbol{a}G)\cdot\nabla\times\nabla\times\boldsymbol{Q}\}\mathrm{d}\Omega\quad\left\{\nabla\times\nabla\times\boldsymbol{Q}=\boldsymbol{f}\right\}\\&=\int_\Omega\{\nabla\cdot[\boldsymbol{Q}(\boldsymbol{a}\cdot\nabla G)]-(\nabla\cdot\boldsymbol{Q})\boldsymbol{a}\cdot\nabla G-\boldsymbol{Q}\cdot\boldsymbol{a}\nabla^2G-(\boldsymbol{a}G)\cdot\boldsymbol{f}\}\mathrm{d}\Omega\\&=\int_\Omega\nabla\cdot[\boldsymbol{Q}(\boldsymbol{a}\cdot\nabla G)]\mathrm{d}\Omega-\int_\Omega\boldsymbol{a}\cdot[\nabla G(\nabla\cdot\boldsymbol{Q})+\boldsymbol{Q}\nabla^2G+\boldsymbol{f}G]\mathrm{d}\Omega\\&=\oint_\Gamma\boldsymbol{n}\cdot[\boldsymbol{Q}(\boldsymbol{a}\cdot\nabla G)]\mathrm{d}S-\int_\Omega\boldsymbol{a}\cdot[\nabla G(\nabla\cdot\boldsymbol{Q})+\boldsymbol{Q}\nabla^2G+\boldsymbol{f}G]\mathrm{d}\Omega\quad\left\{\nabla^2G=-\delta\right\}\\&=\boldsymbol{a}\cdot\left\{\oint_\Gamma\nabla G(\boldsymbol{n}\cdot\boldsymbol{Q})\mathrm{d}S-\int_\Omega[\nabla G(\nabla\cdot\boldsymbol{Q})-\boldsymbol{Q}\delta+\boldsymbol{f}G]\mathrm{d}\Omega\right\}\end{aligned}\tag{4.5}$$

而格林公式的面积分为

$$\begin{aligned}&\oint_\Gamma\boldsymbol{n}\cdot(\boldsymbol{R}\times\nabla\times\boldsymbol{Q}-\boldsymbol{Q}\times\nabla\times\boldsymbol{R})\mathrm{d}S\quad\left\{\boldsymbol{R}=\boldsymbol{a}G\right\}\\&=\oint_\Gamma\boldsymbol{n}\cdot[(\boldsymbol{a}G)\times\nabla\times\boldsymbol{Q}-\boldsymbol{Q}\times\nabla\times(\boldsymbol{a}G)]\mathrm{d}S\quad\left\{\nabla\times(\boldsymbol{a}G)=\nabla G\times\boldsymbol{a}+G\nabla\times\boldsymbol{a}\right\}\\&=\oint_\Gamma\boldsymbol{n}\cdot[(\boldsymbol{a}G)\times\nabla\times\boldsymbol{Q}-\boldsymbol{Q}\times(\nabla G\times\boldsymbol{a})]\mathrm{d}S\quad\left\{\boldsymbol{a}\cdot(\boldsymbol{b}\times\boldsymbol{c})=\boldsymbol{c}\cdot(\boldsymbol{a}\times\boldsymbol{b})=\boldsymbol{b}\cdot(\boldsymbol{c}\times\boldsymbol{a})\right\}\end{aligned}$$

---

① 为方便读者阅读，也便于作者自己查错，本书所有公式推导过程都给出推导依据，用{}标出。当然一些显而易见的依据还是省略了。基于同样的原因，本书的推导过程比较细致，希望读者不要误认为作者是在有意拖长篇幅。

$$=\oint_{\Gamma}\boldsymbol{a}\cdot[G\nabla\times\boldsymbol{Q}\times\boldsymbol{n}]-\boldsymbol{n}\cdot[\boldsymbol{Q}\times(\nabla G\times\boldsymbol{a})]\mathrm{d}S\quad\{\boldsymbol{a}\times(\boldsymbol{b}\times\boldsymbol{c})=\boldsymbol{b}(\boldsymbol{a}\cdot\boldsymbol{c})-\boldsymbol{c}(\boldsymbol{a}\cdot\boldsymbol{b})\}$$

$$=\oint_{\Gamma}\boldsymbol{a}\cdot[-G\boldsymbol{n}\times\nabla\times\boldsymbol{Q}]-\boldsymbol{n}\cdot[\nabla G(\boldsymbol{Q}\cdot\boldsymbol{a})-\boldsymbol{a}(\boldsymbol{Q}\cdot\nabla G)]\mathrm{d}S$$

$$=\boldsymbol{a}\cdot\oint_{\Gamma}[-G\boldsymbol{n}\times\nabla\times\boldsymbol{Q}-\boldsymbol{Q}(\boldsymbol{n}\cdot\nabla G)+\boldsymbol{n}(\boldsymbol{Q}\cdot\nabla G)]\mathrm{d}S\quad\{(\boldsymbol{a}\times\boldsymbol{b})\times\boldsymbol{c}=\boldsymbol{b}(\boldsymbol{a}\cdot\boldsymbol{c})-\boldsymbol{a}(\boldsymbol{b}\cdot\boldsymbol{c})\}$$

$$=\boldsymbol{a}\cdot\oint_{\Gamma}[-G\boldsymbol{n}\times\nabla\times\boldsymbol{Q}-(\boldsymbol{n}\times\boldsymbol{Q})\times\nabla G)]\mathrm{d}S \tag{4.6}$$

联立式（4.5）和式（4.6），消去任意恒定向量 $\boldsymbol{a}$ 有

$$\int_{\Omega}[\nabla G(\nabla\cdot\boldsymbol{Q})-\boldsymbol{Q}\delta+\boldsymbol{f}G]\mathrm{d}\Omega=\oint_{\Gamma}[G\boldsymbol{n}\times\nabla\times\boldsymbol{Q}+\boldsymbol{n}\times\boldsymbol{Q}\times\nabla G+\nabla G(\boldsymbol{n}\cdot\boldsymbol{Q})]\mathrm{d}S \tag{4.7}$$

再根据 δ 函数的性质，可得双旋度泊松方程的基本积分表述：

$$W\boldsymbol{Q}=\int_{\Omega}[\nabla G(\nabla\cdot\boldsymbol{Q})+\boldsymbol{f}G]\mathrm{d}\Omega-\oint_{\Gamma}[G\boldsymbol{n}\times\nabla\times\boldsymbol{Q}+\boldsymbol{n}\times\boldsymbol{Q}\times\nabla G+\boldsymbol{Q}G(\boldsymbol{n}\cdot\boldsymbol{Q})]\mathrm{d}S \tag{4.8}$$

利用格林函数法将原来的偏微分方程边值问题（4.1）归化为边界积分方程，自然地出现了第 1、第 2 类边界条件和源区内的散度约束条件，而边界上的散度约束条件没有显式给出。这也从另一个角度证明双旋度泊松方程的协调条件是双旋度泊松方程本身必须要求的条件。但是这里同时出现法向边界条件，不过，后面的势分析表明相关的项（法向边界项和体积散度项）对旋度没有贡献。因此，当旋度与真实待求物理量相对应时，基本积分表述式（4.8）仍然是与电磁场的唯一性定理相吻合的。

4.1.2 基本积分表述的导出（加权余量法）

双旋度泊松方程的基本积分表述还可以用加权余量法导出。

利用标量泊松方程的基本解 $G(r,r')=\dfrac{1}{4\pi|r-r'|}$ 和任意恒向量 $\boldsymbol{a}$ 的组合来构造双旋度泊松方程的积分表述，则原问题的加权余量法权函数可表示为 $\boldsymbol{G}=\boldsymbol{a}G(r,r')$。

1. 加权余量表达式（也就是确定其中的拉格朗日乘子）

利用拉格朗日乘子法，直接给出问题（4.1）的泛函形式的误差函数表达式：

$$R=\int_{\Omega}[\nabla\times\nabla\times\boldsymbol{Q}-\boldsymbol{f}]\cdot\boldsymbol{G}\mathrm{d}\Omega+\int_{\Gamma 1}[\boldsymbol{n}\times\boldsymbol{Q}-\overline{\boldsymbol{u}}]\cdot\boldsymbol{\lambda}_1\mathrm{d}\Gamma+\int_{\Gamma 2}[\boldsymbol{n}\times\nabla\times\boldsymbol{Q}-\overline{\boldsymbol{v}}]\cdot\boldsymbol{\lambda}_2\mathrm{d}\Gamma \tag{4.9}$$

首先这里对式（1.59）稍加改造（以 $\boldsymbol{G}$ 代替 $\boldsymbol{R}$，并移项）可得方便应用的第二格林公式：

$$\int_{\Omega}\boldsymbol{G}\cdot(\nabla\times\nabla\times\boldsymbol{Q})\mathrm{d}\Omega=\int_{\Omega}\boldsymbol{Q}\cdot(\nabla\times\nabla\times\boldsymbol{G})\mathrm{d}\Omega-\oint_{\Gamma}\boldsymbol{n}\cdot(\boldsymbol{G}\times\nabla\times\boldsymbol{Q})\mathrm{d}\Gamma+\oint_{\Gamma}\boldsymbol{n}\cdot(\boldsymbol{Q}\times\nabla\times\boldsymbol{G})\mathrm{d}\Gamma \tag{4.10}$$

以式（4.10）处理式（4.9）的第一项：

$$R=\int_{\Omega}\boldsymbol{Q}\cdot(\nabla\times\nabla\times\boldsymbol{G})\mathrm{d}\Omega-\oint_{\Gamma}\boldsymbol{n}\cdot(\boldsymbol{G}\times\nabla\times\boldsymbol{Q})\mathrm{d}\Gamma+\oint_{\Gamma}\boldsymbol{n}\cdot(\boldsymbol{Q}\times\nabla\times\boldsymbol{G})\mathrm{d}\Gamma$$
$$+\int_{\Omega}[-\boldsymbol{f}]\cdot\boldsymbol{G}\mathrm{d}\Omega+\int_{\Gamma1}[\boldsymbol{n}\times\boldsymbol{Q}-\overline{\boldsymbol{u}}]\cdot\boldsymbol{\lambda}_1\mathrm{d}\Gamma+\int_{\Gamma2}[\boldsymbol{n}\times\nabla\times\boldsymbol{Q}-\overline{\boldsymbol{v}}]\cdot\boldsymbol{\lambda}_2\mathrm{d}\Gamma \quad (4.11)$$

令误差函数 R 的变分为零（$\delta R=0$，变分参量为$\boldsymbol{Q},\boldsymbol{\lambda}_1,\boldsymbol{\lambda}_2$）：

$$\delta R=\int_{\Omega}\delta\boldsymbol{Q}\cdot(\nabla\times\nabla\times\boldsymbol{G})\mathrm{d}\Omega-\oint_{\Gamma}\boldsymbol{n}\cdot(\boldsymbol{G}\times\nabla\times\delta\boldsymbol{Q})\mathrm{d}\Gamma+\oint_{\Gamma}\boldsymbol{n}\cdot(\delta\boldsymbol{Q}\times\nabla\times\boldsymbol{G})\mathrm{d}\Gamma$$
$$+\int_{\Gamma1}\boldsymbol{n}\times\delta\boldsymbol{Q}\cdot\lambda_1\mathrm{d}\Gamma+\int_{\Gamma1}[\boldsymbol{n}\times\boldsymbol{Q}-\overline{\boldsymbol{u}}]\cdot\delta\boldsymbol{\lambda}_1\mathrm{d}\Gamma+\int_{\Gamma2}\boldsymbol{n}\times\nabla\times\delta\boldsymbol{Q}\cdot\boldsymbol{\lambda}_2\mathrm{d}\Gamma$$
$$+\int_{\Gamma2}[\boldsymbol{n}\times\nabla\times\boldsymbol{Q}-\overline{\boldsymbol{v}}]\cdot\delta\boldsymbol{\lambda}_2\mathrm{d}\Gamma \quad (4.12)$$

因为$\boldsymbol{a}\cdot(\boldsymbol{b}\times\boldsymbol{c})=\boldsymbol{c}\cdot(\boldsymbol{a}\times\boldsymbol{b})=\boldsymbol{b}\cdot(\boldsymbol{c}\times\boldsymbol{a})$，则

$$\boldsymbol{n}\cdot(\boldsymbol{G}\times\nabla\times\delta\boldsymbol{Q})=-\boldsymbol{G}\cdot(n\times\nabla\times\delta\boldsymbol{Q}),\quad \boldsymbol{n}\cdot(\delta\boldsymbol{Q}\times\nabla\times\boldsymbol{G})=(\nabla\times\boldsymbol{G})\cdot(n\times\delta\boldsymbol{Q}) \quad (4.13)$$

考虑$\Gamma=\Gamma_1+\Gamma_2$，并利用式（4.12）、式（4.13）：

$$\delta R=\int_{\Omega}\delta\boldsymbol{Q}\cdot(\nabla\times\nabla\times\boldsymbol{G})\mathrm{d}\Omega+\int_{\Gamma1}\boldsymbol{G}\cdot(\boldsymbol{n}\times\nabla\times\delta\boldsymbol{Q})\mathrm{d}\Gamma+\int_{\Gamma2}(\boldsymbol{n}\times\delta\boldsymbol{Q})\cdot(\nabla\times\boldsymbol{G})\mathrm{d}\Gamma$$
$$+\int_{\Gamma1}[\boldsymbol{n}\times\delta\boldsymbol{Q}]\cdot[\boldsymbol{\lambda}_1+(\nabla\times\boldsymbol{G})]\mathrm{d}\Gamma+\int_{\Gamma1}[\boldsymbol{n}\times\boldsymbol{Q}-\overline{\boldsymbol{u}}]\cdot\delta\boldsymbol{\lambda}_1\mathrm{d}\Gamma$$
$$+\int_{\Gamma2}[\boldsymbol{n}\times\nabla\times\delta\boldsymbol{Q}]\cdot[\boldsymbol{\lambda}_2+\boldsymbol{G}]\mathrm{d}\Gamma+\int_{\Gamma2}[\boldsymbol{n}\times\nabla\times\boldsymbol{Q}-\overline{\boldsymbol{v}}]\cdot\delta\boldsymbol{\lambda}_2\mathrm{d}\Gamma \quad (4.14)$$

由于变分$\delta\boldsymbol{Q}$的任意性，于是

$$\boldsymbol{\lambda}_1=-(\nabla\times\boldsymbol{G}),\quad \boldsymbol{\lambda}_2=-\boldsymbol{G} \quad (4.15)$$

也就是说，在考虑式（4.1）的全部约束的条件下，误差函数为

$$R=\int_{\Omega}[\nabla\times\nabla\times\boldsymbol{Q}-\boldsymbol{f}]\cdot\boldsymbol{G}\mathrm{d}\Omega-\int_{\Gamma1}[\boldsymbol{n}\times\boldsymbol{Q}-\overline{\boldsymbol{u}}]\cdot(\nabla\times\boldsymbol{G})\mathrm{d}\Gamma-\int_{\Gamma2}[\boldsymbol{n}\times\nabla\times\boldsymbol{Q}-\overline{\boldsymbol{v}}]\cdot\boldsymbol{G}\mathrm{d}\Gamma \quad (4.16)$$

至此，实现了第一个目标，确定了拉格朗日乘子的值，从而给出了原问题的加权余量表达式。

2. 根据误差函数表达式确定边界积分方程

令误差函数为零，即可得原问题的伽辽金形式的加权余量表达式：

$$\int_{\Omega}[\nabla\times\nabla\times\boldsymbol{Q}-\boldsymbol{f}]\cdot\boldsymbol{G}\mathrm{d}\Omega-\int_{\Gamma1}[\boldsymbol{n}\times\boldsymbol{Q}-\overline{\boldsymbol{u}}]\cdot(\nabla\times\boldsymbol{G})\mathrm{d}\Gamma-\int_{\Gamma2}[\boldsymbol{n}\times\nabla\times\boldsymbol{Q}-\overline{\boldsymbol{v}}]\cdot\boldsymbol{G}\mathrm{d}\Gamma=0 \quad (4.17)$$

再次用第二格林公式（4.10）处理式（4.17）第一项可得

$$\int_{\Omega}\boldsymbol{Q}\cdot(\nabla\times\nabla\times\boldsymbol{G})\mathrm{d}\Omega-\oint_{\Gamma}\boldsymbol{n}\cdot(\boldsymbol{G}\times\nabla\times\boldsymbol{Q})\mathrm{d}\Gamma+\oint_{\Gamma}\boldsymbol{n}\cdot(\boldsymbol{Q}\times\nabla\times\boldsymbol{G})\mathrm{d}\Gamma$$
$$-\int_{\Omega}\boldsymbol{f}\cdot\boldsymbol{G}\mathrm{d}\Omega-\int_{\Gamma1}[\boldsymbol{n}\times\boldsymbol{Q}-\overline{\boldsymbol{u}}]\cdot(\nabla\times\boldsymbol{G})\mathrm{d}\Gamma-\int_{\Gamma2}[\boldsymbol{n}\times\nabla\times\boldsymbol{Q}-\overline{\boldsymbol{v}}]\cdot\boldsymbol{G}\mathrm{d}\Gamma=0 \quad (4.18)$$

再次将式（4.13）代入式（4.18），并考虑$\Gamma_1+\Gamma_2=\Gamma$可得

$$\int_\Omega \boldsymbol{Q}\cdot(\nabla\times\nabla\times\boldsymbol{G})\mathrm{d}\Omega+\int_{\Gamma 1}\boldsymbol{G}\cdot(\boldsymbol{n}\times\nabla\times\boldsymbol{Q})\mathrm{d}\Gamma+\int_{\Gamma 2}(\nabla\times\boldsymbol{G})\cdot(\boldsymbol{n}\times\boldsymbol{Q})\mathrm{d}\Gamma$$
$$-\int_\Omega \boldsymbol{f}\cdot\boldsymbol{G}\mathrm{d}\Omega+\int_{\Gamma 1}\bar{\boldsymbol{u}}\cdot(\nabla\times\boldsymbol{G})\mathrm{d}\Gamma+\int_{\Gamma 2}\bar{\boldsymbol{v}}\cdot\boldsymbol{G}\mathrm{d}\Gamma=0 \tag{4.19}$$

再考虑在边界上$\boldsymbol{n}\times\boldsymbol{Q}(r)=\bar{\boldsymbol{u}}(r)$，$\boldsymbol{n}\times\nabla\times\boldsymbol{Q}(r)=\bar{\boldsymbol{v}}(r)$，则可立即得到

$$\int_\Omega \boldsymbol{Q}\cdot(\nabla\times\nabla\times\boldsymbol{G})\mathrm{d}\Omega+\oint_\Gamma(\boldsymbol{n}\times\boldsymbol{Q})\cdot(\nabla\times\boldsymbol{G})\mathrm{d}\Gamma+\oint_\Gamma\boldsymbol{G}\cdot(\boldsymbol{n}\times\nabla\times\boldsymbol{Q})\mathrm{d}\Gamma-\int_\Omega\boldsymbol{f}\cdot\boldsymbol{G}\mathrm{d}\Omega=0 \tag{4.20}$$

现在考查式（4.20）左端第一项的积分，因为

$$\nabla\times\nabla\times\boldsymbol{G}=\nabla(\nabla\cdot\boldsymbol{G})-\nabla^2\boldsymbol{G}$$

所以

$$\int_\Omega[\boldsymbol{Q}\cdot(\nabla\times\nabla\times\boldsymbol{G})\mathrm{d}\Omega=\int_\Omega[\boldsymbol{Q}\cdot\nabla(\nabla\cdot\boldsymbol{G})]\mathrm{d}\Omega-\int_\Omega[\boldsymbol{Q}\cdot\nabla^2\boldsymbol{G}]\mathrm{d}\Omega \tag{4.21}$$

因为

$$\nabla\cdot(\varphi\boldsymbol{a})=\varphi\nabla\cdot\boldsymbol{a}+\nabla\varphi\cdot\boldsymbol{a}$$

$$\nabla\cdot[\boldsymbol{Q}(\nabla\cdot\boldsymbol{G})]=(\nabla\cdot\boldsymbol{G})(\nabla\cdot\boldsymbol{Q})+\boldsymbol{Q}\cdot\nabla(\nabla\cdot\boldsymbol{G})$$

所以

$$\int_\Omega\boldsymbol{Q}\cdot\nabla(\nabla\cdot\boldsymbol{G})\mathrm{d}\Omega=\oint_\Gamma\boldsymbol{n}\cdot[\boldsymbol{Q}(\nabla\cdot\boldsymbol{G})]\mathrm{d}\Gamma-\int_\Omega(\nabla\cdot\boldsymbol{G})(\nabla\cdot\boldsymbol{Q})\mathrm{d}\Omega \tag{4.22}$$

故

$$\int_\Omega[\boldsymbol{Q}\cdot(\nabla\times\nabla\times\boldsymbol{G})]\mathrm{d}\Omega=\oint_\Gamma\boldsymbol{n}\cdot[\boldsymbol{Q}(\nabla\cdot\boldsymbol{G})]\mathrm{d}\Gamma-\int_\Omega(\nabla\cdot\boldsymbol{G})(\nabla\cdot\boldsymbol{Q})\mathrm{d}\Omega-\int_\Omega[\boldsymbol{Q}\cdot\nabla^2\boldsymbol{G}]\mathrm{d}\Omega \tag{4.23}$$

将式（4.23）代入式（4.20）可得

$$\oint_\Gamma\boldsymbol{n}\cdot[\boldsymbol{Q}(\nabla\cdot\boldsymbol{G})]\mathrm{d}\Gamma-\int_\Omega(\nabla\cdot\boldsymbol{G})(\nabla\cdot\boldsymbol{Q})\mathrm{d}\Omega-\int_\Omega\boldsymbol{Q}\cdot(\nabla^2\boldsymbol{G})\mathrm{d}\Omega$$
$$+\oint_\Gamma(\boldsymbol{n}\times\boldsymbol{Q})\cdot(\nabla\times\boldsymbol{G})\mathrm{d}\Gamma+\oint_\Gamma\boldsymbol{G}\cdot(\boldsymbol{n}\times\nabla\times\boldsymbol{Q})\mathrm{d}\Gamma-\int_\Omega\boldsymbol{f}\cdot\boldsymbol{G}\mathrm{d}\Omega=0 \tag{4.24}$$

取其中的权函数为$\boldsymbol{G}=\boldsymbol{a}G$，式中，$G$为标量泊松方程$\nabla^2\varphi(r)+\delta(r,r')=0$的基本解，并利用基本解的特性，可得

$$\oint_\Gamma\boldsymbol{n}\cdot\boldsymbol{Q}[\nabla\cdot(\boldsymbol{a}G)]\mathrm{d}\Gamma-\int_\Omega[\nabla\cdot(\boldsymbol{a}G)](\nabla\cdot\boldsymbol{Q})\mathrm{d}\Omega+\boldsymbol{a}\cdot\boldsymbol{Q}W$$
$$+\oint_\Gamma(\boldsymbol{n}\times\boldsymbol{Q})\cdot[\nabla\times(\boldsymbol{a}G)]\mathrm{d}\Gamma+\oint_\Gamma(\boldsymbol{a}G)\cdot(\boldsymbol{n}\times\nabla\times\boldsymbol{Q})\mathrm{d}\Gamma-\int_\Omega\boldsymbol{f}\cdot(\boldsymbol{a}G)\mathrm{d}\Omega=0 \tag{4.25}$$

又因

$$(\boldsymbol{n}\times\boldsymbol{Q})\cdot[\nabla\times(\boldsymbol{a}G)]=(\boldsymbol{n}\times\boldsymbol{Q})\cdot(\nabla G\times\boldsymbol{a})=\boldsymbol{a}\cdot[(\boldsymbol{n}\times\boldsymbol{Q})\times\nabla G] \tag{4.26}$$

将式（4.26）代入式（4.25），并消去常向量 $\boldsymbol{a}$，可得原问题的边界积分方程：

$$\boldsymbol{WQ}=\int_{\Omega}[\boldsymbol{f}G+\nabla G(\nabla\cdot\boldsymbol{Q})]\mathrm{d}\Omega-\oint_{\Gamma}[(\boldsymbol{n}\times\boldsymbol{Q})\times\nabla G+(\boldsymbol{n}\cdot\boldsymbol{Q})\nabla G+G(\boldsymbol{n}\times\nabla\times\boldsymbol{Q})]\mathrm{d}\Gamma \quad (4.27)$$

此结果与采用格林函数法的结果（式（4.8））完全相同。

说明：

（1）采用多种方法推出同一个积分表述的主要目的是保证推导结果的准确性，避免没有注意到的疏忽影响研究结论。所以尽管推导过程是完全程式化的加权余量法，作者仍然不厌其烦地详细叙述。

（2）对于加权余量法，也可以强行添加散度约束，但最后所得双旋度泊松方程基本积分表述仍是式（4.27），这一点读者可自行尝试。这将再一次说明散度约束并不需要独立添加，它是双旋度泊松方程本身蕴含的协调条件。

4.2　双旋度泊松方程的旋度积分表述推导

推导双旋度泊松方程的旋度积分表述（也称为 1 阶积分表述）所对应的双旋度泊松方程边值问题的恰当提法仍然是式（4.1）。

4.2.1　旋度积分表述推导（格林函数法）

用格林函数法推导双旋度泊松方程的积分表述，也将用到式（1.59）所示向量格林公式：

$$\int_{\Omega}(\boldsymbol{Q}\cdot\nabla\times\nabla\times\boldsymbol{R}-\boldsymbol{R}\cdot\nabla\times\nabla\times\boldsymbol{Q})\mathrm{d}\Omega=\oint_{\Gamma}\boldsymbol{n}\cdot(\boldsymbol{R}\times\nabla\times\boldsymbol{Q}-\boldsymbol{Q}\times\nabla\times\boldsymbol{R})\mathrm{d}S$$

仍然利用标量双旋度泊松方程的基本解 $G(r,r')$ 和任意恒向量 $\boldsymbol{a}$ 的组合来构造双旋度泊松方程的旋度积分表述。只是现在不再是 $\boldsymbol{R}=\boldsymbol{a}G(r,r')$，而是 $\boldsymbol{R}=\nabla\times[\boldsymbol{a}G(r,r')]$。

令 $\boldsymbol{Q}$ 为双旋度泊松方程 $\nabla\times\nabla\times\boldsymbol{Q}=\boldsymbol{f}$ 的待解向量，$\boldsymbol{R}=\nabla\times[\boldsymbol{a}G(r,r')]$（$\boldsymbol{a}$ 为任意常向量），$G(r,r')$ 为 $\nabla^2\varphi(r)+\delta=0$ 的基本解。

利用前面的相关结果式（4.2）、式（4.3）：

$$\boldsymbol{R}=\nabla\times(\boldsymbol{a}G)=\nabla G\times\boldsymbol{a}$$

$$\nabla\times\boldsymbol{R}=\nabla\times\nabla\times(\boldsymbol{a}G)=\nabla(\boldsymbol{a}\cdot\nabla G)-\boldsymbol{a}\nabla^2 G$$

可得

$$\begin{aligned}&\nabla\times\nabla\times\boldsymbol{R}=\nabla\times\nabla\times\nabla\times(\boldsymbol{a}G)\\&=\nabla\times[\nabla(\boldsymbol{a}\cdot\nabla G)-\boldsymbol{a}\nabla^2 G]\quad\{\nabla\times\nabla F=0\}\\&=-\nabla\times(\boldsymbol{a}\nabla^2 G)\end{aligned}\quad(4.28)$$

于是，格林公式的体积分为

$$\int_\Omega (\boldsymbol{Q}\cdot\nabla\times\nabla\times\boldsymbol{R}-\boldsymbol{R}\cdot\nabla\times\nabla\times\boldsymbol{Q})\mathrm{d}\Omega \quad \left\{\boldsymbol{R}=\nabla G\times\boldsymbol{a},\ \ \nabla\times\nabla\times\boldsymbol{R}=-\nabla\times(\boldsymbol{a}\nabla^2 G)\right\}$$
$$=\int_\Omega \{-\boldsymbol{Q}\cdot\nabla\times(\boldsymbol{a}\nabla^2 G)-(\nabla G\times\boldsymbol{a})\cdot\nabla\times\nabla\times\boldsymbol{Q}\}\mathrm{d}\Omega \quad \{\nabla\times\nabla\times\boldsymbol{Q}=\boldsymbol{f}\}$$
$$=\int_\Omega \{-\boldsymbol{Q}\cdot\nabla\times(\boldsymbol{a}\nabla^2 G)-(\nabla G\times\boldsymbol{a})\cdot\boldsymbol{f}\}\mathrm{d}\Omega \quad \{\nabla\times(\boldsymbol{a}\varphi)=\nabla\varphi\times\boldsymbol{a}+\varphi\nabla\times\boldsymbol{a}\}$$
$$=\int_\Omega \{\boldsymbol{Q}\cdot[-\nabla(\nabla^2 G)\times\boldsymbol{a}]-(\nabla G\times\boldsymbol{a})\cdot\boldsymbol{f}\}\mathrm{d}\Omega \quad \{\boldsymbol{a}\cdot(\boldsymbol{b}\times\boldsymbol{c})=\boldsymbol{c}\cdot(\boldsymbol{a}\times\boldsymbol{b})=\boldsymbol{b}\cdot(\boldsymbol{c}\times\boldsymbol{a})\}$$
$$=\int_\Omega \{\boldsymbol{a}\cdot[-\boldsymbol{Q}\times\nabla(\nabla^2 G)]-\boldsymbol{a}\cdot[\boldsymbol{f}\times\nabla G]\}\mathrm{d}\Omega \quad \{\nabla\times(\boldsymbol{a}\varphi)=\nabla\varphi\times\boldsymbol{a}+\varphi\nabla\times\boldsymbol{a}\}$$
$$=\boldsymbol{a}\cdot\int_\Omega \{\nabla\times(\nabla^2 G\boldsymbol{Q})-\nabla^2 G\nabla\times\boldsymbol{Q}\}\mathrm{d}\Omega-\boldsymbol{a}\cdot\int_\Omega \boldsymbol{f}\times\nabla G\mathrm{d}\Omega \quad \{\nabla^2 G=-\delta\}$$
$$=\boldsymbol{a}\cdot\oint_\Gamma -\boldsymbol{n}\times[\delta\boldsymbol{Q}]\mathrm{d}\Gamma+\boldsymbol{a}\cdot\int_\Omega \delta\nabla\times\boldsymbol{Q}\mathrm{d}\Omega-\boldsymbol{a}\cdot\int_\Omega \boldsymbol{f}\times\nabla G\mathrm{d}\Omega=\boldsymbol{a}\cdot\nabla\times\boldsymbol{Q}W-\boldsymbol{a}\cdot\int_\Omega \boldsymbol{f}\times\nabla G\mathrm{d}\Omega \tag{4.29}$$

而格林公式的面积分为

$$\oint_\Gamma \boldsymbol{n}\cdot(\boldsymbol{R}\times\nabla\times\boldsymbol{Q}-\boldsymbol{Q}\times\nabla\times\boldsymbol{R})\mathrm{d}S \quad \left\{\boldsymbol{R}=\nabla G\times\boldsymbol{a},\ \ \nabla\times\boldsymbol{R}=\nabla(\boldsymbol{a}\cdot\nabla G)-\boldsymbol{a}\nabla^2 G\right\}$$
$$=\oint_\Gamma \boldsymbol{n}\cdot\{(\nabla G\times\boldsymbol{a})\times\nabla\times\boldsymbol{Q}-\boldsymbol{Q}\times[\nabla(\boldsymbol{a}\cdot\nabla G)-\boldsymbol{a}\nabla^2 G]\}\mathrm{d}S \quad \{(\boldsymbol{a}\times\boldsymbol{b})\times\boldsymbol{c}=\boldsymbol{b}(\boldsymbol{a}\cdot\boldsymbol{c})-\boldsymbol{a}(\boldsymbol{b}\cdot\boldsymbol{c})\}$$
$$=\oint_\Gamma \boldsymbol{n}\cdot\{[\boldsymbol{a}(\nabla G\cdot\nabla\times\boldsymbol{Q})-\nabla G(\boldsymbol{a}\cdot\nabla\times\boldsymbol{Q})]-\boldsymbol{Q}\times[\nabla(\boldsymbol{a}\cdot\nabla G)-\boldsymbol{a}\nabla^2 G]\}\mathrm{d}S$$
$$\{\nabla(\boldsymbol{a}\cdot\boldsymbol{b})=(\boldsymbol{b}\cdot\nabla)\boldsymbol{a}+(\boldsymbol{a}\cdot\nabla)\boldsymbol{b}+\boldsymbol{a}\times\nabla\times\boldsymbol{b}+\boldsymbol{b}\times\nabla\times\boldsymbol{a}\}$$
$$=\oint_\Gamma \boldsymbol{n}\cdot\{[\boldsymbol{a}(\nabla G\cdot\nabla\times\boldsymbol{Q})-\nabla G(\boldsymbol{a}\cdot\nabla\times\boldsymbol{Q})]-\boldsymbol{Q}\times[(\boldsymbol{a}\cdot\nabla)\nabla G+\boldsymbol{a}\times\nabla\times\nabla G-\boldsymbol{a}\nabla^2 G]\}\mathrm{d}S$$
$$\{\nabla\times\nabla G=0\} \quad \{\boldsymbol{a}\cdot(\boldsymbol{b}\times\boldsymbol{c})=\boldsymbol{c}\cdot(\boldsymbol{a}\times\boldsymbol{b})=\boldsymbol{b}\cdot(\boldsymbol{c}\times\boldsymbol{a})\} \quad \{(\boldsymbol{a}\cdot\nabla)\nabla G=\boldsymbol{a}\cdot\nabla\nabla G\}$$
$$=\oint_\Gamma \{\boldsymbol{a}\cdot[\boldsymbol{n}(\nabla G\cdot\nabla\times\boldsymbol{Q})-(\boldsymbol{n}\cdot\nabla G)\nabla\times\boldsymbol{Q})]-(\boldsymbol{n}\times\boldsymbol{Q})\cdot[(\boldsymbol{a}\cdot\nabla\nabla G)-\boldsymbol{a}\nabla^2 G]\}\mathrm{d}S$$
$$=\oint_\Gamma \{\boldsymbol{a}\cdot[\boldsymbol{n}(\nabla G\cdot\nabla\times\boldsymbol{Q})-(\boldsymbol{n}\cdot\nabla G)\nabla\times\boldsymbol{Q}]+\boldsymbol{a}\cdot(\boldsymbol{n}\times\boldsymbol{Q})\nabla^2 G-(\boldsymbol{a}\cdot\nabla\nabla G)\cdot(\boldsymbol{n}\times\boldsymbol{Q})\}\mathrm{d}S$$
$$=\oint_\Gamma \{\boldsymbol{a}\cdot[\boldsymbol{n}(\nabla G\cdot\nabla\times\boldsymbol{Q})-(\boldsymbol{n}\cdot\nabla G)\nabla\times\boldsymbol{Q}]-\boldsymbol{a}\cdot[\nabla\nabla G\cdot(\boldsymbol{n}\times\boldsymbol{Q})]\}\mathrm{d}S \tag{4.30}$$

说明：式（4.30）推导中用到$(\boldsymbol{a}\cdot\nabla)\nabla G=\boldsymbol{a}\cdot\nabla\nabla G$，$(\boldsymbol{a}\cdot\nabla\nabla G)\cdot(\boldsymbol{n}\times\boldsymbol{Q})=\boldsymbol{a}\cdot[\nabla\nabla G\cdot(\boldsymbol{n}\times\boldsymbol{Q})]$，此两式已在附录 A 中进行了验证。

联立式（4.29）和式（4.30），消去任意恒定向量 $\boldsymbol{a}$ 有

$$W\nabla\times\boldsymbol{Q}=\int_\Omega \boldsymbol{f}\times\nabla G\mathrm{d}\Omega+\oint_\Gamma [\boldsymbol{n}(\nabla G\cdot\nabla\times\boldsymbol{Q})-(\boldsymbol{n}\cdot\nabla G)\nabla\times\boldsymbol{Q}-\nabla\nabla G\cdot(\boldsymbol{n}\times\boldsymbol{Q})]\mathrm{d}S \tag{4.31}$$

由于$(\boldsymbol{a}\times\boldsymbol{b})\times\boldsymbol{c}=\boldsymbol{b}(\boldsymbol{a}\cdot\boldsymbol{c})-\boldsymbol{a}(\boldsymbol{b}\cdot\boldsymbol{c})$，则

$$-(\boldsymbol{n}\times\nabla\times\boldsymbol{Q})\times\nabla G=(\nabla\times\boldsymbol{Q}\times\boldsymbol{n})\times\nabla G=\boldsymbol{n}(\nabla G\cdot\nabla\times\boldsymbol{Q})-(\boldsymbol{n}\cdot\nabla G)\nabla\times\boldsymbol{Q} \tag{4.32}$$

故有

$$W\nabla\times\boldsymbol{Q}=\int_\Omega \boldsymbol{f}\times\nabla G\mathrm{d}\Omega-\oint_\Gamma [(\boldsymbol{n}\times\nabla\times\boldsymbol{Q})\times\nabla G+\nabla\nabla G\cdot(\boldsymbol{n}\times\boldsymbol{Q})]\mathrm{d}S \tag{4.33}$$

式（4.33）就是双旋度泊松方程旋度形式的积分表述。这里也很自然地仅出现两个切线边界条件，与电磁场的唯一性定理所要求的切线边界条件相吻合。当然这里没有出现散度约束条件，这表明散度假设（或规范条件或协调条件）肯定对旋度计算没有任何影响。

4.2.2　旋度积分表述推导（求导）

根据偏微分方程理论，对于双旋度泊松方程基本积分表述来说，当基本积分表述：

$$W\boldsymbol{Q}=\int_{\Omega}[\nabla G(\nabla\cdot\boldsymbol{Q})+\boldsymbol{f}G]\mathrm{d}\Omega-\oint_{\Gamma}[G\boldsymbol{n}\times\nabla\times\boldsymbol{Q}+\boldsymbol{n}\times\boldsymbol{Q}\times\nabla G+\nabla G(\boldsymbol{n}\cdot\boldsymbol{Q})]\mathrm{d}S$$

所示的待解函数在定义域内连续可微，且在源函数 $\boldsymbol{f}$、待解函数 $\boldsymbol{Q}$ 和待解函数的旋度 $\nabla\times\boldsymbol{Q}$ 的边界分布 $\boldsymbol{Q}\big|_{\Gamma},\nabla\times\boldsymbol{Q}\big|_{\Gamma}$ 上满足一定连续性要求的情况下，可将求旋操作 $\nabla\times$ 从积分号外移入积分号内。

旋度运算（包含散度运算）等求导运算的注意事项。

（1）旋度运算 $\nabla\times\boldsymbol{Q}$ 是针对场点 $\boldsymbol{r}$ 进行的，与源点 $\boldsymbol{r}'$ 无关；积分号内的所有函数（除去基本解）的自变量都仅是源点 $\boldsymbol{r}'$ 的函数。

（2）基本解（无穷空间的格林函数）是联系源点和场点的唯一函数；且存在 $\nabla_r=-\nabla$，前者是对场点而言，后者是对源点来讲的。

（3）推导中主要用到的矢量公式为 $\nabla\times(\varphi\boldsymbol{a})=\varphi\nabla\times\boldsymbol{a}+\nabla\varphi\times\boldsymbol{a}$，$\nabla\times(\boldsymbol{a}\times\boldsymbol{b})=(\boldsymbol{b}\cdot\nabla)\boldsymbol{a}-(\boldsymbol{a}\cdot\nabla)\boldsymbol{b}+\boldsymbol{a}\nabla\cdot\boldsymbol{b}-\boldsymbol{b}\nabla\cdot\boldsymbol{a}$。

于是，有

$$\begin{aligned}W\nabla\times\boldsymbol{Q}&=\nabla_r\times\int_{\Omega}[\nabla G(\nabla\cdot\boldsymbol{Q})+\boldsymbol{f}G]\mathrm{d}\Omega-\nabla_r\times\oint_{\Gamma}[G\boldsymbol{n}\times\nabla\times\boldsymbol{Q}+\boldsymbol{n}\times Q\times\nabla G+\nabla G(\boldsymbol{n}\cdot\boldsymbol{Q})]\mathrm{d}S\\&=-\int_{\Omega}[(\nabla\cdot\boldsymbol{Q})\nabla\times\nabla G+\nabla G\times\boldsymbol{f}]\mathrm{d}\Omega+\oint_{\Gamma}[\nabla G\times(\boldsymbol{n}\times\nabla\times Q)-\nabla_r\times(\boldsymbol{n}\times\boldsymbol{Q}\times\nabla G)+(\boldsymbol{n}\cdot\boldsymbol{Q})\nabla\times\nabla G]\mathrm{d}S\\&\qquad\{\nabla\times\nabla\boldsymbol{G}=0,\ \ \nabla\times(\boldsymbol{b}\times\boldsymbol{a})=\boldsymbol{b}\nabla\cdot\boldsymbol{a}-\boldsymbol{a}\nabla\cdot\boldsymbol{b}+(\boldsymbol{a}\cdot\nabla)\boldsymbol{b}-(\boldsymbol{b}\cdot\nabla)\boldsymbol{a}\}\\&=-\int_{\Omega}\nabla G\times\boldsymbol{f}\mathrm{d}\Omega+\oint_{\Gamma}[\nabla G\times(\boldsymbol{n}\times\nabla\times\boldsymbol{Q})-\nabla_r\times(\boldsymbol{n}\times\boldsymbol{Q}\times\nabla G)]\mathrm{d}S\\&=-\int_{\Omega}\nabla G\times\boldsymbol{f}\mathrm{d}\Omega+\oint_{\Gamma}\{\nabla G\times(\boldsymbol{n}\times\nabla\times\boldsymbol{Q})+(\boldsymbol{n}\times\boldsymbol{Q})\nabla\cdot(\nabla G)-[(\boldsymbol{n}\times\boldsymbol{Q})\cdot\nabla](\nabla G)\}\mathrm{d}S\\&=-\int_{\Omega}\nabla G\times\boldsymbol{f}\mathrm{d}\Omega+\oint_{\Gamma}\{\nabla G\times(\boldsymbol{n}\times\nabla\times\boldsymbol{Q})-(\boldsymbol{n}\times\boldsymbol{Q})\cdot\nabla\nabla G\}\mathrm{d}S\\&=\int_{\Omega}\boldsymbol{f}\times\nabla G\mathrm{d}\Omega-\oint_{\Gamma}\{(\boldsymbol{n}\times\nabla\times\boldsymbol{Q})\times\nabla G+(\boldsymbol{n}\times\boldsymbol{Q})\cdot\nabla\nabla G\}\mathrm{d}S\end{aligned}\tag{4.34}$$

这再次得到了双旋度泊松方程的旋度形式的积分法表述式（4.33）。

4.2.3　旋度积分表述的导出（加权余量法）

利用标量泊松方程的基本解 $G(\boldsymbol{r},\boldsymbol{r}')$ 和任意恒向量 $\boldsymbol{a}$ 的组合来构造双旋度泊松方程的旋度积分表述，则原问题的加权余量法权函数可表示为 $\boldsymbol{G}=\nabla\times[\boldsymbol{a}G(\boldsymbol{r},\boldsymbol{r}')]$。

与求基本积分表述的加权余量法完全相同，利用拉格朗日乘子法，可以得到原问题的伽辽金形式的加权余量表达式（4.16），这是因为我们针对的是相同的双旋度泊松方程的边值问题（4.1）。

$$\boldsymbol{R}=\int_{\Omega}[\nabla\times\nabla\times\boldsymbol{Q}-\boldsymbol{f}]\cdot\boldsymbol{G}\mathrm{d}\Omega-\int_{\Gamma 1}[\boldsymbol{n}\times\boldsymbol{Q}-\overline{\boldsymbol{u}}]\cdot(\nabla\times\boldsymbol{G})\mathrm{d}\Gamma-\int_{\Gamma 2}[\boldsymbol{n}\times\nabla\times\boldsymbol{Q}-\overline{\boldsymbol{v}}]\cdot\boldsymbol{G}\mathrm{d}\Gamma$$

再通过完全相同的推导，可得原问题的伽辽金形式的加权余量表达式：

$$\int_{\Omega}\boldsymbol{Q}\cdot(\nabla\times\nabla\times\boldsymbol{G})\mathrm{d}\Omega+\oint_{\Gamma}(\boldsymbol{n}\times\boldsymbol{Q})\cdot(\nabla\times\boldsymbol{G})\mathrm{d}\Gamma+\oint_{\Gamma}\boldsymbol{G}\cdot(\boldsymbol{n}\times\nabla\times\boldsymbol{Q})\mathrm{d}\Gamma-\int_{\Omega}\boldsymbol{f}\cdot\boldsymbol{G}\mathrm{d}\Omega=0$$

将权函数 $\boldsymbol{G}=\nabla\times(\boldsymbol{a}G)=\nabla G\times\boldsymbol{a}$ 代入式（4.20）可得

$$\int_{\Omega}\boldsymbol{Q}\cdot[\nabla\times\nabla\times\nabla\times(\boldsymbol{a}G)]\mathrm{d}\Omega+\oint_{\Gamma}(\boldsymbol{n}\times\boldsymbol{Q})\cdot[\nabla\times\nabla\times(\boldsymbol{a}G)]\mathrm{d}\Gamma$$
$$+\oint_{\Gamma}(\nabla G\times\boldsymbol{a})\cdot(\boldsymbol{n}\times\nabla\times\boldsymbol{Q})\mathrm{d}\Gamma-\int_{\Omega}\boldsymbol{f}\cdot(\nabla G\times\boldsymbol{a})\mathrm{d}\Omega=0 \tag{4.35}$$

再考虑式（4.3）、式（4.28）：

$$\nabla\times\boldsymbol{R}=\nabla\times\nabla\times(\boldsymbol{a}G)=\nabla(\boldsymbol{a}\cdot\nabla G)-\boldsymbol{a}\nabla^2 G$$

$$\nabla\times\nabla\times\boldsymbol{R}=\nabla\times\nabla\times\nabla\times(\boldsymbol{a}G)=-\nabla\times(\boldsymbol{a}\nabla^2 G)=\boldsymbol{a}\times\nabla(\nabla^2 G)$$

将其代入式（4.35）可得

$$\int_{\Omega}\boldsymbol{Q}\cdot[\boldsymbol{a}\times\nabla(\nabla^2 G)]\mathrm{d}\Omega+\oint_{\Gamma}(\boldsymbol{n}\times\boldsymbol{Q})\cdot[\boldsymbol{a}\cdot\nabla\nabla G-\boldsymbol{a}\nabla^2 G]\mathrm{d}\Gamma$$
$$+\oint_{\Gamma}(\nabla G\times\boldsymbol{a})\cdot(\boldsymbol{n}\times\nabla\times Q)\mathrm{d}\Gamma-\int_{\Omega}\boldsymbol{f}\cdot(\nabla G\times\boldsymbol{a})\mathrm{d}\Omega=0 \tag{4.36}$$

这里应用了恒等式 $\nabla(\boldsymbol{a}\cdot\nabla G)=\boldsymbol{a}\cdot\nabla\nabla G$。该恒等式在附录 A 中给出验证。

因为 $\boldsymbol{A}\cdot(\boldsymbol{B}\times\boldsymbol{C})=\boldsymbol{B}\cdot(\boldsymbol{C}\times\boldsymbol{A})=\boldsymbol{C}\cdot(\boldsymbol{A}\times\boldsymbol{B})$，则

$$\int_{\Omega}\boldsymbol{a}\cdot[\nabla(\nabla^2 G)\times\boldsymbol{Q}]\mathrm{d}\Omega+\oint_{\Gamma}\boldsymbol{a}\cdot[(\nabla\nabla G)\cdot(\boldsymbol{n}\times\boldsymbol{Q})]\mathrm{d}\Gamma$$
$$-\oint_{\Gamma}\boldsymbol{a}\cdot(\boldsymbol{n}\times\boldsymbol{Q})\nabla^2 G\mathrm{d}\Gamma+\oint_{\Gamma}\boldsymbol{a}\cdot[(\boldsymbol{n}\times\nabla\times\boldsymbol{Q})\times\nabla G]\mathrm{d}\Gamma-\int_{\Omega}\boldsymbol{a}\cdot(\boldsymbol{f}\times\nabla G)\mathrm{d}\Omega=0$$
$$\tag{4.37}$$

这里应用了恒等式 $(\boldsymbol{a}\cdot\nabla\nabla G)\cdot\boldsymbol{b}=\boldsymbol{a}\cdot(\nabla\nabla G\cdot\boldsymbol{b})=\boldsymbol{a}\cdot(\boldsymbol{b}\cdot\nabla\nabla G)$，该恒等式在附录 A 中给出了验证过程。其实因为二阶张量或并矢 $\nabla\nabla G$ 是对称张量，前后点积不影响数值结果，可直接得到结论。

式（4.37）消去常矢量 $\boldsymbol{a}$ 可得

$$\int_{\Omega}[\nabla(\nabla^2 G)\times\boldsymbol{Q}]\mathrm{d}\Omega+\oint_{\Gamma}(\nabla\nabla G)\cdot(\boldsymbol{n}\times\boldsymbol{Q})\mathrm{d}\Gamma$$
$$-\oint_{\Gamma}(\boldsymbol{n}\times\boldsymbol{Q})\nabla^2 G\mathrm{d}\Gamma+\oint_{\Gamma}[(\boldsymbol{n}\times\nabla\times\boldsymbol{Q})\times\nabla G]\mathrm{d}\Gamma-\int_{\Omega}(\boldsymbol{f}\times\nabla G)\mathrm{d}\Omega=0 \tag{4.38}$$

又根据 $\nabla\times(\boldsymbol{A}\varphi)=\nabla\varphi\times\boldsymbol{A}+\varphi\nabla\times\boldsymbol{A},\ \ \varphi=(\nabla^2 G)$ 以及 $\delta(r)$ 的性质可得

$$\int_{\Omega}[\nabla(\nabla^2 G)\times \boldsymbol{Q}]\mathrm{d}\Omega=\int_{\Omega}\{\nabla\times[(\nabla^2 G)\boldsymbol{Q}]-\nabla^2 G\nabla\times \boldsymbol{Q}\}\mathrm{d}\Omega$$

$$=\oint_{\Gamma}\boldsymbol{n}\times(\boldsymbol{Q}\nabla^2 G)\mathrm{d}\Gamma-\int_{\Omega}\nabla^2 G\nabla\times \boldsymbol{Q}\mathrm{d}\Omega=-\oint_{\Gamma}\boldsymbol{n}\times\boldsymbol{Q}\delta\mathrm{d}\Gamma+\int_{\Omega}\delta\nabla\times\boldsymbol{Q}\mathrm{d}\Omega=\nabla\times\boldsymbol{Q} \quad (4.39)$$

将式（4.39）代入式（4.38）并利用 $\delta(r)$ 的性质可得常见的形式：

$$\nabla\times\boldsymbol{Q}=\int_{\Omega}(\nabla G\times\boldsymbol{f})\mathrm{d}\Omega-\oint_{\Gamma}(\nabla\nabla G)\cdot(\boldsymbol{n}\times\boldsymbol{Q})\mathrm{d}\Gamma-\oint_{\Gamma}[(\boldsymbol{n}\times\nabla\times\boldsymbol{Q})\times\nabla G]\mathrm{d}\Gamma \quad (4.40)$$

这再次得到了双旋度泊松方程的旋度形式积分表述（4.33），与运用格林函数法和求导方法得到的旋度积分表述完全相同。

4.3　双旋度泊松方程的数学性质

双旋度泊松方程与其他微分方程相比，最重要的性质在于解函数的欠定性，也就是说，独自一个双旋度泊松方程，无论怎样构造边界条件，都无法确定矢量函数本身，但可以唯一地确定其旋度。双旋度泊松方程的欠定性通过散度任意假设特性、二维性特征等具体表现出来。

4.3.1　双旋度泊松方程解的存在性和唯一性

此处的双旋度泊松方程来源于实际问题，不是一个纯粹的数学问题，因此，只要方程本身反映了客观事物的真实存在，加上适当的边界条件，解就是一定存在且唯一的，因为“大自然本身就是一个解”。这里仅从算法角度，讨论一下解的唯一性。

讨论求解的问题仍然是问题（4.1）：

$$\begin{cases}\nabla\times\nabla\times\boldsymbol{Q}(\boldsymbol{r})=\boldsymbol{f}(\boldsymbol{r}), & \boldsymbol{r}\in\Omega\\ \boldsymbol{n}\times\nabla\times\boldsymbol{Q}(\boldsymbol{r})=\overline{\boldsymbol{v}}(\boldsymbol{r}), & \boldsymbol{r}\in\Gamma_2\\ \boldsymbol{n}\times\boldsymbol{Q}(\boldsymbol{r})=\overline{\boldsymbol{u}}(\boldsymbol{r}), & \boldsymbol{r}\in\Gamma_1\end{cases}$$

式中，Γ_1,Γ_2 为域 Ω 的边界，$\Gamma_1+\Gamma_2=\Gamma$。

设 $\boldsymbol{E}$ 为问题（4.1）在适当边界条件下的一个解，$\boldsymbol{B}$ 是问题（4.1）在相同边界条件下的另一个不同解，令 $\boldsymbol{A}=\boldsymbol{E}-\boldsymbol{B}$，考虑算子的线性特征，$\boldsymbol{A}$ 是齐次双旋度泊松方程 $\nabla\times\nabla\times\boldsymbol{A}=0$ 在齐次边界条件下的解。

简单地，从数值计算的角度，根据双旋度泊松方程的基本积分表述和旋度积分表述，齐次方程 $\nabla\times\nabla\times\boldsymbol{A}=0$ 在齐次边界条件下的解为零（两个积分表述的各积分项全为零，注意：对于基本积分表述还要求源域 Ω 内的散度假设相同）。因此零阶积分表述在相差一个无旋矢量的条件下可以求出矢性变量 $\boldsymbol{A}$，而一阶积分表述则可以给出唯一确定的 $\nabla\times\boldsymbol{A}$ 值。

4.3.2 双旋度泊松方程解的欠定性（任意散度假设）

经典理论认为：双旋度泊松方程$\nabla\times\nabla\times\boldsymbol{Q}=\boldsymbol{f}$与一般的偏微分方程相比，其数学性质有很大的不同，最重要的特点是解函数的欠定性，也就是说，无论怎样构造边界条件，独自一个双旋度泊松方程总是欠定的，并且，这种欠定性的一个重要表现就是后面马上要证明的任意散度假设特性[1]。

显然，对于体积域内不同的散度分布，由双旋度泊松方程给出的解也不相同，并且，计算实践表明：即使给定“真实的”散度假设，也不能保证由基本积分表述所得到的矢性变量就是真实的解，至于这种矢性变量随散度假设的不同对物理上要求的旋度所造成的影响将在势分析中解决。而目前必须解决的首要问题是：当给定不同的散度分布时基本积分表述所构造的矢性变量能否满足这种预先设定的散度分布条件。下面给出具体证明。

对于基本积分表述：

$$W\boldsymbol{Q}=\int_{\Omega}[\nabla G(\nabla\cdot\boldsymbol{Q})+\boldsymbol{f}G]\mathrm{d}\Omega-\oint_{\Gamma}[G\boldsymbol{n}\times\nabla\times\boldsymbol{Q}+\boldsymbol{n}\times\boldsymbol{Q}\times\nabla G+\nabla G(\boldsymbol{n}\cdot\boldsymbol{Q})]\mathrm{d}S$$

假设矢性变量的散度分布为：$\nabla\cdot\boldsymbol{Q}=\theta$，这里$\theta$可以是常数，也可以是位置的任意函数。

首先对体积分部分$\boldsymbol{Q}_{\mathrm{Vol}}$求散得

$$\begin{aligned}\nabla\cdot\boldsymbol{Q}_{\mathrm{Vol}}&=\nabla_r\cdot\int_{\Omega}[\theta\nabla G+\boldsymbol{f}G]\mathrm{d}\Omega\\&=\int_{\Omega}\nabla_r\cdot[\theta\nabla G+\boldsymbol{f}G]\mathrm{d}\Omega\quad\{\nabla_r=-\nabla,\ \ \nabla\cdot(\boldsymbol{a}\varphi)=\boldsymbol{a}\cdot\nabla\varphi+\varphi\nabla\cdot\boldsymbol{a}\}\\&=-\int_{\Omega}[\theta\nabla^2G+\boldsymbol{f}\cdot\nabla G]\mathrm{d}\Omega\quad\left\{\nabla^2G=-\delta\right\}\\&=-\int_{\Omega}[-\theta\delta+\boldsymbol{f}\cdot\nabla G]\mathrm{d}\Omega=\theta-\int_{\Omega}\boldsymbol{f}\cdot\nabla G\mathrm{d}\Omega\end{aligned}\tag{4.41}$$

再对积分表述所剩的面积分部分$\boldsymbol{Q}_{\mathrm{Sur}}$求散，得

$$\begin{aligned}\nabla\cdot\boldsymbol{Q}_{\mathrm{Sur}}&=-\nabla_r\cdot\oint_{\Gamma}[G\boldsymbol{n}\times\nabla\times\boldsymbol{Q}+\boldsymbol{n}\times\boldsymbol{Q}\times\nabla G+\nabla G(\boldsymbol{n}\cdot\boldsymbol{Q})]\mathrm{d}S\\&=-\oint_{\Gamma}\nabla_r\cdot[G\boldsymbol{n}\times\nabla\times\boldsymbol{Q}+\boldsymbol{n}\times\boldsymbol{Q}\times\nabla G+\nabla G(\boldsymbol{n}\cdot\boldsymbol{Q})]\mathrm{d}S\\&\quad\left\{\nabla\cdot(\boldsymbol{a}\varphi)=\boldsymbol{a}\cdot\nabla\varphi+\varphi\nabla\cdot\boldsymbol{a},\ \ \nabla_r=-\nabla,\ \ \nabla\cdot(\boldsymbol{a}\times\boldsymbol{b})=\boldsymbol{b}\cdot\nabla\times\boldsymbol{a}-\boldsymbol{a}\cdot\nabla\times\boldsymbol{b}\right\}\\&=\oint_{\Gamma}[(\boldsymbol{n}\times\nabla\times\boldsymbol{Q})\cdot\nabla G-\boldsymbol{n}\times\boldsymbol{Q}\cdot(\nabla\times\nabla G)+\nabla^2G(\boldsymbol{n}\cdot\boldsymbol{Q})]\mathrm{d}S\\&\quad\left\{\boldsymbol{a}\cdot(\boldsymbol{b}\times\boldsymbol{c})=\boldsymbol{c}\cdot(\boldsymbol{a}\times\boldsymbol{b})=\boldsymbol{b}\cdot(\boldsymbol{c}\times\boldsymbol{a}),\ \ \nabla\times\nabla G=0,\ \ \nabla^2G+\delta=0\right\}\\&=\oint_{\Gamma}[\boldsymbol{n}\cdot(\nabla\times\boldsymbol{Q}\times\nabla G)-(\boldsymbol{n}\cdot\boldsymbol{Q})\delta]\mathrm{d}S=\oint_{\Gamma}\boldsymbol{n}\cdot(\nabla\times\boldsymbol{Q}\times\nabla G)\mathrm{d}S\\&=\oint_{\Omega}\nabla\cdot(\nabla\times\boldsymbol{Q}\times\nabla G)\mathrm{d}\Omega\quad\left\{\nabla\cdot(\boldsymbol{a}\times\boldsymbol{b})=\boldsymbol{b}\cdot\nabla\times\boldsymbol{a}-\boldsymbol{a}\cdot\nabla\times\boldsymbol{b}\right\}\\&=\oint_{\Omega}[\nabla G\cdot(\nabla\times\nabla\times\boldsymbol{Q})-\nabla\times\boldsymbol{Q}\cdot\nabla\times\nabla G]\mathrm{d}\Omega\quad\left\{\nabla\times\nabla\times\boldsymbol{Q}=\boldsymbol{f}\right\}=\oint_{\Omega}\nabla G\cdot\boldsymbol{f}\mathrm{d}\Omega\end{aligned}\tag{4.42}$$

将式（4.42）、式（4.43）相加，得到整个积分表述所确定的矢量函数的散度为

$$\nabla\cdot\boldsymbol{Q}=\nabla\cdot\boldsymbol{Q}_{\mathrm{Vol}}+\nabla\cdot\boldsymbol{Q}_{\mathrm{Sur}}=\theta-\int_{\Omega}\boldsymbol{f}\cdot\nabla G\mathrm{d}\Omega+\int_{\Omega}\boldsymbol{f}\cdot\nabla G\mathrm{d}\Omega=\theta \tag{4.43}$$

式（4.43）表明，无论如何预先假定矢量的散度，积分表述构造的矢性变量恒满足这一假定。由此可知，由于双旋度泊松方程解函数所具有的对任意散度分布的自洽性，则各种“规范条件”包括协调条件都是一种允许的设定方法。但是，能否由“规范条件”将双旋度泊松方程转化为一般的向量泊松方程则是另一个问题。很显然，这种转换可能是存在问题的。

基本积分表述对矢性变量散度的任意假设所呈现的自适应，正是双旋度算子中矢性变量的欠定性在逻辑上的一个必然反映，是一个互为补充的自然结果。

如果对面积分各部分分别求散，可得

$$\begin{aligned}
&\nabla_r\cdot\oint_{\Gamma}G\boldsymbol{n}\times\nabla\times\boldsymbol{Q}\mathrm{d}S=\nabla_r\cdot\oint_{\Gamma}\boldsymbol{n}\times(G\nabla\times\boldsymbol{Q})\mathrm{d}S\\
&=\nabla_r\cdot\int_{\Omega}\nabla\times(G\nabla\times\boldsymbol{Q})\mathrm{d}S\quad\{\nabla\times(\varphi\boldsymbol{a})=\varphi\nabla\times\boldsymbol{a}+\nabla\varphi\times\boldsymbol{a}\}\\
&=\nabla_r\cdot\int_{\Omega}G\nabla\times\nabla\times\boldsymbol{Q}+\nabla G\times\nabla\times\boldsymbol{Q}\mathrm{d}S=\int_{\Omega}\nabla_r\cdot[G\boldsymbol{f}+\nabla G\times\nabla\times\boldsymbol{Q}]\mathrm{d}S\\
&\qquad\{\nabla\cdot(\varphi\boldsymbol{a})=\varphi\nabla\cdot\boldsymbol{a}+\nabla\varphi\cdot\boldsymbol{a}\quad\nabla\cdot(\boldsymbol{a}\times\boldsymbol{b})=\boldsymbol{b}\cdot\nabla\times\boldsymbol{a}-\boldsymbol{a}\cdot\nabla\times\boldsymbol{b}\}\\
&=\int_{\Omega}\nabla_r G\cdot\boldsymbol{f}+\nabla\times\boldsymbol{Q}\times\nabla_r\times\nabla G]\mathrm{d}S=-\int_{\Omega}\nabla G\cdot\boldsymbol{f}\mathrm{d}\Omega\quad\{\nabla\times\nabla G=0\}
\end{aligned}\tag{4.44}$$

$$\begin{aligned}
&\nabla_r\cdot\oint_{\Gamma}\boldsymbol{n}\times\boldsymbol{Q}\times\nabla G\mathrm{d}S=\oint_{\Gamma}\nabla_r\cdot(\boldsymbol{n}\times\boldsymbol{Q}\times\nabla G)\mathrm{d}S\\
&\{\nabla\cdot(\boldsymbol{a}\times\boldsymbol{b})=\boldsymbol{b}\cdot\nabla\times\boldsymbol{a}-\boldsymbol{a}\cdot\nabla\times\boldsymbol{b},\quad\nabla\times\nabla G=0\}\\
&=\oint_{\Gamma}-(\boldsymbol{n}\times\boldsymbol{Q})\nabla_r\times\nabla G\mathrm{d}S=0
\end{aligned}\tag{4.45}$$

$$\begin{aligned}
&\nabla_r\cdot\oint_{\Gamma}\nabla G(\boldsymbol{n}\cdot\boldsymbol{Q})\mathrm{d}S=\oint_{\Gamma}\nabla_r\cdot[\nabla G(\boldsymbol{n}\cdot\boldsymbol{Q})]\mathrm{d}S=\oint_{\Gamma}(\boldsymbol{n}\cdot\boldsymbol{Q})\nabla_r\cdot\nabla G\mathrm{d}S\\
&=-\oint_{\Gamma}(\boldsymbol{n}\cdot\boldsymbol{Q})\nabla\cdot\nabla G\mathrm{d}S=-\oint_{\Gamma}(\boldsymbol{n}\cdot\boldsymbol{Q})\nabla^2G\mathrm{d}S=-\oint_{\Gamma}(\boldsymbol{n}\cdot\boldsymbol{Q})\delta\mathrm{d}S=0
\end{aligned}\tag{4.46}$$

从式（4.44）～式（4.46）可以看出：除了后面势分析将提到的单层面势对域内散度有贡献，其余两项没有贡献。也就是说，任意散度假设是通过体积分项和后面所说的单层面势来实现的，即

$$\nabla\cdot\boldsymbol{Q}_{\mathrm{Vol}}=\nabla_r\cdot\left\{\int_{\Omega}[\theta\nabla G+\boldsymbol{f}G]\mathrm{d}\Omega+\oint_{\Gamma}G\boldsymbol{n}\times\nabla\times\boldsymbol{Q}\mathrm{d}S\right\}=\theta-\int_{\Omega}\boldsymbol{f}\cdot\nabla G\mathrm{d}\Omega+\int_{\Omega}\boldsymbol{f}\cdot\nabla G\mathrm{d}\Omega=\theta$$

其实，如果做更仔细的分析，仅对与散度相关的体积分求散：

$$\nabla_r\cdot\int_{\Omega}\nabla\cdot\boldsymbol{Q}\nabla G\mathrm{d}\Omega=\nabla_r\cdot\int_{\Omega}\theta\nabla G\mathrm{d}\Omega=\int_{\Omega}\nabla_r\cdot(\theta\nabla G)\mathrm{d}\Omega\quad\{\nabla\cdot(\boldsymbol{a}\varphi)=\boldsymbol{a}\cdot\nabla\varphi+\varphi\nabla\cdot\boldsymbol{a}\}$$

$$=-\int_{\Omega}\theta\nabla^2G\mathrm{d}\Omega=\theta\quad\{\nabla^2G=-\delta\}$$

可以发现，任意散度假设实际上仅与该项有关。

4.3.3 双旋度泊松方程的协调性条件

关于包含双旋度算子的微分方程的协调条件已在第 3 章给予了较详细的阐述，由于问题本身的重要性和叙述的系统性，这里仍对双旋度泊松方程相关的内容适当重复一下。

对于双旋度泊松方程：

$$\nabla\times\nabla\times\boldsymbol{B}=\boldsymbol{f} \tag{4.47}$$

直接取散度可得

$$\nabla\cdot\boldsymbol{f}=0 \tag{4.48}$$

与包含双旋度算子的其他两类微分方程不同，该协调条件没有和矢性变量的散度相联系，而是直接给出其“源”必须满足的无源条件。协调条件与矢性变量无关，当然也与其散度无关。因此散度任意假设更是泊松方程的不可或缺的重要属性。

关于电磁场理论（或理论物理）中真实存在的双旋度泊松方程的具体分析如下。

对静磁场，由安培回路定理直接取旋可得反映由恒定电流产生的静磁场分布规律的原始变量的双旋度泊松方程：

$$\nabla\times\nabla\times\boldsymbol{B}=\mu\nabla\times\boldsymbol{J} \tag{4.49}$$

相应地，由矢量势表达的双旋度泊松方程：

$$\nabla\times\nabla\times\boldsymbol{A}=\mu\boldsymbol{J} \tag{4.50}$$

（1）对于原始变量的双旋度泊松方程（4.49），显然，满足“源”的散度条件（4.48）：

$$\nabla\cdot(\mu\nabla\times\boldsymbol{J})=\mu\nabla\cdot(\nabla\times\boldsymbol{J})=0 \tag{4.51}$$

矢量恒等式$\nabla\cdot(\nabla\times\boldsymbol{J})=0$反映的是矢量场具有的共性特征，当然也是物理规律。

（2）对于矢量势表示的双旋度泊松方程（4.50），考虑恒定电流的无源性可得

$$\nabla\cdot(\mu\boldsymbol{J})=\mu\nabla\cdot\boldsymbol{J}=0 \tag{4.52}$$

显然，对于电磁场理论中真实存在的两种双旋度泊松方程（4.49）和方程（4.50），其本身存在的协调条件是由物理规律直接给予保证的。

4.3.4 双旋度泊松方程的二维特征

经典理论认为：双旋度泊松方程$\nabla\times\nabla\times\boldsymbol{E}(\boldsymbol{r})=\boldsymbol{f}$的最大特点是其欠定性，为了唯一地确定待求变量$\boldsymbol{E}(\boldsymbol{r})$，需要添加辅助的散度限制，即$\nabla\cdot\boldsymbol{E}(\boldsymbol{r})=\theta$，才能唯一地确定$\boldsymbol{E}(\boldsymbol{r})$（对于以确定$\nabla\times\boldsymbol{E}(\boldsymbol{r})$为目的，则不需散度限制）。

双旋度赫姆霍兹方程的欠定性的表现形式多种多样，前面介绍的任意散度假设特

性就是其欠定性的表现形式之一，这里关心的是双旋度算子是否具有二维性，也就是式（4.1）和式（4.53）两个问题是否等价？

$$\begin{cases}[\nabla\times\nabla\times\boldsymbol{E}(\boldsymbol{r})]_i=\boldsymbol{f}_i, & i=1,2\text{ 或 }2,3\text{ 或 }1,3\\ \boldsymbol{n}\times\nabla\times\boldsymbol{E}(\boldsymbol{r})=\overline{\boldsymbol{v}}(\boldsymbol{r}), & \boldsymbol{r}\in\Gamma_2\\ \boldsymbol{n}\times\boldsymbol{E}(\boldsymbol{r})=\overline{\boldsymbol{u}}(\boldsymbol{r}), & \boldsymbol{r}\in\Gamma_1\end{cases}\tag{4.53}$$

证明　设 $\boldsymbol{E}(\boldsymbol{r})$ 是问题（4.1）的一个解，因为问题（4.1）包含了问题（4.53）的全部泛定方程，所以 $\boldsymbol{E}(\boldsymbol{r})$ 也是问题（4.53）的解；如果 $\boldsymbol{D}(\boldsymbol{r})$ 是问题（4.53）的另一个解，令 $\boldsymbol{B}(\boldsymbol{r})=\boldsymbol{E}(\boldsymbol{r})-\boldsymbol{D}(\boldsymbol{r})$。

考虑算子 ∇ 的线性性质，并假设在任一笛卡儿直角坐标系下取 $i=1,2$，则 $\boldsymbol{B}(\boldsymbol{r})$ 恒满足：

$$\begin{cases}[\nabla\times\nabla\times\boldsymbol{B}(\boldsymbol{r})]_i=0, & i=1,2\\ \boldsymbol{n}\times\nabla\times\boldsymbol{B}(\boldsymbol{r})=0, & \boldsymbol{r}\in\Gamma_2\\ \boldsymbol{n}\times\boldsymbol{B}(\boldsymbol{r})=0, & \boldsymbol{r}\in\Gamma_1\end{cases}\tag{4.54}$$

因为

$$\nabla\times\nabla\times\boldsymbol{B}=\nabla\times\begin{bmatrix}\boldsymbol{i} & \boldsymbol{j} & \boldsymbol{k}\\ \dfrac{\partial}{\partial x} & \dfrac{\partial}{\partial y} & \dfrac{\partial}{\partial z}\\ B^1 & B^2 & B^3\end{bmatrix}=\begin{bmatrix}\boldsymbol{i} & \boldsymbol{j} & \boldsymbol{k}\\ \dfrac{\partial}{\partial x} & \dfrac{\partial}{\partial y} & \dfrac{\partial}{\partial z}\\ B_2^3-B_3^2 & B_3^1-B_1^3 & B_1^2-B_2^1\end{bmatrix}$$
$$=\mathrm{i}(B_{12}^2-B_{22}^1-B_{33}^1+B_{13}^3)+\mathrm{j}(B_{23}^3-B_{33}^2-B_{11}^2+B_{21}^1)+\mathrm{k}(B_{31}^1-B_{11}^3-B_{22}^3+B_{32}^2)\tag{4.55}$$

所以，对各分量分别对该分量求得可得

$$\begin{cases}B_{112}^2-B_{122}^1-B_{133}^1+B_{113}^3=0\\ B_{223}^3-B_{233}^2-B_{112}^2+B_{221}^1=0\\ B_{331}^1-B_{311}^3-B_{322}^3+B_{332}^2=0\end{cases}\tag{4.56}$$

前两个分量相加：

$$B_{112}^2-B_{122}^1-B_{133}^1+B_{113}^3+B_{223}^3-B_{233}^2-B_{112}^2+B_{221}^1=0$$
$$\Rightarrow B_{133}^1-B_{113}^3-B_{223}^3+B_{233}^2=0\tag{4.57}$$

这正是第 3 式对第 3 坐标求导的结果。其实在不考虑求导次序的影响条件下，任意两个分量相加都等于余下的分量。

这实际上已经证明，如果以求 $\boldsymbol{E}(\boldsymbol{r})$ 的偏导数的组合（包括 $\boldsymbol{E}(\boldsymbol{r})$ 的旋度 $\nabla\times\boldsymbol{E}(\boldsymbol{r})$）为目的，$(\nabla\times\nabla\times\boldsymbol{E}(\boldsymbol{r}))_i=0$ 的分量表达式中有一个是多余的。

4.3.5 双旋度赫姆霍兹方程的势分析

当然也可以从积分表述入手，对双旋度泊松方程进行势分析，从而搞清基本积分表述中各项的数学意义，这对领会旋度积分表述的含义，对如何构造恰当的定解问题，避免数值计算中可能出现的错误，都有相当重要的价值。当然，势分析的另一个明显的作用也是对两个积分表述正确性的一种验证方式。

所谓势分析，就是对基本积分表述（或势函数形式的积分表述）中的各个项做个别的分析。比较双旋度泊松方程两种积分表述（基本积分表述和旋度形式的积分表述）的关系。

双旋度泊松方程$\nabla\times\nabla\times\boldsymbol{Q}=\boldsymbol{f}$的基本积分表述为

$$W\boldsymbol{Q}=\int_{\Omega}[\nabla G(\nabla\cdot\boldsymbol{Q})+\boldsymbol{f}G]\mathrm{d}\Omega-\oint_{\Gamma}[G\boldsymbol{n}\times\nabla\times\boldsymbol{Q}+\boldsymbol{n}\times\boldsymbol{Q}\times\nabla G+\nabla G(\boldsymbol{n}\cdot\boldsymbol{Q})]\mathrm{d}S$$

旋度积分表述：

$$\nabla\times\boldsymbol{Q}=\int_{\Omega}\boldsymbol{f}\times\nabla G\mathrm{d}\Omega-\oint_{\Gamma}[(\boldsymbol{n}\times\nabla\times\boldsymbol{Q})\times\nabla G+\nabla\nabla G\cdot(\boldsymbol{n}\times\boldsymbol{Q})]\mathrm{d}S$$

首先，因为$\nabla\times\int_{\Omega}\nabla\cdot\boldsymbol{Q}\nabla G\mathrm{d}\Omega=0,\ \ \nabla\times\int_{\Gamma}\boldsymbol{n}\cdot\boldsymbol{Q}\nabla G\mathrm{d}S=0$，其旋度为零。所以，将这两部分单独列出，称为附加势，即

$$\boldsymbol{Q}_{\mathrm{AD}}=\int_{\Omega}\nabla\cdot\boldsymbol{Q}\nabla G\mathrm{d}\Omega-\oint_{\Gamma}\boldsymbol{n}\cdot\boldsymbol{Q}\nabla G\mathrm{d}S \tag{4.58}$$

也就是说，附加势的旋度恒等于零：$\nabla\times\boldsymbol{Q}_{\mathrm{AD}}=0$。这表明，尽管附加势是待求矢量函数的一部分，但是附加势的存在对待求矢量的旋度没有任何贡献（当采用辅助变量即势函数方法求解电磁场时，这个旋度正是要求的真实物理量），因此当人们真正关心待求矢量的旋度$\nabla\times\boldsymbol{Q}$时，可以不顾及附加势的存在。正是由于$\nabla\times\boldsymbol{Q}_{\mathrm{AD}}=0$，所以在待求矢量函数的旋度表述中没有与附加势相对应的项出现。

另外，如果注意到附加势还包含散度约束项$\int_{\Omega}\nabla\cdot\boldsymbol{Q}\nabla G\mathrm{d}\Omega$，还可以得出这样的结论：任意散度假设丝毫不影响旋度的计算值。

这样，扣除附加势以后，在待求矢量函数的积分表述中将只剩以下三部分。

体矢势：

$$\boldsymbol{Q}_V=\int_{\Omega}\boldsymbol{f}G\mathrm{d}\Omega \tag{4.59}$$

单层面势：

$$\boldsymbol{Q}_S=-\oint_{\Gamma}G\boldsymbol{n}\times\nabla\times\boldsymbol{Q}\mathrm{d}S \tag{4.60}$$

双层面势：

$$\boldsymbol{Q}_D=-\oint_{\Gamma}\boldsymbol{n}\times\boldsymbol{Q}\times\nabla G\mathrm{d}S \tag{4.61}$$

对于体矢势，其对待求矢量函数旋度的贡献为

$$\nabla_r \times \boldsymbol{Q}_V = \nabla_r \times \int_\Omega G\boldsymbol{f}\mathrm{d}\Omega = \int_\Omega \nabla_r \times (G\boldsymbol{f})\mathrm{d}\Omega = -\int_\Omega \nabla G \times \boldsymbol{f}\mathrm{d}\Omega = \int_\Omega \boldsymbol{f} \times \nabla G\mathrm{d}\Omega \quad (4.62)$$

对其再次求旋（积分区域包含奇异点）可得

$$\begin{aligned}
&\nabla_r \times \nabla \times \boldsymbol{Q}_V = \nabla_r \times \int_\Omega \boldsymbol{f} \times \nabla G\mathrm{d}\Omega = \int_\Omega \nabla_r \times (\boldsymbol{f} \times \nabla G)\mathrm{d}\Omega \\
&\{\nabla \times (\boldsymbol{a} \times \boldsymbol{b}) = \boldsymbol{a}\nabla \cdot \boldsymbol{b} - \boldsymbol{b}\nabla \cdot \boldsymbol{a} + (\boldsymbol{b} \cdot \nabla)\boldsymbol{a} - (\boldsymbol{a} \cdot \nabla)\boldsymbol{b}\} \\
&= -\int_\Omega [\boldsymbol{f}\nabla \cdot \nabla G - (\boldsymbol{f} \cdot \nabla)\nabla G]\mathrm{d}\Omega = -\int_\Omega [\boldsymbol{f}\nabla^2 G - \boldsymbol{f} \cdot \nabla\nabla G]\mathrm{d}\Omega \quad \{\nabla^2 G = -\delta\} \\
&= \int_\Omega [\boldsymbol{f}\delta + \boldsymbol{f} \cdot \nabla\nabla G]\mathrm{d}\Omega = \boldsymbol{f} + \int_\Omega \boldsymbol{f} \cdot \nabla\nabla G\mathrm{d}\Omega
\end{aligned} \quad (4.63)$$

式（4.63）表明：体矢势不是双旋度泊松方程的特解。而一般的矢量（包括标量）泊松方程中，体矢势是泛定方程的特解（见第 1 章 1.5.5 节），双旋度泊松方程的这种差别是由于双旋度算子本身所具有的重要特性，这在双旋度赫姆霍兹方程以及一般时域的双旋度波动方程中也有相类似的结果。这一结论在电磁场数值计算中也有重要的指导意义。这一关系式表明：虽然待求矢量函数（即电磁场）的旋度形式上全部由源产生，但是，这个由源产生的旋度却不能包括整个电磁场的相当源，整个电磁场必然包括边界源的作用，而边界源又是由这个体积源所激发的，这再次显示了电磁场数值计算的复杂性。

对于单层面势，其旋度为

$$\begin{aligned}
&\nabla_r \times \boldsymbol{Q}_S = -\nabla_r \times \oint_\Gamma G\boldsymbol{n} \times \nabla \times \boldsymbol{Q}\mathrm{d}S = -\nabla_r \times \oint_\Gamma \boldsymbol{n} \times (G\nabla \times \boldsymbol{Q})\mathrm{d}S \\
&= -\nabla_r \times \int_\Omega \nabla \times (G\nabla \times \boldsymbol{Q})\mathrm{d}\Omega \quad \{\nabla \times (\varphi\boldsymbol{a}) = \varphi\nabla \times \boldsymbol{a} + \nabla\varphi \times \boldsymbol{a}\} \\
&= -\nabla_r \times \int_\Omega [G\nabla \times \nabla \times \boldsymbol{Q} + \nabla G \times \nabla \times \boldsymbol{Q}]\mathrm{d}\Omega = -\int_\Omega \nabla_r \times [G\boldsymbol{f} + \nabla G \times \nabla \times \boldsymbol{Q}]\mathrm{d}\Omega \\
&\{\nabla \times (\varphi\boldsymbol{a}) = \varphi\nabla \times \boldsymbol{a} + \nabla\varphi \times \boldsymbol{a},\ \ \nabla \times (\boldsymbol{a} \times \boldsymbol{b}) = (\boldsymbol{b} \cdot \nabla)\boldsymbol{a} - (\boldsymbol{a} \cdot \nabla)\boldsymbol{b} + \boldsymbol{a}\nabla \cdot \boldsymbol{b} - \boldsymbol{b}\nabla \cdot \boldsymbol{a}\} \\
&= -\int_\Omega \nabla_r G \times \boldsymbol{f} + (\nabla \times \boldsymbol{Q} \cdot \nabla_r)\nabla G + \nabla \times \boldsymbol{Q}\nabla_r \cdot \nabla G]\mathrm{d}\Omega \\
&= \int_\Omega \nabla G \times \boldsymbol{f} + \nabla \times \boldsymbol{Q} \cdot \nabla\nabla G - \nabla \times \boldsymbol{Q}\nabla^2 G]\mathrm{d}\Omega \quad \{\nabla^2 G = -\delta\} \\
&= \int_\Omega \nabla G \times \boldsymbol{f} + \nabla \times \boldsymbol{Q} \cdot \nabla\nabla G + \nabla \times \boldsymbol{Q}\delta]\mathrm{d}\Omega = \int_\Omega \nabla G \times \boldsymbol{f} + \nabla \times \boldsymbol{Q} \cdot \nabla\nabla G]\mathrm{d}\Omega + \nabla \times \boldsymbol{Q}
\end{aligned} \quad (4.64)$$

再次求旋：

$$\begin{aligned}
&\nabla_r \times \left[\int_\Omega \nabla G \times \boldsymbol{f} + \nabla \times \boldsymbol{Q} \cdot \nabla\nabla G]\mathrm{d}\Omega + \nabla \times \boldsymbol{Q}\right] \\
&= \int_\Omega \nabla_r \times [\nabla G \times \boldsymbol{f} + \nabla \times \boldsymbol{Q} \cdot \nabla\nabla G]\mathrm{d}\Omega + \nabla_r \times \nabla \times \boldsymbol{Q} \\
&\{\nabla \times (\boldsymbol{a} \times \boldsymbol{b}) = (\boldsymbol{b} \cdot \nabla)\boldsymbol{a} - (\boldsymbol{a} \cdot \nabla)\boldsymbol{b} + \boldsymbol{a}\nabla \cdot \boldsymbol{b} - \boldsymbol{b}\nabla \cdot \boldsymbol{a}\}
\end{aligned}$$

$$=\int_{\Omega}[\boldsymbol{f}\cdot\nabla_r\nabla G-\boldsymbol{f}\nabla_r\cdot\nabla G+\nabla_r\times[\nabla\times\boldsymbol{Q}\cdot\nabla\nabla G]\mathrm{d}\Omega+\boldsymbol{f}$$
$$=\int_{\Omega}[-\boldsymbol{f}\cdot\nabla\nabla G+\boldsymbol{f}\nabla^2 G]\mathrm{d}\Omega+\boldsymbol{f}$$
$$=\int_{\Omega}[-\boldsymbol{f}\cdot\nabla\nabla G-\boldsymbol{f}\delta]\mathrm{d}\Omega+\boldsymbol{f}=-\int_{\Omega}\boldsymbol{f}\cdot\nabla\nabla G\mathrm{d}\Omega \tag{4.65}$$

式（4.65）中用到恒等式$\nabla\times[\boldsymbol{a}\cdot\nabla\nabla G]=0$，式中，$\boldsymbol{a}$为常矢量。该恒等式已在附录A中得到验证。

如果推导正确，体矢势和单层面势的和构成了双旋度泊松方程的一个特解。

需要说明的是，对于单层面势，其旋度表达式可以简单地与旋度积分表述中的相应项对应如下：

$$\nabla_r\times\boldsymbol{Q}_S=-\nabla_r\times\oint_{\Gamma}G\boldsymbol{n}\times\nabla\times\boldsymbol{Q}\mathrm{d}S\quad\{\nabla\times(\varphi\boldsymbol{a})=\varphi\nabla\times\boldsymbol{a}+\nabla\varphi\times\boldsymbol{a}\}$$
$$=-\int_{\Omega}\nabla_r G\times(\boldsymbol{n}\times\nabla\times\boldsymbol{Q})\mathrm{d}\Omega=\int_{\Omega}\nabla G\times(\boldsymbol{n}\times\nabla\times\boldsymbol{Q})\mathrm{d}\Omega \tag{4.66}$$

但再次求旋就要烦琐得多：

$$\nabla_r\times\nabla\times\boldsymbol{Q}_S=-\nabla_r\times\oint_{\Gamma}(\boldsymbol{n}\times\nabla\times\boldsymbol{Q})\times\nabla G\mathrm{d}S$$
$$\{(\boldsymbol{a}\times\boldsymbol{b})\times\boldsymbol{c}=\boldsymbol{a}\times(\boldsymbol{b}\times\boldsymbol{c})-\boldsymbol{a}(\boldsymbol{b}\cdot\boldsymbol{c})+\boldsymbol{c}(\boldsymbol{a}\cdot\boldsymbol{b})\}$$
$$=-\oint_{\Gamma}\nabla_r\times[\boldsymbol{n}\times(\nabla\times\boldsymbol{Q}\times\nabla G)-\boldsymbol{n}(\nabla\times\boldsymbol{Q}\cdot\nabla G)+\nabla G(\boldsymbol{n}\cdot\nabla\times\boldsymbol{Q})]\mathrm{d}\Gamma\quad\{\nabla_r\times[\nabla G\phi]=0\}$$
$$=-\nabla_r\times\int_{\Omega}[\nabla\times(\nabla\times\boldsymbol{Q}\times\nabla G)-\nabla(\nabla\times\boldsymbol{Q}\cdot\nabla G)]\mathrm{d}\Omega$$
$$\{\nabla\times(\boldsymbol{a}\times\boldsymbol{b})=(\boldsymbol{b}\cdot\nabla)\boldsymbol{a}-(\boldsymbol{a}\cdot\nabla)\boldsymbol{b}+\boldsymbol{a}\nabla\cdot\boldsymbol{b}-\boldsymbol{b}\nabla\cdot\boldsymbol{a}\}$$
$$\{\nabla(\boldsymbol{a}\cdot\boldsymbol{b})=(\boldsymbol{b}\cdot\nabla)\boldsymbol{a}+(\boldsymbol{a}\cdot\nabla)\boldsymbol{b}+\boldsymbol{a}\times\nabla\times\boldsymbol{b}+\boldsymbol{b}\times\nabla\times\boldsymbol{a}\}$$
$$=-\nabla_r\times\int_{\Omega}\{[(\nabla G\cdot\nabla)\nabla\times\boldsymbol{Q}-(\nabla\times\boldsymbol{Q}\cdot\nabla)\nabla G+\nabla\times\boldsymbol{Q}\nabla\cdot\nabla G-\nabla G\nabla\cdot(\nabla\times\boldsymbol{Q})]$$
$$-[(\nabla G\cdot\nabla)(\nabla\times\boldsymbol{Q})+(\nabla\times\boldsymbol{Q}\cdot\nabla)\nabla G+(\nabla\times\boldsymbol{Q})\times\nabla\times\nabla G+\nabla G\times\nabla\times\nabla\times\boldsymbol{Q}]\}\mathrm{d}\Omega$$
$$=-\nabla_r\times\int_{\Omega}\{[-2\nabla\times\boldsymbol{Q}\cdot\nabla\nabla G+\nabla\times\boldsymbol{Q}\nabla^2 G-\nabla G\nabla\cdot(\nabla\times\boldsymbol{Q})-\nabla G\times\nabla\times\nabla\times\boldsymbol{Q}]\}\mathrm{d}\Omega$$
$$\{\nabla_r\times[\nabla G\phi]=0,\quad\nabla_r\times[\boldsymbol{Q}\cdot\nabla\nabla G]=0\}\quad\{\nabla\times\nabla\times\boldsymbol{Q}=\boldsymbol{f},\quad\nabla^2 G=-\delta\}$$
$$=-\nabla_r\times\int_{\Omega}[-\nabla\times\boldsymbol{Q}\delta-\nabla G\times\boldsymbol{f}]\mathrm{d}\Omega=\nabla_r\times\{\nabla\times\boldsymbol{Q}+\int_{\Omega}\nabla G\times\boldsymbol{f}\mathrm{d}\Omega\}$$
$$\{\nabla\times(\boldsymbol{a}\times\boldsymbol{b})=(\boldsymbol{b}\cdot\nabla)\boldsymbol{a}-(\boldsymbol{a}\cdot\nabla)\boldsymbol{b}+\boldsymbol{a}\nabla\cdot\boldsymbol{b}-\boldsymbol{b}\nabla\cdot\boldsymbol{a}\}\quad\{\nabla^2 G=-\delta\}$$
$$=\nabla_r\times\nabla\times\boldsymbol{Q}+\int_{\Omega}\{(\boldsymbol{f}\cdot\nabla_r)\nabla G-\boldsymbol{f}\nabla_r\cdot\nabla G\}\mathrm{d}\Omega=\nabla\times\nabla\times\boldsymbol{Q}-\int_{\Omega}(\boldsymbol{f}\cdot\nabla\nabla G-\boldsymbol{f}\nabla^2 G)\mathrm{d}\Omega$$
$$=\nabla\times\nabla\times\boldsymbol{Q}-\int_{\Omega}(\boldsymbol{f}\cdot\nabla\nabla G+\boldsymbol{f}\delta)\mathrm{d}\Omega=\nabla\times\nabla\times\boldsymbol{Q}-\boldsymbol{f}-\int_{\Omega}\boldsymbol{f}\cdot\nabla\nabla G\mathrm{d}\Omega=-\int_{\Omega}\boldsymbol{f}\cdot\nabla\nabla G\mathrm{d}\Omega \tag{4.67}$$

不过，在进行势分析时，虽然从理念上（或直觉上）一直都确信上述结论是存在的，但真正完成上述证明过程是在本书的书写过程（2016 年 7 月 23 日完成式（4.66）、式（4.67）的证明过程）中，而且首先完成的是式（4.64）、式（4.65）。文献[1]也给出了一个证明过程，由于书写过于简略，本书作者没有看明白，感觉上需要用到恒等式 $(\boldsymbol{n}\times\boldsymbol{Q})\cdot\nabla\nabla G=\boldsymbol{n}\times(\boldsymbol{Q}\cdot\nabla\nabla G)$，但仔细的验证表明此恒等式是不成立的（详见附录 A）。

对于双层面势，其旋度为

$$\begin{aligned}\nabla_r\times\boldsymbol{Q}_D&=-\nabla_r\times\oint_\Gamma\boldsymbol{n}\times\boldsymbol{Q}\times\nabla G\mathrm{d}S=-\oint_\Gamma\nabla_r\times(\boldsymbol{n}\times\boldsymbol{Q}\times\nabla G)\mathrm{d}S\\&\left\{\nabla\times(\boldsymbol{a}\times\boldsymbol{b})=\boldsymbol{a}\nabla\cdot\boldsymbol{b}-\boldsymbol{b}\nabla\cdot\boldsymbol{a}+(\boldsymbol{b}\cdot\nabla)\boldsymbol{a}-(\boldsymbol{a}\cdot\nabla)\boldsymbol{b}\right\}\\&=\oint_\Gamma\{(\boldsymbol{n}\times\boldsymbol{Q})\nabla\cdot\nabla G-[(\boldsymbol{n}\times\boldsymbol{Q})\cdot\nabla]\nabla G\}\mathrm{d}S\\&=\oint_\Gamma\{(\boldsymbol{n}\times\boldsymbol{Q})\nabla^2G-(\boldsymbol{n}\times\boldsymbol{Q})\cdot\nabla\nabla G\}\mathrm{d}S\quad\left\{\nabla^2G=-\delta\right\}\\&=\oint_\Gamma\{(\boldsymbol{n}\times\boldsymbol{Q})(-\delta)-(\boldsymbol{n}\times\boldsymbol{Q})\cdot\nabla\nabla G\}\mathrm{d}S=-\oint_\Gamma(\boldsymbol{n}\times\boldsymbol{Q})\cdot\nabla\nabla G\mathrm{d}S\end{aligned}\tag{4.68}$$

对其再次求旋，则

$$\nabla\times\nabla\times\boldsymbol{Q}_D=-\nabla\times\oint_\Gamma(\boldsymbol{n}\times\boldsymbol{Q})\cdot\nabla\nabla G\mathrm{d}\Omega=\oint_\Gamma\nabla\times[(\boldsymbol{n}\times\boldsymbol{Q})\cdot\nabla\nabla G]\mathrm{d}\Omega=0\tag{4.69}$$

仍然需用结论 $\nabla\times[\boldsymbol{a}\cdot\nabla\nabla G]=0$；式中，$\boldsymbol{a}$ 为常矢量。

将式（4.61）、式（4.67）和式（4.69）三者相加可得

$$\nabla\times\nabla\times\boldsymbol{Q}_\mathrm{V}+\nabla\times\nabla\times\boldsymbol{Q}_\mathrm{S}+\nabla\times\nabla\times\boldsymbol{Q}_\mathrm{D}=\boldsymbol{f}+\int_\Omega\boldsymbol{f}\cdot\nabla\nabla G\mathrm{d}\Omega-\int_\Omega\boldsymbol{f}\cdot\nabla\nabla G\mathrm{d}\Omega-0=\boldsymbol{f}\tag{4.70}$$

这正是泛定的双旋度泊松方程 $\nabla\times\nabla\times\boldsymbol{Q}=\boldsymbol{f}$ 的源项，也就是 $\nabla\times\nabla\times\boldsymbol{Q}$。这也从一个侧面表明：双旋度泊松方程的基本积分表述、旋度积分表述在矢性变量 $\boldsymbol{Q}$ 及其旋度 $\nabla\times\boldsymbol{Q}$ 在定义域内以及边界上满足一定的连续性要求的情况下，这两个积分表述是正确的。

总之，双旋度泊松方程的几种势函数的数学性质如下。

（1）对泛定的双旋度泊松方程直接造成影响的是体积势 $\boldsymbol{Q}_\mathrm{V}$ 和单层面势 $\boldsymbol{Q}_\mathrm{S}$，两者的和恒满足泛定方程 $\nabla\times\nabla\times\boldsymbol{Q}=-\boldsymbol{f}$，所以两者的和是双旋度泊松方程的一个特解，是各种势函数中最基本的部分。

（2）双层面势 $\boldsymbol{Q}_\mathrm{D}$ 满足齐次双旋度泊松方程，对整个解函数是否满足泛定方程没有影响，但双层面势对物理上有明确意义的 $\nabla\times\boldsymbol{Q}$ 发挥着影响，它是反映了真实物理场中边界与源的耦合关系的重要部分。

（3）附加势 $\boldsymbol{Q}_\mathrm{AD}$ 本身是无旋向量函数，因此附加势对矢势函数及其旋度能否满足泛定方程都没有影响，可表示为标量函数的梯度：

$$\boldsymbol{Q}_\mathrm{AD}=\int_\Omega\nabla\cdot\boldsymbol{Q}\nabla G\mathrm{d}\Omega-\int_\Gamma\boldsymbol{n}\cdot\boldsymbol{Q}\nabla G\mathrm{d}\Gamma=\nabla_r\left(\int_\Omega-\nabla\cdot\boldsymbol{Q}G\mathrm{d}\Omega+\oint_\Gamma\boldsymbol{n}\cdot\boldsymbol{Q}G\mathrm{d}S\right)\tag{4.71}$$

因此，附加势$\boldsymbol{Q}_{\mathrm{AD}}$只可能在边界与源的耦合中发挥作用；同时，对附加势求散可得

$$\begin{aligned}\nabla\cdot\boldsymbol{Q}_{\mathrm{AD}}&=\nabla_r\cdot\left(\int_\Omega\nabla\cdot\boldsymbol{Q}\nabla G\mathrm{d}\Omega-\int_\Gamma\boldsymbol{n}\cdot\boldsymbol{Q}\nabla G\mathrm{d}\Gamma\right)=\int_\Omega\nabla\cdot\boldsymbol{Q}\nabla_r\cdot\nabla G\mathrm{d}\Omega-\oint_\Gamma\boldsymbol{n}\cdot\boldsymbol{Q}\nabla_r\cdot\nabla G\mathrm{d}\Gamma\\&=-\int_\Omega\nabla\cdot\boldsymbol{Q}\nabla^2G\mathrm{d}\Omega+\oint_\Gamma\boldsymbol{n}\cdot\boldsymbol{Q}\nabla^2G\mathrm{d}\Gamma=\int_\Omega\nabla\cdot\boldsymbol{Q}\delta\mathrm{d}\Omega+\oint_\Gamma\boldsymbol{n}\cdot\boldsymbol{Q}\delta\mathrm{d}\Gamma=\theta\end{aligned}\tag{4.72}$$

这表明双旋度泊松方程对于任意散度分布假设的自洽性是通过附加势实现的（更进一步，任意散度假设也可以说仅与附加势中的体积分有关）。这与广义赫姆霍兹矢量分解定理相对应，不过这种对应并不是完全分开的。事实上，基本积分表述中仅有体积分项$\int_\Omega\nabla G(\nabla\cdot\boldsymbol{Q})\mathrm{d}\Omega$是无旋矢量，面积分项$\oint_\Gamma\boldsymbol{n}\times\boldsymbol{Q}\times\nabla G\mathrm{d}\Gamma$是有旋量，而体积分项$\int_\Omega f G\mathrm{d}\Omega$、面积分项$\oint_\Gamma G\boldsymbol{n}\times\nabla\times\boldsymbol{Q}\mathrm{d}\Gamma$既是有源量，又是有旋量，而且附加势中项$\oint_\Gamma\boldsymbol{n}\cdot\boldsymbol{Q}\nabla G\mathrm{d}\Gamma$，旋度为零，散度也为零，其物理意义是什么？本书作者百思不得其解，难道该项仅仅是为了使等式成立的一个调节量？类似的项在包含双旋度算子其他两类微分方程(后面将讨论的双旋度赫姆霍兹方程和双旋度一般时域波动方程的积分表述)中都没有出现。

参 考 文 献

[1] 杨本洛. 流体运动经典分析. 北京: 科学出版社, 1996.

[2] 徐明浩. 速度场的表述和边界涡量产生方法的研究. 上海: 上海交通大学, 1995.

[3] 覃新川, 杨本洛. 双旋度泊松方程零阶积分表述的数值研究// 第九届全国现代数学和力学学术会议论文集. 上海: 上海大学出版社, 2004.

[4] 李忠元. 电磁场边界元素法. 北京: 北京工业学院出版社, 1987.

[5] 斯特来顿. 电磁理论. 何国瑜, 译. 北京: 北京航空学院出版社, 1986.

第 5 章　双旋度泊松方程的数值验证和实验验证

在第 4 章中，主要依据文献[1]～文献[3]用多种方法给出了双旋度泊松方程的基本积分表述和旋度积分表述，并讨论了双旋度泊松方程具有的特殊数学性态。本章利用其积分表述，采用标准的边界元法[4-6]直接求解双旋度泊松方程的形式来解决静磁场的数值计算问题。

数值验证包括两方面的内容：①从数学角度验证双旋度泊松方程是否可行，也就是构造一个满足双旋度泊松方程的理论解并由此构造恰当的边界条件，使用 MATLAB 语言[7-9]编写程序验证所得数值解与理论解的差距；②选定可实现的物理模型，用新的积分表述的计算结果与经典理论的计算结果进行比较研究，找出两者明显不同的条件，并希望通过实验来证实这种不同。

实验验证当然需要建立具有一定检测精度的实验平台。选择“平行于铁磁体的通电导线产生的静磁场”这一问题作为静磁场检验模型。该问题在理想条件下（理想磁体边界和无穷大尺寸）可得到理论解。同时实验较容易实现，且边界形状可以有一些变化，通过大量计算总能找到经典算法和新方法存在可以检测的差异的地方。事实上，在本章将看到新的计算方法的计算结果与理论解、实测结果的吻合情况良好。

5.1　数值验证问题介绍

对于双旋度泊松方程，第 3 章已说明其恰当定解问题为

$$\begin{cases}\nabla\times\nabla\times\boldsymbol{A}(\boldsymbol{r})=\boldsymbol{f}(\boldsymbol{r}), & \boldsymbol{r}\in\Omega\\ \boldsymbol{n}\times\boldsymbol{A}(\boldsymbol{r})=\boldsymbol{g}, & \boldsymbol{r}\in\Gamma_1\\ \boldsymbol{n}\times\nabla\times\boldsymbol{A}(\boldsymbol{r})=\boldsymbol{h}, & \boldsymbol{r}\in\Gamma_2\end{cases}\tag{5.1}$$

式中，Γ_1,Γ_2 为计算域 Ω 的边界，且 $\Gamma_1+\Gamma_2=\Gamma$ 。

5.1.1　理论验证数学模型

为了验证新的积分表述的正确性，首先需要构造一个满足恰当定解问题的理论解。经过多次尝试，可考虑设该问题有真解：$\boldsymbol{A}=[b_1\sin\omega_1 z, b_2\cos\omega_2 x, b_3\sin\omega_3 y]^{\mathrm{T}}$ ，式中 $b_1,b_2,b_3,\omega_1,\omega_2,\omega_3$ 是不等于零的实常数。

因为存在关系：

$$\nabla\times\nabla\times\boldsymbol{A}=\nabla\times\begin{bmatrix}\boldsymbol{i} & \boldsymbol{j} & \boldsymbol{k}\\ \dfrac{\partial}{\partial x} & \dfrac{\partial}{\partial y} & \dfrac{\partial}{\partial z}\\ b_1\sin\omega_1 z & b_2\cos\omega_2 x & b_3\sin\omega_3 y\end{bmatrix}=\begin{bmatrix}\boldsymbol{i} & \boldsymbol{j} & \boldsymbol{k}\\ \dfrac{\partial}{\partial x} & \dfrac{\partial}{\partial y} & \dfrac{\partial}{\partial z}\\ \omega_3 b_3\cos\omega_3 y & \omega_1 b_1\cos\omega_1 z & -\omega_2 b_2\sin\omega_2 x\end{bmatrix}$$

$$=\boldsymbol{i}\omega_1^2 b_1\sin\omega_1 z+\boldsymbol{j}\omega_2^2 b_2\cos\omega_2 x+\boldsymbol{k}\omega_3^2 b_3\sin\omega_3 y=\boldsymbol{f}$$

所以可以说，双旋度泊松方程的理论验证模型所满足的泛定方程为

$$\nabla\times\nabla\times\boldsymbol{A}=\boldsymbol{f}=\boldsymbol{i}\omega_1^2 b_1\sin\omega_1 z+\boldsymbol{j}\omega_2^2 b_2\cos\omega_2 x+\boldsymbol{k}\omega_3^2 b_3\sin\omega_3 y \tag{5.2}$$

该泛定方程存在一个非平凡解：

$$\boldsymbol{A}=[b_1\sin\omega_1 z, b_2\cos\omega_2 x, b_3\sin\omega_3 y]^{\mathrm{T}} \tag{5.3}$$

显然，$\nabla\cdot\boldsymbol{f}=\nabla\cdot(\boldsymbol{i}\omega_1^2 b_1\sin\omega_1 z+\boldsymbol{j}\omega_2^2 b_2\cos\omega_2 x+\boldsymbol{k}\omega_3^2 b_3\sin\omega_3 y)=0$ 满足第 3 章式（3.34）所给出的双旋度泊松方程的协调条件。对于双旋度泊松方程，构造理论解一定要验证协调条件是否满足，因为此时协调条件是双旋度泊松方程成立的必要条件。

至于边界条件，可根据理论解 $\boldsymbol{A}=[b_1\sin\omega_1 z, b_2\cos\omega_2 x, b_3\sin\omega_3 y]^{\mathrm{T}}$ 和设定的求解区域给定。

现在，设定求解区域为 $[0,1]^3$ 的正方体区域，该正方体处于坐标系的第 1 象限内，其中一个顶点为坐标原点 $O(0,0,0)$，另一个顶点的坐标为 $P(1,1,1)$。

对于边界条件，首先讨论第 1 类边界条件，为此需要构造 $\boldsymbol{n}\times\boldsymbol{A}$ 的值：

$$\boldsymbol{n}\times\boldsymbol{A}=\begin{bmatrix}\boldsymbol{i} & \boldsymbol{j} & \boldsymbol{k}\\ n_1 & n_2 & n_3\\ b_1\sin\omega_1 z & b_2\cos\omega_2 x & b_3\sin\omega_3 y\end{bmatrix}=\begin{bmatrix}(n_2 b_3\sin\omega_3 y-n_3 b_2\cos\omega_2 x)\boldsymbol{i}\\ (n_3 b_1\sin\omega_1 z-n_1 b_3\sin\omega_3 y)\boldsymbol{j}\\ (n_1 b_2\cos\omega_2 x-n_2 b_1\sin\omega_1 z)\boldsymbol{k}\end{bmatrix} \tag{5.4}$$

式中，$\boldsymbol{n}=n_1\boldsymbol{i}+n_2\boldsymbol{j}+n_3\boldsymbol{k}$ 是边界 $\varGamma$ 的单位外法线方向，$\boldsymbol{r}=x\boldsymbol{i}+y\boldsymbol{j}+z\boldsymbol{k}$ 是边界 $\varGamma$ 上的点。

例如，在 XOY 坐标面，其中 $\boldsymbol{n}=0\boldsymbol{i}+0\boldsymbol{j}-\boldsymbol{k}$， $z\equiv 0$，则该底面的第 1 类边界条件可以写成：

$$\boldsymbol{n}\times\boldsymbol{A}=(b_2\cos\omega_2 x)\boldsymbol{i}+0\boldsymbol{j}+0\boldsymbol{k},\quad x,y\in\varGamma_{XOY} \tag{5.5}$$

对于第 2 类边界条件，则需要构造 $\boldsymbol{n}\times\nabla\times\boldsymbol{A}$ 的值：

$$\boldsymbol{n}\times\nabla\times\boldsymbol{A}=\boldsymbol{n}\times\begin{bmatrix}\boldsymbol{i} & \boldsymbol{j} & \boldsymbol{k}\\ \dfrac{\partial}{\partial x} & \dfrac{\partial}{\partial y} & \dfrac{\partial}{\partial z}\\ b_1\sin\omega_1 z & b_2\cos\omega_2 x & b_3\sin\omega_3 y\end{bmatrix}$$

$$=\begin{bmatrix}\boldsymbol{i} & \boldsymbol{j} & \boldsymbol{k}\\ n_1 & n_2 & n_3\\ \omega_3 b_3\cos\omega_3 y & \omega_1 b_1\cos\omega_1 z & -\omega_2 b_2\sin\omega_2 x\end{bmatrix}=\begin{bmatrix}(-n_2\omega_2 b_2\sin\omega_2 x-n_3\omega_1 b_1\cos\omega_1 z)\boldsymbol{i}\\ (n_3\omega_3 b_3\cos\omega_3 y+n_1\omega_2 b_2\sin\omega_2 x)\boldsymbol{j}\\ (n_1\omega_1 b_1\cos\omega_1 z-n_2\omega_3 b_3\cos\omega_3 y)\boldsymbol{k}\end{bmatrix} \tag{5.6}$$

同样地，在 XOY 坐标面，其中 $\boldsymbol{n}=0\boldsymbol{i}+0\boldsymbol{j}-\boldsymbol{k}$ ，$z\equiv 0$ ，则该底面的第 2 类边界条件可以写成：

$$\boldsymbol{n}\times\nabla\times\boldsymbol{A}=0\boldsymbol{i}-\omega_3 b_3(\cos\omega_3 y)\boldsymbol{j}+0\boldsymbol{k},\quad x,y\in\Gamma_{XOY} \tag{5.7}$$

5.1.2　实际物理模型

在电磁理论中，双旋度泊松方程用于描述静磁场的分布规律。考虑便于通过实验来检验各种算法的准确性，应该选择容易通过实验实现且有公认理论解的实际问题来研究。这里以铁磁体表面上的长直导线产生的磁场计算为例来讨论双旋度泊松方程的数值验证和实验验证。由于铁磁材料的相对磁导率 $\mu_{\mathrm{Fe}}>>1$（硅钢片的 $\mu_{\mathrm{GG}}=7000\sim10000$），可以在理论分析时看作理想磁体 $\mu_{\mathrm{r}}=\infty$，从而可利用镜像法得到其某些情况下的理论解，这对数值验证是非常重要的。

问题：平行于铁磁体的通电导线产生的静磁场，如图 5.1 所示。

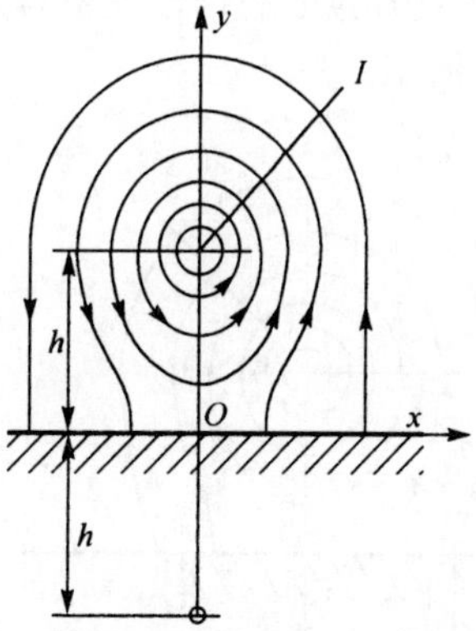

图 5.1　磁场计算物理模型（理想情况）

该问题来源于谢处方和饶克谨编写的经典教材[10]中的例 5.7.3。原问题是：空气中一根通有电流 I 的直导线平行于铁平面，与表面距离 h，求空气中的磁场分布。设铁的μ为无穷。该书例 5.3.1 给出了无限长直流导线在无限自由空间产生的磁位：

$$\boldsymbol{A}=\boldsymbol{e}_z\frac{\mu_0 I}{2\pi}\ln\frac{r_0}{r} \tag{5.8}$$

依据该结果，按镜像法可得本问题的解为

$$\boldsymbol{A}=\boldsymbol{e}_z\frac{\mu_0 I}{2\pi}\left(\ln\frac{r_0}{r_1}+\ln\frac{r_0}{r_2}\right),\quad r_1=\sqrt{x^2+(y-h)^2},\quad r_2=\sqrt{x^2+(y+h)^2} \tag{5.9}$$

从而，上半空间的磁场 $\boldsymbol{B}$ 为

$$\boldsymbol{B}=\nabla\times\boldsymbol{A}=\nabla\times\left[\boldsymbol{e}_z\frac{\mu_0 I}{2\pi}\left(\ln\frac{r_0}{r_1}+\ln\frac{r_0}{r_2}\right)\right]$$

$$=-\boldsymbol{e}_x\frac{\mu_0 I}{2\pi}\left[\frac{y+h}{x^2+(y+h)^2}+\frac{y-h}{x^2+(y-h)^2}\right]+\boldsymbol{e}_y\frac{\mu_0 I}{2\pi}\left[\frac{x}{x^2+(y+h)^2}+\frac{x}{x^2+(y-h)^2}\right] \quad (5.10)$$

当然，这个解答是由镜像法得到的理论解，是在如下理想化条件下得到：①将铁磁体看作理想磁体，其磁导率为无穷，从而电流 I 产生的磁力线始终垂直于铁磁体表面；②通电长直导线长度和铁磁体表面的大小皆趋于无穷。

此解答完全是利用物理概念（镜像法）求解，没有使用规范，因此可以作为各种数值方法比较的基准，这也是选择此简单问题进行深入研究的原因之一。当然由于推导过程中无穷大条件的引入，其可利用范围受到一定限制。

在数值计算和实验实现中，不可能实现无限长导线和无限大铁磁平面，只能是有限长导线和有限大平面。对于理想磁体，磁力线垂直于理想磁体表面，可以很好地给出理想边界条件 $\boldsymbol{n}\times\boldsymbol{B}=0$，因此数值验证的物理模型是采用有限长度通电直导线，有限大小理想磁体表面，如图 5.2 所示。

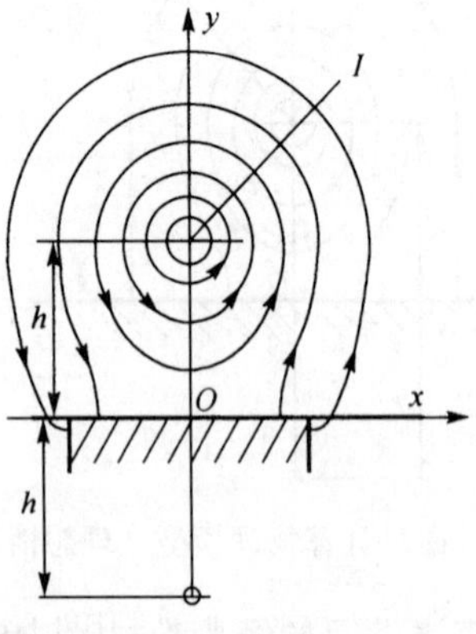

图 5.2 磁场计算物理模型 II（有限情况）

实际实验验证不可能实现理想磁体，作者曾分别采用球墨铸铁 ($\mu_{\mathrm{ZT}}=200\sim400$) 平台和电工纯铁 DT4E ($\mu_{\mathrm{DT}}\approx7000$) 平台，这将导致局部特殊区域的理想边界条件不能得到满足，关于这一点将在后面讨论。

5.2 积分表述离散模型

为了便于对边界积分方程的待求量进行分解，首先介绍一下矢量在边界上分解的相关内容。

5.2.1　边界上的矢量分解

设边界Γ的外法线单位矢量为$\boldsymbol{n}$，则对于边界Γ上的任意矢量$\boldsymbol{\psi}$，式（1.31）给出了如下分解：

$$\boldsymbol{\psi}=(\boldsymbol{n}\cdot\boldsymbol{\psi})\boldsymbol{n}+(\boldsymbol{n}\times\boldsymbol{\psi})\times\boldsymbol{n}=(\boldsymbol{n}\cdot\boldsymbol{\psi})\boldsymbol{n}-\boldsymbol{n}\times(\boldsymbol{n}\times\boldsymbol{\psi}) \tag{5.11}$$

验证：$(\boldsymbol{n}\cdot\boldsymbol{\psi})\boldsymbol{n}=(n_1\psi_1+n_2\psi_2+n_3\psi_3)(n_1\boldsymbol{i}+n_2\boldsymbol{j}+n_3\boldsymbol{k})$；

$$\begin{aligned}\boldsymbol{n}\times(\boldsymbol{n}\times\boldsymbol{\psi})&=\boldsymbol{n}\times\begin{bmatrix}\boldsymbol{i}&\boldsymbol{j}&\boldsymbol{k}\\n_1&n_2&n_3\\\psi_1&\psi_2&\psi_3\end{bmatrix}=\begin{bmatrix}\boldsymbol{i}&\boldsymbol{j}&\boldsymbol{k}\\n_1&n_2&n_3\\n_2\psi_3-n_3\psi_2&n_3\psi_1-n_1\psi_3&n_1\psi_2-n_2\psi_1\end{bmatrix}\\&=\boldsymbol{i}[n_2(n_1\psi_2-n_2\psi_1)-n_3(n_3\psi_1-n_1\psi_3)]+\boldsymbol{j}[n_3(n_2\psi_3-n_3\psi_2)-n_1(n_1\psi_2-n_2\psi_1)]\\&\quad+\boldsymbol{k}[n_1(n_3\psi_1-n_1\psi_3)-n_2(n_2\psi_3-n_3\psi_2)]\\&=\boldsymbol{i}[\psi_1(-n_2^2-n_3^3)+\psi_2n_2n_1+\psi_3n_3n_1]+\boldsymbol{j}[\psi_1n_2n_1+\psi_2(-n_1^2-n_3^3)+\psi_3n_3n_2]\\&\quad+\boldsymbol{k}[\psi_1n_3n_1+\psi_2n_3n_2+\psi_3(-n_1^2-n_2^3)]\end{aligned}$$

两者相加（减），即可得证。

设$\boldsymbol{n}$为边界单元的外法向量（单位向量），$\boldsymbol{T}',\boldsymbol{T}$为边界单元切向的两线性无关单位向量，且$(\boldsymbol{T}',\boldsymbol{T},\boldsymbol{n})$可构成一个正交局部坐标系，满足正交坐标系的右手螺旋法则。即

$$\begin{cases}\boldsymbol{n}\cdot\boldsymbol{T}=\boldsymbol{n}\cdot\boldsymbol{T}'=\boldsymbol{T}\cdot\boldsymbol{T}'=0\\\boldsymbol{T}'\times\boldsymbol{T}=\boldsymbol{n},\quad\boldsymbol{T}\times\boldsymbol{n}=\boldsymbol{T}',\quad\boldsymbol{n}\times\boldsymbol{T}'=\boldsymbol{T}\end{cases} \tag{5.12}$$

验证：此处$\boldsymbol{n}=(-1,0,0)$，程序中设$\boldsymbol{T}'=(0,-1,0),\boldsymbol{T}=(0,0,1)$；显然，$\boldsymbol{n}\cdot\boldsymbol{T}=\boldsymbol{n}\cdot\boldsymbol{T}'=\boldsymbol{T}\cdot\boldsymbol{T}'=0$成立；

$$\boldsymbol{T}'\times\boldsymbol{T}=\begin{bmatrix}\boldsymbol{i}&\boldsymbol{j}&\boldsymbol{k}\\0&-1&0\\0&0&1\end{bmatrix}=\begin{bmatrix}-1\boldsymbol{i}\\0\boldsymbol{j}\\0\boldsymbol{k}\end{bmatrix}=\boldsymbol{n}\text{；}\quad\boldsymbol{T}\times\boldsymbol{n}=\begin{bmatrix}\boldsymbol{i}&\boldsymbol{j}&\boldsymbol{k}\\0&0&1\\-1&0&0\end{bmatrix}=\begin{bmatrix}0\boldsymbol{i}\\-1\boldsymbol{j}\\0\boldsymbol{k}\end{bmatrix}=\boldsymbol{T}'\text{；}$$

$$\boldsymbol{n}\times\boldsymbol{T}'=\begin{bmatrix}\boldsymbol{i}&\boldsymbol{j}&\boldsymbol{k}\\-1&0&0\\0&-1&0\end{bmatrix}=\begin{bmatrix}0\boldsymbol{i}\\0\boldsymbol{j}\\1\boldsymbol{k}\end{bmatrix}=\boldsymbol{T}\text{；}$$

证毕。

同时，对于任意向量$\boldsymbol{\psi}$可表示成：$\boldsymbol{\psi}=a\boldsymbol{n}+b\boldsymbol{T}+c\boldsymbol{T}'=(\boldsymbol{n}\cdot\boldsymbol{\psi})\boldsymbol{n}-\boldsymbol{n}\times(\boldsymbol{n}\times\boldsymbol{\psi})$，所以

$$\begin{cases}\boldsymbol{n}\cdot\boldsymbol{\psi}=\boldsymbol{n}\cdot(a\boldsymbol{n}+b\boldsymbol{T}+c\boldsymbol{T}')=a\boldsymbol{n}\cdot\boldsymbol{n}+b\boldsymbol{n}\cdot\boldsymbol{T}+c\boldsymbol{n}\cdot\boldsymbol{T}'=a\boldsymbol{n}^2=(n_1^2+n_2^2+n_3^2)a=a\\\boldsymbol{n}\times\boldsymbol{\psi}=\boldsymbol{n}\times(a\boldsymbol{n}+b\boldsymbol{T}+c\boldsymbol{T}')=a\boldsymbol{n}\times\boldsymbol{n}+b\boldsymbol{n}\times\boldsymbol{T}+c\boldsymbol{n}\times\boldsymbol{T}'=-b\boldsymbol{T}'+c\boldsymbol{T}\\\boldsymbol{n}\times(\boldsymbol{n}\times\boldsymbol{\psi})=\boldsymbol{n}\times(-b\boldsymbol{T}'+c\boldsymbol{T})=-b\boldsymbol{T}-c\boldsymbol{T}'\end{cases} \tag{5.13}$$

于是，当 $\boldsymbol{n}\times\boldsymbol{\psi}=-b\boldsymbol{T}'+c\boldsymbol{T}=\boldsymbol{q}$ 时，

$$b=-\boldsymbol{T}'\cdot\boldsymbol{q},\quad c=\boldsymbol{T}\cdot\boldsymbol{q} \tag{5.14}$$

同样，对于任意向量 $\nabla\times\boldsymbol{\psi}$ 可进行类似的分解，具体略。

这样一来，待求的面积分项可以表示为

$$\oint_\Gamma G\boldsymbol{n}\times\boldsymbol{\psi}\mathrm{d}S=\oint_\Gamma G(-b\boldsymbol{T}'+c\boldsymbol{T})\mathrm{d}S$$

5.2.2 问题提法与离散格式

现在，考虑边界积分方程的求解。为此，需要离散化，即利用配点法或各种形式的加权残数法将边界积分方程化为代数方程组。这样一来，无限自由度的问题就化为可以应用计算机解决的有限自由度的问题。为了避免因计算方法的复杂性带来对基本问题的干扰，本书所有数值计算采用最简单实用的常单元分割边界。对二维问题，它是以直线段代替曲线段，每一个直线段就是一个单元，单元的中点为节点（也称插值点）。对三维问题，它是以平面三角形或四边形代替一般曲面，每一个平面三角形或四边形就是一个单元，平面三角形或四边形的形心为节点。因此，在常单元的情况下是以节点之值代表整个单元的插值函数。使用常单元的最大优点是可以简单地避免角点问题，从而可以避免某些物理量的突变。为方便奇异积分的处理和程序设计，本书中采用正方形常单元。

第 4 章已得到双旋度泊松方程的基本积分表述，如式（4.8）：

$$W\boldsymbol{A}=\int_\Omega[\nabla G(\nabla\cdot\boldsymbol{A})+\boldsymbol{f}G]\mathrm{d}\Omega-\oint_\Gamma[G\boldsymbol{n}\times\nabla\times\boldsymbol{A}+\boldsymbol{n}\times\boldsymbol{A}\times\nabla G+\nabla G(\boldsymbol{n}\cdot\boldsymbol{A})]\mathrm{d}S$$

同时，还给出了双旋度泊松方程的基本积分表述具有任意散度假设特性的证明。文献[8]曾给出数值验证。考虑数值验证比较简单和减小不必要的篇幅，这里不再就该数值验证进行叙述（任意散度假设的数值验证就是在边界元计算中体积分项 $\int_\Omega\nabla G(\nabla\cdot\boldsymbol{A})\mathrm{d}\Omega$ 中 $\nabla\cdot\boldsymbol{A}$ 取不同的任意函数，$\nabla\times\boldsymbol{A}$ 的计算值基本保持不变）。由于这一特性，就数值计算而言，最简单的办法就是直接取 $\nabla\cdot\boldsymbol{A}=0$，所以，本章数值计算采用的双旋度泊松方程的基本积分表述为

$$W\boldsymbol{A}=\int_\Omega\boldsymbol{f}G\mathrm{d}\Omega-\oint_\Gamma[G\boldsymbol{n}\times\nabla\times\boldsymbol{A}+\boldsymbol{n}\times\boldsymbol{A}\times\nabla G+\nabla G(\boldsymbol{n}\cdot\boldsymbol{A})]\mathrm{d}S \tag{5.15}$$

相应的旋度积分表述：

$$W\nabla\times\boldsymbol{A}=\int_\Omega\boldsymbol{f}\times\nabla G\mathrm{d}\Omega-\oint_\Gamma[\boldsymbol{n}\times\nabla\times\boldsymbol{A}\times\nabla G+(\boldsymbol{n}\times\boldsymbol{A})\cdot\nabla\nabla G]\mathrm{d}S \tag{5.16}$$

对于双旋度泊松方程的数值验证，将分别讨论与式（5.1）对应的更简单的边值问题是

$$\begin{cases}\nabla\times\nabla\times\boldsymbol{A}(\boldsymbol{r})=\boldsymbol{f}(\boldsymbol{r}), & \boldsymbol{r}\in\Omega\\ \boldsymbol{n}\times\boldsymbol{A}(\boldsymbol{r})=\boldsymbol{g}, & \boldsymbol{r}\in\Gamma\end{cases}\tag{5.17}$$

和

$$\begin{cases}\nabla\times\nabla\times\boldsymbol{A}(\boldsymbol{r})=\boldsymbol{f}(\boldsymbol{r}), & \boldsymbol{r}\in\Omega\\ \boldsymbol{n}\times\nabla\times\boldsymbol{A}=\boldsymbol{h}, & \boldsymbol{r}\in\Gamma\end{cases}\tag{5.18}$$

用边界元法求解边值问题（5.17）、问题（5.18）或问题（5.1），既可以利用基本积分表述来构造边界积分方程，也可以用旋度积分表述来构造边界积分方程。后面将分别介绍。

1. 基本积分表述的离散格式

1）第 1 类边界条件

在给定 $\boldsymbol{n}\times\boldsymbol{A}(\boldsymbol{r})=\boldsymbol{g}$ 条件下，待求量就是 $\boldsymbol{n}\cdot\boldsymbol{A}$ 和 $\boldsymbol{n}\times\nabla\times\boldsymbol{A}$，可直接由基本积分表述（5.15）和矢量在边界上的分解公式（5.11）得

$$\begin{aligned}&W(\boldsymbol{n}\cdot\boldsymbol{A})\boldsymbol{n}+\oint_{\Gamma}[G\boldsymbol{n}\times\nabla\times\boldsymbol{A}+\nabla G(\boldsymbol{n}\cdot\boldsymbol{A})]\mathrm{d}S\\&=\int_{\Omega}\boldsymbol{f}G\mathrm{d}\Omega-\oint_{\Gamma}\boldsymbol{n}\times\boldsymbol{A}\times\nabla G\mathrm{d}S+W\boldsymbol{n}\times(\boldsymbol{n}\times\boldsymbol{A})\end{aligned}\tag{5.19}$$

离散时可直接按直角坐标进行。

将待求量标记为 $\boldsymbol{n}\cdot\boldsymbol{A}=\alpha$ 和 $\boldsymbol{n}\times\nabla\times\boldsymbol{A}=-\beta\boldsymbol{T}'+\gamma\boldsymbol{T}$，边界单元的外法线方向标记为 $\boldsymbol{N}$，则

$$W\alpha^{i}\boldsymbol{N}+\oint_{\Gamma}[G(-\beta\boldsymbol{T}'+\gamma\boldsymbol{T})+\nabla G\alpha]\mathrm{d}S=\int_{\Omega}\boldsymbol{f}G\mathrm{d}\Omega-\oint_{\Gamma}\boldsymbol{g}\times\nabla G\mathrm{d}S+W\boldsymbol{N}\times\boldsymbol{g}_{N}\tag{5.20}$$

在直角坐标系下，分别以单位坐标向量 $(\boldsymbol{i},\boldsymbol{j},\boldsymbol{k})$ 点乘式（5.20），可得直角坐标系下的离散展开为

$$\begin{cases}W\alpha^{i}N_1^{i}+\sum\limits_{j=1}^{N}[-\beta GT_1'+\gamma GT_1+\alpha h_1]\Delta S_j=\sum\limits_{k=1}^{M}f_1G\Delta V_k-\sum\limits_{j=1}^{N}(\boldsymbol{g}\times\nabla G)_1^{j}\Delta S_j+W(\boldsymbol{N}\times\boldsymbol{g}_N)_1^{i}\\ W\alpha^{i}N_2^{i}+\sum\limits_{j=1}^{N}[-\beta GT_2'+\gamma GT_2+\alpha h_2]\Delta S_j=\sum\limits_{k=1}^{M}f_2G\Delta V_k-\sum\limits_{j=1}^{N}(\boldsymbol{g}\times\nabla G)_2^{j}\Delta S_j+W(\boldsymbol{N}\times\boldsymbol{g}_N)_2^{i}\\ W\alpha^{i}N_3^{i}+\sum\limits_{j=1}^{N}[-\beta GT_3'+\gamma GT_3+\alpha h_3]\Delta S_j=\sum\limits_{k=1}^{M}f_3G\Delta V_k-\sum\limits_{j=1}^{N}(\boldsymbol{g}\times\nabla G)_3^{j}\Delta S_j+W(\boldsymbol{N}\times\boldsymbol{g}_N)_3^{i}\end{cases}$$

$$i=1,2,\cdots,N-1,N\tag{5.21}$$

对于一般的光滑表面，式（5.21）可直接取边界积分系数 $W=0.5$。后面类似，不再说明。

为了简化公式表述，采用了$\nabla G_j^i = h_1\boldsymbol{i} + h_2\boldsymbol{j} + h_3\boldsymbol{k}$ 、$\boldsymbol{n} = n_1\boldsymbol{i} + n_2\boldsymbol{j} + n_3\boldsymbol{k}$ 等简化符号，后面类似的简化记号不再特别说明。

在求解式（5.21）后，可根据需要利用旋度积分表述（5.16）方便地求出计算域内任意点的$\boldsymbol{B} = \nabla \times \boldsymbol{A}$。或利用基本积分表述（5.15）求出计算域内任意点$\boldsymbol{A}$，然后再通过数值求旋得到要求的$\boldsymbol{B} = \nabla \times \boldsymbol{A}$。

2）第 2 类边界条件

在给定$\boldsymbol{n} \times \nabla \times \boldsymbol{A} = \boldsymbol{h}$条件下，待求量就是$\boldsymbol{A} = A_1\boldsymbol{i} + A_2\boldsymbol{j} + A_3\boldsymbol{k}$；可直接由基本积分方程（5.15）得

$$W\boldsymbol{A} + \oint_\Gamma [(\boldsymbol{n} \times \boldsymbol{A}) \times \nabla G + \nabla G(\boldsymbol{n} \cdot \boldsymbol{A})]\mathrm{d}S = \int_\Omega \boldsymbol{f} G \mathrm{d}\Omega - \oint_\Gamma G\boldsymbol{n} \times \nabla \times \boldsymbol{A}\mathrm{d}S \quad (5.22)$$

离散时可直接按直角坐标进行，当然也可按局部坐标系$(\boldsymbol{T}',\boldsymbol{T},\boldsymbol{n})$进行。于是，式（5.22）的离散展开为（也可直接将未知量$A = A_1\boldsymbol{i} + A_2\boldsymbol{j} + A_3\boldsymbol{k}$代入式（5.22）得到）

$$\begin{cases} WA_1^i + \sum_{j=1}^{N}[(\boldsymbol{n}^j \cdot \nabla G_j^i)A_1^j + (n_2h_1 - n_1h_2)A_2^j + (n_3h_1 - n_1h_3)A_3^j]\Delta S^j = \sum_{k=1}^{M} \boldsymbol{f}_1^k G_k^i \Delta\Omega^k - \sum_{j=1}^{N} G_j^i \boldsymbol{g}_1 \Delta S^j \\ WA_2^i + \sum_{j=1}^{N}[(n_1h_2 - n_2h_1)A_1^j + (\boldsymbol{n}^j \cdot \nabla G_j^i)A_2^j + (n_3h_2 - n_2h_3)A_3^j]\Delta S^j = \sum_{k=1}^{M} \boldsymbol{f}_2^k G_j^i \Delta\Omega^k - \sum_{j=1}^{N} G_j^i \boldsymbol{g}_2 \Delta S^j \\ WA_3^i + \sum_{j=1}^{N}[(n_1h_3 - n_3h_1)A_1^j + (n_2h_3 - n_3h_2)A_2^j + (\boldsymbol{n}^j \cdot \nabla G_j^i)A_3^j]\Delta S^j = \sum_{k=1}^{M} \boldsymbol{f}_3^k G_k^i \Delta\Omega^k - \sum_{j=1}^{N} G_j^i \boldsymbol{g}_3 \Delta S^j \end{cases}$$

$$i = 1,2,\cdots,N-1,N \quad (5.23)$$

2. 旋度积分表述的离散格式

1）第 1 类边界条件

在给定$\boldsymbol{n} \times \boldsymbol{A} = \boldsymbol{g}$条件下，待求量就是$\nabla \times \boldsymbol{A} = d\boldsymbol{i} + e\boldsymbol{j} + f\boldsymbol{k}$；可直接由旋度积分表述（5.16）得

$$W\nabla \times \boldsymbol{A} + \oint_\Gamma \boldsymbol{n} \times \nabla \times \boldsymbol{A} \times \nabla G \mathrm{d}S = \int_\Omega \boldsymbol{f} \times \nabla G \mathrm{d}\Omega - \oint_\Gamma (\boldsymbol{n} \times \boldsymbol{A}) \cdot \nabla\nabla G \mathrm{d}S \quad (5.24)$$

利用$\boldsymbol{n} \times \nabla \times \boldsymbol{A} = -e\boldsymbol{T}' + f\boldsymbol{T}$，与此相应的离散格式为

$$(W\nabla \times \boldsymbol{A})_i + \sum_{j=1}^{N}(-e\boldsymbol{T}' + f\boldsymbol{T})_j \times \nabla G_j^i \Delta S_j = \sum_{k=1}^{M} \boldsymbol{f}_k \times \nabla G_k^i \Delta\Omega_k - \sum_{k=1}^{N}(\boldsymbol{n} \times \boldsymbol{A})_k \cdot \nabla\nabla G_k^i \Delta S_k,$$

$$i = 1,2,\cdots,N-1,N \quad (5.25)$$

所以，在直角坐标系下，式（5.24）的离散展开为（分别点乘$\boldsymbol{i}$、$\boldsymbol{j}$、$\boldsymbol{k}$）：

$$\begin{cases} Wd_i + \sum_{j=1}^{N} \boldsymbol{i} \cdot [-e\boldsymbol{T}' \times \nabla G_j^i + f\boldsymbol{T} \times \nabla G_j^i] \Delta S_j = \sum_{k=1}^{M} (\boldsymbol{f}_k \times \nabla G_k^i \Delta \Omega_k)_1 - \sum_{k=1}^{N} [(\boldsymbol{n} \times \boldsymbol{A})_k \cdot \nabla\nabla G_k^i \Delta S_k]_1 \\ We_i + \sum_{j=1}^{N} \boldsymbol{j} \cdot [-e\boldsymbol{T}' \times \nabla G_j^i + f\boldsymbol{T} \times \nabla G_j^i] \Delta S_j = \sum_{k=1}^{M} (\boldsymbol{f}_k \times \nabla G_k^i \Delta \Omega_k)_2 - \sum_{k=1}^{N} [(\boldsymbol{n} \times \boldsymbol{A})_k \cdot \nabla\nabla G_k^i \Delta S_k]_2, \\ Wf_i + \sum_{j=1}^{N} \boldsymbol{k} \cdot [-e\boldsymbol{T}' \times \nabla G_j^i + f\boldsymbol{T} \times \nabla G_j^i] \Delta S_j = \sum_{k=1}^{M} (\boldsymbol{f}_k \times \nabla G_k^i \Delta \Omega_k)_3 - \sum_{k=1}^{N} [(\boldsymbol{n} \times \boldsymbol{A})_k \cdot \nabla\nabla G_k^i \Delta S_k]_3 \end{cases}$$

$$i = 1, 2, \cdots, N-1, N \tag{5.26}$$

很明显，待求量$\nabla \times \boldsymbol{A} = d\boldsymbol{i} + e\boldsymbol{j} + f\boldsymbol{k}$并不全是需要的，这里需要的是$\boldsymbol{n} \times \nabla \times \boldsymbol{A}$，$\boldsymbol{n} \cdot \nabla \times \boldsymbol{A}$对下一步的求域内值是多余的。从提高计算速度和计算规模的角度，可以考虑仅计算需要的量，这样在相同条件下（棱边单元数N_1相同），计算规模（代数方程阶数）由$6 \times N_1^2 \times 3$降为$6 \times N_1^2 \times 2$。例如，我们现在能算的最大棱边单元数为$N_1 = 19$，保持代数方程阶数大致不变，则$N_1 = \sqrt{\frac{3 \times 19^2}{2}} = 23.27$，也就是说目前在代数方程阶数略变小的情况下，就可以计算$N_1 = 23$的问题，若稍微加大计算规模，甚至可能计算$N_1 = 25$的问题也不会导致内存溢出的错误。

式（5.25）中如果分别以场点的$\boldsymbol{T}''^i, \boldsymbol{T}^i$点乘该式两边可得所谓紧凑离散格式为

$$\begin{cases} Wf_i + \boldsymbol{T}''^i \cdot \sum_{j=1}^{N} (-e\boldsymbol{T}' + f\boldsymbol{T})_j \times \nabla G_j^i \Delta S_j = \boldsymbol{T}''^i \cdot \sum_{k=1}^{M} \boldsymbol{f}_k \times \nabla G_k^i \Delta \Omega_k - \boldsymbol{T}''^i \cdot \sum_{k=1}^{N} (\boldsymbol{n} \times \boldsymbol{A})_k \cdot \nabla\nabla G_k^i \Delta S_k \\ We_i + \boldsymbol{T}^i \cdot \sum_{j=1}^{N} (-e\boldsymbol{T}' + f\boldsymbol{T})_j \times \nabla G_j^i \Delta S_j = \boldsymbol{T}^i \cdot \sum_{k=1}^{M} \boldsymbol{f}_k \times \nabla G_k^i \Delta \Omega_k - \boldsymbol{T}^i \cdot \sum_{k=1}^{N} (\boldsymbol{n} \times \boldsymbol{A})_k \cdot \nabla\nabla G_k^i \Delta S_k \end{cases}$$

$$i = 1, 2, \cdots, N-1, N \tag{5.27}$$

显然，采用该紧凑离散格式进行计算，在相同计算规模的条件下可大幅度地减少计算时间。

2）第 2 类边界条件

在给定$\boldsymbol{n} \times \nabla \times \boldsymbol{A}(\boldsymbol{r}) = \boldsymbol{h}$的条件下，待求量就是$\boldsymbol{n} \cdot \nabla \times \boldsymbol{A}$和$\boldsymbol{n} \times \boldsymbol{A}$。将待求量标记为$\boldsymbol{n} \cdot \nabla \times \boldsymbol{A} = a$和$\boldsymbol{n} \times \boldsymbol{A} = -b\boldsymbol{T}' + c\boldsymbol{T}$，场点的外法线方向标记为$\boldsymbol{N}$，并利用式（5.11），则由旋度积分表述（5.16）可得

$$Wa\boldsymbol{N} + \oint_{\Gamma} (-b\boldsymbol{T}' + c\boldsymbol{T}) \cdot \nabla\nabla G \mathrm{d}S = \int_{\Omega} \boldsymbol{f} \times \nabla G \mathrm{d}\Omega - \oint_{\Gamma} \boldsymbol{h} \times \nabla G \mathrm{d}S + W\boldsymbol{N} \times \boldsymbol{h} \tag{5.28}$$

其相应的离散格式为

$$(aW\boldsymbol{N})_i + \sum_{k=1}^{N} (-b\boldsymbol{T}' + c\boldsymbol{T})_k \cdot \nabla\nabla G_k^i \Delta S_k = \sum_{k=1}^{M} \boldsymbol{f}_k \times \nabla G_k^i \Delta \Omega_k - \sum_{j=1}^{N} (\boldsymbol{n} \times \boldsymbol{A})_j \times \nabla G_j^i \Delta S_j + (W\boldsymbol{N} \times \boldsymbol{h})_i$$

$$i = 1, 2, \cdots, N-1, N \tag{5.29}$$

以单位坐标向量$(\boldsymbol{i},\boldsymbol{j},\boldsymbol{k})$点乘式（5.29），可得直角坐标系下的离散展开为

$$\begin{cases}(aWN)_1^i+\sum_{k=1}^{N}\boldsymbol{i}\cdot[(-b\boldsymbol{T}'+c\boldsymbol{T})\cdot\nabla\nabla G_k^i\Delta S]=\sum_{k=1}^{M}[\boldsymbol{f}\times\nabla G_k^i\Delta\Omega_k]_1-\sum_{j=1}^{N}[(\boldsymbol{n}\times\boldsymbol{A})\times\nabla G_j^i\Delta S]_1+(WN\times\boldsymbol{h})_1^i\\(aWN)_2^i+\sum_{k=1}^{N}\boldsymbol{j}\cdot[(-b\boldsymbol{T}'+c\boldsymbol{T})\cdot\nabla\nabla G_k^i\Delta S]=\sum_{k=1}^{M}[\boldsymbol{f}\times\nabla G_k^i\Delta\Omega_k]_2-\sum_{j=1}^{N}[(\boldsymbol{n}\times\boldsymbol{A})\times\nabla G_j^i\Delta S]_2+(WN\times\boldsymbol{h})_2^i\\(aWN)_3^i+\sum_{k=1}^{N}\boldsymbol{k}\cdot[(-b\boldsymbol{T}'+c\boldsymbol{T})\cdot\nabla\nabla G_k^i\Delta S]=\sum_{k=1}^{M}[\boldsymbol{f}\times\nabla G_k^i\Delta\Omega_k]_3-\sum_{j=1}^{N}[(\boldsymbol{n}\times\boldsymbol{A})\times\nabla G_j^i\Delta S]_3+(WN\times\boldsymbol{h})_3^i\end{cases}$$

$$i=1,2,\cdots,N-1,N \tag{5.30}$$

如前所述，如果分别以场点的$\boldsymbol{T}''^i,\boldsymbol{T}^i$点乘式（5.29）可得类似前面离散格式为

$$\begin{cases}\sum_{j=1}^{N}[-b_j\boldsymbol{T}''^i\cdot(\boldsymbol{T}_j'\cdot\nabla\nabla G_j^i\Delta S_j)]+\sum_{j=1}^{N}[c\boldsymbol{T}''^i\cdot(\boldsymbol{T}_j\cdot\nabla\nabla G_j^i\Delta S_j)]\\=\boldsymbol{T}''^i\cdot\left\{\sum_{k=1}^{M}\boldsymbol{f}_k\times\nabla G_k^i\Delta\Omega_k-\sum_{k=1}^{N}(\boldsymbol{n}\times\nabla\times\boldsymbol{A})_k\times\nabla G_k^i\Delta S_k+WN^i\times(\boldsymbol{n}\times\nabla\times\boldsymbol{A})^i\right\}\\\sum_{j=1}^{N}[-b_j\boldsymbol{T}^i\cdot(\boldsymbol{T}_j'\cdot\nabla\nabla G_j^i\Delta S_j)]+\sum_{j=1}^{N}[c\boldsymbol{T}^i\cdot(\boldsymbol{T}_j\cdot\nabla\nabla G_j^i\Delta S_j)]\\=\boldsymbol{T}^i\cdot\left\{\sum_{k=1}^{M}\boldsymbol{f}_k\times\nabla G_k^i\Delta\Omega_k-\sum_{k=1}^{N}(\boldsymbol{n}\times\nabla\times\boldsymbol{A})_k\times\nabla G_k^i\Delta S_k+WN^i\times(\boldsymbol{n}\times\nabla\times\boldsymbol{A})^i\right\}\end{cases}$$

$$i=1,2,\cdots,N-1,N \tag{5.31}$$

必须指出：无论是按式（5.26）和式（5.30）所示的标准离散格式，还是按式（5.27）和式（5.31）所示的紧凑离散格式，与此相对应的 1-1 算法和 1-0 算法（关于这两个算法的具体意义后面会给出详细说明，这里只需了解这两种算法都需要使用本节所述的以旋度积分表述为基础所构造的离散格式）都不能给出令人满意的计算结果。之前也曾对新给出的双旋度泊松方程的旋度积分表述（1 阶积分表述）、奇异积分的处理等产生怀疑，为此专门在数值验证中增加了 5.2.3 节积分表述验证来消除这个怀疑。虽然也对程序进行了反复核查，但由于精力、时间的限制①，只能放弃标准边界元方法的 1-1 算法和 1-0 算法。当然，在有了本节的离散格式的基础上，读者可以自己尝试编制相应的程序。本书作者在万般无奈的情况下只得采用无奇异边界元法[7]进行尝试。

实际上，从后面的尝试计算中，计算结果不够理想（主要是随着单元数的增加，计算结果不稳定）的原因可能是没有处理拟奇异问题。虽然对奇异问题采用解析方法

① 本书写作期间，完全依靠作者编制和调试程序，考虑时间和精力的限制，再加上在数值计算上已经花费了太多的时间，实在耗不起，只得临时以无奇异边界元方法尝试之。

进行了近乎完美的处理，但对相邻单元的拟奇异问题未做任何处理。待到今后有精力补上拟奇异问题的处理，相信按式（5.26）和式（5.30）所示的标准离散格式的计算结果会有改善。

3. 无奇异边界元方法的离散格式

在第 1 章应用数学基础部分曾提到无奇异边界元法[9]（或虚边界元法）。

无奇异边界元法的核心是将求解区域延拓、增加虚边界，这样就可用虚边界 Γ' 上的边界值 $\boldsymbol{n}\times\boldsymbol{Q}$、$\boldsymbol{n}\times\nabla\times\boldsymbol{Q}$ 来表示真实边界 Γ 上已知的边界值 $\boldsymbol{n}\times\boldsymbol{Q}$、$\boldsymbol{n}\times\nabla\times\boldsymbol{Q}$，从而建立新的无奇异边界积分方程。

进一步，根据等效原理，为简单起见，在虚边界 Γ' 上，可设 $\boldsymbol{n}\times\nabla\times\boldsymbol{Q}=0$ 或 $\boldsymbol{n}\times\boldsymbol{Q}=0$，则虚边界上将仅有 $\boldsymbol{n}\times\boldsymbol{Q}$ 或 $\boldsymbol{n}\times\nabla\times\boldsymbol{Q}$ 是未知量。分别以 x,y 表示虚边界和真实边界上的点，在新的求解区域内真实边界的已知边界值可以由虚边界上的边界值表达，则

$$\begin{cases}\boldsymbol{Q}(y)=\int_{\Omega}\boldsymbol{f}G\mathrm{d}\Omega-\oint_{\Gamma'}[G\boldsymbol{n}\times\nabla\times\boldsymbol{Q}+\boldsymbol{n}\times\boldsymbol{Q}(x)\times\nabla G(y,x)+\nabla G(\boldsymbol{n}\cdot\boldsymbol{Q})]\mathrm{d}\Gamma' \\ \nabla\times\boldsymbol{Q}(y)=\int_{\Omega}\boldsymbol{f}\times\nabla G\mathrm{d}\Omega-\oint_{\Gamma'}[\boldsymbol{n}\times\nabla\times\boldsymbol{Q}\times\nabla G+\boldsymbol{n}\times\boldsymbol{Q}(x)\cdot\nabla\nabla G(y,x)]\mathrm{d}\Gamma'\end{cases}\tag{5.32}$$

式（5.3.2）即为无奇异边界积分方程。

针对以 0 阶表述相关的 0-1 算法和 0-0 算法，已用标准边界元方法给出了很好的数值结果，因此后面将只讨论与旋度积分表述相关的离散格式。也就是说，对 1-1 算法和 1-0 算法只讨论第 2 类边界条件相关的问题（5.18）。

设真实边界的棱边单元数为 Ne，对于最简单的等额配点法，虚边界的棱边单元数也为 Ne，则由式（5.32）可得真实边界上各节点的值为

$$\begin{aligned}\nabla\times\boldsymbol{Q}(y_i)&=\sum_{k=1}^{Ne^3}\boldsymbol{f}(x_k)\times G(y_i,x_k)\Delta V_k\\&-\sum_{j=1}^{6\times Ne^2}[\boldsymbol{n}\times\nabla\times\boldsymbol{Q}\times\nabla G+\boldsymbol{n}_j\times\boldsymbol{Q}(x_j)\cdot\nabla\nabla G(y_i,x_j)]\Delta S_j,\quad i=1,2,\cdots,6Ne^2\end{aligned}\tag{5.33}$$

（1）对于第 2 类真实边界条件 $\boldsymbol{n}_y\times\nabla\times\boldsymbol{Q}(y)=\boldsymbol{q}$，设虚边界上的 $\boldsymbol{n}_x\times\boldsymbol{Q}(x)=0$，则待求量为真实边界上的 $\boldsymbol{n}_y\cdot\nabla\times\boldsymbol{Q}(y)=\alpha$ 和虚边界上的 $\boldsymbol{n}_x\times\nabla\times\boldsymbol{Q}(x)=-\beta\boldsymbol{T}'+\gamma\boldsymbol{T}$，由式（5.33）有

$$\alpha_i\boldsymbol{n}_y+\sum_{j}^{N}(-\beta_j\boldsymbol{T}'\times\nabla G_j^i\Delta\Gamma_j'+\gamma\boldsymbol{T}\times\nabla G_j^i\Delta\Gamma')=\sum_{k}^{M}[\boldsymbol{f}\times\nabla G_k^i\Delta\Omega]+\boldsymbol{n}_y\times(\boldsymbol{n}_y\times\nabla\times\boldsymbol{Q})\tag{5.34}$$

分别点乘 $\boldsymbol{i}$、$\boldsymbol{j}$、$\boldsymbol{k}$，可得在标准直角坐标系下的展开式：

$$
\begin{cases}
\alpha_i \boldsymbol{i}\cdot\boldsymbol{n}_i+\sum\limits_{j}^{N}[-\beta\boldsymbol{i}\cdot(\boldsymbol{T}'\times\nabla G_j^i\Delta\Gamma'_j)+\gamma\boldsymbol{i}\cdot(\boldsymbol{T}\times\nabla G_j^i\Delta\Gamma')]=\sum\limits_{k}^{M}[\boldsymbol{f}\times\nabla G_k^i\Delta\Omega]_1+[\boldsymbol{n}_i\times(\boldsymbol{n}_i\times\nabla\times\boldsymbol{Q})]_1 \\
\alpha_i \boldsymbol{j}\cdot\boldsymbol{n}_i+\sum\limits_{j}^{N}[-\beta\boldsymbol{j}\cdot(\boldsymbol{T}'\times\nabla G_j^i\Delta\Gamma'_j)+\gamma\boldsymbol{j}\cdot(\boldsymbol{T}\times\nabla G_j^i\Delta\Gamma')]=\sum\limits_{k}^{M}[\boldsymbol{f}\times\nabla G_k^i\Delta\Omega]_2+[\boldsymbol{n}_i\times(\boldsymbol{n}_i\times\nabla\times\boldsymbol{Q})]_2 \\
\alpha_i \boldsymbol{k}\cdot\boldsymbol{n}_i+\sum\limits_{j}^{N}[-\beta\boldsymbol{k}\cdot(\boldsymbol{T}'\times\nabla G_j^i\Delta\Gamma'_j)+\gamma\boldsymbol{k}\cdot(\boldsymbol{T}\times\nabla G_j^i\Delta\Gamma')]=\sum\limits_{k}^{M}[\boldsymbol{f}\times\nabla G_k^i\Delta\Omega]_3+[\boldsymbol{n}_i\times(\boldsymbol{n}_i\times\nabla\times\boldsymbol{Q})]_3
\end{cases}
$$

$$i=1,2,\cdots,N-1,N \qquad (5.35)$$

当求出虚边界上的 $\boldsymbol{n}_x\times\nabla\times\boldsymbol{Q}(x)=-\beta\boldsymbol{T}'+\gamma\boldsymbol{T}$ 后，可采用两种途径求计算域内的值。一种途径是利用虚边界上求得的值直接用虚边界积分方程求计算域内的值；另一种途径是利用虚边界上的值求真实边界上的未知边界值，再利用真实边界积分方程求计算域内的值。这里采用前者。

（2）仍然仅讨论第 2 类真实边界条件 $\boldsymbol{n}_y\times\nabla\times\boldsymbol{Q}(y)=\boldsymbol{q}$，设虚边界上的 $\boldsymbol{n}_x\times\nabla\times\boldsymbol{Q}(x)=0$，待求量为真实边界上的 $\boldsymbol{n}_y\cdot\nabla\times\boldsymbol{Q}(y)=\alpha$ 和虚边界上的 $\boldsymbol{n}_x\times\boldsymbol{Q}(x)=-\beta\boldsymbol{T}'+\gamma\boldsymbol{T}$，由式（5.33）有

$$\alpha_i\boldsymbol{n}_y+\oint_{\Gamma'}(-\beta\boldsymbol{T}'\cdot\nabla\nabla G+\gamma\boldsymbol{T}\cdot\nabla\nabla G)\mathrm{d}\Gamma'=\int_{\Omega}\boldsymbol{f}\times\nabla G\mathrm{d}\Omega+\boldsymbol{n}_y\times(\boldsymbol{n}_y\times\nabla\times\boldsymbol{Q}) \qquad (5.36)$$

同样，分别点乘 $\boldsymbol{i}$、$\boldsymbol{j}$、$\boldsymbol{k}$，可得在标准直角坐标系下的展开式：

$$
\begin{cases}
\alpha_i\boldsymbol{i}\cdot\boldsymbol{n}_y+\sum\limits_{i=1}^{N}[-\beta\boldsymbol{i}\cdot(\boldsymbol{T}'\cdot\nabla\nabla G_j^i)+\gamma\boldsymbol{i}\cdot(\boldsymbol{T}\cdot\nabla\nabla G_j^i)]\Delta\Gamma'=\left[\sum\limits_{k=1}^{M}\boldsymbol{f}\times\nabla G_k^i\Delta\Omega+\boldsymbol{n}_y\times(\boldsymbol{n}_y\times\nabla\times\boldsymbol{Q})\right]_1 \\
\alpha_i\boldsymbol{j}\cdot\boldsymbol{n}_y+\sum\limits_{i=1}^{N}[-\beta\boldsymbol{j}\cdot(\boldsymbol{T}'\cdot\nabla\nabla G_j^i)+\gamma\boldsymbol{j}\cdot(\boldsymbol{T}\cdot\nabla\nabla G_j^i)]\Delta\Gamma'=\left[\sum\limits_{k=1}^{M}\boldsymbol{f}\times\nabla G_k^i\Delta\Omega+\boldsymbol{n}_y\times(\boldsymbol{n}_y\times\nabla\times\boldsymbol{Q})\right]_2 \\
\alpha_i\boldsymbol{k}\cdot\boldsymbol{n}_y+\sum\limits_{i=1}^{N}[-\beta\boldsymbol{k}\cdot(\boldsymbol{T}'\cdot\nabla\nabla G_j^i)+\gamma\boldsymbol{k}\cdot(\boldsymbol{T}\cdot\nabla\nabla G_j^i)]\Delta\Gamma'=\left[\sum\limits_{k=1}^{M}\boldsymbol{f}\times\nabla G_k^i\Delta\Omega+\boldsymbol{n}_y\times(\boldsymbol{n}_y\times\nabla\times\boldsymbol{Q})\right]_3
\end{cases}
$$

$$i=1,2,\cdots,N-1,N \qquad (5.37)$$

由于真实边界上的法向分量 $\boldsymbol{n}_y\cdot\nabla\times\boldsymbol{Q}(y)=\alpha$ 并不是需要关注的量，所以完全可以得到与式（5.27）和式（5.31）类似的紧凑格式，此处从略。

5.2.3 数值验证结果

在进行具体的数值验证前，需要再次强调求解对象主要是矢性变量的旋度，这在第 3 章已对原因进行了说明。因为对矢性变量本身不可能得到准确解，仅就理论情况给出验证结果。

有了积分方程的离散格式，接下来就应该讨论离散方程中系数的计算。这些系

数的计算都牵扯到基本解的积分。对于最简单的正方形常单元，当场点和源点不在同一个单元时，场点和源点直接取各自单元的中心进行计算即可。当场点和源点处于同一个单元时（即单元本身的作用），将出现奇异性，此时相关的计算可参考本书附录 B。

根据前面的讨论，理论验证的数学模型为

$$\begin{cases}\nabla\times\nabla\times\boldsymbol{A}(\boldsymbol{r})=\boldsymbol{i}\omega_1^2 b_1\sin\omega_1 z+\boldsymbol{j}\omega_2^2 b_2\cos\omega_2 x+\boldsymbol{k}\omega_3^2 b_3\sin\omega_3 y, & \boldsymbol{r}\in\Omega\\ \boldsymbol{n}\times\boldsymbol{A}(\boldsymbol{r})=\boldsymbol{g}, & \boldsymbol{r}\in\Gamma_1\\ \boldsymbol{n}\times\nabla\times\boldsymbol{A}(\boldsymbol{r})=\boldsymbol{h}, & \boldsymbol{r}\in\Gamma_2\end{cases}\tag{5.38}$$

式中，Γ_1,Γ_2 为计算域 Ω 的边界，且 $\Gamma_1+\Gamma_2=\Gamma$，求解区域为 $[0,1]^3$ 的正方体区域。

在边界上的值由式（5.4）和式（5.6）给出：

$$\boldsymbol{n}\times\boldsymbol{A}=\begin{bmatrix}(n_2 b_3\sin\omega_3 y-n_3 b_2\cos\omega_2 x)\boldsymbol{i}\\(n_3 b_1\sin\omega_1 z-n_1 b_3\sin\omega_3 y)\boldsymbol{j}\\(n_1 b_2\cos\omega_2 x-n_2 b_1\sin\omega_1 z)\boldsymbol{k}\end{bmatrix}$$

$$\boldsymbol{n}\times\nabla\times\boldsymbol{A}=\begin{bmatrix}(-n_2\omega_2 b_2\sin\omega_2 x-n_3\omega_1 b_1\cos\omega_1 z)\boldsymbol{i}\\(n_3\omega_3 b_3\cos\omega_3 y+n_1\omega_2 b_2\sin\omega_2 x)\boldsymbol{j}\\(n_1\omega_1 b_1\cos\omega_1 z-n_2\omega_3 b_3\cos\omega_3 y)\boldsymbol{k}\end{bmatrix}$$

该泛定方程存在理论解式（5.3）：

$$\boldsymbol{A}=[b_1\sin\omega_1 z, b_2\cos\omega_2 x, b_3\sin\omega_3 y]^{\mathrm{T}}$$

在给定边界条件的条件下，希望求得理论值为

$$\nabla\times\boldsymbol{A}=\begin{bmatrix}\boldsymbol{i} & \boldsymbol{j} & \boldsymbol{k}\\ \dfrac{\partial}{\partial x} & \dfrac{\partial}{\partial y} & \dfrac{\partial}{\partial z}\\ b_1\sin\omega_1 z & b_2\cos\omega_2 x & b_3\sin\omega_3 y\end{bmatrix}=\begin{bmatrix}\omega_3 b_3\cos\omega_3 y\,\boldsymbol{i}\\ \omega_1 b_1\cos\omega_1 z\,\boldsymbol{j}\\ -\omega_2 b_2\sin\omega_2 x\,\boldsymbol{k}\end{bmatrix}\tag{5.39}$$

取上述各式中的系数为

$$b_1=b_2=b_3=1.0,\quad \omega_1=\omega_2=1.0,\quad \omega_3=2.0\tag{5.40}$$

计算中采用的相对误差定义：

$$\varepsilon=\frac{\text{场点的计算值}-\text{场点的理论值}}{\text{计算域内所有场点的理论峰值(绝对值)}}\tag{5.41}$$

当数值计算结果为矢性变量 $\boldsymbol{A}$，需要求其旋度 $\nabla\times\boldsymbol{A}$ 时，采用的数值求旋（中心差分）的定义为

$$\nabla \times \boldsymbol{A} = \begin{bmatrix} \boldsymbol{i} & \boldsymbol{j} & \boldsymbol{k} \\ \dfrac{\partial}{\partial x} & \dfrac{\partial}{\partial y} & \dfrac{\partial}{\partial z} \\ A^1 & A^2 & A^3 \end{bmatrix} = \begin{bmatrix} (A_2^3 - A_3^2)\boldsymbol{i} \\ (A_3^1 - A_1^3)\boldsymbol{j} \\ (A_1^2 - A_2^1)\boldsymbol{k} \end{bmatrix}$$

$$= \frac{1}{2\Delta}\begin{bmatrix} [A^3(i,j+1,k) - A^3(i,j-1,k) - A^2(i,j,k+1) + A^2(i,j,k-1)]\boldsymbol{i} \\ [A^1(i,j,k+1) - A^1(i,j,k-1) - A^3(i+1,j,k) + A^3(i-1,j,k)]\boldsymbol{j} \\ [A^2(i+1,j,k) - A^2(i-1,j,k) - A^1(i,j+1,k) + A^1(i,j-1,k)]\boldsymbol{k} \end{bmatrix} \quad (5.42)$$

注意：在式（5.42）中，上标为分量代号，下标为偏导代号，无下标就是上标所示分量本身。

对于靠近边界的计算域场点本可以采用前向差分或后向差分的方式解决，但考虑因为拟奇异特性的影响，导致靠近边界的场点计算结果误差较大，为简单起见，这部分的值不予计算，直接取零值。在计算结果的图形显示中也不予显示。

在标准边界元数值计算中，计算区域为$[0,1]^3$的正方体区域。在无奇异的边界元计算中，真实边界保持不变，虚边界为真实边界的相似图形，放大倍数为 1.2 倍。边界单元和正方体的体积元都采用相同的棱边单元数。这里所谓的棱边单元数是指在正方体单条棱边长度划分正方形边界元或正方体体积元的数量。图 5.3 给出了标准边界元计算时棱边单元数 $N_1 = 9$ 的单元划分情况（至于无奇异边界元的情况，没有专门给出相应图示），此时正方形边界单元总数为 $N = 6 \times N_1^2 = 6 \times 9^2 = 486$（黑色点为正方形边

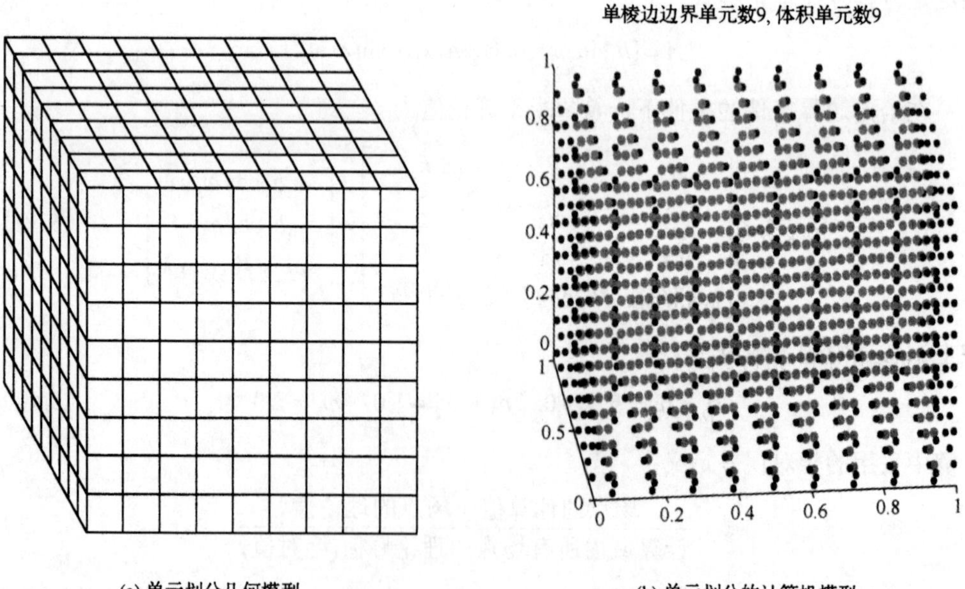

(a) 单元划分几何模型　　(b) 单元划分的计算机模型

图 5.3　数值验证的计算域图示

界元的形心），计算域内的体积元总数为 $M = N_1^3 = 9^3 = 729$（灰色点为体积元的形心）。另外，在数值验证中，采用的棱边单元数总是奇数，这是为了保证中心体积元位置不变，因此数值计算中采用的棱边单元数序列为 $5,7,9,11,13,15,\cdots$，所给计算结果都是到目前使用的计算机内存不够使用为止。显然，在验证计算中没有刻意追求计算速度和计算规模。

1. 积分表述的数值验证

首先验证两个积分表述的正确性。此时全部边界条件都按理论值给定，计算两个积分表述在计算域内能否给出正确的计算值，如表 5.1 所示。计算结果比较点为计算域中心点（0.5，0.5，0.5），并给出该比较点的理论值，计算规模为前述的棱边单元数 N_1，相对误差按式（5.41）的定义计算。

表 5.1 给出了基本积分表述式（5.15）的计算结果，这个结果应该是意料之内的。既然基本积分表述所决定的矢量场具有任意散度假设的特性，那么当然不能在任意散度假设下保证求得的矢量场与理论解相一致。尽管在数值计算中，体积域的散度假设和边界条件全部采用理论解，按经典理论的说法，应该得到矢性变量的理论值，但数值实验表明只能够得到确定的唯一值（解是收敛的），但以此矢性变量的计算值为依据进行数值求旋却能得到正确的具有物理意义的矢性变量的旋度（其结果在表 5.2 中给出）。本书作者也反复检查了计算程序，应该排除了计算程序错误的可能性。该结果从数值验证的角度证明了作者的结论：原始变量（如磁场 $\boldsymbol{B}$）的双旋度泊松方程从数学角度是不可能准确求解的（起码对于边界元法），欲完善解决稳恒电流产生的磁场分布的求解问题，只能通过求解以势函数表达的双旋度泊松方程。

表 5.1　计算条件：基本积分表述，全部理论边界值　理论值（0.4794, 0.8776, 0.8415）

计算规模	计算值	相对误差/%	计算时间/s
5	0.1693, 0.1917, 0.2186	−39.5875　−68.9329　−63.2023	0.757
7	0.1164, 0.1265, 0.1427	−45.3325　−75.2970　−69.8792	3.713
9	0.0888, 0.0938, 0.1039	−48.2152　−78.4951　−74.0949	13.33
11	0.0718, 0.0744, 0.0812	−49.9491　−80.3966　−76.0512	38.33
13	0.0603, 0.0617, 0.0665	−51.1082　−81.6527　−77.5784	93.43
15	0.0520, 0.0526, 0.0562	−51.9383　−82.5431　−78.5848	203.7
17	0.0457, 0.0459, 0.0486	−52.5623　−83.2071　−79.2976	406.1
19	0.0407, 0.0407, 0.0428	−53.0484　−83.7211　−79.9427	753.2

表 5.2 给出了根据基本积分表述式（5.15）所得矢性变量的计算结果在原始网格下进行数值求旋的结果。首先从计算结果的趋势来看，数值旋度是收敛的，且收敛于理论旋度值，但收敛速度较慢，主要原因是数值求旋的网格较粗（采用原始计算网格）。可以设想：如果对数值求旋的网格进行细化，例如，将一个原始正方体单元分为 9 个小正方体，则其收敛速度将大幅度提高。

表 5.2 计算条件：基本积分表述+数值求旋，理论边界 理论值（1.0806, 0.8776, –0.4794）

计算规模	计算值	相对误差/%	计算时间/s
5	1.1250, 0.8779, –0.4796	2.2666 0.0359 –0.0249	0.716
7	1.1032, 0.8780, –0.4796	1.1407 0.0405 –0.0276	3.727
9	1.0943, 0.8779, –0.4796	0.6874 0.0357 –0.0240	13.33
11	1.0897, 0.8779, –0.4796	0.4592 0.0276 –0.0185	38.08
13	1.0872, 0.8778, –0.4795	0.3283 0.0213 –0.0142	93.65
15	1.0855, 0.8777, –0.4795	0.2464 0.0167 –0.0111	204.2
17	1.0844, 0.8777, –0.4795	0.1917 0.0134 –0.0088	406.1
19	1.0837, 0.8777, –0.4795	0.1534 0.0109 –0.0072	755.4

表 5.3 给出了利用旋度积分表述式（5.16）的计算结果，该结果表明：根据给定的理论边界值，旋度积分表述能够提供准确的旋度计算值。显然，其收敛于理论旋度值的速度快于数值求旋的结果，特别是在粗网格（棱边单元数较小）情况下更是如此。

表 5.3 计算条件：旋度积分表述，全部理论边界值 理论值（1.0806, 0.8776, –0.4794）

计算规模	计算值	相对误差/%	计算时间/s
5	1.0796, 0.8838, –0.4828	–0.0535 0.6208 –0.4308	0.729
7	1.0801, 0.8807, –0.4811	–0.0264 0.3160 –0.2150	3.749
9	1.0803, 0.8795, –0.4805	–0.0157 0.1910 –0.1286	13.49
11	1.0804, 0.8789, –0.4801	–0.0105 0.1278 –0.0854	38.72
13	1.0805, 0.8785, –0.4799	–0.0075 0.0914 –0.0609	95.05
15	1.0805, 0.8783, –0.4798	–0.0056 0.0687 –0.0456	207.5
17	1.0805, 0.8781, –0.4797	–0.0043 0.0535 –0.0354	413.3
19	1.0805, 0.8780, –0.4797	–0.0035 0.0428 –0.0283	769.4

2. 边界元算法数值验证

1）0-1 算法

所谓 0-1 算法就是利用 0 阶积分表述（即基本积分表述）式（5.15）对应的离散格式（5.21）或式（5.23）完善边界上的未知量，然后利用 1 阶积分表述（即旋度积分表述）式（5.16）求计算域内任意点的旋度值。后面的所谓 0-0 算法、1-1 算法和 1-0 算法的含义类似，即第 1 个数值表示完善边界上的边界条件所依据的积分表述形式，第 2 个数值表示计算域内任意点的值所依据的积分表述形式。特此说明，以后不再重复。

表 5.4、表 5.5 分别给出了第 1、2 类边界条件的 0-1 算法的数值验证结果。

图 5.4 则分别给出了第 1、2 类边界条件的 0-1 算法的待求量（矢性变量的旋度）各方向分量的相对误差随计算规模的变化情况。

表 5.4　计算条件：0-1 算法，第 1 类边界条件　理论值（1.0806, 0.8776, −0.4794）

计算规模	计算值	相对误差/%	计算时间/s
5	1.0596, 0.8689, −0.4747	−1.0705　−0.8719　0.6050	0.731
7	1.0656, 0.8699, −0.4752	−0.7605　−0.7708　0.5245	3.712
9	1.0690, 0.8710, −0.4759	−0.5859　−0.6550　0.4410	13.41
11	1.0711, 0.8720, −0.4764	−0.4747　−0.5611　0.3752	38.67
13	1.0727, 0.8727, −0.4768	−0.3979　−0.4873　0.3243	94.87
15	1.0738, 0.8733, −0.4771	−0.3416　−0.4287　0.2844	207.3
17	1.0746, 0.8738, −0.4773	−0.2987　−0.3815　0.2524	413.1
19	1.0753, 0.8742, −0.4776	−0.2648　−0.3427　0.2263	770.7

表 5.5　计算条件：0-1 算法，第 2 类边界条件　理论值（1.0806, 0.8776, −0.4794）

计算规模	计算值	相对误差/%	计算时间/s
5	1.0820, 0.8853, −0.4837	0.0729　0.7783　−0.5401	0.754
7	1.0811, 0.8813, −0.4814	0.0265　0.3688　−0.2509	3.735
9	1.0807, 0.8796, −0.4805	0.0059　0.1986　−0.1337	13.69
11	1.0805, 0.8787, −0.4800	−0.0049　0.1126　−0.0753	39.56
13	1.0804, 0.8782, −0.4798	−0.0110　0.0637　−0.0424	97.18
15	1.0803, 0.8779, −0.4796	−0.0147　0.0337　−0.0224	212.7
17	1.0803, 0.8777, −0.4795	−0.0170　0.0142　−0.0094	412.7
19	1.0802, 0.8776, −0.4794	−0.0184　0.0010　−0.0007	766.7

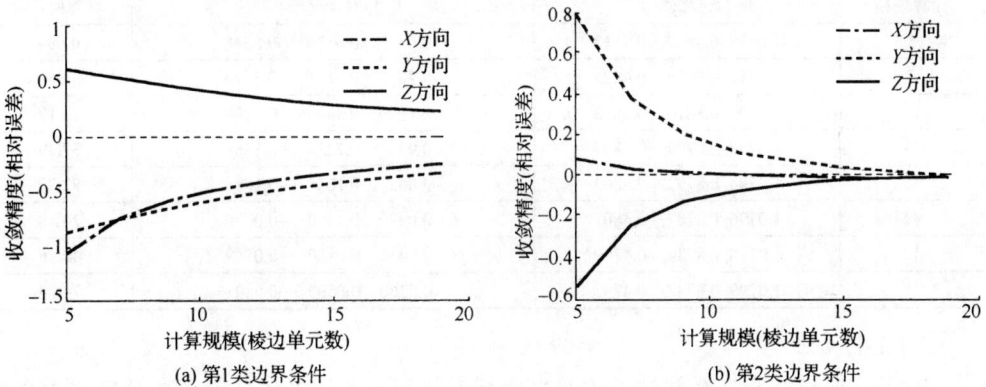

(a) 第1类边界条件　　(b) 第2类边界条件

图 5.4　双旋度泊松方程 0-1 算法的计算速度

从表 5.4、表 5.5 和图 5.4 中，可以清楚地看到双旋度泊松方程的 0-1 算法是非常有效的，收敛速度也很快。特别是对于第 2 类边界条件其收敛速度更快些（这也从另一个侧面证明自然规律本身的自洽性——第 2 类边界条件对应真实的物理问题）。从这个数值验证结果来看：双旋度泊松方程的两个积分表述（基本积分表述和旋度积分表述）的数值特性是很好的。0-1 算法是重点研究的算法，也是首先实现的算法，而后面介绍的另外三种算法（0-0 算法、1-0 算法和 1-1 算法）则是在本书书稿整理阶段为了保持理论的完整性而完成的（0-0 算法是在 2015 年 10 月实现的，而 1-0 算法和 1-1 算法在 2016 年 7~8 月才实现）。

2）0-0 算法

从表 5.6、表 5.7 可以看出：0-0 算法的计算结果还可以，只是与前面的 0-1 算法相比计算精度较差，这是因为数值求旋采用的原始网格较大所造成的。正如前面所述，如果采用更密的特殊网格，相信计算精度会有所提高。

表 5.6 计算条件：0-0 算法+数值求旋，第 1 类边界条件 理论值（1.0806, 0.8776, –0.4794）

计算规模	计算值	相对误差/%	计算时间/s
5	1.0316, 0.8593, –0.4694	–2.4993 –1.8408 1.2774	0.722
7	1.0521, 0.8658, –0.4730	–1.4386 –1.1842 0.8059	3.724
9	1.0612, 0.8688, –0.4747	–0.9778 –0.8752 0.5893	13.34
11	1.0661, 0.8706, –0.4756	–0.7300 –0.6970 0.4661	38.27
13	1.0691, 0.8718, –0.4763	–0.5773 –0.5793 0.3856	93.69
15	1.0711, 0.8726, –0.4767	–0.4747 –0.4950 0.3284	203.8
17	1.0726, 0.8733, –0.4771	–0.4013 –0.4315 0.2855	405.2
19	1.0737, 0.8738, –0.4773	–0.3464 –0.3818 0.2521	752.5

表 5.7 计算条件：0-0 算法+数值求旋，第 2 类边界条件 理论值（1.0806, 0.8776, –0.4794）

计算规模	计算值	相对误差/%	计算时间/s
5	1.0678, 0.8857, –0.4838	–0.6523 0.8136 –0.5646	0.694
7	1.0754, 0.8827, –0.4822	–0.2637 0.5171 –0.3519	3.654
9	1.0779, 0.8810, –0.4813	–0.1376 0.3429 –0.2309	13.17
11	1.0789, 0.8799, –0.4807	–0.0867 0.2338 –0.1564	37.79
13	1.0794, 0.8792, –0.4803	–0.0623 0.1634 –0.1088	92.72
15	1.0796, 0.8787, –0.4801	–0.0490 0.1160 –0.0770	201.8
17	1.0798, 0.8784, –0.4799	–0.0411 0.0830 –0.0549	402.6
19	1.0799, 0.8782, –0.4797	–0.0360 0.0592 –0.0391	746.8

3）1-1 算法

对于 1-1 算法和 1-0 算法，也曾采用标准边界元方法（包括前面离散格式中介绍的标准格式和紧凑格式两种情况）编程进行了验证，但验证结果始终不理想（计算结果不稳定），本书作者认为除了程序编制中可能出现了不易查出的小错误（这在作者的程序编制历史上曾多次出现过）外，这种不稳定可能是由于拟奇异性所引起的（之前对拟奇异性未做任何处理），因为在利用无奇异边界元法实现 1-1 算法和 1-0 算法后，如果调整真实边界和虚边界的距离，当两者的距离小到一定程度（小于一个单元的尺度）时，计算结果将发生类似情况。也就是说如果对标准边界元法中的拟奇异性进行适当的处理，是有可能利用标准边界元法实现 1-1 算法和 1-0 算法的。

由于无奇异边界元法本身的特性，且主要验证 1-1 算法和 1-0 算法能否实现，因此对于 1-1 算法和 1-0 算法，仅实现真实边界条件为第 2 类边界条件的情况（真实边界为第 1 类边界条件，对标准无奇异边界元法来讲就成为 0-1 算法和 0-0 算法了）。即使是仅考虑真实边界条件为第 2 类边界条件，但虚边界上的假设却可以有两种情况：$\boldsymbol{n}\times\nabla\times\boldsymbol{Q}=0$ 或 $\boldsymbol{n}\times\boldsymbol{Q}=0$，这里也仅实现了后者，限于时间和精力只能临时先到此为止，因为在数值验证方面已经花去太多的时间和精力了。同时，尽管有不完美之处，但毕竟每种算法都实现了。

对于无奇异边界元方法，一个重要的参数就是虚边界和真实边界的距离。表 5.8 是将虚实边界的距离 d' 设为 1.5 倍真实单元边长 B（即 $d'=1.5\text{B}$），则虚实边界的距离随着计算规模的增加逐渐减小，这样虚实边界的距离由 0.3m 逐渐减小为 0.08824m，相应的正方形边界元边长由 0.2m 逐渐减小为 0.05263m。表 5.9 则是将虚实边界的距离固定为 0.15m（即 $d=0.15\text{m}$），此值接近文献[7]推荐的对包络实体的外侧边界，虚实边界形状的相似比在 1.2～3.5 的范围内。从计算结果来看，两种确定虚实边界的距离方法对计算结果的影响并不是特别明显，从计算结果的稳定性来看，第一种方式似乎稍好一点。

表 5.8　计算条件：1-1 算法，虚第 1 类边界条件 $d=1.5\text{B}$　理论值（1.0806, 0.8776, −0.4794）

计算规模	计算值	相对误差/%	计算时间/s
5	1.0973, 0.8815, −0.4816	0.8509　0.3933　−0.2729	0.470
7	1.0947, 0.8807, −0.4811	0.7096　0.3126　−0.2127	2.784
9	1.0928, 0.8803, −0.4809	0.6127　0.2724　−0.1834	10.87
11	1.0911, 0.8799, −0.4807	0.5253　0.2308　−0.1543	32.85
13	1.0898, 0.8796, −0.4805	0.4599　0.2018　−0.1344	83.10
15	1.0888, 0.8794, −0.4804	0.4092　0.1800　−0.1194	187.2
17	1.0879, 0.8792, −0.4803	0.3679　0.1620　−0.1072	381.4
19	1.0873, 0.8791, −0.4802	0.3341　0.1473　−0.0973	716.8

表 5.9　计算条件：1-1 算法，虚第 1 类边界条件 $d=1.5\text{m}$　理论值（1.0806, 0.8776, −0.4794）

计算规模	计算值	相对误差/%	计算时间/s
5	1.0928, 0.8760, −0.4786	0.6235　−0.1564　0.1085	0.487
7	1.0959, 0.8818, −0.4817	0.7744　0.4247　−0.2890	2.778
9	1.0928, 0.8804, −0.4810	0.6155　0.2795　−0.1882	10.87
11	1.0911, 0.8799, −0.4807	0.5259　0.2316　−0.1549	32.89
13	1.0898, 0.8797, −0.4806	0.4633　0.2079　−0.1384	83.66
15	1.0888, 0.8794, −0.4804	0.4111　0.1851　−0.1228	187.9
17	1.0880, 0.8793, −0.4803	0.3702　0.1669　−0.1105	381.5
19	1.0873, 0.8791, −0.4803	0.3366　0.1519　−0.1003	718.5

4）1-0 算法

对于 1-0 算法，采用 1-1 算法相同方法来确定虚实边界的距离，即将表 5.10 给出的虚实边界的距离设为 1.5 倍真实单元，则虚实边界的距离随着计算规模的增加逐渐减小。表 5.11 则是将虚实边界的距离固定为 0.15m。从计算结果来看，第 1 种方法计算结果稳定的趋于理论值。第 2 种方法随着计算规模的增加，当棱边单元数 N_1=19 时，计算结果发生突变。为了探讨发生这种情况的原因，又随意地选取将虚实边界的距离固定为 0.10m 和 0.20m，然后进行了计算，其中表 5.12 是将虚实边界的距离固定为 0.10m，表 5.13 则是将虚实边界的距离固定为 0.20m。显然虚实边界的距离为 0.10m 时是期望的结果。其实，作为科学研究，作者更希望探讨产生这种不稳定的原因，很幸运的是在虚实边界的距离为 0.20m 的计算中找出了答案，当棱边单元数为 N_1=17,19 时，计算机分别给出了如下报警信息。

Warning: Matrix is close to singular or badly scaled.

Results may be inaccurate. RCOND = 6.391731e-017.

Warning: Matrix is close to singular or badly scaled.

Results may be inaccurate. RCOND = 1.886559e-018.

这两个报警信息表明：出现虚实边界的距离为 0.15m、0.20m，计算结果不理想是因为无奇异边界元法中的等额配点法本身的缺陷所造成的。这一点读者可参考文献[7]，当然为了避免等额配点法这一缺陷，可以改用该文献推荐的最小二乘法加以改进。本书的目的在于能否实现相应的算法，限于时间、精力，就不在具体的计算方法上纠缠了。

表 5.10 计算条件：1-0 算法+数值求旋，虚第 1 类边界条件 d = 1.5B 理论值（1.0806, 0.8776, −0.4794）

计算规模	计算值	相对误差/%	计算时间/s
5	1.1796, 0.9049, −0.4944	5.0515 2.7500 −1.9083	0.494
7	1.1379, 0.8930, −0.4879	2.8937 1.5470 −1.0527	2.716
9	1.1199, 0.8881, −0.4852	1.9766 1.0541 −0.7097	10.58
11	1.1091, 0.8853, −0.4837	1.4328 0.7742 −0.5178	32.08
13	1.1028, 0.8836, −0.4827	1.1127 0.5990 −0.3988	81.67
15	1.0987, 0.8825, −0.4821	0.9092 0.4871 −0.3231	183.4
17	1.0957, 0.8816, −0.4816	0.7582 0.4049 −0.2679	371.9
19	1.0935, 0.8810, −0.4813	0.6475 0.3441 −0.2273	705.6

表 5.11 计算条件：1-0 算法+数值求旋，虚第 1 类边界条件 d = 0.15m 理论值（1.0806, 0.8776, −0.4794）

计算规模	计算值	相对误差/%	计算时间/s
5	1.1785, 0.8994, −0.4913	4.9928 2.1900 −1.5197	0.481
7	1.1415, 0.8953, −0.4891	3.0786 1.7796 −1.2110	2.727
9	1.1205, 0.8885, −0.4854	2.0056 1.0886 −0.7329	10.64
11	1.1080, 0.8850, −0.4835	1.3766 0.7444 −0.4978	32.29
13	1.1003, 0.8829, −0.4823	0.9901 0.5301 −0.3529	82.09
15	1.0875, 0.8800, −0.4807	0.3461 0.2417 −0.1603	184.2
17	1.0788, 0.8777, −0.4795	−0.0909 0.0106 −0.0070	374.1
19	0.7253, 0.8049, −0.4397	−17.7909 −7.2691 4.8062	705.3

表 5.12　计算条件：1-0 算法+数值求旋，虚第 1 类边界条件 $d = 0.1m$　理论值(1.0806, 0.8776, −0.4794)

计算规模	计算值	相对误差/%	计算时间/s
5	1.1208, 0.8441, −0.4611	2.0524　−3.3663　2.3360	0.479
7	1.1373, 0.8903, −0.4864	2.8638　1.2771　−0.8690	2.737
9	1.1228, 0.8904, −0.4864	2.1215　1.2874　−0.8668	10.69
11	1.1108, 0.8863, −0.4842	1.5138　0.8696　−0.5815	32.25
13	1.1033, 0.8838, −0.4828	1.1399　0.6207　−0.4132	82.03
15	1.0987, 0.8825, −0.4821	0.9092　0.4871　−0.3231	184.2
17	1.0951, 0.8815, −0.4816	0.7264　0.3908　−0.2586	374.8
19	1.0923, 0.8807, −0.4812	0.5877　0.3163　−0.2089	704.7

表 5.13　计算条件：1-0 算法+数值求旋，虚第 1 类边界条件 $d = 0.2m$　理论值(1.0806, 0.8776, −0.4794)

计算规模	计算值	相对误差/%	计算时间/s
5	1.1846, 0.9063, −0.4951	5.3074%　2.8825%　−2.0002%	0.481
7	1.1387, 0.8935, −0.4881	2.9341%　1.5914%　−1.0829%	2.723
9	1.1178, 0.8874, −0.4848	1.8702%　0.9812%　−0.6606%	10.67
11	1.0855, 0.8801, −0.4808	0.2467%　0.2477%　−0.1656%	32.24
13	1.1285, 0.8882, −0.4852	2.3996%　1.0585%　−0.7046%	82.06
15	0.8224, 0.8258, −0.4511	−12.9392%　−5.1796%　3.4362%	183.9
17	1.0409, 0.8916, −0.5202	−1.9889%　1.4061%　−4.9446%	374.4
19	9.3393, 2.0113, −1.2470	413.5089%　113.4146%　−92.8244%	701.4

5.3　实验过程与实验平台介绍

5.3.1　实验研究过程

意识到基础理论研究必须重视比较研究和实验证实是 2012 年 10 月以后的事，大概在 2013 年 6 月左右，最初选择了三个问题希望从不同角度验证三个反映电磁场问题的偏微分方程求解理论：①选择平行于铁磁体的通电导线产生的静磁场，检验双旋度泊松方程的相关结论；②选择平面波双孔干涉，检验反映时谐电磁波的赫姆霍兹方程的相关结论；③对一般时域的双旋度波动方程，选择索莫菲尔德问题，利用索莫菲尔德和布里渊的相关结论与数值计算结果相互检验。对于前两个问题是希望通过实验加以证实。为此，自 2013 年 10 月开始编制这两个问题的计算程序，希望通过计算找到这两个问题在什么条件下其算法的差异可以通过实验明显地观察到。2014 年 5～7 月，在华东理工大学理学院大学物理实验室顾俊英的帮助下，主要利用该实验室的设备(SK1730SBP5A 恒流源和 HT202 型特斯拉计)和华东理工大学机械与动力工程学院本科教学实验中心废弃的 0.5m×0.8m 铸铁实验平台，仅花费几百元购置少量的滑道、定制支架等，搭建了如图 5.5 所示的实验平台。

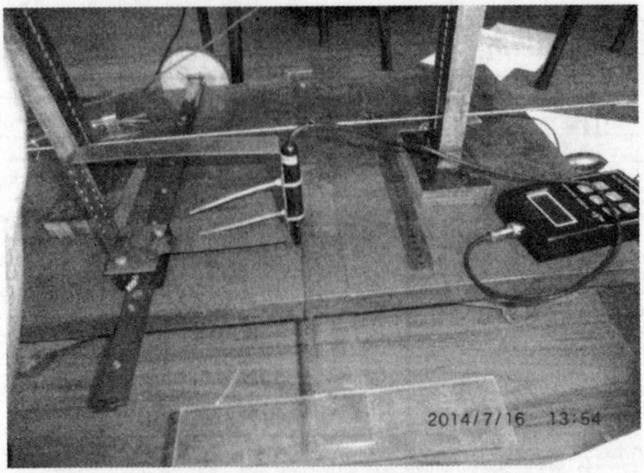

图 5.5　拼凑而成的简易磁场分布测试实验平台

由于经验不足，实验结果并不令人满意。最主要的问题是实验数据不具有重复性。当时找不到原因，后来找到特斯拉计的生产厂家才知道是电子仪器的“零飘”所致，只要通过校零手续即可解决。其他原因有：①恒流源功率太小（SK1730SBP5A 恒流源的最大电流仅 8A，比较稳定的输出电流为 5A，此电流产生的磁场在检测范围内与地磁在一个量级），且输出电流不稳定（实际稳流精度不足 10%）；②铸铁平台表面不平，剩磁严重。

尽管如此，通过此次实验数据的分析，依稀可见实验结果可能支持新的观点，这是极大的鼓励。图 5.6 是当时的实验数据，最感兴趣的是边缘（±0.25m）的特异之处。

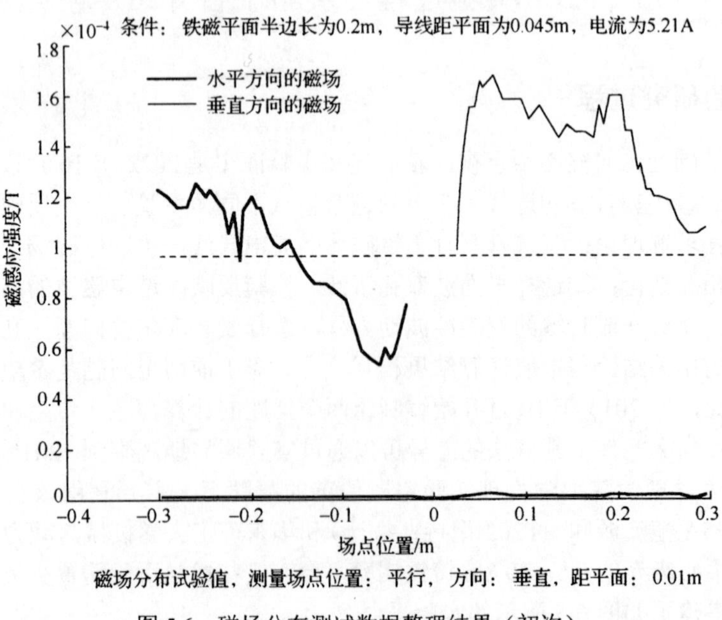

图 5.6　磁场分布测试数据整理结果（初次）

当时提出的实验改进措施如下。

（1）寻求更稳定的磁场检测设备，使实验具备可重复性。

（2）用 20A 以上的实验电源代替目前的 5A 实验电源，使电流产生的磁场量值成为磁场的主要部分。

（3）减少地磁的影响，如在微波暗室进行实验。

（4）用高品质电工纯铁平台代替球墨铸铁平台，降低剩磁的影响。

（5）改善计算条件，提高计算精度。

（6）采用不锈钢或铝合金材质制作滑道，以减少铁磁材料滑道对磁场的影响。

2014 年 7 月 18 日～23 日在大学同学王平的帮助下，在其所在的重庆邮电大学的微波暗室完成平面波双孔干涉实验。但实验结果却完全不可用，主要原因是平面波发生器发出的平面波不规范和场强仪的检测精度低，两者导致实验误差接近 50%。当然如果通过仔细的实验设计（如检测无干涉板时的基础场强），应该是可以大幅度地降低实验误差的。但当时由于一些不可控的原因，无法进行仔细的实验设计和重新进行实验，导致实验结果完全不可用。

客观地讲，这两次实验都是失败的，与实验目的有相当的差距。其最大的收获是知道了实验验证的艰难和具体实验上的不足。同时又让我们看到了希望：完全是有可能通过实验证实我们的部分研究结论的。

2015 年 3 月从本书作者工作的机械学院本科教学实验中心获知：可申请少量经费建立新的大学生创新实验平台。为此考虑利用这些条件完成前面验证实验。

2015 年 4 月从本书作者所带大学生创新项目（磁耦合装置的动力分析）中支付经费购买 DFHL-20A 型直流恒流源，其最大可输出 20A 的直流电，稳流精度可达 0.05%。

2015 年 5 月以建立磁悬浮创新实验研究平台为理由在机械学院立项，随带定制电工纯铁实验平台，并购置目前国内最高精度的特斯拉计（磁悬浮实验平台也可使用），使我们具备了比较高的磁场检测能力。这样东拼西凑终于在 8 月份搭建成新的实验平台，如图 5.7 所示。其中，平台下方为新购置的最大输出电流可达 20A 的 DFHL-20A 型直流恒流源。不足的是特斯拉计的定位采用比较原始的方式：①依靠捆绑带固定特斯拉计，并通过三角板等简单工具判定探测头是否垂直或平行于要求的基准；②依靠滑道下的丁字尺刻度确定探测头具体位置。这导致探测头的定位精度较低，可能对测试精度有一定影响。

为了能够更好地比较各种算法，对于电工纯铁实验平台，除了标准的垂直边缘，在电工纯铁实验平台的两个长边上，还制作了两种情况的斜边缘，图 5.8 给出了实验平台边缘所具有的三种情况。

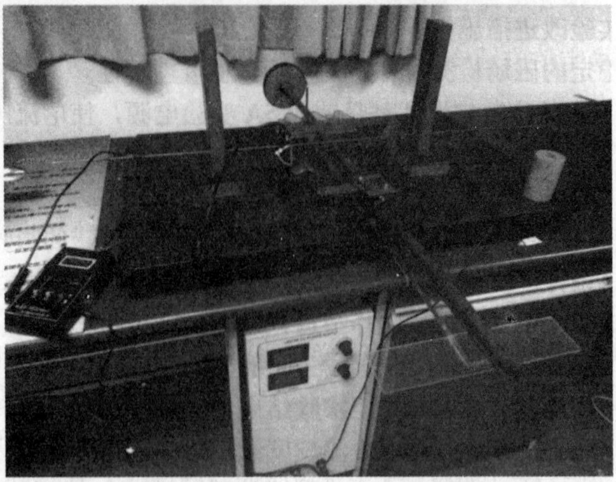

图 5.7　用于正式测试的磁场分布测试实验平台

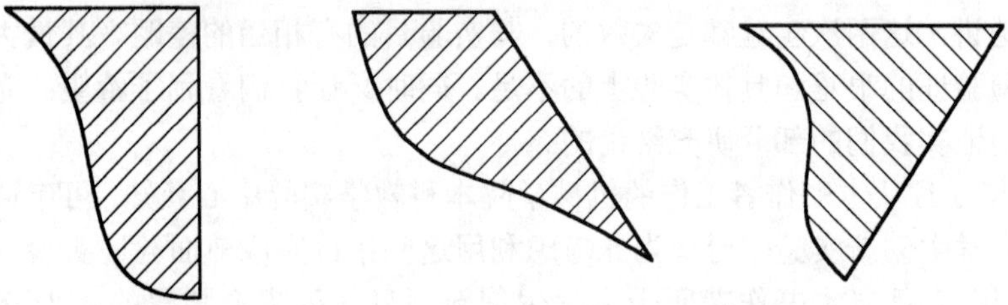

(a) 垂直边缘　(b) 外斜边缘　(c) 内斜边缘

图 5.8　电工纯铁实验平台边缘的三种情况

5.3.2　实验平台介绍

平行于铁磁体的通电导线产生的静磁场实验平台主要由电工纯铁实验台、直流恒流源、特斯拉计、通电直导线支架、检测定位滑道等组成。

1）电工纯铁实验台

材料：电工纯铁 DT4E。外形尺寸：0.5m×0.8m×0.03m，重量约为 94kg。

为考虑不同边界的影响，短边（对应 0.5m）为直角，长边（对应 0.8m）分别为±45°。

2）直流恒流源

型号：DFHL-20A，可输出恒流源为 2～20A，连续可调。稳流精度为 0.05%。生产厂家：宁波中策电子有限公司。

3）特斯拉计

型号：HT22，量程范围 0～2.00mT，灵敏度 0.001mT，可检测静磁场和 10～200Hz

的交流磁场，号称是国内检测精度最高的磁场检测设备。生产厂家：上海亨通电磁科技有限公司。

4）通电直导线及支架

考虑通电直导线的刚性，通电直导线采用ϕ3.5mm的黄铜条。

支架由电木板定制，用于支持通电直导线，通电直导线与电工纯铁平台的距离可在30～500mm内调节。

5）检测滑道及仪器支架

为尽量避免碳钢滑道及仪器支架可能对磁场产生的影响，仪器支架采用不锈钢材质制造，且支架采用悬臂支撑，使检测点远离碳钢滑道（距离0.15m），尽量减小碳钢滑道对检测结果的影响。

5.4　数值验证与实验验证

本节结合实际物理问题对双旋度泊松方程的求解问题进行讨论。具体的实际问题就是前面介绍的——平行于铁磁体的通电导线产生的静磁场求解。

5.4.1　积分表述与实际问题的离散形式

1. 双旋度泊松方程解法

在第3章中已介绍恒稳电流产生的磁场满足的势函数表示的微分方程为

$$\nabla \times \nabla \times \boldsymbol{A} = \mu \boldsymbol{J}$$

并且给出了反映静磁场分布规律的双旋度泊松方程定解问题在数学上允许的提法为

$$\begin{cases} \nabla \times \nabla \times \boldsymbol{A}(\boldsymbol{r}) = \boldsymbol{f}(\boldsymbol{r}), & \boldsymbol{r} \in \Omega \\ \boldsymbol{n} \times \boldsymbol{A}(\boldsymbol{r}) = \boldsymbol{g}, & \boldsymbol{r} \in \Gamma_1 \\ \boldsymbol{n} \times \nabla \times \boldsymbol{A}(\boldsymbol{r}) = \boldsymbol{h}, & \boldsymbol{r} \in \Gamma_2 \end{cases}$$

式中，Γ_1, Γ_2为计算域Ω的边界，且$\Gamma_1 + \Gamma_2 = \Gamma$。

针对“平行于铁磁体的通电导线产生的静磁场”这一实际问题，考虑边界是铁磁表面（可看作理想磁体），磁力线应垂直地进入铁磁材料，即边界上磁场强度的切向分量为零。因此该问题物理意义明确的边界条件是$\boldsymbol{n} \times \nabla \times \boldsymbol{A} = 0$。此边界条件对于新的双旋度泊松方程的两个积分表述式（5.15）、式（5.16）都是非常方便的。于是，实际问题的边值问题具体化为

$$\begin{cases} \nabla \times \nabla \times \boldsymbol{A}(\boldsymbol{r}) = \mu \boldsymbol{J}(\boldsymbol{r}), & \boldsymbol{r} \in \Omega \\ \boldsymbol{n} \times \nabla \times \boldsymbol{A} = \boldsymbol{g} = 0, & \boldsymbol{r} \in \Gamma \end{cases}$$

在给定条件下，$\boldsymbol{n}\times\nabla\times\boldsymbol{A}=\boldsymbol{g}=0$，待求量就是磁矢量 $\boldsymbol{A}$，可直接由基本积分方程（5.15）得到式（5.22），进而获得相应的离散展开式（5.23），这在前面已有描述，这里只是将式（5.23）重写在下面：

$$\begin{cases}WA_1^i+\sum\limits_{j=1}^{N}[(\boldsymbol{n}^j\cdot\nabla G_j^i)A_1^j+(n_2h_1-n_1h_2)A_2^j+(n_3h_1-n_1h_3)A_3^j]\Delta S^j=\sum\limits_{k=1}^{M}\boldsymbol{f}_1^kG_k^i\Delta\Omega^k-\sum\limits_{j=1}^{N}G_j^i\boldsymbol{g}_1\Delta S^j\\ WA_2^i+\sum\limits_{j=1}^{N}[(n_1h_2-n_2h_1)A_1^j+(\boldsymbol{n}^j\cdot\nabla G_j^i)A_2^j+(n_3h_2-n_2h_3)A_3^j]\Delta S^j=\sum\limits_{k=1}^{M}\boldsymbol{f}_2^kG_j^i\Delta\Omega^k-\sum\limits_{j=1}^{N}G_j^i\boldsymbol{g}_2\Delta S^j\\ WA_3^i+\sum\limits_{j=1}^{N}[(n_1h_3-n_3h_1)A_1^j+(n_2h_3-n_3h_2)A_2^j+(\boldsymbol{n}^j\cdot\nabla G_j^i)A_3^j]\Delta S^j=\sum\limits_{k=1}^{M}\boldsymbol{f}_3^kG_k^i\Delta\Omega^k-\sum\limits_{j=1}^{N}G_j^i\boldsymbol{g}_3\Delta S^j\end{cases}$$

$$i=1,2,\cdots,N-1,N$$

在求解式（5.23）后，可利用旋度积分表述式（5.16）方便地求出任一点的 $\boldsymbol{B}=\nabla\times\boldsymbol{A}$。

2. 向量泊松方程解法

在经典理论中，对于我们讨论的问题，在得到双旋度泊松方程（3.6）的基础上，为了唯一地确定矢量位，还必须对矢量的散度做出规定，一般采用库仑规范：$\nabla\cdot\boldsymbol{A}=0$。再利用矢量恒等式 $\nabla\times\nabla\times\boldsymbol{A}=\nabla\nabla\cdot\boldsymbol{A}-\nabla^2\boldsymbol{A}$，得到关于矢量位的向量泊松方程：

$$\nabla^2\boldsymbol{A}=-\mu\boldsymbol{J}$$

向量泊松方程的基本积分表述为

$$W\boldsymbol{A}(\boldsymbol{r})=\int_{V'}\boldsymbol{f}G\mathrm{d}V+\oint_{S'}[G(\boldsymbol{n}\cdot\nabla)\boldsymbol{A}-\boldsymbol{A}(\boldsymbol{n}\cdot\nabla G)]\mathrm{d}S \tag{5.43}$$

旋度积分表述为

$$\nabla\times\boldsymbol{A}=\int_{\Omega}\boldsymbol{f}\times\nabla G\mathrm{d}\Omega-\oint_{\Gamma}[\nabla G\times(\boldsymbol{n}\cdot\nabla)\boldsymbol{A}-(\boldsymbol{n}\cdot\nabla\nabla G)\times\boldsymbol{A}]\mathrm{d}S \tag{5.44}$$

上述旋度表述在经典著述中比较少见，可由基本积分表述直接取旋而得到，下面给出证明过程：

$$\begin{aligned}W\nabla\times\boldsymbol{A}(\boldsymbol{r})&=\nabla_r\times\int_{V'}\boldsymbol{f}G\mathrm{d}V+\nabla_r\times\oint_{S'}[G(\boldsymbol{n}\cdot\nabla)\boldsymbol{A}-\boldsymbol{A}(\boldsymbol{n}\cdot\nabla G)]\mathrm{d}S\quad\{\nabla\times(\varphi\boldsymbol{a})=\varphi\nabla\times\boldsymbol{a}+\nabla\varphi\times\boldsymbol{a}\}\\&=-\int_{V'}\boldsymbol{f}\times\nabla_rG\mathrm{d}V+\oint_{S'}[\nabla_rG\times[(\boldsymbol{n}\cdot\nabla)\boldsymbol{A}]+\boldsymbol{A}\times\nabla_r(\boldsymbol{n}\cdot\nabla G)]\mathrm{d}S\\&\quad\{\nabla(\boldsymbol{a}\cdot\boldsymbol{b})=(\boldsymbol{b}\cdot\nabla)\boldsymbol{a}+(\boldsymbol{a}\cdot\nabla)\boldsymbol{b}+\boldsymbol{a}\times\nabla\times\boldsymbol{b}+\boldsymbol{b}\times\nabla\times\boldsymbol{a}\}\\&=\int_{V'}\boldsymbol{f}\times\nabla G\mathrm{d}V+\oint_{S'}[\nabla_rG\times(\boldsymbol{n}\cdot\nabla)\boldsymbol{A}+\boldsymbol{A}\times(\boldsymbol{n}\cdot\nabla_r\nabla G)+\boldsymbol{A}\times(\boldsymbol{n}\times\nabla_r\times\nabla G)]\mathrm{d}S\\&=\int_{V'}\boldsymbol{f}\times\nabla G\mathrm{d}V-\oint_{S'}[\nabla G\times(\boldsymbol{n}\cdot\nabla)\boldsymbol{A}+\boldsymbol{A}\times(\boldsymbol{n}\cdot\nabla\nabla G)]\mathrm{d}S\end{aligned}$$

证毕。

根据向量泊松方程的积分表述式（5.43）、式（5.44），相应边值问题的恰当提法应该是

$$\begin{cases}\nabla^2 \boldsymbol{A}(\boldsymbol{r}) = -\mu \boldsymbol{J}(\boldsymbol{r}), & \boldsymbol{r}\in\Omega \\ \boldsymbol{A}(\boldsymbol{r}) = \boldsymbol{g}, & \boldsymbol{r}\in\Gamma_1 \\ \boldsymbol{n}\cdot\nabla\boldsymbol{A}(\boldsymbol{r}) = \boldsymbol{h}, & \boldsymbol{r}\in\Gamma_2\end{cases} \tag{5.45}$$

式中，Γ_1,Γ_2 为计算域 Ω 的边界，且 $\Gamma_1+\Gamma_2=\Gamma$ 。

由于矢势 $\boldsymbol{A}$ 无明确的物理意义，很难给出恰当的边界条件。

文献[11]指出，当场域边界为铁磁材料时，可利用的边界条件为 $\boldsymbol{n}\cdot\boldsymbol{A}=0$ ，$\dfrac{\partial A_l}{\partial n}=0(l=\boldsymbol{t},\boldsymbol{\tau})$ ；式中 $(\boldsymbol{t},\boldsymbol{\tau},\boldsymbol{n})$ 可构成局部坐标系。

此边界条件的核心仍然是磁力线应垂直地进入铁磁材料，从而，$\boldsymbol{n}\times\nabla\times\boldsymbol{A}=0$ ，然后由于唯一性要求，设定 $\boldsymbol{n}\cdot\boldsymbol{A}=0$ ，即在边界上 A_n 处处为零，进而 A_n 沿边界面的切向变化率也处处为零：$\dfrac{\partial A_n}{\partial t}=\dfrac{\partial A_n}{\partial \tau}=0$ ，再由 $\boldsymbol{n}\times\nabla\times\boldsymbol{A}=0$ 得到 $\dfrac{\partial A_l}{\partial n}=0(l=\boldsymbol{t},\boldsymbol{\tau})$ 。这里的主要点是设定 $\boldsymbol{n}\cdot\boldsymbol{A}=0$ 的理由不是那么充分。

根据此边界条件，在边界上的待求量为

$$\begin{cases}\boldsymbol{A}(\boldsymbol{r}) = A_t\boldsymbol{t}+A_\tau\boldsymbol{\tau}+A_n\boldsymbol{n}=A_t\boldsymbol{t}+A_\tau\boldsymbol{\tau} \\ (\boldsymbol{n}\cdot\nabla)\boldsymbol{A}(\boldsymbol{r})=(\boldsymbol{n}\cdot\nabla)(A_t\boldsymbol{t}+A_\tau\boldsymbol{\tau}+A_n\boldsymbol{n})=\dfrac{\partial A_t}{\partial n}\boldsymbol{t}+\dfrac{\partial A_\tau}{\partial n}\boldsymbol{\tau}+\dfrac{\partial A_n}{\partial n}\boldsymbol{n}=\dfrac{\partial A_n}{\partial n}\boldsymbol{n}\end{cases}$$

也就是说，在边界上已知量是 $\left(A_n,\dfrac{\partial A_t}{\partial n},\dfrac{\partial A_\tau}{\partial n}\right)=(0,0,0)$ ，未知量是 $\left(A_t,A_\tau,\dfrac{\partial A_n}{\partial n}\right)$ 。

相应的边值问题的恰当提法具体化为

$$\begin{cases}\nabla^2 \boldsymbol{A}(\boldsymbol{r}) = -\mu \boldsymbol{J}(\boldsymbol{r}), & \boldsymbol{r}\in\Omega \\ A_n=0,\quad \dfrac{\partial A_t}{\partial n}=\dfrac{\partial A_\tau}{\partial n}=0, & \boldsymbol{r}\in\Gamma\end{cases} \tag{5.46}$$

此时，向量泊松方程的离散格式为

$$W\boldsymbol{A}(\boldsymbol{r})^i=\sum_{k=1}^{M} f G_k^i \Delta V+\sum_{j=1}^{N}\boldsymbol{A}(\boldsymbol{n}\cdot\nabla G_j^i)\Delta S-\sum_{j=1}^{N}G_j^i(\boldsymbol{n}\cdot\nabla)\boldsymbol{A}\Delta S \tag{5.47}$$

在局部坐标系 $(\boldsymbol{T}',\boldsymbol{T},\boldsymbol{n})$ 下展开式（5.47），也就是分别以 $\boldsymbol{T}'^i,\boldsymbol{T}^i,\boldsymbol{n}^i$ 点乘式（5.47）可得

$$\begin{cases}\boldsymbol{T}'^i\text{：}\ WA_{T'}^i=\displaystyle\sum_{k=1}^{M}(\boldsymbol{T}'^i\cdot\boldsymbol{f})G_k^i\Delta V+\sum_{j=1}^{N}(\boldsymbol{T}'^i\cdot\boldsymbol{A})(\boldsymbol{n}\cdot\nabla G_j^i)\Delta S-\sum_{j=1}^{N}G_j^i[\boldsymbol{T}'^i\cdot(\boldsymbol{n}\cdot\nabla)\boldsymbol{A}]\Delta S \\ \boldsymbol{T}^i\text{：}\ WA_T^i=\displaystyle\sum_{k=1}^{M}(\boldsymbol{T}^i\cdot\boldsymbol{f})G_k^i\Delta V+\sum_{j=1}^{N}(\boldsymbol{T}^i\cdot\boldsymbol{A})(\boldsymbol{n}\cdot\nabla G_j^i)\Delta S-\sum_{j=1}^{N}G_j^i[\boldsymbol{T}^i\cdot(\boldsymbol{n}\cdot\nabla)\boldsymbol{A}]\Delta S \\ \boldsymbol{n}^i\text{：}\ WA_N^i=\displaystyle\sum_{k=1}^{M}(\boldsymbol{n}^i\cdot\boldsymbol{f})G_k^i\Delta V+\sum_{j=1}^{N}(\boldsymbol{n}^i\cdot\boldsymbol{A})(\boldsymbol{n}\cdot\nabla G_j^i)\Delta S-\sum_{j=1}^{N}G_j^i[\boldsymbol{n}^i\cdot(\boldsymbol{n}\cdot\nabla)\boldsymbol{A}]\Delta S\end{cases} \tag{5.48}$$

因为，在式（5.48）中，

$$\begin{cases} \boldsymbol{T}''^i \cdot \boldsymbol{A} = \boldsymbol{T}''^i \cdot (A_{T'}\boldsymbol{T}' + A_T\boldsymbol{T} + A_n\boldsymbol{n}) = A_{T'}\boldsymbol{T}''^i \cdot \boldsymbol{T}' + A_T\boldsymbol{T}''^i \cdot \boldsymbol{T} + A_n\boldsymbol{T}''^i \cdot \boldsymbol{n} \\ \boldsymbol{T}''^i \cdot (\boldsymbol{n}\cdot\nabla)\boldsymbol{A} = T''^i \cdot \left(\dfrac{\partial A_{T'}}{\partial n}\boldsymbol{T}' + \dfrac{\partial A_T}{\partial n}\boldsymbol{T} + \dfrac{\partial A_n}{\partial n}\boldsymbol{n}\right) = \dfrac{\partial A_{T'}}{\partial n}\boldsymbol{T}''^i \cdot \boldsymbol{T}' + \dfrac{\partial A_T}{\partial n}\boldsymbol{T}''^i \cdot \boldsymbol{T} + \dfrac{\partial A_n}{\partial n}\boldsymbol{T}''^i \cdot \boldsymbol{n} \end{cases} \tag{5.49}$$

注意到，已知量是边界各点的$\left(A_n^i, \dfrac{\partial A_{t'}^i}{\partial n}, \dfrac{\partial A_t^i}{\partial n}\right) = (0,0,0)$，未知量是$\left(A_{t'}^i, A_t^i, \dfrac{\partial A_n^i}{\partial n}\right)$，则其分离变量格式为

$$\begin{cases} \boldsymbol{T}''^i\text{：}\ WA_{T'}^i - \sum\limits_{j=1}^{N}(A_{T'}\boldsymbol{T}''^i \cdot \boldsymbol{T}' + A_T\boldsymbol{T}''^i \cdot \boldsymbol{T})(\boldsymbol{n}\cdot\nabla G_j^i)\Delta S + \sum\limits_{j=1}^{N} G_j^i\left[\dfrac{\partial A_n}{\partial n}\boldsymbol{T}''^i \cdot \boldsymbol{n}\right]\Delta S \\ \quad = \sum\limits_{k=1}^{M}(\boldsymbol{T}''^i \cdot \boldsymbol{f})G_k^i\Delta V + \sum\limits_{j=1}^{N}(A_n\boldsymbol{T}''^i \cdot \boldsymbol{n})(\boldsymbol{n}\cdot\nabla G_j^i)\Delta S + \sum\limits_{j=1}^{N} G_j^i\left[\dfrac{\partial A_{T'}}{\partial n}\boldsymbol{T}''^i \cdot \boldsymbol{T}' + \dfrac{\partial A_T}{\partial n}\boldsymbol{T}''^i \cdot \boldsymbol{T}\right]\Delta S \\ \boldsymbol{T}^i\text{：}\ WA_T^i - \sum\limits_{j=1}^{N}(A_{T'}\boldsymbol{T}^i \cdot \boldsymbol{T}' + A_T\boldsymbol{T}^i \cdot \boldsymbol{T})(\boldsymbol{n}\cdot\nabla G_j^i)\Delta S + \sum\limits_{j=1}^{N} G_j^i\left[\dfrac{\partial A_n}{\partial n}\boldsymbol{T}^i \cdot \boldsymbol{n}\right]\Delta S \\ \quad = \sum\limits_{k=1}^{M}(\boldsymbol{T}^i \cdot \boldsymbol{f})G_k^i\Delta V + \sum\limits_{j=1}^{N}(A_N\boldsymbol{T}^i \cdot \boldsymbol{n})(\boldsymbol{n}\cdot\nabla G_j^i)\Delta S + \sum\limits_{j=1}^{N} G_j^i\left[\dfrac{\partial A_{T'}}{\partial n}\boldsymbol{T}^i \cdot \boldsymbol{T}' + \dfrac{\partial A_T}{\partial n}\boldsymbol{T}^i \cdot \boldsymbol{T}\right]\Delta S \\ \boldsymbol{n}^i\text{：}\ -\sum\limits_{j=1}^{N}(A_{T'}\boldsymbol{n}^i \cdot \boldsymbol{T}' + A_T\boldsymbol{n}^i \cdot \boldsymbol{T})(\boldsymbol{n}\cdot\nabla G_j^i)\Delta S + \sum\limits_{j=1}^{N} G_j^i\left[\dfrac{\partial A_n}{\partial n}\boldsymbol{n}^i \cdot \boldsymbol{n}\right]\Delta S \\ \quad = \sum\limits_{k=1}^{M}(\boldsymbol{n}^i \cdot \boldsymbol{f})G_j^i\Delta V + \sum\limits_{j=1}^{N}(A_n\boldsymbol{n}^i \cdot \boldsymbol{n})(\boldsymbol{n}\cdot\nabla G_j^i)\Delta S + \sum\limits_{j=1}^{N} G_j^i\left[\dfrac{\partial A_{T'}}{\partial n}\boldsymbol{n}^i \cdot \boldsymbol{T}' + \dfrac{\partial A_T}{\partial n}\boldsymbol{n}^i \cdot \boldsymbol{T}\right]\Delta S - WA_n^i \end{cases}$$

$$i = 1,2,\cdots,N-1,N \tag{5.50}$$

在求解式（5.50）后，可利用旋度积分表述式（5.44）方便地求出任一点的$\boldsymbol{B} = \nabla\times\boldsymbol{A}$。

3. 计算方法概述

对于铁磁平面上通电长直导线的磁场分布这一问题，是通过中间变量磁矢势$\boldsymbol{B} = \nabla\times\boldsymbol{A}$来表达的，因此，对于前两种算法（双旋度泊松方程解法和向量泊松方程解法），计算方法采用 0-1 算法。即采用 0 阶积分表述（即基本积分表述）完善边界上的值，采用 1 阶积分表述（即旋度积分表述）求检验点（观测点）要求的物理场值。

当然，正如第 3 章所述，为了避免数值方法本身带来的复杂性，这里的数值验证全部采用标准的边界元方法[4-6]，不使用计算电磁学中矩量法的各种技巧，且边界单元采用最简单四边形常单元。

5.4.2 数值验证和实验验证

数值计算的物理模型如图 5.9 所示。其中图 5.9（a）为基本计算模型，图 5.9（b）为考虑了有限大小铁磁表面的垂直边缘的情况。其坐标系的建立如下：通电直导线（细实线）为 z 轴，通电直导线长度取为 $L_1 = 0.8\text{m}$，分点 200 个，通电直导线中心为坐标原点 O；黑色平面为理想磁体表面，过 O 点且垂直于理想磁体表面的轴为 x 轴，垂直点在理想磁体表面中心；理想磁体表面距离通电直导线的距离 $H_1 = 0.055\text{m}$，理想磁体表面几何尺寸为 $0.5\text{m} \times 0.5\text{m}$，分为 40×40 个正方形常单元（此单元数是目前使用计算机能够计算的最大单元数）。计算场点（也是检测点）为两条粗实线，其中第 1 计算线平行于 y 轴，据直导线的距离为 $H_2 = 0.02\text{m}$（距理想磁体表面的距离为 $H_1 - H_2 = 0.035\text{m}$），该计算线的长度为 $L_2 = 0.8\text{m}$，计算点数为 200 个。第 2 条计算线的长度为 0.3m，该计算线与 x 轴重合，起点为据直导线的距离为 $H_3 = 0.045\text{m}$。从后面的计算结果来看，在垂直于铁磁平面的第 2 条计算线上多种方法的计算结果相近，难于从实验上对各种方法加以区分，所以后面的实验结果和计算结果对比都主要是针对第 1 条计算线（平行于 y 轴）进行的。

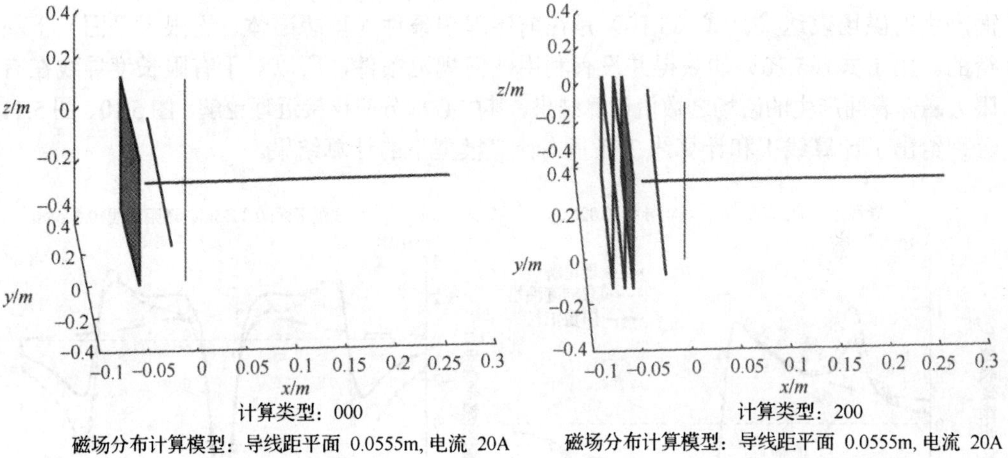

(a) 基本计算模型　　(b) 考虑垂直边框的计算模型

图 5.9　磁场分布计算几何模型

计算结果图示说明（参见图 5.10）。

计算方法采用前面所述两种方法，分别简记为：双旋度泊松、向量泊松。计算结果中的理论解为前面镜像法解（式（5.10））的图示。为了描述的简洁，下面在对两种算法计算结果与理论解和实测值的比较中，常常用新方法和经典算法分别代指双旋度泊松方程算法及矢量泊松方程算法，特此说明。

图 5.10 中给定计算条件。其中，上方说明了正方形铁磁平面的边长 $B = 0.5\text{m}$，通电直导线距铁磁平面的距离 $H = 0.0555\text{m}$，计算线 1 距通电直导线的距离 $H_2 = 0.0265\text{m}$。下方说明了图示磁场方向（平行或垂直于铁磁平面）、铁磁平面单元数、通电电流大小以及一个 3 位数的计算类型指示数。计算类型指示数第 1 位数值表示是否存在模拟铁磁体边缘的单元，当其值为零时表示没有模拟铁磁边缘的单元，这就是所谓的基本计算模型，显然这与实际情况有差距。当其值为正整数 1、2、3 时，模拟边缘的单元有 1、2、3 层，为了编程方便，边缘单元采用与铁磁平面相同大小的正方形单元，因此当铁磁平面用 40×40 个正方形常单元模拟时，每个正方形单元的边长为 $50/40 = 1.25\text{cm}$，对应边缘单元 1、2、3 层的铁磁材料厚度分别为：1.25cm、2.5cm、3.75cm（目前，当铁磁平面用 40×40 个正方形常单元模拟时，边缘单元最多取 2 层，否则所使用的计算机内存将溢出），实际电工纯铁的厚度为 30mm。第 2 位数值表示边缘单元的方位，可取 0、1、－1，分别对应图 5.8 所示的边缘垂直、边缘外斜和边缘内斜三种情况。第 3 位数则表示是否对理想磁体边界条件进行修正，关于这一点后面会专门叙述。

1. 与理论解的对照

前面式（5.10）给出了利用镜像法获得的无限长通电直导线在无限大理想磁体表面产生的磁场表达式。式（5.10）是在前述理想条件（理想磁体、无限大平面）下获得的。由于式（5.10）的获得并没有利用任何规范条件，所以对于有限长度导线在有限大磁体表面产生的磁场之数值计算结果，其中心部分应该接近理论解。图 5.10、图 5.11 分别给出了计算线 1 和计算线 2 在基本计算模型下的计算结果。

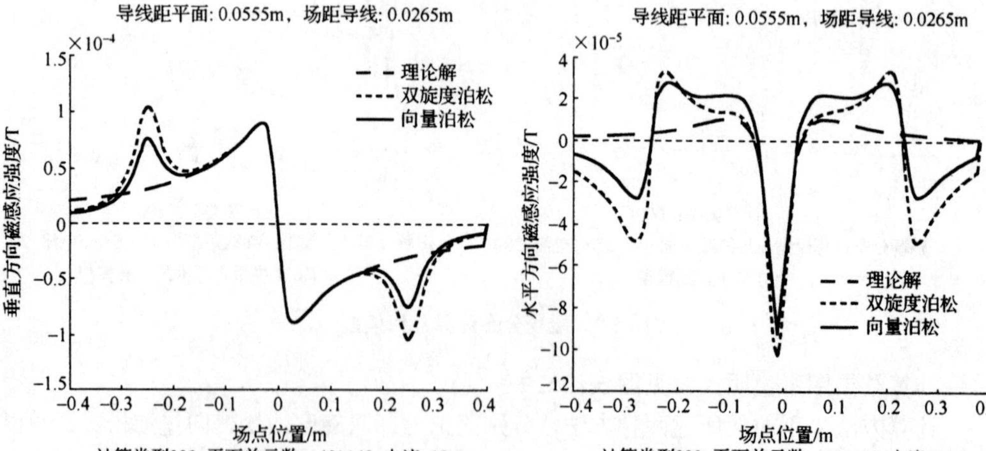

(a) 垂直方向局部　　　　(b) 水平方向局部

图 5.10　计算线 1 上的磁场分布计算结果与理论解的比较

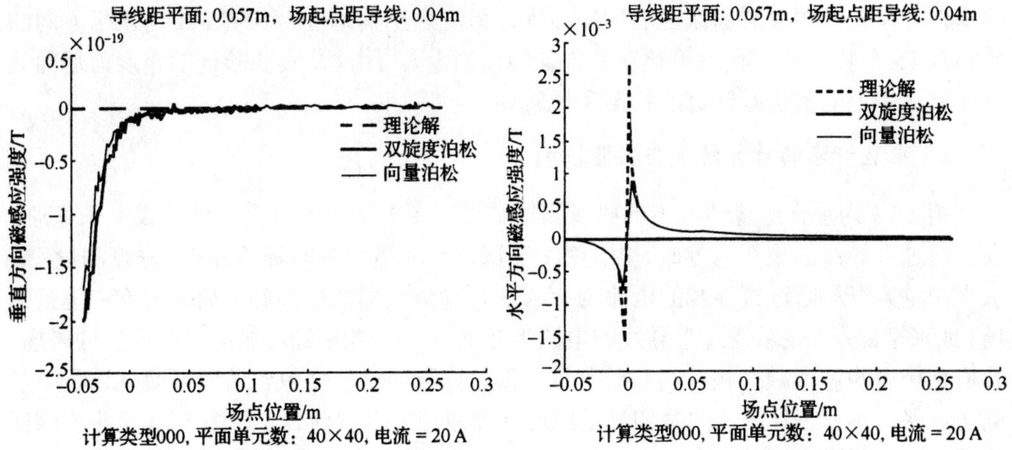

(a) 垂直方向磁场　　(b) 水平方向磁场

图 5.11　计算线 2 上的磁场分布计算结果与理论解的比较

首先，从图 5.10 中可以看出：在铁磁平面的中心部分（暂定−0.1～+0.1m），双旋度泊松和向量泊松算法与理论解重合较好，趋势基本一致，说明这两种方法的求解都能够很好地与理论解近似。不过如果将解具有特征的两个极值部分放大（图 5.12），则可以看到双旋度泊松的计算结果更接近理论解。在铁磁平面的中心部分以外，两种方法的计算结果出现明显差异，并且这种差异使得我们有可能通过实验检测来加以检验。当然在这部分区域，铁磁平面边缘的影响将比较突出，因此希望通过图 5.8 所示的三种不同边缘形状的计算结果和实验结果比较，作为计算方法更完善的检验手段。

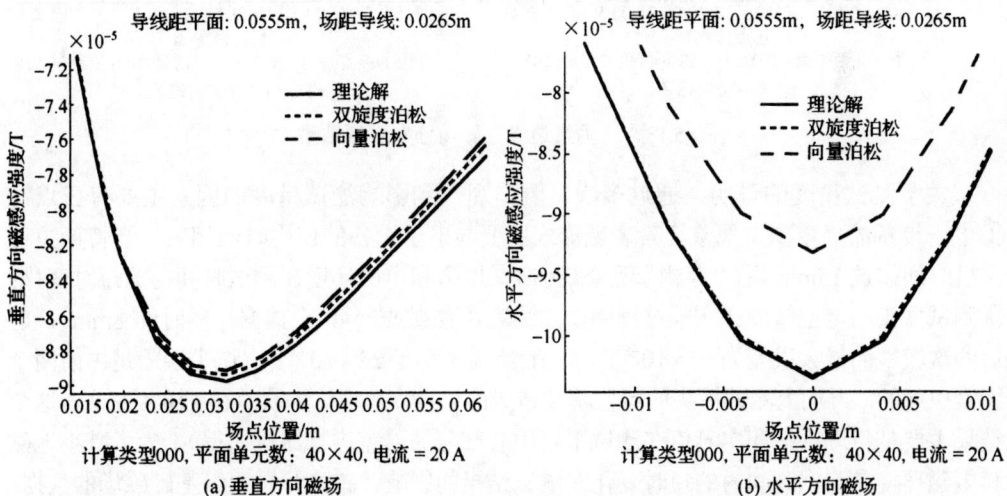

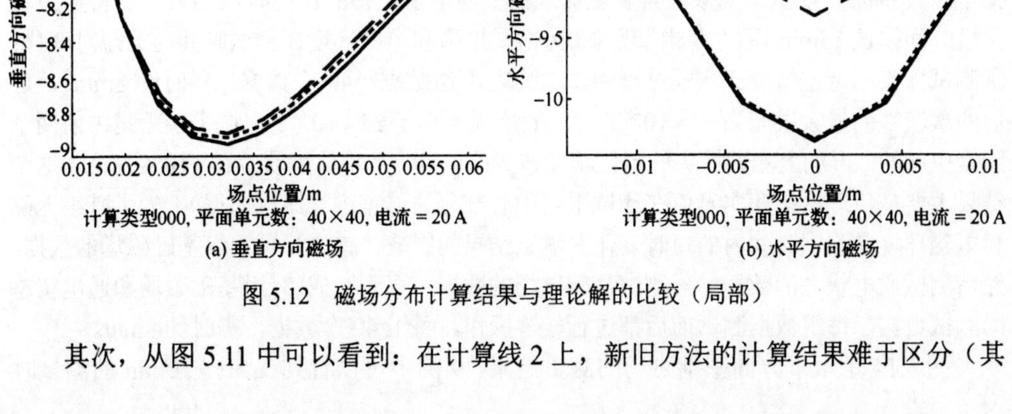

(a) 垂直方向磁场　　(b) 水平方向磁场

图 5.12　磁场分布计算结果与理论解的比较（局部）

其次，从图 5.11 中可以看到：在计算线 2 上，新旧方法的计算结果难于区分（其中垂直方向上，表面看起来三者差距较大，但注意到其单位为10^{-19}T，与水平方向的值相差 15 个数量级，且理论解在此方向的值为零）。因此从实验验证的角度，后面只就计算线 1 上的值进行计算、检测和比较。

2. 垂直边缘的计算结果与实验检测

图 5.13 为垂直边缘情况下的磁场测试结果。图中标记的垂直基础（或水平基础）表示通过直导线的电流为零时，由地磁、测试电磁环境产生的磁场分布；垂直测量（或水平测量）表示通过直导线的电流为 20A 时，检测仪器所检测到的磁场分布；垂直磁场（或水平磁场）表示通过直导线的电流为 20A 时，纯粹由 20A 通电电流产生的磁场，其值直接由测量值减去相应的基础磁场而得。这种做法自然包含着假设测试过程中基础磁场保持不变，且磁场的叠加满足线性叠加原理的合理假设。与图 5.13 相应的测试数据见本书附录 C。

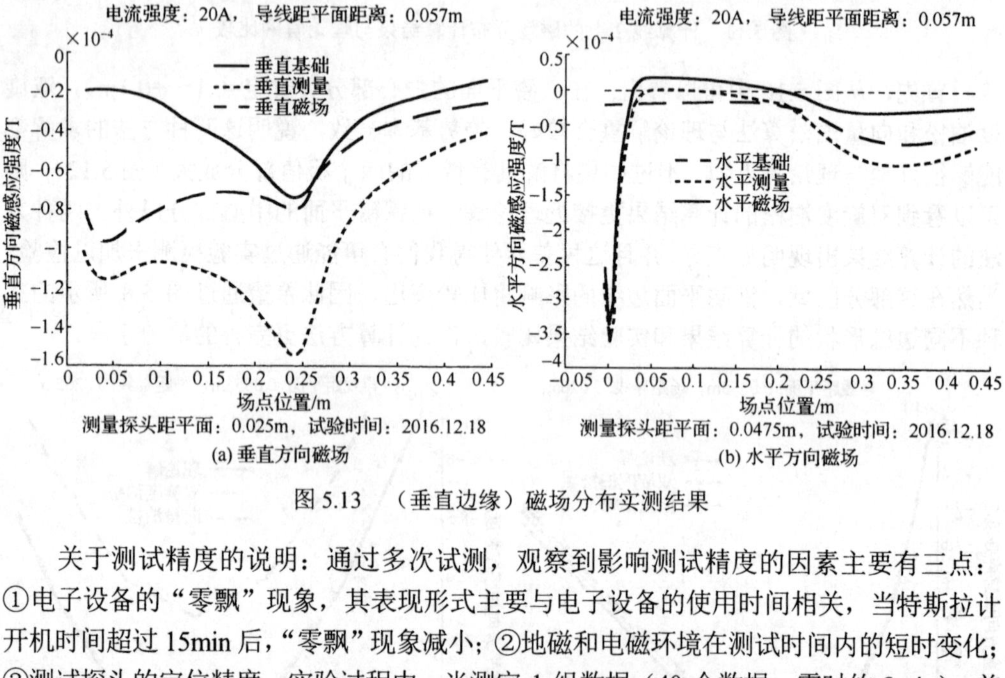

(a) 垂直方向磁场　　(b) 水平方向磁场

图 5.13　（垂直边缘）磁场分布实测结果

关于测试精度的说明：通过多次试测，观察到影响测试精度的因素主要有三点：①电子设备的“零飘”现象，其表现形式主要与电子设备的使用时间相关，当特斯拉计开机时间超过 15min 后，“零飘”现象减小；②地磁和电磁环境在测试时间内的短时变化；③测试探头的定位精度。实验过程中，当测完 1 组数据（40 个数据，需时约 8min），前后两次较零的最大误差为$\pm5\times10^{-5}$T，一般情况下小于$\pm2\times10^{-5}$T，这个误差是由前两个因素引起的。再加上测试探头的定位精度造成的误差，初步认为误差在±10% 左右（这个结果主要是将理论解和实测值在测试平台中心部分的误差进行比较而得）。为了减小地磁和电磁环境在测试时间内的短时变化对测试结果的影响，首先测试 1 组基础磁场的数据，然后测试通电状态的数据，再测试基础磁场的数据，直到完成 3 组基础磁场和通电状态的测试数据，每组数据测试前后都进行较零操作，每组 40 个数据，需时约 8min。

图 5.14 是水平方向基础磁场的测量结果，从图中可以看到在 40～50min 的测量时

间内，基础磁场的测量结果存在明显的系统误差，这个系统误差主要是由前述电子设备的“零飘”现象以及地磁和电磁环境在测试时间内的短时变化这两个原因引起的，前者可通过将特斯拉计的开机时间适当延长来减小，后者可通过改变测试环境（如在微波暗室内进行测试）来避免。经过此次大量测试，认为其提高测试精度的途径主要有如下三条：①在微波暗室进行测试，以尽量消除地磁和电磁环境在测试时间内的短时变化；②设法提高探头定位精度，特别是采取措施保证探头垂直（或平行）于测试平台；③进一步提高通电直导线中的电流值，使电流产生的磁场远高于地磁以及电磁环境的值，这也是提高测试精度的重要措施。

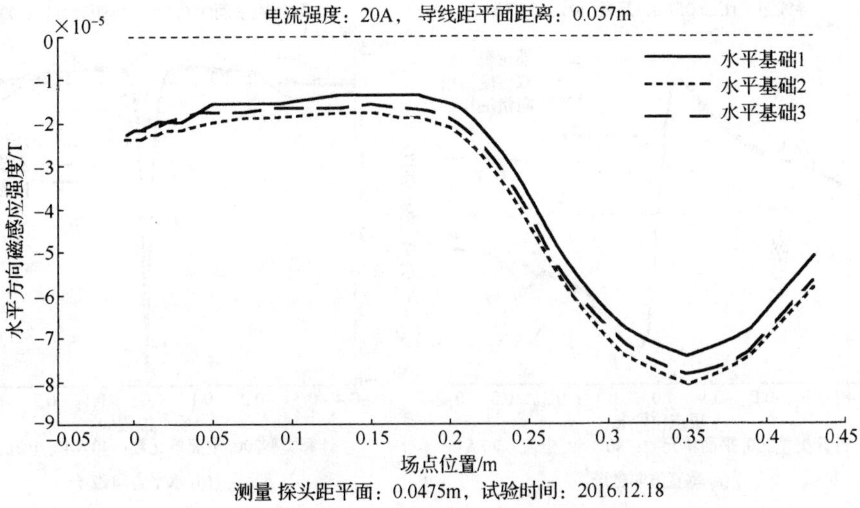

图 5.14　（垂直边缘）水平方向基础磁场分布实测结果

图5.15为与实测相同条件下垂直边缘情况的磁场分布计算结果。比较图5.13和图5.15可以发现，两种计算方法所得计算结果与实测结果在趋势上是相同的。因此只能通过磁场分布上的一些特征点上磁场数值差距来判断哪种计算方法更接近实测结果。

垂直方向的磁场分布，在横坐标分别约为 0.04m 和 0.249m 处磁场分布取极值。为此，将计算结果和实测结果分别放大如图 5.16 所示。首先，在 0.04m 处的极值，在前面与理论解的比较中已经讨论过，这里给出具体数值，实测值为 $-9.70\times10^{-5}\text{T}$，经典泊松方程的计算结果为 $-7.92\times10^{-5}\text{T}$，新方法的计算值为 $-8.02\times10^{-5}\text{T}$，两种方法差距不大；其次，在 0.249m 处的极值，实测值为 $-8.00\times10^{-5}\text{T}$，经典泊松方程的计算结果为 $-4.30\times10^{-5}\text{T}$，新方法的计算值为 $-7.60\times10^{-5}\text{T}$，新方法明显优于经典算法；再从两个极值的比来看，实测为 $\dfrac{9.70\times10^{-5}}{8.00\times10^{-5}}\approx1.213$，经典方法为 $\dfrac{7.92\times10^{-5}}{4.30\times10^{-5}}\approx1.842$，新方法为 $\dfrac{8.02\times10^{-5}}{7.60\times10^{-5}}\approx1.055$。从三方面来看，新的双旋度泊松方程的计算结果都比经

典理论的普通矢量泊松方程的计算结果更接近实测结果。至于新的双旋度泊松方程的计算结果与实测结果之间的误差则主要由前面的测量误差（测量误差的量级也为 10^{-5}T）和计算误差所引起。其中计算误差除了常见的离散误差等，这里还有物理模型（边界条件）不准确引起的计算误差。这里使用的是理想边界条件：$\boldsymbol{n}\times\boldsymbol{B}=0$，从物理上讲就是要求磁场始终垂直于边界（这里是电工纯铁表面），这在理论上要求电工纯铁的相对磁导率为无穷大，实际工程材料的磁导率都不可能为无穷大，但目前没有更好的方法来模拟实际工程材料与电磁场的相互作用问题，这就是在第 3 章提出的边界条件问题——那条不知深浅的河。关于这个问题本章最后会进行简单讨论。

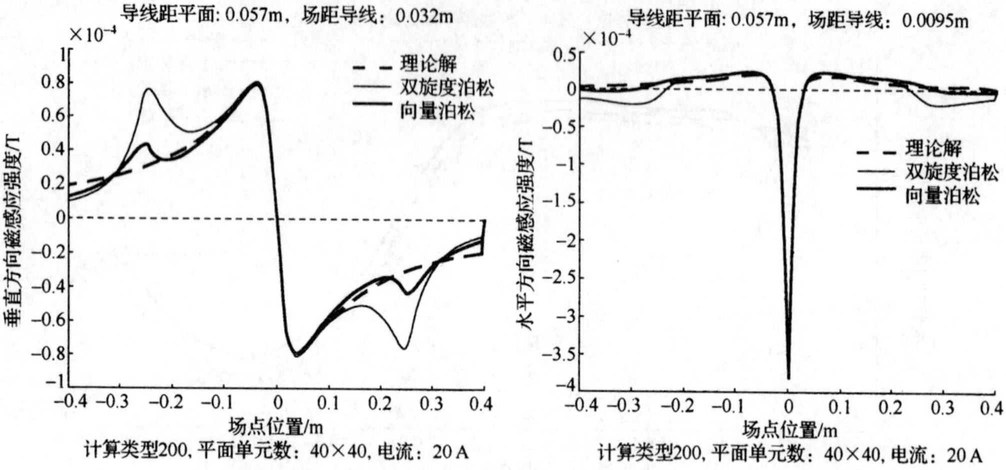

(a) 垂直方向磁场　　(b) 水平方向磁场

图 5.15　（垂直边缘）磁场分布数值计算结果

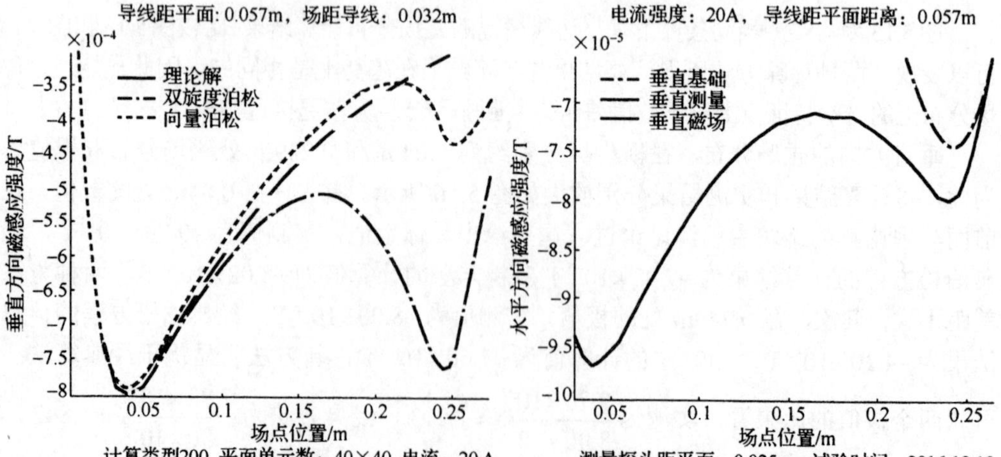

(a) 计算结果局部　　(b) 测试结果局部

图 5.16　（垂直边缘）垂直方向磁场分布局部

至于水平方向的磁场，新方法的计算结果明显优于经典方法的计算结果。当然也可以对垂直方向的讨论进行数量上的分析，可同样得到上述结论。

3. 外斜边缘的计算结果与实验检测

图 5.17 为外斜边缘情况下的磁场测试结果。与此图相应的具体数据见附录 C。

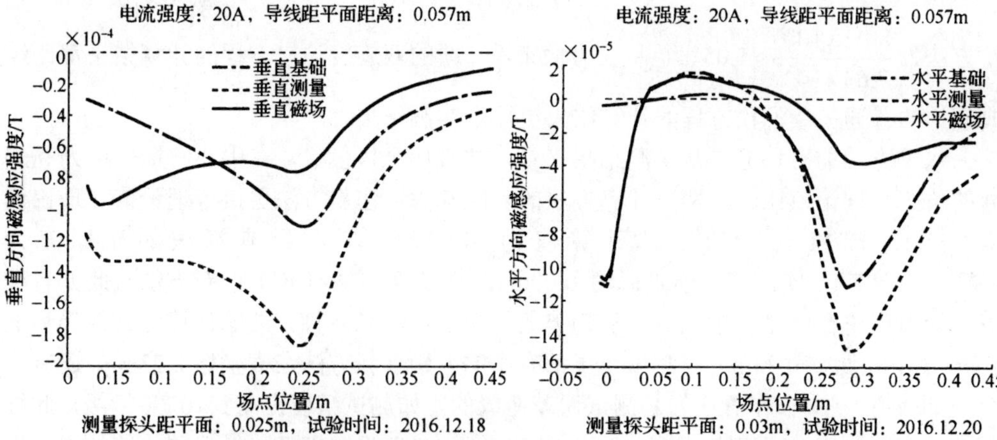

(a) 垂直方向磁场　(b) 水平方向磁场

图 5.17　（外斜边缘）磁场分布实测结果

图 5.18 为在与实测相同条件下外斜边缘情况磁场分布计算结果。

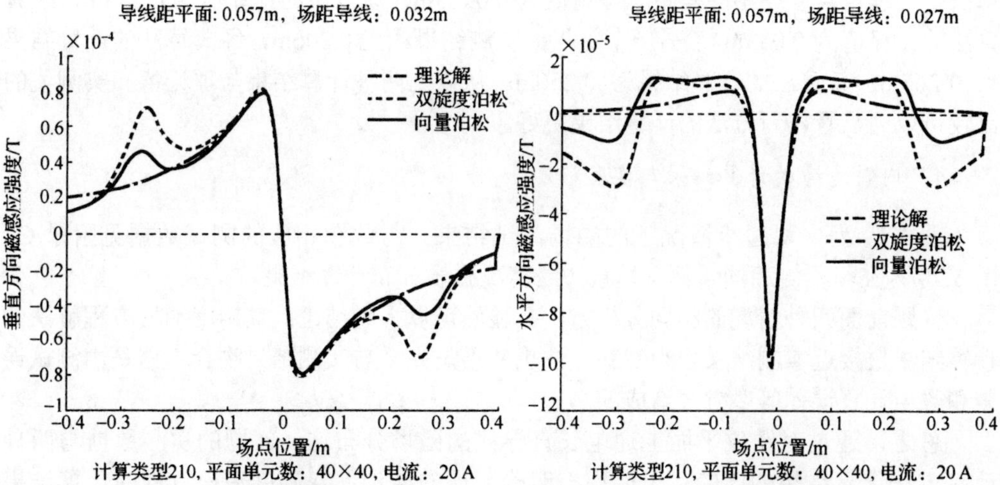

(a) 垂直方向磁场　(b) 水平方向磁场

图 5.18　（外斜边缘）磁场分布计算结果

采用前面相同的方法分析垂直方向的磁场分布，在横坐标分别约为 0.04m 和

0.249m 的磁场分布处取极值。为此，将计算结果和实测结果分别放大（略放大图）。首先，在 0.04m 处的极值，实测值、计算值与边缘垂直的情况相同（刚好测试位置相同，且测试点处于比较中心的位置）；其次，在 0.249m 处的极值，实测值为 $-7.63\times10^{-5}\text{T}$，经典泊松方程的计算结果为 $-4.50\times10^{-5}\text{T}$，新方法的计算值为 $-7.0\times10^{-5}\text{T}$，新方法明显优于经典算法；再从两个极值的比来看，实测为 $\dfrac{9.70\times10^{-5}}{7.63\times10^{-5}}\approx1.271$，经典方法为 $\dfrac{7.92\times10^{-5}}{4.50\times10^{-5}}\approx1.76$，新方法为 $\dfrac{8.02\times10^{-5}}{7.63\times10^{-5}}\approx1.0511$。从三方面来看，新的双旋度泊松方程的计算结果都比经典理论的普通矢量泊松方程的计算结果更接近实测结果。

水平方向的磁场分布从实测结果来看，共有 3 个极值点，在中心（横坐标为 0m）处的值应与理论值比较，两种计算方法的差距不大，但新方法更接近理论值（理论值为 $-1.022\times10^{-4}\text{T}$，新方法的计算值为 $-1.02\times10^{-4}\text{T}$，经典算法的计算值为 $-9.72\times10^{-5}\text{T}$）。实测值在横坐标约 0.09m 处有极值 $+1.2\times10^{-5}\text{T}$，新方法在此处有极值，经典理论在此是一个拐点，从趋势上不符合，并且两种方法的计算结果在趋势上（横坐标为 0.09～0.23m）与测试结果都有小的差距（新方法在横坐标 0.23m 处还有一个局部极值），本书作者认为是测试误差造成的，如测试精度提高到 10^{-6}T 量级，此细部结构方能测出。实测结果在约 0.3m 处的极值为 $-3.82\times10^{-5}\text{T}$，经典理论的计算结果为 $-1.03\times10^{-5}\text{T}$，新方法的计算结果为 $-2.90\times10^{-5}\text{T}$，两者差距明显。水平方向的实测结果还有两个零点（磁场强度为零），靠近平台中心零点在平台的中心区域，应与理论解比较，从图 5.18(b)可清楚地看到新方法的计算结果与理论解几乎重合，而经典算算法则与理论解存在小的差距（理论值为 0.0485m，新方法的计算值为 0.048m，经典算法的计算值为 0.043m）；另一个零点的实测结果约为 0.206m，经典算法的计算结果为 0.265m，新算法的计算结果为 0.250m。从以上两种计算结果与理论值和实测值的比较可以明显看出新方法的计算结果更好。

4. 内斜边缘的计算结果与实验检测

图 5.19 为内斜边缘情况下的磁场测试结果。与此图相应的测试数据见附录 C。图 5.20 为在与实测相同条件下垂直边缘情况磁场分布计算结果。

依照前面两种情况的相同分析方法，显然可以得到结论：双旋度泊松方程解法的计算结果更接近实测结果。当然新方法也并不是完全与实测结果吻合，这是由测试误差和数值计算误差等多方面造成的。

总之，通过对铁磁平面上通电长直导线的磁场分布这一问题的实测数据与两种计算方法计算结果的比较，可以得出明确无误的结论：双旋度泊松方程的计算结果比目前广泛使用的矢量泊松方程能够更准确地描述静磁场的分布规律，在经典理论中通过规范变换将描述静磁场分布规律的双旋度泊松方程变换为矢量泊松方程是不恰当的。

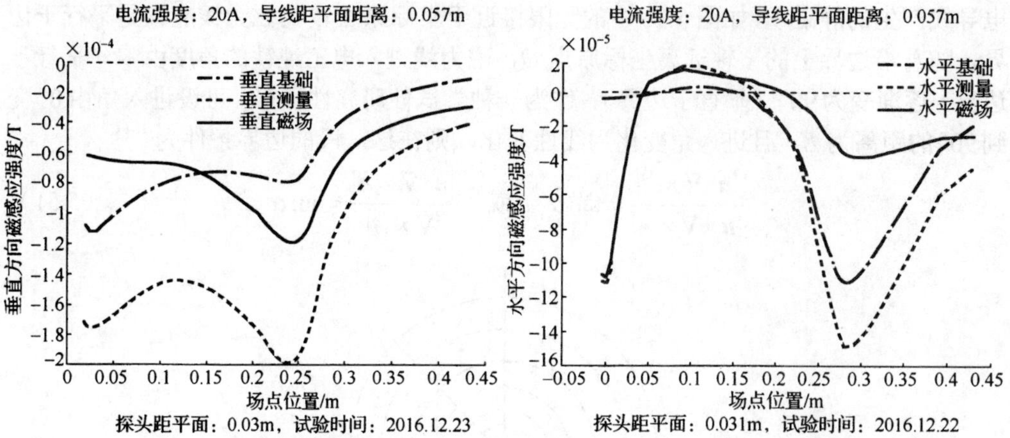

(a) 垂直方向磁场　(b) 水平方向磁场

图 5.19　（内斜边缘）磁场分布实测结果

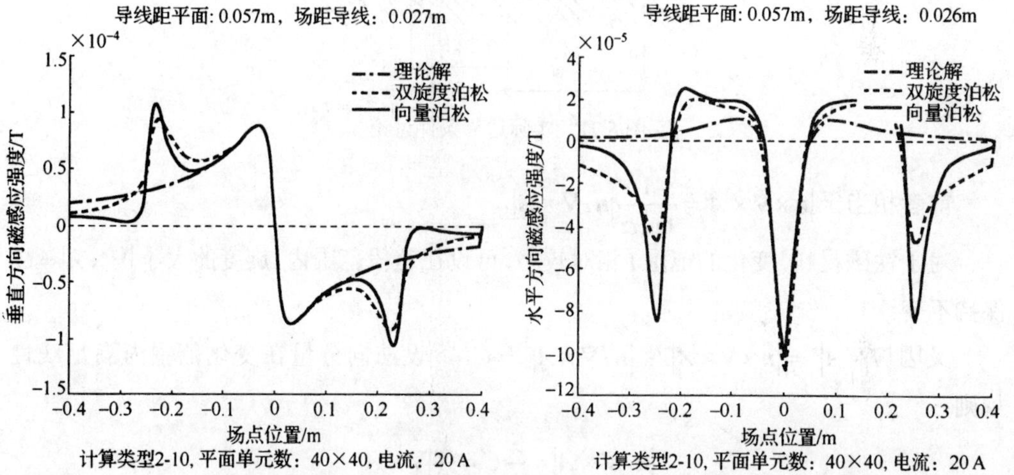

(a) 垂直方向磁场　(b) 水平方向磁场

图 5.20　（内斜斜边缘）磁场分布计算结果

5.5　边界条件讨论

前面的磁场数值计算工作所使用的边界条件是采用的理想边界条件。电工纯铁的相对磁导率 $\mu_{Fe} >> 1$，在理论分析时看作理想磁体 $\mu_r = \infty$。从而认为在电工纯铁表面磁力线是垂直进入电工纯铁内部的，进而得到理想边界条件 $\boldsymbol{n} \times \nabla \times \boldsymbol{A} = 0$。但是，实际材料的磁导率总是小于无穷大（特别是大多数工程材料并不满足条件 $\mu_{Fe} >> 1$），磁力线进入实际材料的夹角不可能始终垂直于材料表面。对于这里的平行于铁磁体的通电导线产生的静磁场，如图 5.21 中的无限接近于坐标原点 O 的磁力线应该是平行于边界，随着沿边界上的 x 轴远离坐标原点 O，磁力线进入电工纯铁的角度由零（平行于边界）逐渐变为90°（垂直于边界）。作为一种尝试性研究性计算，可设进入角由0°变到90°的距离为 L，且进入角变化为线性变化，则在这一段的边界条件为

$$\frac{|\boldsymbol{n}\cdot\nabla\times\boldsymbol{A}|}{|\boldsymbol{n}\times\nabla\times\boldsymbol{A}|}=\tan\alpha \quad 或 \quad \frac{|\boldsymbol{n}\cdot\nabla\times\boldsymbol{A}|}{|\nabla\times\boldsymbol{A}|}=\sin\alpha \tag{5.51}$$

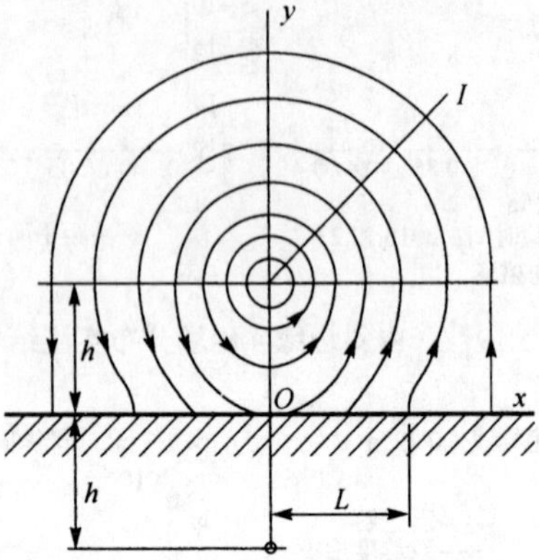

图 5.21　实际边界条件讨论

前者相当于 $|\boldsymbol{n}\times\nabla\times\boldsymbol{A}|=\dfrac{1}{\tan\alpha}|\boldsymbol{n}\cdot\nabla\times\boldsymbol{A}|$。

对于铁磁材料，变化的范围 l 相对较小，可设在这段范围内，旋度的大小 $|\nabla\times\boldsymbol{A}|=C$ 保持不变。

又因 $|\nabla\times\boldsymbol{A}|^2=|\boldsymbol{n}\times\nabla\times\boldsymbol{A}|^2+|\boldsymbol{n}\cdot\nabla\times\boldsymbol{A}|^2=C^2$，设法向分量在变化范围内满足线性规则：

$$|\boldsymbol{n}\cdot\nabla\times\boldsymbol{A}|=\frac{x}{L}C=\frac{x}{L}|\nabla\times\boldsymbol{A}|$$

$$|\boldsymbol{n}\times\nabla\times\boldsymbol{A}|=\sqrt{C^2-|\boldsymbol{n}\cdot\nabla\times\boldsymbol{A}|^2}=\sqrt{C^2-\frac{x^2}{L^2}|\nabla\times\boldsymbol{A}|^2}=|\nabla\times\boldsymbol{A}|\sqrt{1-\frac{x^2}{L^2}}\approx|\nabla\times\boldsymbol{A}|\left(1-\frac{x^2}{2L^2}\right)$$

即

$$\boldsymbol{n}\times\nabla\times\boldsymbol{A}\approx\frac{\boldsymbol{n}\times\nabla\times\boldsymbol{A}}{|\boldsymbol{n}\times\nabla\times\boldsymbol{A}|}|\nabla\times\boldsymbol{A}|\left(1-\frac{x^2}{2L^2}\right) \tag{5.52}$$

实际应用中，$\boldsymbol{n}\times\nabla\times\boldsymbol{A}$ 的方向可根据具体问题判断，大小可根据经验假定（例如，本问题可按无限空气空间中通电直导线产生的磁场假定为原点 O 附近的磁场 $|\nabla\times\boldsymbol{A}|=B$ 的大小值）。如果对假定不放心，可根据计算结果重新假定。

对于这个实际问题，进行了程序实现。程序实现中采用对长直通电导线下方的 6

列边界单元进行修正，取$|\nabla\times\boldsymbol{A}|=C=8.9\times10^{-5}\mathrm{T}$，6 列单元的非零边界条件的修正系数为[0.1；0.3；0.95；0.95；0.3；0.1]。

遗憾的是在实际计算结果中上述修正基本难以看出，主要原因应该是电工纯铁的相对磁导率$\mu_{\mathrm{GG}}=7000\sim10000>>1$，满足将其看作理想磁体的条件。若有条件，在进一步提高检测精度的条件下，希望寻求一种相对磁导率为$\mu_{\mathrm{r}}=5\sim10$的材料进行实测，以此检验这种修正方式的有效性。

参 考 文 献

[1] 杨本洛. 流体运动经典分析. 北京: 科学出版社, 1996.

[2] 李忠元. 电磁场边界元素法. 北京: 北京工业学院出版社, 1987.

[3] 斯特来顿. 电磁理论. 何国瑜, 译. 北京: 北京航空学院出版社, 1986.

[4] 杨德全, 赵忠生. 边界元理论及应用. 北京: 北京理工大学出版社, 2002.

[5] 祝家麟, 袁政强. 边界元分析. 北京: 科学出版社, 2009.

[6] 孙焕纯, 张立洲. 无奇异边界元法. 北京: 大连理工大学出版社, 1999.

[7] Moler C B. MATLAB 数值计算. 喻文健, 译. 北京: 机械工业出版社, 2010.

[8] Hanselman D, Littlefield B. 精通 MATLAB6. 张航, 黄攀, 译. 北京: 清华大学出版社, 2002.

[9] 邓薇. MATLAB 函数速查手册. 北京: 人民邮电出版社, 2010.

[10] 谢处方, 饶克谨. 电磁场与电磁波. 3 版. 北京: 高等教育出版社, 1999.

[11] 谢德馨, 杨仕友. 工程电磁场数值分析与综合. 北京: 机械工业出版社, 2009.

第 6 章　双旋度赫姆霍兹方程求解理论

在经典电磁理论中，由于不能直接处理包含双旋度算子$\nabla\times\nabla\times$的双旋度波动方程、时谐条件下的双旋度赫姆霍兹方程和反映静磁场规律的双旋度泊松方程，经典理论都是利用矢量恒等式$\nabla\times\nabla\times\boldsymbol{A}=\nabla\nabla\cdot\boldsymbol{A}-\nabla^2\boldsymbol{A}$和各种规范将双旋度算子方程转化为包含拉普拉斯算子的方程来进行求解的。

在第 3 章中，已说明了对于包含双旋度算子的微分方程本身蕴含协调条件（散度约束）的情况，无需添加各类规范条件的散度约束。同时明确指出采用任何方式将包含双旋度算子$\nabla\times\nabla\times$的双旋度赫姆霍兹方程转换为仅包含拉普拉斯算子∇^2的向量（或标量）赫姆霍兹方程从物理上讲都是不恰当的。

在第 4 章主要根据文献[1]～文献[3]给出了双旋度泊松方程的两个积分表述。本章用类似方法推导出双旋度赫姆霍兹方程的基本积分表述和旋度积分表述，并从数学上分析了双旋度赫姆霍兹方程本身的欠定性特征、任意散度假设和初步的势分析。再次说明这类方程的求解无需人为添加各类"规范条件"来消除这类方程的所谓"欠定性"。而且，从计算实践来看，这种欠定性是不能消除的（起码在采用边界元法计算时是这样）。下面首先介绍双旋度赫姆霍兹方程的积分表述的推导。

6.1　双旋度赫姆霍兹方程的基本积分表述推导

双旋度赫姆霍兹方程的基本积分表述是讨论双旋度赫姆霍兹方程数学性态的基础。本节首先用两种方法分别推出双旋度赫姆霍兹方程的基本积分表述（也称为 0 阶积分表述，或势函数表述）。

根据第 3 章的相关讨论，双旋度赫姆霍兹方程的边值问题的恰当提法为

$$\begin{cases}\nabla\times\nabla\times\boldsymbol{Q}(\boldsymbol{r})-k^2\boldsymbol{Q}(\boldsymbol{r})=\boldsymbol{f}(\boldsymbol{r}), & \boldsymbol{r}\in\Omega\\ \boldsymbol{n}\times\nabla\times\boldsymbol{Q}(\boldsymbol{r})=\bar{\boldsymbol{v}}(\boldsymbol{r}), & \boldsymbol{r}\in\Gamma_2\\ \boldsymbol{n}\times\boldsymbol{Q}(\boldsymbol{r})=\bar{\boldsymbol{u}}(\boldsymbol{r}), & \boldsymbol{r}\in\Gamma_1\end{cases}\tag{6.1}$$

式中，Γ_1,Γ_2为域Ω的边界，$\Gamma_1+\Gamma_2=\Gamma$。

6.1.1　基本积分表述的导出（格林函数法）

用格林函数法推导基本积分表述，将用到式（1.59）所示的向量格林公式：

$$\int_\Omega(\boldsymbol{Q}\cdot\nabla\times\nabla\times\boldsymbol{R}-\boldsymbol{R}\cdot\nabla\times\nabla\times\boldsymbol{Q})\mathrm{d}\Omega=\oint_\Gamma\boldsymbol{n}\cdot(\boldsymbol{R}\times\nabla\times\boldsymbol{Q}-\boldsymbol{Q}\times\nabla\times\boldsymbol{R})\mathrm{d}S$$

利用标量赫姆霍兹方程的基本解$G(\boldsymbol{r},\boldsymbol{r}')$和任意恒向量 $\boldsymbol{a}$ 的组合来构造双旋度赫姆霍兹方程的积分表述。为此，令 Q 为双旋度赫姆霍兹方程$\nabla\times\nabla\times\boldsymbol{Q}-k^2\boldsymbol{Q}=\boldsymbol{f}$的待解向量。

$\boldsymbol{R}=\boldsymbol{a}G(\boldsymbol{r},\boldsymbol{r}')$，$\boldsymbol{a}$ 为任意常向量。$G(\boldsymbol{r},\boldsymbol{r}')=\dfrac{1}{4\pi|\boldsymbol{r}-\boldsymbol{r}'|}\mathrm{e}^{-\mathrm{j}k|\boldsymbol{r}-\boldsymbol{r}'|}$为标量赫姆霍兹方程$\nabla^2G+k^2G+\delta=0$的基本解[4,5]。

可利用前期的结果式（4.2）～式（4.4）（注意此处的基本解 G 是标量赫姆霍兹方程的基本解）：

$$\nabla\times\boldsymbol{R}=\nabla\times(\boldsymbol{a}G)=\nabla G\times\boldsymbol{a}$$

$$\nabla\times\nabla\times\boldsymbol{R}=\nabla\times\nabla\times(\boldsymbol{a}G)=\nabla(\boldsymbol{a}\cdot\nabla G)-\boldsymbol{a}\nabla^2G$$

$$\boldsymbol{Q}\cdot\nabla\times\nabla\times\boldsymbol{R}=\boldsymbol{Q}\cdot\nabla\times\nabla\times(\boldsymbol{a}G)=\nabla\cdot[\boldsymbol{Q}(\boldsymbol{a}\cdot\nabla G)]-(\nabla\cdot\boldsymbol{Q})\boldsymbol{a}\cdot\nabla G-\boldsymbol{Q}\cdot\boldsymbol{a}\nabla^2G$$

所以，格林公式的体积分为

$$\begin{aligned}
&\int_\Omega(\boldsymbol{Q}\cdot\nabla\times\nabla\times\boldsymbol{R}-\boldsymbol{R}\cdot\nabla\times\nabla\times\boldsymbol{Q})\mathrm{d}\Omega\quad\{\boldsymbol{R}=\boldsymbol{a}G\}\\
&=\int_\Omega\{[\nabla\cdot[\boldsymbol{Q}(\boldsymbol{a}\cdot\nabla G)]-(\nabla\cdot\boldsymbol{Q})\boldsymbol{a}\cdot\nabla G-\boldsymbol{Q}\cdot\boldsymbol{a}\nabla^2G]-(\boldsymbol{a}G)\cdot\nabla\times\nabla\times\boldsymbol{Q}\}\mathrm{d}\Omega\quad\left\{\nabla\times\nabla\times\boldsymbol{Q}-k^2\boldsymbol{Q}=\boldsymbol{f}\right\}\\
&=\int_\Omega\{[\nabla\cdot[\boldsymbol{Q}(\boldsymbol{a}\cdot\nabla G)]-(\nabla\cdot\boldsymbol{Q})\boldsymbol{a}\cdot\nabla G-\boldsymbol{Q}\cdot\boldsymbol{a}\nabla^2G]-(\boldsymbol{a}G)\cdot[\boldsymbol{f}+k^2\boldsymbol{Q}]\}\mathrm{d}\Omega\\
&=\int_\Omega\nabla\cdot[\boldsymbol{Q}(\boldsymbol{a}\cdot\nabla G)]\mathrm{d}\Omega-\int_\Omega\boldsymbol{a}\cdot[\nabla G(\nabla\cdot\boldsymbol{Q})+\boldsymbol{Q}\nabla^2G+(\boldsymbol{f}+k^2\boldsymbol{Q})G]\mathrm{d}\Omega\\
&=a\cdot\left\{\oint_\Gamma\nabla G(\boldsymbol{n}\cdot\boldsymbol{Q})\mathrm{d}S-\int_\Omega[\nabla G(\nabla\cdot\boldsymbol{Q})+\boldsymbol{Q}(\nabla^2G+k^2G)+\boldsymbol{f}G]\mathrm{d}\Omega\right\}\quad\left\{\nabla^2G+k^2G=-\delta\right\}\\
&=a\cdot\left\{\oint_\Gamma\nabla G(\boldsymbol{n}\cdot\boldsymbol{Q})\mathrm{d}S-\int_\Omega[\nabla G(\nabla\cdot\boldsymbol{Q})-\boldsymbol{Q}\delta+\boldsymbol{f}G]\mathrm{d}\Omega\right\}
\end{aligned}\tag{6.2}$$

而格林公式的面积分为

$$\begin{aligned}
&\oint_\Gamma\boldsymbol{n}\cdot(\boldsymbol{R}\times\nabla\times\boldsymbol{Q}-\boldsymbol{Q}\times\nabla\times\boldsymbol{R})\mathrm{d}S\quad\{\boldsymbol{R}=\boldsymbol{a}G\}\\
&=\oint_\Gamma\boldsymbol{n}\cdot[(\boldsymbol{a}G)\times\nabla\times\boldsymbol{Q}-\boldsymbol{Q}\times(\nabla G\times\boldsymbol{a})]\mathrm{d}S\quad\{\boldsymbol{a}\times(\boldsymbol{b}\times\boldsymbol{c})=\boldsymbol{b}(\boldsymbol{a}\cdot\boldsymbol{c})-\boldsymbol{c}(\boldsymbol{a}\cdot\boldsymbol{b})\}\\
&=\oint_\Gamma\boldsymbol{n}\cdot[(\boldsymbol{a}G)\times\nabla\times\boldsymbol{Q}-\nabla G(\boldsymbol{Q}\cdot\boldsymbol{a})+\boldsymbol{a}(\boldsymbol{Q}\cdot\nabla G)]\mathrm{d}S\quad\{\boldsymbol{a}\cdot(\boldsymbol{b}\times\boldsymbol{c})=\boldsymbol{c}\cdot(\boldsymbol{a}\times\boldsymbol{b})=\boldsymbol{b}\cdot(\boldsymbol{c}\times\boldsymbol{a})\}\\
&=\boldsymbol{a}\cdot\oint_\Gamma[-G\boldsymbol{n}\times\nabla\times\boldsymbol{Q}-(\boldsymbol{n}\cdot\nabla G)\boldsymbol{Q}+\boldsymbol{n}(\boldsymbol{Q}\cdot\nabla G)]\mathrm{d}S\quad\{(\boldsymbol{a}\times\boldsymbol{b})\times\boldsymbol{c}=\boldsymbol{b}(\boldsymbol{a}\cdot\boldsymbol{c})-\boldsymbol{a}(\boldsymbol{b}\cdot\boldsymbol{c})\}\\
&=\boldsymbol{a}\cdot\oint_\Gamma-G\boldsymbol{n}\times\nabla\times\boldsymbol{Q}-(\boldsymbol{n}\times\boldsymbol{Q})\times\nabla G\mathrm{d}S
\end{aligned}\tag{6.3}$$

联立式（6.2）、式（6.3），消去任意恒定向量 $\boldsymbol{a}$ 有

$$\oint_\Gamma\nabla G(\boldsymbol{n}\cdot\boldsymbol{Q})\mathrm{d}S-\int_\Omega[\nabla G(\nabla\cdot\boldsymbol{Q})-\boldsymbol{Q}\delta+\boldsymbol{f}G]\mathrm{d}\Omega=\oint_\Gamma[-G\boldsymbol{n}\times\nabla\times\boldsymbol{Q}-(\boldsymbol{n}\times\boldsymbol{Q})\times\nabla G]\mathrm{d}S\tag{6.4}$$

再根据δ函数的性质，可得

$$\boldsymbol{WQ}=\int_{\Omega}[\nabla G(\nabla\cdot\boldsymbol{Q})+\boldsymbol{f}G]\mathrm{d}\Omega-\oint_{\Gamma}[G\boldsymbol{n}\times\nabla\times\boldsymbol{Q}+(\boldsymbol{n}\times\boldsymbol{Q})\times\nabla G+\nabla G(\boldsymbol{n}\cdot\boldsymbol{Q})]\mathrm{d}S \quad (6.5)$$

此处所得即为双旋度赫姆霍兹方程的积分形式解。从形式上看，式（6.5）与双旋度泊松方程的基本积分表述式（4.8）完全相同。当然其本质区别在于两者对应的泛定方程不同，相应的基本解也是不同的。

另外，双旋度赫姆霍兹方程基本积分表述式（6.5）同样自然地出现了第 1、第 2 类边界条件和源区内的散度约束条件。这也从另一个角度证明了双旋度赫姆霍兹方程的协调条件（即散度约束）是双旋度泊松方程本身已蕴含的，无需显式给出。另外，基本积分表述表面上与 k 无关，实际上其已包含在标量赫姆霍兹方程的基本解 $G(\boldsymbol{r},\boldsymbol{r}')$ 中。

6.1.2 基本积分表述的导出（加权余量法）

和双旋度泊松方程一样，也可以利用加权余量法来推导双旋度赫姆霍兹方程的基本积分表述。仍然是利用标量赫姆霍兹方程 $\nabla^2G+k^2G+\delta=0$ 的基本解 $G(\boldsymbol{r},\boldsymbol{r}')=\dfrac{1}{4\pi|\boldsymbol{r}-\boldsymbol{r}'|}\mathrm{e}^{-\mathrm{j}k|\boldsymbol{r}-\boldsymbol{r}'|}$ 和任意恒向量 $\boldsymbol{a}$ 的组合来构造双旋度赫姆霍兹方程的积分表述。则原问题的加权余量法权函数可表示为 $\boldsymbol{G}=\boldsymbol{a}G(\boldsymbol{r},\boldsymbol{r}')$。

1. 加权余量表达式（也就是确定其中的拉格朗日乘子）

利用拉格朗日乘子法，直接给出泛函形式的误差函数表达式：

$$\boldsymbol{R}=\int_{\Omega}[\nabla\times\nabla\times\boldsymbol{Q}-k^2\boldsymbol{Q}-\boldsymbol{f}]\cdot G\mathrm{d}\Omega+\int_{\Gamma1}[\boldsymbol{n}\times\boldsymbol{Q}-\bar{\boldsymbol{u}}]\cdot\boldsymbol{\lambda}_1\mathrm{d}\Gamma+\int_{\Gamma2}[\boldsymbol{n}\times\nabla\times\boldsymbol{Q}-\bar{\boldsymbol{v}}]\cdot\boldsymbol{\lambda}_2\mathrm{d}\Gamma \quad (6.6)$$

第 4 章曾给出便于应用的第二格林公式（4.10）：

$$\int_{\Omega}\boldsymbol{G}\cdot(\nabla\times\nabla\times\boldsymbol{Q})\mathrm{d}\Omega=\int_{\Omega}\boldsymbol{Q}\cdot(\nabla\times\nabla\times\boldsymbol{G})\mathrm{d}\Omega-\oint_{\Gamma}\boldsymbol{n}\cdot(\boldsymbol{G}\times\nabla\times\boldsymbol{Q})\mathrm{d}\Gamma+\oint_{\Gamma}\boldsymbol{n}\cdot(\boldsymbol{Q}\times\nabla\times\boldsymbol{G})\mathrm{d}\Gamma$$

用第二格林公式处理体积分中的第一项，有

$$\begin{aligned}\boldsymbol{R}=&\int_{\Omega}\boldsymbol{Q}\cdot[(\nabla\times\nabla\times\boldsymbol{G})-k^2G]\mathrm{d}\Omega-\oint_{\Gamma}\boldsymbol{n}\cdot(\boldsymbol{G}\times\nabla\times\boldsymbol{Q})\mathrm{d}\Gamma+\oint_{\Gamma}\boldsymbol{n}\cdot(\boldsymbol{Q}\times\nabla\times\boldsymbol{G})\mathrm{d}\Gamma\\&+\int_{\Omega}-\boldsymbol{f}\cdot\boldsymbol{G}\mathrm{d}\Omega+\int_{\Gamma1}[\boldsymbol{n}\times\boldsymbol{Q}-\bar{\boldsymbol{u}}]\cdot\boldsymbol{\lambda}_1\mathrm{d}\Gamma+\int_{\Gamma2}[\boldsymbol{n}\times\nabla\times\boldsymbol{Q}-\bar{\boldsymbol{v}}]\cdot\boldsymbol{\lambda}_2\mathrm{d}\Gamma\end{aligned} \quad (6.7)$$

令误差函数 $\boldsymbol{R}$ 的变分为零（$\delta\boldsymbol{R}=0$，变分参量为 $\boldsymbol{Q},\boldsymbol{\lambda}_1,\boldsymbol{\lambda}_2$）：

$$\begin{aligned}\delta\boldsymbol{R}=&\int_{\Omega}\delta\boldsymbol{Q}\cdot[(\nabla\times\nabla\times\boldsymbol{G})-k^2G]\mathrm{d}\Omega-\oint_{\Gamma}\boldsymbol{n}\cdot(\boldsymbol{G}\times\nabla\times\delta\boldsymbol{Q})\mathrm{d}\Gamma+\oint_{\Gamma}\boldsymbol{n}\cdot(\delta\boldsymbol{Q}\times\nabla\times\boldsymbol{G})\mathrm{d}\Gamma\\&+\int_{\Gamma1}(\boldsymbol{n}\times\delta\boldsymbol{Q})\cdot\boldsymbol{\lambda}_1\mathrm{d}\Gamma+\int_{\Gamma1}(\boldsymbol{n}\times\boldsymbol{Q}-\bar{\boldsymbol{u}})\cdot\delta\boldsymbol{\lambda}_1\mathrm{d}\Gamma+\int_{\Gamma2}(\boldsymbol{n}\times\nabla\times\delta\boldsymbol{Q})\cdot\boldsymbol{\lambda}_2\mathrm{d}\Gamma\\&+\int_{\Gamma2}(\boldsymbol{n}\times\nabla\times\boldsymbol{Q}-\bar{\boldsymbol{v}})\cdot\delta\boldsymbol{\lambda}_2\mathrm{d}\Gamma\end{aligned} \quad (6.8)$$

因为$\boldsymbol{a}\cdot(\boldsymbol{b}\times\boldsymbol{c})=\boldsymbol{c}\cdot(\boldsymbol{a}\times\boldsymbol{b})=\boldsymbol{b}\cdot(\boldsymbol{c}\times\boldsymbol{a})$，所以

$$\boldsymbol{n}\cdot(\boldsymbol{G}\times\nabla\times\delta\boldsymbol{Q})=-\boldsymbol{G}\cdot(\boldsymbol{n}\times\nabla\times\delta\boldsymbol{Q}),\quad \boldsymbol{n}\cdot(\delta\boldsymbol{Q}\times\nabla\times\boldsymbol{G})=(\nabla\times\boldsymbol{G})\cdot(\boldsymbol{n}\times\delta\boldsymbol{Q}) \tag{6.9}$$

考虑$\varGamma=\varGamma_1+\varGamma_2$，并利用式（6.8）、式（6.9）：

$$\begin{aligned}\delta\boldsymbol{R}=&\int_{\Omega}\delta\boldsymbol{Q}\cdot[(\nabla\times\nabla\times\boldsymbol{G})-k^2\boldsymbol{G}]\mathrm{d}\Omega+\int_{\varGamma1}\boldsymbol{G}\cdot(\boldsymbol{n}\times\nabla\times\delta\boldsymbol{Q})\mathrm{d}\varGamma+\int_{\varGamma2}(\boldsymbol{n}\times\delta\boldsymbol{Q})\cdot(\nabla\times\boldsymbol{G})\mathrm{d}\varGamma\\&+\int_{\varGamma1}[\boldsymbol{n}\times\delta\boldsymbol{Q}]\cdot[\boldsymbol{\lambda}_1+(\nabla\times\boldsymbol{G})]\mathrm{d}\varGamma+\int_{\varGamma1}[\boldsymbol{n}\times\boldsymbol{Q}-\overline{\boldsymbol{u}}]\cdot\delta\boldsymbol{\lambda}_1\mathrm{d}\varGamma\\&+\int_{\varGamma2}[\boldsymbol{n}\times\nabla\times\delta\boldsymbol{Q}]\cdot[\boldsymbol{\lambda}_2+\boldsymbol{G}]\mathrm{d}\varGamma+\int_{\varGamma2}[\boldsymbol{n}\times\nabla\times\boldsymbol{Q}-\overline{\boldsymbol{v}}]\cdot\delta\boldsymbol{\lambda}_2\mathrm{d}\varGamma\end{aligned} \tag{6.10}$$

由变分$\delta\boldsymbol{Q}$的任意性可得

$$\boldsymbol{\lambda}_1=-(\nabla\times\boldsymbol{G}),\quad \boldsymbol{\lambda}_2=-\boldsymbol{G} \tag{6.11}$$

于是误差函数成为

$$\boldsymbol{R}=\int_{\Omega}[\nabla\times\nabla\times\boldsymbol{Q}-k^2\boldsymbol{Q}-\boldsymbol{f}]\cdot\boldsymbol{G}\mathrm{d}\Omega-\int_{\varGamma1}[\boldsymbol{n}\times\boldsymbol{Q}-\overline{\boldsymbol{u}}]\cdot(\nabla\times\boldsymbol{G})\mathrm{d}\varGamma-\int_{\varGamma2}[\boldsymbol{n}\times\nabla\times\boldsymbol{Q}-\overline{\boldsymbol{v}}]\cdot\boldsymbol{G}\mathrm{d}\varGamma \tag{6.12}$$

至此，完全实现了第一个目标，给出了原问题的加权余量表达式。

2. *根据误差函数表达式确定边界积分方程*

令误差函数为零，即可得原问题的伽辽金形式的加权余量表达式：

$$\int_{\Omega}[\nabla\times\nabla\times\boldsymbol{Q}-k^2\boldsymbol{Q}-\boldsymbol{f}]\cdot\boldsymbol{G}\mathrm{d}\Omega-\int_{\varGamma1}[\boldsymbol{n}\times\boldsymbol{Q}-\overline{\boldsymbol{u}}]\cdot(\nabla\times\boldsymbol{G})\mathrm{d}\varGamma-\int_{\varGamma2}[\boldsymbol{n}\times\nabla\times\boldsymbol{Q}-\overline{\boldsymbol{v}}]\cdot\boldsymbol{G}\mathrm{d}\varGamma=0 \tag{6.13}$$

对式（6.13）左端第一项再次应用矢量第二格林公式（4.10）：

$$\begin{aligned}&\int_{\Omega}\boldsymbol{Q}\cdot(\nabla\times\nabla\times\boldsymbol{G}-k^2\boldsymbol{G})\mathrm{d}\Omega+\oint_{\varGamma}\boldsymbol{n}\cdot(\boldsymbol{Q}\times\nabla\times\boldsymbol{G}-\boldsymbol{G}\times\nabla\times\boldsymbol{Q})\mathrm{d}\varGamma-\int_{\Omega}\boldsymbol{f}\cdot\boldsymbol{G}\mathrm{d}\Omega\\&-\int_{\varGamma1}[\boldsymbol{n}\times\boldsymbol{Q}-\overline{\boldsymbol{u}}]\cdot(\nabla\times\boldsymbol{G})\mathrm{d}\varGamma-\int_{\varGamma2}[\boldsymbol{n}\times\nabla\times\boldsymbol{Q}-\overline{\boldsymbol{v}}]\cdot\boldsymbol{G}\mathrm{d}\varGamma=0\end{aligned} \tag{6.14}$$

因为

$$\boldsymbol{a}\cdot(\boldsymbol{b}\times\boldsymbol{c})=\boldsymbol{c}\cdot(\boldsymbol{a}\times\boldsymbol{b})=\boldsymbol{b}\cdot(\boldsymbol{c}\times\boldsymbol{a})$$

$$\boldsymbol{n}\cdot(\boldsymbol{G}\times\nabla\times\boldsymbol{Q})=-\boldsymbol{G}\cdot(\boldsymbol{n}\times\nabla\times\boldsymbol{Q}),\quad \boldsymbol{n}\cdot(\boldsymbol{Q}\times\nabla\times\boldsymbol{G})=(\nabla\times\boldsymbol{G})\cdot(\boldsymbol{n}\times\boldsymbol{Q}) \tag{6.15}$$

将式（6.15）代入式（6.14），并考虑$\varGamma_1+\varGamma_2=\varGamma$可得

$$\begin{aligned}&\int_{\Omega}\boldsymbol{Q}\cdot(\nabla\times\nabla\times\boldsymbol{G}-k^2\boldsymbol{G})\mathrm{d}\Omega+\int_{\varGamma2}(\boldsymbol{n}\times\boldsymbol{Q})\cdot(\nabla\times\boldsymbol{G})\mathrm{d}\varGamma+\int_{\varGamma1}\boldsymbol{G}\cdot(\boldsymbol{n}\times\nabla\times\boldsymbol{Q})\mathrm{d}\varGamma\\&-\int_{\Omega}\boldsymbol{f}\cdot\boldsymbol{G}\mathrm{d}\Omega+\int_{\varGamma1}\overline{\boldsymbol{u}}\cdot(\nabla\times\boldsymbol{G})\mathrm{d}\varGamma+\int_{\varGamma2}\overline{\boldsymbol{v}}\cdot\boldsymbol{G}\mathrm{d}\varGamma=0\end{aligned} \tag{6.16}$$

再考虑在边界上$\boldsymbol{n}\times\boldsymbol{Q}(\boldsymbol{r})=\overline{\boldsymbol{u}}(\boldsymbol{r}),\ \ \boldsymbol{n}\times\nabla\times\boldsymbol{Q}(\boldsymbol{r})=\overline{\boldsymbol{v}}(\boldsymbol{r})$，则

$$\int_{\Omega}\boldsymbol{Q}\cdot(\nabla\times\nabla\times\boldsymbol{G}-k^2\boldsymbol{G})\mathrm{d}\Omega+\oint_{\Gamma}(\boldsymbol{n}\times\boldsymbol{Q})\cdot(\nabla\times\boldsymbol{G})\mathrm{d}\Gamma+\oint_{\Gamma}\boldsymbol{G}\cdot(\boldsymbol{n}\times\nabla\times\boldsymbol{Q})\mathrm{d}\Gamma-\int_{\Omega}\boldsymbol{f}\cdot\boldsymbol{G}\mathrm{d}\Omega=0 \tag{6.17}$$

现考察式（6.17）第一项的积分。因为

$$\nabla\times\nabla\times\boldsymbol{G}=\nabla(\nabla\cdot\boldsymbol{G})-\nabla^2\boldsymbol{G}$$

所以

$$\int_{\Omega}[\boldsymbol{Q}\cdot(\nabla\times\nabla\times\boldsymbol{G})]\mathrm{d}\Omega=\int_{\Omega}[\boldsymbol{Q}\cdot\nabla(\nabla\cdot\boldsymbol{G})]\mathrm{d}\Omega-\int_{\Omega}(\boldsymbol{Q}\cdot\nabla^2\boldsymbol{G})\mathrm{d}\Omega \tag{6.18}$$

因为

$$\nabla\cdot[\boldsymbol{Q}(\nabla\cdot\boldsymbol{G})]=(\nabla\cdot\boldsymbol{G})(\nabla\cdot\boldsymbol{Q})+\boldsymbol{Q}\cdot\nabla(\nabla\cdot\boldsymbol{G})$$

$$\int_{\Omega}\boldsymbol{Q}\cdot\nabla(\nabla\cdot\boldsymbol{G})\mathrm{d}\Omega=\oint_{\Gamma}\boldsymbol{n}\cdot[\boldsymbol{Q}(\nabla\cdot\boldsymbol{G})]\mathrm{d}\Gamma-\int_{\Omega}(\nabla\cdot\boldsymbol{G})(\nabla\cdot\boldsymbol{Q})\mathrm{d}\Omega$$

所以

$$\int_{\Omega}[\boldsymbol{Q}\cdot(\nabla\times\nabla\times\boldsymbol{G})\mathrm{d}\Omega=\oint_{\Gamma}\boldsymbol{n}\cdot[\boldsymbol{Q}(\nabla\cdot\boldsymbol{G})]\mathrm{d}\Gamma-\int_{\Omega}(\nabla\cdot\boldsymbol{G})(\nabla\cdot\boldsymbol{Q})\mathrm{d}\Omega-\int_{\Omega}[\boldsymbol{Q}\cdot\nabla^2\boldsymbol{G}]\mathrm{d}\Omega \tag{6.19}$$

将式（6.19）代入式（6.17）可得

$$\begin{aligned}&\oint_{\Gamma}\boldsymbol{n}\cdot[\boldsymbol{Q}(\nabla\cdot\boldsymbol{G})]\mathrm{d}\Gamma-\int_{\Omega}(\nabla\cdot\boldsymbol{G})(\nabla\cdot\boldsymbol{Q})\mathrm{d}\Omega-\int_{\Omega}[\boldsymbol{Q}\cdot(\nabla^2\boldsymbol{G}+k^2\boldsymbol{G})]\mathrm{d}\Omega\\&+\oint_{\Gamma}(\boldsymbol{n}\times\boldsymbol{Q})\cdot(\nabla\times\boldsymbol{G})\mathrm{d}\Gamma+\oint_{\Gamma}\boldsymbol{G}\cdot(\boldsymbol{n}\times\nabla\times\boldsymbol{Q})\mathrm{d}\Gamma-\int_{\Omega}\boldsymbol{f}\cdot\boldsymbol{G}\mathrm{d}\Omega=0\end{aligned} \tag{6.20}$$

将权函数 $\boldsymbol{G}=\boldsymbol{a}G$ 代入式（6.20），并利用 $\nabla^2(\boldsymbol{a}G)=\boldsymbol{a}\nabla^2G$，$\nabla^2G+k^2G+\delta=0$ 以及 δ 函数的性质可得

$$\begin{aligned}&\oint_{\Gamma}\boldsymbol{n}\cdot\boldsymbol{Q}[\nabla\cdot(\boldsymbol{a}G)]\mathrm{d}\Gamma-\int_{\Omega}[\nabla\cdot(\boldsymbol{a}G)](\nabla\cdot\boldsymbol{Q})\mathrm{d}\Omega+\boldsymbol{a}\cdot\boldsymbol{Q}W\\&+\oint_{\Gamma}(\boldsymbol{n}\times\boldsymbol{Q})\cdot[\nabla\times(\boldsymbol{a}G)]\mathrm{d}\Gamma+\oint_{\Gamma}(\boldsymbol{a}G)\cdot(\boldsymbol{n}\times\nabla\times\boldsymbol{Q})\mathrm{d}\Gamma-\int_{\Omega}\boldsymbol{f}\cdot(\boldsymbol{a}G)\mathrm{d}\Omega=0\end{aligned} \tag{6.21}$$

又因

$$\boldsymbol{a}\cdot(\boldsymbol{b}\times\boldsymbol{c})=\boldsymbol{c}\cdot(\boldsymbol{a}\times\boldsymbol{b})=\boldsymbol{b}\cdot(\boldsymbol{c}\times\boldsymbol{a})$$

$$(\boldsymbol{n}\times\boldsymbol{Q})\cdot[\nabla\times(\boldsymbol{a}G)]=(\boldsymbol{n}\times\boldsymbol{Q})\cdot(\nabla G\times\boldsymbol{a})=\boldsymbol{a}\cdot[(\boldsymbol{n}\times\boldsymbol{Q})\times\nabla G] \tag{6.22}$$

将此式代入式（6.21），并消去常单位向量 $\boldsymbol{a}$，可得原问题的边界积分方程：

$$\begin{aligned}&\oint_{\Gamma}\boldsymbol{n}\cdot\boldsymbol{Q}\nabla G\mathrm{d}\Gamma-\int_{\Omega}\nabla G(\nabla\cdot\boldsymbol{Q})\mathrm{d}\Omega+W\boldsymbol{Q}+\oint_{\Gamma}(\boldsymbol{n}\times\boldsymbol{Q})\times\nabla G\mathrm{d}\Gamma\\&+\oint_{\Gamma}G(\boldsymbol{n}\times\nabla\times\boldsymbol{Q})\mathrm{d}\Gamma-\int_{\Omega}\boldsymbol{f}G\mathrm{d}\Omega=0\end{aligned}$$

整理成常见形式：

$$W\boldsymbol{Q}=\int_{\Omega}[\boldsymbol{f}G+\nabla G(\nabla\cdot\boldsymbol{Q})]\mathrm{d}\Omega-\oint_{\Gamma}[(\boldsymbol{n}\times\boldsymbol{Q})\times\nabla G+(\boldsymbol{n}\cdot\boldsymbol{Q})\nabla G+G(\boldsymbol{n}\times\nabla\times\boldsymbol{Q})]\mathrm{d}\Gamma \tag{6.23}$$

此结果与前面采用格林函数法的证明结果（式（6.5））完全相同。

需要说明：对于加权余量法，也可以强行添加散度约束（在泛函形式的误差函数

表达式（6.6）中添加散度约束项），但最后所得双旋度赫姆霍兹方程的基本积分表述保持不变，这一点读者可自行尝试，这将再一次证明散度约束并不需要独立添加，双旋度赫姆霍兹方程本身蕴含着协调条件这样一个基本事实。

6.2　双旋度赫姆霍兹方程的旋度积分表述推导

推导双旋度赫姆霍兹方程的旋度积分表述（也称为 1 阶积分表述）所对应的双旋度赫姆霍兹方程边值问题的恰当提法仍然是式（6.1）。

6.2.1　旋度积分表述推导（格林函数法）

仍然利用标量赫姆霍兹方程的基本解 G 和任意恒向量 $\boldsymbol{a}$ 的组合来构造双旋度波动方程的旋度积分表述。只是此时应取 $\boldsymbol{R}=\nabla\times[\boldsymbol{a}G(\boldsymbol{r},\boldsymbol{r}')]$ 而不是基本积分表述的 $\boldsymbol{R}=\boldsymbol{a}G(\boldsymbol{r},\boldsymbol{r}')$。

令 $\boldsymbol{Q}$ 为双旋度赫姆霍兹方程 $\nabla\times\nabla\times\boldsymbol{Q}-k^2\boldsymbol{Q}=\boldsymbol{f}$ 的待解向量，$\boldsymbol{R}=\nabla\times[\boldsymbol{a}G(\boldsymbol{r},\boldsymbol{r}')]$，$\boldsymbol{a}$ 为任意常向量，$G(\boldsymbol{r},\boldsymbol{r}')$ 为标量赫姆霍兹方程的基本解。

利用前面的相关结果式（4.2）、式（4.3）、式（4.28）和式（4.29）（只是此处的基本解是标量赫姆霍兹方程的基本解）：

$$\boldsymbol{R}=\nabla\times(\boldsymbol{a}G)=\nabla G\times\boldsymbol{a}$$

$$\nabla\times\boldsymbol{R}=\nabla\times\nabla\times(\boldsymbol{a}G)=\nabla(\boldsymbol{a}\cdot\nabla G)-\boldsymbol{a}\nabla^2 G$$

$$\nabla\times\nabla\times\boldsymbol{R}=\nabla\times\nabla\times\nabla\times(\boldsymbol{a}G)=\nabla\times[\nabla(\boldsymbol{a}\cdot\nabla G)-\boldsymbol{a}\nabla^2 G]=-\nabla\times(\boldsymbol{a}\nabla^2 G)$$

$$\boldsymbol{Q}\cdot\nabla\times\nabla\times\boldsymbol{R}=\boldsymbol{Q}\cdot\nabla\times\nabla\times[\nabla\times(\boldsymbol{a}G)]=-\boldsymbol{Q}\cdot\nabla\times(\boldsymbol{a}\nabla^2 G)$$

则向量格林公式的体积分为

$$\begin{aligned}
&\int_\Omega(\boldsymbol{Q}\cdot\nabla\times\nabla\times\boldsymbol{R}-\boldsymbol{R}\cdot\nabla\times\nabla\times\boldsymbol{Q})\mathrm{d}\Omega\quad\{\boldsymbol{R}=\nabla\times(\boldsymbol{a}G)\}\\
&=\int_\Omega\{-\boldsymbol{Q}\cdot\nabla\times(\boldsymbol{a}\nabla^2 G)-\nabla\times(\boldsymbol{a}G)\cdot\nabla\times\nabla\times\boldsymbol{Q}\}\mathrm{d}\Omega\quad\left\{\nabla\times\nabla\times\boldsymbol{Q}-k^2\boldsymbol{Q}=\boldsymbol{f}\right\}\\
&=\int_\Omega\{\boldsymbol{Q}\cdot[-\nabla(\nabla^2 G)\times\boldsymbol{a}]-(\nabla G\times\boldsymbol{a})\cdot(\boldsymbol{f}+k^2\boldsymbol{Q})\}\mathrm{d}\Omega\quad\{\boldsymbol{a}\cdot(\boldsymbol{b}\times\boldsymbol{c})=\boldsymbol{c}\cdot(\boldsymbol{a}\times\boldsymbol{b})=\boldsymbol{b}\cdot(\boldsymbol{c}\times\boldsymbol{a})\}\\
&=\int_\Omega\{\boldsymbol{a}\cdot[-\boldsymbol{Q}\times\nabla(\nabla^2 G)]-\boldsymbol{a}\cdot[(\boldsymbol{f}+k^2\boldsymbol{Q})\times\nabla G]\}\mathrm{d}\Omega\\
&=\int_\Omega\{-\boldsymbol{a}\cdot[\boldsymbol{Q}\times[\nabla(\nabla^2 G)+k^2\nabla G]]-\boldsymbol{a}\cdot[\boldsymbol{f}\times\nabla G]\}\mathrm{d}\Omega\\
&=-\boldsymbol{a}\cdot\int_\Omega\boldsymbol{Q}\times\nabla[(\nabla^2 G)+(k^2 G)]\mathrm{d}\Omega-\boldsymbol{a}\cdot\int_\Omega\boldsymbol{f}\times\nabla G\mathrm{d}\Omega\quad\{\nabla\times(\boldsymbol{a}\varphi)=\nabla\varphi\times\boldsymbol{a}+\varphi\nabla\times\boldsymbol{a}\}\\
&=\boldsymbol{a}\cdot\int_\Omega\{\nabla\times[(\nabla^2 G+k^2 G)\boldsymbol{Q}]-(\nabla^2 G+k^2 G)\nabla\times\boldsymbol{Q}\}\mathrm{d}\Omega-\boldsymbol{a}\cdot\int_\Omega\boldsymbol{f}\times\nabla G\mathrm{d}\Omega\quad\left\{\nabla^2 G+k^2 G=-\delta\right\}\\
&=\boldsymbol{a}\cdot\oint_\Gamma\boldsymbol{n}\times[(\nabla^2 G+k^2 G)\boldsymbol{Q}]\mathrm{d}\Gamma+\boldsymbol{a}\cdot\int_\Omega\delta\nabla\times\boldsymbol{Q}\mathrm{d}\Omega-\boldsymbol{a}\cdot\int_\Omega\boldsymbol{f}\times\nabla G\mathrm{d}\Omega\\
&=\boldsymbol{a}\cdot(W\nabla\times\boldsymbol{Q})-\boldsymbol{a}\cdot\int_\Omega\boldsymbol{f}\times\nabla G\mathrm{d}\Omega
\end{aligned}\tag{6.24}$$

而格林公式的面积分为

$$\oint_{\Gamma} \boldsymbol{n}\cdot(\boldsymbol{R}\times\nabla\times\boldsymbol{Q}-\boldsymbol{Q}\times\nabla\times\boldsymbol{R})\mathrm{d}\Gamma \quad \left\{\boldsymbol{R}=\nabla\times(\boldsymbol{a}G),\nabla\times\nabla\times(\boldsymbol{a}G)=\nabla(\boldsymbol{a}\cdot\nabla G)-\boldsymbol{a}\nabla^2 G\right\}$$

$$=\oint_{\Gamma} \boldsymbol{n}\cdot\{[\nabla\times(\boldsymbol{a}G)]\times\nabla\times\boldsymbol{Q}-\boldsymbol{Q}\times\nabla\times[\nabla\times(\boldsymbol{a}G)]\}\mathrm{d}S \quad \{\nabla\times(\boldsymbol{a}G)=\nabla G\times\boldsymbol{a}\}$$

$$=\oint_{\Gamma} \boldsymbol{n}\cdot\{(\nabla G\times\boldsymbol{a})\times\nabla\times\boldsymbol{Q}-\boldsymbol{Q}\times[\nabla(\boldsymbol{a}\cdot\nabla G)-\boldsymbol{a}\nabla^2 G]\}\mathrm{d}S \quad \{(\boldsymbol{a}\times\boldsymbol{b})\times\boldsymbol{c}=\boldsymbol{b}(\boldsymbol{a}\cdot\boldsymbol{c})-\boldsymbol{a}(\boldsymbol{b}\cdot\boldsymbol{c})\}$$

$$=\oint_{\Gamma} \boldsymbol{n}\cdot\{[\boldsymbol{a}(\nabla G\cdot\nabla\times\boldsymbol{Q})-\nabla G(\boldsymbol{a}\cdot\nabla\times\boldsymbol{Q})]-\boldsymbol{Q}\times[\nabla(\boldsymbol{a}\cdot\nabla G)-\boldsymbol{a}\nabla^2 G]\}\mathrm{d}S$$

$$\{\nabla(\boldsymbol{a}\cdot\boldsymbol{b})=(\boldsymbol{b}\cdot\nabla)\boldsymbol{a}+(\boldsymbol{a}\cdot\nabla)\boldsymbol{b}+\boldsymbol{a}\times\nabla\times\boldsymbol{b}+\boldsymbol{b}\times\nabla\times\boldsymbol{a},\nabla\times\nabla G=0\}$$

$$=\oint_{\Gamma} \boldsymbol{n}\cdot\{[\boldsymbol{a}(\nabla G\cdot\nabla\times\boldsymbol{Q})-\nabla G(\boldsymbol{a}\cdot\nabla\times\boldsymbol{Q})]-\boldsymbol{Q}\times[(\boldsymbol{a}\cdot\nabla)\nabla G-\boldsymbol{a}\nabla^2 G]\}\mathrm{d}S$$

$$=\oint_{\Gamma} \{\boldsymbol{a}\cdot[\boldsymbol{n}(\nabla G\cdot\nabla\times\boldsymbol{Q})-(\boldsymbol{n}\cdot\nabla G)\nabla\times\boldsymbol{Q})]-\boldsymbol{n}\cdot[\boldsymbol{Q}\times(\boldsymbol{a}\cdot\nabla\nabla G-\boldsymbol{a}\nabla^2 G)]\}\mathrm{d}S$$

$$\{\boldsymbol{a}\cdot(\boldsymbol{b}\times\boldsymbol{c})=\boldsymbol{c}\cdot(\boldsymbol{a}\times\boldsymbol{b})=\boldsymbol{b}\cdot(\boldsymbol{c}\times\boldsymbol{a})\}$$

$$=\oint_{\Gamma} \{\boldsymbol{a}\cdot[\boldsymbol{n}(\nabla G\cdot\nabla\times\boldsymbol{Q})-(\boldsymbol{n}\cdot\nabla G)\nabla\times\boldsymbol{Q}]+\boldsymbol{a}\cdot(\boldsymbol{n}\times\boldsymbol{Q})\nabla^2 G-(\boldsymbol{a}\cdot\nabla\nabla G)\cdot(\boldsymbol{n}\times\boldsymbol{Q})\}\mathrm{d}S \quad (6.25)$$

式（6.25）中用到了两个恒等式：$(\boldsymbol{a}\cdot\nabla)\nabla G=\boldsymbol{a}\cdot\nabla\nabla G$，已在附录 A 中验证：

$$\boldsymbol{n}\cdot[Q\times(\boldsymbol{a}\cdot\nabla\nabla G)]=(\boldsymbol{a}\cdot\nabla\nabla G)\cdot(\boldsymbol{n}\times\boldsymbol{Q})=\boldsymbol{a}\cdot[\nabla\nabla G\cdot(\boldsymbol{n}\times\boldsymbol{Q})]$$

第二个关系式的第一个等式是将 $\boldsymbol{a}\cdot\nabla\nabla G$ 作为整体看作一个矢量，然后利用矢量恒等式 $\boldsymbol{a}\cdot(\boldsymbol{b}\times\boldsymbol{c})=\boldsymbol{c}\cdot(\boldsymbol{a}\times\boldsymbol{b})=\boldsymbol{b}\cdot(\boldsymbol{c}\times\boldsymbol{a})$ 得到的，这是没有任何问题的。而第 2 个等式也已在附录 A 中验证。

联立此两式，消去任意恒定向量 $\boldsymbol{a}$ 有

$$W\nabla\times\boldsymbol{Q}-\int_{\Omega}\boldsymbol{f}\times\nabla G\mathrm{d}\Omega=\oint_{\Gamma}[\boldsymbol{n}(\nabla G\cdot\nabla\times\boldsymbol{Q})-(\boldsymbol{n}\cdot\nabla G)\nabla\times\boldsymbol{Q}+(\boldsymbol{n}\times\boldsymbol{Q})\nabla^2 G-\nabla\nabla G\cdot(\boldsymbol{n}\times\boldsymbol{Q})]\mathrm{d}S \quad (6.26)$$

由于 $\nabla^2 G+k^2 G=-\delta$，所以

$$(\boldsymbol{n}\times\boldsymbol{Q})\nabla^2 G=(\boldsymbol{n}\times\boldsymbol{Q})(-k^2 G-\delta)=-(\boldsymbol{n}\times\boldsymbol{Q})k^2 G \quad (6.27)$$

式（6.27）最后一个等号考虑了 δ 函数在边界上的积分效应。

同时，因为 $(\boldsymbol{a}\times\boldsymbol{b})\times\boldsymbol{c}=\boldsymbol{b}(\boldsymbol{a}\cdot\boldsymbol{c})-\boldsymbol{a}(\boldsymbol{b}\cdot\boldsymbol{c})$，则

$$-(\boldsymbol{n}\times\nabla\times\boldsymbol{Q})\times\nabla G=(\nabla\times\boldsymbol{Q}\times\boldsymbol{n})\times\nabla G=\boldsymbol{n}(\nabla G\cdot\nabla\times\boldsymbol{Q})-(\boldsymbol{n}\cdot\nabla G)\nabla\times\boldsymbol{Q} \quad (6.28)$$

故有

$$W\nabla\times\boldsymbol{Q}=\int_{\Omega}\boldsymbol{f}\times\nabla G\mathrm{d}\Omega-\oint_{\Gamma}[(\boldsymbol{n}\times\nabla\times\boldsymbol{Q})\times\nabla G+(\boldsymbol{n}\times\boldsymbol{Q})k^2 G+\nabla\nabla G\cdot(\boldsymbol{n}\times\boldsymbol{Q})]\mathrm{d}S \quad (6.29)$$

此积分表述就是所需要的双旋度赫姆霍兹方程的旋度积分表述。这里仍然很自然地仅出现两个切线边界条件，与电磁场的唯一性定理所要求的切线边界条件相吻合。

当然这里没有出现散度约束条件（无论是源区还是边界上），这表明散度假设肯定对旋度计算没有任何影响，这一点稍后将给出证明。

6.2.2　旋度表述的另一种获得方式（求导）

根据偏微分方程理论，基本积分表述：

$$WQ = \int_\Omega [\nabla G(\nabla \cdot Q) + fG] \mathrm{d}\Omega - \oint_\Gamma [Gn \times \nabla \times Q + n \times Q \times \nabla G + \nabla G(n \cdot Q)] \mathrm{d}\Gamma$$

所示的待解函数在定义域内连续可微，且在源函数 f、待解函数 Q 和待解函数的旋度 $\nabla \times Q$ 的边界分布 $Q\big|_\Gamma, \nabla \times Q\big|_\Gamma$ 满足一定的连续性要求的情况下，可将梯度算子 ∇ 从积分号外移入积分号内，并注意求导变量（源点和场点的区分）为场点，且主要利用 $\nabla_{\mathrm{r}} = -\nabla$，$\nabla \times (fG) = \nabla G \times f + G\nabla \times f$，则

$$W\nabla\times Q = \nabla_r \times \int_\Omega [\nabla G(\nabla\cdot Q) + fG]\mathrm{d}\Omega - \nabla_r \times \oint_\Gamma [Gn\times\nabla\times Q + n\times Q\times\nabla G + \nabla G(n\cdot Q)]\mathrm{d}\Gamma$$

$$= -\int_\Omega [(\nabla\cdot Q)\nabla\times\nabla G + \nabla G\times f]\mathrm{d}\Omega - \oint_\Gamma [\nabla_r G\times(n\times\nabla\times Q) + \nabla_r\times(n\times Q\times\nabla G) + (n\cdot Q)\nabla_r\times\nabla G]\mathrm{d}\Gamma$$

$$\{\nabla\times\nabla G = 0,\quad \nabla\times(a\times b) = (b\cdot\nabla)a - (a\cdot\nabla)b + a\nabla\cdot b - b\nabla\cdot a\}$$

$$= -\int_\Omega \nabla G\times f\mathrm{d}\Omega - \oint_\Gamma \{\nabla_r G\times(n\times\nabla\times Q) + (n\times Q)\nabla_r\cdot(\nabla G) - [(n\times Q)\cdot\nabla_r](\nabla G)\}\mathrm{d}\Gamma$$

$$= -\int_\Omega \nabla G\times f\mathrm{d}\Omega + \oint_\Gamma \{\nabla G\times(n\times\nabla\times Q) + (n\times Q)\nabla^2 G - [(n\times Q)\cdot\nabla](\nabla G)\}\mathrm{d}\Gamma$$

$$= \int_\Omega f\times\nabla G\mathrm{d}\Omega - \oint_\Gamma \{(n\times\nabla\times Q)\times\nabla G + (n\times Q)k^2 G + (n\times Q)\cdot\nabla\nabla G\}\mathrm{d}\Gamma \tag{6.30}$$

与格林函数法得到的结果（式（6.29））相同。

6.2.3　旋度积分表述的导出（加权余量法）

仍利用标量赫姆霍兹方程的基本解 $G(r,r')$ 和任意恒向量 a 的组合来构造双旋度赫姆霍兹方程的旋度积分表述。此时取原问题的加权余量法权函数为 $R = \nabla\times[aG(r,r')]$。

1）问题的加权余量表达式（也就是确定其中的拉格朗日乘子）

因针对的是同一个边值问题（6.1），此过程与前面用加权余量法推导基本积分表述完全相同，故直接利用前面的式（6.12）。即所论问题的误差函数为

$$R = \int_\Omega [\nabla\times\nabla\times Q - k^2 Q - f]\cdot G\mathrm{d}\Omega - \int_{\Gamma 1}[n\times Q - \bar{u}]\cdot(\nabla\times G)\mathrm{d}\Gamma - \int_{\Gamma 2}[n\times\nabla\times Q - \bar{v}]\cdot G\mathrm{d}\Gamma$$

2）根据误差函数表达式确定边界积分方程

采用前面完全相同的推导过程，可得式（6.17）：

$$\int_\Omega Q\cdot(\nabla\times\nabla\times G - k^2 G)\mathrm{d}\Omega + \oint_\Gamma (n\times Q)\cdot(\nabla\times G)\mathrm{d}\Gamma + \oint_\Gamma G\cdot(n\times\nabla\times Q)\mathrm{d}\Gamma - \int_\Omega f\cdot G\mathrm{d}\Omega = 0$$

将权函数$\boldsymbol{G}=\nabla\times(\boldsymbol{a}G)=\nabla G\times\boldsymbol{a}$代入上式，可得

$$\int_{\Omega}\boldsymbol{Q}\cdot[\nabla\times\nabla\times\nabla\times(\boldsymbol{a}G)-k^2(\nabla G\times\boldsymbol{a})]\mathrm{d}\Omega+\oint_{\Gamma}(\boldsymbol{n}\times\boldsymbol{Q})\cdot[\nabla\times\nabla\times(\boldsymbol{a}G)]\mathrm{d}\Gamma$$
$$+\oint_{\Gamma}(\nabla G\times\boldsymbol{a})\cdot(\boldsymbol{n}\times\nabla\times\boldsymbol{Q})\mathrm{d}\Gamma-\int_{\Omega}\boldsymbol{f}\cdot(\nabla G\times\boldsymbol{a})\mathrm{d}\Omega=0 \tag{6.31}$$

利用前面的相关结果：

$$\nabla\times\boldsymbol{R}=\nabla\times\nabla\times(\boldsymbol{a}G)=\nabla(\boldsymbol{a}\cdot\nabla G)-\boldsymbol{a}\nabla^2G=\boldsymbol{a}\cdot\nabla\nabla G-\boldsymbol{a}\nabla^2G$$
$$\nabla\times\nabla\times\boldsymbol{R}=\nabla\times\nabla\times\nabla\times(\boldsymbol{a}G)=\nabla\times[\nabla(\boldsymbol{a}\cdot\nabla G)-\boldsymbol{a}\nabla^2G]=-\nabla\times(\boldsymbol{a}\nabla^2G)=\boldsymbol{a}\times\nabla(\nabla^2G)$$

将式（4.3）、式（4.28）代入式（6.31）可得

$$\int_{\Omega}\boldsymbol{Q}\cdot[\boldsymbol{a}\times\nabla(\nabla^2G)-k^2(\nabla G\times\boldsymbol{a})]\mathrm{d}\Omega+\oint_{\Gamma}(\boldsymbol{n}\times\boldsymbol{Q})\cdot[\boldsymbol{a}\cdot\nabla\nabla G-\boldsymbol{a}\nabla^2G]\mathrm{d}\Gamma$$
$$+\oint_{\Gamma}(\nabla G\times\boldsymbol{a})\cdot(\boldsymbol{n}\times\nabla\times\boldsymbol{Q})\mathrm{d}\Gamma-\int_{\Omega}\boldsymbol{f}\cdot(\nabla G\times\boldsymbol{a})\mathrm{d}\Omega=0 \tag{6.32}$$

因为

$$\boldsymbol{A}\cdot(\boldsymbol{B}\times\boldsymbol{C})=\boldsymbol{B}\cdot(\boldsymbol{C}\times\boldsymbol{A})=\boldsymbol{C}\cdot(\boldsymbol{A}\times\boldsymbol{B})$$

$$\int_{\Omega}\boldsymbol{a}\cdot[\nabla(\nabla^2G)\times\boldsymbol{Q}]\mathrm{d}\Omega-\int_{\Omega}\boldsymbol{a}\cdot[\boldsymbol{Q}\times(k^2\nabla G)]\mathrm{d}\Omega+\oint_{\Gamma}\boldsymbol{a}\cdot[(\boldsymbol{n}\times\boldsymbol{Q})\cdot(\nabla\nabla G)]\mathrm{d}\Gamma$$
$$-\oint_{\Gamma}\boldsymbol{a}\cdot(\boldsymbol{n}\times\boldsymbol{Q})\nabla^2G\mathrm{d}\Gamma+\oint_{\Gamma}\boldsymbol{a}\cdot[(\boldsymbol{n}\times\nabla\times\boldsymbol{Q})\times\nabla G]\mathrm{d}\Gamma-\int_{\Omega}\boldsymbol{a}\cdot(\boldsymbol{f}\times\nabla G)\mathrm{d}\Omega=0 \tag{6.33}$$

注意：式（6.33）中使用了关系式$\boldsymbol{b}\cdot(\boldsymbol{a}\cdot\nabla\nabla G)=\boldsymbol{a}\cdot(\boldsymbol{b}\cdot\nabla\nabla G)$，这已在附录A中验证。

式（6.33）消去常矢量$\boldsymbol{a}$可得

$$\int_{\Omega}[\nabla(\nabla^2G)\times\boldsymbol{Q}]\mathrm{d}\Omega-\int_{\Omega}[\boldsymbol{Q}\times(k^2\nabla G)]\mathrm{d}\Omega+\oint_{\Gamma}(\boldsymbol{n}\times\boldsymbol{Q})\cdot(\nabla\nabla G)\mathrm{d}\Gamma$$
$$-\oint_{\Gamma}(\boldsymbol{n}\times\boldsymbol{Q})\nabla^2G\mathrm{d}\Gamma+\oint_{\Gamma}[(\boldsymbol{n}\times\nabla\times\boldsymbol{Q})\times\nabla G]\mathrm{d}\Gamma-\int_{\Omega}(\boldsymbol{f}\times\nabla G)\mathrm{d}\Omega=0 \tag{6.34}$$

又根据$\nabla\times(\boldsymbol{A}\varphi)=\nabla\varphi\times\boldsymbol{A}+\varphi\nabla\times\boldsymbol{A}$，$\varphi=(\nabla^2G)+(k^2G)$可得

$$\nabla(\nabla^2G)\times\boldsymbol{Q}-\boldsymbol{Q}\times(k^2\nabla G)=[\nabla(\nabla^2G)+(k^2\nabla G)]\times\boldsymbol{Q}=\nabla[(\nabla^2G)+(k^2G)]\times\boldsymbol{Q}$$
$$=\nabla\times[(\nabla^2G+k^2G)\boldsymbol{Q}]-(\nabla^2G+k^2G)\nabla\times\boldsymbol{Q} \tag{6.35}$$

利用G为标量赫姆霍兹方程的基本解以及$\delta(\boldsymbol{r})$的性质可得

$$\int_{\Omega}[\nabla(\nabla^2G)\times\boldsymbol{Q}]\mathrm{d}\Omega-\int_{\Omega}[\boldsymbol{Q}\times(k^2\nabla G)]\mathrm{d}\Omega$$
$$=\int_{\Omega}\nabla\times[(\nabla^2G+k^2G)\boldsymbol{Q}]\mathrm{d}\Omega-\int_{\Omega}(\nabla^2G+k^2G)\nabla\times\boldsymbol{Q}\mathrm{d}\Omega$$
$$=\oint_{\Gamma}\boldsymbol{n}\times[-\delta(\boldsymbol{r})\boldsymbol{Q}]\mathrm{d}\Gamma-\int_{\Omega}[-\delta(\boldsymbol{r})]\nabla\times\boldsymbol{Q}\mathrm{d}\Omega=W\nabla\times\boldsymbol{Q} \tag{6.36}$$

将式（6.36）代入式（6.34）可得

$$W\nabla\times\boldsymbol{Q}+\oint_\Gamma(\boldsymbol{n}\times\boldsymbol{Q})\cdot(\nabla\nabla G)\mathrm{d}\Gamma-\oint_\Gamma(\boldsymbol{n}\times\boldsymbol{Q})\nabla^2G\mathrm{d}\Gamma$$
$$+\oint_\Gamma[(\boldsymbol{n}\times\nabla\times\boldsymbol{Q})\times\nabla G]\mathrm{d}\Gamma-\int_\Omega(\boldsymbol{f}\times\nabla G)\mathrm{d}\Omega=0$$

将其整理成常见的形式：

$$W\nabla\times\boldsymbol{Q}=\int_\Omega(\boldsymbol{f}\times\nabla G)\mathrm{d}\Omega+\oint_\Gamma[(\boldsymbol{n}\times\boldsymbol{Q})\nabla^2G-(\boldsymbol{n}\times\boldsymbol{Q})\cdot(\nabla\nabla G)-(\boldsymbol{n}\times\nabla\times\boldsymbol{Q})\times\nabla G]\mathrm{d}\Gamma \tag{6.37}$$

考虑 G 为标量赫姆霍兹方程 $\nabla^2G(r)+k^2G(r)+\delta(r)=0$ 的基本解，将 $\nabla^2G(\boldsymbol{r})=-k^2G(\boldsymbol{r})$ 代入式（6.37）可得更简单的形式：

$$W\nabla\times\boldsymbol{Q}=\int_\Omega(\boldsymbol{f}\times\nabla G)\mathrm{d}\Omega-\oint_\Gamma[(\boldsymbol{n}\times\boldsymbol{Q})k^2G+(\boldsymbol{n}\times\boldsymbol{Q})\cdot(\nabla\nabla G)+(\boldsymbol{n}\times\nabla\times\boldsymbol{Q})\times\nabla G]\mathrm{d}\Gamma \tag{6.38}$$

这再次得到了双旋度赫姆霍兹方程的旋度形式的积分表述式（6.29），与运用格林函数法和求导方法得到的旋度积分表述完全相同。三种推导过程得到相同的旋度积分表述可以避免推导过程出现失误，也从一个侧面证明了所得到的旋度积分表述的正确性。

6.3　双旋度赫姆霍兹方程的数学性质

双旋度赫姆霍兹方程与其他微分方程相比，最重要的性质在于解函数的欠定性。也就是说，独自一个双旋度赫姆霍兹方程，无论怎样构造边界条件，都无法确定矢量函数本身，但可以唯一地确定其旋度。双旋度赫姆霍兹方程的欠定性通过散度任意假设特性、二维性特征以及双旋度赫姆霍兹方程本身所具有的协调条件等具体表现出来。

6.3.1　双旋度赫姆霍兹方程解的存在性和唯一性

此处的双旋度赫姆霍兹方程来源于实际问题，不是一个纯粹的数学问题，因此，只要方程本身反映了客观事物的真实存在，加上适当的边界条件，解就是一定存在且唯一的。

这里仅从算法讨论的角度讨论解的唯一性。

我们讨论求解的问题仍然是式（6.1），设 $\boldsymbol{E}$ 为问题（6.1）在适当边界条件下的一个解，$\boldsymbol{B}$ 是问题（6.1）在相同边界条件下的另一个不同解，令 $\boldsymbol{A}=\boldsymbol{E}-\boldsymbol{B}$，考虑算子的线性特征，$\boldsymbol{A}$ 是齐次方程 $\nabla\times\nabla\times\boldsymbol{A}-k^2\boldsymbol{A}=0$ 在齐次边界条件下的解。

简单地，从数值计算的角度，根据双旋度赫姆霍兹方程的积分表述，齐次方程 $\nabla\times\nabla\times\boldsymbol{A}-k^2\boldsymbol{A}=0$ 在齐次边界条件下的解为零(各积分项全为零。对于基本积分表述，还必须要求体积分的散度假设相同)。

6.3.2 双旋度赫姆霍兹方程解的欠定性（任意散度假设）

双旋度赫姆霍兹方程与双旋度泊松方程一样，最重要的特点是解函数的欠定性，其最重要的表现形式就是基本积分表述的任意散度假设特性。虽然双旋度赫姆霍兹方程基本积分表述式（6.5）与双旋度泊松方程的基本积分表述式（4.8）在形式上完全相同，但由于积分表述对应的泛定方程形式不同，其证明过程也稍有不同。

对于赫姆霍兹方程的基本积分表述式（6.5）：

$$W\boldsymbol{Q}=\int_{\Omega}[\nabla G(\nabla\cdot\boldsymbol{Q})+\boldsymbol{f}G]\mathrm{d}\Omega-\oint_{\Gamma}[G\boldsymbol{n}\times\nabla\times\boldsymbol{Q}+\boldsymbol{n}\times\boldsymbol{Q}\times\nabla G+\nabla G(\boldsymbol{n}\cdot\boldsymbol{Q})]\mathrm{d}S$$

假设矢性变量的散度分布为：$\nabla\cdot\boldsymbol{Q}=\theta$，其值可以是任意函数。

对于基本积分表述中的体积分部分 $\boldsymbol{Q}_{\mathrm{Vol}}$ 求散，得

$$\begin{aligned}\nabla\cdot\boldsymbol{Q}_{\mathrm{Vol}}&=\nabla_r\cdot\int_{\Omega}[\theta\nabla G+\boldsymbol{f}G]\mathrm{d}\Omega\\&=\int_{\Omega}\nabla_r\cdot[\theta\nabla G+\boldsymbol{f}G]\mathrm{d}\Omega\quad\{\nabla_r=-\nabla,\ \nabla\cdot(\boldsymbol{a}\varphi)=\boldsymbol{a}\cdot\nabla\varphi+\varphi\nabla\cdot\boldsymbol{a}\}\\&=\int_{\Omega}[\theta\nabla_r\cdot\nabla G+\boldsymbol{f}\cdot\nabla_r G]\mathrm{d}\Omega=-\int_{\Omega}[\theta\nabla^2G+\boldsymbol{f}\cdot\nabla G]\mathrm{d}\Omega\quad\{\nabla^2G+k^2G=-\delta\}\\&=-\int_{\Omega}[-\theta\delta-k^2G\theta+\boldsymbol{f}\cdot\nabla G]\mathrm{d}\Omega=\theta+\int_{\Omega}[k^2G\theta-\boldsymbol{f}\cdot\nabla G]\mathrm{d}\Omega\end{aligned}\tag{6.39}$$

再对积分表述所剩的面积分部分 $\boldsymbol{Q}_{\mathrm{Sur}}$ 求散，得

$$\begin{aligned}&\nabla\cdot\boldsymbol{Q}_{\mathrm{Sur}}=-\nabla_r\cdot\oint_{\Gamma}[G\boldsymbol{n}\times\nabla\times\boldsymbol{Q}+\boldsymbol{n}\times\boldsymbol{Q}\times\nabla G+\nabla G(\boldsymbol{n}\cdot\boldsymbol{Q})]\mathrm{d}S\\&=-\oint_{\Gamma}\nabla_r\cdot[G\boldsymbol{n}\times\nabla\times\boldsymbol{Q}+\boldsymbol{n}\times\boldsymbol{Q}\times\nabla G+\nabla G(\boldsymbol{n}\cdot\boldsymbol{Q})]\mathrm{d}S\\&\qquad\{\nabla\cdot(\boldsymbol{a}\varphi)=\boldsymbol{a}\cdot\nabla\varphi+\varphi\nabla\cdot\boldsymbol{a},\ \nabla_r=-\nabla,\ \nabla\cdot(\boldsymbol{a}\times\boldsymbol{b})=\boldsymbol{b}\cdot\nabla\times\boldsymbol{a}-\boldsymbol{a}\cdot\nabla\times\boldsymbol{b}\}\\&=\oint_{\Gamma}[(\boldsymbol{n}\times\nabla\times\boldsymbol{Q})\cdot\nabla G-\boldsymbol{n}\times\boldsymbol{Q}\cdot(\nabla\times\nabla G)+\nabla\cdot\nabla G(\boldsymbol{n}\cdot\boldsymbol{Q})]\mathrm{d}S\\&\qquad\{\boldsymbol{a}\cdot(\boldsymbol{b}\times\boldsymbol{c})=\boldsymbol{c}\cdot(\boldsymbol{a}\times\boldsymbol{b})=\boldsymbol{b}\cdot(\boldsymbol{c}\times\boldsymbol{a}),\ \nabla\times\nabla G=0\}\\&=\oint_{\Gamma}[\boldsymbol{n}\cdot(\nabla\times\boldsymbol{Q}\times\nabla G)+(\boldsymbol{n}\cdot\boldsymbol{Q})\nabla^2G]\mathrm{d}S=\oint_{\Gamma}\boldsymbol{n}\cdot[(\nabla\times\boldsymbol{Q}\times\nabla G)+\boldsymbol{Q}\nabla^2G]\mathrm{d}S\ \{\nabla^2G+k^2G=-\delta\}\\&=\int_{\Omega}\nabla\cdot[(\nabla\times\boldsymbol{Q}\times\nabla G)-k^2G\boldsymbol{Q}]\mathrm{d}\Omega\quad\{\nabla\cdot(\boldsymbol{a}\times\boldsymbol{b})=\boldsymbol{b}\cdot\nabla\times\boldsymbol{a}-\boldsymbol{a}\cdot\nabla\times\boldsymbol{b},\nabla\cdot(\boldsymbol{a}G)=\boldsymbol{a}\cdot\nabla G+G\nabla\cdot\boldsymbol{a}\}\\&=\int_{\Omega}[\nabla G\cdot(\nabla\times\nabla\times\boldsymbol{Q})-\nabla\times\boldsymbol{Q}\cdot\nabla\times\nabla G-k^2\boldsymbol{Q}\cdot\nabla G-k^2G\nabla\cdot\boldsymbol{Q}]\mathrm{d}\Omega\ \{\nabla\times\nabla\times\boldsymbol{Q}-k^2\boldsymbol{Q}=\boldsymbol{f}\}\\&=\int_{\Omega}[\nabla G\cdot(k^2\boldsymbol{Q}+\boldsymbol{f})-k^2\boldsymbol{Q}\cdot\nabla G-k^2G\theta]\mathrm{d}\Omega=\int_{\Omega}[\nabla G\cdot\boldsymbol{f}-k^2G\theta]\mathrm{d}\Omega\end{aligned}\tag{6.40}$$

将式（6.39）、式（6.40）相加，得到整个积分表述所确定的矢量函数的散度为

$$\nabla\cdot\boldsymbol{Q}=\nabla\cdot\boldsymbol{Q}_{\mathrm{Vol}}+\nabla\cdot\boldsymbol{Q}_{\mathrm{Sur}}=\theta+\int_{\Omega}[k^2G\theta-\boldsymbol{f}\cdot\nabla G]\mathrm{d}\Omega-\int_{\Omega}[k^2G\theta-\boldsymbol{f}\cdot\nabla G]\mathrm{d}\Omega=\theta\tag{6.41}$$

式（6.41）表明，无论怎样预先假定待求矢量的散度，基本积分表述所构造的矢量势恒满足这一假定。由此可知，由于双旋度赫姆霍兹方程解函数所具有的对任意散度分布假设的自洽性，作为物理规律的协调条件显然是一种允许的设定方法，当然任何一种与散度相联系的“规范条件”也都是一种允许的设定方法。但是，能否由协调条件或者任何一种“规范条件”将双旋度赫姆霍兹方程转化为一般的向量赫姆霍兹方程则是另一个问题。很显然，这种转换可能是存在问题的。

为了对基本积分表述的任意散度假设特性有更清楚的了解，可对面积分部分分别求散，则第 1 项：

$$-\nabla_r\cdot\oint_\Gamma G\boldsymbol{n}\times\nabla\times\boldsymbol{Q}\mathrm{d}S=-\oint_\Gamma\nabla_r\cdot[G\boldsymbol{n}\times\nabla\times\boldsymbol{Q}]\mathrm{d}S\quad\{\nabla\cdot(\boldsymbol{a}G)=\boldsymbol{a}\cdot\nabla G+G\nabla\cdot\boldsymbol{a}\}$$

$$=\oint_\Gamma(\boldsymbol{n}\times\nabla\times\boldsymbol{Q})\cdot\nabla G\mathrm{d}S\quad\{\boldsymbol{a}\cdot(\boldsymbol{b}\times\boldsymbol{c})=\boldsymbol{c}\cdot(\boldsymbol{a}\times\boldsymbol{b})=\boldsymbol{b}\cdot(\boldsymbol{c}\times\boldsymbol{a})\}$$

$$=\oint_\Gamma\boldsymbol{n}\cdot(\nabla\times\boldsymbol{Q}\times\nabla G)\mathrm{d}S=\int_\Omega\nabla\cdot(\nabla\times\boldsymbol{Q}\times\nabla G)\mathrm{d}\Omega\quad\{\nabla\cdot(\boldsymbol{a}\times\boldsymbol{b})=\boldsymbol{b}\cdot\nabla\times\boldsymbol{a}-\boldsymbol{a}\cdot\nabla\times\boldsymbol{b}\}$$

$$=\int_\Omega[\nabla G\cdot(\nabla\times\nabla\times\boldsymbol{Q})-\nabla\times\boldsymbol{Q}\cdot\nabla\times\nabla G]\mathrm{d}\Omega\quad\{\nabla\times\nabla\times\boldsymbol{Q}-k^2\boldsymbol{Q}=\boldsymbol{f},\quad\nabla\times\nabla G=0\}$$

$$=\int_\Omega[\nabla G\cdot(k^2\boldsymbol{Q}+\boldsymbol{f})]\mathrm{d}\Omega=\int_\Omega[\nabla G\cdot\boldsymbol{f}-G\nabla\cdot(k^2\boldsymbol{Q})-\nabla\cdot(k^2\boldsymbol{Q}G)]\mathrm{d}\Omega$$

$$=\int_\Omega[\nabla G\cdot\boldsymbol{f}-k^2\theta G-\nabla\cdot(k^2\boldsymbol{Q}G)]\mathrm{d}\Omega\tag{6.42}$$

第 2 项：

$$-\nabla_r\cdot\oint_\Gamma\boldsymbol{n}\times\boldsymbol{Q}\times\nabla G\mathrm{d}S=-\oint_\Gamma\nabla_r\cdot[\boldsymbol{n}\times\boldsymbol{Q}\times\nabla G]\mathrm{d}S\quad\{\nabla\cdot(\boldsymbol{a}\times\boldsymbol{b})=\boldsymbol{b}\cdot\nabla\times\boldsymbol{a}-\boldsymbol{a}\cdot\nabla\times\boldsymbol{b}\}$$

$$=\oint_\Gamma[\boldsymbol{n}\times\boldsymbol{Q}\cdot(\nabla_\mathrm{r}\times\nabla G)]\mathrm{d}S=-\oint_\Gamma[\boldsymbol{n}\times\boldsymbol{Q}\cdot(\nabla\times\nabla G)]\mathrm{d}S=0\tag{6.43}$$

第 3 项：

$$-\nabla_r\cdot\oint_\Gamma\nabla G(\boldsymbol{n}\cdot\boldsymbol{Q})\mathrm{d}S=-\oint_\Gamma\nabla_r\cdot[\nabla G(\boldsymbol{n}\cdot\boldsymbol{Q})]\mathrm{d}S\quad\{\nabla\cdot(\boldsymbol{a}\varphi)=\boldsymbol{a}\cdot\nabla\varphi+\varphi\nabla\cdot\boldsymbol{a},\quad\nabla_r=-\nabla\}$$

$$=\oint_\Gamma\nabla^2G(\boldsymbol{n}\cdot\boldsymbol{Q})\mathrm{d}S\quad\{\nabla^2G-k^2G=0\}=\oint_\Gamma\boldsymbol{n}\cdot(\boldsymbol{Q}k^2G)\mathrm{d}S=\int_\Omega\nabla\cdot(k^2G\boldsymbol{Q})\mathrm{d}\Omega\tag{6.44}$$

与双旋度泊松方程不同，双旋度赫姆霍兹方程的任意散度假设需要除体积分外，还需要面积分两项才能加以实现，这与双旋度泊松方程仅需一项体积分 $\int_\Omega\nabla G(\nabla\cdot\boldsymbol{Q})\mathrm{d}\Omega$ 就能实现所谓任意散度假设完全不同。同时所谓附加势项 $\oint_\Gamma\nabla G(\boldsymbol{n}\cdot\boldsymbol{Q})\mathrm{d}S$ 对散度是有贡献的。没有出现散度为零同时旋度也为零的麻烦。另外，除所谓单层面势项 $\boldsymbol{Q}_S=-\oint_\Gamma G\boldsymbol{n}\times\nabla\times\boldsymbol{Q}\mathrm{d}S$ 外，基本积分表述中的各项都对矢量场的散度有贡献。

6.3.3 双旋度赫姆霍兹方程的协调性条件

关于双旋度赫姆霍兹方程的协调条件，在第 3 章已做了全面而详尽的论述，由于问题本身的重要性和叙述的系统性，这里就双旋度赫姆霍兹方程的协调条件适当重复一下。

对于双旋度赫姆霍兹方程：

$$\nabla\times\nabla\times\boldsymbol{B}-\omega^2\varepsilon\mu\boldsymbol{B}=\boldsymbol{f} \tag{6.45}$$

一般而言，两边同时进行散度运算可立即得到协调条件：

$$\omega^2\varepsilon\mu\nabla\cdot\boldsymbol{B}=-\nabla\cdot\boldsymbol{f} \tag{6.46}$$

对于原始变量的双旋度赫姆霍兹方程：

$$\begin{cases}\nabla\times\nabla\times\boldsymbol{E}(\boldsymbol{r})-\omega^2\varepsilon\mu\boldsymbol{E}(\boldsymbol{r})=-\mathrm{j}\omega\mu\boldsymbol{J}(\boldsymbol{r})\\ \nabla\times\nabla\times\boldsymbol{B}(\boldsymbol{r})-\omega^2\varepsilon\mu\boldsymbol{B}(\boldsymbol{r})=\mu\nabla\times\boldsymbol{J}(\boldsymbol{r})\end{cases} \tag{6.47}$$

这两个方程是将电流 $\boldsymbol{J}$ 作为源来看的，从物理上看，这两个方程可以作为电磁波发射装置的计算方程。但在经典理论中这两个方程比较少见，其原因在第 3 章已做简要说明。

前者直接取散度可得 $\omega^2\varepsilon\mu\nabla\cdot\boldsymbol{E}=-\mathrm{j}\mu\omega\nabla\cdot\boldsymbol{J}$，将时谐条件下的电流连续方程 $\nabla\cdot\boldsymbol{J}=-\mathrm{j}\omega\rho$ 代入上式可得电场高斯定律：

$$\varepsilon\nabla\cdot\boldsymbol{E}=\rho \tag{6.48}$$

后者为时谐情况下的磁场高斯定理：

$$\nabla\cdot\boldsymbol{B}=0 \tag{6.49}$$

此时两个协调条件都是物理定律。

在经典理论中比较多见的是将式（6.47）中的电流 $\boldsymbol{J}$ 作为介质的感生电流来处理，从而得到反映无源电磁波在媒质中传播的赫姆霍兹方程：

$$\begin{cases}\nabla\times\nabla\times\boldsymbol{B}(\boldsymbol{r})-\varepsilon\mu\omega^2\boldsymbol{B}(\boldsymbol{r})+\mathrm{j}\gamma\mu\omega\boldsymbol{B}(\boldsymbol{r})=0\\ \nabla\times\nabla\times\boldsymbol{E}(\boldsymbol{r})-\varepsilon\mu\omega^2\boldsymbol{E}(\boldsymbol{r})+\mathrm{j}\gamma\mu\omega\boldsymbol{E}(\boldsymbol{r})=0\end{cases} \tag{6.50}$$

直接取散度，可直接得到

$$\nabla\cdot\boldsymbol{B}=0\text{，}\nabla\cdot\boldsymbol{E}=0 \tag{6.51}$$

这显然是无源条件下的磁场（电场）高斯定理。

对于势函数表示的时谐问题：

$$\begin{cases}\nabla^2\varphi+\nabla\cdot(\mathrm{j}\omega\boldsymbol{A})=-\dfrac{1}{\varepsilon}\rho\\ \nabla\times\nabla\times\boldsymbol{A}-\omega^2\varepsilon\mu\boldsymbol{A}+\mathrm{j}\omega\varepsilon\mu\nabla\varphi=\mu\boldsymbol{J}\end{cases} \tag{6.52}$$

此方程同样是将电流 $\boldsymbol{J}$ 作为源来看的，两边直接取散度：

$$-\omega^2 \varepsilon\mu\nabla\cdot\boldsymbol{A}+\mathrm{j}\omega\varepsilon\mu\nabla\cdot\nabla\varphi=\mu\nabla\cdot\boldsymbol{J} \tag{6.53}$$

如果将电流 $\boldsymbol{J}$ 作为介质的感生电流来处理，则得到反映无源电磁波在媒质中传播的时谐波动方程：

$$\begin{cases}\nabla^2\varphi+\nabla\cdot(\mathrm{j}\omega\boldsymbol{A})=-\dfrac{1}{\varepsilon}\rho\\ \nabla\times\nabla\times\boldsymbol{A}-\varepsilon\mu\omega^2\boldsymbol{A}+\mu\gamma\omega\mathrm{j}\boldsymbol{A}+\mathrm{j}\omega\varepsilon\mu\nabla\varphi=-\mu\gamma\nabla\varphi\end{cases} \tag{6.54}$$

对于势函数表示的时谐问题（6.54），对其中的包含双旋度算子的双旋度赫姆霍兹方程直接取散度，可得

$$-\varepsilon\mu\omega^2\nabla\cdot\boldsymbol{A}+\mu\gamma\omega\mathrm{j}\nabla\cdot\boldsymbol{A}+\mathrm{j}\omega\varepsilon\mu\nabla\cdot\nabla\varphi=-\mu\gamma\nabla\cdot\nabla\varphi \tag{6.55}$$

式（6.53）、式（6.55）经适当变换仍然是物理规律。

从前面的讨论中，可以看出：双旋度赫姆霍兹方程本身所包含的协调条件本质上就是给出了“源”（指偏微分方程的非齐次项）和待求量的散度之间的协调关系。同时，对于原始变量表示的双旋度赫姆霍兹方程而言，协调条件就是物理规律。对于势函数表达的双旋度赫姆霍兹方程而言，则协调条件表达式比较复杂，但本质上仍然应该是物理规律的势函数表达。

协调条件与规范的吻合并不表明经典理论通过规范将包含双旋度算子的方程转化为拉普拉斯算子的方程是合理的。正如前面所述拉普拉斯算子 ∇^2、双旋度算子 $\nabla\times\nabla\times$ 从数学角度看是两类完全不同的算子，所要求的边界条件并不相同，两种算子反映不同的物理现象，因此在物理上这种转换是不行的。

6.3.4　双旋度赫姆霍兹方程的二维特征

双旋度赫姆霍兹方程 $\nabla\times\nabla\times\boldsymbol{Q}(\boldsymbol{r})-k^2\boldsymbol{Q}=\boldsymbol{f}$ 的最大特点是其欠定性。经典理论认为：为了唯一地确定待求变量 $\boldsymbol{Q}(\boldsymbol{r})$，需要添加辅助的散度限制，即 $\nabla\cdot\boldsymbol{Q}(\boldsymbol{r})=\theta$，才能唯一地确定 $\boldsymbol{Q}(\boldsymbol{r})$（对于以确定 $\nabla\times\boldsymbol{Q}(\boldsymbol{r})$ 为目的，则不需散度限制）。

双旋度赫姆霍兹方程的欠定性的表现形式多种多样，前面介绍的任意散度假设特性就是其欠定性的表现形式之一，这里关心的是双旋度赫姆霍兹方程 $\nabla\times\nabla\times\boldsymbol{Q}(\boldsymbol{r})-k^2\boldsymbol{Q}(\boldsymbol{r})=\boldsymbol{f}(\boldsymbol{r})$ 是否具有二维性，也就是下述两个问题是否等价？

$$\begin{cases}\nabla\times\nabla\times\boldsymbol{Q}(\boldsymbol{r})-k^2\boldsymbol{Q}(\boldsymbol{r})=\boldsymbol{f}(\boldsymbol{r}), & \boldsymbol{r}\in\Omega\\ \boldsymbol{n}\times\nabla\times\boldsymbol{Q}(\boldsymbol{r})=\bar{\boldsymbol{v}}(\boldsymbol{r}), & \boldsymbol{r}\in\Gamma_2\\ \boldsymbol{n}\times\boldsymbol{Q}(\boldsymbol{r})=\bar{\boldsymbol{u}}(\boldsymbol{r}), & \boldsymbol{r}\in\Gamma_1\end{cases}$$

$$\begin{cases}(\nabla\times\nabla\times\boldsymbol{Q}(\boldsymbol{r})-k^2\boldsymbol{u})_i=\boldsymbol{f}_i, & i=1,2 \text{ 或 } 2,3 \text{ 或 } 1,3 \quad \boldsymbol{r}\in\Omega\\ \boldsymbol{n}\times\nabla\times\boldsymbol{Q}(\boldsymbol{r})=\overline{\boldsymbol{v}}(\boldsymbol{r}), & \boldsymbol{r}\in\Gamma_2\\ \boldsymbol{n}\times\boldsymbol{Q}(\boldsymbol{r})=\overline{\boldsymbol{u}}(\boldsymbol{r}), & \boldsymbol{r}\in\Gamma_1\end{cases}\tag{6.56}$$

证明 设$\boldsymbol{u}(\boldsymbol{r})$是问题（6.1）的一个解，因为问题（6.1）包含了问题（6.56）的全部泛定方程，所以$\boldsymbol{u}(\boldsymbol{r})$也是问题（6.56）的解；如果$\boldsymbol{u}'(\boldsymbol{r})$是问题（6.56）的另一个解，令$\boldsymbol{B}(\boldsymbol{r})=\boldsymbol{u}(\boldsymbol{r})-\boldsymbol{u}'(\boldsymbol{r})$。

考虑算子∇的线性性质，不妨假设在任一笛卡儿直角坐标系下取$i=1,2$，则$\boldsymbol{B}(\boldsymbol{r})$恒满足：

$$\begin{cases}(\nabla\times\nabla\times\boldsymbol{B}(\boldsymbol{r})-k^2\boldsymbol{B})_i=0, & i=1,2\\ \boldsymbol{n}\times\nabla\times\boldsymbol{B}(\boldsymbol{r})=0, & \boldsymbol{r}\in\Gamma_2\\ \boldsymbol{n}\times\boldsymbol{B}(\boldsymbol{r})=0, & \boldsymbol{r}\in\Gamma_1\end{cases}\tag{6.57}$$

在第 3 章已说明协调条件是双旋度算子相应的微分方程本身所具有的重要特性，必须得到满足。齐次双旋度赫姆霍兹方程的协调条件为

$$\nabla\cdot\boldsymbol{B}(\boldsymbol{r})=B_1^1+B_2^2+B_3^3=0\Rightarrow\begin{cases}B_3^3=-B_1^1-B_2^2\\ B_{31}^3=-B_{11}^1-B_{21}^2\\ B_{32}^3=-B_{12}^1-B_{22}^2\end{cases}\tag{6.58}$$

式（6.58）中上标为分量代号，下标为偏导代号；

因为

$$\nabla\times\nabla\times\boldsymbol{B}=\nabla\times\begin{bmatrix}\boldsymbol{i} & \boldsymbol{j} & \boldsymbol{k}\\ \dfrac{\partial}{\partial x} & \dfrac{\partial}{\partial y} & \dfrac{\partial}{\partial z}\\ B^1 & B^2 & B^3\end{bmatrix}=\begin{bmatrix}\boldsymbol{i} & \boldsymbol{j} & \boldsymbol{k}\\ \dfrac{\partial}{\partial x} & \dfrac{\partial}{\partial y} & \dfrac{\partial}{\partial z}\\ B_2^3-B_3^2 & B_3^1-B_1^3 & B_1^2-B_2^1\end{bmatrix},$$

$$=\boldsymbol{i}(B_{12}^2-B_{22}^1-B_{33}^1+B_{13}^3)+\boldsymbol{j}(B_{23}^3-B_{33}^2-B_{11}^2+B_{21}^1)+\boldsymbol{k}(B_{31}^1-B_{11}^3-B_{22}^3+B_{32}^2)$$

于是，齐次双旋度赫姆霍兹方程的分量表达式为

$$\begin{cases}B_{12}^2-B_{22}^1-B_{33}^1+B_{13}^3=k^2B^1\\ B_{23}^3-B_{23}^2-B_{11}^2+B_{21}^1=k^2B^2\\ B_{13}^1-B_{11}^3-B_{22}^3+B_{23}^2=k^2B^3\end{cases}\tag{6.59}$$

所以，对各分量式分别对该分量坐标求导可得

$$\begin{cases}B_{112}^2-B_{122}^1-B_{133}^1+B_{113}^3=k^2B_1^1\\ B_{223}^3-B_{233}^2-B_{112}^2+B_{221}^1=k^2B_2^2\\ B_{133}^1-B_{113}^3-B_{223}^3+B_{233}^2=k^2B_3^3\end{cases}\tag{6.60}$$

将前两个分量的结果相加，并利用式（6.58）的结果可得

$$\begin{aligned}&B_{112}^2 - B_{122}^1 - B_{133}^1 + B_{113}^3 + B_{223}^3 - B_{233}^2 - B_{112}^2 + B_{221}^1 = k^2 B_1^1 + k^2 B_2^2 = -k^2 B_3^3\\ &\Rightarrow B_{133}^1 - B_{113}^3 - B_{223}^3 + B_{233}^2 = k^2 B_3^3\end{aligned} \tag{6.61}$$

这正是式（6.60）中第 3 式对第 3 坐标求导的结果。这实际上已经证明，如果以求 $\boldsymbol{B}(\boldsymbol{r})$ 的偏导数的组合（包括 $\boldsymbol{B}(\boldsymbol{r})$ 的旋度 $\nabla\times\boldsymbol{B}(\boldsymbol{r})$）为目的，双旋度赫姆霍兹方程 $\nabla\times\nabla\times\boldsymbol{B}(\boldsymbol{r}) - k^2\boldsymbol{B} = \boldsymbol{f}$ 的分量表达式中有一个是多余的。

6.3.5　双旋度赫姆霍兹方程的势分析

相仿于第 4 章中双旋度泊松方程的势论方法，也可以从基本积分表述入手，对双旋度赫姆霍兹方程进行势分析，从而搞清待求基本积分表述中各项的数学意义，这对如何构造恰当的定解问题，避免数值计算中可能出现的错误，都有相当的价值。

双旋度赫姆霍兹方程 $\nabla\times\nabla\times\boldsymbol{Q} - k^2\boldsymbol{Q} = \boldsymbol{f}$ 的基本积分表述为

$$W\boldsymbol{Q} = \int_\Omega [\nabla G(\nabla\cdot\boldsymbol{Q}) + \boldsymbol{f}G]\mathrm{d}\Omega - \oint_\Gamma [G\boldsymbol{n}\times\nabla\times\boldsymbol{Q} + \boldsymbol{n}\times\boldsymbol{Q}\times\nabla G + \nabla G(\boldsymbol{n}\cdot\boldsymbol{Q})]\mathrm{d}S$$

旋度积分表述：

$$\nabla\times\boldsymbol{Q} = \int_\Omega \boldsymbol{f}\times\nabla G\mathrm{d}\Omega - \oint_\Gamma [(\boldsymbol{n}\times\nabla\times\boldsymbol{Q})\times\nabla G + (\boldsymbol{n}\times\boldsymbol{Q})k^2 G + \nabla\nabla G\cdot(\boldsymbol{n}\times\boldsymbol{Q})]\mathrm{d}S$$

首先，因为 $\nabla\times\int_\Omega \nabla\cdot\boldsymbol{Q}\nabla G\mathrm{d}\Omega = 0$，$\nabla\times\oint_\Gamma \boldsymbol{n}\cdot\boldsymbol{Q}\nabla G\mathrm{d}\Gamma = 0$，所以，将这两部分单独列出，称为附加势，即 $\boldsymbol{Q}_{\mathrm{AD}} = \int_\Omega \nabla\cdot\boldsymbol{Q}\nabla G\mathrm{d}\Omega - \oint_\Gamma \boldsymbol{n}\cdot\boldsymbol{Q}\nabla G\mathrm{d}\Gamma$。也就是说，附加势的旋度恒等于零：$\nabla\times\boldsymbol{Q}_{\mathrm{AD}} = 0$。这表明，尽管附加势是待求矢量函数的一部分，但是附加势的存在对待求矢量的旋度没有任何贡献（当采用辅助变量即势函数方法求解电磁场时，这个旋度正是所要求的真实物理量），因此当人们真正关心待求矢量的旋度 $\nabla\times\boldsymbol{Q}$ 时，可以不顾及附加势的存在。正是由于 $\nabla\times\boldsymbol{Q}_{\mathrm{AD}} = 0$，所以在矢性变量的旋度表述中附加势的相应项将不会出现。

这样，扣除附加势以后，在待求矢量函数的积分表述中将只剩下三部分。

体积势：

$$\boldsymbol{Q}_{\mathrm{V}} = \int_\Omega \boldsymbol{f}G\mathrm{d}\Omega \tag{6.62}$$

单层面势：

$$\boldsymbol{Q}_{\mathrm{S}} = -\oint_\Gamma G\boldsymbol{n}\times\nabla\times\boldsymbol{Q}\mathrm{d}S \tag{6.63}$$

双层面势：

$$\boldsymbol{Q}_{\mathrm{D}} = -\oint_\Gamma \boldsymbol{n}\times\boldsymbol{Q}\times\nabla G\mathrm{d}S \tag{6.64}$$

对于体矢势，其对待求矢量函数旋度的贡献为

$$\nabla\times\boldsymbol{Q}_{\mathrm{V}}=\nabla_r\times\int_\Omega G\boldsymbol{f}\mathrm{d}\Omega=\int_\Omega\nabla_r\times(G\boldsymbol{f})\mathrm{d}\Omega=-\int_\Omega\nabla G\times\boldsymbol{f}\mathrm{d}\Omega=\int_\Omega\boldsymbol{f}\times\nabla G\mathrm{d}\Omega \quad (6.65)$$

这正是旋度积分表述中的唯一的体积分项。对其再次求旋可得

$$\nabla\times\nabla\times\boldsymbol{Q}_{\mathrm{V}}=\nabla_r\times\int_\Omega\boldsymbol{f}\times\nabla G\mathrm{d}\Omega=\int_\Omega\nabla_r\times(\boldsymbol{f}\times\nabla G)\mathrm{d}\Omega$$

$$\{\nabla\times(\boldsymbol{a}\times\boldsymbol{b})=\boldsymbol{a}\nabla\cdot\boldsymbol{b}-\boldsymbol{b}\nabla\cdot\boldsymbol{a}+(\boldsymbol{b}\cdot\nabla)\boldsymbol{a}-(\boldsymbol{a}\cdot\nabla)\boldsymbol{b}\}$$

$$=\int_\Omega[\boldsymbol{f}\nabla_r\cdot\nabla G-(\boldsymbol{f}\cdot\nabla_r)\nabla G]\mathrm{d}\Omega=-\int_\Omega[\boldsymbol{f}\nabla^2G-\boldsymbol{f}\cdot\nabla\nabla G]\mathrm{d}\Omega\quad\{\nabla^2G+k^2G+\delta=0\}$$

$$=\int_\Omega[\boldsymbol{f}(k^2G+\delta)+\boldsymbol{f}\cdot\nabla\nabla G]\mathrm{d}\Omega=\boldsymbol{f}+\int_\Omega[k^2G\boldsymbol{f}+\boldsymbol{f}\cdot\nabla\nabla G]\mathrm{d}\Omega \quad (6.66)$$

式（6.66）表明：体矢势不是双旋度赫姆霍兹方程的特解。而在一般的矢量（包括标量）泊松方程中，体势是泛定方程的特解，双旋度的赫姆霍兹方程的这种差别是由于双旋度算子本身所具有的重要特性，这在双旋度泊松方程和双旋度时域波动方程中也有相类似的结果。

对于单层面势，其旋度：

$$\nabla_r\times\boldsymbol{Q}_{\mathrm{S}}=-\nabla_r\times\oint_\Gamma G\boldsymbol{n}\times\nabla\times\boldsymbol{Q}\mathrm{d}S$$

$$=-\oint_\Gamma\nabla_r\times(G\boldsymbol{n}\times\nabla\times\boldsymbol{Q})\mathrm{d}S\quad\{\nabla\times(\varphi\boldsymbol{a})=\varphi\nabla\times\boldsymbol{a}+\nabla\varphi\times\boldsymbol{a}\}$$

$$=\oint_\Gamma\nabla G\times(\boldsymbol{n}\times\nabla\times\boldsymbol{Q})\mathrm{d}S=-\oint_\Gamma(\boldsymbol{n}\times\nabla\times\boldsymbol{Q})\times\nabla G\mathrm{d}S \quad (6.67)$$

这也和旋度积分表述中的三个面积分中的一个相对应。对其再次求旋，则

$$\nabla_r\times\nabla\times\boldsymbol{Q}_{\mathrm{S}}=-\nabla_r\times\oint_\Gamma(\boldsymbol{n}\times\nabla\times\boldsymbol{Q})\times\nabla G\mathrm{d}S\quad\{(\boldsymbol{a}\times\boldsymbol{b})\times\boldsymbol{c}=\boldsymbol{a}\times(\boldsymbol{b}\times\boldsymbol{c})-\boldsymbol{a}(\boldsymbol{b}\cdot\boldsymbol{c})+\boldsymbol{c}(\boldsymbol{a}\cdot\boldsymbol{b})\}$$

$$=-\oint_\Gamma\nabla_r\times[\boldsymbol{n}\times(\nabla\times\boldsymbol{Q}\times\nabla G)-\boldsymbol{n}(\nabla\times\boldsymbol{Q}\cdot\nabla G)+\nabla G(\boldsymbol{n}\cdot\nabla\times\boldsymbol{Q})]\mathrm{d}\Gamma\quad\{\nabla_r\times[\nabla G\phi]=0\}$$

$$=-\nabla_r\times\int_\Omega[\nabla\times(\nabla\times\boldsymbol{Q}\times\nabla G)-\nabla(\nabla\times\boldsymbol{Q}\cdot\nabla G)]\mathrm{d}\Omega$$

$$\{\nabla\times(\boldsymbol{a}\times\boldsymbol{b})=(\boldsymbol{b}\cdot\nabla)\boldsymbol{a}-(\boldsymbol{a}\cdot\nabla)\boldsymbol{b}+\boldsymbol{a}\nabla\cdot\boldsymbol{b}-\boldsymbol{b}\nabla\cdot\boldsymbol{a}\}$$

$$\{\nabla(\boldsymbol{a}\cdot\boldsymbol{b})=(\boldsymbol{b}\cdot\nabla)\boldsymbol{a}+(\boldsymbol{a}\cdot\nabla)\boldsymbol{b}+\boldsymbol{a}\times\nabla\times\boldsymbol{b}+\boldsymbol{b}\times\nabla\times\boldsymbol{a}\}$$

$$=-\nabla_r\times\int_\Omega\{[(\nabla G\cdot\nabla)\nabla\times\boldsymbol{Q}-(\nabla\times\boldsymbol{Q}\cdot\nabla)\nabla G+\nabla\times\boldsymbol{Q}\nabla\cdot\nabla G-\nabla G\nabla\cdot(\nabla\times\boldsymbol{Q})]$$

$$-[(\nabla G\cdot\nabla)(\nabla\times\boldsymbol{Q})+(\nabla\times\boldsymbol{Q}\cdot\nabla)\nabla G+(\nabla\times\boldsymbol{Q})\times\nabla\times\nabla G+\nabla G\times\nabla\times\nabla\times\boldsymbol{Q}]\}\mathrm{d}\Omega$$

$$=-\nabla_r\times\int_\Omega\{[-2\nabla\times\boldsymbol{Q}\cdot\nabla\nabla G+\nabla\times\boldsymbol{Q}\nabla^2G-\nabla G\nabla\cdot(\nabla\times\boldsymbol{Q})-\nabla G\times\nabla\times\nabla\times\boldsymbol{Q}]\}\mathrm{d}\Omega$$

$$\{\nabla_r\times[\nabla G\phi]=0,\ \ \nabla_r\times[\boldsymbol{Q}\cdot\nabla\nabla G]=0\}\quad\{\nabla\times\nabla\times\boldsymbol{Q}-k^2\boldsymbol{Q}=\boldsymbol{f},\ \ \nabla^2G+k^2G=-\delta\}$$

$$=-\nabla_r\times\int_\Omega\{\nabla\times\boldsymbol{Q}(-k^2G-\delta)-\nabla G\times(k^2\boldsymbol{Q}+\boldsymbol{f})\}\mathrm{d}\Omega\quad\{\nabla\times(\varphi\boldsymbol{a})=\varphi\nabla\times\boldsymbol{a}+\nabla\varphi\times\boldsymbol{a}\}$$

$$=\nabla_r\times\left\{\nabla\times\boldsymbol{Q}+\int_\Omega[\nabla\times\boldsymbol{Q}k^2G+\nabla G\times(k^2\boldsymbol{Q}+\boldsymbol{f})]\mathrm{d}\Omega\right\}$$

$$=\nabla_r\times\left\{\nabla\times\boldsymbol{Q}+\int_\Omega[\nabla\times(k^2G\boldsymbol{Q})+\nabla G\times\boldsymbol{f}]\mathrm{d}\Omega\right\}$$

$$=\nabla\times\nabla\times\boldsymbol{Q}+\nabla_r\times\oint_\Gamma(\boldsymbol{n}\times\boldsymbol{Q})k^2G\mathrm{d}\Gamma-\nabla_r\times\int_\Omega\boldsymbol{f}\times\nabla G\mathrm{d}\Omega \tag{6.68}$$

虽然这里并未将单层面势的双旋度具体求出，仔细观察可以发现：最后一项应该是体积势的双旋度式（6.66）的负值。中间项将在双层面势的双旋度中出现，且符号正好相反。第一项又是$\nabla\times\nabla\times\boldsymbol{Q}$，应该是各种势的双旋度的和。这就提醒我们，完全可能出现正负抵消的情况。

对于双层面势，其旋度：

$$\nabla_r\times\boldsymbol{Q}_\mathrm{D}=-\nabla_r\times\oint_\Gamma\boldsymbol{n}\times\boldsymbol{Q}\times\nabla G\mathrm{d}\Gamma=-\oint_\Gamma\nabla_r\times(\boldsymbol{n}\times\boldsymbol{Q}\times\nabla G)\mathrm{d}\Gamma$$

$$\{\nabla\times(\boldsymbol{a}\times\boldsymbol{b})=\boldsymbol{a}\nabla\cdot\boldsymbol{b}-\boldsymbol{b}\nabla\cdot\boldsymbol{a}+(\boldsymbol{b}\cdot\nabla)\boldsymbol{a}-(\boldsymbol{a}\cdot\nabla)\boldsymbol{b}\}$$

$$=-\oint_\Gamma\{(\boldsymbol{n}\times\boldsymbol{Q})\nabla_r\cdot\nabla G-[(\boldsymbol{n}\times\boldsymbol{Q})\cdot\nabla_r]\nabla G\}\mathrm{d}\Gamma$$

$$=\oint_\Gamma\{(\boldsymbol{n}\times\boldsymbol{Q})\nabla^2G-(\boldsymbol{n}\times\boldsymbol{Q})\cdot\nabla\nabla G\}\mathrm{d}\Gamma\quad\left\{\nabla^2G+k^2G=-\delta\right\}$$

$$=\oint_\Gamma\{(\boldsymbol{n}\times\boldsymbol{Q})(-\delta-k^2G)-(\boldsymbol{n}\times\boldsymbol{Q})\cdot\nabla\nabla G\}\mathrm{d}S$$

$$=-\oint_\Gamma\{(\boldsymbol{n}\times\boldsymbol{Q})k^2G+(\boldsymbol{n}\times\boldsymbol{Q})\cdot\nabla\nabla G\}\mathrm{d}\Gamma \tag{6.69}$$

这正好和旋度积分表述的另外两个面积分对应。对其再次求旋，则

$$\nabla_r\times\nabla\times\boldsymbol{Q}_\mathrm{D}=-\nabla_r\times\oint_\Gamma\{(\boldsymbol{n}\times\boldsymbol{Q})k^2G+(\boldsymbol{n}\times\boldsymbol{Q})\cdot\nabla\nabla G\}\mathrm{d}\Gamma\quad\{\nabla_r\times[(\boldsymbol{n}\times\boldsymbol{Q})\cdot\nabla\nabla G]=0\}$$

$$=-\nabla_r\times\oint_\Gamma\boldsymbol{n}\times(\boldsymbol{Q}k^2G)\mathrm{d}\Gamma \tag{6.70}$$

这正好是式（6.68）中间一项的负值。

将式（6.66）、式（6.68）和式（6.70）三者相加可得

$$\nabla\times\nabla\times\boldsymbol{Q}_\mathrm{V}+\nabla\times\nabla\times\boldsymbol{Q}_\mathrm{S}+\nabla\times\nabla\times\boldsymbol{Q}_\mathrm{D}$$

$$=\nabla_r\times\int_\Omega\boldsymbol{f}\times\nabla G\mathrm{d}\Omega+\nabla\times\nabla\times\boldsymbol{Q}+\nabla_r\times\oint_\Gamma(\boldsymbol{n}\times\boldsymbol{Q})k^2G\mathrm{d}\Gamma+\nabla_r$$

$$\times\int_\Omega\nabla G\times\boldsymbol{f}\mathrm{d}\Omega-\nabla_r\times\oint_\Gamma\boldsymbol{n}\times(\boldsymbol{Q}k^2G)\mathrm{d}\Gamma$$

$$=\nabla\times\nabla\times\boldsymbol{Q} \tag{6.71}$$

由此，可以得到：除去附加势外，双旋度赫姆霍兹方程的三种势（体积势、单层面势和双层面势）都是双旋度赫姆霍兹方程的基本势，只有三者的和才能构成双旋度赫姆霍兹方程的特解。

除体积势外，前面并没有求出两个面势（单层面势和双层面势）的双旋度，当然

硬求这两个面势的双旋度也不是没有可能，只是太过烦琐，下面给出旋度积分表述的面积分再次求旋结果：

$$-\nabla_r\times\oint_\Gamma[(\boldsymbol{n}\times\boldsymbol{Q})k^2G+(\boldsymbol{n}\times\boldsymbol{Q})\cdot(\nabla\nabla G)+(\boldsymbol{n}\times\nabla\times\boldsymbol{Q})\times\nabla G]\mathrm{d}\Gamma$$

$$=-\oint_\Gamma\nabla_r\times[(\boldsymbol{n}\times\boldsymbol{Q})k^2G+(\boldsymbol{n}\times\boldsymbol{Q})\cdot(\nabla\nabla G)+(\boldsymbol{n}\times\nabla\times\boldsymbol{Q})\times\nabla G]\mathrm{d}\Gamma\quad\{\nabla\times[\boldsymbol{a}\cdot\nabla\nabla G]=0\}$$

$$=-\oint_\Gamma\nabla_r\times[(\boldsymbol{n}\times\boldsymbol{Q})k^2G+(\boldsymbol{n}\times\nabla\times\boldsymbol{Q})\times\nabla G]\mathrm{d}\Gamma\quad\{(\boldsymbol{a}\times\boldsymbol{b})\times\boldsymbol{c}=\boldsymbol{a}\times(\boldsymbol{b}\times\boldsymbol{c})-\boldsymbol{a}(\boldsymbol{b}\cdot\boldsymbol{c})+\boldsymbol{c}(\boldsymbol{a}\cdot\boldsymbol{b})\}$$

$$=-\nabla_r\times\oint_\Gamma\{\boldsymbol{n}\times(\boldsymbol{Q}k^2G)+\boldsymbol{n}\times(\nabla\times\boldsymbol{Q}\times\nabla G)-\boldsymbol{n}[(\nabla\times\boldsymbol{Q})\cdot\nabla G]+\nabla G(\boldsymbol{n}\cdot\nabla\times\boldsymbol{Q})\}\mathrm{d}\Gamma$$

$$\{\nabla_r\times[\nabla G(\boldsymbol{n}\cdot\nabla\times\boldsymbol{Q})]=0\}$$

$$=-\nabla_r\times\int_\Omega\{\nabla\times(\boldsymbol{Q}k^2G)+\nabla\times(\nabla\times\boldsymbol{Q}\times\nabla G)-\nabla[(\nabla\times\boldsymbol{Q})\cdot\nabla G]\}\mathrm{d}\Omega$$

$$\{\nabla\times(\varphi\boldsymbol{a})=\varphi\nabla\times\boldsymbol{a}+\nabla\varphi\times\boldsymbol{a}\}$$

$$\{\nabla\times(\boldsymbol{a}\times\boldsymbol{b})=(\boldsymbol{b}\cdot\nabla)\boldsymbol{a}-(\boldsymbol{a}\cdot\nabla)\boldsymbol{b}+\boldsymbol{a}\nabla\cdot\boldsymbol{b}-\boldsymbol{b}\nabla\cdot\boldsymbol{a},\nabla(\boldsymbol{a}\cdot\boldsymbol{b})=(\boldsymbol{b}\cdot\nabla)\boldsymbol{a}+(\boldsymbol{a}\cdot\nabla)\boldsymbol{b}+\boldsymbol{a}\times\nabla\times\boldsymbol{b}+\boldsymbol{b}\times\nabla\times\boldsymbol{a}\}$$

$$=-\nabla_r\times\int_\Omega\{k^2G\nabla\times\boldsymbol{Q}+k^2\nabla G\times\boldsymbol{Q}+[(\nabla G\cdot\nabla)\nabla\times\boldsymbol{Q}-(\nabla\times\boldsymbol{Q}\cdot\nabla)\nabla G+\nabla\times\boldsymbol{Q}\nabla\cdot\nabla G-\nabla G\nabla\cdot(\nabla\times\boldsymbol{Q})]$$

$$-[(\nabla G\cdot\nabla)(\nabla\times\boldsymbol{Q})+(\nabla\times\boldsymbol{Q}\cdot\nabla)\nabla G+(\nabla\times\boldsymbol{Q})\times\nabla\times\nabla G+\nabla G\times\nabla\times\nabla\times\boldsymbol{Q}]\}\mathrm{d}\Omega$$

$$\{\nabla\times\nabla\times\boldsymbol{Q}-k^2\boldsymbol{Q}=\boldsymbol{f}\}$$

$$=-\nabla_r\times\int_\Omega\{k^2G\nabla\times\boldsymbol{Q}+k^2\nabla G\times\boldsymbol{Q}+[-2(\nabla\times\boldsymbol{Q}\cdot\nabla)\nabla G+\nabla\times\boldsymbol{Q}\nabla^2G-\nabla G\nabla\cdot(\nabla\times\boldsymbol{Q})]-\nabla G\times(k^2\boldsymbol{Q}+\boldsymbol{f})\}\mathrm{d}\Omega$$

$$=-\nabla_r\times\int_\Omega\{k^2G\nabla\times\boldsymbol{Q}+[\nabla\times\boldsymbol{Q}\nabla^2G-\nabla G\nabla\cdot(\nabla\times\boldsymbol{Q})]-\nabla G\times\boldsymbol{f}\}\mathrm{d}\Omega\quad\{\nabla^2G+k^2G=-\delta\}$$

$$=-\nabla_r\times\int_\Omega\{-\delta\nabla\times\boldsymbol{Q}-\nabla G\nabla\cdot(\nabla\times\boldsymbol{Q})-\nabla G\times\boldsymbol{f}\}\mathrm{d}\Omega$$

$$=\nabla_r\times\nabla\times\boldsymbol{Q}+\nabla_r\times\int_\Omega\{\nabla G\nabla\cdot(\nabla\times\boldsymbol{Q})+\nabla G\times\boldsymbol{f}\}\mathrm{d}\Omega$$

$$\{\nabla\times(\varphi\boldsymbol{a})=\varphi\nabla\times\boldsymbol{a}+\nabla\varphi\times\boldsymbol{a},\nabla\times(\boldsymbol{a}\times\boldsymbol{b})=(\boldsymbol{b}\cdot\nabla)\boldsymbol{a}-(\boldsymbol{a}\cdot\nabla)\boldsymbol{b}+\boldsymbol{a}\nabla\cdot\boldsymbol{b}-\boldsymbol{b}\nabla\cdot\boldsymbol{a}\}$$

$$=\nabla\times\nabla\times\boldsymbol{Q}+\int_\Omega\{[\nabla\cdot(\nabla\times\boldsymbol{Q})]\nabla_r\times\nabla G+(\boldsymbol{f}\cdot\nabla_r)\nabla G-\boldsymbol{f}\nabla_r\cdot\nabla G\}\mathrm{d}\Omega\quad\{\nabla_r\times\nabla G=0\}$$

$$=\nabla\times\nabla\times\boldsymbol{Q}-\int_\Omega\{\boldsymbol{f}\cdot\nabla\nabla G-\boldsymbol{f}\nabla^2G\}\mathrm{d}\Omega\quad\{\nabla^2G+k^2G=-\delta\}$$

$$=\nabla\times\nabla\times\boldsymbol{Q}-\boldsymbol{f}-\int_\Omega[\boldsymbol{f}k^2G+\boldsymbol{f}\cdot\nabla\nabla G]\mathrm{d}\Omega\tag{6.72}$$

将式（6.72）和式（6.66）相加：

$$\boldsymbol{f}+\int_\Omega[k^2G\boldsymbol{f}+\boldsymbol{f}\cdot\nabla\nabla G]\mathrm{d}\Omega+\nabla\times\nabla\times\boldsymbol{Q}-\boldsymbol{f}-\int_\Omega[\boldsymbol{f}k^2G+\boldsymbol{f}\cdot\nabla\nabla G]\mathrm{d}\Omega=\nabla\times\nabla\times\boldsymbol{Q}\tag{6.73}$$

显然，这和式（6.71）的结果相同。

总之，双旋度赫姆霍兹方程的几种势函数的数学性质如下。

（1）除去附加势外，双旋度赫姆霍兹方程的三种势（体积势、单层面势和双层面势）都是双旋度赫姆霍兹方程的基本势，只有三者的和才能构成双旋度赫姆霍兹方程的特解，缺一不可。

（2）双旋度赫姆霍兹方程的四种势中，除去附加势外没有满足齐次赫姆霍兹方程的势存在，这与双旋度泊松方程是不同的。

（3）附加势 $\boldsymbol{Q}_{\mathrm{AD}}$ 在形式上和双旋度泊松方程的附加势完全相同，也可表示为标量函数的梯度：

$$\boldsymbol{Q}_{\mathrm{AD}}=\int_{\Omega}\nabla\cdot\boldsymbol{Q}\nabla G\mathrm{d}\Omega-\oint_{\Gamma}\boldsymbol{n}\cdot\boldsymbol{Q}\nabla G\mathrm{d}\Gamma=\nabla\left(\int_{\Omega}-\nabla\cdot\boldsymbol{Q}G\mathrm{d}\Omega+\oint_{\Gamma}\boldsymbol{n}\cdot\boldsymbol{Q}G\mathrm{d}\Gamma\right)\tag{6.74}$$

（4）对体积附加势求散可得

$$\begin{aligned}\nabla\cdot\boldsymbol{Q}_{\mathrm{AD,V}}&=\nabla_r\cdot\int_{\Omega}\nabla\cdot\boldsymbol{Q}\nabla G\mathrm{d}\Omega=\int_{\Omega}\nabla\cdot\boldsymbol{Q}\nabla_r\cdot\nabla G\mathrm{d}\Omega\\&=-\int_{\Omega}\nabla\cdot\boldsymbol{Q}\nabla^2G\mathrm{d}\Omega\quad\left\{\nabla^2G+k^2G=-\delta\right\}\\&=\int_{\Omega}\nabla\cdot\boldsymbol{Q}(k^2G+\delta)\mathrm{d}\Omega=\theta+\int_{\Omega}k^2G\theta\mathrm{d}\Omega\end{aligned}\tag{6.75}$$

这表明双旋度赫姆霍兹方程基本积分表述对于任意散度分布假设的自洽性仅通过体积附加势还不能实现，这与双旋度泊松方程也不相同。正如前面分析所述：双旋度赫姆霍兹方程基本积分表述需要双层面势以外的所有项共同协作，才能实现任意散度假设的自洽性。

参 考 文 献

[1] 杨本洛. 流体运动经典分析. 北京: 科学出版社, 1996.
[2] 李忠元. 电磁场边界元素法. 北京: 北京工业学院出版社, 1987.
[3] 斯特来顿. 电磁理论. 何国瑜. 译. 北京: 北京航空学院出版社, 1986.
[4] 余恬, 雷虹. 电磁场分析中的应用数学. 北京: 北京邮电大学出版社, 2009.
[5] 王长清. 现代计算电磁学基础. 北京: 北京大学出版社, 2005.

第 7 章　双旋度赫姆霍兹方程数值求解与试验验证

在第 6 章中，根据文献[1]～文献[3]，参照第 4 章的相同方法，给出双旋度赫姆霍兹方程的基本积分表述和旋度积分表述，并讨论了双旋度赫姆霍兹方程具有的特殊数学性态。本章利用这两个积分表述，采用标准的边界元法[4-6]直接求解双旋度赫姆霍兹方程的形式来解决时谐电磁场的数值计算问题，并希望通过实验来证实。

数值验证包括两方面的内容：①从数学角度验证双旋度赫姆霍兹方程是否可行，也就是构造一个满足双旋度赫姆霍兹方程的理论解并由此构造恰当的边界条件，使用 MATLAB 语言[7,8]编写程序验证所得数值解与理论解的差距；②选定可实现的物理模型，用新的积分表述的计算结果与经典理论的计算结果进行比较研究，找出两者明显不同的条件，并希望通过实验来证实这种不同。

7.1　数值验证问题介绍

对于双旋度赫姆霍兹方程，第 3 章已说明其恰当定解问题可以表述为

$$\begin{cases} \nabla\times\nabla\times\boldsymbol{A}(\boldsymbol{r})-k^2\boldsymbol{A}(\boldsymbol{r})=\boldsymbol{f}(\boldsymbol{r}), & \boldsymbol{r}\in\Omega \\ \boldsymbol{n}\times\boldsymbol{A}(\boldsymbol{r})=\bar{\boldsymbol{u}}(\boldsymbol{r}), & \boldsymbol{r}\in\Gamma_1 \\ \boldsymbol{n}\times\nabla\times\boldsymbol{A}(\boldsymbol{r})=\bar{\boldsymbol{v}}(\boldsymbol{r}), & \boldsymbol{r}\in\Gamma_2 \end{cases} \tag{7.1}$$

式中，Γ_1,Γ_2 为计算域 Ω 的边界，且 $\Gamma_1+\Gamma_2=\Gamma$。

7.1.1　理论验证数学模型

为了验证新的积分表述的正确性，首先需要构造一个满足恰当定解问题的理论解。仍然设该问题有真解：$\boldsymbol{A}=[b_1\sin\omega_1 z, b_2\cos\omega_2 x, b_3\sin\omega_3 y]^{\mathrm{T}}$，式中 $\omega_1,\omega_2,\omega_3,b_1,b_2,b_3$ 是不等于零的实常数。

因为存在关系：

$$\nabla\times\nabla\times\boldsymbol{A}=\nabla\times\begin{bmatrix} \boldsymbol{i} & \boldsymbol{j} & \boldsymbol{k} \\ \dfrac{\partial}{\partial x} & \dfrac{\partial}{\partial y} & \dfrac{\partial}{\partial z} \\ b_1\sin\omega_1 z & b_2\cos\omega_2 x & b_3\sin\omega_3 y \end{bmatrix}=\begin{bmatrix} \boldsymbol{i} & \boldsymbol{j} & \boldsymbol{k} \\ \dfrac{\partial}{\partial x} & \dfrac{\partial}{\partial y} & \dfrac{\partial}{\partial z} \\ b_3\omega_3\cos\omega_3 y & b_1\omega_1\cos\omega_1 z & -b_2\omega_2\sin\omega_2 x \end{bmatrix}$$

$$=\boldsymbol{i}b_1\omega_1^2\sin\omega_1 z+\boldsymbol{j}b_2\omega_2^2\cos\omega_2 x+\boldsymbol{k}b_3\omega_3^2\sin\omega_3 y$$

所以

$$\nabla\times\nabla\times \boldsymbol{A}-k^2\boldsymbol{A}=\begin{bmatrix}\boldsymbol{i}\omega_1^2 b_1\sin\alpha_1 z\\ \boldsymbol{j}\omega_2^2 b_2\cos\alpha_2 x\\ \boldsymbol{k}\omega_3^2 b_3\sin\alpha_3 y\end{bmatrix}-k^2\begin{bmatrix}\boldsymbol{i}b_1\sin\omega_1 z\\ \boldsymbol{j}b_2\cos\omega_2 x\\ \boldsymbol{k}b_3\sin\omega_3 y\end{bmatrix}=\begin{bmatrix}\boldsymbol{i}(\omega_1^2-k^2)b_1\sin\omega_1 z\\ \boldsymbol{j}(\omega_2^2-k^2)b_2\cos\omega_2 x\\ \boldsymbol{k}(\omega_3^2-k^2)b_3\sin\omega_3 y\end{bmatrix}=\boldsymbol{f}$$

因此可以说，双旋度赫姆霍兹方程的理论验证模型所满足的泛定方程为

$$\nabla\times\nabla\times \boldsymbol{A}-k^2\boldsymbol{A}=[\boldsymbol{i}(\omega_1^2-k^2)b_1\sin\omega_1 z+\boldsymbol{j}(\omega_2^2-k^2)b_2\cos\omega_2 x+\boldsymbol{k}(\omega_3^2-k^2)b_3\sin\omega_3 y]^{\mathrm{T}} \tag{7.2}$$

则该泛定方程存在一个非平凡解：

$$\boldsymbol{A}=[b_1\sin\omega_1 z, b_2\cos\omega_2 x, b_3\sin\omega_3 y]^{\mathrm{T}} \tag{7.3}$$

显然，其协调条件为

$$\begin{aligned}\nabla\cdot\boldsymbol{A}&=-\frac{1}{k^2}\nabla\cdot\boldsymbol{f}\\ &=-\frac{1}{k^2}\nabla\cdot[\boldsymbol{i}(\omega_1^2-k^2)b_1\sin\omega_1 z+\boldsymbol{j}(\omega_2^2-k^2)b_2\cos\omega_2 x+\boldsymbol{k}(\omega_3^2-k^2)b_3\sin\omega_3 y]=0\end{aligned} \tag{7.4}$$

对于这个具体问题，表面上看协调条件就是库仑规范。关于双旋度赫姆霍兹方程的协调条件，已在第 3 章和第 6 章进行了较详细的讨论。当时已经说明协调条件虽然从数学上引入，但对于反映时谐电磁场分布这一物理问题的双旋度赫姆霍兹方程是物理规律的不同表现形式。具体地讲，对于原始变量表示的双旋度赫姆霍兹方程，是磁场（或电场）的高斯定律。

至于边界条件，可根据理论解 $\boldsymbol{A}=[b_1\sin\omega_1 z, b_2\cos\omega_2 x, b_3\sin\omega_3 y]^{\mathrm{T}}$ 和设定的求解区域给定。

现在，仍然设定求解区域为 $[0,1]^3$ 的正方体区域，该正方体处于坐标系的第 1 象限内，其一个顶点为坐标原点 $O(0,0,0)$，另一个点的坐标为 $P(1,1,1)$。

在给定边界条件的情况下，根据第 3 章的相关描述，希望求得具有物理意义的值（或理论解）为

$$\nabla\times\boldsymbol{A}=\begin{bmatrix}\boldsymbol{i} & \boldsymbol{j} & \boldsymbol{k}\\ \dfrac{\partial}{\partial x} & \dfrac{\partial}{\partial y} & \dfrac{\partial}{\partial z}\\ \sin\omega_1 z & \cos\omega_2 x & \sin\omega_3 y\end{bmatrix}=\begin{bmatrix}\boldsymbol{i}b_3\omega_3\cos\omega_3 y\\ \boldsymbol{j}b_1\omega_1\cos\omega_1 z\\ -\boldsymbol{k}b_2\omega_2\sin\omega_2 x\end{bmatrix}$$

对于边界条件，首先讨论第 1 类边界条件，为此需要构造 $\boldsymbol{n}\times\boldsymbol{A}$ 的值：

$$\boldsymbol{n}\times\boldsymbol{A}=\begin{bmatrix}\boldsymbol{i} & \boldsymbol{j} & \boldsymbol{k}\\ n_1 & n_2 & n_3\\ b_1\sin\omega_1 z & b_2\cos\omega_2 x & b_3\sin\omega_3 y\end{bmatrix}=\begin{bmatrix}(n_2 b_3\sin\omega_3 y-n_3 b_2\cos\omega_2 x)\boldsymbol{i}\\ (n_3 b_1\sin\omega_1 z-n_1 b_3\sin\omega_3 y)\boldsymbol{j}\\ (n_1 b_2\cos\omega_2 x-n_2 b_1\sin\omega_1 z)\boldsymbol{k}\end{bmatrix} \tag{7.5}$$

式中，$\boldsymbol{n}=n_1\boldsymbol{i}+n_2\boldsymbol{j}+n_3\boldsymbol{k}$ 是边界 $\varGamma$ 的单位外法线方向，$\boldsymbol{r}=x\boldsymbol{i}+y\boldsymbol{j}+z\boldsymbol{k}$ 是边界 $\varGamma$ 上的点。

例如，在 XOY 坐标面，其 $\boldsymbol{n}=0\boldsymbol{i}+0\boldsymbol{j}-\boldsymbol{k}$ ， $z\equiv 0$ ，则该底面的第 1 类边界条件可以写成：

$$\boldsymbol{n}\times\boldsymbol{A}=(b_2\cos\omega_2 x)\boldsymbol{i}-0\boldsymbol{j}+0\boldsymbol{k},\quad x,y\in\Gamma_{XOY} \tag{7.6}$$

这和双旋度泊松方程的边界条件构造方式完全相同。

同理，对于第 2 类边界条件，则需要构造 $\boldsymbol{n}\times\nabla\times\boldsymbol{A}$ 的值

$$\boldsymbol{n}\times\nabla\times\boldsymbol{A}=\boldsymbol{n}\times\begin{bmatrix}\boldsymbol{i} & \boldsymbol{j} & \boldsymbol{k}\\ \dfrac{\partial}{\partial x} & \dfrac{\partial}{\partial y} & \dfrac{\partial}{\partial z}\\ b_1\sin\omega_1 z & b_2\cos\omega_2 x & b_3\sin\omega_3 y\end{bmatrix}$$

$$=\begin{bmatrix}\boldsymbol{i} & \boldsymbol{j} & \boldsymbol{k}\\ n_1 & n_2 & n_3\\ \omega_3 b_3\cos\omega_3 y & \omega_1 b_1\cos\omega_1 z & -\omega_2 b_2\sin\omega_2 x\end{bmatrix}=\begin{bmatrix}(-n_2\omega_2 b_2\sin\omega_2 x-n_3\omega_1 b_1\cos\omega_1 z)\boldsymbol{i}\\ (n_3\omega_3 b_3\cos\omega_3 y+n_1\omega_2 b_2\sin\omega_2 x)\boldsymbol{j}\\ (n_1\omega_1 b_1\cos\omega_1 z-n_2\omega_3 b_3\cos\omega_3 y)\boldsymbol{k}\end{bmatrix} \tag{7.7}$$

同样，在 XOY 坐标面，其 $\boldsymbol{n}=0\boldsymbol{i}+0\boldsymbol{j}-\boldsymbol{k}$ ， $z\equiv 0$ ，则该底面的第 2 类边界条件可以写成：

$$\boldsymbol{n}\times\nabla\times\boldsymbol{A}=0\boldsymbol{i}-\omega_3 b_3\cos\omega_3 y\boldsymbol{j}+0\boldsymbol{k},\quad x,y\in\Gamma_{XOY} \tag{7.8}$$

波数 k 在一般情况下是复数，和电磁波的传播媒质相关，波数与媒质参数的关系为

$$\begin{cases}\mathrm{j}k=\mathrm{j}\omega\sqrt{\left(\varepsilon+\dfrac{\gamma}{\mathrm{j}\omega}\right)\mu}=\alpha+\mathrm{j}\beta\\ \alpha=\omega\sqrt{\dfrac{\varepsilon\mu}{2}\left[\sqrt{1+\left(\dfrac{\gamma}{\omega\varepsilon}\right)^2}-1\right]},\quad \beta=\omega\sqrt{\dfrac{\varepsilon\mu}{2}\left[\sqrt{1+\left(\dfrac{\gamma}{\omega\varepsilon}\right)^2}+1\right]}\end{cases} \tag{7.9}$$

对于无耗媒质，

$$\alpha=\omega\sqrt{\frac{\varepsilon\mu}{2}\left[\sqrt{1+\left(\frac{\gamma}{\omega\varepsilon}\right)^2}-1\right]}=0,\quad \beta=\omega\sqrt{\frac{\varepsilon\mu}{2}\left[\sqrt{1+\left(\frac{\gamma}{\omega\varepsilon}\right)^2}+1\right]}=\omega\sqrt{\varepsilon\mu},\quad k=\beta \tag{7.10}$$

7.1.2 实验验证情况介绍

实验验证当然需要选择并建立具有一定检测精度的实验平台。

最初选择“平面波双孔干涉[9]”实验来检验反映时谐电磁波的赫姆霍兹方程的相关结论。但是这一问题在实验实现上并不是人们想象的那么容易，例如，作为理论研究经常使用的平面波，在实验室的实现就有很大的困难，更不用说如何精确地检测场了。

2014 年 7 月 18～23 日在大学同学王平的帮助下，在其所在的重庆邮电大学的微波暗室完成了尝试性的平面波双孔干涉实验。但实验结果却完全不可用，主要原因是平面波发生器发出的平面波不规范和场强仪的检测精度低，两者导致试验误差接近 50%。当然如果通过仔细的实验设计（比如检测无干涉板时的基础场强），应该是可以大幅度地降低实验误差的。但由于当时一些不可控的原因，无法进行仔细的实验设计和重新进行实验，导致实验结果完全不可用。

当时提出的实验改进措施如下。

（1）测试基础场强（无干涉挡板时场强）分布，这是导致实验误差接近 50%的主要原因。

（2）使用更好的平面波发生器代替目前的对数天线产生更标准的平面波。

（3）增加水平导轨，提高检测点定位精度。

（4）使用无反射夹具固定干涉挡板，提高磁场测量精度。

（5）改善计算条件，提高计算精度。

考虑本书作者没有经济实力进一步改善实验测试条件，加上沪渝两地距离较远，特别是后来新旧两种算法计算结果方便检测证实的差距没有找到，因此没有继续实验。当然，今后研究条件允许（主要是时间和精力允许）时，将在这方面继续研究工作，希望通过精细的大量计算，找到新旧两种算法结果方便检测证实的差距，并最终完成比较研究和检验实验。

2014 年 9 月，考虑通过对国际计算电磁学会议（COMPUMAG，1974 年由英国卢瑟福阿普尔顿国家实验室发起）提出的 TEAM 问题集中选择一些问题进行研究，该问题集某些问题给出了严格的实验结果。当时考虑选择问题 28——电动磁悬浮模型，选择该问题是因为：①问题本身是一个电磁时谐问题，并且有完整的实验结果；②本书作者曾利用大学生创新项目做过一些工作，购置了一些相关实验设备和测试设备（主要是低频磁场检验设备和低频恒流源发生设备），希望以此来检验双旋度赫姆霍兹方程两个积分表述的正确性。同时，还希望通过这个问题的仔细研究对实际边界条件探索能够有所启示（本章最后会做简单介绍）。图 7.1 是电动磁悬浮实验的基本情况。

(a) 电动磁悬浮设备图

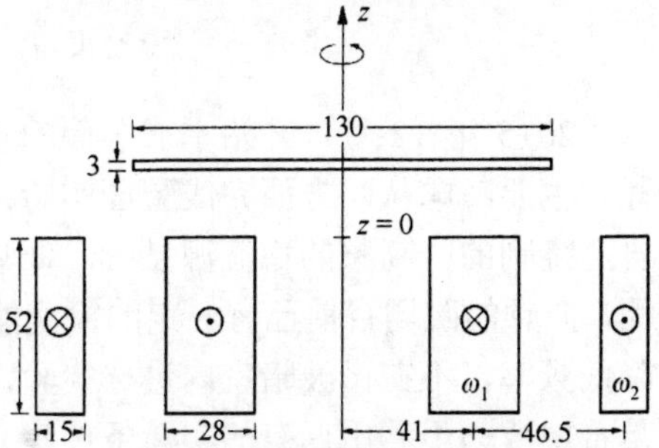

(b) 电动磁悬浮设备尺寸(单位: cm)

图 7.1　电动磁悬浮的基本情况（摘自 COMPUMAG 问题集）

经过一段时间（3 个月左右）的艰苦工作，虽然根据电磁场的基本原理完成了数值计算如图 7.2 所示。应该说单纯从计算结果与实验结果的吻合情况来说还是不错的，但从计算目的——新算法和经典算法的比较检验来讲很失败。目前的算法仅是利用原始的麦克斯韦方程组进行的，可以作为理论计算结果使用。短时间内完成求解波动方程的新旧两种算法不太可能（目前所有工作都需要作者亲力亲为，精力实在有限）。最关键的是算法对时间步长比较敏感，只有在特定的时间步长范围内计算结果才可用，这作为理论检验算例就不太合适了（这主要是因为我们对时域数值计算的稳定性条件研究不够，目前又不容许在这方面花费太多的时间，故只能临时作罢）。同时，作为一种在边界条件（边界条件本质上是电磁场与物质的相互作用）方面的尝试，原计划在 7.4 节进行简单的讨论，但因在程序实现上不是十分理想（仍然是对时间步长特别敏感，只在特定的时间步长范围内计算结果可用），只能临时作罢，待今后有机会再作讨论。

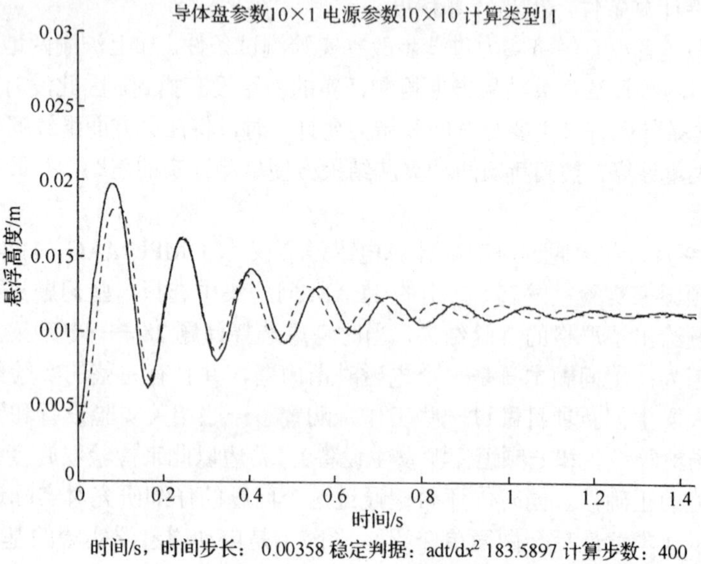

图 7.2　计算结果与实验结果比较（虚线为实验结果）

2015 年 12 月，开始本书书稿的整理工作，对新旧两种算法的比较研究又提上日程。主要考虑从两方面完成验证实验：标准的平面波难以获得，但普通的线圈是可以自己绕制的；高频的稳流源没有，低频的稳流源有现成的，高、中频的电磁场难以检测，低频的磁场目前已有一定的检测能力。因此将以“平面波双孔干涉”实验为基础，降低频率，不在微波暗室内进行实验，通过检测低频磁场的方式来检测电磁场。总之是希望致力于利用已有的实验条件建立实验平台。

经过多方努力，花少量经费定制了干涉屏，利用现有条件终于在 2016 年 11 月搭建出如图 7.3 所示的双孔干涉检测平台。该双孔干涉测试实验平台主要由干涉屏（材料主要有纯铜板和硅钢板两种)、交流变频电源、自制线圈、特斯拉计、检测滑道与支架、干涉屏固定支架等组成，下面分别介绍。

图 7.3　低频电磁波干涉实验平台

1) 干涉屏

材料：电工纯铁 DT4E，外形尺寸：0.5m×0.8m×0.002m，重量约为 6.15kg。纯铜板 T2，外形尺寸：0.5m×0.8m×0.002m，重量约为 6.98kg。

两个干涉屏上都开有直径为 100mm 相距 150mm 的干涉孔。干涉屏采用不同材料是为了方便模拟两类理想电磁材料——理想磁体和理想导体。

2) 交流变频电源

型号：DD103C，容量 10kVA，最大电流 40A，最大电压 500V，连续可调。控制精度为≤1%。输出频率：40～70Hz、50Hz、100Hz、200Hz，输出频率精度±0.05%，波形失真≤3%。生产厂家：山东精久科技有限公司。

3) 自制线圈

线圈架由电木板定制，电磁线为直径 ϕ1.0mm 的漆包线（标记：QZ－1/155、1.00 GB6109.2—1990)，线圈匝数为 500。

4) 特斯拉计

型号：HT22，量程范围 0～2.00mT，灵敏度 0.001mT，可检测静磁场和 10～200Hz 的交流磁场，号称是国内检测精度最高的磁场检测设备。生产厂家：上海亨通电磁科技有限公司。

5) 检测滑道与支架

为尽量避免碳钢滑道（未能找到合适的不锈钢或铝制滑道）及仪器支架可能对磁

场产生的影响，仪器支架采用不锈钢材质制造，且支架采用悬臂支撑，使检测点远离碳钢滑道（距离约 0.15m），尽量减小碳钢滑道对检测结果的影响。

6）干涉屏固定支架

木制支架，可基本保证干涉屏垂直于实验平台。

另外断断续续开始程序编制、调试工作，希望以此来检验双旋度赫姆霍兹方程两个积分表述的正确性。主要是个人精力的限制，再加上 2016 年 5 月在双旋度算子分离变量解（理论解）上的突破（见本书第 10 章相关部分），从理论上明确新旧算法的差距只是在某些特殊条件下才可能存在的。因此决定临时放弃实验验证，待今后有条件时再进行相应研究，希望在本书再版时能够补上相关内容，当然更希望对本书内容感兴趣读者加入相关研究，这也是本书克服各种困难尽快出版的首要目的。

2016 年 12 月 24 日，朋友（海外学者任伟）提议利用单色平面波球体衍射的严格解[3,10]（米氏理论）来验证双旋度赫姆霍兹方程积分表述的正确性，大致翻看了一下有关资料，要完全明白所谓米氏理论以本书作者的工程数学基础不是短时间能够完成的事，但有一条还是弄清楚了，该理论还是求解的矢量赫姆霍兹方程，不是原始的双旋度赫姆霍兹方程，因此该理论解不宜作为双旋度赫姆霍兹方程的理论解。在此也希望有心的读者能够提供合适的理论解或实验结果作为验证的标准。

7.2　积分表述离散格式

第 6 章推出了双旋度赫姆霍兹方程的基本积分表述式（6.5）：

$$W\boldsymbol{A}=\int_{\Omega}[\nabla G(\nabla\cdot\boldsymbol{A})+\boldsymbol{f}G]\mathrm{d}\Omega-\oint_{\Gamma}[G\boldsymbol{n}\times\nabla\times\boldsymbol{A}+(\boldsymbol{n}\times\boldsymbol{A})\times\nabla G+\nabla G(\boldsymbol{n}\cdot\boldsymbol{A})]\mathrm{d}S$$

同时，还给出了双旋度赫姆霍兹方程的基本积分表述具有任意散度假设特性的证明。由于这一特性，就数值计算而言，最简单的办法就是直接取 $\nabla\cdot\boldsymbol{A}=0$，因此，本章数值计算采用的双旋度赫姆霍兹方程的基本积分表述为

$$W\boldsymbol{A}=\int_{\Omega}\boldsymbol{f}G\mathrm{d}\Omega-\oint_{\Gamma}[G\boldsymbol{n}\times\nabla\times\boldsymbol{A}+\boldsymbol{n}\times\boldsymbol{A}\times\nabla G+\nabla G(\boldsymbol{n}\cdot\boldsymbol{A})]\mathrm{d}S \tag{7.11}$$

相应的旋度积分表述为

$$W\nabla\times\boldsymbol{A}=\int_{\Omega}\boldsymbol{f}\times\nabla G\mathrm{d}\Omega-\oint_{\Gamma}[(\boldsymbol{n}\times\nabla\times\boldsymbol{A})\times\nabla G+(\boldsymbol{n}\times\boldsymbol{A})k^2G+\nabla\nabla G\cdot(\boldsymbol{n}\times\boldsymbol{A})]\mathrm{d}S \tag{7.12}$$

另外，双旋度赫姆霍兹方程的基本积分表述与双旋度泊松方程的基本积分表述 $W\boldsymbol{A}=\int_{\Omega}[\nabla G(\nabla\cdot\boldsymbol{Q})+\boldsymbol{f}G]\mathrm{d}\Omega-\oint_{\Gamma}[G\boldsymbol{n}\times\nabla\times\boldsymbol{A}+\boldsymbol{n}\times\boldsymbol{A}\times\nabla G+\nabla G(\boldsymbol{n}\cdot\boldsymbol{A})]\mathrm{d}S$ 具有完全相同的格式，唯一不同的是基本解的形式不同（当然，其物理内涵、数学处理等都会有所不同，这一点后面会专门讨论）。因为基本积分表述的形式相同，所以从形式上

讲，5.2.2 节中所述双旋度基本积分表述的离散格式对双旋度赫姆霍兹方程的基本积分表述完全适用。因此本节仅讨论双旋度赫姆霍兹方程旋度积分表述（即 1 阶表述）的离散格式。

7.2.1　旋度积分表述的离散格式

1）第 1 类边界条件

在给定 $\boldsymbol{n}\times\boldsymbol{A}=\boldsymbol{g}$ 条件下，待求量就是 $\nabla\times\boldsymbol{A}$，可直接由旋度积分表述式（7.12）得

$$\nabla\times\boldsymbol{A}+\oint_{\Gamma}(\boldsymbol{n}\times\nabla\times\boldsymbol{A})\times\nabla G\mathrm{d}S=\int_{\Omega}\boldsymbol{f}\times\nabla G\mathrm{d}\Omega-\oint_{\Gamma}[(\boldsymbol{n}\times\boldsymbol{A})k^2G+\nabla\nabla G\cdot(\boldsymbol{n}\times\boldsymbol{A})]\mathrm{d}S \tag{7.13}$$

除了右端的常数项与式（5.24）稍有不同，其余相同。于是，利用 $\boldsymbol{n}\times\nabla\times\boldsymbol{Q}=-e\boldsymbol{T}'+f\boldsymbol{T}$，可类似得到在直角坐标系下，式（7.13）的离散展开式为

$$\begin{cases}Wd_i+\displaystyle\sum_{j=1}^{N}\boldsymbol{i}\cdot[-e\boldsymbol{T}'\times\nabla G_j^i+f\boldsymbol{T}\times\nabla G_j^i]\Delta S\\=\left[\displaystyle\sum_{k=1}^{M}\boldsymbol{f}\times\nabla G_k^i\Delta\Omega-\sum_{k=1}^{N}(\boldsymbol{n}\times\boldsymbol{A})k^2G_k^i\Delta S-\sum_{k=1}^{N}(\boldsymbol{n}\times\boldsymbol{A})\cdot\nabla\nabla G_k^i\Delta S\right]_1\\We_i+\displaystyle\sum_{j=1}^{N}\boldsymbol{j}\cdot[-e\boldsymbol{T}'\times\nabla G_j^i+f\boldsymbol{T}\times\nabla G_j^i]\Delta S\\=\left[\displaystyle\sum_{k=1}^{M}\boldsymbol{f}\times\nabla G_k^i\Delta\Omega-\sum_{k=1}^{N}(\boldsymbol{n}\times\boldsymbol{A})k^2G_k^i\Delta S-\sum_{k=1}^{N}(\boldsymbol{n}\times\boldsymbol{A})\cdot\nabla\nabla G_k^i\Delta S\right]_2\\Wf_i+\displaystyle\sum_{j=1}^{N}\boldsymbol{k}\cdot[-e\boldsymbol{T}'\times\nabla G_j^i+f\boldsymbol{T}\times\nabla G_j^i]\Delta S\\=\left[\displaystyle\sum_{k=1}^{M}\boldsymbol{f}\times\nabla G_k^i\Delta\Omega-\sum_{k=1}^{N}(\boldsymbol{n}\times\boldsymbol{A})k^2G_k^i\Delta S-\sum_{k=1}^{N}(\boldsymbol{n}\times\boldsymbol{A})\cdot\nabla\nabla G_k^i\Delta S\right]_3\end{cases}$$

$$i=1,2,\cdots,N-1,N \tag{7.14}$$

2）第 2 类边界条件

在给定 $\boldsymbol{n}\times\nabla\times\boldsymbol{A}(\boldsymbol{r})=\boldsymbol{h}$ 条件下，待求量就是 $\boldsymbol{n}\cdot\nabla\times\boldsymbol{A}$ 和 $\boldsymbol{n}\times\boldsymbol{A}$，可直接由旋度积分表述式（5.16）得

$$W\nabla\times\boldsymbol{A}+\oint_{\Gamma}[(\boldsymbol{n}\times\boldsymbol{A})k^2G+\nabla\nabla G\cdot(\boldsymbol{n}\times\boldsymbol{A})]\mathrm{d}S=\int_{\Omega}\boldsymbol{f}\times\nabla G\mathrm{d}\Omega-\oint_{\Gamma}(\boldsymbol{n}\times\nabla\times\boldsymbol{A})\times\nabla G\mathrm{d}S \tag{7.15}$$

将待求量标记为 $\boldsymbol{n}\cdot\nabla\times\boldsymbol{A}=\boldsymbol{a}$ 和 $\boldsymbol{n}\times\boldsymbol{A}=-b\boldsymbol{T}'+c\boldsymbol{T}$，场点的外法线方向标记为 $\boldsymbol{N}$，则

$$\begin{aligned}&W\boldsymbol{a}\boldsymbol{N}+\oint_{\Gamma}[(-b\boldsymbol{T}'+c\boldsymbol{T})k^2G+(-b\boldsymbol{T}'+c\boldsymbol{T})\cdot\nabla\nabla G]\mathrm{d}S\\&=\int_{\Omega}\boldsymbol{f}\times\nabla G\mathrm{d}\Omega-\oint_{\Gamma}\boldsymbol{h}\times\nabla G\mathrm{d}S+W\boldsymbol{N}\times\boldsymbol{h}\end{aligned} \tag{7.16}$$

增加$(\boldsymbol{n}\times\boldsymbol{Q})k^2G$的影响，可得类似式（5.30）的离散格式：

$$\left\{\begin{aligned}&(aW\boldsymbol{N})_1^i+\sum_{k=1}^{N}\boldsymbol{i}\cdot[(-b\boldsymbol{T}'+c\boldsymbol{T})k^2G_k^i\Delta S]+\sum_{k=1}^{N}i\cdot[(-b\boldsymbol{T}'+c\boldsymbol{T})\cdot\nabla\nabla G_k^i\Delta S]\\&=\sum_{k=1}^{M}[\boldsymbol{f}\times\nabla G_k^i\Delta\Omega_k]_1-\sum_{j=1}^{N}[(\boldsymbol{n}\times\boldsymbol{A})\times\nabla G_j^i\Delta S]_1+(W\boldsymbol{N}\times\boldsymbol{h})_1^i\\&(aW\boldsymbol{N})_2^i+\sum_{k=1}^{N}\boldsymbol{j}\cdot[(-b\boldsymbol{T}'+c\boldsymbol{T})k^2G_k^i\Delta S]+\sum_{k=1}^{N}j\cdot[(-b\boldsymbol{T}'+c\boldsymbol{T})\cdot\nabla\nabla G_k^i\Delta S]\\&=\sum_{k=1}^{M}[\boldsymbol{f}\times\nabla G_k^i\Delta\Omega_k]_2-\sum_{j=1}^{N}[(\boldsymbol{n}\times\boldsymbol{A})\times\nabla G_j^i\Delta S]_2+(W\boldsymbol{N}\times\boldsymbol{h})_2^i\\&(aW\boldsymbol{N})_3^i+\sum_{k=1}^{N}\boldsymbol{k}\cdot[(-b\boldsymbol{T}'+c\boldsymbol{T})k^2G_k^i\Delta S]+\sum_{k=1}^{N}k\cdot[(-b\boldsymbol{T}'+c\boldsymbol{T})\cdot\nabla\nabla G_k^i\Delta S]\\&=\sum_{k=1}^{M}[\boldsymbol{f}\times\nabla G_k^i\Delta\Omega_k]_3-\sum_{j=1}^{N}[(\boldsymbol{n}\times\boldsymbol{A})\times\nabla G_j^i\Delta S]_3+(W\boldsymbol{N}\times\boldsymbol{h})_3^i\end{aligned}\right.$$

$$i=1,2,\cdots,N-1,N \tag{7.17}$$

很遗憾，按上述 1 阶表述进行程序设计后，仍然出现双旋度赫姆霍兹方程的 1-1 算法和 1-0 算法都不能给出令人满意的计算结果（主要是计算结果不稳定）。基于双旋度泊松方程数值计算的经验，不再尝试所谓紧凑格式而是直接放弃标准边界元方法的 1-1 算法和 1-0 算法，直接采用无奇异边界元法[6]进行尝试。下面简述其离散格式。

7.2.2 无奇异边界元方法的离散格式

与第 5 章相同，将只讨论与旋度积分表述相关的离散格式，因为与基本积分表述相应的 0-1 算法和 0-0 算法已经由标准边界元方法实现。

分别以 x, y 表示虚边界和真实边界上的点，在新的求解区域内真实边界的已知边界值可以由虚边界上的边界值表达，则

$$\left\{\begin{aligned}&\boldsymbol{A}(y)=\int_{\Omega}\boldsymbol{f}G\mathrm{d}\Omega-\oint_{\Gamma'}[G\boldsymbol{n}\times\nabla\times\boldsymbol{A}+\boldsymbol{n}\times\boldsymbol{A}(x)\times\nabla G(y,x)+\nabla G(\boldsymbol{n}\cdot\boldsymbol{A})]\mathrm{d}S\\&\nabla\times\boldsymbol{A}(y)=\int_{\Omega}\boldsymbol{f}\times\nabla G\mathrm{d}\Omega-\oint_{\Gamma'}[\boldsymbol{n}\times\nabla\times\boldsymbol{A}\times\nabla G+(\boldsymbol{n}\times\boldsymbol{A})k^2G+\boldsymbol{n}\times\boldsymbol{A}(x)\cdot\nabla\nabla G(y,x)]\mathrm{d}S\end{aligned}\right. \tag{7.18}$$

将真实边界分为 Ne 个单元，对于最简单的等额配点法，虚边界的单元数也为 Ne。则由式（7.18）可得真实边界上各节点的旋度值为

$$\nabla\times\boldsymbol{A}(y_i)=\sum_{k=1}^{M}\boldsymbol{f}(x_k)\times G(y_i,x_k)\Delta V$$

$$-\sum_{j=1}^{6\times N}[\boldsymbol{n}\times\nabla\times\boldsymbol{A}\times\nabla G+(\boldsymbol{n}\times\boldsymbol{A})k^2G+\boldsymbol{n}_j\times\boldsymbol{A}(x_j)\cdot\nabla\nabla G(y_i,x_j)]\Delta S$$

$$i=1,2,\cdots,N-1,N \tag{7.19}$$

（1）对于第 2 类真实边界条件 $\boldsymbol{n}_y\times\nabla\times\boldsymbol{A}(y)=\boldsymbol{q}$，设虚边界上的 $\boldsymbol{n}_x\times\boldsymbol{A}(x)=0$，则待求量为真实边界上的 $\boldsymbol{n}_y\cdot\nabla\times\boldsymbol{A}(y)=\alpha$ 和虚边界上的 $\boldsymbol{n}_x\times\nabla\times\boldsymbol{A}(x)=-\beta\boldsymbol{T}'+\gamma\boldsymbol{T}$，由式（7.19）有

$$\alpha_i\boldsymbol{n}_y+\sum_{j}^{N}(-\beta_j\boldsymbol{T}'\times\nabla G_j^i\Delta\Gamma'_j+\gamma\boldsymbol{T}\times\nabla G_j^i\Delta\Gamma')=\sum_{k}^{M}[\boldsymbol{f}\times\nabla G_k^i\Delta\Omega]+\boldsymbol{n}_y\times(\boldsymbol{n}_y\times\nabla\times\boldsymbol{A})$$

$$i=1,2,\cdots,N-1,N \tag{7.20}$$

分别点乘（ $\boldsymbol{i},\boldsymbol{j},\boldsymbol{k}$ ），可得在标准直角坐标系下的展开式：

$$\begin{cases}\alpha_i\boldsymbol{i}\cdot\boldsymbol{n}_i+\sum_{j}^{N}[-\beta\boldsymbol{i}\cdot(\boldsymbol{T}'\times\nabla G_j^i\Delta\Gamma'_j)+\gamma\boldsymbol{i}\cdot(\boldsymbol{T}\times\nabla G_j^i\Delta\Gamma')]=\sum_{k}^{M}[\boldsymbol{f}\times\nabla G_k^i\Delta\Omega]_1+[\boldsymbol{n}_i\times(\boldsymbol{n}_i\times\nabla\times\boldsymbol{A})]_1\\ \alpha_i\boldsymbol{j}\cdot\boldsymbol{n}_i+\sum_{j}^{N}[-\beta\boldsymbol{j}\cdot(\boldsymbol{T}'\times\nabla G_j^i\Delta\Gamma'_j)+\gamma\boldsymbol{j}\cdot(\boldsymbol{T}\times\nabla G_j^i\Delta\Gamma')]=\sum_{k}^{M}[\boldsymbol{f}\times\nabla G_k^i\Delta\Omega]_2+[\boldsymbol{n}_i\times(\boldsymbol{n}_i\times\nabla\times\boldsymbol{A})]_2\\ \alpha_i\boldsymbol{k}\cdot\boldsymbol{n}_i+\sum_{j}^{N}[-\beta\boldsymbol{k}\cdot(\boldsymbol{T}'\times\nabla G_j^i\Delta\Gamma'_j)+\gamma\boldsymbol{k}\cdot(\boldsymbol{T}\times\nabla G_j^i\Delta\Gamma')]=\sum_{k}^{M}[\boldsymbol{f}\times\nabla G_k^i\Delta\Omega]_3+[\boldsymbol{n}_i\times(\boldsymbol{n}_i\times\nabla\times\boldsymbol{A})]_3\end{cases}$$

$$i=1,2,\cdots,N-1,N \tag{7.21}$$

当求出虚边界上的 $\boldsymbol{n}_x\times\nabla\times\boldsymbol{A}(x)=-\beta\boldsymbol{T}'+\gamma\boldsymbol{T}$ 后，可直接利用虚边界上求得的值由虚边界积分方程求计算域内的值。

（2）仍然仅讨论第 2 类真实边界条件 $\boldsymbol{n}_y\times\nabla\times\boldsymbol{A}(y)=\boldsymbol{q}$，设虚边界上的 $\boldsymbol{n}_x\times\nabla\times\boldsymbol{A}(x)=0$，待求量为真实边界上的 $\boldsymbol{n}_y\cdot\nabla\times\boldsymbol{A}(y)=\alpha$ 和虚边界上的 $\boldsymbol{n}_x\times\boldsymbol{A}(x)=-\beta\boldsymbol{T}'+\gamma\boldsymbol{T}$，由式（7.19）有

$$\alpha_i\boldsymbol{n}_y+\oint_{\Gamma'}[-\beta\boldsymbol{T}'\cdot\nabla\nabla G+\gamma\boldsymbol{T}\cdot\nabla\nabla G-\beta\boldsymbol{T}'k^2G+\gamma\boldsymbol{T}k^2G]\mathrm{d}S$$

$$=\int_{\Omega}\boldsymbol{f}\times\nabla G\mathrm{d}\Omega+\boldsymbol{n}_y\times(\boldsymbol{n}_y\times\nabla\times\boldsymbol{A}) \tag{7.22}$$

同样，分别点乘（ $\boldsymbol{i},\boldsymbol{j},\boldsymbol{k}$ ），可得在标准直角坐标系下的展开式：

$$
\begin{cases}
\alpha_i \boldsymbol{i}\cdot\boldsymbol{n}_y+\sum\limits_{k=1}^{N}\boldsymbol{i}\cdot[(-\beta\boldsymbol{T}'+\gamma\boldsymbol{T})k^2G_k^i\Delta\Gamma]+\sum\limits_{i=1}^{N}[-\beta\boldsymbol{i}\cdot(\boldsymbol{T}'\cdot\nabla\nabla G_j^i)+\gamma\boldsymbol{i}\cdot(\boldsymbol{T}\cdot\nabla\nabla G_j^i)]\Delta\Gamma \\
=\left[\sum\limits_{k=1}^{M}\boldsymbol{f}\times\nabla G_k^i\Delta\Omega+\boldsymbol{n}_y\times(\boldsymbol{n}_y\times\nabla\times\boldsymbol{A})\right]_1 \\
\alpha_i \boldsymbol{j}\cdot\boldsymbol{n}_y+\sum\limits_{k=1}^{N}\boldsymbol{j}\cdot[(-\beta\boldsymbol{T}'+\gamma\boldsymbol{T})k^2G_k^i\Delta\Gamma]+\sum\limits_{i=1}^{N}[-\beta\boldsymbol{j}\cdot(\boldsymbol{T}'\cdot\nabla\nabla G_j^i)+\gamma\boldsymbol{j}\cdot(\boldsymbol{T}\cdot\nabla\nabla G_j^i)]\Delta\Gamma' \\
=\left[\sum\limits_{k=1}^{M}\boldsymbol{f}\times\nabla G_k^i\Delta\Omega+\boldsymbol{n}_y\times(\boldsymbol{n}_y\times\nabla\times\boldsymbol{A})\right]_2 \\
\alpha_i \boldsymbol{k}\cdot\boldsymbol{n}_y+\sum\limits_{k=1}^{N}\boldsymbol{k}\cdot[(-\beta\boldsymbol{T}'+\gamma\boldsymbol{T})k^2G_k^i\Delta\Gamma]+\sum\limits_{i=1}^{N}[-\beta\boldsymbol{k}\cdot(\boldsymbol{T}'\cdot\nabla\nabla G_j^i)+\gamma\boldsymbol{k}\cdot(\boldsymbol{T}\cdot\nabla\nabla G_j^i)]\Delta\Gamma' \\
=\left[\sum\limits_{k=1}^{M}\boldsymbol{f}\times\nabla G_k^i\Delta\Omega+\boldsymbol{n}_y\times(\boldsymbol{n}_y\times\nabla\times\boldsymbol{A})\right]_3
\end{cases},
$$

$$
i=1,2,\cdots,N-1,N \tag{7.23}
$$

当然，真实边界上的法向分量并不是必须要求的，因此对于真实边界上每一点 i 可以仅在 $(\boldsymbol{T}',\boldsymbol{T},\boldsymbol{n})$ 坐标系中的 $\boldsymbol{T}',\boldsymbol{T}$ 方向展开，从而得到所谓的紧缩格式，此处从略。

7.2.3 双旋度赫姆霍兹方程边界元的系数计算

时谐问题的基本解为

$$
G=\frac{\mathrm{e}^{-\mathrm{j}kr}}{4\pi r}=\frac{\mathrm{e}^{-\alpha r}(\cos\beta r-\mathrm{j}\sin\beta r)}{4\pi r} \tag{7.24}
$$

基本解的梯度为

$$
\nabla G=\nabla\left(\frac{\mathrm{e}^{-\mathrm{j}kr}}{4\pi r}\right)=\mathrm{e}^{-(\alpha+\mathrm{j}\beta)r}\frac{1+\alpha r+\mathrm{j}\beta r}{4\pi r^3}\boldsymbol{r}
$$

$$
=\frac{\mathrm{e}^{-\alpha r}\boldsymbol{r}}{4\pi r^3}[(1+\alpha r)\cos\beta r+\beta r\sin\beta r+\mathrm{j}(\beta r\cos\beta r-(1+\alpha r)\sin\beta r)] \tag{7.25}
$$

基本解的二阶梯度为

$$
\nabla\nabla E=\nabla\left[\mathrm{e}^{-(\alpha+\mathrm{j}\beta)r}\frac{1+\alpha r+\mathrm{j}\beta r}{4\pi r^3}\boldsymbol{r}\right]
$$

$$
=\frac{1}{4\pi r^3}\left[\begin{array}{l}\dfrac{3}{r^2}+\dfrac{0}{r}+\left(\dfrac{\beta^2}{2}-\dfrac{\alpha^2}{2}\right)+r[0]+r^2\left[-\dfrac{7\beta^4}{8}+\dfrac{\alpha^4}{8}+\dfrac{\alpha^2\beta^2}{4}\right]+r^3\left[\dfrac{2\alpha\beta^4}{3}-\dfrac{\alpha^3\beta^2}{3}-\dfrac{\alpha^5}{15}\right] \\ +\mathrm{j}\left[-\alpha\beta+0r+r^2\alpha\beta^3+r^3\left(\dfrac{2\alpha^2\beta^3}{3}-\dfrac{\beta^5}{15}-\dfrac{\alpha^4\beta}{6}\right)\right]\end{array}\right]
$$

$$\times\begin{bmatrix}(x_1-\xi_1)^2\boldsymbol{ii} & 0 & 0\\ 0 & y^2\boldsymbol{jj} & 0\\ 0 & 0 & z^2\boldsymbol{kk}\end{bmatrix}-\frac{1}{4\pi r^3}\begin{bmatrix}1+0r+r^2\left(\dfrac{\beta^2}{2}-\dfrac{\alpha^2}{2}\right)+r^3\left(-\alpha\beta^2+\dfrac{\alpha^3}{3}\right)\\ +\mathrm{j}\left[-\alpha\beta r^2-\dfrac{\beta^3 r^3}{6}+\alpha^2\beta r^3\right]\end{bmatrix}\begin{bmatrix}\boldsymbol{ii} & 0 & 0\\ 0 & \boldsymbol{jj} & 0\\ 0 & 0 & \boldsymbol{kk}\end{bmatrix}$$

（7.26）

该基本解为复数表示，包含复数的实部和虚部。这是由时谐问题的表达方式所决定的，使用复数表示可以减少时间变量，使问题得到简化，但同时也将带来复数运算，必须十分小心。

如果不考虑待求量的相位特征，可以只取实部进行数值计算。当然，只取实部是对积分方程一个独立的积分单位而言的。特别是当积分方程的各积分项中各物理量均为实数时，可直接对基本解及其梯度直接取实部。

为了用边界积分方程求解，需对各项特别是奇异项事先进行处理，其相关主要结论和推导过程见本书附录 D 所示。

7.3 数 值 计 算

为方便程序设计和单元划分，仍然采用正方形常单元。求解区域仍然为$[0,1]^3$的正方体区域内，该正方体处于坐标系的第 1 象限内，其一个顶点为坐标原点$O(0,0,0)$，另一个点的坐标为$P(1,1,1)$。这样一来，任何一个节点的外法线方向必与坐标系的一个坐标轴方向相同或相反。这一条件将给以后的讨论带来诸多方便。

根据前面的讨论，理论验证的数学模型为

$$\begin{cases}\nabla\times\nabla\times\boldsymbol{A}-k^2\boldsymbol{A}=\boldsymbol{i}(\omega_1^2-k^2)b_1\sin\omega_1 z+\boldsymbol{j}(\omega_2^2-k^2)b_2\cos\omega_2 x+\boldsymbol{k}(\omega_3^2-k^2)b_3\sin\omega_3 y, & \boldsymbol{r}\in\Omega\\ \boldsymbol{n}\times\boldsymbol{A}(\boldsymbol{r})=\boldsymbol{g}, & \boldsymbol{r}\in\Gamma_1\\ \boldsymbol{n}\times\nabla\times\boldsymbol{A}(\boldsymbol{r})=\boldsymbol{h}, & \boldsymbol{r}\in\Gamma_2\end{cases}$$

（7.27）

式中，Γ_1,Γ_2为计算域Ω的边界，且$\Gamma_1+\Gamma_2=\Gamma$，求解区域Ω为$[0,1]^3$的正方体区域。

在边界上，

$$\boldsymbol{n}\times\boldsymbol{A}=\begin{bmatrix}(n_2 b_3\sin\omega_3 y-n_3 b_2\cos\omega_2 x)\boldsymbol{i}\\ (n_3 b_1\sin\omega_1 z-n_1 b_3\sin\omega_3 y)\boldsymbol{j}\\ (n_1 b_2\cos\omega_2 x-n_2 b_1\sin\omega_1 z)\boldsymbol{k}\end{bmatrix}$$

$$\boldsymbol{n}\times\nabla\times\boldsymbol{A}=\begin{bmatrix}(-n_2\omega_2 b_2\sin\omega_2 x-n_3\omega_1 b_1\cos\omega_1 z)\boldsymbol{i}\\ (n_3\omega_3 b_3\cos\omega_3 y+n_1\omega_2 b_2\sin\omega_2 x)\boldsymbol{j}\\ (n_1\omega_1 b_1\cos\omega_1 z-n_2\omega_3 b_3\cos\omega_3 y)\boldsymbol{k}\end{bmatrix}$$

该范定方程存在非平凡解：

$$\boldsymbol{A}=[b_1\sin\omega_1 z, b_2\cos\omega_2 x, b_3\sin\omega_3 y]^{\mathrm{T}} \tag{7.28}$$

取

$$\omega_1=\omega_2=1.0,\quad \omega_3=2.0,\quad b_1=b_2=1.0,\quad b_3=1.0 \tag{7.29}$$

对于波数 k，如式（7.9）所表述那样，在一般情况下为复数。本着从简单到复杂的原则，数值验证首先按无损耗媒质（式（7.10））进行，然后再验证一般情况（k 为复数）。

在电磁场理论中，对于无损耗媒质$\left(\alpha=0,\beta=k=\dfrac{2\pi}{\lambda}\right)$，波长 $\lambda=\dfrac{2\pi}{k}$。受每个波长范围内必需的最少边界单元数限制，本书取：

$$k=\beta=10^{-1} \tag{7.30}$$

此时波长 $\lambda=20\pi>>1$，对于正方体区域 $[0,1]^3$，计算的准确性容易得到保证。当然，$k<0.1$ 就更不用说了。当 $k=\beta>10$，$\lambda=\dfrac{2\pi}{k}<0.2\pi$，目前的单位计算区域内就存在两个以上的波，欲准确计算就存在一些困难，必须取较多的计算点，这是所谓“电大”问题。

对于无损耗媒质的典型情况，在真空中 $\varepsilon_0=8.85\times10^{-12}C^2/(\mathrm{N}\cdot\mathrm{m}^2)$，$\mu_0=4\pi\times10^{-7}\,\mathrm{H/m}$，则 $k=\beta=10^{-1}$ 对应的原频率为 $\omega=\dfrac{k}{\sqrt{\varepsilon\mu}}=\dfrac{0.1}{\sqrt{8.85\times10^{-12}\times4\pi\times10^{-7}}}\approx3\times10^{7}\,\mathrm{rad/s}$

对于有损耗媒质的标准海水（频率小于 $10^9\,\mathrm{Hz}$、温度为 17℃时），其相对介电常数 $\varepsilon_{\mathrm{r}}\approx81.5$，相对磁导率 $\mu_{\mathrm{r}}=1.0$，电导率为 $\gamma=4.54\sim4.81\mathrm{S/m}$（取为 $\gamma=4.7\mathrm{S/m}$）。波长为

$$\lambda=\frac{2\pi}{\beta}=\frac{2\pi}{\omega\sqrt{\dfrac{\varepsilon\mu}{2}\left[\sqrt{1+\left(\dfrac{\gamma}{\omega\varepsilon}\right)^2}+1\right]}}$$

因为，当 $\dfrac{\gamma}{\omega\varepsilon}>>1$，$\beta=\omega\sqrt{\dfrac{\varepsilon\mu}{2}\left[\sqrt{1+\left(\dfrac{\gamma}{\omega\varepsilon}\right)^2}+1\right]}\approx\omega\sqrt{\dfrac{\varepsilon\mu}{2}\dfrac{\gamma}{\omega\varepsilon}}=\sqrt{\dfrac{\omega\mu\gamma}{2}}=0.1$，欲使 $\beta=0.1$，则 $\omega=\dfrac{2\beta^2}{\mu\gamma}=\dfrac{2\times0.1^2}{4\times\pi\times10^{-7}\times4.7}\approx3386$，显然 $\dfrac{\gamma}{\omega\varepsilon}=\dfrac{4.7}{3386\times81.5\times8.85\times10^{-12}}=1.924\times10^{6}>>1$

因此，对于海水这一有损耗媒质，取 $\alpha\approx\beta=0.1$，则

$$\mathrm{j}k=\alpha+\mathrm{j}\beta=0.1+0.1\mathrm{j} \tag{7.31}$$

对于k^2还必须格外小心，虽然$k^2=-(\alpha+\mathrm{j}\beta)^2=\beta^2-\alpha^2-2\alpha\beta\mathrm{j}$，但不能因此认为当$\alpha\approx\beta=0.1$时，$k^2$的实部就等于零，否则$k^2\boldsymbol{A}$项将不起作用，注意到

$$\alpha=\omega\sqrt{\frac{\varepsilon\mu}{2}\left[\sqrt{1+\left(\frac{\gamma}{\omega\varepsilon}\right)^2}-1\right]},\quad \beta=\omega\sqrt{\frac{\varepsilon\mu}{2}\left[\sqrt{1+\left(\frac{\gamma}{\omega\varepsilon}\right)^2}+1\right]}$$

所以

$$\begin{aligned}\mathrm{Re}[k^2]&=\beta^2-\alpha^2=\omega^2\frac{\varepsilon\mu}{2}\left[\sqrt{1+\left(\frac{\gamma}{\omega\varepsilon}\right)^2}+1\right]-\omega^2\frac{\varepsilon\mu}{2}\left[\sqrt{1+\left(\frac{\gamma}{\omega\varepsilon}\right)^2}-1\right]=\omega^2\varepsilon\mu\\&=3386^2\times81.5\times8.85\times10^{-12}\times4\pi\times10^{-7}\approx1.391\times10^{-8}\end{aligned}\tag{7.32}$$

在给定边界条件的情况下，希望求的值是具有物理意义的$\nabla\times\boldsymbol{A}$，不可能准确求出$\boldsymbol{A}$，关于这一点在第3章已作说明。这样一来，相应的理论解为

$$\nabla\times\boldsymbol{A}=\begin{bmatrix}\boldsymbol{i} & \boldsymbol{j} & \boldsymbol{k}\\ \dfrac{\partial}{\partial x} & \dfrac{\partial}{\partial y} & \dfrac{\partial}{\partial z}\\ \sin\omega_1 z & \cos\omega_2 x & \sin\omega_3 y\end{bmatrix}=\begin{bmatrix}\boldsymbol{i}b_3\omega_3\cos\omega_3 y\\ \boldsymbol{j}b_1\omega_1\cos\omega_1 z\\ -\boldsymbol{k}b_2\omega_2\sin\omega_2 x\end{bmatrix}$$

当然，还可以就更一般的情况（如$\alpha\neq0,\beta=0$或$\alpha\neq\beta$等）进行数值验证。这里从略。

计算中采用的相对误差定义同式（5.41）：

$$\varepsilon=\frac{\text{场点的计算值}-\text{场点的理论值}}{\text{计算域内所有场点的理论峰值(绝对值)}}$$

当数值计算结果为矢性变量$\boldsymbol{A}$，需要求其旋度$\nabla\times\boldsymbol{A}$，采用的数值求旋（中心差分）的定义为式（5.42）：

$$\nabla\times\boldsymbol{A}=\frac{1}{2\Delta}\begin{bmatrix}[A^3(i,j+1,k)-A^3(i,j-1,k)-A^2(i,j,k+1)+A^2(i,j,k-1)]\boldsymbol{i}\\ [A^1(i,j,k+1)-A^1(i,j,k-1)-A^3(i+1,j,k)+A^3(i-1,j,k)]\boldsymbol{j}\\ [A^2(i+1,j,k)-A^2(i-1,j,k)-A^1(i,j+1,k)+A^1(i,j-1,k)]\boldsymbol{k}\end{bmatrix}$$

在数值计算中，计算区域仍为$[0,1]^3$的正方体区域。边界单元和正方体的体积元仍然都采用相同的棱边单元数进行划分。图7.4给出了单元的划分情况，对应于棱边单元数$N_1=9$的情况，其他同第5章相应部分。另外，特别说明：考察点为正方体中心点（0.5, 0.5，0.5），其理论旋度值为（1.0806, 0.8776, −0.4794）。

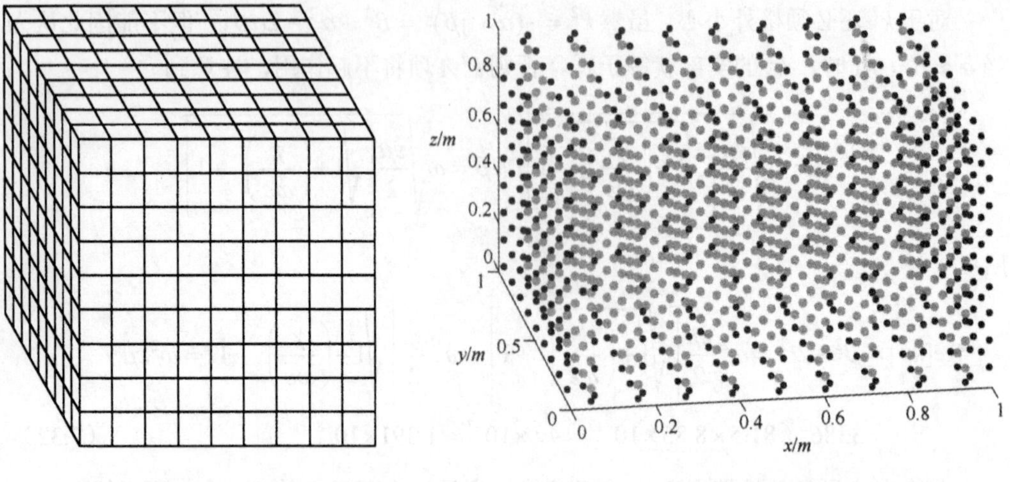

(a) 单元划分几何模型　　　　　　　　(b) 单元划分的计算机模型

图 7.4　数值验证的计算域图示

7.3.1　积分表述验证（无损耗情况）

首先就无损耗情况（$jk = 0 + 0.1j$）验证两个积分表述的正确性。全部边界条件都按理论值给定，观察积分表述在计算域内能否给出正确的计算值。

表 7.1 给出了基本积分表述的计算结果，这个结果应该是意料之内的。既然基本积分表述所决定的矢量场具有任意散度假设的特性，那么当然不能在任意散度假设下保证求得的矢量场与理论解（0.4794, 0.8776, 0.8415）相一致。这一点在第 5 章相应部分已有说明，这里不再重复。

表 7.1　计算条件：基本积分表述，全部理论边界值　（$jk = 0 + 0.1j$）

计算规模	计算值	相对误差/%	计算时间/s
5	0.4838, 0.8857, 0.3503	0.5642　0.8130　−49.8472	0.911
7	0.4817, 0.8817, 0.3495	0.2816　0.4138　−49.2011	4.472
9	0.4808, 0.8801, 0.3491	0.1684　0.2501　−49.4600	15.75
11	0.4803, 0.8793, 0.3490	0.1119　0.1673　−49.2645	44.72
13	0.4801, 0.8788, 0.3489	0.0797　0.1198　−49.3068	108.8
15	0.4799, 0.8785, 0.3488	0.0597　0.0899　−49.2980	234.2
17	0.4798, 0.8783, 0.3488	0.0463　0.0700　−49.2747	476.0
19	0.4797, 0.8781, 0.3488	0.0370　0.0560　−49.3186	919.2

表 7.2 给出了根据基本积分表述所得矢性变量的计算结果在原始网格下进行数值求旋结果。首先从计算结果的趋势来看，数值旋度是收敛的，且收敛于理论旋度值（1.0806, 0.8776, −0.4794），但收敛速度较慢，主要原因是数值求旋的网格较粗所致。

可以设想：如果对数值求旋的网格进行细化，例如，将一个原始正方体单元分为 9 个小正方体，则其收敛速度将大幅度提高。

表 7.2　计算条件：基本积分表述＋数值求旋，理论边界值　（$jk = 0 + 0.1j$）

计算规模	计算值	相对误差/%	计算时间/s
5	1.1251, 0.8779, −0.4796	2.2680　0.0368　−0.0256	0.925
7	1.1032, 0.8780, −0.4796	1.1414　0.0410　−0.0279	4.554
9	1.0943, 0.8779, −0.4796	0.6878　0.0360　−0.0242	16.05
11	1.0898, 0.8779, −0.4796	0.4595　0.0278　−0.0186	45.21
13	1.0872, 0.8778, −0.4795	0.3285　0.0214　−0.0143	109.7
15	1.0855, 0.8778, −0.4795	0.2466　0.0168　−0.0111	237.0
17	1.0844, 0.8777, −0.4795	0.1918　0.0134　−0.0089	468.5
19	1.0837, 0.8777, −0.4795	0.1535　0.0110　−0.0072	862.0

旋度积分表述的计算结果如表 7.3 所示，应该说其收敛速度是不错的。

表 7.3　计算条件：旋度积分表述，全部理论边界值　（$jk = 0 + 0.1j$）

计算规模	计算值	相对误差/%	计算时间/s
5	1.0820, 0.8853, −0.4837	0.0729　0.7788　−0.5404	0.941
7	1.0811, 0.8813, −0.4814	0.0261　0.3684　−0.2507	4.853
9	1.0807, 0.8796, −0.4805	0.0053　0.1979　−0.1332	17.26
11	1.0805, 0.8787, −0.4800	−0.0056　0.1117　−0.0747	48.87
13	1.0804, 0.8782, −0.4798	−0.0117　0.0628　−0.0418	119.0
15	1.0803, 0.8779, −0.4796	−0.0155　0.0327　−0.0217	257.7
17	1.0803, 0.8777, −0.4795	−0.0178　0.0131　−0.0087	517.2
19	1.0802, 0.8776, −0.4794	−0.0192　−0.0001　0.0001	953.9

与表 5.3（双旋度泊松方程）比较可见表 7.3 的计算结果很接近，这是因为 k=0.1 已使频率的影响几乎可以忽略不计，进一步减小 k 值，其频率将进一步降低，表 7.4 给出了 k=0.01 时的计算结果，可以看出无论是旋度计算值，还是相对误差，在给定的有效数值内已看不出与表 5.3 的双旋度泊松方程计算结果的区别。表 7.5 则给出了 k=1 时的计算结果，可以看出无论是计算值，还是相对误差都与表 7.3（或表 5.3）存在相对较大的差距。这表明：①随着频率的降低，从计算角度讲双旋度赫姆霍兹方程将趋于双旋度泊松方程；②电大尺寸和电小尺寸对时谐问题计算结果（相对误差）的影响非常大，本例中表 7.4、表 7.5 的最后结果（相对误差）相差约 2 个数量级。

表 7.4　计算条件：旋度积分表述，全部理论边界值　（$jk = 0 + 0.01j$）

计算规模	计算值	相对误差/%	计算时间/s
5	1.0820, 0.8853, −0.4837	0.0729　0.7783　−0.5401	0.954
7	1.0811, 0.8813, −0.4814	0.0265　0.3688　−0.2509	4.886
9	1.0807, 0.8796, −0.4805	0.0059　0.1986　−0.1337	17.35
11	1.0805, 0.8787, −0.4800	−0.0049　0.1126　−0.0753	49.34
13	1.0804, 0.8782, −0.4798	−0.0110　0.0637　−0.0424	119.9
15	1.0803, 0.8779, −0.4796	−0.0147　0.0337　−0.0224	260.5
17	1.0803, 0.8777, −0.4795	−0.0170　0.0142　−0.0094	517.6
19	1.0802, 0.8776, −0.4794	−0.0184　0.0010　−0.0007	954.7

表 7.5　计算条件：旋度积分表述，全部理论边界值　（$jk = 0 + 1.0j$）

计算规模	计算值	相对误差/%	计算时间/s
5	1.0824, 0.8860, −0.4840	0.0930　0.8499　−0.5898	0.944
7	1.0804, 0.8809, −0.4812	−0.0120　0.3345　−0.2276	4.870
9	1.0795, 0.8788, −0.4801	−0.0577　0.1183　−0.0796	17.31
11	1.0790, 0.8776, −0.4795	−0.0828　0.0057　−0.0038	49.09
13	1.0786, 0.8770, −0.4791	−0.0988　−0.0614　0.0409	120.0
15	1.0784, 0.8765, −0.4788	−0.1101　−0.1055　0.0700	259.4
17	1.0782, 0.8762, −0.4787	−0.1188　−0.1366　0.0904	520.9
19	1.0781, 0.8760, −0.4786	−0.1258　−0.1600　0.1057	969.6

7.3.2　积分表述验证（有损耗情况）

接下来就有损耗情况（$jk = 0.1 + 0.1j$）验证两个积分表述全部边界条件都按理论值给定，积分表述在计算域内能否给出正确的计算值。

对于基本积分表述的验证结果，由于前面无损耗情况的相同原因，不可能求出准确的矢性变量值，为避免不必要的增加篇幅，这里没有给出相应的计算结果。

表 7.6 给出了根据基本积分表述所得矢性变量的计算结果在原始网格下进行数值求旋的结果。首先从计算结果的趋势来看，数值旋度是收敛的，且收敛于理论旋度值（1.0806, 0.8776, −0.4794），但收敛速度较慢，主要原因是数值求旋的网格较粗。这是在 $jk = 0.1 + 0.1j$ 条件下的计算结果。至于改变 jk 的取值，计算结果肯定会发生变化。

表 7.6　计算条件：基本积分表述＋数值求旋，理论边界值　（$jk = 0.1 + 0.1j$）

计算规模	计算值	相对误差/%	计算时间/s
5	1.1250, 0.8779, −0.4796	2.2665　0.0357　−0.0248	0.951
7	1.1032, 0.8780, −0.4796	1.1406　0.0403　−0.0274	4.804
9	1.0943, 0.8779, −0.4796	0.6873　0.0355　−0.0239	16.87
11	1.0897, 0.8779, −0.4796	0.4590　0.0274　−0.0183	47.66
13	1.0871, 0.8778, −0.4795	0.3282　0.0211　−0.0140	115.2

续表

计算规模	计算值	相对误差/%	计算时间/s
15	1.0855, 0.8777, −0.4795	0.2463　0.0165　−0.0109	249.8
17	1.0844, 0.8777, −0.4795	0.1916　0.0131　−0.0087	493.6
19	1.0837, 0.8777, −0.4795	0.1533　0.0107　−0.0071	947.1

旋度积分表述的计算结果如表 7.7 所示，应该说其收敛速度是不错的，远超表 7.6 数值求旋的收敛速度。

表 7.7　计算条件：旋度积分表述，全部理论边界值　$(jk = 0.1 + 0.1j)$

计算规模	计算值	相对误差/%	计算时间/s
5	1.0796, 0.8838, −0.4828	−0.0536　0.6206　−0.4307	1.237
7	1.0801, 0.8807, −0.4811	−0.0265　0.3158　−0.2149	4.939
9	1.0803, 0.8795, −0.4805	−0.0158　0.1907　−0.1284	17.28
11	1.0804, 0.8789, −0.4801	−0.0106　0.1275　−0.0853	49.02
13	1.0805, 0.8785, −0.4799	−0.0076　0.0912　−0.0607	119.6
15	1.0805, 0.8783, −0.4798	−0.0057　0.0685　−0.0454	257.9
17	1.0805, 0.8781, −0.4797	−0.0045　0.0532　−0.0352	512.6
19	1.0805, 0.8780, −0.4797	−0.0036　0.0426　−0.0281	946.8

与表 5.3、表 7.3 相比较可见表 7.7 的计算结果很接近，这是因为 $jk = 0.1 + 0.1j$ 已使频率的影响几乎可以忽略不计，进一步减小 k 值，其频率将进一步降低，表 7.8 给出了 $jk = 0.01 + 0.01j$ 时的计算结果，可以看出无论是旋度计算值，还是相对误差在给定的有效数值内已看不出两者的区别。这表明：随着频率的降低，双旋度赫姆霍兹方程将趋近于双旋度泊松方程。表 7.9 则给出了 $jk = 1 + 1j$ 时的计算结果，可以看出无论是计算值，还是相对误差都与表 5.3 存在相对较大的差距，表 7.9 的计算结果甚至可能不收敛，这应该是电大尺寸的问题所导致。这是电磁场数值计算困难的另一个原因。

表 7.8　计算条件：旋度积分表述，全部理论边界值　$(jk = 0.01 + 0.01j)$

计算规模	计算值	相对误差/%	计算时间/s
5	1.0796, 0.8838, −0.4828	−0.0535　0.6208　−0.4308	0.961
7	1.0801, 0.8807, −0.4811	−0.0264　0.3160　−0.2150	4.882
9	1.0803, 0.8795, −0.4805	−0.0157　0.1909　−0.1286	17.29
11	1.0804, 0.8789, −0.4801	−0.0105　0.1278　−0.0854	49.10
13	1.0805, 0.8785, −0.4799	−0.0075　0.0914　−0.0609	119.5
15	1.0805, 0.8783, −0.4798	−0.0056　0.0687　−0.0456	258.8
17	1.0805, 0.8781, −0.4797	−0.0043　0.0535　−0.0354	513.0
19	1.0805, 0.8780, −0.4797	−0.0035　0.0428　−0.0283	954.3

表 7.9　计算条件：旋度积分表述，全部理论边界值　($jk=1+1j$)

计算规模	计算值	相对误差/%	计算时间/s
5	1.0628, 0.8692, −0.4748	−0.9066　−0.8442　0.5858	0.976
7	1.0633, 0.8661, −0.4732	−0.8740　−1.1490　0.7819	4.908
9	1.0635, 0.8649, −0.4725	−0.8611　−1.2740　0.8577	17.39
11	1.0636, 0.8642, −0.4721	−0.8547　−1.3371　0.8942	49.06
13	1.0636, 0.8639, −0.4719	−0.8511　−1.3734　0.9143	119.4
15	1.0637, 0.8636, −0.4718	−0.8488　−1.3962　0.9263	258.8
17	1.0637, 0.8635, −0.4717	−0.8473　−1.4114　0.9340	515.7
19	1.0637, 0.8634, −0.4717	−0.8462　−1.4221　0.9391	948.1

7.3.3　边界元算法验证（无损耗情况）

1）0-1 算法

表 7.10、表 7.11 分别给出了第 1、2 类边界条件的 0-1 算法的数值验证结果。所谓 0-1 算法就是利用 0 阶积分表述（即基本积分表述）式（7.11）对应的离散格式（5.21）或式（5.23）完善边界上的未知量，然后利用 1 阶积分表述（即旋度积分表述）式（7.12）求计算域内任意点的旋度值。计算结果比较点为计算域中心点（0.5，0.5，0.5）。该比较点的理论旋度值（1.0806, 0.8776, −0.4794），表中的计算规模为前述的棱边单元数 N_1，相对误差按式（5.41）的定义计算。

表 7.10　计算条件：0-1 算法，第 1 类边界条件　($jk=0+0.1j$)

计算规模	计算值	相对误差/%	计算时间/s
5	1.0596, 0.8689, −0.4747	−1.0695　−0.8705　0.6041	0.968
7	1.0656, 0.8699, −0.4752	−0.7600　−0.7701　0.5241	4.832
9	1.0690, 0.8710, −0.4759	−0.5857　−0.6547　0.4408	17.18
11	1.0712, 0.8720, −0.4764	−0.4746　−0.5609　0.3751	51.74
13	1.0727, 0.8727, −0.4768	−0.3978　−0.4871　0.3242	117.7
15	1.0738, 0.8733, −0.4771	−0.3417　−0.4288　0.2845	273.6
17	1.0746, 0.8738, −0.4773	−0.2987　−0.3815　0.2525	543.8
19	1.0753, 0.8742, −0.4776	−0.2649　−0.3428　0.2264	975.3

表 7.11　计算条件：0-1 算法，第 2 类边界条件　($jk=0+0.1j$)

计算规模	计算值	相对误差/%	计算时间/s
5	1.0820, 0.8853, −0.4837	0.0729　0.7788　−0.5404	0.927
7	1.0811, 0.8813, −0.4814	0.0261　0.3684　−0.2507	4.756
9	1.0807, 0.8796, −0.4805	0.0053　0.1979　−0.1332	16.94
11	1.0805, 0.8787, −0.4800	−0.0056　0.1117　−0.0747	48.13
13	1.0804, 0.8782, −0.4798	−0.0117　0.0628　−0.0418	117.4
15	1.0803, 0.8779, −0.4796	−0.0155　0.0327　−0.0217	263.8
17	1.0803, 0.8777, −0.4795	−0.0178　0.0131　−0.0087	509.9
19	1.0802, 0.8776, −0.4794	−0.0192　−0.0001　0.0001	985.7

图 7.5 则分别给出了第 1、2 类边界条件的 0-1 算法的待求量各方向分量的相对误差随计算规模的变化情况。从中可以看出：两种情况都稳定地收敛于理论解，但具有真实物理意义的第 2 类边界条件收敛速度较快，这当然是我们乐于见到的。

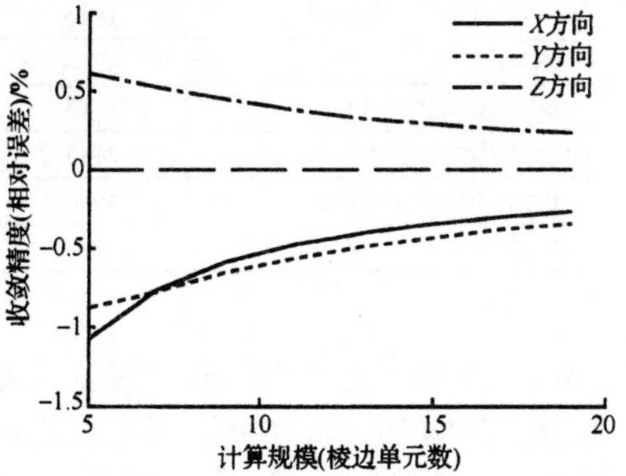

(a) 第1类边界条件

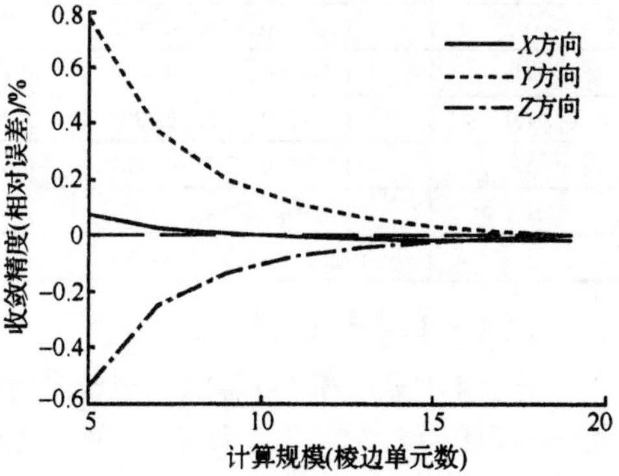

(b) 第2类边界条件

图 7.5　双旋度赫姆霍兹方程 0-1 算法的数值验证结果（无损耗媒质）

2）0-0 算法

所谓 0-0 算法就是利用 0 阶积分表述（即基本积分表述）（式（7.11））对应的离散格式（5.21）或式（5.23）完善边界上的未知量，然后仍然利用 0 阶积分表述式（7.11）求计算域内任意点的矢性变量值，最后用式（5.42）定义的数值旋度计算要求的旋度值。表 7.12 和表 7.13 分别给出了第 1、2 类边界条件的 0-0 算法的数值验证结果。显然，与表 7.10 和表 7.11 所示的 0-1 算法相同，第 2 类边界条件的收敛速度远好于第 1 类边界条件，本书作者认为这与计算问题的物理属性相关联，因为第 2 类边界条件是在工程实际中能够方便给出的边界条件。

表 7.12　计算条件：0-0 算法，第 1 类边界条件　$(jk = 0 + 0.1j)$

计算规模	计算值	相对误差/%	计算时间/s
5	1.0316, 0.8593, −0.4694	−2.4992　−1.8408　1.2774	0.991
7	1.0521, 0.8658, −0.4730	−1.4386　−1.1843　0.8059	4.883
9	1.0612, 0.8688, −0.4747	−0.9778　−0.8753　0.5893	17.18
11	1.0661, 0.8706, −0.4756	−0.7300　−0.6971　0.4662	48.42
13	1.0691, 0.8718, −0.4763	−0.5773　−0.5793　0.3856	116.9
15	1.0711, 0.8726, −0.4767	−0.4747　−0.4951　0.3284	253.6
17	1.0726, 0.8733, −0.4771	−0.4013　−0.4315　0.2856	501.3
19	1.0737, 0.8738, −0.4773	−0.3464　−0.3818　0.2522	924.2

表 7.13 计算条件：0-0 算法，第 2 类边界条件 $(jk = 0 + 0.1j)$

计算规模	计算值	相对误差/%	计算时间/s
5	1.0678, 0.8857, −0.4838	−0.6527 0.8133 −0.5644	0.941
7	1.0754, 0.8827, −0.4822	−0.2642 0.5165 −0.3515	4.756
9	1.0779, 0.8810, −0.4813	−0.1382 0.3421 −0.2304	16.66
11	1.0789, 0.8799, −0.4807	−0.0874 0.2329 −0.1558	47.20
13	1.0793, 0.8792, −0.4803	−0.0630 0.1625 −0.1082	114.3
15	1.0796, 0.8787, −0.4801	−0.0497 0.1151 −0.0763	248.1
17	1.0798, 0.8784, −0.4799	−0.0418 0.0820 −0.0542	496.3
19	1.0799, 0.8782, −0.4797	−0.0367 0.0581 −0.0384	914.3

3）1-1 算法和 1-0 算法

对于 1-1 算法和 1-0 算法，也曾采用标准边界元方法编程进行了验证，但验证结果始终不理想（计算结果不稳定）。基于在双旋度泊松方程验证计算的经验，没有在此多做纠结，直接利用无奇异边界元法实现双旋度赫姆霍兹方程的 1-1 算法和 1-0 算法，并直接选择将虚实边界的距离设为 1.5 倍真实单元。同样由于无奇异边界元算法本身的特点，双旋度赫姆霍兹方程的 1-1 算法和 1-0 算法所对应的真实边界条件仅为第 2 类边界条件，且在程序实现时仅调通了假设虚边界第 1 类边界条件 $\boldsymbol{n} \times \boldsymbol{Q} = 0$ 这一情况，对于假设 $\boldsymbol{n} \times \nabla \times \boldsymbol{Q} = 0$ 情况，没有调通。没有在此继续纠结，而是迈过它，继续往前走，因为一个人的力量实在是太微薄了。当然出现这种现象很可能是程序编制中的一个小错误所引起，但也完全可能在其中隐藏着什么规律性的东西。这个规律性的东西可能是因为相邻单元的影响（即所谓拟奇异性）没有进行特别的处理所导致。如果对拟奇异性进行适当的处理，则标准边界元的 1-1 算法和 1-0 算法应该能够实现。今后有机会再予以尝试。

表 7.14 和表 7.15 的计算结果还是令人满意的。它们是在保持虚实边界的距离为真实边界元大小的 1.5 倍的条件下得到的。另外，本书作者也进行过尝试，当虚实边界的距离保持不变时（如保持虚实边界的距离为 0.15），计算的稳定性变差，原因不太明确（可能是等额配点法造成，改用文献[6]推荐的最小二乘法应该可改善）。

表 7.14 计算条件：1-1 算法，虚第 1 类边界条件 $(jk = 0 + 0.1j)$

计算规模	计算值	相对误差/%	计算时间/s
5	1.0974, 0.8815, −0.4816	0.8559 0.3927 −0.2725	1.437
7	1.0948, 0.8807, −0.4811	0.7148 0.3124 −0.2126	7.308
9	1.0929, 0.8803, −0.4809	0.6179 0.2726 −0.1836	26.59
11	1.0912, 0.8799, −0.4807	0.5306 0.2313 −0.1547	83.45
13	1.0899, 0.8796, −0.4805	0.4653 0.2026 −0.1349	203.6
15	1.0889, 0.8794, −0.4804	0.4147 0.1810 −0.1201	453.8
17	1.0881, 0.8792, −0.4803	0.3734 0.1631 −0.1079	905.5
19	1.0874, 0.8791, −0.4802	0.3397 0.1486 −0.0981	1691.8

表 7.15　计算条件：1-0 算法，虚第 1 类边界条件　$(jk = 0 + 0.1j)$

计算规模	计算值	相对误差/%	计算时间/s
5	1.0840, 0.8851, −0.4835	0.1754　0.7554　−0.5242	1.351
7	1.0885, 0.8829, −0.4823	0.4004　0.5287　−0.3598	6.683
9	1.0899, 0.8820, −0.4818	0.4684　0.4381　−0.2950	25.32
11	1.0891, 0.8812, −0.4814	0.4244　0.3623　−0.2423	77.08
13	1.0884, 0.8806, −0.4811	0.3920　0.3045　−0.2027	193.0
15	1.0880, 0.8802, −0.4809	0.3692　0.2662　−0.1766	423.4
17	1.0874, 0.8799, −0.4807	0.3389　0.2333　−0.1544	851.0
19	1.0869, 0.8797, −0.4806	0.3130　0.2071　−0.1368	1567.4

7.3.4 边界元算法验证（有损耗情况）

接下来对有损耗情况（$jk = 0.1 + 0.1j$）也进行了计算。与无损耗情况相同，0-1 算法和 0-0 算法是用标准的边界元方法计算的，1-1 算法和 1-0 算法是采用无奇异边界元法中最简单的配点法。表 7.16～表 7.21 给出了相应的计算结果。这些结果最起码的特点是计算结果随着单元规模的增加计算误差减小。图 7.6 给出了有损耗情况下双旋度赫姆霍兹方程 0-0 算法的数值验证结果。

表 7.16　计算条件：0-1 算法，第 1 类边界条件　$(jk = 0.1 + 0.1j)$

计算规模	计算值	相对误差/%	计算时间/s
5	1.0596, 0.8689, −0.4747	−1.0705　−0.8720　0.6051	1.025
7	1.0655, 0.8699, −0.4752	−0.7605　−0.7709　0.5246	5.107
9	1.0690, 0.8710, −0.4759	−0.5859　−0.6551　0.4411	18.05
11	1.0711, 0.8720, −0.4764	−0.4748　−0.5612　0.3753	51.25
13	1.0727, 0.8727, −0.4768	−0.3979　−0.4873　0.3244	125.3
15	1.0738, 0.8733, −0.4771	−0.3416　−0.4288　0.2844	270.8
17	1.0746, 0.8738, −0.4773	−0.2987　−0.3815　0.2525	532.6
19	1.0753, 0.8742, −0.4776	−0.2649　−0.3428　0.2264	934.9

表 7.17　计算条件：0-1 算法，第 2 类边界条件　$(jk = 0.1 + 0.1j)$

计算规模	计算值	相对误差/%	计算时间/s
5	1.0820, 0.8853, −0.4837	0.0728　0.7782　−0.5400	0.988
7	1.0811, 0.8813, −0.4814	0.0264　0.3686　−0.2508	4.887
9	1.0807, 0.8796, −0.4805	0.0057　0.1983　−0.1335	17.32
11	1.0805, 0.8787, −0.4800	−0.0050　0.1123　−0.0751	49.21
13	1.0804, 0.8782, −0.4798	−0.0112　0.0635　−0.0422	120.5
15	1.0803, 0.8779, −0.4796	−0.0149　0.0334　−0.0222	265.0
17	1.0803, 0.8777, −0.4795	−0.0171　0.0139　−0.0092	526.4
19	1.0802, 0.8776, −0.4794	−0.0185　0.0007　−0.0005	932.8

表 7.18　计算条件：0-0 算法，第 1 类边界条件　$(jk = 0.1 + 0.1j)$

计算规模	计算值	相对误差/%	计算时间/s
5	1.0316, 0.8593, −0.4694	−2.4993　−1.8408　1.2774	0.986
7	1.0521, 0.8658, −0.4730	−1.4387　−1.1843　0.8059	4.837
9	1.0612, 0.8688, −0.4747	−0.9778　−0.8753　0.5893	17.01
11	1.0661, 0.8706, −0.4756	−0.7300　−0.6971　0.4662	48.34
13	1.0691, 0.8718, −0.4763	−0.5774　−0.5793　0.3856	116.6
15	1.0711, 0.8726, −0.4767	−0.4747　−0.4951　0.3285	255.7
17	1.0726, 0.8733, −0.4771	−0.4013　−0.4316　0.2856	506.5
19	1.0737, 0.8738, −0.4773	−0.3464　−0.3819　0.2522	935.7

表 7.19　计算条件：0-0 算法，第 2 类边界条件　$(jk = 0.1 + 0.1j)$

计算规模	计算值	相对误差/%	计算时间/s
5	1.0678, 0.8857, −0.4838	−0.6523　0.8135　−0.5645	1.045
7	1.0754, 0.8827, −0.4822	−0.2638　0.5169　−0.3518	4.747
9	1.0779, 0.8810, −0.4813	−0.1377　0.3427　−0.2307	16.71
11	1.0789, 0.8799, −0.4807	−0.0869　0.2335　−0.1562	47.31
13	1.0794, 0.8792, −0.4803	−0.0624　0.1631　−0.1086	115.2
15	1.0796, 0.8787, −0.4801	−0.0491　0.1158　−0.0768	249.1
17	1.0798, 0.8784, −0.4799	−0.0412　0.0827　−0.0547	503.0
19	1.0799, 0.8782, −0.4797	−0.0361　0.0589　−0.0389	928.8

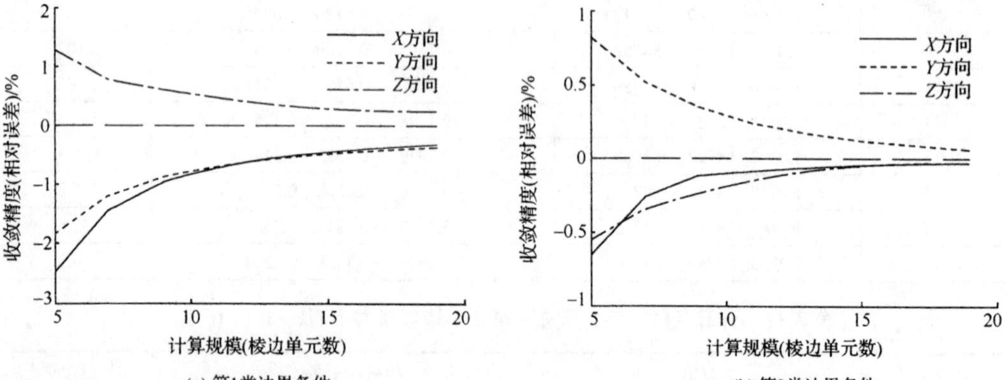

(a) 第1类边界条件　　(b) 第2类边界条件

图 7.6　双旋度赫姆霍兹方程 0-0 算法的数值验证结果（有损耗情况）

表 7.20　计算条件：1-1 算法，虚第 1 类边界条件　$(jk = 0.1 + 0.1j)$

计算规模	计算值	相对误差/%	计算时间/s
5	1.0973, 0.8815, −0.4816	0.8495　0.3919　−0.2720	1.386
7	1.0946, 0.8807, −0.4811	0.7084　0.3114　−0.2119	7.249
9	1.0928, 0.8803, −0.4809	0.6115　0.2713　−0.1827	27.34

续表

计算规模	计算值	相对误差/%	计算时间/s
11	1.0910, 0.8799, −0.4807	0.5241　0.2297　−0.1536	82.65
13	1.0898, 0.8796, −0.4805	0.4587　0.2008　−0.1337	206.7
15	1.0887, 0.8794, −0.4804	0.4080　0.1790　−0.1188	477.6
17	1.0879, 0.8792, −0.4803	0.3668　0.1610　−0.1065	978.1
19	1.0873, 0.8790, −0.4802	0.3330　0.1463　−0.0966	1725.5

表 7.21　计算条件：1-0 算法，虚第 1 类边界条件　$(\mathrm{j}k = 0.1 + 0.1\mathrm{j})$

计算规模	计算值	相对误差/%	计算时间/s
5	1.0840, 0.8851, −0.4835	0.1711　0.7579　−0.5259	1.236
7	1.0884, 0.8829, −0.4823	0.3949　0.5292　−0.3601	6.844
9	1.0898, 0.8820, −0.4818	0.4625　0.4378　−0.2948	24.46
11	1.0889, 0.8812, −0.4814	0.4182　0.3613　−0.2416	75.81
13	1.0883, 0.8806, −0.4811	0.3857　0.3031　−0.2018	201.8
15	1.0878, 0.8802, −0.4809	0.3627　0.2645　−0.1755	439.4
17	1.0872, 0.8799, −0.4807	0.3324　0.2315　−0.1532	835.9
19	1.0867, 0.8796, −0.4805	0.3064　0.2051　−0.1354	1528.7

总之，上述验证计算表明：新给出的双旋度赫姆霍兹方程两个积分表述是合理的，其数值计算特性也能够满足工程计算的要求。当然，如果能够像第 5 章那样，找到一个实际算例，则利用经典算法和新方法同时进行计算，并将计算结果与实测结果进行比较，那就是最好的了，因此希望对此感兴趣的读者能够帮助提供这样的实例。

7.4　实际工程材料边界条件初步探讨

在第 3 章关于麦克斯韦方程组的完善求解标准的讨论中，曾提到实际工程计算的边界条件问题是一条不知深浅的河。关于这个问题前人应该有很多论述，限于精力我们见得不多，也不便做更多的阐述，这里主要就利用波动方程求解电磁问题时如何处理实际工程材料的边界条件进行简单的论述，希望引起大家的注意，起到抛砖引玉的作用。

将积分形式的麦克斯韦方程组运用于媒质的不连续处，可以导出该处场量应满足的边界条件：

$$\boldsymbol{n}\times(\boldsymbol{E}_2-\boldsymbol{E}_1)=0,\quad \boldsymbol{n}\times(\boldsymbol{H}_2-\boldsymbol{H}_1)=\boldsymbol{J}_s,\quad (\boldsymbol{D}_2-\boldsymbol{D}_1)\cdot\boldsymbol{n}=\rho_s,\quad (\boldsymbol{B}_2-\boldsymbol{B}_1)\cdot\boldsymbol{n}=0 \tag{7.33}$$

式中，$\boldsymbol{J}_s$ 为交界面上的面电流密度，ρ_s 为交界面上的面电荷密度。

对于本书讨论的最简单情况（全部介质都是各向同性介质），即各介质满足：

$$\boldsymbol{D}=\varepsilon_0\varepsilon_r\boldsymbol{E}=\varepsilon\boldsymbol{E},\quad \boldsymbol{B}=\mu_0\mu_r\boldsymbol{H}=\mu\boldsymbol{H},\quad \boldsymbol{J}=\sigma\boldsymbol{E} \tag{7.34}$$

在此条件下，式（7.33）成为

$$\begin{gathered}\boldsymbol{n}\times(\boldsymbol{E}_2-\boldsymbol{E}_1)=0,\quad \boldsymbol{n}\times(\boldsymbol{H}_2-\boldsymbol{H}_1)=\boldsymbol{J}_s,\\ (\varepsilon_2\boldsymbol{E}_2-\varepsilon_1\boldsymbol{E}_1)\cdot\boldsymbol{n}=\rho_s,\quad (\mu_2\boldsymbol{H}_2-\mu_1\boldsymbol{H}_1)\cdot\boldsymbol{n}=0\end{gathered} \tag{7.35}$$

这个边界条件在实际工程计算中应用不多，因为即使认为全部（入射）场量 $\boldsymbol{E}_1$ 或 $\boldsymbol{H}_1$ 不受边界的影响是已知的，也不能确定边界另一侧的场量 $\boldsymbol{E}_2$ 或 $\boldsymbol{H}_2$，这是因为源量 $\boldsymbol{J}_s$ 和 ρ_s 并不能简单的确定。

在工程计算中应用较多的是所谓理想情况，即理想导体、理想介质和理想磁体。

当两种媒质之一是所谓良导体时，工程上一般认为导体内部不存在任何时变电磁场。当导体的导电性能良好时，可将其电导率理想化为无限大，称为理想导体。如果用 $\boldsymbol{E}$、$\boldsymbol{H}$、$\boldsymbol{D}$、$\boldsymbol{B}$ 表示导体外的场量，则理想导体表面的边界条件成为

$$\boldsymbol{n}\times\boldsymbol{E}=0,\quad \boldsymbol{n}\times\boldsymbol{H}=\boldsymbol{J}_s,\quad \boldsymbol{H}\cdot\boldsymbol{n}=0,\quad \varepsilon\boldsymbol{E}\cdot\boldsymbol{n}=\rho_s \tag{7.36}$$

当两种媒质都是理想介质时，则在两介质表面不会存在各种“源”，则

$$\boldsymbol{n}\times(\boldsymbol{E}_2-\boldsymbol{E}_1)=0,\quad \boldsymbol{n}\times(\boldsymbol{H}_2-\boldsymbol{H}_1)=0,\quad (\varepsilon_2\boldsymbol{E}_2-\varepsilon_1\boldsymbol{E}_1)\cdot\boldsymbol{n}=0,\quad (\mu_2\boldsymbol{H}_2-\mu_1\boldsymbol{H}_1)\cdot\boldsymbol{n}=0 \tag{7.37}$$

对于这种情况，只要知道了一侧的场量，马上可以确定另一侧的场量。例如，介质中的电磁波反射定律和折射定律就是利用这种情况推导的。

在工程计算中，应用较多的是所谓理想边界条件式（7.36）和式（7.37）。在第 5 章的验证计算——铁磁体表面上的长直导线产生的磁场计算就是采用的理想边界条件式（7.35），应该说这种近似在一定限制条件下（本例的条件是 $\mu_{\mathrm{Fe}}>>1$）的工程电磁数值计算中是容许的，其计算结果也是完全满足工程需要的。

希望一般性的跨过边界条件这条“不知深浅的河”，我们曾进行了多方尝试，应该说都是以失败而告终。因此，只能退而求其次，就一些具体问题进行讨论。在第 5 章末尾曾就通电直导线在铁磁材料平面上产生的磁场计算进行过探讨。这里希望利用国际计算电磁学会议（COMPUMAG）TEAM 问题集中的问题 28——电动磁悬浮模型进行尝试，主要原因是该问题提供了相对准确的实验数据（我们自己没有测试能力）。该问题从本质上是一个一般时域问题，但由于电源频率太小（仅为 50Hz），根据文献[10]的相关分析，可将其按缓变电磁场处理，也就是说某个时刻的磁场计算可按静磁场处理。

根据电磁理论，磁场在分界面上的法向边界条件为

$$\boldsymbol{n}\cdot(\boldsymbol{B}_1-\boldsymbol{B}_2)=0\Rightarrow \boldsymbol{n}\cdot\boldsymbol{B}_1=\boldsymbol{n}\cdot\boldsymbol{B}_2 \tag{7.38}$$

即分界面上的法向分量是连续的。这表明边界条件对穿过边界的磁通量不产生影响，从而在考虑厚度影响的条件下薄层导体盘产生的感应电流可以确定。

由环路定理可得切向边界条件为 $\boldsymbol{n}\times(\boldsymbol{H}_1-\boldsymbol{H}_2)=\boldsymbol{J}_S$，从而，

$$\boldsymbol{n}\times(\boldsymbol{H}_1-\boldsymbol{H}_2)=\boldsymbol{n}\times\left(\frac{B_1}{\mu_1}-\frac{B_2}{\mu_2}\right)=\begin{bmatrix}\boldsymbol{i} & \boldsymbol{j} & \boldsymbol{k}\\ n_1 & n_2 & n_3\\ b_1 & b_2 & b_3\end{bmatrix}=\begin{bmatrix}(n_2b_3-n_3b_2)\boldsymbol{i}\\ (n_3b_1-n_1b_3)\boldsymbol{j}\\ (n_1b_2-n_2b_1)\boldsymbol{k}\end{bmatrix}$$

$$\xrightarrow{n=(0,0,1)}\begin{bmatrix}-b_2\boldsymbol{i}\\ b_1\boldsymbol{j}\\ (0)\boldsymbol{k}\end{bmatrix}=\begin{bmatrix}-\left(\dfrac{B_{1y}}{\mu_1}-\dfrac{B_{2y}}{\mu_2}\right)\boldsymbol{i}\\ \left(\dfrac{B_{1x}}{\mu_1}-\dfrac{B_{2x}}{\mu_2}\right)\boldsymbol{j}\\ (0)\boldsymbol{k}\end{bmatrix}=\begin{bmatrix}J_x\boldsymbol{i}\\ J_y\boldsymbol{j}\\ 0\boldsymbol{k}\end{bmatrix}=\boldsymbol{J}_S \tag{7.39}$$

从式（7.37）、式（7.38）可以看出：在 $\boldsymbol{B}_1$ 不受导体盘影响、可由毕奥-萨伐尔定律计算的条件下，根据法拉第电磁感应定律 $\boldsymbol{J}_S$ 可确定（不受边界条件影响）$\boldsymbol{B}_2$。

总之，在忽略导体盘电流对导体盘外磁场影响的条件下，即 $\boldsymbol{B}_1$ 仅由给定的电源决定，薄层导体盘另一侧的磁场也可确定。按此，将导体盘分为多层，考虑下层（给定电源侧）感应电流对上层的影响，计算结果有所改进。但是，计算结果对时间步长太敏感，只有时间步长在特定的范围内计算结果才与实验结果接近，这对于检验计算就不太恰当了。

参 考 文 献

[1] 杨本洛. 流体运动经典分析. 北京: 科学出版社, 1996.

[2] 李忠元. 电磁场边界元素法. 北京: 北京工业学院出版社, 1987.

[3] 斯特来顿. 电磁理论. 何国瑜, 译. 北京: 北京航空学院出版社, 1986.

[4] 杨德全, 赵忠生. 边界元理论及应用. 北京: 北京理工大学出版社, 2002.

[5] 祝家麟, 袁政强. 边界元分析. 北京: 科学出版社, 2009.

[6] 孙焕纯, 张立洲. 无奇异边界元法. 北京: 大连理工大学出版社, 1999.

[7] Hanselman D, Littlefield B. 精通 MATLAB6. 张航, 黄攀, 译. 北京: 清华大学出版社, 2002.

[8] 邓薇. MATLAB 函数速查手册. 北京: 人民邮电出版社, 2010.

[9] 王怀玉. 物理学中的数学方法. 北京: 科学出版社, 2013.

[10] 马科斯 • 波恩, 埃米尔 • 沃尔夫. 光学原理. 7 版. 杨葭荪, 译. 北京: 电子工业出版社, 2011.

第 8 章　时域电磁场计算理论

在第 4、6 章主要根据文献[1]～文献[3]给出了双旋度泊松方程和双旋度赫姆霍兹方程的两个积分表述。本章用类似方法推导双旋度一般时域波动方程的基本积分表述和旋度积分表述，并从数学上分析了双旋度一般时域波动方程本身的基本性质。再次说明这类方程的求解无需人为添加各类“规范条件”来消除这类方程的所谓“欠定性”。并且，这种“欠定性”是包含双旋度算子的微分方程本身所固有，不可能完全消除（对于边界元方法这是通过实践检验的）。换句话说，以原始变量表示的双旋度一般时域波动方程是不可能完善求解的。欲完善求解一般时域情况下的麦克斯韦方程组，只能通过求解势函数表达的包含双旋度算子的一般时域波动方程。

本章首先介绍双旋度一般时域波动方程基本积分表述的推导。

8.1　时域双旋度波动方程的积分表述

对于一般时域电磁场的求解问题，无论以原始场量$(\boldsymbol{E},\boldsymbol{B})$作为求解变量，还是以势函数$(\boldsymbol{A},\varphi)$为求解变量，都最终将问题归结为双旋度一般时域波动方程：

$$\nabla\times\nabla\times\begin{Bmatrix}\boldsymbol{A}(\boldsymbol{r},t)\\ \boldsymbol{E}(\boldsymbol{r},t)\end{Bmatrix}+\frac{1}{c^2}\frac{\partial^2}{\partial t^2}\begin{Bmatrix}\boldsymbol{A}(\boldsymbol{r},t)\\ \boldsymbol{E}(\boldsymbol{r},t)\end{Bmatrix}=\boldsymbol{f}$$

在第 3 章，已指出一般时域双旋度波动方程定解问题的恰当提法是

$$\begin{cases}\nabla\times\nabla\times\boldsymbol{Q}(\boldsymbol{r},t)+\dfrac{1}{c^2}\dfrac{\partial^2\boldsymbol{Q}(\boldsymbol{r},t)}{\partial t^2}=\boldsymbol{f}(\boldsymbol{r},t), & \boldsymbol{r}\in\Omega,t\geqslant 0\\ \boldsymbol{n}\times\boldsymbol{Q}(\boldsymbol{r},t)=\overline{\boldsymbol{u}}(\boldsymbol{r},t), & \boldsymbol{r}\in\Gamma_1,t\geqslant 0\\ \boldsymbol{n}\times\nabla\times\boldsymbol{Q}(\boldsymbol{r},t)=\overline{\boldsymbol{v}}(\boldsymbol{r},t), & \boldsymbol{r}\in\Gamma_2,t\geqslant 0\\ \boldsymbol{Q}(\boldsymbol{r},t)\big|_{t=0}=\overline{\boldsymbol{p}}(\boldsymbol{r}),\quad \dfrac{\partial\boldsymbol{Q}(\boldsymbol{r},t)}{\partial t}\bigg|_{t=0}=\overline{\boldsymbol{q}}(\boldsymbol{r}), & \boldsymbol{r}\in\Omega,t=0\end{cases}\tag{8.1}$$

式中，Γ_1,Γ_2为域Ω的边界，$\Gamma_1+\Gamma_2=\Gamma$。

8.1.1　基本积分表述的导出（格林函数法）

利用一般时域标量波动方程[4,5]：$\nabla^2G(\boldsymbol{r},t)-\dfrac{1}{c^2}\dfrac{\partial^2G(\boldsymbol{r},t)}{\partial t^2}=-\delta(\boldsymbol{r}-\boldsymbol{r}')\delta(t-t')$的基本

解（或者格林函数）$G(\boldsymbol{r},t;\boldsymbol{r}',t')=G\left(\left|\boldsymbol{r}-\boldsymbol{r}'\right|,t-t'\right)=\dfrac{1}{4\pi R}\delta\left(\dfrac{\left|\boldsymbol{r}-\boldsymbol{r}'\right|}{c}-(t-t')\right)(t>t')$ 和任意恒向量 $\boldsymbol{a}$ 的组合 $\boldsymbol{R}=\boldsymbol{a}G$ 来构造时域双旋度波动方程的积分表述。

向量格林公式（1.60）：

$$\int_{\Omega}(\boldsymbol{Q}\cdot\nabla\times\nabla\times\boldsymbol{R}-\boldsymbol{R}\cdot\nabla\times\nabla\times\boldsymbol{Q})\mathrm{d}\Omega=\oint_{\Gamma}\boldsymbol{n}\cdot(\boldsymbol{R}\times\nabla\times\boldsymbol{Q}-\boldsymbol{Q}\times\nabla\times\boldsymbol{R})\mathrm{d}S$$

上式中 $\boldsymbol{Q},\boldsymbol{R}$ 不仅是空间坐标 $\boldsymbol{r}$ 的函数，而且还是时间 t 的函数，那么扩展到包含时间域的向量格林公式为

$$\int_0^t\int_{\Omega}(\boldsymbol{Q}\cdot\nabla\times\nabla\times\boldsymbol{R}-\boldsymbol{R}\cdot\nabla\times\nabla\times\boldsymbol{Q})\mathrm{d}\Omega\mathrm{d}t'=\int_0^t\oint_{\Gamma}\boldsymbol{n}\cdot(\boldsymbol{R}\times\nabla\times\boldsymbol{Q}-\boldsymbol{Q}\times\nabla\times\boldsymbol{R})\mathrm{d}S\mathrm{d}t' \quad (8.2)$$

基本思路是：完全仿照前面两章推导双旋度泊松方程和双旋度赫姆霍兹方程的基本积分表述的过程，只是先不考虑时间积分，待去掉常矢量 $\boldsymbol{a}$ 后再考虑对时间的积分。当然也可直接以包含时间域的向量格林公式（8.2）为基础进行讨论，只是表述较为烦琐而已。

令 $\boldsymbol{Q}$ 为待解的一般时域双旋度波动方程的解，$\boldsymbol{R}=\boldsymbol{a}G(\boldsymbol{r},t;\boldsymbol{r}',t)$，其中 $\boldsymbol{a}$ 为任意常向量，$G(\boldsymbol{r},t;\boldsymbol{r}',t')$ 为标量时域波动方程相应的基本解，满足一般时域标量波动方程。

利用前面的已有结果式（4.2）～式（4.4）：

$$\nabla\times(\boldsymbol{a}G)=\nabla G\times\boldsymbol{a}\quad\{\nabla\times(\boldsymbol{a}\varphi)=\nabla\varphi\times\boldsymbol{a}+\varphi\nabla\times\boldsymbol{a}\}$$

$$\nabla\times\nabla\times(\boldsymbol{a}G)=\nabla(\boldsymbol{a}\cdot\nabla G)-\boldsymbol{a}\nabla^2 G$$

$$\boldsymbol{Q}\cdot\nabla\times\nabla\times(\boldsymbol{a}G)=\nabla\cdot[\boldsymbol{Q}(\boldsymbol{a}\cdot\nabla G)]-(\nabla\cdot\boldsymbol{Q})\boldsymbol{a}\cdot\nabla G-\boldsymbol{Q}\cdot\boldsymbol{a}\nabla^2 G$$

所以，格林公式的体积分为

$$\int_{\Omega}(\boldsymbol{Q}\cdot\nabla\times\nabla\times\boldsymbol{R}-\boldsymbol{R}\cdot\nabla\times\nabla\times\boldsymbol{Q})\mathrm{d}\Omega\quad\{\boldsymbol{R}=\boldsymbol{a}G\}$$

$$=\int_{\Omega}[\boldsymbol{Q}\cdot\nabla\times\nabla\times(\boldsymbol{a}G)-(\boldsymbol{a}G)\cdot\nabla\times\nabla\times\boldsymbol{Q}]\mathrm{d}\Omega$$

$$=\int_{\Omega}\{[\nabla\cdot[\boldsymbol{Q}(\boldsymbol{a}\cdot\nabla G)]-(\nabla\cdot\boldsymbol{Q})\boldsymbol{a}\cdot\nabla G-\boldsymbol{Q}\cdot\boldsymbol{a}\nabla^2 G)-(\boldsymbol{a}G)\cdot\nabla\times\nabla\times\boldsymbol{Q}\}\mathrm{d}\Omega$$

$$\left\{\nabla\times\nabla\times\boldsymbol{Q}+\frac{1}{c^2}\frac{\partial^2\boldsymbol{Q}}{\partial t^2}=\boldsymbol{f}\right\}$$

$$=\int_{\Omega}\left\{[\nabla\cdot[\boldsymbol{Q}(\boldsymbol{a}\cdot\nabla G)]-(\nabla\cdot\boldsymbol{Q})\boldsymbol{a}\cdot\nabla G+\boldsymbol{Q}\cdot\boldsymbol{a}\nabla^2 G)-(\boldsymbol{a}G)\cdot\left[\boldsymbol{f}-\frac{1}{c^2}\frac{\partial^2\boldsymbol{Q}}{\partial t^2}\right]\right\}\mathrm{d}\Omega$$

$$=\oint_{\Gamma}\boldsymbol{n}\cdot[\boldsymbol{Q}(\boldsymbol{a}\cdot\nabla G)]\mathrm{d}S-\int_{\Omega}\boldsymbol{a}\cdot\left[\nabla G(\nabla\cdot\boldsymbol{Q})+\boldsymbol{Q}\nabla^2 G+\left(\boldsymbol{f}-\frac{1}{c^2}\frac{\partial^2\boldsymbol{Q}}{\partial t^2}\right)G\right]\mathrm{d}\Omega$$

$$= \boldsymbol{a}\cdot\left\{\oint_\Gamma \nabla G(\boldsymbol{n}\cdot\boldsymbol{Q})\mathrm{d}S-\int_\Omega\left[\nabla G(\nabla\cdot\boldsymbol{Q})+\boldsymbol{Q}\left(\nabla^2 G-\frac{1}{c^2}\frac{\partial^2 G}{\partial t^2}\right)+\boldsymbol{f}G+\left(\boldsymbol{Q}\frac{1}{c^2}\frac{\partial^2 G}{\partial t^2}-G\frac{1}{c^2}\frac{\partial^2 \boldsymbol{Q}}{\partial t^2}\right)\right]\mathrm{d}\Omega\right\}$$

$$\left\{\nabla^2 G(\boldsymbol{r},t;\boldsymbol{r}',t')-\frac{1}{c^2}\frac{\partial^2 G(\boldsymbol{r},t;\boldsymbol{r}',t')}{\partial t^2}=-\delta(\boldsymbol{r}-\boldsymbol{r}')\delta(t-t')\right\}$$

$$= \boldsymbol{a}\cdot\left\{\oint_\Gamma \nabla G(\boldsymbol{n}\cdot\boldsymbol{Q})\mathrm{d}S-\int_\Omega\left[\nabla G(\nabla\cdot\boldsymbol{Q})-\boldsymbol{Q}\delta(\boldsymbol{r}-\boldsymbol{r}')\delta(t-t')+\boldsymbol{f}G+\left(\boldsymbol{Q}\frac{1}{c^2}\frac{\partial^2 G}{\partial t^2}-G\frac{1}{c^2}\frac{\partial^2 \boldsymbol{Q}}{\partial t^2}\right)\right]\mathrm{d}\Omega\right\} \tag{8.3}$$

而格林公式的面积分为

$$\oint_\Gamma \boldsymbol{n}\cdot(\boldsymbol{R}\times\nabla\times\boldsymbol{Q}-\boldsymbol{Q}\times\nabla\times\boldsymbol{R})\mathrm{d}S \quad \{\boldsymbol{R}=\boldsymbol{a}G\}$$

$$=\oint_\Gamma \boldsymbol{n}\cdot[(\boldsymbol{a}G)\times\nabla\times\boldsymbol{Q}-\boldsymbol{Q}\times\nabla\times(\boldsymbol{a}G)]\mathrm{d}S \quad \{\nabla\times(\boldsymbol{a}G)=\nabla G\times\boldsymbol{a}+G\nabla\times\boldsymbol{a}\}$$

$$=\oint_\Gamma \boldsymbol{n}\cdot[(\boldsymbol{a}G)\times\nabla\times\boldsymbol{Q}-\boldsymbol{Q}\times(\nabla G\times\boldsymbol{a})]\mathrm{d}S \quad \{\boldsymbol{a}\cdot(\boldsymbol{b}\times\boldsymbol{c})=\boldsymbol{c}\cdot(\boldsymbol{a}\times\boldsymbol{b})=\boldsymbol{b}\cdot(\boldsymbol{c}\times\boldsymbol{a})\}$$

$$=\oint_\Gamma \{\boldsymbol{a}\cdot[-G\boldsymbol{n}\times\nabla\times\boldsymbol{Q}]-(\nabla G\times\boldsymbol{a})\cdot(\boldsymbol{n}\times\boldsymbol{Q})\}\mathrm{d}S$$

$$=\boldsymbol{a}\cdot\oint_\Gamma [-G\boldsymbol{n}\times\nabla\times\boldsymbol{Q}-(\boldsymbol{n}\times\boldsymbol{Q})\times\nabla G]\mathrm{d}S \tag{8.4}$$

联立式（8.3）、式（8.4），消去任意恒定向量 $\boldsymbol{a}$ 有

$$\int_\Omega\left[\nabla G(\nabla\cdot\boldsymbol{Q})-\boldsymbol{Q}\delta(\boldsymbol{r}-\boldsymbol{r}')\delta(t-t')+\boldsymbol{f}G+\left(\boldsymbol{Q}\frac{1}{c^2}\frac{\partial^2 G}{\partial t^2}-G\frac{1}{c^2}\frac{\partial^2 \boldsymbol{Q}}{\partial t^2}\right)\right]\mathrm{d}\Omega$$
$$=\oint_\Gamma G\boldsymbol{n}\times\nabla\times\boldsymbol{Q}+\boldsymbol{n}\times\boldsymbol{Q}\times\nabla G+\nabla G(\boldsymbol{n}\cdot\boldsymbol{Q})\mathrm{d}S \tag{8.5}$$

现在，再考虑对时间积分，即

$$\int_0^\tau\int_\Omega\left[\nabla G(\nabla\cdot\boldsymbol{Q})-\boldsymbol{Q}\delta(\boldsymbol{r}-\boldsymbol{r}')\delta(t-t')+\boldsymbol{f}G+\left(\boldsymbol{Q}\frac{1}{c^2}\frac{\partial^2 G}{\partial t^2}-G\frac{1}{c^2}\frac{\partial^2 \boldsymbol{Q}}{\partial t^2}\right)\right]\mathrm{d}\Omega\mathrm{d}t'$$
$$=\int_0^\tau\oint_\Gamma G\boldsymbol{n}\times\nabla\times\boldsymbol{Q}+\boldsymbol{n}\times\boldsymbol{Q}\times\nabla G+\nabla G(\boldsymbol{n}\cdot\boldsymbol{Q})\mathrm{d}S\mathrm{d}t' \tag{8.6}$$

根据 δ 函数的性质，显然有

$$\int_0^\tau\int_\Omega \boldsymbol{Q}(\boldsymbol{r}',t')\delta(\boldsymbol{r}-\boldsymbol{r}')\delta(t-t')\mathrm{d}\Omega\mathrm{d}t'=\int_\Omega \boldsymbol{Q}(\boldsymbol{r}',t)\delta(\boldsymbol{r}-\boldsymbol{r}')\mathrm{d}\Omega=W\boldsymbol{Q}(\boldsymbol{r},t),\quad t\in[0,\tau] \tag{8.7}$$

因为

$$\int_0^\tau\int_\Omega\left(\frac{1}{c^2}\frac{\partial^2 \boldsymbol{Q}}{\partial t^2}\right)\cdot G\mathrm{d}\Omega\mathrm{d}t=\frac{1}{c^2}\int_\Omega\frac{\partial \boldsymbol{Q}}{\partial t}\cdot G\mathrm{d}\Omega\bigg|_0^\tau-\int_0^\tau\int_\Omega\left(\frac{1}{c^2}\frac{\partial \boldsymbol{Q}}{\partial t}\right)\cdot\frac{\partial G}{\partial t}\mathrm{d}\Omega\mathrm{d}t \tag{8.8}$$

$$-\int_0^\tau\int_\Omega\left(\frac{1}{c^2}\frac{\partial \boldsymbol{Q}}{\partial t}\right)\cdot\frac{\partial G}{\partial t}\mathrm{d}\Omega\mathrm{d}t=-\frac{1}{c^2}\int_\Omega \boldsymbol{Q}\cdot\frac{\partial G}{\partial t}\mathrm{d}\Omega\bigg|_0^\tau+\int_0^\tau\int_\Omega\left(\frac{1}{c^2}\boldsymbol{Q}\right)\cdot\frac{\partial^2 G}{\partial t^2}\mathrm{d}\Omega\mathrm{d}t \tag{8.9}$$

式（8.8）、式（8.9）相加：

$$\int_0^\tau\int_\Omega\frac{1}{c^2}\boldsymbol{Q}\cdot\frac{\partial^2 G}{\partial t^2}\mathrm{d}\Omega\mathrm{d}t-\int_0^\tau\int_\Omega\frac{1}{c^2}\frac{\partial^2 \boldsymbol{Q}}{\partial t^2}\cdot G\mathrm{d}\Omega\mathrm{d}t=\frac{1}{c^2}\int_\Omega \boldsymbol{Q}\cdot\frac{\partial G}{\partial t}\mathrm{d}\Omega\bigg|_0^\tau-\frac{1}{c^2}\int_\Omega\frac{\partial \boldsymbol{Q}}{\partial t}\cdot G\mathrm{d}\Omega\bigg|_0^\tau \tag{8.10}$$

以 $G=\boldsymbol{a}G(r,t;r',t)$ 代入式（8.10）并消去任意常矢量 $\boldsymbol{a}$ 可得

$$\int_0^\tau\int_\Omega\frac{1}{c^2}\boldsymbol{Q}\frac{\partial^2 G}{\partial t^2}\mathrm{d}\Omega\mathrm{d}t-\int_0^\tau\int_\Omega\frac{1}{c^2}G\frac{\partial^2 \boldsymbol{Q}}{\partial t^2}\mathrm{d}\Omega\mathrm{d}t=\frac{1}{c^2}\int_\Omega \boldsymbol{Q}\frac{\partial G}{\partial t}\mathrm{d}\Omega\bigg|_0^\tau-\frac{1}{c^2}\int_\Omega G\frac{\partial \boldsymbol{Q}}{\partial t}\mathrm{d}\Omega\bigg|_0^\tau \tag{8.11}$$

实际上，式（8.10）、式（8.11）都是另一种形式的格林公式。

将式（8.7）、式（8.11）两式代入式（8.6）可得一般时域的积分表达式：

$$\begin{aligned}W\boldsymbol{Q}(\boldsymbol{r},t)=&\int_0^\tau\int_\Omega[\nabla G(\nabla\cdot\boldsymbol{Q})+\boldsymbol{f}G]\mathrm{d}\Omega\mathrm{d}t'+\frac{1}{c^2}\int_\Omega \boldsymbol{Q}\cdot\frac{\partial G}{\partial t}\mathrm{d}\Omega\bigg|_0^\tau-\frac{1}{c^2}\int_\Omega G\frac{\partial \boldsymbol{Q}}{\partial t}\mathrm{d}\Omega\bigg|_0^\tau\\&-\int_0^\tau\oint_\Gamma G\boldsymbol{n}\times\nabla\times\boldsymbol{Q}+\boldsymbol{n}\times\boldsymbol{Q}\times\nabla G+\nabla G(\boldsymbol{n}\cdot\boldsymbol{Q})\mathrm{d}S\mathrm{d}t'\end{aligned} \tag{8.12}$$

此结果与最基础的双旋度泊松方程 $\nabla\times\nabla\times\boldsymbol{Q}=\boldsymbol{f}$ 的基本积分形式解：

$$W\boldsymbol{Q}=\int_\Omega[\nabla G(\nabla\cdot\boldsymbol{Q})+\boldsymbol{f}G]\mathrm{d}\Omega-\oint_\Gamma[G\boldsymbol{n}\times\nabla\times\boldsymbol{Q}+\boldsymbol{n}\times\boldsymbol{Q}\times\nabla G+\nabla G(\boldsymbol{n}\cdot\boldsymbol{Q})]\mathrm{d}S$$

和双旋度赫姆霍兹方程 $\nabla\times\nabla\times\boldsymbol{Q}(\boldsymbol{r})-k^2\boldsymbol{Q}(\boldsymbol{r})=\boldsymbol{f}(\boldsymbol{r})$ 的基本积分形式解：

$$W\boldsymbol{Q}=\int_\Omega[\nabla G(\nabla\cdot\boldsymbol{Q})+\boldsymbol{f}G]\mathrm{d}\Omega-\oint_\Gamma[G\boldsymbol{n}\times\nabla\times\boldsymbol{Q}+(\boldsymbol{n}\times\boldsymbol{Q})\times\nabla G+\nabla G(\boldsymbol{n}\cdot\boldsymbol{Q})]\mathrm{d}S$$

（除了增加与初始条件相关的项）具有完全类似的结构，但其内涵却完全不同，主要表现在基本解的形式具有特殊的形式（具有 δ 函数）并包含时间变量。

用格林函数法推出的基本积分表述式（8.12）自然地出现边界条件和源区内的散度约束条件，这一点也不奇怪（已经在双旋度泊松方程和双旋度赫姆霍兹方程的推导过程有过体验）。这也从另一个角度证明双旋度一般时域波动方程的协调条件（即散度约束）是双旋度泊松方程本身已蕴含的，无需显式给出。最让人高兴的是，还自然地出现了完整的初值条件。另外，需要说明：在经典电磁理论的相关著述中，也有不少各式各样的一般时域波动方程的积分表述。客观地讲，相当多的积分表述都不包含完整的初始条件，从形式上马上就可以判断：没有完整初始条件的积分表述肯定是存在问题的。当然，附录 E 中关于时间积分的推导表明，积分项 $\int_0^\tau\oint_\Gamma[\boldsymbol{n}\times\boldsymbol{Q}\times\nabla G+\nabla G(\boldsymbol{n}\cdot\boldsymbol{Q})]\mathrm{d}S\mathrm{d}t'$ 中也将出现部分初始条件，但在那里，将只出现矢性变量 $\boldsymbol{Q}$ 的初始条件，而不会出现 $\dfrac{\partial \boldsymbol{Q}}{\partial t}$ 的初始条件。

8.1.2 基本积分表述的导出（加权余量法）

当然还可以用加权余量法导出一般时域双旋度波动方程的基本积分表述，这样做的一个重要原因也是一种验证方式，以保证推导的正确性。

对于双旋度一般时域波动方程的定解问题（8.1），利用标量时域波动方程的基本解 $G(\boldsymbol{r},t;\boldsymbol{r}',t')$ 和任意恒向量 $\boldsymbol{a}$ 的组合来构造双旋度一般时域波动方程的基本积分表述，则原问题的加权余量法权函数可表示为 $\boldsymbol{G}=\boldsymbol{a}G(\boldsymbol{r},t;\boldsymbol{r}',t')$。

基本思路仍然是：完全仿照前面两章推导双旋度泊松方程和双旋度赫姆霍兹方程的基本积分表述的过程，只是先不考虑时间积分，直到给出原问题的加权余量表达式后再考虑对时间的积分（其实，也可在最后面再考虑时间积分）。当然也可在一开始就考虑时间积分，只是其表达式显得烦琐一些而已。

1. 问题的加权余量表达式（也就是确定其中的拉格朗日乘子）

利用拉格朗日乘子法，直接给出泛函形式的误差函数表达式：

$$\boldsymbol{R}=\int_{\Omega}\left(\nabla\times\nabla\times\boldsymbol{Q}+\frac{1}{c^2}\frac{\partial^2\boldsymbol{Q}}{\partial t^2}-\boldsymbol{f}\right)\cdot\boldsymbol{G}\mathrm{d}\Omega+\int_{\Gamma1}(\boldsymbol{n}\times\boldsymbol{Q}-\bar{\boldsymbol{u}})\cdot\boldsymbol{\lambda}_1\mathrm{d}\Gamma+\int_{\Gamma2}(\boldsymbol{n}\times\nabla\times\boldsymbol{Q}-\bar{\boldsymbol{v}})\cdot\boldsymbol{\lambda}_2\mathrm{d}\Gamma \tag{8.13}$$

第二格林公式：

$$\int_{\Omega}\boldsymbol{G}\cdot(\nabla\times\nabla\times\boldsymbol{Q})\mathrm{d}\Omega=\int_{\Omega}\boldsymbol{Q}\cdot(\nabla\times\nabla\times\boldsymbol{G})\mathrm{d}\Omega-\oint_{\Gamma}\boldsymbol{n}\cdot(\boldsymbol{G}\times\nabla\times\boldsymbol{Q})\mathrm{d}\Gamma+\oint_{\Gamma}\boldsymbol{n}\cdot(\boldsymbol{Q}\times\nabla\times\boldsymbol{G})\mathrm{d}\Gamma$$

对式（8.13）第一项应用第二格林公式有

$$\begin{aligned}\boldsymbol{R}=&\int_{\Omega}\boldsymbol{Q}\cdot(\nabla\times\nabla\times\boldsymbol{G})\mathrm{d}\Omega-\oint_{\Gamma}\boldsymbol{n}\cdot(\boldsymbol{G}\times\nabla\times\boldsymbol{Q})\mathrm{d}\Gamma+\oint_{\Gamma}\boldsymbol{n}\cdot(\boldsymbol{Q}\times\nabla\times\boldsymbol{G})\mathrm{d}\Gamma\\&+\int_{\Omega}\boldsymbol{G}\cdot\left(\frac{1}{c^2}\frac{\partial^2\boldsymbol{Q}}{\partial t^2}-f\right)\mathrm{d}\Omega+\int_{\Gamma1}(\boldsymbol{n}\times\boldsymbol{Q}-\bar{\boldsymbol{u}})\cdot\boldsymbol{\lambda}_1\mathrm{d}\Gamma+\int_{\Gamma2}(\boldsymbol{n}\times\nabla\times\boldsymbol{Q}-\bar{\boldsymbol{v}})\cdot\boldsymbol{\lambda}_2\mathrm{d}\Gamma\end{aligned} \tag{8.14}$$

令误差函数 $\boldsymbol{R}$ 的变分为零（$\delta\boldsymbol{R}=0$，变分参量为 $\boldsymbol{Q},\boldsymbol{\lambda}_1,\boldsymbol{\lambda}_2$）：

$$\begin{aligned}\delta\boldsymbol{R}=&\int_{\Omega}\delta\boldsymbol{Q}\cdot(\nabla\times\nabla\times\boldsymbol{G})\mathrm{d}\Omega-\oint_{\Gamma}\boldsymbol{n}\cdot(\boldsymbol{G}\times\nabla\times\delta\boldsymbol{Q})\mathrm{d}\Gamma+\oint_{\Gamma}\boldsymbol{n}\cdot(\delta\boldsymbol{Q}\times\nabla\times\boldsymbol{G})\mathrm{d}\Gamma\\&+\int_{\Omega}\frac{1}{c^2}\boldsymbol{G}\cdot\frac{\partial^2\delta\boldsymbol{Q}}{\partial t^2}\mathrm{d}\Omega+\int_{\Gamma1}(\boldsymbol{n}\times\delta\boldsymbol{Q})\cdot\boldsymbol{\lambda}_1\mathrm{d}\Gamma+\int_{\Gamma1}(\boldsymbol{n}\times\boldsymbol{Q}-\bar{\boldsymbol{u}})\cdot\delta\boldsymbol{\lambda}_1\mathrm{d}\Gamma\\&+\int_{\Gamma2}(\boldsymbol{n}\times\nabla\times\delta\boldsymbol{Q})\cdot\boldsymbol{\lambda}_2\mathrm{d}\Gamma+\int_{\Gamma2}(\boldsymbol{n}\times\nabla\times\boldsymbol{Q}-\bar{\boldsymbol{v}})\cdot\delta\boldsymbol{\lambda}_2\mathrm{d}\Gamma\end{aligned} \tag{8.15}$$

因为

$$\boldsymbol{A}\cdot(\boldsymbol{B}\times\boldsymbol{C})=\boldsymbol{B}\cdot(\boldsymbol{C}\times\boldsymbol{A})=\boldsymbol{C}\cdot(\boldsymbol{A}\times\boldsymbol{B})$$

$$\boldsymbol{n}\cdot(\boldsymbol{G}\times\nabla\times\delta\boldsymbol{Q})=-\boldsymbol{G}\cdot(\boldsymbol{n}\times\nabla\times\delta\boldsymbol{Q}),\quad \boldsymbol{n}\cdot(\delta\boldsymbol{Q}\times\nabla\times\boldsymbol{G})=(\nabla\times\boldsymbol{G})\cdot(\boldsymbol{n}\times\delta\boldsymbol{Q}) \tag{8.16}$$

考虑 $\Gamma=\Gamma_1+\Gamma_2$，并利用式（8.15）、式（8.16）可得

$$\begin{aligned}\delta\boldsymbol{R}=&\int_{\Omega}\delta\boldsymbol{Q}\cdot(\nabla\times\nabla\times\boldsymbol{G})\mathrm{d}\Omega+\int_{\Gamma1}\boldsymbol{G}\cdot(\boldsymbol{n}\times\nabla\times\delta\boldsymbol{Q})\mathrm{d}\Gamma+\int_{\Gamma2}(\boldsymbol{n}\times\delta\boldsymbol{Q})\cdot(\nabla\times\boldsymbol{G})\mathrm{d}\Gamma\\&+\int_{\Omega}\frac{1}{c^2}\boldsymbol{G}\cdot\frac{\partial^2\delta\boldsymbol{Q}}{\partial t^2}\mathrm{d}\Omega+\int_{\Gamma1}(\boldsymbol{n}\times\delta\boldsymbol{Q})\cdot(\boldsymbol{\lambda}_1+\nabla\times\boldsymbol{G})\mathrm{d}\Gamma+\int_{\Gamma1}(\boldsymbol{n}\times\boldsymbol{Q}-\overline{\boldsymbol{u}})\cdot\delta\boldsymbol{\lambda}_2\mathrm{d}\Gamma\\&+\int_{\Gamma2}(\boldsymbol{n}\times\nabla\times\delta\boldsymbol{Q})\cdot(\boldsymbol{\lambda}_2+\boldsymbol{G})\mathrm{d}\Gamma+\int_{\Gamma2}(\boldsymbol{n}\times\nabla\times\boldsymbol{Q}-\overline{\boldsymbol{v}})\cdot\delta\boldsymbol{\lambda}_2\mathrm{d}\Gamma\end{aligned}\tag{8.17}$$

由于变分 $\delta\boldsymbol{Q}$ 的任意性，

$$\boldsymbol{\lambda}_1=-(\nabla\times\boldsymbol{G}),\quad \boldsymbol{\lambda}_2=-\boldsymbol{G}\tag{8.18}$$

于是，误差函数成为

$$\begin{aligned}\boldsymbol{R}=&\int_{\Omega}\left(\nabla\times\nabla\times\boldsymbol{Q}+\frac{1}{c^2}\frac{\partial^2\boldsymbol{Q}}{\partial t^2}-\boldsymbol{f}\right)\cdot\boldsymbol{G}\mathrm{d}\Omega-\int_{\Gamma1}(\boldsymbol{n}\times\boldsymbol{Q}-\overline{\boldsymbol{u}})\cdot(\nabla\times\boldsymbol{G})\mathrm{d}\Gamma\\&-\int_{\Gamma2}(\boldsymbol{n}\times\nabla\times\boldsymbol{Q}-\overline{\boldsymbol{v}})\cdot\boldsymbol{G}\mathrm{d}\Gamma\end{aligned}\tag{8.19}$$

至此，实现了第一个目标，给出了原问题的加权余量表达式。

2. *根据误差函数表达式确定边界积分方程*

令误差函数为零，即可得原问题的伽辽金形式的加权余量表达式。

因目前的问题是与时间相关的，由原问题的伽辽金形式的加权余量表达式可得

$$\begin{aligned}&\int_0^{\tau}\int_{\Omega}\left(\nabla\times\nabla\times\boldsymbol{Q}+\frac{1}{c^2}\frac{\partial^2\boldsymbol{Q}}{\partial t^2}-\boldsymbol{f}\right)\cdot\boldsymbol{G}\mathrm{d}\Omega\mathrm{d}t-\int_0^{\tau}\int_{\Gamma1}(\boldsymbol{n}\times\boldsymbol{Q}-\overline{\boldsymbol{u}})\cdot(\nabla\times\boldsymbol{G})\mathrm{d}\Gamma\mathrm{d}t\\&-\int_0^{\tau}\int_{\Gamma2}(\boldsymbol{n}\times\nabla\times\boldsymbol{Q}-\overline{\boldsymbol{v}})\cdot\boldsymbol{G}\mathrm{d}\Gamma\mathrm{d}\tau=0\end{aligned}\tag{8.20}$$

在第二格林公式（1.60）上增加时间积分可得

$$\begin{aligned}\int_0^{\tau}\int_{\Omega}\boldsymbol{G}\cdot(\nabla\times\nabla\times\boldsymbol{Q})\mathrm{d}\Omega\mathrm{d}t'=&\int_0^{\tau}\int_{\Omega}\boldsymbol{Q}\cdot(\nabla\times\nabla\times\boldsymbol{G})\mathrm{d}\Omega\mathrm{d}t+\int_0^{\tau}\oint_{\Gamma}\boldsymbol{n}\cdot(\boldsymbol{Q}\times\nabla\times\boldsymbol{G})\mathrm{d}\Gamma\mathrm{d}t'\\&-\int_0^{\tau}\oint_{\Gamma}\boldsymbol{n}\cdot(\boldsymbol{G}\times\nabla\times\boldsymbol{Q})\mathrm{d}\Gamma\mathrm{d}t'\end{aligned}\tag{8.21}$$

于是式（8.20）成为

$$\begin{aligned}&\int_0^{\tau}\int_{\Omega}\boldsymbol{Q}\cdot(\nabla\times\nabla\times\boldsymbol{G})\mathrm{d}\Omega\mathrm{d}t'+\int_0^{\tau}\oint_{\Gamma}\boldsymbol{n}\cdot(\boldsymbol{Q}\times\nabla\times\boldsymbol{G})\mathrm{d}\Gamma\mathrm{d}t-\int_0^{\tau}\oint_{\Gamma}\boldsymbol{n}\cdot(\boldsymbol{G}\times\nabla\times\boldsymbol{Q})\mathrm{d}\Gamma\mathrm{d}t'\\&\int_0^{\tau}\int_{\Omega}\left(\frac{1}{c^2}\frac{\partial^2\boldsymbol{Q}}{\partial t^2}-\boldsymbol{f}\right)\cdot\boldsymbol{G}\mathrm{d}\Omega\mathrm{d}t'-\int_0^{\tau}\int_{\Gamma1}(\boldsymbol{n}\times\boldsymbol{Q}-\overline{\boldsymbol{u}})\cdot(\nabla\times\boldsymbol{G})\mathrm{d}\Gamma\mathrm{d}t-\int_0^{\tau}\int_{\Gamma2}(\boldsymbol{n}\times\nabla\times\boldsymbol{Q}-\overline{\boldsymbol{v}})\cdot\boldsymbol{G}\mathrm{d}\Gamma\mathrm{d}t'=0\end{aligned}\tag{8.22}$$

再将式（8.10）所表示的与时间相关的另一种形式的格林公式代入：

$$\int_0^\tau\int_\Omega \boldsymbol{Q}\cdot\left(\nabla\times\nabla\times\boldsymbol{G}+\frac{1}{c^2}\frac{\partial^2\boldsymbol{G}}{\partial t^2}\right)\mathrm{d}\Omega\mathrm{d}t'+\int_0^\tau\oint_\Gamma \boldsymbol{n}\cdot(\boldsymbol{Q}\times\nabla\times\boldsymbol{G})\mathrm{d}\Gamma\mathrm{d}t-\int_0^\tau\oint_\Gamma \boldsymbol{n}\cdot(\boldsymbol{G}\times\nabla\times\boldsymbol{Q})\mathrm{d}\Gamma\mathrm{d}t'$$

$$-\int_0^\tau\int_\Omega \boldsymbol{f}\cdot\boldsymbol{G}\mathrm{d}\Omega\mathrm{d}t+\frac{1}{c^2}\int_\Omega\frac{\partial\boldsymbol{Q}}{\partial t}\cdot\boldsymbol{G}\mathrm{d}\Omega\bigg|_0^\tau-\frac{1}{c^2}\int_\Omega\boldsymbol{Q}\cdot\frac{\partial\boldsymbol{G}}{\partial t}\mathrm{d}\Omega\bigg|_0^\tau-\int_0^\tau\int_{\Gamma 1}(\boldsymbol{n}\times\boldsymbol{Q}-\overline{\boldsymbol{u}})\cdot(\nabla\times\boldsymbol{G})\mathrm{d}\Gamma\mathrm{d}t'$$

$$-\int_0^\tau\int_{\Gamma 2}(\boldsymbol{n}\times\nabla\times\boldsymbol{Q}-\overline{\boldsymbol{v}})\cdot\boldsymbol{G}\mathrm{d}\Gamma\mathrm{d}t'=0 \tag{8.23}$$

因为

$$\boldsymbol{A}\cdot(\boldsymbol{B}\times\boldsymbol{C})=\boldsymbol{B}\cdot(\boldsymbol{C}\times\boldsymbol{A})=\boldsymbol{C}\cdot(\boldsymbol{A}\times\boldsymbol{B})$$

所以

$$\boldsymbol{n}\cdot(\boldsymbol{G}\times\nabla\times\boldsymbol{Q})=-\boldsymbol{G}\cdot(\boldsymbol{n}\times\nabla\times\boldsymbol{Q}),\quad \boldsymbol{n}\cdot(\boldsymbol{Q}\times\nabla\times\boldsymbol{G})=(\nabla\times\boldsymbol{G})\cdot(\boldsymbol{n}\times\boldsymbol{Q})$$

考虑$\Gamma=\Gamma_1+\Gamma_2$，并利用式（8.22）、式（8.23）：

$$\int_0^\tau\int_\Omega \boldsymbol{Q}\cdot\left(\nabla\times\nabla\times\boldsymbol{G}+\frac{1}{c^2}\frac{\partial^2\boldsymbol{G}}{\partial t^2}\right)\mathrm{d}\Omega\mathrm{d}t'+\int_0^\tau\int_{\Gamma 2}(\boldsymbol{n}\times\boldsymbol{Q})\cdot(\nabla\times\boldsymbol{G})\mathrm{d}\Gamma\mathrm{d}t'$$

$$+\int_0^\tau\int_{\Gamma 1}\boldsymbol{G}\cdot(\boldsymbol{n}\times\nabla\times\boldsymbol{Q})\mathrm{d}\Gamma\mathrm{d}t'-\int_0^\tau\int_\Omega \boldsymbol{f}\cdot\boldsymbol{G}\mathrm{d}\Omega\mathrm{d}t'+\frac{1}{c^2}\int_\Omega\frac{\partial\boldsymbol{Q}}{\partial t}\cdot\boldsymbol{G}\mathrm{d}\Omega\bigg|_0^\tau$$

$$-\frac{1}{c^2}\int_\Omega\boldsymbol{Q}\cdot\frac{\partial\boldsymbol{G}}{\partial t}\mathrm{d}\Omega\bigg|_0^\tau+\int_0^\tau\int_{\Gamma 1}\overline{\boldsymbol{u}}\cdot(\nabla\times\boldsymbol{G})\mathrm{d}\Gamma\mathrm{d}t'+\int_0^\tau\int_{\Gamma 2}\overline{\boldsymbol{v}}\cdot\boldsymbol{G}\mathrm{d}\Gamma\mathrm{d}t'=0 \tag{8.24}$$

再考虑在边界上$\boldsymbol{n}\times\boldsymbol{Q}(\boldsymbol{r},t)=\overline{\boldsymbol{u}}(\boldsymbol{r},t)$，$\boldsymbol{n}\times\nabla\times\boldsymbol{Q}(\boldsymbol{r},t)=\overline{\boldsymbol{v}}(\boldsymbol{r},t)$，则

$$\int_0^\tau\int_\Omega \boldsymbol{Q}\cdot\left(\nabla\times\nabla\times\boldsymbol{G}+\frac{1}{c^2}\frac{\partial^2\boldsymbol{G}}{\partial t^2}\right)\mathrm{d}\Omega\mathrm{d}t'+\int_0^\tau\oint_\Gamma(\boldsymbol{n}\times\boldsymbol{Q})\cdot(\nabla\times\boldsymbol{G})\mathrm{d}\Gamma\mathrm{d}t+\int_0^\tau\oint_\Gamma\boldsymbol{G}\cdot(\boldsymbol{n}\times\nabla\times\boldsymbol{Q})\mathrm{d}\Gamma\mathrm{d}t'$$

$$-\int_0^\tau\int_\Omega \boldsymbol{f}\cdot\boldsymbol{G}\mathrm{d}\Omega\mathrm{d}t'+\frac{1}{c^2}\int_\Omega\frac{\partial\boldsymbol{Q}}{\partial t}\cdot\boldsymbol{G}\mathrm{d}\Omega\bigg|_0^\tau-\frac{1}{c^2}\int_\Omega\boldsymbol{Q}\cdot\frac{\partial\boldsymbol{G}}{\partial t}\mathrm{d}\Omega\bigg|_0^\tau=0 \tag{8.25}$$

现在考查式（8.25）左端第一项的积分，令

$$I=\int_0^\tau\int_\Omega\boldsymbol{Q}\cdot(\nabla\times\nabla\times\boldsymbol{G})\mathrm{d}\Omega\mathrm{d}t$$

因为$\nabla\times\nabla\times\boldsymbol{G}=\nabla(\nabla\cdot\boldsymbol{G})-\nabla^2\boldsymbol{G}$，所以

$$I=\int_0^\tau\int_\Omega\boldsymbol{Q}\cdot(\nabla\times\nabla\times\boldsymbol{G})\mathrm{d}\Omega\mathrm{d}t'=\int_0^\tau\int_\Omega[\boldsymbol{Q}\cdot\nabla(\nabla\cdot\boldsymbol{G})]\mathrm{d}\Omega\mathrm{d}t'-\int_0^\tau\int_\Omega\boldsymbol{Q}\cdot\nabla^2\boldsymbol{G}\mathrm{d}\Omega\mathrm{d}t' \tag{8.26}$$

因为$\nabla\cdot(\boldsymbol{A}\varphi)=\varphi\nabla\cdot\boldsymbol{A}+\boldsymbol{A}\cdot\nabla\varphi$，令$\boldsymbol{A}=\boldsymbol{Q}$，$\varphi=\nabla\cdot\boldsymbol{G}$，

$$\nabla\cdot[\boldsymbol{Q}(\nabla\cdot\boldsymbol{G})]=(\nabla\cdot\boldsymbol{Q})(\nabla\cdot\boldsymbol{G})+\boldsymbol{Q}\cdot\nabla(\nabla\cdot\boldsymbol{G})$$

所以

$$\int_0^\tau \int_\Omega \boldsymbol{Q} \times \nabla(\nabla \times \boldsymbol{G}) \mathrm{d}\Omega \mathrm{d}t' = \int_0^\tau \oint_\Gamma \boldsymbol{n} \cdot [\boldsymbol{Q}(\nabla \cdot \boldsymbol{G})] \mathrm{d}\Gamma \mathrm{d}t' - \int_0^\tau \int_\Omega (\nabla \cdot \boldsymbol{G})(\nabla \cdot \boldsymbol{Q}) \mathrm{d}\Omega \mathrm{d}t' \quad (8.27)$$

故

$$I = \int_0^\tau \oint_\Gamma \boldsymbol{n} \cdot [\boldsymbol{Q}(\nabla \cdot \boldsymbol{G})] \mathrm{d}\Gamma \mathrm{d}t' - \int_0^\tau \int_\Omega (\nabla \cdot \boldsymbol{G})(\nabla \cdot \boldsymbol{Q}) \mathrm{d}\Omega \mathrm{d}t' - \int_0^\tau \int_\Omega \boldsymbol{Q} \cdot \nabla^2 \boldsymbol{G} \mathrm{d}\Omega \mathrm{d}t' \quad (8.28)$$

将式（8.28）代入式（8.25）可得

$$\begin{aligned}
&\int_0^\tau \oint_\Gamma \boldsymbol{n} \cdot [\boldsymbol{Q}(\nabla \cdot \boldsymbol{G})] \mathrm{d}\Gamma \mathrm{d}t' - \int_0^\tau \int_\Omega (\nabla \cdot \boldsymbol{G})(\nabla \cdot \boldsymbol{Q}) \mathrm{d}\Omega \mathrm{d}t' - \int_0^\tau \int_\Omega \boldsymbol{Q} \cdot \left(\nabla^2 \boldsymbol{G} - \frac{1}{c^2} \frac{\partial^2 \boldsymbol{G}}{\partial t^2} \right) \mathrm{d}\Omega \mathrm{d}t' \\
&+ \int_0^\tau \oint_\Gamma (\boldsymbol{n} \times \boldsymbol{Q}) \cdot (\nabla \times \boldsymbol{G}) \mathrm{d}\Gamma \mathrm{d}t + \int_0^\tau \oint_\Gamma \boldsymbol{G} \cdot (\boldsymbol{n} \times \nabla \times \boldsymbol{Q}) \mathrm{d}\Gamma \mathrm{d}t' \\
&- \int_0^\tau \int_\Omega \boldsymbol{f} \cdot \boldsymbol{G} \mathrm{d}\Omega \mathrm{d}t' + \frac{1}{c^2} \int_\Omega \frac{\partial \boldsymbol{Q}}{\partial t} \cdot \boldsymbol{G} \mathrm{d}\Omega \bigg|_0^\tau - \frac{1}{c^2} \int_\Omega \boldsymbol{Q} \cdot \frac{\partial \boldsymbol{G}}{\partial t} \mathrm{d}\Omega \bigg|_0^\tau = 0
\end{aligned} \quad (8.29)$$

取其中的权函数为 $\boldsymbol{G} = \boldsymbol{a}G$，式中，$G$ 为标量时域波动方程的基本解，即 G 满足:

$$\nabla^2 \boldsymbol{G}(\boldsymbol{r}, \boldsymbol{r}';\ t, t') - \frac{1}{c^2} \frac{\partial^2 G(\boldsymbol{r}, \boldsymbol{r}';\ t, t')}{\partial t^2} + \delta(\boldsymbol{r}')\delta(t') = 0 \quad (8.30)$$

将权函数 $\boldsymbol{G} = \boldsymbol{a}G$ 和式（8.30）代入式（8.29），并利用 δ 函数的基本性质可得

$$\begin{aligned}
&\int_0^\tau \oint_\Gamma \boldsymbol{n} \cdot [\boldsymbol{Q}\nabla \cdot (\boldsymbol{a}G)] \mathrm{d}\Gamma \mathrm{d}t' - \int_0^\tau \int_\Omega [\nabla \cdot (\boldsymbol{a}G)](\nabla \cdot \boldsymbol{Q}) \mathrm{d}\Omega \mathrm{d}t' + \boldsymbol{a} \cdot (\boldsymbol{Q}W) \\
&+ \int_0^\tau \oint_\Gamma (\boldsymbol{n} \times \boldsymbol{Q}) \cdot [\nabla \times (\boldsymbol{a}G)] \mathrm{d}\Gamma \mathrm{d}t' + \int_0^\tau \oint_\Gamma (\boldsymbol{a}G) \cdot (\boldsymbol{n} \times \nabla \times \boldsymbol{Q}) \mathrm{d}\Gamma \mathrm{d}t' \\
&- \int_0^\tau \int_\Omega \boldsymbol{f} \cdot (\boldsymbol{a}G) \mathrm{d}\Omega \mathrm{d}t' + \frac{1}{c^2} \int_\Omega \frac{\partial \boldsymbol{Q}}{\partial t} \cdot (\boldsymbol{a}G) \mathrm{d}\Omega \bigg|_0^\tau - \frac{1}{c^2} \int_\Omega \boldsymbol{Q} \cdot \frac{\partial (\boldsymbol{a}G)}{\partial t} \mathrm{d}\Omega \bigg|_0^\tau = 0
\end{aligned} \quad (8.31)$$

将

$$(\boldsymbol{n} \times \boldsymbol{u}) \cdot [\nabla \times (\boldsymbol{a}G)] = (\boldsymbol{n} \times \boldsymbol{u}) \cdot (\nabla G \times \boldsymbol{a}) = \boldsymbol{a} \cdot [(\boldsymbol{n} \times \boldsymbol{u}) \times \nabla G]$$

$$\nabla \cdot (\boldsymbol{a}G) = \boldsymbol{a} \cdot \nabla G + G(\nabla \cdot \boldsymbol{a}) = \boldsymbol{a} \cdot \nabla G$$

代入式（8.31），并消去常向量 $\boldsymbol{a}$，可得

$$\begin{aligned}
&\int_0^\tau \oint_\Gamma (\boldsymbol{n} \cdot \boldsymbol{Q}) \nabla G \mathrm{d}\Gamma \mathrm{d}t' - \int_0^\tau \int_\Omega \nabla G (\nabla \cdot \boldsymbol{Q}) \mathrm{d}\Omega \mathrm{d}t' + W\boldsymbol{Q} + \int_0^\tau \oint_\Gamma [(\boldsymbol{n} \times \boldsymbol{Q}) \times \nabla G] \mathrm{d}\Gamma \mathrm{d}t' \\
&+ \int_0^\tau \oint_\Gamma G(\boldsymbol{n} \times \nabla \times \boldsymbol{Q}) \mathrm{d}\Gamma \mathrm{d}t' - \int_0^\tau \int_\Omega \boldsymbol{f} G \mathrm{d}\Omega \mathrm{d}t' + \frac{1}{c^2} \int_\Omega \frac{\partial \boldsymbol{Q}}{\partial t} G \mathrm{d}\Omega \bigg|_0^\tau - \frac{1}{c^2} \int_\Omega \boldsymbol{Q} \frac{\partial G}{\partial t} \mathrm{d}\Omega \bigg|_0^\tau = 0
\end{aligned}$$

进一步整理可得原问题的基本积分方程:

$$\begin{aligned}
\boldsymbol{Q} = &\int_0^\tau \int_\Omega [\boldsymbol{f} G + \nabla G (\nabla \cdot \boldsymbol{Q})] \mathrm{d}\Omega \mathrm{d}t' - \frac{1}{c^2} \int_\Omega \frac{\partial \boldsymbol{Q}}{\partial t} G \mathrm{d}\Omega \bigg|_0^\tau + \frac{1}{c^2} \int_\Omega \boldsymbol{Q} \frac{\partial G}{\partial t} \mathrm{d}\Omega \bigg|_0^\tau \\
&- \int_0^\tau \oint_\Gamma [(\boldsymbol{n} \times \boldsymbol{Q}) \times \nabla G + G(\boldsymbol{n} \times \nabla \times \boldsymbol{Q}) + \boldsymbol{n} \cdot \boldsymbol{Q} \nabla G] \mathrm{d}\Gamma \mathrm{d}t'
\end{aligned} \quad (8.32)$$

此结果与前面使用格林函数法所获得的积分表达式（8.12）完全一致。

8.2 时域双旋度波动方程的旋度积分表述

推导时域双旋度波动方程的旋度积分表述（也称为1阶积分表述）所对应的时域双旋度波动方程定解问题的恰当提法仍然是式（8.1）。基本思路仍然是：完全仿照前面两章推导双旋度泊松方程和双旋度赫姆霍兹方程的旋度积分表述的过程，只是先不考虑时间积分，待去掉常矢量 $\boldsymbol{a}$ 后再考虑对时间的积分。

8.2.1 旋度积分表述推导（格林函数法）

仍然利用标量波动方程的基本解 $G(\boldsymbol{r},t;\boldsymbol{r}',t')$ 和任意恒向量 $\boldsymbol{a}$ 的组合来构造双旋度时域波动方程的旋度积分表述。只是因为这里是寻求旋度积分表述，因此取 $\boldsymbol{R}=\nabla\times[\boldsymbol{a}G(\boldsymbol{r},t;\boldsymbol{r}',t')]$。

令 $\boldsymbol{Q}$ 为双旋度一般时域波动方程 $\nabla\times\nabla\times\boldsymbol{Q}+\dfrac{1}{c^2}\dfrac{\partial^2\boldsymbol{Q}}{\partial t^2}=\boldsymbol{f}$ 的待解向量；$\boldsymbol{R}=\nabla\times[\boldsymbol{a}G(\boldsymbol{r},t;\boldsymbol{r}',t')]$，$\boldsymbol{a}$ 为任意常向量；$G(\boldsymbol{r},t;\boldsymbol{r}',t')$ 为标量时域波动方程的基本解。

向量格林公式：

$$\int_\Omega(\boldsymbol{Q}\cdot\nabla\times\nabla\times\boldsymbol{R}-\boldsymbol{R}\cdot\nabla\times\nabla\times\boldsymbol{Q})\mathrm{d}\Omega=\oint_\Gamma\boldsymbol{n}\cdot(\boldsymbol{R}\times\nabla\times\boldsymbol{Q}-\boldsymbol{Q}\times\nabla\times\boldsymbol{R})\mathrm{d}S$$

利用前面的相关结果式（4.2）、式（4.3）、式（4.28）和式（4.29）：

$$\boldsymbol{R}=\nabla\times(\boldsymbol{a}G)=\nabla G\times\boldsymbol{a}$$

$$\nabla\times\boldsymbol{R}=\nabla\times\nabla\times(\boldsymbol{a}G)=\nabla(\boldsymbol{a}\cdot\nabla G)-\boldsymbol{a}\nabla^2G$$

$$\nabla\times\nabla\times\boldsymbol{R}=\nabla\times\nabla\times\nabla\times(\boldsymbol{a}G)=\nabla\times[\nabla(\boldsymbol{a}\cdot\nabla G)-\boldsymbol{a}\nabla^2G]=-\nabla\times(\boldsymbol{a}\nabla^2G)$$

$$\boldsymbol{Q}\cdot\nabla\times\nabla\times\boldsymbol{R}=\boldsymbol{Q}\cdot\nabla\times\nabla\times[\nabla\times(\boldsymbol{a}G)]=-\boldsymbol{Q}\cdot\nabla\times(\boldsymbol{a}\nabla^2G)$$

于是，格林公式（1.59）的体积分为

$$\int_\Omega(\boldsymbol{Q}\cdot\nabla\times\nabla\times\boldsymbol{R}-\boldsymbol{R}\cdot\nabla\times\nabla\times\boldsymbol{Q})\mathrm{d}\Omega\quad\left\{\boldsymbol{R}=\nabla G\times\boldsymbol{a},\boldsymbol{Q}\cdot\nabla\times\nabla\times\boldsymbol{R}=-\boldsymbol{Q}\cdot\nabla\times(\boldsymbol{a}\nabla^2G)\right\}$$

$$=\int_\Omega\{-\boldsymbol{Q}\cdot\nabla\times(\boldsymbol{a}\nabla^2G)-(\nabla G\times\boldsymbol{a})\cdot\nabla\times\nabla\times\boldsymbol{Q}\}\mathrm{d}\Omega\quad\left\{\nabla\times\nabla\times\boldsymbol{Q}+\frac{1}{c^2}\frac{\partial^2\boldsymbol{Q}}{\partial t^2}=\boldsymbol{f}\right\}$$

$$=\int_\Omega\left\{\boldsymbol{Q}\cdot[-\nabla(\nabla^2G)\times\boldsymbol{a}]-(\nabla G\times\boldsymbol{a})\cdot\left(\boldsymbol{f}-\frac{1}{c^2}\frac{\partial^2\boldsymbol{Q}}{\partial t^2}\right)\right\}\mathrm{d}\Omega\ \{\boldsymbol{a}\cdot(\boldsymbol{b}\times\boldsymbol{c})=\boldsymbol{c}\cdot(\boldsymbol{a}\times\boldsymbol{b})=\boldsymbol{b}\cdot(\boldsymbol{c}\times\boldsymbol{a})\}$$

$$=\boldsymbol{a}\cdot\int_\Omega\nabla[(\nabla^2G)]\times\boldsymbol{Q}\mathrm{d}\Omega-\boldsymbol{a}\cdot\int_\Omega\left[\nabla G\times\left(\frac{1}{c^2}\frac{\partial^2\boldsymbol{Q}}{\partial t^2}\right)\right]\mathrm{d}\Omega-\boldsymbol{a}\cdot\int_\Omega\boldsymbol{f}\times\nabla G\mathrm{d}\Omega$$

$$\{\nabla\times(\boldsymbol{a}\varphi)=\nabla\varphi\times\boldsymbol{a}+\varphi\nabla\times\boldsymbol{a}\}$$

$$=\boldsymbol{a}\cdot\int_{\Omega}\{\nabla\times[\boldsymbol{Q}(\nabla^2 G)]-(\nabla^2 G)\nabla\times\boldsymbol{Q}\}\mathrm{d}\Omega-\boldsymbol{a}\cdot\int_{\Omega}\left[\nabla G\times\left(\frac{1}{c^2}\frac{\partial^2\boldsymbol{Q}}{\partial t^2}\right)\right]\mathrm{d}\Omega-\boldsymbol{a}\cdot\int_{\Omega}\boldsymbol{f}\times\nabla G\mathrm{d}\Omega$$

$$\left\{\nabla^2 G-\frac{1}{c^2}\frac{\partial^2 G}{\partial t^2}=-\delta(\boldsymbol{r}')\delta(t)\right\}$$

$$=\boldsymbol{a}\cdot\int_{\Omega}\left\{\nabla\times[\boldsymbol{Q}(\nabla^2 G)]-\left(\nabla^2 G-\frac{1}{c^2}\frac{\partial^2 G}{\partial t^2}\right)\nabla\times\boldsymbol{Q}\right\}\mathrm{d}\Omega-\boldsymbol{a}\cdot\int_{\Omega}\frac{1}{c^2}\frac{\partial^2 G}{\partial t^2}\nabla\times\boldsymbol{Q}\mathrm{d}\Omega$$

$$-\boldsymbol{a}\cdot\int_{\Omega}\nabla G\times\left(\frac{1}{c^2}\frac{\partial^2\boldsymbol{Q}}{\partial t^2}\right)\mathrm{d}\Omega-\boldsymbol{a}\cdot\int_{\Omega}\boldsymbol{f}\times\nabla G\mathrm{d}\Omega$$

$$=\boldsymbol{a}\cdot\oint_{\Gamma}\boldsymbol{n}\times\boldsymbol{Q}(\nabla^2 G)\mathrm{d}S+\boldsymbol{a}\cdot\int_{\Omega}\delta(\boldsymbol{r}')\delta(t)\nabla\times\boldsymbol{Q}\mathrm{d}\Omega-\boldsymbol{a}\cdot\int_{\Omega}\frac{1}{c^2}\frac{\partial^2 G}{\partial t^2}\nabla\times\boldsymbol{Q}\mathrm{d}\Omega$$

$$-\boldsymbol{a}\cdot\int_{\Omega}\nabla G\times\left(\frac{1}{c^2}\frac{\partial^2\boldsymbol{Q}}{\partial t^2}\right)\mathrm{d}\Omega-\boldsymbol{a}\cdot\int_{\Omega}\boldsymbol{f}\times\nabla G\mathrm{d}\Omega \tag{8.33}$$

而格林公式的面积分为

$$\oint_{\Gamma}\boldsymbol{n}\cdot(\boldsymbol{R}\times\nabla\times\boldsymbol{Q}-\boldsymbol{Q}\times\nabla\times\boldsymbol{R})\mathrm{d}S\quad\{\boldsymbol{R}=\nabla\times(\boldsymbol{a}G)=\nabla G\times\boldsymbol{a},\nabla\times\nabla\times(\boldsymbol{a}G)=\nabla(\boldsymbol{a}\cdot\nabla G)-\boldsymbol{a}\nabla^2 G\}$$

$$=\oint_{\Gamma}\boldsymbol{n}\cdot\{(\nabla G\times\boldsymbol{a})\times\nabla\times\boldsymbol{Q}-\boldsymbol{Q}\times[\nabla(\boldsymbol{a}\cdot\nabla G)-\boldsymbol{a}\nabla^2 G]\}\mathrm{d}S\quad\{(\boldsymbol{a}\times\boldsymbol{b})\times\boldsymbol{c}=\boldsymbol{b}(\boldsymbol{a}\cdot\boldsymbol{c})-\boldsymbol{a}(\boldsymbol{b}\cdot\boldsymbol{c})\}$$

$$\{\nabla(\boldsymbol{a}\cdot\boldsymbol{b})=(\boldsymbol{b}\cdot\nabla)\boldsymbol{a}+(\boldsymbol{a}\cdot\nabla)\boldsymbol{b}+\boldsymbol{a}\times\nabla\times\boldsymbol{b}+\boldsymbol{b}\times\nabla\times\boldsymbol{a}\}$$

$$=\oint_{\Gamma}\boldsymbol{n}\cdot\{[\boldsymbol{a}(\nabla G\cdot\nabla\times\boldsymbol{Q})-\nabla G(\boldsymbol{a}\cdot\nabla\times\boldsymbol{Q})]-\boldsymbol{Q}\times[(\boldsymbol{a}\cdot\nabla)\nabla G+\boldsymbol{a}\times\nabla\times\nabla G-\boldsymbol{a}\nabla^2 G]\}\mathrm{d}S$$

$$\{\nabla\times\nabla G=0\}$$

$$=\oint_{\Gamma}\{\boldsymbol{a}\cdot[\boldsymbol{n}(\nabla G\cdot\nabla\times\boldsymbol{Q})-(\boldsymbol{n}\cdot\nabla G)\nabla\times\boldsymbol{Q})]-\boldsymbol{n}\cdot[\boldsymbol{Q}\times[\boldsymbol{a}\cdot\nabla\nabla G-\boldsymbol{a}\nabla^2 G]]\}\mathrm{d}S$$

$$\{\boldsymbol{a}\cdot(\boldsymbol{b}\times\boldsymbol{c})=\boldsymbol{c}\cdot(\boldsymbol{a}\times\boldsymbol{b})=\boldsymbol{b}\cdot(\boldsymbol{c}\times\boldsymbol{a})\}$$

$$=\oint_{\Gamma}\{\boldsymbol{a}\cdot[\boldsymbol{n}(\nabla G\cdot\nabla\times\boldsymbol{Q})-(\boldsymbol{n}\cdot\nabla G)\nabla\times\boldsymbol{Q})]+\boldsymbol{a}\cdot[(\boldsymbol{n}\times\boldsymbol{Q})\nabla^2 G-(\boldsymbol{a}\cdot\nabla\nabla G)\cdot(\boldsymbol{n}\times\boldsymbol{Q})]\}\mathrm{d}S$$

$$=\oint_{\Gamma}\{\boldsymbol{a}\cdot[\boldsymbol{n}(\nabla G\cdot\nabla\times\boldsymbol{Q})-(\boldsymbol{n}\cdot\nabla G)\nabla\times\boldsymbol{Q}]+\boldsymbol{a}\cdot(\boldsymbol{n}\times\boldsymbol{Q})\nabla^2 G-\boldsymbol{a}\cdot[\nabla\nabla G\cdot(\boldsymbol{n}\times\boldsymbol{Q})]\}\mathrm{d}S \tag{8.34}$$

式（8.34）中运用了$(\boldsymbol{a}\cdot\nabla\nabla G)\cdot(\boldsymbol{n}\times\boldsymbol{Q})=\boldsymbol{a}\cdot[\nabla\nabla G\cdot(\boldsymbol{n}\times\boldsymbol{Q})]$，这一恒等式已在附录A中验证。

联立式（8.33）、式（8.34），消去任意恒定向量$\boldsymbol{a}$，有

$$\oint_{\Gamma}\boldsymbol{n}\times\boldsymbol{Q}(\nabla^2 G)\mathrm{d}S+\boldsymbol{a}\cdot\int_{\Omega}\delta(\boldsymbol{r}')\delta(t)\nabla\times\boldsymbol{Q}\mathrm{d}\Omega-\int_{\Omega}\frac{1}{c^2}\frac{\partial^2 G}{\partial t^2}\nabla\times\boldsymbol{Q}\mathrm{d}\Omega-\int_{\Omega}\nabla G\times\left(\frac{1}{c^2}\frac{\partial^2\boldsymbol{Q}}{\partial t^2}\right)\mathrm{d}\Omega$$

$$-\int_{\Omega}\boldsymbol{f}\times\nabla G\mathrm{d}\Omega=\oint_{\Gamma}[n(\nabla G\cdot\nabla\times\boldsymbol{Q})-(\boldsymbol{n}\cdot\nabla G)\nabla\times\boldsymbol{Q}+(\boldsymbol{n}\times\boldsymbol{Q})\nabla^2 G-(\nabla\nabla G)\cdot(\boldsymbol{n}\times\boldsymbol{Q})]\mathrm{d}S$$

整理后可得：

$$\int_{\Omega}\delta(\boldsymbol{r}')\delta(t)\nabla\times\boldsymbol{Q}\mathrm{d}\Omega=\int_{\Omega}\frac{1}{c^2}\frac{\partial^2 G}{\partial t^2}\nabla\times\boldsymbol{Q}\mathrm{d}\Omega+\int_{\Omega}\left[\nabla G\times\left(\frac{1}{c^2}\frac{\partial^2\boldsymbol{Q}}{\partial t^2}\right)\right]\mathrm{d}\Omega+\int_{\Omega}\boldsymbol{f}\times\nabla G\mathrm{d}\Omega$$
$$+\oint_{\Gamma}[\boldsymbol{n}(\nabla G\cdot\nabla\times\boldsymbol{Q})-(\boldsymbol{n}\cdot\nabla G)\nabla\times\boldsymbol{Q}-\nabla\nabla G\cdot(\boldsymbol{n}\times\boldsymbol{Q})]\mathrm{d}S \tag{8.35}$$

对时间积分，利用δ函数的基本性质可得

$$W\nabla\times\boldsymbol{Q}=\int_0^{\tau}\int_{\Omega}\frac{1}{c^2}\frac{\partial^2 G}{\partial t^2}\nabla\times\boldsymbol{Q}\mathrm{d}\Omega\mathrm{d}t'+\int_0^{\tau}\int_{\Omega}\left[\nabla G\times\left(\frac{1}{c^2}\frac{\partial^2\boldsymbol{Q}}{\partial t^2}\right)\right]\mathrm{d}\Omega\mathrm{d}t+\int_0^{\tau}\int_{\Omega}\boldsymbol{f}\times\nabla G\mathrm{d}\Omega\mathrm{d}t'$$
$$+\int_0^{\tau}\oint_{\Gamma}[\boldsymbol{n}(\nabla G\cdot\nabla\times\boldsymbol{Q})-(\boldsymbol{n}\cdot\nabla G)\nabla\times\boldsymbol{Q}-\nabla\nabla G\cdot(\boldsymbol{n}\times\boldsymbol{Q})]\mathrm{d}S\mathrm{d}t' \tag{8.36}$$

因为

$$\int_0^{\tau}\int_{\Omega}\nabla G\times\left(\frac{1}{c^2}\frac{\partial^2\boldsymbol{u}}{\partial t^2}\right)\mathrm{d}\Omega\mathrm{d}t=\int_{\Omega}\nabla G\times\left(\frac{1}{c^2}\frac{\partial\boldsymbol{u}}{\partial t}\right)\mathrm{d}\Omega\bigg|_0^{\tau}-\int_0^{\tau}\int_{\Omega}\frac{\partial\nabla G}{\partial t}\times\left(\frac{1}{c^2}\frac{\partial\boldsymbol{u}}{\partial t}\right)\mathrm{d}\Omega\mathrm{d}t$$

$$\int_0^{\tau}\int_{\Omega}\frac{\partial\nabla G}{\partial t}\times\left(\frac{1}{c^2}\frac{\partial\boldsymbol{u}}{\partial t}\right)\mathrm{d}\Omega\mathrm{d}t=\int_{\Omega}\frac{\partial\nabla G}{\partial t}\times\left(\frac{1}{c^2}\boldsymbol{u}\right)\mathrm{d}\Omega\bigg|_0^{\tau}-\int_0^{\tau}\int_{\Omega}\frac{\partial^2\nabla G}{\partial t^2}\times\left(\frac{1}{c^2}\boldsymbol{u}\right)\mathrm{d}\Omega$$

两式相减可得与式（8.11）类似的与时间相关的另一种形式的格林公式：

$$\int_0^{\tau}\int_{\Omega}\nabla G\times\left(\frac{1}{c^2}\frac{\partial^2\boldsymbol{u}}{\partial t^2}\right)\mathrm{d}\Omega\mathrm{d}t-\int_0^{\tau}\int_{\Omega}\frac{\partial^2\nabla G}{\partial t^2}\times\left(\frac{1}{c^2}\boldsymbol{u}\right)\mathrm{d}\Omega$$
$$=\int_{\Omega}\nabla G\times\left(\frac{1}{c^2}\frac{\partial\boldsymbol{u}}{\partial t}\right)\mathrm{d}\Omega\bigg|_0^{\tau}-\int_{\Omega}\frac{\partial\nabla G}{\partial t}\times\left(\frac{1}{c^2}\boldsymbol{u}\right)\mathrm{d}\Omega\bigg|_0^{\tau} \tag{8.37}$$

再考虑因为$\nabla\times(\varphi\boldsymbol{a})=\varphi\nabla\times\boldsymbol{a}+\nabla\varphi\times\boldsymbol{a}$，所以

$$\frac{\partial^2\nabla G}{\partial t^2}\times\left(\frac{1}{c^2}\boldsymbol{u}\right)=\nabla\times\left[\frac{\partial^2 G}{\partial t^2}\frac{1}{c^2}\boldsymbol{u}\right]-\frac{\partial^2 G}{\partial t^2}\left(\frac{1}{c^2}\nabla\times\boldsymbol{u}\right) \tag{8.38}$$

从而，

$$\int_0^{\tau}\int_{\Omega}\nabla G\times\left(\frac{1}{c^2}\frac{\partial^2\boldsymbol{u}}{\partial t^2}\right)\mathrm{d}\Omega\mathrm{d}t+\int_0^{\tau}\int_{\Omega}\frac{\partial^2 G}{\partial t^2}\left(\frac{1}{c^2}\nabla\times\boldsymbol{u}\right)\mathrm{d}\Omega$$
$$=\int_{\Omega}\nabla G\times\left(\frac{1}{c^2}\frac{\partial\boldsymbol{u}}{\partial t}\right)\mathrm{d}\Omega\bigg|_0^{\tau}-\int_{\Omega}\frac{\partial\nabla G}{\partial t}\times\left(\frac{1}{c^2}\boldsymbol{u}\right)\mathrm{d}\Omega\bigg|_0^{\tau}+\int_0^{\tau}\int_{\Omega}\frac{\partial^2\nabla G}{\partial t^2}\times\left(\frac{1}{c^2}\boldsymbol{u}\right)\mathrm{d}\Omega\mathrm{d}t$$
$$+\int_0^{\tau}\int_{\Omega}\frac{\partial^2 G}{\partial t^2}\left(\frac{1}{c^2}\nabla\times\boldsymbol{u}\right)\mathrm{d}\Omega\mathrm{d}t$$

$$=\int_{\Omega}\nabla G\times\left(\frac{1}{c^2}\frac{\partial \boldsymbol{u}}{\partial t}\right)\mathrm{d}\Omega\Bigg|_0^{\tau}-\int_{\Omega}\frac{\partial \nabla G}{\partial t}\times\left(\frac{1}{c^2}\boldsymbol{u}\right)\mathrm{d}\Omega\Bigg|_0^{\tau}+\int_0^{\tau}\int_{\Omega}\left\{\nabla\times\left[\frac{\partial^2 G}{\partial t^2}\frac{1}{c^2}\boldsymbol{u}\right]-\frac{\partial^2 G}{\partial t^2}\left(\frac{1}{c^2}\nabla\times\boldsymbol{u}\right)\right\}\mathrm{d}\Omega\mathrm{d}t$$

$$+\int_0^{\tau}\int_{\Omega}\frac{\partial^2 G}{\partial t^2}\left(\frac{1}{c^2}\nabla\times\boldsymbol{u}\right)\mathrm{d}\Omega\mathrm{d}t$$

$$=\int_{\Omega}\nabla G\times\left(\frac{1}{c^2}\frac{\partial \boldsymbol{u}}{\partial t}\right)\mathrm{d}\Omega\Bigg|_0^{\tau}-\int_{\Omega}\frac{\partial \nabla G}{\partial t}\times\left(\frac{1}{c^2}\boldsymbol{u}\right)\mathrm{d}\Omega\Bigg|_0^{\tau}+\int_0^{\tau}\oint_{\Gamma}n\times\left[\frac{\partial^2 G}{\partial t^2}\frac{1}{c^2}\boldsymbol{u}\right]\mathrm{d}\Gamma\mathrm{d}t \tag{8.39}$$

将式（8.39）代入式（8.36）有

$$W\nabla\times\boldsymbol{Q}=\int_{\Omega}\nabla G\times\left(\frac{1}{c^2}\frac{\partial \boldsymbol{Q}}{\partial t}\right)\mathrm{d}\Omega\Bigg|_0^{\tau}-\int_{\Omega}\frac{\partial \nabla G}{\partial t}\times\left(\frac{1}{c^2}\boldsymbol{Q}\right)\mathrm{d}\Omega\Bigg|_0^{\tau}+\int_0^{\tau}\oint_{\Gamma}\boldsymbol{n}\times\left[\frac{\partial^2 G}{\partial t^2}\frac{1}{c^2}\boldsymbol{Q}\right]\mathrm{d}\Gamma$$

$$+\int_0^{\tau}\int_{\Omega}\boldsymbol{f}\times\nabla G\mathrm{d}\Omega\mathrm{d}t'+\int_0^{\tau}\oint_{\Gamma}[\boldsymbol{n}(\nabla G\cdot\nabla\times\boldsymbol{Q})-(\boldsymbol{n}\cdot\nabla G)\nabla\times\boldsymbol{Q}-\nabla\nabla G\cdot(\boldsymbol{n}\times\boldsymbol{Q})]\mathrm{d}S\mathrm{d}t'$$

$$=\int_{\Omega}\nabla G\times\left(\frac{1}{c^2}\frac{\partial \boldsymbol{Q}}{\partial t}\right)\mathrm{d}\Omega\Bigg|_0^{\tau}-\int_{\Omega}\frac{\partial \nabla G}{\partial t}\times\left(\frac{1}{c^2}\boldsymbol{Q}\right)\mathrm{d}\Omega\Bigg|_0^{\tau}+\int_0^{t}\int_{\Omega}\boldsymbol{f}\times\nabla G\mathrm{d}\Omega\mathrm{d}t'$$

$$+\int_0^{\tau}\oint_{\Gamma}\left[\boldsymbol{n}\times\left(\frac{\partial^2 G}{\partial t^2}\frac{1}{c^2}\boldsymbol{Q}\right)+\boldsymbol{n}(\nabla G\cdot\nabla\times\boldsymbol{Q})-(\boldsymbol{n}\cdot\nabla G)\nabla\times\boldsymbol{Q}-\nabla\nabla G\cdot(\boldsymbol{n}\times\boldsymbol{Q})\right]\mathrm{d}S\mathrm{d}t'$$

$$=\int_{\Omega}\nabla G\times\left(\frac{1}{c^2}\frac{\partial \boldsymbol{Q}}{\partial t}\right)\mathrm{d}\Omega\Bigg|_0^{\tau}-\int_{\Omega}\frac{\partial \nabla G}{\partial t}\times\left(\frac{1}{c^2}\boldsymbol{Q}\right)\mathrm{d}\Omega\Bigg|_0^{\tau}+\int_0^{\tau}\int_{\Omega}\boldsymbol{f}\times\nabla G\mathrm{d}\Omega\mathrm{d}t'$$

$$\left\{\nabla^2 G-\frac{1}{c^2}\frac{\partial^2 G}{\partial t^2}=-\delta(\boldsymbol{r})\delta(t)\right\}$$

$$+\int_0^{\tau}\oint_{\Gamma}[\boldsymbol{n}\times\boldsymbol{Q}(\nabla^2 G)+\boldsymbol{n}(\nabla G\cdot\nabla\times\boldsymbol{Q})-(\boldsymbol{n}\cdot\nabla G)\nabla\times\boldsymbol{Q}-\nabla\nabla G\cdot(\boldsymbol{n}\times\boldsymbol{Q})]\mathrm{d}S\mathrm{d}t' \tag{8.40}$$

又因 $\boldsymbol{a}\times(\boldsymbol{b}\times\boldsymbol{c})=\boldsymbol{b}(\boldsymbol{a}\cdot\boldsymbol{c})-\boldsymbol{c}(\boldsymbol{a}\cdot\boldsymbol{b})$，所以

$$\boldsymbol{n}(\nabla G\cdot\nabla\times\boldsymbol{Q})-(\boldsymbol{n}\cdot\nabla G)\nabla\times\boldsymbol{Q}=\nabla G\times(\boldsymbol{n}\times\nabla\times\boldsymbol{Q})=-(\boldsymbol{n}\times\nabla\times\boldsymbol{Q})\times\nabla G \tag{8.41}$$

将式（8.41）代入式（8.40）得到

$$W\nabla\times\boldsymbol{Q}=\int_0^{\tau}\int_{\Omega}\boldsymbol{f}\times\nabla G\mathrm{d}\Omega\mathrm{d}t'+\frac{1}{c^2}\int_{\Omega}\nabla G\times\frac{\partial \boldsymbol{Q}}{\partial t'}\mathrm{d}\Omega\Bigg|_0^{\tau}-\frac{1}{c^2}\int_{\Omega}\frac{\partial}{\partial t'}(\nabla G)\times\boldsymbol{Q}\mathrm{d}\Omega\Bigg|_0^{\tau}$$

$$+\int_0^{\tau}\oint_{\Gamma}\{-(\boldsymbol{n}\times\boldsymbol{Q})\cdot\nabla\nabla G+(\boldsymbol{n}\times\boldsymbol{Q})\nabla^2 G-(\boldsymbol{n}\times\nabla\times\boldsymbol{Q})\times\nabla G\}\mathrm{d}S\mathrm{d}t' \tag{8.42}$$

式（8.42）就是双旋度一般时域波动方程旋度形式的积分表述。这里很自然地仅出现两个切线边界条件，与电磁场的唯一性定理所要求的切线边界条件相吻合。当然这里没有出现散度约束条件（无论是源区还是边界上），这表明散度假设肯定对旋度计算没有任何影响。

如果将式（8.42）面积分中的$(\boldsymbol{n}\times\boldsymbol{Q})\nabla^2 G$项换为$-\boldsymbol{n}\times\boldsymbol{Q}\left(\dfrac{\partial^2 G}{\partial t^2}\dfrac{1}{c^2}\right)$（在面积分条件下），则式（8.42）与和双旋度赫姆霍兹方程$\nabla\times\nabla\times\boldsymbol{Q}(\boldsymbol{r})-k^2\boldsymbol{Q}(\boldsymbol{r})=\boldsymbol{f}(\boldsymbol{r})$的基本积分形式解：

$$\nabla\times\boldsymbol{Q}=\int_\Omega \boldsymbol{f}\times\nabla G\mathrm{d}\Omega-\oint_\Gamma[(\boldsymbol{n}\times\nabla\times\boldsymbol{Q})\times\nabla G+(\boldsymbol{n}\times\boldsymbol{Q})k^2G+\nabla\nabla G\cdot(\boldsymbol{n}\times\boldsymbol{Q})]\mathrm{d}S$$

在形式上除增加了初始条件相关的项，具有完全类似的结构。但其内涵却完全不同，主要表现在基本解的形式具有特殊的形式（具有δ函数）并包含时间变量，从形式逻辑的角度可以大致判断旋度积分表述有一定的正确性。

此旋度表述看起来还是比较简洁的，但实际处理起来由于牵涉到$\nabla\nabla G,\nabla^2 G$，展开后将十分烦琐。处理方法（或者总的原则）将先处理时间变量的积分，然后再处理空间变量的积分。

8.2.2　旋度积分表述（求旋）

根据偏微分方程理论，积分表述所示的待解函数在定义域内连续可微（在广义函数意义下），且在源函数 $\boldsymbol{f}$、待解函数 $\boldsymbol{u}$ 和待解函数的旋度$\nabla\times\boldsymbol{u}$的边界分布$\boldsymbol{u}|_\Gamma$、$\nabla\times\boldsymbol{u}|_\Gamma$满足一定的连续性要求的情况下，可将梯度算子$\nabla$从积分号外移入积分号内，并注意求导变量（源点和场点的区分）为场点，由于双旋度一般时域波动方程的基本积分表述相对复杂，将其分为三部分分别求旋。

基本积分表述：

$$\boldsymbol{Q}(\boldsymbol{r},t)=\int_0^\tau\int_\Omega[\nabla G(\nabla\cdot\boldsymbol{Q})+\boldsymbol{f}G]\mathrm{d}\Omega\mathrm{d}t'+\frac{1}{c^2}\int_\Omega\boldsymbol{Q}\frac{\partial G}{\partial t}\mathrm{d}\Omega\bigg|_0^\tau-\frac{1}{c^2}\int_\Omega G\frac{\partial\boldsymbol{Q}}{\partial t}\mathrm{d}\Omega\bigg|_0^\tau$$
$$-\int_0^\tau\oint_\Gamma G\boldsymbol{n}\times\nabla\times\boldsymbol{Q}+\boldsymbol{n}\times\boldsymbol{Q}\times\nabla G+\nabla G(\boldsymbol{n}\cdot\boldsymbol{Q})\mathrm{d}S\mathrm{d}t'$$

求旋运算将主要用到矢量恒等式：$\nabla\times(\boldsymbol{f}G)=\nabla G\times\boldsymbol{f}+G\nabla\times\boldsymbol{f}$，为方便读者阅读，这里先行给出。

下面对双旋度一般时域波动方程的基本积分表述各项分别求旋。

（1）对于体积分部分：

$$\mathrm{I}=\nabla_r\times\int_0^\tau\int_\Omega[\boldsymbol{f}G+(\nabla G)(\nabla\cdot\boldsymbol{Q})]\mathrm{d}\Omega\mathrm{d}t'=\int_0^\tau\int_\Omega\nabla_r\times[\boldsymbol{f}G+(\nabla G)(\nabla\cdot\boldsymbol{Q})]\mathrm{d}\Omega\mathrm{d}t'$$
$$=\int_0^\tau\int_\Omega[\nabla_r G\times\boldsymbol{f}+(\nabla\cdot\boldsymbol{Q})\nabla_r\times(\nabla G)]\mathrm{d}\Omega\mathrm{d}t'=-\int_0^\tau\int_\Omega\nabla G\times\boldsymbol{f}\mathrm{d}\Omega\mathrm{d}t'=\int_0^\tau\int_\Omega\boldsymbol{f}\times\nabla G\mathrm{d}\Omega\mathrm{d}t'\quad(8.43)$$

（2）与初始条件有关的部分：

$$
\begin{aligned}
\mathrm{II} &= \nabla_r \times \left[-\frac{1}{c^2}\int_\Omega \frac{\partial \boldsymbol{Q}}{\partial t'} G \mathrm{d}\Omega \Bigg|_0^\tau + \frac{1}{c^2}\int_\Omega \boldsymbol{Q}\frac{\partial G}{\partial t'}\mathrm{d}\Omega \Bigg|_0^\tau \right] \\
&= -\frac{1}{c^2}\int_\Omega \nabla_r \times \left(\frac{\partial \boldsymbol{Q}}{\partial t'}G\right)\mathrm{d}\Omega \Bigg|_0^\tau + \frac{1}{c^2}\int_\Omega \nabla_r \times \left(\boldsymbol{Q}\frac{\partial G}{\partial t'}\right)\mathrm{d}\Omega \Bigg|_0^\tau \\
&= -\frac{1}{c^2}\int_\Omega \nabla_r G \times \frac{\partial \boldsymbol{Q}}{\partial t'}\mathrm{d}\Omega \Bigg|_0^\tau + \frac{1}{c^2}\int_\Omega \nabla_r \frac{\partial G}{\partial t'} \times \boldsymbol{Q}\mathrm{d}\Omega \Bigg|_0^\tau \\
&= \frac{1}{c^2}\int_\Omega \nabla G \times \frac{\partial \boldsymbol{Q}}{\partial t'}\mathrm{d}\Omega \Bigg|_0^\tau - \frac{1}{c^2}\int_\Omega \nabla \frac{\partial G}{\partial t'} \times \boldsymbol{Q}\mathrm{d}\Omega \Bigg|_0^\tau
\end{aligned} \tag{8.44}
$$

（3）面积分部分：

$$
\begin{aligned}
\mathrm{III} &= \nabla_r \times \left\{ -\int_0^\tau \oint_\Gamma [\boldsymbol{n}\times \boldsymbol{Q}(\boldsymbol{r}',t')\times \nabla G + G(\boldsymbol{n}\times\nabla\times\boldsymbol{Q}) + \boldsymbol{n}\cdot\boldsymbol{Q}\nabla G]\mathrm{d}\Gamma\mathrm{d}t' \right\} \\
&= -\int_0^\tau \oint_\Gamma \{\nabla_r \times [(\boldsymbol{n}\times\boldsymbol{Q})\times\nabla G] + \nabla_r \times [G(\boldsymbol{n}\times\nabla\times\boldsymbol{Q})] + \nabla_r \times [\boldsymbol{n}\cdot\boldsymbol{Q}\nabla G]\}\mathrm{d}\Gamma\mathrm{d}t' \\
&= -\int_0^\tau \oint_\Gamma \{\nabla_r \times [(\boldsymbol{n}\times\boldsymbol{Q})\times\nabla G] + \nabla_r G \times (\boldsymbol{n}\times\nabla\times\boldsymbol{Q}) + \boldsymbol{n}\cdot\boldsymbol{Q}\nabla_r \times \nabla G\}\mathrm{d}\Gamma\mathrm{d}t' \\
&\qquad \{\nabla\times(\boldsymbol{a}\times\boldsymbol{b}) = (\boldsymbol{b}\cdot\nabla)\boldsymbol{a} - (\boldsymbol{a}\cdot\nabla)\boldsymbol{b} + \boldsymbol{a}\nabla\cdot\boldsymbol{b} - \boldsymbol{b}\nabla\cdot\boldsymbol{a},\ \ \nabla\times\nabla\varphi = 0\} \\
&= -\int_0^\tau \oint_\Gamma \{[-(\boldsymbol{n}\times\boldsymbol{Q})\cdot\nabla_r]\nabla G + [(\boldsymbol{n}\times\boldsymbol{Q})\nabla_r]\cdot\nabla G + \nabla_r G\times(\boldsymbol{n}\times\nabla\times\boldsymbol{Q})]\}\mathrm{d}\Gamma\mathrm{d}t' \\
&= \int_0^\tau \oint_\Gamma [-(\boldsymbol{n}\times\boldsymbol{Q})\cdot\nabla\nabla G + (\boldsymbol{n}\times\boldsymbol{Q})\nabla^2 G - (\boldsymbol{n}\times\nabla\times\boldsymbol{Q})\times\nabla G]\mathrm{d}\Gamma\mathrm{d}t'
\end{aligned} \tag{8.45}
$$

将这三部分加到一起则为

$$
\begin{aligned}
\nabla\times\boldsymbol{Q} &= \int_0^\tau \int_\Omega \boldsymbol{f}\times\nabla G\mathrm{d}\Omega\mathrm{d}t' + \frac{1}{c^2}\int_\Omega \nabla G\times\frac{\partial\boldsymbol{Q}}{\partial t'}\mathrm{d}\Omega\Bigg|_0^\tau - \frac{1}{c^2}\int_\Omega \frac{\partial}{\partial t'}(\nabla G)\times\boldsymbol{Q}\mathrm{d}\Omega\Bigg|_0^\tau \\
&\quad + \int_0^\tau \oint_\Gamma \{-(\boldsymbol{n}\times\boldsymbol{Q})\cdot\nabla\nabla G + (\boldsymbol{n}\times\boldsymbol{Q})\nabla^2 G - (\boldsymbol{n}\times\nabla\times\boldsymbol{Q})\times\nabla G\}\mathrm{d}\Gamma\mathrm{d}t'
\end{aligned} \tag{8.46}
$$

此结果与采用格林函数的推导方法所得式（8.42）完全相同。

8.2.3 旋度积分表述的导出（加权余量法）

采用加权余量法来推导一般时域波动方程的旋度积分表述的基本思路仍然是：先不考虑时间积分，直到给出原问题的加权余量表达式后再考虑对时间的积分。同时，由于将要求取的是旋度积分表述，所以原问题的加权余量法权函数为 $G = \nabla\times[aG(\boldsymbol{r},t;\boldsymbol{r}',t')]$。

1）问题的加权余量表达式（也就是确定其中的拉格朗日乘子）

因针对的是同一个问题（8.1），此过程与前面用加权余量法推导基本积分表述完全相同，故直接利用前面的式（8.19），即所论问题的误差函数为

$$\boldsymbol{R}=\int_{\Omega}\left[\nabla\times\nabla\times\boldsymbol{Q}+\frac{1}{c^{2}}\frac{\partial^{2}\boldsymbol{Q}}{\partial t^{2}}-\boldsymbol{f}\right]\cdot G\mathrm{d}\Omega-\int_{\Gamma 1}[\boldsymbol{n}\times\boldsymbol{Q}-\overline{\boldsymbol{u}}]\cdot(\nabla\times G)\mathrm{d}\Gamma-\int_{\Gamma 2}[\boldsymbol{n}\times\nabla\times\boldsymbol{Q}-\overline{\boldsymbol{v}}]\cdot G\mathrm{d}\Gamma$$

2）根据误差函数表达式确定边界积分方程

采用前面完全相同的推导过程，可得前面的式（8.25）：

$$\int_{0}^{\tau}\int_{\Omega}\boldsymbol{Q}\cdot\left[(\nabla\times\nabla\times G)+\frac{1}{c^{2}}\frac{\partial^{2}G}{\partial t^{2}}\right]\mathrm{d}\Omega\mathrm{d}t'+\int_{0}^{\tau}\oint_{\Gamma}(\boldsymbol{n}\times\boldsymbol{Q})\cdot(\nabla\times G)\mathrm{d}\Gamma\mathrm{d}t'+\int_{0}^{\tau}\oint_{\Gamma}G\cdot(\boldsymbol{n}\times\nabla\times\boldsymbol{Q})\mathrm{d}\Gamma\mathrm{d}t'$$

$$-\int_{0}^{\tau}\int_{\Omega}\boldsymbol{f}\cdot G\mathrm{d}\Omega\mathrm{d}t'+\frac{1}{c^{2}}\int_{\Omega}\frac{\partial\boldsymbol{Q}}{\partial t}\cdot G\mathrm{d}\Omega\bigg|_{0}^{\tau}-\frac{1}{c^{2}}\int_{\Omega}\boldsymbol{Q}\cdot\frac{\partial G}{\partial t}\mathrm{d}\Omega\bigg|_{0}^{\tau}=0$$

取其中的权函数为$\boldsymbol{G}=\nabla\times[\boldsymbol{a}G(\boldsymbol{r},\boldsymbol{r}';t,t')]=\nabla G\times\boldsymbol{a}$，式中，$G$为标量时域波动方程的基本解。

将权函数$\boldsymbol{G}=\nabla\times(\boldsymbol{a}G)$代入式（8.25）可得

$$\int_{0}^{\tau}\int_{\Omega}\boldsymbol{Q}\cdot\left[\nabla\times\nabla\times(\nabla\times(\boldsymbol{a}G))+\frac{1}{c^{2}}\frac{\partial^{2}\nabla\times(\boldsymbol{a}G)}{\partial t^{2}}\right]\mathrm{d}\Omega\mathrm{d}t'+\int_{0}^{\tau}\oint_{\Gamma}(\boldsymbol{n}\times\boldsymbol{Q})\cdot(\nabla\times\nabla\times(\boldsymbol{a}G))\mathrm{d}\Gamma\mathrm{d}t'$$

$$+\int_{0}^{\tau}\oint_{\Gamma}[\nabla\times(\boldsymbol{a}G)]\cdot(\boldsymbol{n}\times\nabla\times\boldsymbol{Q})\mathrm{d}\Gamma\mathrm{d}t'-\int_{0}^{\tau}\int_{\Omega}\boldsymbol{f}\cdot[\nabla\times(\boldsymbol{a}G)]\mathrm{d}\Omega\mathrm{d}t'$$

$$+\frac{1}{c^{2}}\int_{\Omega}\frac{\partial\boldsymbol{Q}}{\partial t}\cdot[\nabla\times(\boldsymbol{a}G)]\mathrm{d}\Omega\bigg|_{0}^{\tau}-\frac{1}{c^{2}}\int_{\Omega}\boldsymbol{Q}\cdot\frac{\partial\nabla\times(\boldsymbol{a}G)}{\partial t}\mathrm{d}\Omega\bigg|_{0}^{\tau}=0 \tag{8.47}$$

利用前面的相关结果：

$$\nabla\times\boldsymbol{R}=\nabla\times\nabla\times(\boldsymbol{a}G)=\nabla(\boldsymbol{a}\cdot\nabla G)-\boldsymbol{a}\nabla^{2}G=\boldsymbol{a}\cdot\nabla\nabla G-\boldsymbol{a}\nabla^{2}G$$

$$\nabla\times\nabla\times\boldsymbol{R}=\nabla\times\nabla\times\nabla\times(\boldsymbol{a}G)=\nabla\times[\nabla(\boldsymbol{a}\cdot\nabla G)-\boldsymbol{a}\nabla^{2}G]=-\nabla\times(\boldsymbol{a}\nabla^{2}G)$$

将式（4.3）、式（4.28）代入式（8.47）可得

$$\int_{0}^{\tau}\int_{\Omega}\boldsymbol{Q}\cdot\left[-\nabla\times(\boldsymbol{a}\nabla^{2}G)+\frac{1}{c^{2}}\frac{\partial^{2}\nabla G\times\boldsymbol{a}}{\partial t^{2}}\right]\mathrm{d}\Omega\mathrm{d}t'+\int_{0}^{\tau}\oint_{\Gamma}(\boldsymbol{n}\times\boldsymbol{Q})\cdot(\boldsymbol{a}\cdot\nabla\nabla G-\boldsymbol{a}\nabla^{2}G)\mathrm{d}\Gamma\mathrm{d}t'$$

$$+\int_{0}^{\tau}\oint_{\Gamma}(\nabla G\times\boldsymbol{a})\cdot(\boldsymbol{n}\times\nabla\times\boldsymbol{Q})\mathrm{d}\Gamma\mathrm{d}t'-\int_{0}^{\tau}\int_{\Omega}\boldsymbol{f}\cdot(\nabla G\times\boldsymbol{a})\mathrm{d}\Omega\mathrm{d}t'$$

$$+\frac{1}{c^{2}}\int_{\Omega}\frac{\partial\boldsymbol{Q}}{\partial t}\cdot(\nabla G\times\boldsymbol{a})\mathrm{d}\Omega\bigg|_{0}^{\tau}-\frac{1}{c^{2}}\int_{\Omega}\boldsymbol{Q}\cdot\frac{\partial\nabla G\times\boldsymbol{a}}{\partial t}\mathrm{d}\Omega\bigg|_{0}^{\tau}=0 \tag{8.48}$$

因为$\nabla\times(\boldsymbol{a}G)=\nabla G\times\boldsymbol{a}+G\nabla\times\boldsymbol{a}=\nabla G\times\boldsymbol{a}$，$\boldsymbol{A}\cdot(\boldsymbol{B}\times\boldsymbol{C})=\boldsymbol{B}\cdot(\boldsymbol{C}\times\boldsymbol{A})=\boldsymbol{C}\cdot(\boldsymbol{A}\times\boldsymbol{B})$，所以

$$\int_0^\tau \int_\Omega \boldsymbol{a}\cdot\left[-\boldsymbol{Q}\times\nabla(\nabla^2 G)+\frac{1}{c^2}\boldsymbol{Q}\times\frac{\partial^2\nabla G}{\partial t^2}\right]\mathrm{d}\Omega\mathrm{d}t'+\boldsymbol{a}\cdot\int_0^\tau\oint_\Gamma(\boldsymbol{n}\times\boldsymbol{Q})\cdot\nabla\nabla G\mathrm{d}\Gamma\mathrm{d}t'$$

$$-\int_0^\tau\oint_\Gamma \boldsymbol{a}\cdot(\boldsymbol{n}\times\boldsymbol{Q})\nabla^2 G\mathrm{d}\Gamma\mathrm{d}t'+\int_0^\tau\oint_\Gamma \boldsymbol{a}\cdot[(\boldsymbol{n}\times\nabla\times\boldsymbol{Q})\times\nabla G]\mathrm{d}\Gamma\mathrm{d}t+\int_0^\tau\int_\Omega \boldsymbol{a}\cdot(\nabla G\times\boldsymbol{f})\mathrm{d}\Omega\mathrm{d}t'$$

$$+\frac{1}{c^2}\boldsymbol{a}\cdot\int_\Omega\frac{\partial\boldsymbol{Q}}{\partial t}\times\nabla G\mathrm{d}\Omega\bigg|_0^\tau-\frac{1}{c^2}\boldsymbol{a}\cdot\int_\Omega\boldsymbol{Q}\times\frac{\partial\nabla G}{\partial t}\mathrm{d}\Omega\bigg|_0^\tau=0 \tag{8.49}$$

此处用到恒等式 $\boldsymbol{b}\cdot(\boldsymbol{a}\cdot\nabla\nabla G)=\boldsymbol{a}\cdot(\boldsymbol{b}\cdot\nabla\nabla G)$，此式已在附录 A 中验证。

式（8.49）消去常矢量 $\boldsymbol{a}$ 可得

$$\int_0^\tau\int_\Omega -\boldsymbol{Q}\times\nabla\left[(\nabla^2 G)-\frac{1}{c^2}\frac{\partial^2 G}{\partial t^2}\right]\mathrm{d}\Omega\mathrm{d}t'+\int_0^\tau\oint_\Gamma(\boldsymbol{n}\times\boldsymbol{Q})\cdot\nabla\nabla G\mathrm{d}\Gamma\mathrm{d}t'-\int_0^\tau\oint_\Gamma(\boldsymbol{n}\times\boldsymbol{Q})\nabla^2 G\mathrm{d}\Gamma\mathrm{d}t'$$

$$+\int_0^\tau\oint_\Gamma(\boldsymbol{n}\times\nabla\times\boldsymbol{Q})\times\nabla G\mathrm{d}\Gamma\mathrm{d}t'+\int_0^\tau\int_\Omega[\nabla G\times\boldsymbol{f}]\mathrm{d}\Omega\mathrm{d}t'+\frac{1}{c^2}\int_\Omega\frac{\partial\boldsymbol{Q}}{\partial t}\times\nabla G\mathrm{d}\Omega\bigg|_0^\tau$$

$$-\frac{1}{c^2}\int_\Omega\boldsymbol{Q}\times\frac{\partial\nabla G}{\partial t}\mathrm{d}\Omega\bigg|_0^\tau=0 \tag{8.50}$$

因为

$$-\boldsymbol{Q}\times\nabla\left[\nabla^2 G-\frac{1}{c^2}\frac{\partial^2 G}{\partial t^2}\right]=\nabla\left[\nabla^2 G-\frac{1}{c^2}\frac{\partial^2 G}{\partial t^2}\right]\times\boldsymbol{Q}\quad\{\nabla\times(\boldsymbol{a}G)=\nabla G\times\boldsymbol{a}+G\nabla\times\boldsymbol{a}\}$$

$$=\nabla\times\left\{\left[\nabla^2 G-\frac{1}{c^2}\frac{\partial^2 G}{\partial t^2}\right]\boldsymbol{Q}\right\}-\left[\nabla^2 G-\frac{1}{c^2}\frac{\partial^2 G}{\partial t^2}\right]\nabla\times\boldsymbol{Q}$$

所以

$$\int_0^\tau\int_\Omega\left[-\boldsymbol{Q}\times\nabla\left(\nabla^2 G-\frac{1}{c^2}\frac{\partial^2 G}{\partial t^2}\right)\right]\mathrm{d}\Omega\mathrm{d}t'$$

$$=\int_0^\tau\oint_\Gamma\boldsymbol{n}\times\left\{\left(\nabla^2 G-\frac{1}{c^2}\frac{\partial^2 G}{\partial t^2}\right)\boldsymbol{Q}\right\}\mathrm{d}\Omega\mathrm{d}t'-\int_0^\tau\int_\Omega\left(\nabla^2 G-\frac{1}{c^2}\frac{\partial^2 G}{\partial t^2}\right)\nabla\times\boldsymbol{Q}\mathrm{d}\Omega\mathrm{d}t' \tag{8.51}$$

再利用 $\nabla^2 G(\boldsymbol{r},\boldsymbol{r}';\ t,t')-\dfrac{1}{c^2}\dfrac{\partial^2 G(\boldsymbol{r},\boldsymbol{r}';\ t,t')}{\partial t^2}+\delta(\boldsymbol{r}')\delta(t')=0$ 和 δ 函数的性质，可得

$$\int_0^\tau\int_\Omega\left[-\boldsymbol{Q}\times\nabla[(\nabla^2 G)]-\frac{1}{c^2}\frac{\partial^2 G}{\partial t^2}\right]\mathrm{d}\Omega\mathrm{d}\boldsymbol{t}$$

$$=\int_0^\tau\oint_\Gamma\boldsymbol{n}\times\{-\delta(\boldsymbol{r}')\delta(t')\boldsymbol{Q}\}\mathrm{d}\Omega\mathrm{d}t-\int_0^\tau\int_\Omega-\delta(\boldsymbol{r}')\delta(t')\nabla\times\boldsymbol{Q}\mathrm{d}\Omega\mathrm{d}\boldsymbol{t}=W\nabla\times\boldsymbol{Q} \tag{8.52}$$

将式（8.52）代入式（8.50），并整理可得

$$W\nabla\times\boldsymbol{Q}=\int_0^{\tau}\int_{\Omega}\boldsymbol{f}\times\nabla G\mathrm{d}\Omega\mathrm{d}t'+\frac{1}{c^2}\int_{\Omega}\nabla G\times\frac{\partial\boldsymbol{Q}}{\partial t'}\mathrm{d}\Omega\bigg|_0^{\tau}-\frac{1}{c^2}\int_{\Omega}\frac{\partial}{\partial t'}(\nabla G)\times\boldsymbol{Q}\mathrm{d}\Omega\bigg|_0^{\tau}$$
$$+\int_0^{\tau}\oint_{\Gamma}\{-(\boldsymbol{n}\times\boldsymbol{Q})\cdot\nabla\nabla G+(\boldsymbol{n}\times\boldsymbol{Q})\nabla^2G-(\boldsymbol{n}\times\nabla\times\boldsymbol{Q})\times\nabla G\}\mathrm{d}\Gamma\mathrm{d}t' \quad (8.53)$$

此结果与前面两种方法所得旋度积分表述完全相同。这从一个侧面说明推导的旋度积分表述是正确的。

8.3 双旋度波动方程的数学性质

双旋度一般时域波动方程与其他微分方程相比，最重要的性质在于解函数的欠定性。也就是说，独自一个双旋度一般时域波动方程，无论怎样构造边界条件，都无法确定矢量函数本身，但可以唯一地确定其旋度。双旋度一般时域波动方程的欠定性通过散度任意假设特性、二维性特征具体表现出来。

8.3.1 双旋度波动方程解的存在性和唯一性

此处的双旋度波动方程来源于实际问题，不是一个纯粹的数学问题，因此，只要方程本身反映了客观事物的真实存在，加上适当的边界条件，解就是一定存在且唯一的，因为，“大自然本身就是一个解”。

这里着重从算法的角度，讨论一下解的唯一性。

希望求解的问题是（8.1），设 $\boldsymbol{E}$ 为问题（8.1）在适当边界条件下的一个解，$\boldsymbol{B}$ 是问题（8.1）在相同边界条件下的另一个不同解，令 $\boldsymbol{A}=\boldsymbol{E}-\boldsymbol{B}$，考虑算子的线性特征，$\boldsymbol{A}$ 是齐次方程 $\nabla\times\nabla\times\boldsymbol{A}+\dfrac{1}{c^2}\dfrac{\partial^2\boldsymbol{A}(\boldsymbol{r},t)}{\partial t^2}=0$ 在齐次边界条件和零初始条件下的解。

简单地，根据双旋度一般时域波动方程的两个积分表述，齐次方程 $\nabla\times\nabla\times\boldsymbol{A}+\dfrac{1}{c^2}\dfrac{\partial^2\boldsymbol{A}(\boldsymbol{r},t)}{\partial t^2}=0$ 在齐次边界条件和零初始条件下的解（各积分项全为零）为零，从而基本积分表述和旋度积分表述的解具有唯一性。因此 0 阶积分表述在相差一个无旋矢量的条件下唯一地求出矢量 $\boldsymbol{A}$，而一阶积分表述则可以唯一地确定 $\nabla\times\boldsymbol{A}$。

8.3.2 双旋度一般时域波动方程解的欠定性（任意散度假设）

双旋度一般时域波动方程 $\nabla\times\nabla\times\boldsymbol{Q}(\boldsymbol{r},t)+\dfrac{1}{c^2}\dfrac{\partial^2\boldsymbol{Q}(\boldsymbol{r},t)}{\partial t^2}=\boldsymbol{f}(\boldsymbol{r},t)$ 在形式上与（标量或矢量）一般时域波动方程 $\nabla^2\varphi(\boldsymbol{r},t)-\dfrac{1}{c^2}\dfrac{\partial^2\varphi(\boldsymbol{r},t)}{\partial t^2}=\boldsymbol{f}(\boldsymbol{r},t)$ 类似，但是与一般的（标量或矢量）时域波动方程相比，其数学性质有很大的不同。最重要的特点是解函数的欠定

性。也就是说，无论怎样构造边界条件，独自一个双旋度波动方程总是欠定的。在电磁理论研究中，正是没有充分注意到双旋度波动方程的欠定性特征，没有对这种欠定性进行深入的研究，使得人们试图将双旋度一般时域波动方程转化为存在唯一解的向量或标量时域波动方程时产生了失真，导致电磁场的数值计算至今仍然得不到完善解决。

下面就双旋度一般时域波动方程的基本积分表述所具有的任意散度假设特性进行证明。

求散运算将用到的主要矢量恒等式为$\nabla\cdot(\varphi\boldsymbol{a})=\varphi\nabla\cdot\boldsymbol{a}+\nabla\varphi\cdot\boldsymbol{a}$，其他注意事项在第 4 章相关部分已有阐述，这里不再重复。

对于一般时域波动方程的基本积分表述：

$$\boldsymbol{Q}=\int_0^\tau\int_\Omega[\boldsymbol{f}G+(\nabla G)(\nabla\cdot\boldsymbol{Q})]\mathrm{d}\Omega\mathrm{d}t-\frac{1}{c^2}\int_\Omega\frac{\partial\boldsymbol{Q}}{\partial t}G\mathrm{d}\Omega\Bigg|_0^\tau+\frac{1}{c^2}\int_\Omega\boldsymbol{Q}\cdot\frac{\partial G}{\partial t}\mathrm{d}\Omega\Bigg|_0^\tau$$
$$-\int_0^\tau\oint_\Gamma[(\boldsymbol{n}\times\boldsymbol{Q})\times\nabla G+G(\boldsymbol{n}\times\nabla\times\boldsymbol{Q})+\boldsymbol{n}\cdot\boldsymbol{Q}\nabla G]\mathrm{d}\Gamma\mathrm{d}t$$

假设计算域内任意一点的散度为$\nabla\cdot\boldsymbol{Q}(\boldsymbol{r},t)=\theta(\boldsymbol{r},t)=\theta$。

1）体积分部分

$$\mathrm{I}=\nabla_r\cdot\int_0^\tau\int_\Omega[\boldsymbol{f}(\boldsymbol{r}',t')G(\boldsymbol{r},t;\boldsymbol{r}',t')+(\nabla G)(\nabla\cdot\boldsymbol{Q})]\mathrm{d}\Omega\mathrm{d}t'$$
$$=\int_0^\tau\int_\Omega\nabla_r\cdot[\boldsymbol{f}G+(\nabla G)(\nabla\cdot\boldsymbol{Q})]\mathrm{d}\Omega\mathrm{d}t'=\int_0^\tau\int_\Omega[\boldsymbol{f}\cdot\nabla_rG+(\nabla\cdot\boldsymbol{Q})\nabla_r\cdot(\nabla G)]\mathrm{d}\Omega\mathrm{d}t'$$
$$=-\int_0^\tau\int_\Omega[\boldsymbol{f}\cdot\nabla G+(\nabla\cdot\boldsymbol{Q})\nabla^2G]\mathrm{d}\Omega\mathrm{d}t'=-\int_0^\tau\int_\Omega\left\{\boldsymbol{f}\cdot\nabla G+(\nabla\cdot\boldsymbol{Q})\left[\frac{1}{c^2}\frac{\partial^2G}{\partial t'^2}-\delta(\boldsymbol{r}')\delta(t')\right]\right\}\mathrm{d}\Omega\mathrm{d}t'$$
$$=\theta-\int_0^\tau\int_\Omega\left[\boldsymbol{f}\cdot\nabla G+(\nabla\cdot\boldsymbol{Q})\frac{1}{c^2}\frac{\partial^2G}{\partial t'^2}\right]\mathrm{d}\Omega\mathrm{d}t'\tag{8.54}$$

2）与初始条件有关的部分

进行散度运算之前，先对其进行变形，利用与时间相关的另一种形式的格林公式（8.11）：

$$\frac{1}{c^2}\int_0^\tau\int_\Omega\boldsymbol{Q}\frac{\partial^2G}{\partial t^2}\mathrm{d}\Omega\mathrm{d}t-\frac{1}{c^2}\int_0^\tau\int_\Omega\frac{\partial^2\boldsymbol{Q}}{\partial t^2}G\mathrm{d}\Omega\mathrm{d}t=\frac{1}{c^2}\int_\Omega\boldsymbol{Q}\frac{\partial G}{\partial t}\mathrm{d}\Omega\Bigg|_0^\tau-\frac{1}{c^2}\int_\Omega\frac{\partial\boldsymbol{Q}}{\partial t}G\mathrm{d}\Omega\Bigg|_0^\tau$$

于是，与初始条件有关的部分求散结果为

$$\mathrm{II}=\nabla_r\cdot\left[\frac{1}{c^2}\int_\Omega\boldsymbol{Q}\frac{\partial G}{\partial t}\mathrm{d}\Omega\Bigg|_0^\tau-\frac{1}{c^2}\int_\Omega\frac{\partial\boldsymbol{Q}}{\partial t}G\mathrm{d}\Omega\Bigg|_0^\tau\right]$$

$$
\begin{aligned}
&=\nabla_r\cdot\left[\frac{1}{c^2}\int_0^\tau\int_\Omega \boldsymbol{Q}\frac{\partial^2 G}{\partial t^2}\mathrm{d}\Omega\mathrm{d}t-\frac{1}{c^2}\int_0^\tau\int_\Omega\frac{\partial^2\boldsymbol{Q}}{\partial t^2}G\mathrm{d}\Omega\mathrm{d}t\right]\\
&=\frac{1}{c^2}\int_0^\tau\int_\Omega \boldsymbol{Q}\cdot\frac{\partial^2\nabla_r G}{\partial t^2}\mathrm{d}\Omega\mathrm{d}t-\frac{1}{c^2}\int_0^\tau\int_\Omega\frac{\partial^2\boldsymbol{Q}}{\partial t^2}\cdot\nabla_r G\mathrm{d}\Omega\mathrm{d}t\\
&=-\frac{1}{c^2}\int_0^\tau\int_\Omega \boldsymbol{Q}\cdot\frac{\partial^2\nabla G}{\partial t^2}\mathrm{d}\Omega\mathrm{d}t+\frac{1}{c^2}\int_0^\tau\int_\Omega\frac{\partial^2\boldsymbol{Q}}{\partial t^2}\cdot\nabla G\mathrm{d}\Omega\mathrm{d}t
\end{aligned}\tag{8.55}
$$

3）面积分部分

$$
\begin{aligned}
\mathrm{III}&=-\nabla_r\cdot\int_0^t\oint_\Gamma\{(\boldsymbol{n}\times\boldsymbol{Q})\times\nabla G(\boldsymbol{r},t;\boldsymbol{r}',t')+G(\boldsymbol{n}\times\nabla\times\boldsymbol{Q})+\boldsymbol{n}\cdot\boldsymbol{Q}\nabla G\}\mathrm{d}\Gamma\mathrm{d}t'\\
&=-\int_0^\tau\oint_\Gamma\nabla_r\cdot\{(\boldsymbol{n}\times\boldsymbol{Q})\times\nabla G+G(\boldsymbol{n}\times\nabla\times\boldsymbol{Q})+\boldsymbol{n}\cdot\boldsymbol{Q}\nabla G\}\mathrm{d}\Gamma\mathrm{d}t'\quad\{\nabla\cdot(\boldsymbol{a}\times\boldsymbol{b})=\boldsymbol{b}\cdot\nabla\times\boldsymbol{a}-\boldsymbol{a}\cdot\nabla\times\boldsymbol{b}\}\\
&=-\int_0^\tau\oint_\Gamma\{-(\boldsymbol{n}\times\boldsymbol{Q})\cdot\nabla_r\times\nabla G+\nabla_r G\cdot(\boldsymbol{n}\times\nabla\times\boldsymbol{Q})+(\boldsymbol{n}\cdot\boldsymbol{Q})\nabla_r\cdot\nabla G\}\mathrm{d}\Gamma\mathrm{d}t'\quad\{\nabla\times\nabla G=0\}\\
&=\int_0^\tau\oint_\Gamma\{\nabla G\cdot(\boldsymbol{n}\times\nabla\times\boldsymbol{Q})+(\boldsymbol{n}\cdot\boldsymbol{Q})\nabla^2 G\}\mathrm{d}\Gamma\mathrm{d}t'\\
&=\int_0^\tau\oint_\Gamma\left\{\nabla G\cdot(\boldsymbol{n}\times\nabla\times\boldsymbol{Q})+(\boldsymbol{n}\cdot\boldsymbol{Q})\left[\frac{1}{c^2}\frac{\partial^2 G}{\partial t'^2}-\delta(\boldsymbol{r}')\delta(t')\right]\right\}\mathrm{d}\Gamma\mathrm{d}t'\\
&=\int_0^\tau\oint_\Gamma\left\{\nabla G\cdot(\boldsymbol{n}\times\nabla\times\boldsymbol{Q})+(\boldsymbol{n}\cdot\boldsymbol{Q})\frac{1}{c^2}\frac{\partial^2 G}{\partial t'^2}\right\}\mathrm{d}\Gamma\mathrm{d}t'
\end{aligned}\tag{8.56}
$$

仔细考查这三部分的散度表达式，可以发现第 I、II 部分为体积分，而第 III 部分为面积分，因此需要将体积分转换为面积分，为此先考虑前两部分的和。

$$
\begin{aligned}
\mathrm{I}+\mathrm{II}=&\left[\theta-\int_0^\tau\int_\Omega\left[\boldsymbol{f}\cdot\nabla G+(\nabla\cdot\boldsymbol{Q})\frac{1}{c^2}\frac{\partial^2 G}{\partial t'^2}\right]\mathrm{d}\Omega\mathrm{d}t'\right]\\
&+\frac{1}{c^2}\left[-\int_0^\tau\int_\Omega\boldsymbol{Q}\cdot\frac{\partial^2\nabla G}{\partial t^2}\mathrm{d}\Omega\mathrm{d}t+\int_0^\tau\int_\Omega\frac{\partial^2\boldsymbol{Q}}{\partial t^2}\cdot\nabla G\mathrm{d}\Omega\mathrm{d}t'\right]
\end{aligned}\tag{8.57}
$$

而

$$
\begin{aligned}
&\int_0^\tau\int_\Omega[(\nabla\cdot\boldsymbol{Q})\frac{1}{c^2}\frac{\partial^2 G}{\partial t'^2}\mathrm{d}\Omega\mathrm{d}t'+\frac{1}{c^2}\int_0^\tau\int_\Omega\boldsymbol{Q}\cdot\frac{\partial^2\nabla G}{\partial t^2}\mathrm{d}\Omega\mathrm{d}t'\quad\{\nabla\cdot(\varphi\boldsymbol{a})=\varphi\nabla\cdot\boldsymbol{a}+\nabla\varphi\cdot\boldsymbol{a}\}\\
&=\frac{1}{c^2}\int_0^\tau\int_\Omega\nabla\cdot\left(\boldsymbol{Q}\frac{\partial^2 G}{\partial t^2}\right)\mathrm{d}\Omega\mathrm{d}t'=\frac{1}{c^2}\int_0^\tau\int_\Gamma\boldsymbol{n}\cdot\boldsymbol{Q}\frac{\partial^2 G}{\partial t^2}\mathrm{d}\Gamma\mathrm{d}t'
\end{aligned}
$$

所以

$$\mathrm{I}+\mathrm{II}=\left[\theta-\int_0^\tau\int_\Omega\left[\boldsymbol{f}\cdot\nabla G+(\nabla\cdot\boldsymbol{Q})\frac{1}{c^2}\frac{\partial^2 G}{\partial t'^2}\right]\mathrm{d}\Omega\mathrm{d}t'\right]$$

$$+\frac{1}{c^2}\left[-\int_0^\tau\int_\Omega\boldsymbol{Q}\cdot\frac{\partial^2\nabla G}{\partial t^2}\mathrm{d}\Omega\mathrm{d}t+\int_0^\tau\int_\Omega\frac{\partial^2\boldsymbol{Q}}{\partial t^2}\cdot\nabla G\mathrm{d}\Omega\mathrm{d}t'\right]$$

$$=\theta-\frac{1}{c^2}\int_0^\tau\oint_\Gamma\left(\boldsymbol{n}\cdot\boldsymbol{Q}\frac{\partial^2 G}{\partial t^2}\right)\mathrm{d}\Gamma\mathrm{d}t'-\int_0^\tau\int_\Omega\left[\boldsymbol{f}\cdot\nabla G-\frac{1}{c^2}\frac{\partial^2\boldsymbol{Q}}{\partial t^2}\cdot\nabla G\right]\mathrm{d}\Omega\mathrm{d}t'$$

$$\left\{\nabla\times\nabla\times\boldsymbol{Q}+\frac{1}{c^2}\frac{\partial^2\boldsymbol{Q}}{\partial t^2}=\boldsymbol{f}\right\}$$

$$=\theta-\frac{1}{c^2}\int_0^\tau\oint_\Gamma\left(\boldsymbol{n}\cdot\boldsymbol{Q}\frac{\partial^2 G}{\partial t^2}\right)\mathrm{d}\Gamma\mathrm{d}t'-\int_0^\tau\int_\Omega\nabla G\cdot\nabla\times\nabla\times\boldsymbol{Q}\mathrm{d}\Omega\mathrm{d}t'$$

$$\{\nabla\cdot(\boldsymbol{a}\times\boldsymbol{b})=\boldsymbol{b}\cdot\nabla\times\boldsymbol{a}-\boldsymbol{a}\cdot\nabla\times\boldsymbol{b}\}$$

$$=\theta-\frac{1}{c^2}\int_0^\tau\oint_\Gamma\left(\boldsymbol{n}\cdot\boldsymbol{Q}\frac{\partial^2 G}{\partial t^2}\right)\mathrm{d}\Gamma\mathrm{d}t'-\int_0^\tau\int_\Omega\{\nabla\times\boldsymbol{Q}\cdot\nabla\times\nabla G-\nabla\cdot(\nabla G\times\nabla\times\boldsymbol{Q})\}\mathrm{d}\Omega\mathrm{d}t'$$

$$\{\nabla\times\nabla G=0\}$$

$$=\theta-\frac{1}{c^2}\int_0^\tau\oint_\Gamma\left(\boldsymbol{n}\cdot\boldsymbol{Q}\frac{\partial^2 G}{\partial t^2}\right)\mathrm{d}\Gamma\mathrm{d}t'+\int_0^\tau\int_\Omega\nabla\cdot(\nabla G\times\nabla\times\boldsymbol{Q})\mathrm{d}\Omega\mathrm{d}t'$$

$$=\theta-\frac{1}{c^2}\int_0^\tau\oint_\Gamma\left(\boldsymbol{n}\cdot\boldsymbol{Q}\frac{\partial^2 G}{\partial t^2}\right)\mathrm{d}\Gamma\mathrm{d}t'+\int_0^\tau\oint_\Gamma\boldsymbol{n}\cdot(\nabla G\times\nabla\times\boldsymbol{Q})\mathrm{d}\Gamma\mathrm{d}t'$$

$$\{a\cdot(b\times c)=c\cdot(a\times b)=b\cdot(c\times a)\}$$

$$=\theta-\frac{1}{c^2}\int_0^\tau\oint_\Gamma\left(\boldsymbol{n}\cdot\boldsymbol{Q}\frac{\partial^2 G}{\partial t^2}\right)\mathrm{d}\Gamma\mathrm{d}t'-\int_0^\tau\oint_\Gamma\nabla G\cdot(\boldsymbol{n}\times\nabla\times\boldsymbol{Q})\mathrm{d}\Gamma\mathrm{d}t' \tag{8.58}$$

式（8.56）、式（8.58）相加就是三部分相加：

$$\mathrm{I}+\mathrm{II}+\mathrm{III}=\nabla\cdot\boldsymbol{Q}(\boldsymbol{r},t)=\theta \tag{8.59}$$

式（8.59）表明，无论怎样预先假定矢量的散度，基本积分表述所构造的矢量势恒满足这一假定。

8.3.3　双旋度波动方程的协调性条件

前面反复强调仅仅给定一个包含双旋度算子的偏微分方程，由于双旋度算子的二维特征，无论给定怎样的边界条件，都不可能唯一地确定矢性未知量本身，经典理论由此产生了各种各样的规范，这些规范的误导，使科学先驱误认为麦克斯韦方程（本质是包含双旋度算子的微分方程）的求解已经解决，导致麦克斯韦方程组至今不能完善求解。尽管已有相当多的研究人员意识到规范条件可能存在问题，并希望根据物理实验定律给出相应的散度限制，无疑这在物理上是没有任何问题的。其实，这种散度限制仅仅从数学上也可以得到。关于这一点，在第 3 章已进行了系统的描述，但鉴于问题本身的重要性，这里再适当重复。

对于双旋度波动方程：

$$\nabla\times\nabla\times\boldsymbol{E}+\frac{1}{c^2}\frac{\partial^2\boldsymbol{B}}{\partial t^2}=\boldsymbol{f} \tag{8.60}$$

一般而论，直接进行散度运算可得协调条件：

$$\frac{1}{c^2}\frac{\partial^2\nabla\cdot\boldsymbol{B}}{\partial t^2}=\nabla\cdot\boldsymbol{f} \tag{8.61}$$

（1）对于将电流 $\boldsymbol{J}$ 作为源来处理的原始变量的双旋度波动方程：

$$\begin{cases}\nabla\times\nabla\times\boldsymbol{B}+\dfrac{1}{c^2}\dfrac{\partial^2\boldsymbol{B}}{\partial t^2}=\mu\nabla\times\boldsymbol{J}\\ \nabla\times\nabla\times\boldsymbol{E}+\dfrac{1}{c^2}\dfrac{\partial^2\boldsymbol{E}}{\partial t^2}=-\mu\dfrac{\partial\boldsymbol{J}}{\partial t}\end{cases}$$

仍然是直接取散度运算。前者由 $\nabla\cdot\nabla\times\boldsymbol{J}=0$，可以得到

$$\nabla\cdot\boldsymbol{B}=0 \tag{8.62}$$

式（8.62）实际上是 $\dfrac{\partial^2\nabla\cdot\boldsymbol{B}}{\partial t^2}=0$，显然只要在某一时刻具有齐次初始条件（即在某一时刻 $\nabla\cdot\boldsymbol{B}=0$、$\dfrac{\partial\nabla\cdot\boldsymbol{B}}{\partial t}=0$），就有 $\nabla\cdot\boldsymbol{B}=0$，此时协调性条件就是磁场的高斯定律。

后者由电流连续方程 $\nabla\cdot\boldsymbol{J}=-\dfrac{\partial\rho}{\partial t}$ 可得

$$\frac{1}{c^2}\frac{\partial^2\nabla\cdot\boldsymbol{E}}{\partial t^2}=-\mu\frac{\partial\nabla\cdot\boldsymbol{J}}{\partial t}=\mu\frac{\partial^2\rho}{\partial t^2} \tag{8.63}$$

在满足一定的初始条件下，这实际上就是电场高斯定律：

$$\nabla\cdot\boldsymbol{E}=\frac{\rho}{\varepsilon} \tag{8.64}$$

也就是说，对于原始变量的双旋度波动方程（3.6），由双旋度波动方程本身给出的协调条件就是物理规律本身。

对于将电流 $\boldsymbol{J}$ 作为介质的感生电流来处理的原始变量的双旋度波动方程：

$$\begin{cases}\nabla\times\nabla\times\boldsymbol{B}+\dfrac{1}{c^2}\dfrac{\partial^2\boldsymbol{B}}{\partial t^2}+\gamma\mu\dfrac{\partial\boldsymbol{B}}{\partial t}=0\\ \nabla\times\nabla\times\boldsymbol{E}+\dfrac{1}{c^2}\dfrac{\partial^2\boldsymbol{E}}{\partial t^2}+\mu\dfrac{\partial\boldsymbol{E}}{\partial t}=0\end{cases}$$

仍然是直接取散度运算可分别得到

$$\nabla\cdot\boldsymbol{B}=0\text{，}\ \nabla\cdot\boldsymbol{E}=0 \tag{8.65}$$

注意到式（3.7）是反映无源电磁波在媒质中传播的波动方程就能很好地理解 $\nabla\cdot\boldsymbol{E}=0$ 了。

（2）对于由势函数表述的电磁场波动方程，利用麦克斯韦方程组中的 $\nabla\cdot\boldsymbol{B}=0$，$\nabla\times\boldsymbol{E}=-\dfrac{\partial\boldsymbol{B}}{\partial t}$，引入矢势 $\boldsymbol{A}$ 和标势 φ，使 $\boldsymbol{B}=\nabla\times\boldsymbol{A}$，$\boldsymbol{E}=-\nabla\varphi-\dfrac{\partial\boldsymbol{A}}{\partial t}$，则一般的时域麦克斯韦方程组成为

$$\begin{cases}\nabla^2\varphi+\nabla\cdot\left(\dfrac{\partial\boldsymbol{A}}{\partial t}\right)=-\dfrac{1}{\varepsilon}\rho\\[2ex]\nabla\times\nabla\times\boldsymbol{A}+\dfrac{1}{c^2}\dfrac{\partial^2\boldsymbol{A}}{\partial t^2}+\dfrac{1}{c^2}\dfrac{\partial\nabla\varphi}{\partial t}=\mu\boldsymbol{J}\end{cases}$$

这里电流 $\boldsymbol{J}$ 是作为源来处理的。

对其中的双旋度时域波动方程取散度运算，有

$$\frac{1}{c^2}\frac{\partial^2\nabla\cdot\boldsymbol{A}}{\partial t^2}+\frac{1}{c^2}\frac{\partial\nabla\cdot\nabla\varphi}{\partial t}=\mu\nabla\cdot\boldsymbol{J} \tag{8.66}$$

显然，将 $E=-\nabla\varphi-\dfrac{\partial\boldsymbol{A}}{\partial t}$ 作 $\dfrac{1}{c^2}\dfrac{\partial\nabla\cdot}{\partial t}$ 运算后代入式（8.66）可立即得到

$$-\frac{\partial\rho}{\partial t}=\nabla\cdot\boldsymbol{J} \tag{8.67}$$

虽然没有得到关于矢量势 $\boldsymbol{A}$ 的散度直接表达式，但这仍然是物理规律的不同表达形式。

对于将电流 $\boldsymbol{J}$ 作为介质的感生电流来处理的势函数表示的电磁场时域波动方程为

$$\begin{cases}\nabla^2\varphi=-\dfrac{\rho}{\varepsilon}-\dfrac{\partial}{\partial t}\nabla\cdot\boldsymbol{A}\\[2ex]\nabla\times\nabla\times\boldsymbol{A}+\dfrac{1}{c^2}\dfrac{\partial^2\boldsymbol{A}}{\partial t^2}+\mu\gamma\dfrac{\partial\boldsymbol{A}}{\partial t}=-\mu\gamma\nabla\varphi-\dfrac{1}{c^2}\dfrac{\partial}{\partial t}\nabla\varphi\end{cases}$$

其协调条件仍然是对其中的双旋度时域波动方程取散度运算：

$$\frac{1}{c^2}\frac{\partial^2\nabla\cdot\boldsymbol{A}}{\partial t^2}+\mu\gamma\frac{\partial\nabla\cdot\boldsymbol{A}}{\partial t}=-\mu\gamma\nabla\cdot\nabla\varphi-\frac{1}{c^2}\frac{\partial}{\partial t}\nabla\cdot\nabla\varphi \tag{8.68}$$

毫无疑问，式（8.68）仍然是物理规律。

从前面的讨论中，可以看出：双旋度一般时域波动方程本身所包含的协调条件本

质上就是给出了“源”（指偏微分方程的非齐次项）和待求量的散度之间的协调关系。对于原始变量表示的双旋度波动方程而言，协调条件可以方便地改写为物理规律。对于势函数表示的双旋度一般时域波动方程而言，协调条件是物理规律的不同表达形式，经过适当变换可改写为物理规律（如式（8.67））。

8.3.4 双旋度波动方程的二维特征

双旋度一般时域波动方程$\nabla\times\nabla\times\boldsymbol{Q}(\boldsymbol{r},t)+\dfrac{1}{c^2}\dfrac{\partial^2\boldsymbol{Q}(\boldsymbol{r},t)}{\partial t^2}=\boldsymbol{f}(\boldsymbol{r},t)$的最大特点是其欠定性，为了唯一地确定待求变量$\boldsymbol{Q}(\boldsymbol{r},t)$，需要添加辅助的散度限制，即$\nabla\cdot\boldsymbol{Q}(\boldsymbol{r},t)=\theta$，才能唯一地确定$\boldsymbol{Q}(\boldsymbol{r},t)$（对于以确定$\nabla\times\boldsymbol{Q}(\boldsymbol{r},t)$为目的，则不需散度限制）。

双旋度一般时域波动方程的欠定性的表现形式多种多样，前面介绍的任意散度假设特性就是其欠定性的表现形式之一，这里关心的是双旋度一般时域波动方程$\nabla\times\nabla\times\boldsymbol{u}(\boldsymbol{r},t)+\dfrac{1}{c^2}\dfrac{\partial^2\boldsymbol{u}(\boldsymbol{r},t)}{\partial t^2}=\boldsymbol{f}(\boldsymbol{r},t)$是否具有二维性，也就是下述两个问题是否等价？

$$\begin{cases}\nabla\times\nabla\times\boldsymbol{Q}(\boldsymbol{r},t)+\dfrac{1}{c^2}\dfrac{\partial^2\boldsymbol{Q}(\boldsymbol{r},t)}{\partial t^2}=\boldsymbol{f}(\boldsymbol{r},t), & \boldsymbol{r}\in\varOmega,t\geqslant 0\\ \boldsymbol{n}\times\boldsymbol{Q}(\boldsymbol{r},t)=\bar{\boldsymbol{u}}(\boldsymbol{r},t), & \boldsymbol{r}\in\varGamma_1,t\geqslant 0\\ \boldsymbol{n}\times\nabla\times\boldsymbol{Q}(\boldsymbol{r},t)=\bar{\boldsymbol{v}}(\boldsymbol{r},t) & \boldsymbol{r}\in\varGamma_2,t\geqslant 0\\ \boldsymbol{Q}(\boldsymbol{r},t)\big|_{t=0}=\bar{\boldsymbol{p}}(\boldsymbol{r}),\quad \dfrac{\partial\boldsymbol{Q}(\boldsymbol{r},t)}{\partial t}\bigg|_{t=0}=\bar{\boldsymbol{q}}(\boldsymbol{r}), & \boldsymbol{r}\in\varOmega,t=0\end{cases}$$

和

$$\begin{cases}\left[\nabla\times\nabla\times\boldsymbol{Q}(\boldsymbol{r},t)+\dfrac{1}{c^2}\dfrac{\partial^2\boldsymbol{Q}(\boldsymbol{r},t)}{\partial t^2}\right]_i=\boldsymbol{f}_i, \quad i=1,2\text{ 或 }2,3\text{ 或 }1,3, & \boldsymbol{r}\in\varOmega,t\geqslant 0\\ \boldsymbol{n}\times\boldsymbol{Q}(\boldsymbol{r},t)=\bar{\boldsymbol{u}}(\boldsymbol{r},t), & \boldsymbol{r}\in\varGamma_1,t\geqslant 0\\ \boldsymbol{n}\times\nabla\times\boldsymbol{Q}(\boldsymbol{r},t)=\bar{\boldsymbol{v}}(\boldsymbol{r},t) & \boldsymbol{r}\in\varGamma_2,t\geqslant 0\\ \boldsymbol{Q}(\boldsymbol{r},t)\big|_{t=0}=\bar{\boldsymbol{p}}(\boldsymbol{r}),\quad \dfrac{\partial Q(\boldsymbol{r},t)}{\partial t}\bigg|_{t=0}=\bar{\boldsymbol{q}}(\boldsymbol{r}), & \boldsymbol{r}\in\varOmega,t=0\end{cases}\tag{8.69}$$

证明 设$E(\boldsymbol{r},t)$是问题（8.1）的一个解，因为问题（8.1）包含了问题（8.69）的全部泛定方程，所以$E(\boldsymbol{r},t)$也是问题（8.69）的解，如果$D(\boldsymbol{r},t)$是问题（8.69）的另一个解，令$B(\boldsymbol{r},t)=E(\boldsymbol{r},t)-D(\boldsymbol{r},t)$。

考虑算子∇的线性性质，并假设在任一笛卡儿直角坐标系下取$i=1,2$，则$B(\boldsymbol{r},t)$恒满足

$$\begin{cases}\left[\nabla\times\nabla\times\boldsymbol{B}(\boldsymbol{r},t)+\dfrac{1}{c^2}\dfrac{\partial^2\boldsymbol{B}(\boldsymbol{r},t)}{\partial t^2}\right]_i=0, & i=1,2,\boldsymbol{r}\in\Omega,t\geqslant 0\\ \boldsymbol{n}\times\boldsymbol{B}(\boldsymbol{r},t)=0, & \boldsymbol{r}\in\Gamma_1,t\geqslant 0\\ \boldsymbol{n}\times\nabla\times\boldsymbol{B}(\boldsymbol{r},t)=0, & \boldsymbol{r}\in\Gamma_2,t\geqslant 0\\ \boldsymbol{B}(\boldsymbol{r},t)\Big|_{t=0}=0,\quad \dfrac{\partial\boldsymbol{B}(\boldsymbol{r},t)}{\partial t}\Big|_{t=0}=0, & \boldsymbol{r}\in\Omega,t=0\end{cases}\tag{8.70}$$

由齐次双旋度一般时域波动方程固有的协调条件可得

$$\nabla\cdot\boldsymbol{B}(r)=B_1^1+B_2^2+B_3^3=0\Rightarrow B_{1tt}^1+B_{2tt}^2+B_{3tt}^3=0\tag{8.71}$$

式（8.71）中上标为分量代号，下标为偏导代号，下标 t 为时间导数。

同时，因为

$$\nabla\times\nabla\times\boldsymbol{B}=\nabla\times\begin{bmatrix}\boldsymbol{i} & \boldsymbol{j} & \boldsymbol{k}\\ \dfrac{\partial}{\partial x} & \dfrac{\partial}{\partial y} & \dfrac{\partial}{\partial z}\\ B^1 & B^2 & B^3\end{bmatrix}=\begin{bmatrix}\boldsymbol{i} & \boldsymbol{j} & \boldsymbol{k}\\ \dfrac{\partial}{\partial x} & \dfrac{\partial}{\partial y} & \dfrac{\partial}{\partial z}\\ B_2^3-B_3^2 & B_3^1-B_1^3 & B_1^2-B_2^1\end{bmatrix}$$

$$=\boldsymbol{i}(B_{12}^2-B_{22}^1-B_{33}^1+B_{13}^3)+\boldsymbol{j}(B_{23}^3-B_{33}^2-B_{11}^2+B_{21}^1)+\boldsymbol{k}(B_{31}^1-B_{11}^3-B_{22}^3+B_{32}^2)$$

对齐次双旋度一般时域波动方程各分量表达式的该分量求偏导数，得

$$\begin{cases}B_{12}^2-B_{22}^1-B_{33}^1+B_{13}^3=-k^2B_{tt}^1\\ B_{23}^3-B_{33}^2-B_{11}^2+B_{21}^1=-k^2B_{tt}^2\\ B_{31}^1-B_{11}^3-B_{22}^3+B_{32}^2=-k^2B_{tt}^3\end{cases}\Rightarrow\begin{cases}B_{112}^2-B_{122}^1-B_{133}^1+B_{113}^3=-k^2B_{tt1}^1\\ B_{223}^3-B_{233}^2-B_{112}^2+B_{221}^1=-k^2B_{tt2}^2,\quad k^2=\dfrac{1}{c^2}\\ B_{133}^1-B_{113}^3-B_{223}^3+B_{233}^2=-k^2B_{tt3}^3\end{cases}\tag{8.72}$$

前两者相加，并应用协调条件式（8.71）可得

$$\begin{aligned}&B_{112}^2-B_{122}^1-B_{133}^1+B_{113}^3+B_{223}^3-B_{233}^2-B_{112}^2+B_{221}^1=-k^2B_{tt1}^1-k^2B_{tt2}^2=k^2B_{tt3}^3\\ &\Rightarrow B_{133}^1-B_{113}^3-B_{223}^3+B_{233}^2=-k^2B_{tt3}^3\end{aligned}\tag{8.73}$$

这正是式（8.72）中第 3 式对第 3 坐标求导的结果。这实际上已经证明，如果以求 $\boldsymbol{B}(\boldsymbol{r},t)$ 的偏导数的组合（包括 $\boldsymbol{B}(\boldsymbol{r},t)$ 的旋度 $\nabla\times\boldsymbol{B}(\boldsymbol{r},t)$）为目的，双旋度一般时域波动方程 $\nabla\times\nabla\times\boldsymbol{B}(\boldsymbol{r},t)+\dfrac{1}{c^2}\dfrac{\partial^2\boldsymbol{B}(\boldsymbol{r},t)}{\partial t^2}=\boldsymbol{f}$ 的分量表达式中有一个是多余的。

8.3.5　双旋度波动方程的势分析

相仿于第 4 章和第 6 章中双旋度泊松方程、双旋度赫姆霍兹方程的势论方法，也可以从基本积分表述入手，对双旋度一般时域波动方程进行势分析，从而搞清基本积分表述中各项的数学意义，这对领会旋度形式积分表述形式的含义，避免数值计算中可能出现的错误，都有相当的价值。当然势分析也是对两个积分表述进行验证的一个手段。

双旋度一般时域波动方程$\nabla\times\nabla\times\boldsymbol{Q}(\boldsymbol{r},t)+\dfrac{1}{c^2}\dfrac{\partial^2\boldsymbol{Q}(\boldsymbol{r},t)}{\partial t^2}=\boldsymbol{f}(\boldsymbol{r},t)$的基本积分表述为

$$\boldsymbol{Q}(\boldsymbol{r},t)=\int_0^\tau\int_\Omega[\nabla G(\nabla\cdot\boldsymbol{Q})+\boldsymbol{f}G]\mathrm{d}\Omega\mathrm{d}t'+\frac{1}{c^2}\int_\Omega\boldsymbol{Q}\cdot\frac{\partial G}{\partial t}\mathrm{d}\Omega\bigg|_0^\tau-\frac{1}{c^2}\int_\Omega G\frac{\partial\boldsymbol{Q}}{\partial t}\mathrm{d}\Omega\bigg|_0^\tau$$
$$-\int_0^\tau\oint_\Gamma G\boldsymbol{n}\times\nabla\times\boldsymbol{Q}+\boldsymbol{n}\times\boldsymbol{Q}\times\nabla G+\nabla G(\boldsymbol{n}\cdot\boldsymbol{Q})\mathrm{d}\Gamma\mathrm{d}t'$$

旋度积分表述：

$$\nabla\times\boldsymbol{Q}=\int_0^\tau\int_\Omega[\nabla G\times\boldsymbol{f}]\mathrm{d}\Omega\mathrm{d}t'-\frac{1}{c^2}\int_\Omega\frac{\partial\boldsymbol{Q}}{\partial t}\times\nabla G\mathrm{d}\Omega\bigg|_0^\tau+\frac{1}{c^2}\int_\Omega\boldsymbol{Q}\times\frac{\partial\nabla G}{\partial t}\mathrm{d}\Omega\bigg|_0^\tau$$
$$-\int_0^\tau\oint_\Gamma(\boldsymbol{n}\times\boldsymbol{Q})\nabla\nabla G\mathrm{d}\Gamma\mathrm{d}t'+\int_0^\tau\oint_\Gamma(\boldsymbol{n}\times\boldsymbol{Q})\nabla^2G\mathrm{d}\Gamma\mathrm{d}t'-\int_0^\tau\oint_\Gamma(\boldsymbol{n}\times\nabla\times\boldsymbol{Q})\times\nabla G\mathrm{d}\Gamma\mathrm{d}t'$$

首先，与第 6 章和第 7 章相同，因为$\nabla\times\int_0^\tau\int_\Omega\nabla\cdot\boldsymbol{Q}\nabla G\mathrm{d}\Omega\mathrm{d}t'=0,\nabla\times\int_0^\tau\oint_\Gamma\boldsymbol{n}\cdot\boldsymbol{Q}\nabla G\mathrm{d}\Gamma\mathrm{d}t'=0$，所以，将这两部分单独列出，称为附加势，即$\boldsymbol{Q}_{\mathrm{AD}}=\int_0^\tau\int_\Omega\nabla\cdot\boldsymbol{Q}\nabla G\mathrm{d}\Omega\mathrm{d}t'-\int_0^\tau\oint_\Gamma\boldsymbol{n}\cdot\boldsymbol{Q}\nabla G\mathrm{d}\Gamma\mathrm{d}t'$。也就是说，附加势的旋度恒等于零：$\nabla\times\boldsymbol{Q}_{\mathrm{AD}}=0$。这表明，尽管附加势是待求矢量函数的一部分，但是附加势的存在对待求矢量的旋度没有任何贡献（当采用辅助变量即势函数方法求解电磁场时，这个旋度正是要求的真实物理量），因此当人们真正关心待求矢量的旋度$\nabla\times\boldsymbol{Q}$时，可以不顾及附加势的存在。正是由于$\nabla\times\boldsymbol{Q}_{\mathrm{AD}}=0$，所以在待求矢量函数的旋度表述中附加势将不会出现。

其次，由于是一般时域问题，存在与初始条件有关的部分。由于这部分是体积分，所以可以有两种处理方式。

（1）将与初始条件有关的部分作为一种新的势（如称为速度势或初始势）单独处理。像第 4 章和第 6 章分别对双旋度泊松方程和双旋度赫姆霍兹方程的势分析一样，这种处理方式直观，可以反映基本积分表述和旋度积分表述各项的对应关系等优点，但推导相当复杂烦琐（恐怕不是三五页能够表述清楚的）。

需要说明：我们坚信按此思路只要认真仔细地推导，最后总能够得到各有效势（体积势$\boldsymbol{Q}_{\mathrm{V}}=\int_0^\tau\int_\Omega G\boldsymbol{f}\mathrm{d}\Omega\mathrm{d}t$、初始势$\boldsymbol{Q}_{\mathrm{V}}=\dfrac{1}{c^2}\int_\Omega\boldsymbol{Q}\cdot\dfrac{\partial G}{\partial t}\mathrm{d}\Omega\bigg|_0^\tau-\dfrac{1}{c^2}\int_\Omega G\dfrac{\partial\boldsymbol{Q}}{\partial t}\mathrm{d}\Omega\bigg|_0^\tau$、单层面势$\boldsymbol{Q}_{\mathrm{S}}=-\int_0^\tau\oint_\Gamma G\boldsymbol{n}\times\nabla\times\boldsymbol{Q}\mathrm{d}\Gamma\mathrm{d}t$和双层面势$\boldsymbol{Q}_{\mathrm{D}}=-\int_0^\tau\oint_\Gamma\boldsymbol{n}\times\boldsymbol{Q}\times\nabla G\mathrm{d}\Gamma\mathrm{d}t$）的双旋度之和一定等于$\nabla\times\nabla\times\boldsymbol{Q}$或者$\boldsymbol{f}-\dfrac{1}{c^2}\dfrac{\partial^2\boldsymbol{Q}}{\partial t^2}$。由于时间和精力的限制，本书作者没有完成这一工作。有兴趣的读者可以自行尝试。

（2）与初始条件有关的部分是体积分，可将其并入体积势部分一同处理。这里采用后一种方法。

利用前面已有结论另一种形式的格林公式（8.11）：

$$\int_0^\tau\int_\Omega \frac{1}{c^2}\boldsymbol{Q}\frac{\partial^2 G}{\partial t^2}\mathrm{d}\Omega\mathrm{d}t' - \int_0^\tau\int_\Omega \frac{1}{c^2}G\frac{\partial^2 \boldsymbol{Q}}{\partial t^2}\mathrm{d}\Omega\mathrm{d}t' = \frac{1}{c^2}\int_\Omega \boldsymbol{Q}\frac{\partial G}{\partial t}\mathrm{d}\Omega\bigg|_0^\tau - \frac{1}{c^2}\int_\Omega G\frac{\partial \boldsymbol{Q}}{\partial t}\mathrm{d}\Omega\bigg|_0^\tau$$

新的体积势（包含初始条件项）可以改写为

$$\begin{aligned}
Q_{\mathrm{V}} &= \int_0^\tau\int_\Omega \boldsymbol{f}G\mathrm{d}\Omega\mathrm{d}t' + \frac{1}{c^2}\int_\Omega \boldsymbol{Q}\cdot\frac{\partial G}{\partial t}\mathrm{d}\Omega\bigg|_0^\tau - \frac{1}{c^2}\int_\Omega G\frac{\partial \boldsymbol{Q}}{\partial t}\mathrm{d}\Omega\bigg|_0^\tau \\
&= \int_0^\tau\int_\Omega \boldsymbol{f}G\mathrm{d}\Omega\mathrm{d}t' + \int_0^\tau\int_\Omega \frac{1}{c^2}\boldsymbol{Q}\frac{\partial^2 G}{\partial t^2}\mathrm{d}\Omega\mathrm{d}t' - \int_0^\tau\int_\Omega \frac{1}{c^2}G\frac{\partial^2 \boldsymbol{Q}}{\partial t^2}\mathrm{d}\Omega\mathrm{d}t' \\
&= \int_0^\tau\int_\Omega \left[\boldsymbol{f} - \frac{1}{c^2}\frac{\partial^2 \boldsymbol{Q}}{\partial t^2}\right]G\mathrm{d}\Omega\mathrm{d}t' + \int_0^\tau\int_\Omega \frac{1}{c^2}\boldsymbol{Q}\frac{\partial^2 G}{\partial t^2}\mathrm{d}\Omega\mathrm{d}t' \\
&\qquad \left\{\nabla\times\nabla\times\boldsymbol{Q} + \frac{1}{c^2}\frac{\partial^2 \boldsymbol{Q}}{\partial t^2} = \boldsymbol{f}, \nabla^2 G - \frac{1}{c^2}\frac{\partial^2 G}{\partial t^2} = -\delta(r)\delta(t)\right\} \\
&= \int_0^\tau\int_\Omega G\nabla\times\nabla\times\boldsymbol{Q}\mathrm{d}\Omega\mathrm{d}t' + \int_0^\tau\int_\Omega \boldsymbol{Q}[\nabla^2 G + \delta(r)\delta(t)]\mathrm{d}\Omega\mathrm{d}t' \\
&= \int_0^\tau\int_\Omega G\nabla\times\nabla\times\boldsymbol{Q}\mathrm{d}\Omega\mathrm{d}t' + \boldsymbol{Q} + \int_0^\tau\int_\Omega \boldsymbol{Q}\nabla^2 G\mathrm{d}\Omega\mathrm{d}t'
\end{aligned} \tag{8.74}$$

之所以费劲将新的体积势整理成这种格式，其好处有两点：①新的体积势与另外两种势在形式上接近，这样势分析过程中便于采取相同方式处理；②新的体积势中出现单独的矢性变量 $\boldsymbol{Q}$，而所有有效势取两次旋度后的和应该是 $\nabla\times\nabla\times\boldsymbol{Q}$，因此这种表述将带来的好处是不言自明的。

对新的体积势求旋可得

$$\begin{aligned}
\nabla_r\times\boldsymbol{Q}_{\mathrm{V}} &= \nabla_r\times\left[\int_0^\tau\int_\Omega G\nabla\times\nabla\times\boldsymbol{Q}\mathrm{d}\Omega\mathrm{d}t' + \boldsymbol{Q} + \int_0^\tau\int_\Omega \boldsymbol{Q}\nabla^2 G\mathrm{d}\Omega\mathrm{d}t'\right] \quad \{\nabla\times(\varphi\boldsymbol{a}) = \varphi\nabla\times\boldsymbol{a} + \nabla\varphi\times\boldsymbol{a}\} \\
&= \int_0^\tau\int_\Omega \nabla_r G\times(\nabla\times\nabla\times\boldsymbol{Q})\mathrm{d}\Omega\mathrm{d}t' + \nabla_r\times\boldsymbol{Q} + \int_0^\tau\int_\Omega \nabla_r(\nabla^2 G)\times\boldsymbol{Q}\mathrm{d}\Omega\mathrm{d}t' \\
&= -\int_0^\tau\int_\Omega \nabla G\times(\nabla\times\nabla\times\boldsymbol{Q})\mathrm{d}\Omega\mathrm{d}t' + \nabla\times\boldsymbol{Q} - \int_0^\tau\int_\Omega \nabla(\nabla^2 G)\times\boldsymbol{Q}\mathrm{d}\Omega\mathrm{d}t'
\end{aligned} \tag{8.75}$$

这里不再对新的体积势再次求旋，因为希望另外两个面势的旋度经过恒等变换后可以和此处的两项相互抵消。

对于单层面势，其旋度为

$$\begin{aligned}
\nabla_r\times\boldsymbol{Q}_{\mathrm{S}} &= -\nabla_r\times\int_0^\tau\oint_\Gamma G\boldsymbol{n}\times\nabla\times\boldsymbol{Q}\mathrm{d}\Gamma\mathrm{d}t' = -\int_0^\tau\oint_\Gamma \nabla_r\times(G\boldsymbol{n}\times\nabla\times\boldsymbol{Q})\mathrm{d}\Gamma\mathrm{d}t' \\
&= \int_0^\tau\oint_\Gamma \nabla G\times(\boldsymbol{n}\times\nabla\times\boldsymbol{Q})\mathrm{d}\Gamma\mathrm{d}t' = -\int_0^\tau\oint_\Gamma (\boldsymbol{n}\times\nabla\times\boldsymbol{Q})\times\nabla G\mathrm{d}\Gamma\mathrm{d}t'
\end{aligned} \tag{8.76}$$

这也和旋度积分表述中的三个面积分中的一个相对应，对此项进行恒等变换可得

$$
\begin{aligned}
\nabla\times\boldsymbol{Q}_{\mathrm{S}}&=-\int_0^{\tau}\oint_{\Gamma}(\boldsymbol{n}\times\nabla\times\boldsymbol{Q})\times\nabla G\mathrm{d}\Gamma\mathrm{d}t' \quad \{(\boldsymbol{a}\times\boldsymbol{b})\times\boldsymbol{c}=\boldsymbol{a}\times(\boldsymbol{b}\times\boldsymbol{c})-\boldsymbol{a}(\boldsymbol{b}\cdot\boldsymbol{c})+\boldsymbol{c}(\boldsymbol{a}\cdot\boldsymbol{b})\}\\
&=-\int_0^{\tau}\oint_{\Gamma}[\boldsymbol{n}\times(\nabla\times\boldsymbol{Q}\times\nabla G)-\boldsymbol{n}(\nabla\times\boldsymbol{Q}\cdot\nabla G)+\nabla G(\boldsymbol{n}\cdot\nabla\times\boldsymbol{Q})]\mathrm{d}\Gamma\mathrm{d}t' \quad \{\nabla_r\times[\nabla G\phi]=0\}\\
&=-\int_0^{\tau}\int_{\Omega}[\nabla\times(\nabla\times\boldsymbol{Q}\times\nabla G)-\nabla(\nabla\times\boldsymbol{Q}\cdot\nabla G)]\mathrm{d}\Gamma\mathrm{d}t'\\
&\quad\{\nabla\times(\boldsymbol{a}\times\boldsymbol{b})=(\boldsymbol{b}\cdot\nabla)\boldsymbol{a}-(\boldsymbol{a}\cdot\nabla)\boldsymbol{b}+\boldsymbol{a}\nabla\cdot\boldsymbol{b}-\boldsymbol{b}\nabla\cdot\boldsymbol{a}\}\\
&\quad\{\nabla(\boldsymbol{a}\cdot\boldsymbol{b})=(\boldsymbol{b}\cdot\nabla)\boldsymbol{a}+(\boldsymbol{a}\cdot\nabla)\boldsymbol{b}+\boldsymbol{a}\times\nabla\times\boldsymbol{b}+\boldsymbol{b}\times\nabla\times\boldsymbol{a}\}\\
&=-\int_0^{\tau}\int_{\Omega}[((\nabla G\cdot\nabla)\nabla\times\boldsymbol{Q}-(\nabla\times\boldsymbol{Q}\cdot\nabla)\nabla G+\nabla\times\boldsymbol{Q}\nabla\cdot\nabla G-\nabla G\nabla\cdot(\nabla\times\boldsymbol{Q})]\\
&\quad+[(\nabla G\cdot\nabla)(\nabla\times\boldsymbol{Q})+(\nabla\times\boldsymbol{Q}\cdot\nabla)\nabla G+(\nabla\times\boldsymbol{Q})\times\nabla\times\nabla G+\nabla G\times(\nabla\times\nabla\times\boldsymbol{Q})]\}\mathrm{d}\Gamma\mathrm{d}t'\\
&=-\int_0^{\tau}\int_{\Omega}\{[-2\nabla\times\boldsymbol{Q}\cdot\nabla\nabla G+\nabla\times\boldsymbol{Q}\nabla^2G-\nabla G\nabla\cdot(\nabla\times\boldsymbol{Q})-\nabla G\times(\nabla\times\nabla\times\boldsymbol{Q})]\}\mathrm{d}\Gamma\mathrm{d}t'\\
&=-\int_0^{\tau}\int_{\Omega}\{\nabla\times\boldsymbol{Q}\nabla^2G-\nabla G\times(\nabla\times\nabla\times\boldsymbol{Q})\}\mathrm{d}\Gamma\mathrm{d}t' \quad \{\nabla_r\times[\nabla G\phi]=0,\nabla_r\times[\boldsymbol{a}\cdot\nabla\nabla G]=0\}
\end{aligned}
\tag{8.77}
$$

式（8.77）中应用了恒等式$\nabla\times[\nabla G\phi]=0,\nabla\times[\boldsymbol{a}\cdot\nabla\nabla G]=0$（$\boldsymbol{a}$为常矢量），这是在假设再次求旋的条件下进行的。也就是说式（8.77）各步是在再次对场点求旋的意义下相等的，没有再次求旋的条件时式（8.77）有多处是不等的。

对于双层面势，其旋度为

$$
\begin{aligned}
\nabla_r\times\boldsymbol{Q}_{\mathrm{D}}&=-\nabla_r\times\int_0^{\tau}\oint_{\Gamma}\boldsymbol{n}\times\boldsymbol{Q}\times\nabla G\mathrm{d}\Gamma\mathrm{d}t'=-\int_0^{\tau}\oint_{\Gamma}\nabla_r\times(\boldsymbol{n}\times\boldsymbol{Q}\times\nabla G)\mathrm{d}\Gamma\mathrm{d}t'\\
&\quad\{\nabla\times(\boldsymbol{a}\times\boldsymbol{b})=\boldsymbol{a}\nabla\cdot\boldsymbol{b}-\boldsymbol{b}\nabla\cdot\boldsymbol{a}+(\boldsymbol{b}\cdot\nabla)\boldsymbol{a}-(\boldsymbol{a}\cdot\nabla)\boldsymbol{b}\}\\
&=-\int_0^{\tau}\oint_{\Gamma}\{(\boldsymbol{n}\times\boldsymbol{Q})\nabla_r\cdot\nabla G-[(\boldsymbol{n}\times\boldsymbol{Q})\cdot\nabla_r]\nabla G\}\mathrm{d}\Gamma\mathrm{d}t'\\
&=\int_0^{\tau}\oint_{\Gamma}\{(\boldsymbol{n}\times\boldsymbol{Q})\nabla^2G-(\boldsymbol{n}\times\boldsymbol{Q})\cdot\nabla\nabla G\}\mathrm{d}\Gamma\mathrm{d}t'
\end{aligned}
\tag{8.78}
$$

这正好和旋度积分表述的另外两个面积分对应。

下面，仍然在再次求旋的条件下对式（8.78）进行恒等变换：

$$
\begin{aligned}
\nabla_r\times\boldsymbol{Q}_{\mathrm{D}}&=\int_0^{\tau}\oint_{\Gamma}\{(\boldsymbol{n}\times\boldsymbol{Q})\nabla^2G-(\boldsymbol{n}\times\boldsymbol{Q})\cdot\nabla\nabla G\}\mathrm{d}\Gamma\mathrm{d}t' \quad \{\nabla_r\times[(\boldsymbol{n}\times\boldsymbol{Q})\cdot\nabla\nabla G]=0\}\\
&=\int_0^{\tau}\oint_{\Gamma}\boldsymbol{n}\times(\boldsymbol{Q}\nabla^2G)\mathrm{d}\Gamma\mathrm{d}t'=\int_0^{\tau}\int_{\Omega}\nabla\times(\boldsymbol{Q}\nabla^2G)\mathrm{d}\Omega\mathrm{d}t' \quad \{\nabla\times(\varphi\boldsymbol{a})=\varphi\nabla\times\boldsymbol{a}+\nabla\varphi\times\boldsymbol{a}\}\\
&=\int_0^{\tau}\int_{\Omega}[\nabla^2G\nabla\times\boldsymbol{Q}+\nabla(\nabla^2G)\times\boldsymbol{Q}]\mathrm{d}\Omega\mathrm{d}t'
\end{aligned}
\tag{8.79}
$$

将式（8.75）、式（8.77）和式（8.79）三者相加可得

$$
\begin{aligned}
&\nabla\times\boldsymbol{Q}_{\mathrm{V}}+\nabla\times\boldsymbol{Q}_{\mathrm{S}}+\nabla\times\boldsymbol{Q}_{\mathrm{D}}\\
&=\left[-\int_0^\tau\int_\Omega\nabla G\times(\nabla\times\nabla\times\boldsymbol{Q})\mathrm{d}\Omega\mathrm{d}t'+\nabla\times\boldsymbol{Q}-\int_0^\tau\int_\Omega\nabla(\nabla^2G)\times\boldsymbol{Q}\mathrm{d}\Omega\mathrm{d}t'\right]\\
&\quad+\left[-\int_0^\tau\int_\Omega\{\nabla\times\boldsymbol{Q}\nabla^2G-\nabla G\times(\nabla\times\nabla\times\boldsymbol{Q})\}\mathrm{d}\Omega\mathrm{d}t'\right]+\int_0^\tau\int_\Omega[\nabla^2G\nabla\times\boldsymbol{Q}+\nabla(\nabla^2G)\times\boldsymbol{Q}]\mathrm{d}\Omega\mathrm{d}t'\\
&=\nabla\times\boldsymbol{Q}
\end{aligned}
\tag{8.80}
$$

再次强调，式（8.80）是在再次求旋的意义下才相等，因为式（8.77）和式（8.79）都是在再次求旋的意义下相等的。

如果推导正确的话，即使是无穷空间的特解，也需要体积势（包含初始势在内）、单层面势以及双层面势的和才能构成。而一般矢量泊松方程的体矢势就构成该方程的一个特解，双旋度泊松方程则是体矢势与单层面势就构成其特解。

同时，无论是体积势（包含初始势在内）、单层面势以及双层面势都不能单独满足齐次双旋度一般时域波动方程。

附加势 $\boldsymbol{Q}_{\mathrm{AD}}$ 本身是无旋向量函数，因此附加势对矢性变量及其旋度能否满足泛定方程都没有影响，可表示为标量函数的梯度：

$$
\begin{aligned}
\boldsymbol{Q}_{\mathrm{AD}}&=\int_0^\tau\int_\Omega\nabla\cdot\boldsymbol{Q}\nabla G\mathrm{d}\Omega\mathrm{d}t'-\int_0^\tau\int_\Gamma\boldsymbol{n}\cdot\boldsymbol{Q}\nabla G\mathrm{d}\Gamma\mathrm{d}t'\\
&=\nabla\left(\int_0^\tau\int_\Omega-\nabla\cdot\boldsymbol{Q}G\mathrm{d}\Omega\mathrm{d}t'+\int_0^\tau\oint_\Gamma\boldsymbol{n}\cdot\boldsymbol{Q}G\mathrm{d}\Gamma\mathrm{d}t'\right)
\end{aligned}
\tag{8.81}
$$

因此，附加势 $\boldsymbol{Q}_{\mathrm{AD}}$ 只可能在边界与源的耦合中发挥作用，同时，对附加势求散可得

$$
\begin{aligned}
\nabla\cdot\boldsymbol{Q}_{\mathrm{AD}}&=\nabla_r\cdot\left(\int_0^\tau\int_\Omega\nabla\cdot\boldsymbol{Q}\nabla G\mathrm{d}\Omega\mathrm{d}t'-\int_0^\tau\int_\Gamma\boldsymbol{n}\cdot\boldsymbol{Q}\nabla G\mathrm{d}\Gamma\mathrm{d}t'\right)\\
&=\int_0^\tau\int_\Omega\nabla\cdot\boldsymbol{Q}\nabla_r\cdot\nabla G\mathrm{d}\Omega\mathrm{d}t'-\int_0^\tau\oint\boldsymbol{n}\cdot\boldsymbol{Q}\nabla_r\cdot\nabla G\mathrm{d}\Gamma\mathrm{d}t'\\
&=-\int_0^\tau\int_\Omega\nabla\cdot\boldsymbol{Q}\nabla^2G\mathrm{d}\Omega\mathrm{d}t'+\int_0^\tau\oint_\Gamma\boldsymbol{n}\cdot\boldsymbol{Q}\nabla^2G\mathrm{d}\Gamma\mathrm{d}t'\quad\left\{\nabla^2G-\frac{1}{c^2}\frac{\partial^2G}{\partial t^2}=-\delta(\boldsymbol{r})\delta(t)\right\}\\
&=\int_0^\tau\int_\Omega\nabla\cdot\boldsymbol{Q}\left(-\frac{1}{c^2}\frac{\partial^2G}{\partial t^2}+\delta\right)\mathrm{d}\Omega\mathrm{d}t'-\int_0^\tau\oint_\Gamma\boldsymbol{n}\cdot\boldsymbol{Q}\left(-\frac{1}{c^2}\frac{\partial^2G}{\partial t^2}+\delta\right)\mathrm{d}\Gamma\mathrm{d}t'\\
&=\theta-\int_0^\tau\int_\Omega\frac{1}{c^2}\frac{\partial^2G}{\partial t^2}\theta\mathrm{d}\Omega\mathrm{d}t'+\int_0^\tau\oint_\Gamma\frac{1}{c^2}\frac{\partial^2G}{\partial t^2}\boldsymbol{n}\cdot\boldsymbol{Q}\mathrm{d}\Gamma\mathrm{d}t'
\end{aligned}
\tag{8.82}
$$

这表明双旋度一般时域波动方程对于任意散度分布假设的自洽性仅通过附加势还不能实现，这与双旋度泊松方程、双旋度赫姆霍兹方程都不相同。

参考文献

[1] 杨本洛. 流体运动经典分析. 北京: 科学出版社, 1996.

[2] 李忠元. 电磁场边界元素法. 北京: 北京工业学院出版社, 1987.

[3] 斯特来顿. 电磁理论. 何国瑜, 译. 北京: 北京航空学院出版社, 1986.

[4] 余恬, 雷虹. 电磁场分析中的应用数学. 北京: 北京邮电大学出版社, 2009.

[5] 王长清, 祝西里. 瞬变电磁场——理论和计算. 北京: 北京大学出版社, 2011.

第 9 章　时域电磁场数值验证

在第 8 章中，根据文献[1]～文献[3]，参照第 4 章的相同方法，通过多种方法给出了双旋度一般时域波动方程的基本积分表述和旋度积分表述，并讨论了双旋度一般时域波动方程具有的特殊数学性态。本章利用其积分表述，采用标准的边界元法[4-7]直接求解双旋度一般时域波动方程的形式来解决时域电磁场的数值计算问题。

数值验证包括两方面的内容：①从数学角度验证双旋度一般时域波动方程是否可行，也就是构造一个满足双旋度一般时域波动方程的理论解并由此构造恰当的边界条件，使用 MATLAB 语言[8,9]编写程序验证所得数值解与理论解的差距；②选择索莫菲尔德问题[10-12]，希望利用索莫菲尔德和布里渊的相关结论与数值计算结果相互检验。另外，由于能力和精力的限制，在本章中的数值验证工作限于无损耗介质，没有考虑损耗介质的问题，所以这里对索莫菲尔德问题的数值计算并不是“真的”索莫菲尔德问题，但其结果仍然能够有所启示。同时，本章末也就如何在时域直接边界积分中实现色散这一频域概念进行了探索。

9.1　数值验证问题介绍

对于双旋度一般时域波动方程，第 3 章已说明其恰当定解问题可以表述为

$$\begin{cases}\nabla\times\nabla\times\boldsymbol{A}(\boldsymbol{r},t)+\dfrac{1}{c^2}\dfrac{\partial^2\boldsymbol{A}(\boldsymbol{r},t)}{\partial t^2}=\boldsymbol{f}(\boldsymbol{r},t), & \boldsymbol{r}\in\Omega,t\geqslant 0\\ \boldsymbol{n}\times\nabla\times\boldsymbol{A}(\boldsymbol{r},t)=\overline{\boldsymbol{v}}(\boldsymbol{r},t), & \boldsymbol{r}\in\Gamma_2,t\geqslant 0\\ \boldsymbol{n}\times\boldsymbol{A}(\boldsymbol{r},t)=\overline{\boldsymbol{u}}(\boldsymbol{r},t), & \boldsymbol{r}\in\Gamma_1,t\geqslant 0\\ \boldsymbol{A}(\boldsymbol{r},t)\big|_{t=0}=\overline{\boldsymbol{p}}(\boldsymbol{r}),\quad \dfrac{\partial\boldsymbol{A}(\boldsymbol{r},t)}{\partial t}\bigg|_{t=0}=\overline{\boldsymbol{q}}(\boldsymbol{r}), & \boldsymbol{r}\in\Omega,t=0\end{cases}\tag{9.1}$$

式中，Γ_1,Γ_2 为计算域 Ω 的边界，且 $\Gamma_1+\Gamma_2=\Gamma$ 。

9.1.1　理论验证数学模型

为了验证新的积分表述的正确性，首先需要构造一个满足恰当定解问题的理论解。

最初假设该问题有真解：$\boldsymbol{A}=[\mathrm{e}^{\beta_1 t}\sin\omega_1 z,\mathrm{e}^{\beta_2 t}\cos\omega_2 x,\mathrm{e}^{\beta_3 t}\sin\omega_3 y]^{\mathrm{T}}$ ，式中 ω_1、ω_2、ω_3、β_1、β_2、β_3 是不等于零的实常数。此解与真实电磁波比较接近，实际计算中考虑方便检验初始条件等对计算结果的影响（需要考察零初始条件和非零初始条件的影

响），因此将真解设为

$$（零初始条件）\ \boldsymbol{A}=[\sin(\omega_0 t)\sin(\omega_1 z),\sin(\omega_0 t)\cos\omega_2 x,\sin(\omega_0 t)\sin\omega_3 y]^{\mathrm{T}} \tag{9.2}$$

$$（非零初始条件）\ \boldsymbol{A}=[\sin(\omega_0 t)\sin(\omega_1 z),\cos(\omega_0 t)\sin\omega_2 x,\cos(\omega_0 t)\sin\omega_3 y]^{\mathrm{T}} \tag{9.3}$$

注意，这里的所谓零或非零初始条件是针对势函数表达中具有物理意义的待求量$\nabla\times\boldsymbol{u}$而言的。其中，各常数的取值为$\{\omega_0,\omega_1,\omega_2,\omega_3\}=\{2\pi c,1.0,1.0,2.0\}$

当然，这里的非零初始条件与真实的电磁波传播有一定差距（各方向的幅值的物理意义难以解释），这仅是为了数学验证而已。

下面，主要就式（9.2）给出的零初始条件进行详细的讨论，而式（9.3）的相关结论可类似给出。

对于式（9.2）的零初始条件，因为

$$\nabla\times\nabla\times\boldsymbol{A}=\nabla\times\begin{bmatrix}\boldsymbol{i} & \boldsymbol{j} & \boldsymbol{k}\\ \dfrac{\partial}{\partial x} & \dfrac{\partial}{\partial y} & \dfrac{\partial}{\partial z}\\ \sin(\omega_0 t)\sin(\omega_1 z) & \sin(\omega_0 t)\cos(\omega_2 x) & \sin(\omega_0 t)\sin\omega_3 y\end{bmatrix}$$

$$=\begin{bmatrix}\boldsymbol{i} & \boldsymbol{j} & \boldsymbol{k}\\ \dfrac{\partial}{\partial x} & \dfrac{\partial}{\partial y} & \dfrac{\partial}{\partial z}\\ \sin(\omega_0 t)\omega_3\cos(\omega_3 y) & \sin(\omega_0 t)\omega_1\cos(\omega_1 z) & -\sin(\omega_0 t)\omega_2\sin(\omega_2 x)\end{bmatrix}$$

$$=\boldsymbol{i}\sin(\omega_0 t)\omega_1^2\sin(\omega_1 z)+\boldsymbol{j}\sin(\omega_0 t)\omega_2^2\cos(\omega_2 x)+\boldsymbol{k}\sin(\omega_0 t)\omega_3^2\sin(\omega_3 y)$$

而且

$$\frac{1}{c^2}\frac{\partial^2\boldsymbol{A}}{\partial t^2}=-\frac{\omega_0^2}{c^2}(\boldsymbol{i}\sin(\omega_0 t)\sin\omega_1 z+\boldsymbol{j}\sin(\omega_0 t)\cos\omega_2 x+\boldsymbol{k}\sin(\omega_0 t)\sin\omega_3 y)$$

所以

$$\nabla\times\nabla\times\boldsymbol{A}+\frac{1}{c^2}\frac{\partial^2\boldsymbol{A}}{\partial t^2}=\begin{bmatrix}\boldsymbol{i}\sin(\omega_0 t)\omega_1^2\sin\omega_1 z\\ \boldsymbol{j}\sin(\omega_0 t)\omega_2^2\cos\omega_2 x\\ \boldsymbol{k}\sin(\omega_0 t)\omega_3^2\sin\omega_3 y\end{bmatrix}-\frac{1}{c^2}\begin{bmatrix}\boldsymbol{i}\sin(\omega_0 t)\omega_0^2\sin\omega_1 z\\ \boldsymbol{j}\sin(\omega_0 t)\omega_0^2\cos\omega_2 x\\ \boldsymbol{k}\sin(\omega_0 t)\omega_0^2\sin\omega_3 y\end{bmatrix}$$

$$=\begin{bmatrix}\boldsymbol{i}\left[\sin(\omega_0 t)\left(\omega_1^2-\dfrac{\omega_0^2}{c^2}\right)\sin\omega_1 z\right]\\ \boldsymbol{j}\left[\sin(\omega_0 t)\left(\omega_2^2-\dfrac{\omega_0^2}{c^2}\right)\cos\omega_2 x\right]\\ \boldsymbol{k}\left[\sin(\omega_0 t)\left(\omega_3^2-\dfrac{\omega_0^2}{c^2}\right)\sin\omega_3 y\right]\end{bmatrix}=\boldsymbol{f}$$

因此可以说，双旋度一般时域波动方程的理论验证模型所满足的泛定方程为

$$\nabla\times\nabla\times\boldsymbol{A}+\frac{1}{c^2}\frac{\partial^2\boldsymbol{A}}{\partial t^2}=\begin{bmatrix}\boldsymbol{i}\left[\sin(\omega_0 t)\left(\omega_1^2-\dfrac{\omega_0^2}{c^2}\right)\sin\omega_1 z\right]\\ \boldsymbol{j}\left[\sin(\omega_0 t)\left(\omega_2^2-\dfrac{\omega_0^2}{c^2}\right)\cos\omega_2 x\right]\\ \boldsymbol{k}\left[\sin(\omega_0 t)\left(\omega_3^2-\dfrac{\omega_0^2}{c^2}\right)\sin\omega_3 y\right]\end{bmatrix}=\boldsymbol{f} \tag{9.4}$$

该泛定方程存在一个非平凡解（9.2）。

显然，其协调条件为

$$\frac{1}{c^2}\frac{\partial^2\nabla\cdot\boldsymbol{A}}{\partial t^2}=\nabla\cdot\begin{bmatrix}\boldsymbol{i}\left[\sin(\omega_0 t)\left(\omega_1^2-\dfrac{\omega_0^2}{c^2}\right)\sin\omega_1 z\right]\\ \boldsymbol{j}\left[\sin(\omega_0 t)\left(\omega_2^2-\dfrac{\omega_0^2}{c^2}\right)\cos\omega_2 x\right]\\ \boldsymbol{k}\left[\sin(\omega_0 t)\left(\omega_3^2-\dfrac{\omega_0^2}{c^2}\right)\sin\omega_3 y\right]\end{bmatrix}=0$$

也就是说，只要在某一时刻具有齐次初始条件（即在某一时刻 $\nabla\cdot\boldsymbol{A}=0$ 、$\dfrac{\partial\nabla\cdot\boldsymbol{A}}{\partial t}=0$），则在任意时刻协调条件都满足：

$$\nabla\cdot\boldsymbol{A}=0 \tag{9.5}$$

这表面上看就是库仑规范。在第 3 章中已经说明协调条件是物理规律的不同表现形式。具体地讲，对于原始变量表示的反映磁场变化规律的双旋度一般时域波动方程，是磁场（或电场）的高斯定律。事实上，对于设定的理论解式（9.2）、式（9.3），也确实满足式（9.5）的协调条件。

至于边界条件和初值条件，可根据理论解式（9.2）、式（9.3）和设定的求解区域给定。

现在，仍然设定求解区域为$[0,1]^3$的正方体区域，该正方体处于坐标系的第 1 象限内，其一个顶点为坐标原点 $O(0,0,0)$，另一个点的坐标为 $P(1,1,1)$。

对于边界条件，首先讨论第 1 类边界条件，为此需要构造 $\boldsymbol{n}\times\boldsymbol{A}$ 的值：

$$\boldsymbol{n}\times\boldsymbol{A}=\sin(\omega_0 t)\begin{bmatrix}\boldsymbol{i} & \boldsymbol{j} & \boldsymbol{k}\\ n_1 & n_2 & n_3\\ \sin\omega_1 z & \cos\omega_2 x & \sin\omega_3 y\end{bmatrix}=\sin(\omega_0 t)\begin{bmatrix}(n_2\sin\omega_3 y-n_3\cos\omega_2 x)\boldsymbol{i}\\ (n_3\sin\omega_1 z-n_1\sin\omega_3 y)\boldsymbol{j}\\ (n_1\cos\omega_2 x-n_2\sin\omega_1 z)\boldsymbol{k}\end{bmatrix} \tag{9.6}$$

式中，$\boldsymbol{n}=n_1\boldsymbol{i}+n_2\boldsymbol{j}+n_3\boldsymbol{k}$ 是边界 $\varGamma$ 的单位外法线方向，$r=x\boldsymbol{i}+y\boldsymbol{j}+z\boldsymbol{k}$ 是边界 $\varGamma$ 上的点。

例如，在 XOY 坐标面，其 $\boldsymbol{n}=0\boldsymbol{i}+0\boldsymbol{j}-\boldsymbol{k}$ ， $z\equiv 0$ ，则该底面的第 1 类边界条件可以写成：

$$\boldsymbol{n}\times\boldsymbol{A}=(\sin(\omega_0 t)\cos\omega_2 x)\boldsymbol{i}-0\boldsymbol{j}+0\boldsymbol{k}\quad x,y\in\Gamma_{XOY}\tag{9.7}$$

这和双旋度泊松方程、双旋度赫姆霍兹方程的边界条件构造方式完全相同。

同理，对于第 2 类边界条件，则需要构造 $\boldsymbol{n}\times\nabla\times\boldsymbol{A}$ 的值：

$$\begin{aligned}\boldsymbol{n}\times\nabla\times\boldsymbol{A}&=\boldsymbol{n}\times\begin{bmatrix}\boldsymbol{i} & \boldsymbol{j} & \boldsymbol{k}\\ \dfrac{\partial}{\partial x} & \dfrac{\partial}{\partial y} & \dfrac{\partial}{\partial z}\\ \sin(\omega_0 t)\sin\omega_1 z & \sin(\omega_0 t)\cos\omega_2 x & \sin(\omega_0 t)\sin\omega_3 y\end{bmatrix}\\ &=\sin(\omega_0 t)\begin{bmatrix}\boldsymbol{i} & \boldsymbol{j} & \boldsymbol{k}\\ n_1 & n_2 & n_3\\ \omega_3\cos\omega_3 y & \omega_1\cos\omega_1 z & -\omega_2\sin\omega_2 x\end{bmatrix}\\ &=\sin(\omega_0 t)\begin{bmatrix}(-n_2\omega_2\sin\omega_2 x-n_3\omega_1\cos\omega_1 z)\boldsymbol{i}\\ (n_3\omega_3\cos\omega_3 y+n_1\omega_2\sin\omega_2 x)\boldsymbol{j}\\ (n_1\omega_1\cos\omega_1 z-n_2\omega_3\cos\omega_3 y)\boldsymbol{k}\end{bmatrix}\end{aligned}\tag{9.8}$$

同样，在 XOY 坐标面，$\boldsymbol{n}=0\boldsymbol{i}+0\boldsymbol{j}-\boldsymbol{k}$，$z\equiv 0$，则该底面的第 2 类边界条件可以写成：

$$\boldsymbol{n}\times\nabla\times\boldsymbol{A}=(\omega_1\sin\omega_0 t)\boldsymbol{i}-(\omega_3\sin\omega_0 t\cos\omega_3 y)\boldsymbol{j}+0\boldsymbol{k},\quad x,y\in\Gamma_{XOY}\tag{9.9}$$

与双旋度泊松方程、双旋度赫姆霍兹方程不同，双旋度一般时域波动方程的初边值问题还必须构造初值条件。

显然，

$$\boldsymbol{A}(\boldsymbol{r},t)\big|_{t=0}=\sin(\omega_0 t)[\sin(\omega_1 z),\cos\omega_2 x,\sin\omega_3 y]^{\mathrm{T}}=[0,0,0]^{\mathrm{T}},\quad \boldsymbol{r}\in\Omega,t=0\tag{9.10}$$

同时，因为

$$\frac{\partial\boldsymbol{A}}{\partial t}=\omega_0\cos(\omega_0 t)[\sin\omega_1 z,\cos\omega_2 x,\sin\omega_3 y]^{\mathrm{T}}$$

所以

$$\begin{aligned}\left.\frac{\partial\boldsymbol{A}(\boldsymbol{r},t)}{\partial t}\right|_{t=0}&=\omega_0\cos(\omega_0 t)[\sin\omega_1 z,\cos\omega_2 x,\sin\omega_3 y]^{\mathrm{T}}\\&=\omega_0[\sin\omega_1 z,\cos\omega_2 x,\sin\omega_3 y]^{\mathrm{T}},\quad \boldsymbol{r}\in\Omega,t=0\end{aligned}\tag{9.11}$$

最后，需要强调，根据第 3 章的讨论，求解对象为具有物理意义的电磁量。这对于电磁场的势函数表达就是待求矢性变量的旋度。作为比较标准，需给出理论值。

理论解的旋度：

$$\nabla\times\boldsymbol{A}=\begin{bmatrix}\boldsymbol{i} & \boldsymbol{j} & \boldsymbol{k}\\ \dfrac{\partial}{\partial x} & \dfrac{\partial}{\partial y} & \dfrac{\partial}{\partial z}\\ \sin(\omega_0 t)\sin(\omega_1 z) & \sin(\omega_0 t)\cos(\omega_2 x) & \sin(\omega_0 t)\sin\omega_3 y\end{bmatrix}$$

$$=\boldsymbol{i}\sin(\omega_0 t)\omega_3\cos(\omega_3 y)+\boldsymbol{j}\sin(\omega_0 t)\omega_1\cos(\omega_1 z)-\boldsymbol{k}\sin(\omega_0 t)\omega_2\sin(\omega_2 x)$$

需要说明，为了计算验证的需要，在具体计算验证阶段，会临时改变理论解，并取一些特殊系数，当然这些参数的选取主要是为了验证算法的可行性，从物理方面的考虑并不多。

9.1.2　索莫菲尔德问题

瞬变电磁场在色散媒质中的传播的严格理论求解有相当的难度，人们对这个问题的认识经历了一个不断深入的过程。

索莫菲尔德[10-12]研究的问题是：在时间 $t=0$ 时，在色散媒质表面突然出现一个正弦变化的平面波（或者说，在 $t=0$ 时，一个正弦信号源在 $z=0$ 平面上被接通），讨论在深度 z 处电磁波建立的瞬变过程。这种突然接入的电磁波，包含有很宽的频谱，它的传播特性对非时谐电磁场的研究具有代表性。

输入信号可以描述为

$$f(z=0,t)=\begin{cases}0, & t<0\\ \sin\omega_0 t, & t>0\end{cases} \tag{9.12}$$

经过一系列变换和计算分析，索莫菲尔德得到结论：在 $t=z/c$ 以前，在 z 处没有任何动静，保持初始的零状态。只要 $\tau=t-z/c>0$，z 处就有电磁波出现。如果把最先出现的电磁波称为波头，则显然波头是以真空中的光速在媒质中传播的。在 τ 很小时，开始出现在 z 处的电磁波幅值很小（这应该是迟滞效应，只有很少面积的源对其发挥作用），且随时间做周期变化的振荡，在起始段其周期远小于稳态周期 $2\pi/\omega_0$，但随时间增加，振幅和周期都增大。

布里渊在索莫菲尔德研究的基础上，利用最速下降法讨论有关积分的求解过程，非常巧妙又比较详尽地论证了电磁信号在色散媒质中传播的全过程，得到所谓的第一预现波和第二预现波。

第一预现波：

$$f(z,t)=\frac{\omega_0}{\sqrt{\pi a^3}}\left(\frac{2c}{z}\right)^{\frac{3}{4}}\tau^{\frac{1}{4}}\mathrm{e}^{-2\rho\tau}\sin\left(a\sqrt{\frac{2z\tau}{c}}-\frac{\pi}{4}\right) \tag{9.13}$$

式（9.13）所代表的波动从 $\tau=t-\dfrac{z}{c}$ 开始，因为在 $\tau<0$ 时 $f(z,t)$ 不存在。这一结果再次表明：波动以真空中的光速传播，开始时它的频率很高，但随后稳定的降低；

其振幅在开始时为零，然后增大，再按 $\tau^{\frac{1}{4}}\mathrm{e}^{-2\rho\tau}$ 随 τ 的增加而减小。在数值上，第一预现波的振幅是很小的。

第二预现波：

$$f(z,t)=\frac{\omega_0\sqrt{\dfrac{c}{3\pi\omega_0 Az}}\mathrm{e}^{\frac{z}{c}U_\mathrm{s}}}{\left(\omega_0^2+\omega_\mathrm{s}^2+\dfrac{4}{9}\rho^2\right)^2-4\omega_0^2\omega_\mathrm{s}^2}\left[\frac{4}{3}\rho\omega_\mathrm{s}\cos\left(\frac{z}{c}V_\mathrm{s}+\frac{\pi}{4}\right)+\left(\omega_0^2+\omega_\mathrm{s}^2+\frac{4}{9}\rho^2\right)\sin\left(\frac{z}{c}V_\mathrm{s}+\frac{\pi}{4}\right)\right] \tag{9.14}$$

这是一个振荡过程。直到接近 $t=\dfrac{z\omega_c}{c\omega_r}$ 之前还没有明显的响应，当 $t\approx\dfrac{z\omega_c}{c\omega_r}$ 时才有很小的响应；随后当 $t>\dfrac{z\omega_c}{c\omega_r}$ 时出现小幅振荡，其频率开始不断提高，当其频率接近 ω_0 时，其振幅迅速增大。

9.2 双旋度波动边界积分方程的求解

关于求解带时间变量问题的数值方法[6,7]主要有以下几种。

（1）采用拉普拉斯变换消去时间变量。通过对时间变量做拉普拉斯变换，将瞬态方程转化为变化域内的椭圆型方程，在变换后的像空间中方程不再有时间变量，针对像空间中的椭圆型方程可建立直接边界积分方程，用边界元方法求解，然后对所得到的像空间中的离散解，采用数值逆变换来计算实际空间中的物理变量。这种方法的难度在于如何选择恰当的数值逆变换，计算效率不高。采用拉普拉斯变换的方法也是理论求解一般时域问题的主要方法。

（2）对时间变量进行差分。在这种方法中，解按时间是一步步推进的，以有限差分来近似时间导数，即对时间变量采用差分离散，当前一步的解计算得出后，就会推出以后任一时刻的解为未知量的椭圆型方程，对这个方程建立边界积分公式，只涉及空间变量，采用边界元方法求解，积分方程中要出现前一时刻解与基本解乘积的体积分项，故需要在足够多的内点上计算出这一时刻的解，以便作为下一时刻的初始值，计算工作量大。也可把时间导数项当成双旋度泊松方程的右端项，直接用双旋度泊松方程的基本解来建立边界积分方程。这种方法已用于非线性扩散方程的求解。

（3）采用带时间变量的基本解。这是求解热传导方程最成功的边界元方法，它依据带时间变量的格林公式，是经典的椭圆型方程的格林公式最自然的推广。对时域电磁学而言，在各种需要的条件下求解包含时间变量的麦克斯韦方程，获得由麦克斯韦方程导出的各类数学方程的封闭形式的解，是人们追求的解决问题的理想方法。本书主要研究这一方法。

9.2.1　问题的提出

对于一般时域双旋度波动方程（9.1），第 8 章已推得上述问题的基本积分表述式（8.12）为

$$\boldsymbol{A}=\int_0^t\int_\Omega[\boldsymbol{f}G+(\nabla G)(\nabla\cdot\boldsymbol{A})]\mathrm{d}\Omega\mathrm{d}t'-k^2\int_\Omega\frac{\partial\boldsymbol{A}}{\partial t}G\mathrm{d}\Omega\bigg|_0^t+k^2\int_\Omega\boldsymbol{A}\frac{\partial G}{\partial t}\mathrm{d}\Omega\bigg|_0^t$$
$$-\int_0^t\int_\Gamma[(\boldsymbol{n}\times\boldsymbol{A})\times\nabla G+G(\boldsymbol{n}\times\nabla\times\boldsymbol{A})+\boldsymbol{n}\cdot\boldsymbol{A}\nabla G]\mathrm{d}\Gamma\mathrm{d}t'$$

根据第 8 章所讨论的任意散度假设特性，在实际中使用的基本积分表述直接令式（8.12）中的体积分项中的 $\nabla\cdot\boldsymbol{u}=\theta=0$，于是使用的基本积分表述为

$$\boldsymbol{A}=\int_0^t\int_\Omega\boldsymbol{f}G\mathrm{d}\Omega\mathrm{d}t'-k^2\int_\Omega\frac{\partial\boldsymbol{A}}{\partial t}G\mathrm{d}\Omega\bigg|_0^t+k^2\int_\Omega\boldsymbol{A}\frac{\partial G}{\partial t}\mathrm{d}\Omega\bigg|_0^t$$
$$-\int_0^t\int_\Gamma[(\boldsymbol{n}\times\boldsymbol{A})\times\nabla G+G(\boldsymbol{n}\times\nabla\times\boldsymbol{A})+\boldsymbol{n}\cdot\boldsymbol{A}\nabla G]\mathrm{d}\Gamma\mathrm{d}t' \tag{9.15}$$

旋度积分表述直接采用第 8 章的结果：

$$\nabla\times\boldsymbol{A}=\int_0^t\int_\Omega\boldsymbol{f}\times\nabla G\mathrm{d}\Omega\mathrm{d}t'+\frac{1}{c^2}\int_\Omega\nabla G\times\frac{\partial\boldsymbol{A}}{\partial t'}\mathrm{d}\Omega\bigg|_0^t-\frac{1}{c^2}\int_\Omega\frac{\partial}{\partial t'}(\nabla G)\times\boldsymbol{A}\mathrm{d}\Omega\bigg|_0^t$$
$$+\int_0^t\int_\Gamma\{-(\boldsymbol{n}\times\boldsymbol{A})\cdot\nabla\nabla G+(\boldsymbol{n}\times\boldsymbol{A})\nabla^2G+\nabla G\times(\boldsymbol{n}\times\nabla\times\boldsymbol{A})\}\mathrm{d}\Gamma\mathrm{d}t'$$

在三维情况下，相应的基本解为

$$G(\boldsymbol{r},\boldsymbol{r}';t,t')=\frac{1}{4\pi|\boldsymbol{r}-\boldsymbol{r}'|}\delta\left[\frac{|\boldsymbol{r}-\boldsymbol{r}'|}{c}-(t-t')\right],\quad t>t'$$

在附录 E 中已经对式（9.15）或式（8.12）中各项进行了详细的讨论。但是，对于一般时域波动问题，在具体编程中还需要注意以下几点。

（1）计算是按时间推进的（这种时间推进的意义后面还会专门讨论），时间推进步长很小（小于光米量级，建议先按相邻边界元或体积元的最小距离 $\Delta L_{\min}$ 与波动传播的速度 c 的比 $\Delta t=\dfrac{\Delta L_{\min}}{c}$ 量级进行）。经过多次计算后，可尝试逐步加大时间推进步长。

（2）除去计算要求特别指定的计算点外，对于面积分（边界上）和体积分（计算域）中各点的 $\nabla\times\boldsymbol{A}(\boldsymbol{r}',t'),\boldsymbol{A}(\boldsymbol{r}',t')$ 都是中间量，其需要存储的数量最多按最大延迟时间确定。

（3）当 $\nabla\times\boldsymbol{A}(\boldsymbol{r}',t'),\boldsymbol{A}(\boldsymbol{r}',t'),\dfrac{\partial\boldsymbol{A}(\boldsymbol{r}',t)}{\partial t'}$ 的值不在指定的时间点时，由时间线性插值决定

具体值，此时最好选择内插；对于首次计算，只有已知的初始值 $\left.\frac{\partial \boldsymbol{A}(\boldsymbol{r}',t')}{\partial t}\right|_{t'=0}$,$\boldsymbol{A}(\boldsymbol{r}',t')|_{t'=0}$ ，由于初始时间步长 Δt 很小，对于需要的时间点 $\tau \leqslant \Delta t$，可取 $\left.\frac{\partial \boldsymbol{A}(\boldsymbol{r}',t')}{\partial t}\right|_{t'=\tau} \approx \left.\frac{\partial \boldsymbol{A}(\boldsymbol{r}',t')}{\partial t}\right|_{t'=0}$，$\boldsymbol{A}(\boldsymbol{r}',t')|_{t'=\tau} \approx \boldsymbol{A}(\boldsymbol{r}',t')|_{t'=0} + \tau \left.\frac{\partial \boldsymbol{A}(\boldsymbol{r}',t')}{\partial t}\right|_{t'=0}$。

（4）一般来说，时间插值是因为对于固定的 $\boldsymbol{r}$（场点），需要保证 $|\boldsymbol{r}-\boldsymbol{r}'| = c\Delta t$，需要对时间进行插值确定 $t-\Delta t$ 时刻的相应值，这是时间延迟的必然要求。

（5）在考虑初始条件的影响时还将用到空间插值，此时将与场点相距 $|\boldsymbol{r}-\boldsymbol{r}'| = \rho = c\Delta t'$ 的初始条件，这是由计算时刻 $\Delta t'$ 决定距离，因此需要空间插值，非常烦琐。注意到这里要求的是不同位置的初始条件（在程序中是可以解析给定的，实际计算中初始条件也总是给定的），为避免空间插值的烦琐，完全可以重新进行单元划分。这也正是作者在程序设计时的做法。重新划分单元对于体积元就是在 $|\boldsymbol{r}-\boldsymbol{r}'| = \rho = c\Delta t'$ 球面上划分单元，对于边界元就是 $|\boldsymbol{r}-\boldsymbol{r}'| = \rho = c\Delta t'$ 球面与边界的交线上划分单元，需要分别对待。

9.2.2 边界积分方程的求解

设将全部边界 $\varGamma$ 划分成 n 个小单元，且 $\varGamma = \sum_{j=1}^{n} \varGamma_j, \varGamma_i \cap \varGamma_j = 0,\quad i \neq j$。

取各四边形单元的形心为节点，这种剖分便给出 n 个节点，设：$\boldsymbol{A}^i (i=1,2,\cdots,n)$ 是第 i 号节点的 $\boldsymbol{A}$ 值，则边界积分（8.12）或方程（9.14）成为（不考虑体积分的散度项）

$$W\boldsymbol{A}^i(\boldsymbol{r}^i,t) + \int_0^t \int_{\varGamma} \{[\boldsymbol{n}(\boldsymbol{r}') \times \boldsymbol{A}(\boldsymbol{r}',t')] \times \nabla G(\boldsymbol{r}^i,\boldsymbol{r}';t,t') + G(\boldsymbol{n} \times \nabla \times \boldsymbol{A}) + \boldsymbol{n} \cdot \boldsymbol{A} \nabla G\} \mathrm{d}\varGamma \mathrm{d}t$$

$$= \int_0^t \int_{\varOmega} \boldsymbol{f}(\boldsymbol{r}',t') G \mathrm{d}\varOmega \mathrm{d}t - \frac{1}{c^2} \int_{\varOmega} \frac{\partial \boldsymbol{A}}{\partial t} G \mathrm{d}\varOmega \Big|_0^t + \frac{1}{c^2} \int_{\varOmega} \boldsymbol{A} \frac{\partial G}{\partial t} \mathrm{d}\varOmega \Big|_0^t = B^i,\quad i=1,2,\cdots,n \tag{9.16}$$

对式（9.16）分片、分块积分，考虑平面四边形常单元的特性，即 $\boldsymbol{n}^i(\boldsymbol{r}'), \boldsymbol{A}^i(\boldsymbol{r}',t') = \boldsymbol{A}^i\left(\boldsymbol{r}', t - \frac{|\boldsymbol{r}-\boldsymbol{r}'|}{c}\right)$ 在单元上取常值，则有

$$W\boldsymbol{A}^i(\boldsymbol{r},t) + \sum_{j=1}^{n}\left[(\boldsymbol{n} \times \boldsymbol{A}^j) \times \int_{\varGamma j} \nabla G \mathrm{d}\varGamma\right] + \sum_{j=1}^{n}\left[(\boldsymbol{n} \times \nabla \times \boldsymbol{A}^j) \int_{\varGamma j} G \mathrm{d}\varGamma\right] + \sum_{j=1}^{n}\left[(\boldsymbol{n} \cdot \boldsymbol{A}^j) \int_{\varGamma j} \nabla G \mathrm{d}\varGamma\right]$$

$$= \int_{\varOmega} \boldsymbol{f}(\boldsymbol{r},\boldsymbol{r}',t) G(\boldsymbol{r},\boldsymbol{r}';t) \mathrm{d}\varOmega - \frac{1}{c^2} \int_{\varOmega} \frac{\partial \boldsymbol{A}}{\partial t} G \mathrm{d}\varOmega \Big|_0^t + \frac{1}{c^2} \int_{\varOmega} \boldsymbol{A} \frac{\partial G}{\partial t} \mathrm{d}\varOmega \Big|_0^t = \boldsymbol{B}^i,\quad i=1,2,\cdots,n \tag{9.17}$$

当然，式（9.16）只是一种形式上的分解，上述各项均应首先按附录 E 对基本积分表述中各项的时间积分进行处理。同时还需注意：$\nabla \times \boldsymbol{A}^i(\boldsymbol{r}',t'), \boldsymbol{A}^i(\boldsymbol{r}',t')$ 中 t' 一般为

$t'=t-\dfrac{|\boldsymbol{r}-\boldsymbol{r}'|}{c}$，这称为由距离决定的时间延迟量；除奇异点 $\boldsymbol{r}=\boldsymbol{r}'$ 外，$t\neq t'$，此时 $\nabla\times\boldsymbol{A}(\boldsymbol{r}',t')^i,\boldsymbol{A}(\boldsymbol{r}',t')^i$ 一般不是待求量，而是前面时段求出的已知量（一般还需要插值确定）；只有在奇异点，它才正好有 $t=t'$；这表明边界元的求解过程不再是解线性方程组的问题，而是一个逐步递推的过程。

$\boldsymbol{B}^i$ 的计算表达式为

$$\boldsymbol{B}^i=\int_0^t\int_\Omega \boldsymbol{f}(\boldsymbol{r}',t)G(\boldsymbol{r},\boldsymbol{r}';t,t')\mathrm{d}\Omega\mathrm{d}t-\frac{1}{c^2}\int_\Omega\frac{\partial\boldsymbol{A}}{\partial t}G\mathrm{d}\Omega\bigg|_0^t+\frac{1}{c^2}\int_\Omega\boldsymbol{A}\frac{\partial G}{\partial t}\mathrm{d}\Omega\bigg|_0^t,\quad i=1,2,\cdots,n \tag{9.18}$$

在边界元计算阶段，$\boldsymbol{B}^i$ 的计算不牵涉奇异性问题，其积分按精度可由各类数值积分方法分块进行；在域内场量计算时，必须考虑奇异性对 $\boldsymbol{B}^i$ 的影响，此时需利用理论公式进行。

即使不考虑奇异性的影响，$\boldsymbol{B}^i$ 的计算也远较包含双旋度算子的另外两类微分方程的相同计算复杂，关于 $-\dfrac{1}{c^2}\displaystyle\int_\Omega\frac{\partial\boldsymbol{A}}{\partial t}G\mathrm{d}\Omega\bigg|_0^t+\frac{1}{c^2}\int_\Omega\boldsymbol{A}\frac{\partial G}{\partial t}\mathrm{d}\Omega\bigg|_0^t$ 的计算详见附录 E。主要是 $\boldsymbol{A}(\boldsymbol{r}',0),\dfrac{\partial\boldsymbol{A}(\boldsymbol{r}',0)}{\partial t'},\boldsymbol{A}(\boldsymbol{r}',t'),\dfrac{\partial\boldsymbol{A}(\boldsymbol{r}',t')}{\partial t'}$ 中位置坐标的确定。

更为困难的是积分项 $\displaystyle\int_0^t\int_\Gamma\boldsymbol{n}\cdot\boldsymbol{A}\nabla G\mathrm{d}\Gamma\mathrm{d}t'$、$\displaystyle\int_0^t\int_\Gamma(\boldsymbol{n}\times\boldsymbol{A})\times\nabla G\mathrm{d}t$ 中由于时间积分除了原有的 $\boldsymbol{A}(\boldsymbol{r}',t')$，还将出现本来没有的 $\dfrac{\partial\boldsymbol{A}(\boldsymbol{r}',t')}{\partial t'}$ 项，且其位置 $\boldsymbol{r}'$ 和时间 t' 可能都需要通过插值确定，其插值确定的时间范围为 $[0,t]$，插值公式尽量使用线性内插，但对于计算时刻 t_j，当 $t'\in(t_{j-1},t_j)$ 时才允许使用向前外插（即利用 t_{j-2},t_{j-1} 的值，确定 $t'\in(t_{j-1},t_j)$ 时的 $\dfrac{\partial\boldsymbol{A}(\boldsymbol{r}',t')}{\partial t'}$ 值，只有此时才允许使用向前插值），这实际上是通过插值确定待求的 $\boldsymbol{A}(\boldsymbol{r},t),\dfrac{\partial\boldsymbol{A}(\boldsymbol{r},t)}{\partial t}$（当然在迭代过程中，$t_{j-1}$ 时的 $\boldsymbol{A},\dfrac{\partial\boldsymbol{A}}{\partial t}$ 值已知，这时插值过程当然是内插了）；另一种处理方式仍采用线性内插，但将计算时刻 t_j 的 $\boldsymbol{A}(\boldsymbol{r},t),\dfrac{\partial\boldsymbol{A}(\boldsymbol{r},t)}{\partial t}$ 直接作为未知量处理。程序中使用前一种方法处理。

式（9.16）实际上是一个向量代数方程，写成标量形式，共有 $3\times n$ 个未知数。但是，这 $3\times n$ 未知数所构成的矩阵是带状矩阵，并且随着时间推进步长的减小，矩阵带宽减小。当时间步长小于相邻单元的最小距离所决定的时间 $\Delta t=\dfrac{\Delta L_{\min}}{c}$ 时，计算将是纯粹的递推过程，不再需要求解大型代数方程组。对于计算的正方形区域，相邻单元的最小距离出现在棱边附近，其值为$\Delta L_{\min}=\dfrac{\sqrt{2}}{2}B$，$B$ 为正方形边界元的边长。式中$G,\nabla G$是一般标量时域波动方程的基本解及其梯度，当场点确定以后，它们在每一单元上的积分应视为已知。则可设：

$$H_{ij}=\int_{\Gamma_j}\nabla G\mathrm{d}A,\quad G_{ij}=\int_{\Gamma_j}G\mathrm{d}A,\quad i=1,2,\cdots,n \tag{9.19}$$

式（9.18）只是一种形式上的分解，如$\sum_{j=1}^{n}\left[(\boldsymbol{n}\times\boldsymbol{A}^j)\times\int_{\Gamma_j}\nabla G\mathrm{d}\Gamma\right]$的第 j 项$(\boldsymbol{n}\times\boldsymbol{A}^j)\times\int_0^\tau\int_{\Gamma_j}\nabla G\mathrm{d}\Gamma\mathrm{d}t$应按式（E.14）处理，一般情况下（当时间推进步长较小时），它可能并不包括任何未知量，理论上讲，只有在$t=t'$且$\boldsymbol{r}=\boldsymbol{r}'$时才出现未知量，也只有在这个时候，才需要做式（9.18）那样的形式分解。由此可知：只要时间推进步长足够小，一般时域的波动方程的求解并不需要求解大型线性代数方程组，它只需求解一系列三元一次代数方程组。

9.2.3 区域内$\boldsymbol{A},\nabla\times\boldsymbol{A},\dfrac{\partial\boldsymbol{A}}{\partial t}$的计算

对于双旋度一般时域波动方程，采用的方法主要是按时间依序递推的方式，因此计算域内任一点（包括离散后的体积元和边界元）的$\boldsymbol{A}$，其值仅取决于其余单元在以前时刻的值（依距离确定以前时刻值）和本单元的奇异影响。前者是由所谓延迟效应决定的，后者依据单元类型的不同对各积分项进行奇异处理（见附录 E）。当已知各点的$\boldsymbol{A}$后，可按时间差分求出各点的$\dfrac{\partial\boldsymbol{A}}{\partial t}$，空间差分求出各点的$\nabla\times\boldsymbol{A}$。

对于以势函数表示的电磁场波动方程，势函数的旋度才是希望求取并能够获得唯一解的物理量。因此使用旋度表述求解域内旋度值尽管困难，也是必须进行的工作，关于如何处理式（8.40）中各项时间积分，尽管本书作者曾进行了相关推导，本来也计划在附录 E 中详细阐述推导过程，但在书稿整理阶段作者对这些推导都不满意，加上在程序应用阶段还没有应用这部分内容（目前是采用数值求旋的方式），终于决定忍痛从附录 E 中将相关内容拿掉。当然从科学研究的完整性角度，这部分工作是不能省略的，是必须做的。但个人精力、水平实在有限，欢迎对此有兴趣的读者加入相关工作。

9.2.4 一般时域波动方程的边界元递推解法的基本步骤

用递推法求解一般时域波动方程，当然也要求必要的初始条件和边界条件，为方便讨论，今后讨论的问题限定为具有物理意义的第 2 类边界条件，即今后实际计算的问题可以表述为

$$\begin{cases} \nabla\times\nabla\times\boldsymbol{A}(\boldsymbol{r},t)+\dfrac{1}{c^2}\dfrac{\partial^2\boldsymbol{A}(\boldsymbol{r},t)}{\partial t^2}=\boldsymbol{f}(\boldsymbol{r},t), & \boldsymbol{r}\in\Omega,t\geqslant 0 \\ \boldsymbol{n}\times\nabla\times\boldsymbol{A}(\boldsymbol{r},t)=\bar{\boldsymbol{v}}(\boldsymbol{r},t), & \boldsymbol{r}\in\Gamma,t\geqslant 0 \\ \boldsymbol{A}(\boldsymbol{r},t)\big|_{t=0}=\bar{\boldsymbol{p}}(\boldsymbol{r}),\quad \dfrac{\partial\boldsymbol{A}(\boldsymbol{r},t)}{\partial t}\bigg|_{t=0}=\bar{\boldsymbol{q}}(r), & \boldsymbol{r}\in\Omega,t=0 \end{cases} \tag{9.20}$$

式中，Γ 为计算域 Ω 的边界。

一般时域的边界元解法的基本步骤如下。

（1）时间推进步长的确定。为保证递推的顺利进行，时间推进步长小于光米量级，推荐时间步长为 $\Delta t_0=0.6\dfrac{\Delta L_{\min}}{c}$。为保证计算精度，一般要求 $\Delta t_0\leqslant\dfrac{\Delta L_{\min}}{c}$，$\Delta L_{\min}=\dfrac{\sqrt{2}}{2}B$，$B$ 为单元边长，这样将保证只用到内插法。如果突破内插法的限制，可适当加大时间推进步长。当 $\Delta t_0=2\dfrac{\Delta L_{\min}}{c}$ 外插距离正好等于时间推进步长。因此 $\Delta t_0\leqslant 2\dfrac{\Delta L_{\min}}{c}$ 是时间推进步长的刚性限制，一般不能够突破。当然有时为了加快计算速度，可突破上述限制，此时可能产生后向不稳定。

（2）$t_j=t_{j-1}+\Delta t$。

（3）利用边界元方法确定边界上的未知量（仍假设 $\boldsymbol{n}\times\nabla\times\boldsymbol{A}=\boldsymbol{g}$ 已知，则只需确定 A），这需要求解 n 个三元线性方程组；对于首次计算，只有已知的初始值 $\dfrac{\partial\boldsymbol{A}(\boldsymbol{r}',t')}{\partial t}\bigg|_{t'=0},\boldsymbol{A}(\boldsymbol{r}',t')\big|_{t'=0}$，由于初始时间步长 Δt_0 很小，可直接取 $\dfrac{\partial\boldsymbol{A}(\boldsymbol{r}',t')}{\partial t}\bigg|_{t'=\tau}\approx\dfrac{\partial\boldsymbol{A}(\boldsymbol{r}',t')}{\partial t}\bigg|_{t'=0}$，$\boldsymbol{A}(\boldsymbol{r}',t')\big|_{t'=\tau}\approx\boldsymbol{A}(\boldsymbol{r}',t')\big|_{t'=0}+\tau\dfrac{\partial\boldsymbol{A}(\boldsymbol{r}',t')}{\partial t}\bigg|_{t'=0}$（这实际上也是一种外插方法）。

（4）取边界积分方程的权系数 $W=1$，由边界积分方程求区域内的 $\boldsymbol{A}$。

（5）由数值方法确定区域内的 $\dfrac{\partial\boldsymbol{A}(\boldsymbol{r},t)}{\partial t}$，或由速度表述求 $\dfrac{\partial\boldsymbol{A}(\boldsymbol{r},t)}{\partial t}$。

（6）由数值方法确定区域内的 $\nabla\times\boldsymbol{A}(\boldsymbol{r},t)$，或由相应的专门表述求。

（7）如果已完成要求的时间区间，则结束计算，按希望的格式输出相关结果；否则转向（2）继续。

9.3 数值验证

为方便程序设计和单元划分，仍然采用正方形常单元。求解区域仍然为 $[0,1]^3$ 的正方体区域内，该正方体处于坐标系的第 1 象限内，其一个顶点为坐标原点 $O(0,0,0)$，另一个点的坐标为 $P(1,1,1)$。

9.3.1　计算模型

根据前面的讨论，以式（9.6）所表示的范定方程的理论验证的数学模型为

$$\begin{cases} \nabla\times\nabla\times\boldsymbol{A}+\dfrac{1}{c^2}\dfrac{\partial^2\boldsymbol{u}}{\partial t^2}=\boldsymbol{f}(\boldsymbol{r},t), & \boldsymbol{r}\in\Omega,t\geqslant 0 \\ \boldsymbol{f}(\boldsymbol{r},t)=\sin(\omega_0 t)\left[\boldsymbol{i}\left(\omega_1^2-\dfrac{\omega_0^2}{c^2}\right)\sin\omega_1 z+\boldsymbol{j}\left(\omega_2^2-\dfrac{\omega_0^2}{c^2}\right)\cos\omega_2 x+\boldsymbol{k}\left(\omega_3^2-\dfrac{\omega_0^2}{c^2}\right)\sin\omega_3 y\right] & \\ \boldsymbol{n}\times\nabla\times\boldsymbol{A}(\boldsymbol{r},t)=\overline{\boldsymbol{v}}(\boldsymbol{r},t), & \boldsymbol{r}\in\Gamma,t\geqslant 0 \\ \boldsymbol{A}(\boldsymbol{r},t)\big|_{t=0}=\overline{\boldsymbol{p}}(\boldsymbol{r}),\quad \left.\dfrac{\partial\boldsymbol{A}(\boldsymbol{r},t)}{\partial t}\right|_{t=0}=\overline{\boldsymbol{q}}(\boldsymbol{r}), & \boldsymbol{r}\in\Omega,t=0 \end{cases} \tag{9.21}$$

式中，求解区域为$[0,1]^3$的正方体闭区域的一般时域问题$(t>0)$。

给定的第 1 类边界条件为前述式（9.6），第 2 类边界条件为式（9.8），给定的初始条件分别为式（9.10）、式（9.11），从而，该范定方程存在非平凡解（9.2），该解满足协调性条件（9.5）等。

最后的计算结果是基本矢量的旋度，由基本矢量求其旋度采用数值求旋，仍然使用式（5.42）：

$$\nabla\times\boldsymbol{A}=\begin{bmatrix}\boldsymbol{i} & \boldsymbol{j} & \boldsymbol{k}\\ \dfrac{\partial}{\partial x} & \dfrac{\partial}{\partial y} & \dfrac{\partial}{\partial z}\\ A^1 & A^2 & A^3\end{bmatrix}=\begin{bmatrix}(A_2^3-A_3^2)\boldsymbol{i}\\ (A_3^1-A_1^3)\boldsymbol{j}\\ (A_1^2-A_2^1)\boldsymbol{k}\end{bmatrix}$$

$$=\frac{1}{2\Delta}\begin{bmatrix}[A^3(i,j+1,k)-A^3(i,j-1,k)-A^2(i,j,k+1)+A^2(i,j,k-1)]\boldsymbol{i}\\ [A^1(i,j,k+1)-A^1(i,j,k-1)-A^3(i+1,j,k)+A^3(i-1,j,k)]\boldsymbol{j}\\ [A^2(i+1,j,k)-A^2(i-1,j,k)-A^1(i,j+1,k)+A^1(i,j-1,k)]\boldsymbol{k}\end{bmatrix}$$

单元划分情况与第 7 章的图 7.4 完全相同，这里就不再另外给出了。

9.3.2　基本递推算法的理论验证

为了验证一般时域双旋度波动方程基本积分表述的正确性，首先对计算中需通过空间插值和时间插值的在当前时间前的$\boldsymbol{A}(\boldsymbol{r}',t')$、$\dfrac{\partial\boldsymbol{A}(\boldsymbol{r}',t')}{\partial t}$全部采用理论值按前述步骤进行递推计算。计算规模按 7×7×7 的立方体区域进行，时间步长取为$\Delta t_0=0.6\Delta t_{\min}$。为了便于观察，这里采用在 3 个方向的理论解完全相同的情况，即采用理论解：

$$\boldsymbol{A}=[\cos(\omega_0 t)\sin(\omega_1 z),\cos(\omega_0 t)\sin\omega_2 x,\cos(\omega_0 t)\sin\omega_3 y]^{\mathrm{T}} \tag{9.22}$$

并取系数：

$$\omega_1 = \omega_2 = \omega_3 = 1.0\,,\quad \omega_0 = 2\pi c \tag{9.23}$$

这样做的目的是如果计算准确，则在观测点（0.5,0.5,0.5）3 个方向的值完全相同。图 9.1 给出了计算结果，图中给出了计算的基本条件，包括：计算规模、时间步长和观察场点位置。其中，计算规模用棱边单元数表示，棱边单元数仍然只取奇数，其序列为：$5,7,9,11,\cdots$。如果棱边单元数 $N=7$，则相应的边界元数量为 $6\times N^2 = 6\times 7^2 = 294$，体积元数量为 $N^3 = 7^3 = 343$。时间步长给出计算采用的时间步长具体值（单位 s）。观察场点位置给出各方向位置坐标序列号，一般取为正方形中心点。x 轴坐标为计算时间，用计算次数表示，换算为时间需乘以时间步长。y 轴为中心点（4，4，4）的解向量。实线为计算值，虚线为理论值。对于本例，由于 x、y、z 三个方向的值在观察点的值完全相同，则仅出现两条曲线（分别为理论值和计算值）。对于图 9.1 后半部分，由于 3 个方向的计算值、理论值完全相同，因此从图上只能看到 1 根实线（计算值）和 1 根虚线（理论值）。

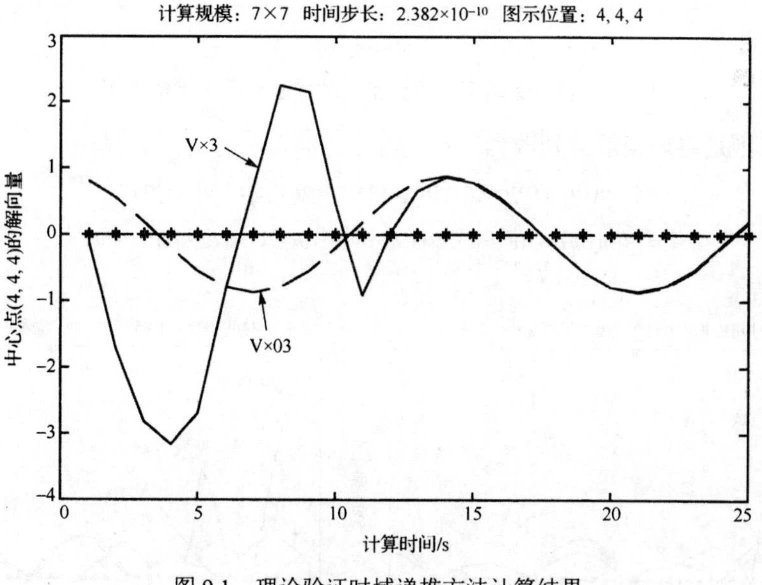

图 9.1 理论验证时域递推方法计算结果

从图 9.1 中可以看出：除了给定边界脉冲在考察点（0.5，0.5，0.5）引起的脉冲响应，随着时间的推移，理论解和计算值吻合良好，说明算法（包括基本积分表述）基本是正确的。而前半部分计算值与理论值发生明显偏差，有人认为是算法错误。本书作者认为这部分偏差正是一般时域波动方程数值计算必然出现的结果，这应该是初始条件的必然反映，而所构造的理论解实际并没有考虑初始条件的影响。

图 9.2 是改变上述理论解式（9.22）中的系数，使

$$\omega_1 = 0.5,\ \omega_2 = 1.0,\ \omega_3 = 0.75\,,\quad \omega_0 = 2\pi c \tag{9.24}$$

这样一来，x、y、z 三个方向的幅值不同，三个方向的图示都能清楚区分。

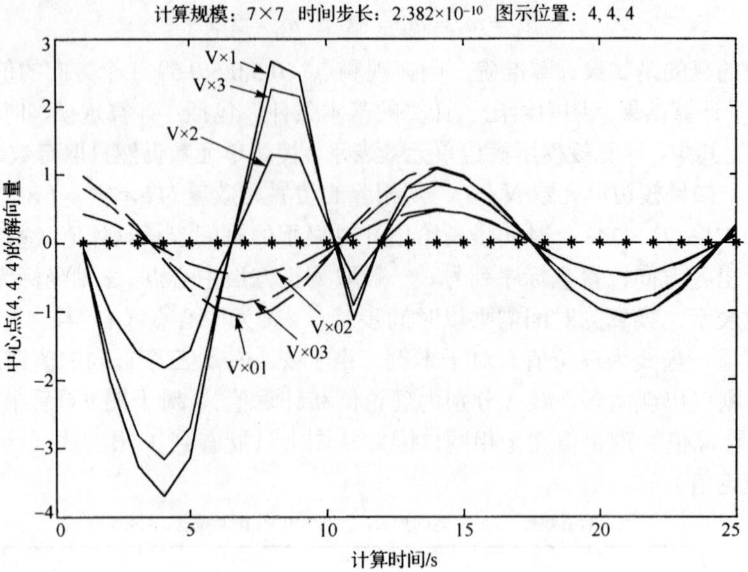

图 9.2　改变系数后，理论验证时域递推方法计算结果

图 9.3 则是将理论解分别改为

$$\boldsymbol{A}=[\sin(\omega_0 t)\sin(\omega_1 z),\sin(\omega_0 t)\cos\omega_2 x,\sin(\omega_0 t)\sin\omega_3 y]^{\mathrm{T}} \tag{9.25}$$

$$\boldsymbol{A}=[\sin(\omega_0 t)\sin(\omega_1 z),\cos(\omega_0 t)\sin\omega_2 x,\cos(\omega_0 t)\sin\omega_3 y]^{\mathrm{T}} \tag{9.26}$$

时的计算结果。

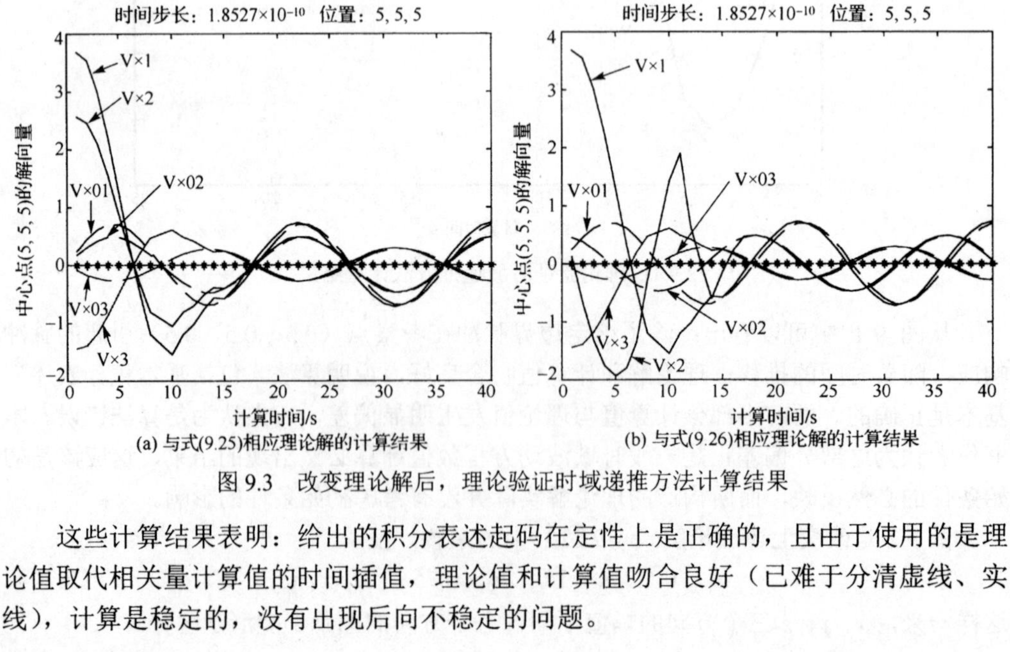

(a) 与式(9.25)相应理论解的计算结果　　(b) 与式(9.26)相应理论解的计算结果

图 9.3　改变理论解后，理论验证时域递推方法计算结果

这些计算结果表明：给出的积分表述起码在定性上是正确的，且由于使用的是理论值取代相关量计算值的时间插值，理论值和计算值吻合良好（已难于分清虚线、实线），计算是稳定的，没有出现后向不稳定的问题。

9.3.3　积分表述验证

特别说明：这两部分（包括后面的迭代算法）的计算程序本来已调试好，但因计算机故障（估计是病毒），导致程序丢失（图 9.1～图 9.3 的计算结果用的也是之前的计算结果），重新调试一月余仍未恢复，由于着急交稿，只得在春节期间请好友赖云霄帮忙调试，仍未能恢复，看来只能留下遗憾（深深感到个人的力量实在微不足道，难以承担如此宏大的研究任务），如可能待本书再版时补上这两部分的相应算例。

9.3.4　时域问题的迭代算法

迭代算法是递推算法的基础上实现的，当递推算法的第（5）步完成后，由数值方法计算出该时刻的 $\frac{\partial \boldsymbol{A}(\boldsymbol{r},t)}{\partial t},\frac{\partial^2 \boldsymbol{A}(\boldsymbol{r},t)}{\partial t'^2}$，并将 $\boldsymbol{A},\frac{\partial \boldsymbol{A}(\boldsymbol{r},t)}{\partial t},\frac{\partial^2 \boldsymbol{A}(\boldsymbol{r},t)}{\partial t'^2}$ 代入积分方程中并重新计算第（4）步。若新得到的 $\boldsymbol{A}_i$ 满足 $\left|\frac{\boldsymbol{A}_i-\boldsymbol{A}_{i-1}}{\boldsymbol{A}_i+\boldsymbol{A}_{i-1}}\right|<\varepsilon$，则继续计算第（6）步，否则转向第（4）步重新计算 $\boldsymbol{A}_{i+1}$。采用这种方式能够使每个新值矢量势 $\boldsymbol{A}$ 满足积分方程，从而保证计算的稳定性，这也必然带来计算时间的增加，但时间步长可达递推算法的 3～5 倍。虽然总的计算效率不如递推算法高，但由于迭代的影响，能够完全避免后向不稳定现象的发生。

9.4　索莫菲尔德问题的数值呈现

必须说明，这里进行的索莫菲尔德问题的数值计算仅限于无损耗介质，并不是“真的”索莫菲尔德问题，关于如何在直接时域法中不利用复数来表现色散媒质，本章后面会有讨论。

正如本章开始所述，研究索莫菲尔德问题的目的是希望利用索莫菲尔德和布里渊的相关结论与数值计算结果相互检验，以便从一个侧面证实所得的积分表述的正确性。在大量计算中还有意外的收获——这就是所谓索莫菲尔德问题的自相似现象，现在还不清楚这种现象是索莫菲尔德问题本身所具有的，还是数值计算中的特殊取值所造成的，不管怎样，先把它介绍给大家。

9.4.1　索莫菲尔德问题的自相似现象

首先，给出几张索莫菲尔德问题计算过程中的图示结果如图 9.4 所示。这些计算结果都是从波头到达观测点开始计算的，只是时间步长、对计算起作用的源单元范围不同而已。另外特别说明：自图 9.4 起的计算结果展示中，虽然图例给出了三种情况，但图中只给出了一种形状的图线，这是因为其他两个方向的计算值与主要方向的计算值存在至少 10 个数量级的差别，完全被最后画的零线所覆盖的缘故。

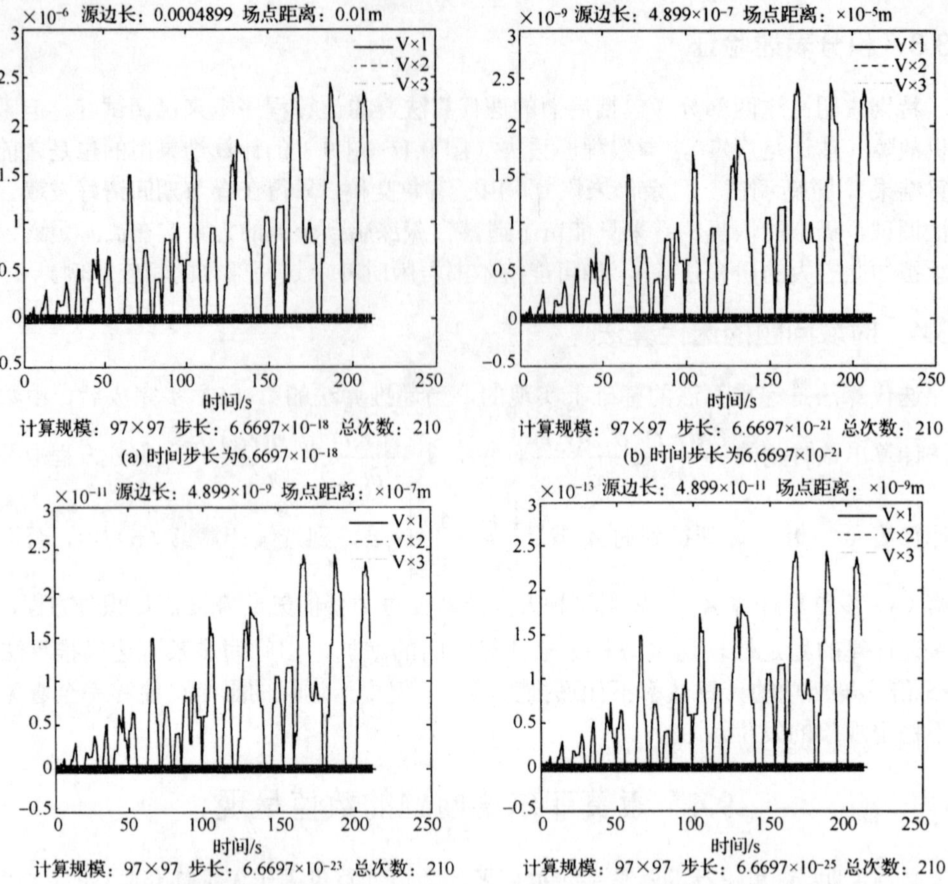

(a) 时间步长为6.6697×10^{-18}　(b) 时间步长为6.6697×10^{-21}

(c) 时间步长为6.6697×10^{-23}　(d) 时间步长为6.6697×10^{-25}

图 9.4　理论验证中出现的自相似现象

仅从图 9.4 中的 4 个图形来看，4 个图形完全一样，仔细看计算条件也有相似的基础，场点距源平面的距离、源边界单元的大小和时间步长是按相同比例变化，所以最后的结果出现所谓自相似现象。尽管这是一个看似合理的解释，但总觉得这个现象有记录的必要。

另外，按索莫菲尔德和布里渊理论的结果，在开始的预现波阶段，开始时它的频率很高，但随后稳定的降低；其振幅在开始时为零，而后逐渐增大，频率由高到低有那么一点意思，但其幅值只正无负像刀切一样就有点值得考究。当然随着计算步数的增加，幅值将远离横坐标呈正弦规律变化又能大致解释这一现象。

9.4.2　索莫菲尔德问题的数值呈现

限于所使用的计算机性能的限制，只能对索莫菲尔德问题采取分段计算的办法。分段计算的原则是：①保持场点与源平面的距离不变，保持源单元的大小不变，并保持有效单元的位置不变；②保证每次计算最后有效单元都在给定的正方形源区内，正方形和内接圆的面积之比为$\frac{\pi r^2}{4r^2}=\frac{\pi}{4}=0.7854$（也就是说每次计算完后，最后的有效单元数与正方形源的单元数的比应小于 78.54%）；③时间步长以相同数量的有效单元的最多计算次数尽量小于 4 次，每个时间步长进入有效区域的单元数尽量不超过 20（后期因为内存难于达到）。

图 9.5～图 9.7 共 12 个小图是对索菲尔德问题数值验证的一个尝试，为此已将所用计算机的能力发挥到极致，每个小图（计算结果）转移到本书也采取了特别的手段。尽管如此，用 12 次分段计算也仅只计算了 0～4.481610×10^{-14} 时间段，当然这里的时间步长取得也比较小，最大也才为 dt=2.6678×10^{-17}。

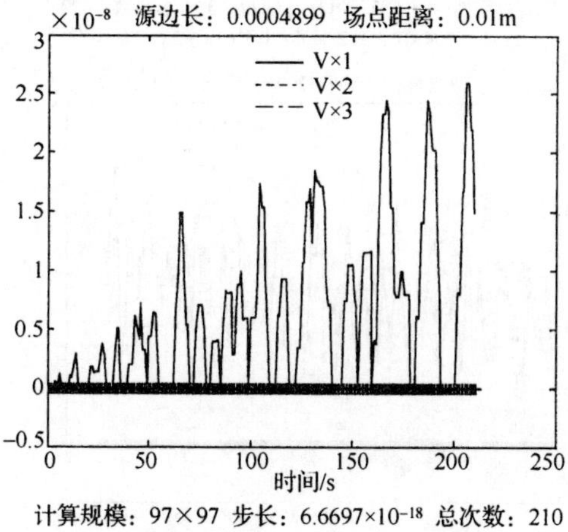

(a) $[0\sim1.4005\times10^{-15}]$, d$t=6.6697\times10^{-18}$

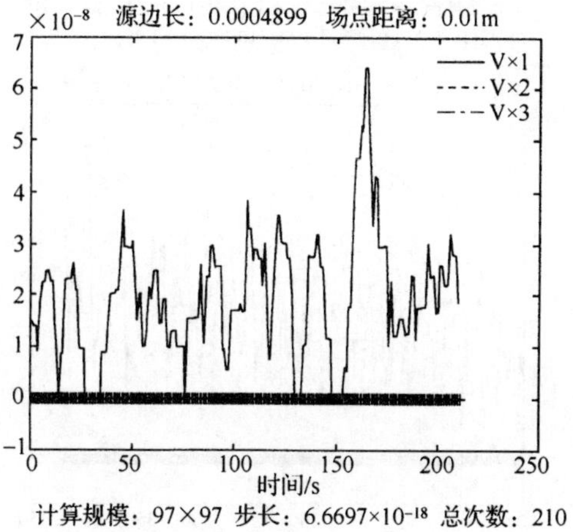

(b) $[1.4005\times10^{-15}\sim2.8010\times10^{-15}]$, d$t=6.6697\times10^{-18}$

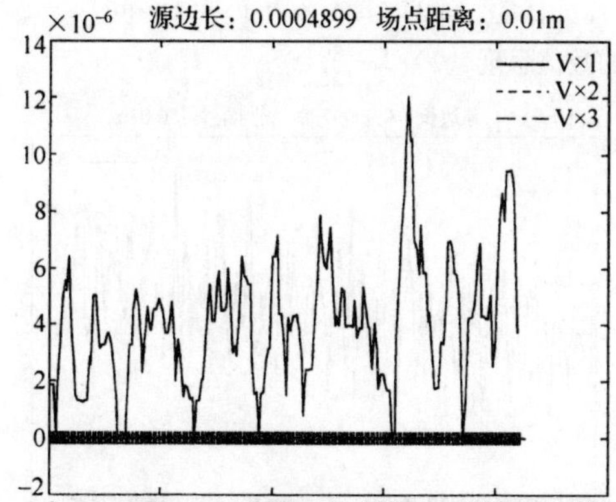

(c) $[2.8010\times10^{-15}\sim5.6021\times10^{-15}]$, d$t=1.3339\times10^{-17}$

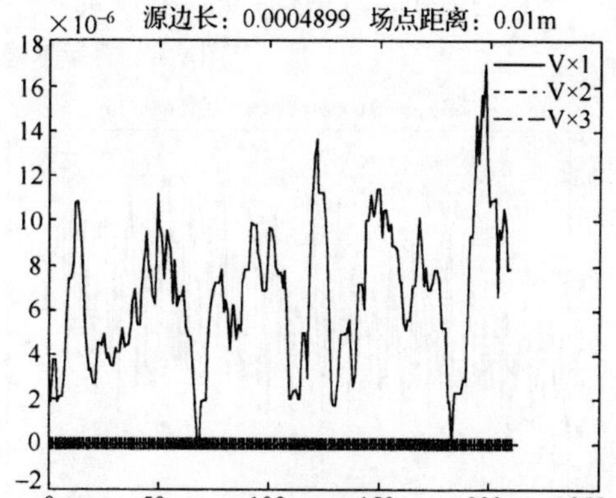

(d) $[5.6021\times10^{-15}\sim8.4031\times10^{-15}]$, d$t=1.3339\times10^{-17}$

图 9.5　索菲尔德问题的数值呈现（1）

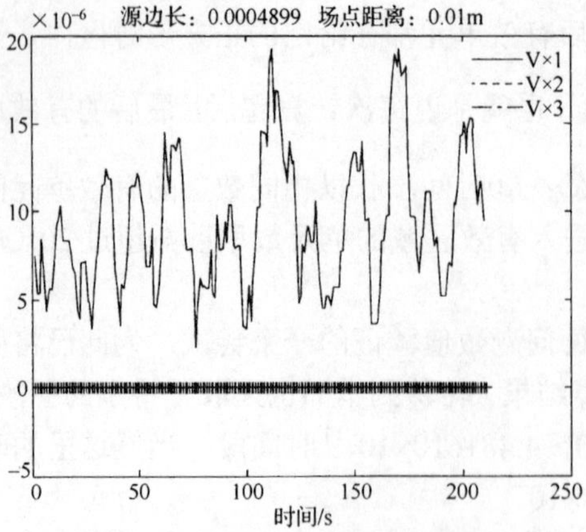

计算规模：97×97　步长：1.3339×10⁻¹⁷　总次数：210

(a) $[8.4031\times10^{-15}\sim1.1204\times10^{-14}]$, $dt=1.3339\times10^{-17}$

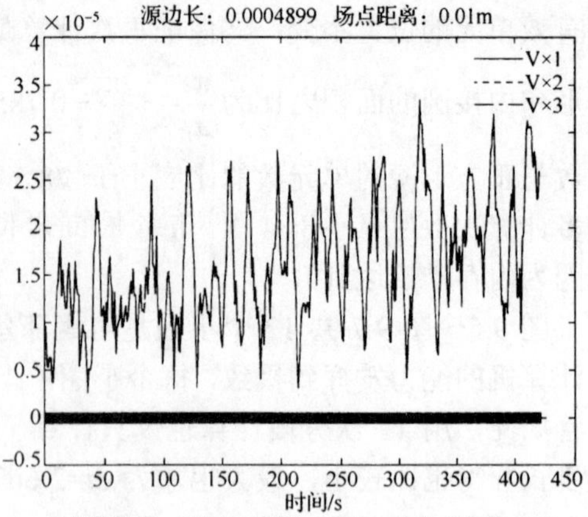

计算规模：97×97　步长：2.6679×10⁻¹⁷　总次数：420

(b) $[1.1204\times10^{-14}\sim2.2408\times10^{-14}]$, $dt=2.6679\times10^{-17}$

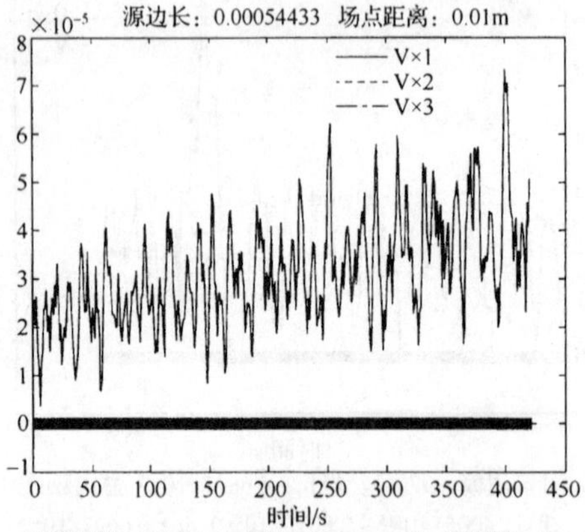

计算规模：109×109　步长：5.3358×10⁻¹⁷　总次数：420

(c) $[2.2408\times10^{-14}\sim3.3612\times10^{-14}]$, $dt=5.3358\times10^{-17}$

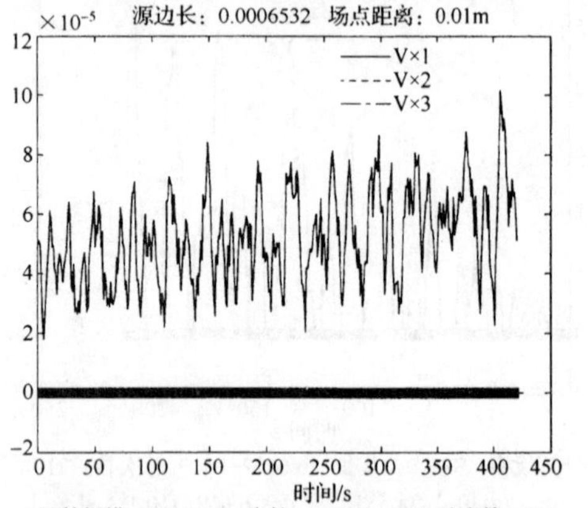

计算规模：131×131　步长：5.3358×10⁻¹⁷　总次数：420

(d) $[3.3612\times10^{-14}\sim4.4812\times10^{-14}]$, $dt=5.3358\times10^{-17}$

图 9.6　索菲尔德问题的数值呈现（2）

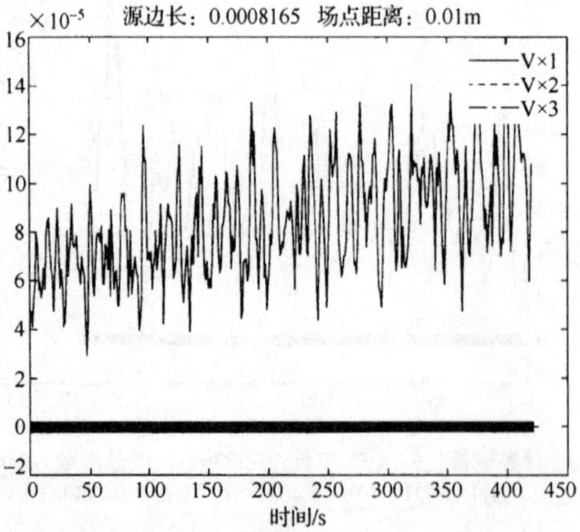

计算规模：163×163　步长：1.0672×10⁻¹⁶　总次数：420

(a) $[8.4031\times10^{-15}\sim1.1204\times10^{-14}]$, $dt=1.0672\times10^{-16}$

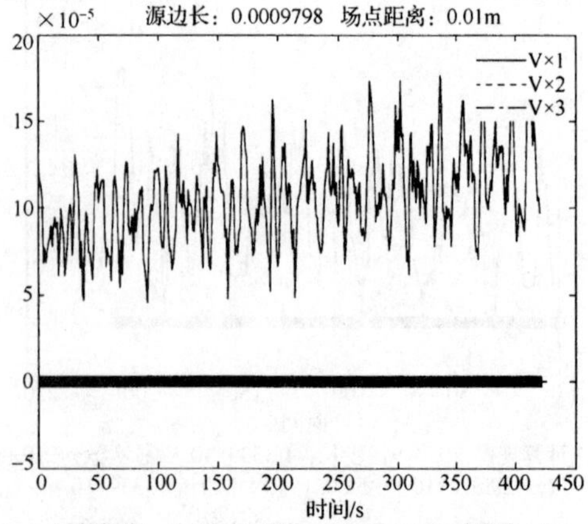

计算规模：195×195　步长：1.0672×10⁻¹⁶　总次数：420

(b) $[1.1204\times10^{-14}\sim2.2408\times10^{-14}]$, $dt=2.6678\times10^{-17}$

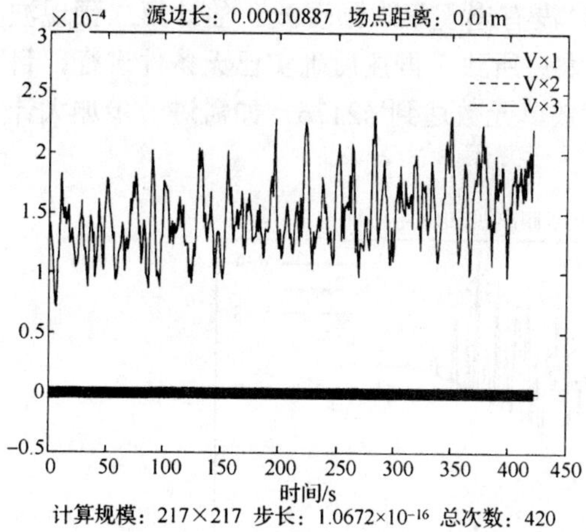

(c) [2.2408×10⁻¹⁴ ~ 3.3612×10⁻¹⁴], d*t* = 2.6678×10⁻¹⁷

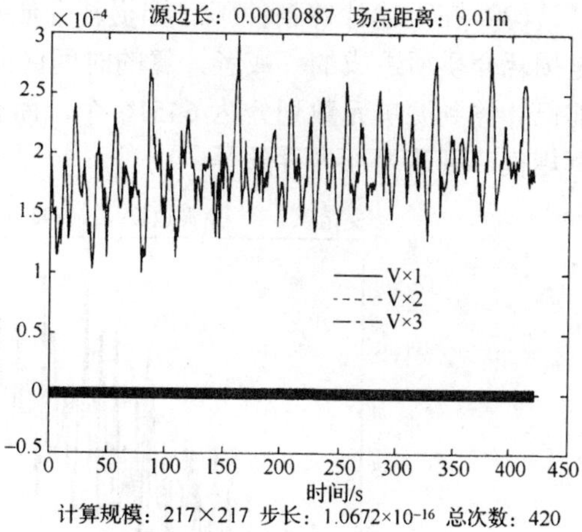

(d) [3.3612×10⁻¹⁴ ~ 4.4816×10⁻¹⁴], d*t* = 2.6678×10⁻¹⁷

图 9.7　索菲尔德问题的数值呈现（3）

表 9.1 给出了索菲尔德问题数值呈现各阶段的主要计算参数，其中，总步数是指本阶段的总时间步数，时间步长以基本步长的整数倍表示，其中基本步长 dt=6.6697×10^{-18}，源单元划分指本阶段预先划分的单元数，单元大小各阶段均为 10×10^{-15}×10×10^{-15}m 的正方形单元，有效源单元数量是本次计算结束时对计算结果有影响的源单元数量，计算时间是本阶段计算所用时间，单位为秒。

表 9.1　索菲尔德问题数值呈现各阶段的主要计算参数

计算阶段	1	2	3	4	5	6	7	8	9	10	11	12
总步数	210	210	210	210	210	420	420	420	420	420	420	420
时间步长	dt	dt	2dt	2dt	2dt	4dt	4dt	8dt	16dt	16dt	16dt	16dt
源单元划分	97^2	97^2	97^2	97^2	97^2	108^2	131^2	163^2	195^2	185^2	217^2	217^2
有效源单元	253	509	1041	1565	2077	4149	8357	12629	21001	25113	33585	42176
计算时间	295.8	295.8	316.3	333.3	339.5	752.6	985.7	1375.0	2040.9	2639.1	3544.7	4552.7

图 9.8 是索菲尔德问题的总体展示。这个图主要是展示当没有新的源单元进入计算区域时（也就是当新的源单元足够远，不足以影响场点），索菲尔德问题的计算结果是与源完全相同的（对无损耗媒质）。

尽管这次计算并不完美，从图 9.4～图 9.8 这些计算结果仍然可以发现一些规律。

（1）在相当一段时间内（新进入的源单元影响不能忽略不计时），由时间延后导致的高频振荡将不可避免；只有新进入的源单元影响可以忽略不计时（距离足够远），振荡将逐渐消失，对于无损耗介质，场点的考察参数将和源点一致（有时间延迟）。

（2）在所谓第一预现波的开始阶段，振幅肯定是从 0 开始逐渐增加。但计算中发现很少出现小于零的计算值（小于零的值好似被自横坐标一刀砍去），这可能是一个值得探讨的计算现象。

（3）在上述计算条件下（无损耗介质），没有出现第二预现波。估计第二预现波是损耗介质所造成的，或者计算的时间区间太短所致，再往后确实已无条件进行，目前已计算到源单元数划分达 64516 个，而有效单元数达到 42176。如需进一步加大计算规模，则需增加内存条等。

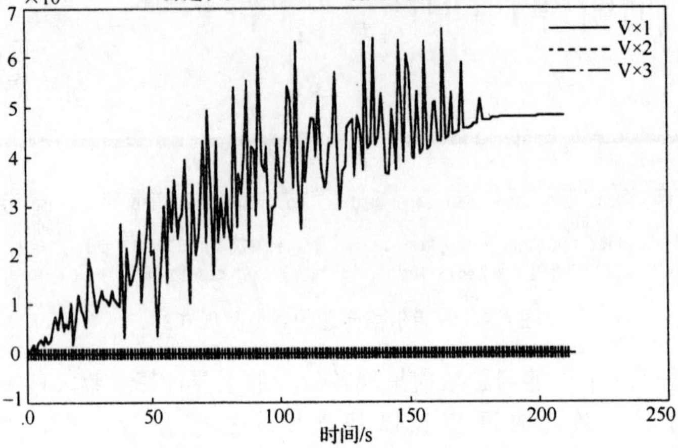

图 9.8　索菲尔德问题的数值呈现（总体）

9.5　存在的不足

这里希望首先讨论如何在直接时域法中表现色散媒质的问题。

时域电磁学的经典方法是：先在频域求解，再经傅里叶逆变换或拉普拉斯逆变换求得时域解。这一过程自然地引入了色散媒质的概念。那么，对于利用边界积分方程的直接时域法来讲，如何不利用复数来表现色散媒质等耗散媒质的特性呢？

为了简单起见，作者曾打算依据经典色散媒质模型的假设，认为媒质原子核可视为固定不动，电子主要受电场力的作用，同时还受惯性力、阻尼力和恢复力的作用。相应地在各向同性媒质的范围内，可设磁导率μ和电导率σ仍然为常数，仅设介电常数ε是电场大小和电场的时间变化率的函数，即$\varepsilon=\varepsilon\left(\boldsymbol{E},\dfrac{\mathrm{d}\boldsymbol{E}}{\mathrm{d}t}\right)$，将$\varepsilon$与电场的变化率$\dfrac{\mathrm{d}\boldsymbol{E}}{\mathrm{d}t}$相关是考虑频率的不同就是电场的平均变化率不同，对此想法，必然出现两个问题：①在理论上，如何将此媒质模型与经典色散媒质模型相联系就是一个关键问题；②在实践上，如何实现。但限于精力，这两方面我们都没有实际的进展。

一般时域双旋度波动方程的求解是研究重点。尽管投入了巨大的人力、物力，但由于问题太过复杂，除了前面提到的直接时域法如何模拟色散媒质的问题，目前仍存在不少问题，具体表现在如下几个方面。

（1）在纯理论方面，对一般时域双旋度波动方程积分表述的时间积分的处理不够仔细，总感觉有欠缺，特别是对旋度积分表述更是如此。

（2）该方程的基本递推算法当时间步长稍大时是发散的（所谓后向不稳定），一直希望用辛对称的概念来构造保辛的递推算法，目前还处于理论准备阶段。另外对角点部分（包括棱边）的仔细处理可能也是解决计算发散的一个有效途径（曾做过尝试，但效果不大）。迭代算法在现有计算条件下由于速度较慢几乎没有实用价值。

（3）目前，一般时域双旋度波动方程的旋度表述涉及 $\nabla\nabla G$ 的积分，这将涉及 δ 函数的二阶导数，使其对时间的积分处理起来特别困难，因此，尽管已基本做好旋度积分表述的理论准备，但限于人手的严重不足，旋度积分表述的数值验证工作尚未进行。

（4）一直希望用数值计算方法来证明索莫菲尔德、布里渊在色散媒质中电磁波的传播研究的相关结论，除了受制于如何在直接时域方法中模拟色散媒质，还受制于缺乏高效稳定的算法和性能优异的计算条件。

（5）受制于研究人员数量太少，缺乏与其他方法的数值对比，更缺乏与相应实验结果的对比，最重要的是也缺乏相应的实验结果。这一点还请有心的读者提供。

（6）时域计算最大的问题是计算的稳定性和计算的快速性，为此本书作者曾在多极子算法上花费了大量的精力，但收效不大。作者认为：在处理好奇异性（单元本身对自己的作用）的基础上，较好地处理拟奇异问题（相邻单元的相互作用）可能是提高时域计算效率的关键，当然这对提高双旋度泊松方程和双旋度赫姆霍兹方程的计算效率同样是非常重要的。

参 考 文 献

[1] 杨本洛. 流体运动经典分析. 北京: 科学出版社, 1996.

[2] 李忠元. 电磁场边界元素法. 北京: 北京工业学院出版社, 1987.

[3] 斯特来顿. 电磁理论. 何国瑜, 译. 北京: 北京航空学院出版社, 1986.

[4] 杨德全, 赵忠生. 边界元理论及应用. 北京: 北京理工大学出版社, 2002.

[5] 姚振汉, 王海涛. 边界元法. 北京: 高等教育出版社, 2010.

[6] 祝家麟, 袁政强. 边界元分析. 北京: 科学出版社, 2009.

[7] 吴洪潭. 边界元法在传热学中的应用. 北京: 国防工业出版社, 2008.

[8] Hanselman D, Littlefield B. 精通 MATLAB6. 张航, 黄攀, 译. 北京: 清华大学出版社, 2002.

[9] 邓薇. MATLAB 函数速查手册. 北京: 人民邮电出版社, 2010.

[10] 黄席椿. 论波速. 北京: 高等教育出版社, 1985.

[11] 汪文秉. 瞬态电磁场. 西安: 西安交通大学出版社, 1991.

[12] 王长清, 祝西里. 瞬变电磁场——理论和计算. 北京: 北京大学出版社, 2011.

第 10 章 双旋度算子相关方程的分离变量法尝试

包含双旋度算子的一类微分方程在电磁场、流场等的分析与计算中都有出现，是反映客观物理规律的重要方程，但一直没有分离变量解[1-3]，这对于此类方程的理论研究、数值计算、工程应用等都极为不便。虽然作者在研究电磁场数值计算过程中，一直关注包含双旋度算子的微分方程的分离变量解，也曾尝试过几次，都以失败而告终。在本书书稿写作过程中，又再次对此进行了尝试，终于在 2016 年 5 月下旬得到一些有用的结果，花费近 3 个月，这也使本书的交稿时间最少延迟 3 个月，不过看到这些优美的研究结果，相信读者也和作者一样认为是值得的。现将这些主要结果进行整理，在本章发表。本章从格式上讲是按研究笔记形式整理的，基本能够反映作者研究此问题的全貌。特别说明：本章的分离变量法尝试主要采用第 1 类齐次边界条件。

对于包含双旋度算子 $\nabla\times\nabla\times\boldsymbol{F}$ 的一类微分方程，在电磁场理论中有三类。最简单的为反映静磁场分布规律的双旋度泊松方程：$\nabla\times\nabla\times\boldsymbol{F}(\boldsymbol{r})=\boldsymbol{f}(\boldsymbol{r})$。

应用最普遍的是反映时谐电磁波传播规律的双旋度赫姆霍兹方程：

$$\nabla\times\nabla\times\boldsymbol{F}(\boldsymbol{r})-k^2\boldsymbol{F}(\boldsymbol{r})=\boldsymbol{f}(\boldsymbol{r})$$

而反映一般时域电磁场规律的双旋度一般时域电磁波动方程为

$$\nabla\times\nabla\times\boldsymbol{F}(\boldsymbol{r},t)+\frac{1}{c^2}\frac{\partial^2\boldsymbol{F}(\boldsymbol{r},t)}{\partial t^2}=\boldsymbol{f}(\boldsymbol{r},t)$$

10.1 双旋度赫姆霍兹方程的分离变量法

首先对双旋度赫姆霍兹方程进行仔细研究，这是因为当双旋度赫姆霍兹方程的系数 $k\to 0$ 时就可得到双旋度泊松方程，同时双旋度一般时域波动方程通过分量变量法也可得到双旋度赫姆霍兹方程。

10.1.1 分离变量尝试

对于双旋度算子 $\nabla\times\nabla\times\boldsymbol{F}$，令其中的矢性变量

$$\boldsymbol{F}=F^x\boldsymbol{i}+F^y\boldsymbol{j}+F^z\boldsymbol{k},\quad \begin{bmatrix} F^x=X^x(x)Y^x(y)Z^x(z)\\ F^y=X^y(x)Y^y(y)Z^y(z)\\ F^z=X^z(x)Y^z(y)Z^z(z)\end{bmatrix} \tag{10.1}$$

符号说明：上标为矢量分量表示，下标为求导坐标。如 $F_{xy}^y = X_x^y Y_y^y Z^y$ 表示矢性变量 $\boldsymbol{F}$ 的 y 方向分量 F^y 对 x、y 方向的二阶混合偏导数。

因为

$$\nabla\times\nabla\times\boldsymbol{F}=\nabla\times\begin{bmatrix}\boldsymbol{i} & \boldsymbol{j} & \boldsymbol{k}\\ \dfrac{\partial}{\partial x} & \dfrac{\partial}{\partial y} & \dfrac{\partial}{\partial z}\\ F^x & F^y & F^z\end{bmatrix}$$

$$=\begin{bmatrix}\boldsymbol{i} & \boldsymbol{j} & \boldsymbol{k}\\ \dfrac{\partial}{\partial x} & \dfrac{\partial}{\partial y} & \dfrac{\partial}{\partial z}\\ F_y^z-F_z^y & F_z^x-F_x^z & F_x^y-F_y^x\end{bmatrix}=\begin{bmatrix}\{(F_{xy}^y-F_{yy}^x)-(F_{zz}^x-F_{xz}^z)\}\boldsymbol{i}\\ \{(F_{yz}^z-F_{zz}^y)-(F_{xx}^y-F_{yx}^x)\}\boldsymbol{j}\\ \{(F_{zx}^x-F_{xx}^z)-(F_{yy}^z-F_{zy}^y)\}\boldsymbol{k}\end{bmatrix}$$

$$=\begin{bmatrix}\{(X_x^yY_y^yZ^y-X^xY_{yy}^xZ^x)-(X^xY^xZ_{zz}^x-X_x^zY^zZ_z^z)\}\boldsymbol{i}\\ \{(X^zY_y^zZ_z^z-X^yY^yZ_{zz}^y)-(X_{xx}^yY^yZ^y-X_x^xY_y^xZ^x)\}\boldsymbol{j}\\ \{(X_x^xY^xZ_z^x-X_{xx}^zY^zZ^z)-(X^zY_{yy}^zZ^z-X^yY_y^yZ_z^y)\}\boldsymbol{k}\end{bmatrix}\tag{10.2}$$

对于齐次双旋度赫姆霍兹方程：

$$\nabla\times\nabla\times\boldsymbol{F}(\boldsymbol{r})-k^2\boldsymbol{F}(\boldsymbol{r})=0\tag{10.3}$$

在 x 方向上，

$$(X_x^yY_y^yZ^y-X^xY_{yy}^xZ^x)-(X^xY^xZ_{zz}^x-X_x^zY^zZ_z^z)=k^2X^xY^xZ^x$$

$$\left(\frac{X_x^yY_y^yZ^y}{X^xY^xZ^x}-\frac{Y_{yy}^x}{Y^x}\right)-\left(\frac{Z_{zz}^x}{Z^x}-\frac{X_x^zY^zZ_z^z}{X^xY^xZ^x}\right)=k^2\tag{10.4}$$

式中，$\dfrac{Y_{yy}^x}{Y^x},\dfrac{Z_{zz}^x}{Z^x}$ 分别只是 y,z 的函数，如果 $\dfrac{X_x^yY_y^yZ^y}{X^xY^xZ^x}+\dfrac{X_x^zY^zZ_z^z}{X^xY^xZ^x}=n^x$ 为常数或者仅为 x 的函数或者是其他可导致分离变量法成立的函数形式，则必然有

$$\frac{Y_{yy}^x}{Y^x}=-k_y^x,\quad \frac{Z_{zz}^x}{Z^x}=-k_z^x\tag{10.5}$$

式中，k_y^x,k_z^x 是可由齐次边界条件决定的常数。

讨论常微分方程[4]：

$$\begin{cases}Y_{yy}^x=\dfrac{\mathrm{d}^2Y^x}{\mathrm{d}y^2}=-k_y^xY^x\\ Y^x(0)=0,\quad Y^x(l)=0\end{cases}\tag{10.6}$$

（1）当$k_y^x<0$时，常微分方程的解为

$$Y^x(y)=C_1\mathrm{e}^{\sqrt{-k_y^x}y}+C_2\mathrm{e}^{-\sqrt{-k_y^x}y} \tag{10.7}$$

由齐次边界条件可得

$$C_1+C_2=0,\quad C_1\mathrm{e}^{\sqrt{-k_y^x}l}+C_2\mathrm{e}^{-\sqrt{-k_y^x}l}=0 \tag{10.8}$$

由此解出$C_1=C_2=0$，零解，这是没有意义的。

（2）当$k_y^x=0$时，常微分方程的解为

$$Y^x(y)=C_1y+C_2 \tag{10.9}$$

由齐次边界条件可得

$$C_2=0,\quad C_1l+C_2=0 \tag{10.10}$$

仍然是$C_1=C_2=0$，只有零解，这也是没有意义的。

（3）当$k_y^x>0$时，常微分方程的解为

$$Y^x(y)=C_1\cos\sqrt{k_y^x}y+C_2\sin\sqrt{k_y^x}y \tag{10.11}$$

由齐次边界条件可得

$$C_1=0,\quad C_1\cos\sqrt{k_y^x}l+C_2\sin\sqrt{k_y^x}l=0 \tag{10.12}$$

如果$\sin\sqrt{k_y^x}l\neq 0$，仍然解出：$C_1=C_2=0$，这仍然是没有意义的。

如果$\sin\sqrt{k_y^x}l=0$，即$\sqrt{k_y^x}l=n\pi$（n为整数，因$n=0$将导致$k_y^x=0$），也即$k_y^x=\dfrac{n^2\pi^2}{l^2}(n=\pm1,2,3,\cdots)$，从而，

$$Y^x(y)=C_2\sin\sqrt{k_y^x}y \tag{10.13}$$

为使表达式更为简洁，可重新令

$$\frac{Y_{yy}^x}{Y^x}=-(k_y^x)^2,\quad \frac{Z_{zz}^x}{Z^x}=-(k_z^x)^2 \tag{10.14}$$

则常微分方程$\begin{cases}Y_{yy}^x=-(k_y^x)^2Y^x\\ Y^x(0)=0,Y^x(l)=0\end{cases}$的解可表示为

$$Y^x(y)=C_2\sin k_y^xy,\quad k_y^x=\frac{n\pi}{l},\quad n=\pm1,2,3,\cdots \tag{10.15}$$

类似可得到$\dfrac{Z_{zz}^x}{Z^x}=-(k_z^x)^2$在齐次边界条件下的解为

$$Z^x(z) = C_1 \sin k_z^x z, \quad k_z^x = \frac{n\pi}{l}, \quad n = \pm 1, 2, 3, \cdots \tag{10.16}$$

显然，在齐次边界条件相同的条件下$\left(\text{即}\begin{cases} Y_0^x = Y^x(0) = 0, & Y_l^x = Y^x(l) = 0 \\ Z_0^x = Z^x(0) = 0, & Z_l^x = Z^x(l) = 0 \end{cases}\right)$，分离常数存在关系：

$$k_y^x = k_z^x = k_n = \frac{n\pi}{l}, \quad n = \pm 1, 2, 3, \cdots \tag{10.17}$$

将 Y^x, Z^x 通解中的常数 C_1, C_2 并入 $F^x = X^x Y^x Z^x$ 中的 $X^x(x)$ 中，则矢量 $\boldsymbol{F}$ 的分量 F^x 可暂时表示为

$$F^x = X^x Y^x Z^x = X^x(x)\sin(k_y^x y)\sin(k_z^x z) \tag{10.18}$$

类似有

$$\begin{cases} x\text{:} \quad (X_x^y Y_y^y Z^y - X^x Y_{yy}^x Z^x) - (X^x Y^x Z_{zz}^x - X_x^z Y^z Z_z^z) = k^2 X^x Y^x Z^x \\ \left(\dfrac{X_x^y Y_y^y Z^y}{X^x Y^x Z^x} - \dfrac{Y_{yy}^x}{Y^x}\right) - \left(\dfrac{Z_{zz}^x}{Z^x} - \dfrac{X_x^z Y^z Z_z^z}{X^x Y^x Z^x}\right) = k^2, \quad F^x = \sin(k_y^x y)\sin(k_z^x z) X^x \\ y\text{:} \quad (X^z Y_y^z Z_z^z - X^y Y^y Z_{zz}^y) - (X_{xx}^y Y^y Z^y - X_x^x Y_y^x Z^x) = k^2 X^y Y^y Z^y \\ \left(\dfrac{X^z Y_y^z Z_z^z}{X^y Y^y Z^y} - \dfrac{Z_{zz}^y}{Z^y}\right) - \left(\dfrac{X_{xx}^y}{X^y} - \dfrac{X_x^x Y_y^x Z^x}{X^y Y^y Z^y}\right) = k^2, \quad F^y = \sin(k_x^y x)\sin(k_z^y z) Y^y \\ z\text{:} \quad (X_x^x Y^x Z_z^x - X_{xx}^z Y^z Z^z) - (X^z Y_{yy}^z Z^z - X^y Y_y^y Z_z^y) = k^2 X^z Y^z Z^z \\ \left(\dfrac{X_x^x Y^x Z_z^x}{X^z Y^z Z^z} - \dfrac{X_{xx}^z}{X^z}\right) - \left(\dfrac{Y_{yy}^z}{Y^z} - \dfrac{X^y Y_y^y Z_z^y}{X^z Y^z Z^z}\right) = k^2, \quad F^z = \sin(k_x^z x)\sin(k_y^z y) Z^z \end{cases} \tag{10.19}$$

也就是说，矢性变量的解目前可以表示为

$$\boldsymbol{F} = F^x \boldsymbol{i} + F^y \boldsymbol{j} + F^z \boldsymbol{k}, \quad \begin{cases} F^x = X^x Y^x Z^x = \sin(k_y^x y)\sin(k_z^x z) X^x(x) \\ F^y = X^y Y^y Z^y = \sin(k_x^y x)\sin(k_z^y z) Y^y(y) \\ F^z = X^z Y^z Z^z = \sin(k_x^z x)\sin(k_y^z y) Z^z(z) \end{cases} \tag{10.20}$$

并且，在齐次边界条件相同的情况下$\left(\text{即}\begin{cases} Y_0^x = Y^x(0) = 0, & Y_l^x = Y^x(l) = 0 \\ X_0^y = X^y(0) = 0, & X_l^y = Y^y(l) = 0 \\ Z_0^x = Z^x(0) = 0, & Z_l^x = Z^x(l) = 0 \end{cases}\right)$，分离常数存在关系：

$$k_y^x = k_z^x = k_x^y = k_z^y = k_x^z = k_y^z = k_n \tag{10.21}$$

从而，齐次赫姆霍兹方程的矢性变量 $\boldsymbol{F}$ 的解可以进一步表示为

$$\boldsymbol{F}=F^x\boldsymbol{i}+F^y\boldsymbol{j}+F^z\boldsymbol{k},\quad \begin{cases}F^x=X^xY^xZ^x=\sin(k_ny)\sin(k_nz)X^x(x)\\ F^y=X^yY^yZ^y=\sin(k_nx)\sin(k_nz)Y^y(y)\\ F^z=X^zY^zZ^z=\sin(k_nx)\sin(k_ny)Z^z(z)\end{cases} \tag{10.22}$$

10.1.2 耦合的常微分方程求解

下面考虑另一个常微分方程的求解。

在 x 方向上，

$$(X_x^yY_y^yZ^y-X^xY_{yy}^xZ^x)-(X^xY^xZ_{zz}^x-X_x^zY^zZ_z^z)=k^2X^xY^xZ^x$$

$$\left(\frac{X_x^yY_y^yZ^y}{X^xY^xZ^x}-\frac{Y_{yy}^x}{Y^x}\right)-\left(\frac{Z_{zz}^x}{Z^x}-\frac{X_x^zY^zZ_z^z}{X^xY^xZ^x}\right)=k^2$$

目前，已有

$$\frac{Y_{yy}^x}{Y^x}=-(k_y^x)^2,\quad \frac{Z_{zz}^x}{Z^x}=-(k_z^x)^2,$$

则必然有

$$\frac{X_x^yY_y^yZ^y}{X^xY^xZ^x}+\frac{X_x^zY^zZ_z^z}{X^xY^xZ^x}=n^x=k^2-(k_y^x)^2-(k_z^x)^2=k^2-2k_n^2 \tag{10.23}$$

将 F^x,F^y,F^z 的结果式（10.22）代入式（10.23），有

$$X_x^yY_y^yZ^y+X_x^zY^zZ_z^z=n^xX^xY^xZ^x,$$

$$k_x^y\cos(k_x^yx)\sin(k_z^yz)Y_y^y+k_x^z\cos(k_x^zx)\sin(k_y^zy)Z_z^z=n^x\sin(k_y^xy)\sin(k_z^xz)X^x \tag{10.24}$$

类似地，有

$$\begin{cases}x:\quad X_x^yY_y^yZ^y+X_x^zY^zZ_z^z=n^xX^xY^xZ^x\\ k_x^y\cos(k_x^yx)\sin(k_z^yz)Y_y^y+k_x^z\cos(k_x^zx)\sin(k_y^zy)Z_z^z=n^x\sin(k_y^xy)\sin(k_z^xz)X^x\\ y:\quad X^zY_y^zZ_z^z+X_x^xY_y^xZ^x=n^yX^yY^yZ^y\\ k_y^z\sin(k_x^zx)\cos(k_y^zy)Z_z^z+k_y^x\cos(k_y^xy)\sin(k_z^xz)X_x^x=n^y\sin(k_x^yx)\sin(k_z^yz)Y^y\\ z:\quad X_x^xY^xZ_z^x+X^yY_y^yZ_z^y=n^zX^zY^zZ^z\\ k_z^x\sin(k_y^xy)\cos(k_z^xz)X_x^x+k_z^y\sin(k_x^yx)\cos(k_z^yz)Y_y^y=n^z\sin(k_x^zx)\sin(k_y^zy)Z^z\end{cases} \tag{10.25}$$

显然，由式（10.19）可知存在频谱关系：

$$(k_y^x)^2+(k_z^x)^2+n^x=k^2,\quad (k_x^y)^2+(k_z^y)^2+n^y=k^2,\quad (k_x^z)^2+(k_y^z)^2+n^z=k^2 \tag{10.26}$$

也就是说，n^x、n^y、n^z 是确定值。

当相应的常微分方程具有相同的齐次边界条件时，更存在关系：

$$k_y^x = k_z^x = k_x^y = k_z^y = k_x^z = k_y^z = k_n,\quad n^x = n^y = n^z = n = k^2 - 2k_n^2 \tag{10.27}$$

下面讨论如何求解 X^x、Y^y 和 Z^z。

1. 采用分离变量法求解式（10.25）

观察式（10.25）可以发现：这是关于 X^x、Y^y 和 Z^z 的耦合的一阶微分方程组。需要注意，这不是严格意义的一阶微分方程组，因为它们的自变量并不相同，分别是 x、y 和 z，所以不能直接套用微分方程组的相关理论。但微分方程组的结构提供了再次应用分离变量法的可能。

1）方法 1（求导形成齐次方程组）

在 X 方向上，进一步对 x 求导：

$$k_x^y\cos(k_x^y x)\sin(k_z^y z)Y_y^y + k_x^z\cos(k_x^z x)\sin(k_y^z y)Z_z^z = n^x\sin(k_y^x y)\sin(k_z^x z)X^x$$

$$-k_x^y k_x^y\sin(k_x^y x)\sin(k_z^y z)Y_y^y - k_x^z k_x^z\sin(k_x^z x)\sin(k_y^z y)Z_z^z = n^x\sin(k_y^x y)\sin(k_z^x z)X_x^x$$

$$-k_n^2\frac{Y_y^y}{\sin(k_n y)} - k_n^2\frac{Z_z^z}{\sin(k_n z)} = n^x\frac{X_x^x}{\sin(k_n x)} \tag{10.28}$$

注意，这里利用了式（10.27）中的条件：$k_y^x = k_z^x = k_x^y = k_z^y = k_x^z = k_y^z = k_n$。

类似地，有

$$\begin{cases}
X:\ k_x^y\cos(k_x^y x)\sin(k_z^y z)Y_y^y + k_x^z\cos(k_x^z x)\sin(k_y^z y)Z_z^z = n^x\sin(k_y^x y)\sin(k_z^x z)X^x \\
n^x\sin(k_y^x y)\sin(k_z^x z)X_x^x = -k_x^y k_x^y\sin(k_x^y x)\sin(k_z^y z)Y_y^y - k_x^z k_x^z\sin(k_x^z x)\sin(k_y^z y)Z_z^z \\
n^x\dfrac{X_x^x}{\sin(k_n x)} = -k_n^2\dfrac{Y_y^y}{\sin(k_n y)} - k_n^2\dfrac{Z_z^z}{\sin(k_n z)} = \lambda^x \\
Y:\ k_y^z\sin(k_x^z x)\cos(k_y^z y)Z_z^z + k_y^x\cos(k_y^x y)\sin(k_z^x z)X_x^x = n^y\sin(k_x^y x)\sin(k_z^y z)Y^y \\
n^y\sin(k_x^y x)\sin(k_z^y z)Y_y^y = -k_y^z k_y^z\sin(k_x^z x)\sin(k_y^z y)Z_z^z - k_y^x k_y^x\sin(k_y^x y)\sin(k_z^x z)X_x^x \\
n^y\dfrac{Y_y^y}{\sin(k_n y)} = -k_n^2\dfrac{Z_z^z}{\sin(k_n z)} - k_n^2\dfrac{X_x^x}{\sin(k_n x)} = \lambda^y \\
Z:\ k_z^x\sin(k_y^x y)\cos(k_z^x z)X_x^x + k_z^y\sin(k_x^y x)\cos(k_z^y z)Y_y^y = n^z\sin(k_x^z x)\sin(k_y^z y)Z^z \\
n^z\sin(k_x^z x)\sin(k_y^z y)Z_z^z = -k_z^x k_z^x\sin(k_y^x y)\sin(k_z^x z)X_x^x - k_z^y k_z^y\sin(k_x^y x)\sin(k_z^y z)Y_y^y \\
n^z\dfrac{Z_z^z}{\sin(k_n z)} = -k_n^2\dfrac{X_x^x}{\sin(k_n x)} - k_n^2\dfrac{Y_y^y}{\sin(k_n y)} = \lambda^z
\end{cases} \tag{10.29}$$

也就是

$$\begin{cases} X: n^x \dfrac{X_x^x}{\sin(k_n x)} = -k_n^2 \dfrac{Y_y^y}{\sin(k_n y)} - k_n^2 \dfrac{Z_z^z}{\sin(k_n z)} = \lambda^x \\ Y: n^y \dfrac{Y_y^y}{\sin(k_n y)} = -k_n^2 \dfrac{Z_z^z}{\sin(k_n z)} - k_n^2 \dfrac{X_x^x}{\sin(k_n x)} = \lambda^y \\ Z: n^z \dfrac{Z_z^z}{\sin(k_n z)} = -k_n^2 \dfrac{X_x^x}{\sin(k_n x)} - k_n^2 \dfrac{Y_y^y}{\sin(k_n y)} = \lambda^z \end{cases} \tag{10.30}$$

这组方程的特点是左端仅为 x（或 y 或 z）的函数，右端则为另外两个坐标的函数的和。于是，出现两组形式相同仅常数符号不同且完全解耦的常微分方程：

$$n^x \frac{X_x^x}{\sin(k_n x)} = \lambda^x,\quad n^y \frac{Y_y^y}{\sin(k_n y)} = \lambda^y,\quad n^z \frac{Z_z^z}{\sin(k_n z)} = \lambda^z \tag{10.31}$$

和

$$-k_n^2 \frac{X_x^x}{\sin(k_n x)} = m^x,\quad -k_n^2 \frac{Y_y^y}{\sin(k_n y)} = m^y,\quad -k_n^2 \frac{Z_z^z}{\sin(k_n z)} = m^z \tag{10.32}$$

两组方程除常数的符号不同外，其形式相同，其解为

$$\begin{cases} X^x = C^x \cos(k_n x) + C^{x1} \\ Y^y = C^y \cos(k_n y) + C^{y1},\quad C^x = \dfrac{m^x}{k_n^3} \text{或者} C^x = -\dfrac{\lambda^x}{n^x k_n} \\ Z^z = C^z \cos(k_n z) + C^{z1} \end{cases} \tag{10.33}$$

式（10.31）、式（10.32）两组常微分方程本质上是同一组方程，反映的是同一个数学问题，因此系数必然相等，即

$$\frac{\lambda^x}{n^x} = -\frac{m^x}{k_n^2} \tag{10.34}$$

于是，得到齐次方程的通解为

$$\boldsymbol{F} = \begin{bmatrix} F^x \\ F^y \\ F^z \end{bmatrix} = \begin{bmatrix} X^x Y^x Z^x \\ X^y Y^y Z^y \\ X^z Y^z Z^z \end{bmatrix} = \begin{bmatrix} [C^x \cos(k_n x) + C^{x1}]\sin(k_n y)\sin(k_n z) \\ \sin(k_n x)[C^y \cos(k_n y) + C^{y1}]\sin(k_n z) \\ \sin(k_n x)\sin(k_n y)[C^z \cos(k_n z) + C^{z1}] \end{bmatrix} \tag{10.35}$$

注意，这里在常数符号上规定：C^x、C^y、C^z 为与分离常数相关联，而加 1 的 C^{x1}、C^{y1}、C^{z1} 则为积分常数（后面同此，不再另作说明）。

如果再进一步考虑齐次边界条件，由于 $\cos(0) = \cos(k_n l) = 1$，两个第 1 类齐次条件只能决定 1 个常数。因此

$$
\begin{cases}
X^x = C^x\cos(k_n x) - C^x \\
Y^y = C^y\cos(k_n y) - C^y, \quad C^x = \dfrac{m^x}{k_n^3} = -\dfrac{\lambda^x}{n^x k_n} \\
Z^z = C^z\cos(k_n z) - C^z
\end{cases} \tag{10.36}
$$

于是，得到另一个矢性变量的分离变量解：

$$
\boldsymbol{F} = \begin{bmatrix} F^x \\ F^y \\ F^z \end{bmatrix} = \begin{bmatrix} X^x Y^x Z^x \\ X^y Y^y Z^y \\ X^z Y^z Z^z \end{bmatrix} = \begin{bmatrix} C^x[\cos(k_n x)-1]\sin(k_n y)\sin(k_n z) \\ \sin(k_n x)C^y[\cos(k_n y)-1]\sin(k_n z) \\ \sin(k_n x)\sin(k_n y)C^z[\cos(k_n z)-1] \end{bmatrix} \tag{10.37}
$$

式（10.35）、式（10.37）两组解在后面的验证阶段都出现了矛盾的情况，当然也出现满足齐次双旋度赫姆霍兹方程的解（条件：式（10.35）中积分常数 $C^{x1} = C^{y1} = C^{z1} = 0$，且分离常数满足：$C^x + C^y + C^z = 0$）。

讨论：这里的情况与分离变量法类似，属于只有这样才能使等式成立，且最后结果需要通过验证环节来加以确认，属于拼凑的范畴。

2）分离常数的关系讨论

利用式（10.30）～式（10.32）可得分解常数之间的关系：

$$
\begin{cases}
m^y + m^z = \lambda^x, \quad m^x + m^z = \lambda^y, \quad m^x + m^y = \lambda^z \\
\dfrac{\lambda^x}{n^x} = -\dfrac{m^x}{k_n^2}, \quad \dfrac{\lambda^y}{n^y} = -\dfrac{m^y}{k_n^2}, \quad \dfrac{\lambda^z}{n^z} = -\dfrac{m^z}{k_n^2}
\end{cases} \tag{10.38}
$$

对于式（10.38）中的前 3 式，以 m^x，m^y，m^z 作为待求量，因为 $\begin{bmatrix} 0 & 1 & 1 \\ 1 & 0 & 1 \\ 1 & 1 & 0 \end{bmatrix} = 1+1-0 = 2 \neq 0$，可采用克莱姆法则求分离常数之间的关系。

同时，$\begin{bmatrix} \lambda^x & 1 & 1 \\ \lambda^y & 0 & 1 \\ \lambda^z & 1 & 0 \end{bmatrix} = \lambda^y + \lambda^z - \lambda^x$，$\begin{bmatrix} 0 & \lambda^x & 1 \\ 1 & \lambda^y & 1 \\ 1 & \lambda^z & 0 \end{bmatrix} = \lambda^x + \lambda^z - \lambda^y$，$\begin{bmatrix} 0 & 1 & \lambda^x \\ 1 & 0 & \lambda^y \\ 1 & 1 & \lambda^z \end{bmatrix} = \lambda^x + \lambda^y - \lambda^z$，所以

$$
\begin{cases}
m^x = \dfrac{\lambda^y + \lambda^z - \lambda^x}{2}, \quad m^y = \dfrac{\lambda^x + \lambda^z - \lambda^y}{2}, \quad m^z = \dfrac{\lambda^x + \lambda^y - \lambda^z}{2} \\
m^x = m^{xyz} - \lambda^x, \quad m^y = m^{xyz} - \lambda^y, \quad m^z = m^{xyz} - \lambda^z, \quad m^{xyz} = \dfrac{\lambda^x + \lambda^y + \lambda^z}{2} \\
m^x = m^{xyz} + \dfrac{n}{k_n^2} m^x, \quad m^y = m^{xyz} + \dfrac{n}{k_n^2} m^y, \quad m^z = m^{xyz} + \dfrac{n}{k_n^2} m^z
\end{cases} \tag{10.39}
$$

于是，如果 $n \neq k_n^2$，则 $m^x = \dfrac{m^{xyz}}{1-\dfrac{n}{k_n^2}} = m^y = m^z$。

结合式（10.34），显然有

$$\begin{cases} m^x = m^y = m^z = m, \quad \lambda^x = \lambda^y = \lambda^z = 2m \\ n^x = n^y = n^z = n = -2k_n^2, \quad k^2 = 0 \end{cases} \tag{10.40}$$

此时将导致 $k^2 = 0$，使原方程的性质发生改变，其解自然不再是齐次双旋度赫姆霍兹方程的解，但满足改变后的齐次双旋度泊松方程。后面的验证环节也证明了这一点。

如果 $n = k_n^2$，则结合式（10.34）、式（10.27）等可得

$$\begin{cases} \lambda^x = -m^x, \quad \lambda^y = -m^y, \quad \lambda^z = -m^z \\ m^x + m^y + m^z = 0 \\ n = k_n^2, \quad k^2 = 3k_n^2 \end{cases} \tag{10.41}$$

式（10.41）给出了式（10.35）满足齐次双旋度赫姆霍兹方程时分离常数应该满足的条件。

下面从另一个角度来寻求 n，k_n^2 之间的关系，根据式（10.29）有

$$\begin{cases} n^x \sin(k_y^x y)\sin(k_z^x z)X_x^x = -k_x^y k_x^y \sin(k_x^y x)\sin(k_z^y z)Y_y^y - k_x^z k_x^z \sin(k_x^z x)\sin(k_y^z y)Z_z^z \\ n^y \sin(k_x^y x)\sin(k_z^y z)Y_y^y = -k_y^z k_y^z \sin(k_x^z x)\sin(k_y^z y)Z_z^z - k_y^x k_y^x \sin(k_y^x y)\sin(k_z^x z)X_x^x \\ n^z \sin(k_x^z x)\sin(k_y^z y)Z_z^z = -k_z^x k_z^x \sin(k_y^x y)\sin(k_z^x z)X_x^x - k_z^y k_z^y \sin(k_x^y x)\sin(k_z^y z)Y_y^y \end{cases}$$

该式可改写为

$$\begin{cases} n^x \sin(k_y^x y)\sin(k_z^x z)X_x^x + k_x^y k_x^y \sin(k_x^y x)\sin(k_z^y z)Y_y^y + k_x^z k_x^z \sin(k_x^z x)\sin(k_y^z y)Z_z^z = 0 \\ k_y^x k_y^x \sin(k_y^x y)\sin(k_z^x z)X_x^x + n^y \sin(k_x^y x)\sin(k_z^y z)Y_y^y + k_y^z k_y^z \sin(k_x^z x)\sin(k_y^z y)Z_z^z = 0 \\ k_z^x k_z^x \sin(k_y^x y)\sin(k_z^x z)X_x^x + k_z^y k_z^y \sin(k_x^y x)\sin(k_z^y z)Y_y^y + n^z \sin(k_x^z x)\sin(k_y^z y)Z_z^z = 0 \end{cases}$$

这是一个关于 X_x^x、Y_y^y 和 Z_z^z 的齐次代数方程组。对于任意给定的 (x, y, z)，如果要求 X_x^x、Y_y^y 和 Z_z^z 有非零解，就要求相应的行列式等于零。即

$$\begin{bmatrix} n^x \sin(k_y^x y)\sin(k_z^x z) & k_n^2 \sin(k_x^y x)\sin(k_z^y z) & k_n^2 \sin(k_x^z x)\sin(k_y^z y) \\ k_n^2 \sin(k_y^x y)\sin(k_z^x z) & n^y \sin(k_x^y x)\sin(k_z^y z) & k_n^2 \sin(k_x^z x)\sin(k_y^z y) \\ k_n^2 \sin(k_y^x y)\sin(k_z^x z) & k_n^2 \sin(k_x^y x)\sin(k_z^y z) & n^z \sin(k_x^z x)\sin(k_y^z y) \end{bmatrix}$$

$$= \sin(k_n x)\sin(k_n y)\sin(k_n z)\sin(k_n x)\sin(k_n y)\sin(k_n z)\begin{bmatrix} n^x & k_n^2 & k_n^2 \\ k_n^2 & n^y & k_n^2 \\ k_n^2 & k_n^2 & n^z \end{bmatrix} = 0$$

将行列式展开，并进行因式分解可得

$$n^3 + k_n^6 + k_n^6 - nk_n^4 - nk_n^4 - nk_n^4 = n^3 + 2k_n^6 - 3nk_n^4$$
$$= (n + 2k_n^2)(n^2 - 2nk_n^2 + k_n^4) = (n + 2k_n^2)(n - k_n^2)^2 = 0$$

所以，n 的可能取值有

$$n = -2k_n^2 \quad \text{或} \quad n = k_n^2 \tag{10.42}$$

式中，$n = k_n^2$ 是二重根。

为保险起见，再按《数学手册》[5]上所提供的三次代数方程的求根公式计算。

三次代数方程：$n^3 - 3k_n^4 n + 2k_n^6 = 0$ 是卡尔丹公式适用的方程 $x^3 + px + q = 0$，其 3 个根可以分别表示为

$$n_1 = \sqrt[3]{-\frac{q}{2} + \sqrt{\left(\frac{q}{2}\right)^2 + \left(\frac{p}{3}\right)^3}} + \sqrt[3]{-\frac{q}{2} - \sqrt{\left(\frac{q}{2}\right)^2 + \left(\frac{p}{3}\right)^3}}$$
$$= \sqrt[3]{-\frac{2k_n^6}{2} + \sqrt{\left(\frac{2k_n^6}{2}\right)^2 + \left(\frac{-3k_n^4}{3}\right)^3}} + \sqrt[3]{-\frac{2k_n^6}{2} - \sqrt{\left(\frac{2k_n^6}{2}\right)^2 + \left(\frac{-3k_n^4}{3}\right)^3}}$$
$$= \sqrt[3]{-k_n^6 + \sqrt{0}} + \sqrt[3]{-k_n^6 - \sqrt{0}} = -k_n^2 - k_n^2 = -2k_n^2 \tag{10.42a}$$

$$n_2 = \omega\sqrt[3]{-\frac{q}{2} + \sqrt{\left(\frac{q}{2}\right)^2 + \left(\frac{p}{3}\right)^3}} + \omega^2\sqrt[3]{-\frac{q}{2} - \sqrt{\left(\frac{q}{2}\right)^2 + \left(\frac{p}{3}\right)^3}}$$
$$= \omega\sqrt[3]{-\frac{2k_n^6}{2} + \sqrt{\left(\frac{2k_n^6}{2}\right)^2 + \left(\frac{-3k_n^4}{3}\right)^3}} + \omega^2\sqrt[3]{-\frac{2k_n^6}{2} - \sqrt{\left(\frac{2k_n^6}{2}\right)^2 + \left(\frac{-3k_n^4}{3}\right)^3}}$$
$$= \omega\sqrt[3]{-k_n^6 + \sqrt{0}} + \omega^2\sqrt[3]{-k_n^6 - \sqrt{0}} = -\omega k_n^2 - \omega^2 k_n^2$$
$$= -\frac{-1 + \mathrm{i}\sqrt{3}}{2}k_n^2 - \frac{-1 - \mathrm{i}\sqrt{3}}{2}k_n^2 = k_n^2,\quad \omega = \frac{-1 + \mathrm{i}\sqrt{3}}{2},\quad \omega^2 = \frac{-1 - \mathrm{i}\sqrt{3}}{2} \tag{10.42b}$$

同理，

$$n_3 = \omega^2\sqrt[3]{-\frac{q}{2} + \sqrt{\left(\frac{q}{2}\right)^2 + \left(\frac{p}{3}\right)^3}} + \omega\sqrt[3]{-\frac{q}{2} - \sqrt{\left(\frac{q}{2}\right)^2 + \left(\frac{p}{3}\right)^3}} = k_n^2 \tag{10.42c}$$

这进一步证明了上述分解的正确性（当然最简单的证明方法是将解代入代数方程中检验，但不能检验重根。）

讨论：这里是通过逻辑的方式得到两种情况，并通过验证的方式进行取舍。

3）方法 2（直接用分离变量法研究非齐次常微分方程）

直接利用式（10.25）可得

$$\left\{\begin{array}{l} k_x^y\cos(k_x^yx)\sin(k_z^yz)Y_y^y+k_x^z\cos(k_x^zx)\sin(k_y^zy)Z_z^z=n^x\sin(k_y^xy)\sin(k_z^xz)X^x \\ \qquad k_x^y\dfrac{Y_y^y}{\sin(k_ny)}+k_x^z\dfrac{Z_z^z}{\sin(k_nz)}=\dfrac{n^xX^x}{\cos(k_nx)}=C_x \\ k_y^z\sin(k_x^zx)\cos(k_y^zy)Z_z^z+k_y^x\cos(k_y^xy)\sin(k_z^xz)X_x^x=n^y\sin(k_x^yx)\sin(k_z^yz)Y^y \\ \qquad k_y^z\dfrac{Z_z^z}{\sin(k_nz)}+k_y^x\dfrac{X_x^x}{\sin(k_nx)}=\dfrac{n^yY^y}{\cos(k_ny)}=C_y \\ k_z^x\sin(k_y^xy)\cos(k_z^xz)X_x^x+k_z^y\sin(k_x^yx)\cos(k_z^yz)Y_y^y=n^z\sin(k_x^zx)\sin(k_y^zy)Z^z \\ \qquad k_z^x\dfrac{X_x^x}{\sin(k_nx)}+k_z^y\dfrac{Y_y^y}{\sin(k_ny)}=\dfrac{n^zZ^z}{\cos(k_nz)}=C_z \end{array}\right. \tag{10.43}$$

这组方程的特点是右端仅为 x（或 y 或 z）的函数，对于左端第 1 项是 y 的函数，第 2 项为 z 的函数。于是，根据变量分离法则，出现 1 组解和 1 组常微分方程：

$$\left\{\begin{array}{l} X^x=C_x\cos(k_nx) \\ Y^y=C_y\cos(k_ny), \\ Z^z=C_z\cos(k_nz) \end{array}\right. \quad \left\{\begin{array}{l} X_x^x=C_x'\sin(k_nx) \\ Y_y^y=C_y'\sin(k_ny) \\ Z_z^z=C_z'\sin(k_nz) \end{array}\right. \tag{10.44}$$

显然，直接给出的解并不满足第 1 类齐次边界条件，但满足第 2 类齐次边界条件。同时，对其求导可得给定的常微分方程组，所以该组解和常微分方程组本身还是相容的。

相应地直接给出的解为

$$\boldsymbol{F}=\begin{bmatrix} F^x \\ F^y \\ F^z \end{bmatrix}=\begin{bmatrix} X^xY^xZ^x \\ X^yY^yZ^y \\ X^zY^zZ^z \end{bmatrix}=\begin{bmatrix} C_x\cos(k_nx)\sin(k_ny)\sin(k_nz) \\ C_y\sin(k_nx)\cos(k_ny)\sin(k_nz) \\ C_z\sin(k_nx)\sin(k_ny)\cos(k_nz) \end{bmatrix} \tag{10.45}$$

后面的验证表明：此解正是齐次双旋度赫姆霍兹方程的一个解，其存在条件是分离常数满足：$C_x+C_y+C_z=0$，后面会专门分析。

这里的解是直接给出的，但后面给出的分离常数之间的关系（频谱关系）拼凑痕迹还是比较明显。

与此相对应，如果解正确，将相应解代入式（10.43），则系数 C_x、C_y、C_z 之间的关系为

$$k_n^2C_y+k_n^2C_z=-nC_x,\quad k_n^2C_x+k_n^2C_z=-nC_y,\quad k_n^2C_x+k_n^2C_y=-nC_z \tag{10.46}$$

利用关系 $n=k_n^2$，有 $\begin{bmatrix} 1 & 1 & 1 \\ 1 & 1 & 1 \\ 1 & 1 & 1 \end{bmatrix}=1+1+1-(1+1+1)=0$，分离常数 C_x、C_y、C_z 有非零解。

利用关系 $n=-2k_n^2$，同样使 C_x、C_y、C_z 有非零解。

进一步，设 $n=xk_n^2$，只有 $\begin{bmatrix} x & 1 & 1 \\ 1 & x & 1 \\ 1 & 1 & x \end{bmatrix}=x^3+1+1-(3x)=0 \Rightarrow x^3-3x+2=0 \Rightarrow (x+2)$ $(x^2-2x+1)=0$，才可能有非零解；其解与式（10.42）相同，为 $n=-2k_n^2$，或者 $n=k_n^2$。式中，$n=k_n^2$ 是二重根。

讨论：

（1）如果 $n=-2k_n^2$，则由式（10.26）可得 $k^2=0$，方程性质改变；同时，式（10.46）成为 $C_y+C_z=2C_x$，$C_x+C_z=2C_y$，$C_x+C_y=2C_z$；则 $C_x=C_y=C_z=C$；从而解(10.45)成为

$$\boldsymbol{F}=\begin{bmatrix} F^x \\ F^y \\ F^z \end{bmatrix}=\begin{bmatrix} X^xY^xZ^x \\ X^yY^yZ^y \\ X^zY^zZ^z \end{bmatrix}=\begin{bmatrix} C\cos(k_nx)\sin(k_ny)\sin(k_nz) \\ C\sin(k_nx)\cos(k_ny)\sin(k_nz) \\ C\sin(k_nx)\sin(k_ny)\cos(k_nz) \end{bmatrix} \tag{10.47}$$

但后面验证表明该解不是双旋度赫姆霍兹方程的解，而是双旋度泊松方程的解。对于所讨论的双旋度赫姆霍兹方程而言，应该略去。

（2）如果 $n=k_n^2$，则由式（10.26）可得 $3k_n^2=k^2$；同时，式（10.46）成为 $C_y+C_z=-C_x$，$C_x+C_z=-C_y$，$C_x+C_y=-C_z \Rightarrow C_x+C_y+C_z=0$；从而解（10.45）成为

$$\boldsymbol{F}=\begin{bmatrix} F^x \\ F^y \\ F^z \end{bmatrix}=\begin{bmatrix} C_x\cos(k_nx)\sin(k_ny)\sin(k_nz) \\ C_y\sin(k_nx)\cos(k_ny)\sin(k_nz) \\ C_z\sin(k_nx)\sin(k_ny)\cos(k_nz) \end{bmatrix},\quad C_y+C_x+C_z=0 \tag{10.48}$$

后面的验证也证明此解为齐次双旋度赫姆霍兹方程的一个解。

式（10.44）所给出的常微分方程的通解为

$$X^x=-\frac{C_x'}{k_n^2}\cos(k_nx)+D_x,\quad Y^y=-\frac{C_y'}{k_n^2}\cos(k_ny)+D_y,\quad Z^z=-\frac{C_z'}{k_n^2}\cos(k_nz)+D_z$$

此通解对应的矢性变量的解形式上仍为式（10.35），不再重新列出。

利用第 1 类齐次边界条件得

$$X^x=-\frac{C_x'}{k_n^2}[\cos(k_nx)-1],\quad Y^y=-\frac{C_y'}{k_n^2}[\cos(k_ny)-1],\quad Z^z=-\frac{C_x'}{k_n^2}[\cos(k_nz)-1]$$

此解对应的矢性变量的解仍为式（10.37），不再重新列出。

2. 利用线性代数求解相关的常微分方程

1）常微分方程的解耦

在相同的齐次边界条件下，式（10.25）成为：

$$\begin{cases} k_n\cos(k_n x)\sin(k_n z)Y_y^y + k_n\cos(k_n x)\sin(k_n y)Z_z^z = n^x\sin(k_n y)\sin(k_n z)X^x \\ k_n\sin(k_n x)\cos(k_n y)Z_z^z + k_n\cos(k_n y)\sin(k_n z)X_x^x = n^y\sin(k_n x)\sin(k_n z)Y^y \\ k_n\sin(k_n y)\cos(k_n z)X_x^x + k_n\sin(k_n x)\cos(k_n z)Y_y^y = n^z\sin(k_n x)\sin(k_n y)Z^z \end{cases}$$

上式可以改写为矩阵形式：

$$\begin{bmatrix} 0 & k_n\cos(k_n x)\sin(k_n z) & k_n\cos(k_n x)\sin(k_n y) \\ k_n\cos(k_n y)\sin(k_n z) & 0 & k_n\sin(k_n x)\cos(k_n y) \\ k_n\sin(k_n y)\cos(k_n z) & k_n\sin(k_n x)\cos(k_n z) & 0 \end{bmatrix}\cdot\begin{bmatrix} X_x^x \\ Y_y^y \\ Z_z^z \end{bmatrix}$$
$$=\begin{bmatrix} n^x\sin(k_n y)\sin(k_n z) & 0 & 0 \\ 0 & n^y\sin(k_n x)\sin(k_n z) & 0 \\ 0 & 0 & n^z\sin(k_n x)\sin(k_n y) \end{bmatrix}\cdot\begin{bmatrix} X^x \\ Y^y \\ Z^z \end{bmatrix}=\begin{bmatrix} \mathrm{d}_{11}X^x \\ \mathrm{d}_{22}Y^y \\ \mathrm{d}_{33}Z^z \end{bmatrix} \tag{10.49}$$

即

$$\boldsymbol{AX}'=\boldsymbol{B},\quad \boldsymbol{B}=\boldsymbol{DX} \tag{10.49'}$$

因为

$$|\boldsymbol{A}|=k_n^3\begin{bmatrix} 0 & \cos(k_n x)\sin(k_n z) & \cos(k_n x)\sin(k_n y) \\ \cos(k_n y)\sin(k_n z) & 0 & \sin(k_n x)\cos(k_n y) \\ \sin(k_n y)\cos(k_n z) & \sin(k_n x)\cos(k_n z) & 0 \end{bmatrix}$$
$$\begin{aligned} &=k_n^3[\cos(k_n x)\sin(k_n z)\sin(k_n x)\cos(k_n y)\sin(k_n y)\cos(k_n z) \\ &\quad+\cos(k_n y)\sin(k_n z)\sin(k_n x)\cos(k_n z)\cos(k_n x)\sin(k_n y)] \\ &=2k_n^3\sin(k_n x)\sin(k_n y)\sin(k_n z)\cos(k_n x)\cos(k_n y)\cos(k_n z)\neq 0 \end{aligned} \tag{10.50}$$

所以，存在逆矩阵 $\boldsymbol{A}^{-1}$，使得 $\boldsymbol{A}^{-1}\boldsymbol{AX}'=\boldsymbol{A}^{-1}\boldsymbol{DX}\Rightarrow\boldsymbol{X}'=\boldsymbol{A}^{-1}\boldsymbol{DX}$。如果 $\boldsymbol{A}^{-1}\boldsymbol{D}$ 是对角矩阵，那么问题的求解就非常简单了。

由于这里仅涉及 3 阶行列式的计算，直接采用克莱姆法则进行计算。即

$$X_x^x=\frac{|\boldsymbol{A}_x|}{|\boldsymbol{A}|},\quad Y_y^y=\frac{|\boldsymbol{A}_y|}{|\boldsymbol{A}|},\quad Z_z^z=\frac{|\boldsymbol{A}_z|}{|\boldsymbol{A}|} \tag{10.51}$$

下面具体计算 $|\boldsymbol{A}_x|$、$|\boldsymbol{A}_y|$ 和 $|\boldsymbol{A}_z|$ 的值：

$$|A_x| = k_n^2 \begin{bmatrix} n^x \sin(k_n y)\sin(k_n z)X^x & \cos(k_n x)\sin(k_n z) & \cos(k_n x)\sin(k_n y) \\ n^y \sin(k_n x)\sin(k_n z)Y^y & 0 & \sin(k_n x)\cos(k_n y) \\ n^z \sin(k_n x)\sin(k_n y)Z^z & \sin(k_n x)\cos(k_n z) & 0 \end{bmatrix}$$

$$= nk_n^2 \sin(k_n x)\sin(k_n y)\sin(k_n z)[\sin(k_n x)\cos(k_n x)\cos(k_n y)Z^z + \sin(k_n x)\cos(k_n x)\cos(k_n z)Y^y - \cos(k_n y)\cos(k_n z)\sin(k_n x)X^x] \tag{10.52}$$

类似地

$$|A_y| = k_n^2 \begin{bmatrix} 0 & n^x \sin(k_n y)\sin(k_n z)X^x & \cos(k_n x)\sin(k_n y) \\ \cos(k_n y)\sin(k_n z) & n^y \sin(k_n x)\sin(k_n z)Y^y & \sin(k_n x)\cos(k_n y) \\ \sin(k_n y)\cos(k_n z) & n^z \sin(k_n x)\sin(k_n y)Z^z & 0 \end{bmatrix}$$

$$= nk_n^2 \sin(k_n x)\sin(k_n y)\sin(k_n z)[X^x \sin(k_n y)\cos(k_n z)\cos(k_n y) + Z^z \cos(k_n y)\cos(k_n x)\sin(k_n y) - Y^y \cos(k_n z)\cos(k_n x)\sin(k_n y)] \tag{10.53}$$

$$|A_z| = k_n^2 \begin{bmatrix} 0 & \cos(k_n x)\sin(k_n z) & n^x \sin(k_n y)\sin(k_n z)X^x \\ \cos(k_n y)\sin(k_n z) & 0 & n^y \sin(k_n x)\sin(k_n z)Y^y \\ \sin(k_n y)\cos(k_n z) & \sin(k_n x)\cos(k_n z) & n^z \sin(k_n x)\sin(k_n y)Z^z \end{bmatrix}$$

$$= nk_n^2 \sin(k_n x)\sin(k_n y)\sin(k_n z)[X^x \cos(k_n y)\sin(k_n z)\cos(k_n z) + Y^y \cos(k_n x)\sin(k_n z)\cos(k_n z) - Z^z \cos(k_n x)\cos(k_n y)\sin(k_n z)] \tag{10.54}$$

所以

$$X_x^x = \frac{|A_x|}{|A|} = \frac{-n^x \sin(k_n x)X^x}{2k_n \cos(k_n x)} + \frac{n^y \sin(k_n x)Y^y}{2k_n \cos(k_n y)} + \frac{n^z \sin(k_n x)Z^z}{2k_n \cos(k_n z)} \tag{10.55}$$

式（10.55）可改写为

$$\frac{n^y Y^y}{2k_n \cos(k_n y)} + \frac{n^z Z^z}{2k_n \cos(k_n z)} = \frac{X_x^x}{\sin(k_n x)} + \frac{n^x X^x}{2k_n \cos(k_n x)} = C_x \tag{10.56}$$

该方程右端为 x 的函数，但左端第 1 项毫无疑问为 y 的函数，左端第 2 项为 z 的函数。为使等式两端相等应为常数，从而要求 $Y^y = C_y \cos(k_n y)$，$Z^z = C_z \cos(k_n z)$，即

$$\begin{cases} X_x^x = -\dfrac{n^x \sin(k_n x)X^x}{2k_n \cos(k_n x)} + C_x \sin(k_n x) \\ Y^y = \dfrac{2k_n C_y}{n}\cos(k_n y), \quad Z^z = \dfrac{2k_n C_z}{n}\cos(k_n z) \end{cases} \tag{10.57}$$

3 个常数之间满足的关系为

$$C_x = C_y + C_z \tag{10.58}$$

类似地

$$\begin{cases} X_x^x = \dfrac{|A_x|}{|A|} = \dfrac{-n\sin(k_n x)X^x}{2k_n\cos(k_n x)} + \dfrac{n\sin(k_n x)Y^y}{2k_n\cos(k_n y)} + \dfrac{n\sin(k_n x)Z^z}{2k_n\cos(k_n z)} \\ Y_y^y = \dfrac{|A_y|}{|A|} = \dfrac{nX^x\sin(k_n y)}{2k_n\cos(k_n x)} - \dfrac{nY^y\sin(k_n y)}{2k_n\cos(k_n y)} + \dfrac{nZ^z\sin(k_n z)}{2k_n\cos(k_n z)} \\ Z_z^z = \dfrac{|A_z|}{|A|} = \dfrac{nX^x\sin(k_n z)}{2k_n\cos(k_n x)} + \dfrac{nY^y\sin(k_n z)}{2k_n\cos(k_n y)} - \dfrac{nZ^z\sin(k_n z)}{2k_n\cos(k_n z)} \end{cases} \tag{10.59}$$

从而

$$\begin{cases} \dfrac{X_x^x}{\sin(k_x^z x)} + \dfrac{nX^x}{2k_n\cos(k_n x)} = \dfrac{nY^y}{2k_n\cos(k_n y)} + \dfrac{nZ^z}{2k_n\cos(k_n z)} = C_x \\ \dfrac{Y_y^y}{\sin(k_y^z z)} + \dfrac{nY^y}{2k_n\cos(k_n y)} = \dfrac{nX^x}{2k_n\cos(k_n x)} + \dfrac{nZ^z}{2k_n\cos(k_n z)} = C_y \\ \dfrac{Z_z^z}{\sin(k_z^y z)} + \dfrac{nZ^z}{2k_n\cos(k_n z)} = \dfrac{nX^x}{2k_n\cos(k_n x)} + \dfrac{nY^y}{2k_n\cos(k_n y)} = C_z \end{cases} \tag{10.60}$$

由此可得

$$\begin{cases} X_x^x = -\dfrac{n\sin(k_n x)X^x}{2k_n\cos(k_n x)} + C_x\sin(k_n x) \\ Y^y = \dfrac{2k_n C_y'}{n}\cos(k_n y), \quad Z^z = \dfrac{2k_n C_z'}{n}\cos(k_n z) \end{cases}$$

$$\begin{cases} Y_y^y = -\dfrac{nY^y\sin(k_n y)}{2k_n\cos(k_n y)} + C_y\sin(k_n y) \\ X^x = \dfrac{2k_n C_x'}{n}\cos(k_n x), \quad Z^z = \dfrac{2k_n C_z'}{n}\cos(k_n z) \end{cases} \tag{10.61}$$

$$\begin{cases} Z_z^z = -\dfrac{nZ^z\sin(k_n z)}{2k_n\cos(k_n z)} + C_x\sin(k_n z) \\ X^x = \dfrac{2k_n C_x'}{n}\cos(k_n x), \quad Y^y = \dfrac{2k_n C_y'}{n}\cos(k_n y) \end{cases}$$

这里直接给出了一组解：

$$X^x = \frac{2k_n C_x'}{n}\cos(k_n x), \quad Y^y = \frac{2k_n C_y'}{n}\cos(k_n y), \quad Z^z = \frac{2k_n C_z'}{n}\cos(k_n z) \tag{10.62}$$

显然，此解与式（10.45）相同，在条件 $C_x' + C_y' + C_z' = 0$ 下满足齐次双旋度赫姆霍兹方程，且其导数满足齐次边界条件。

同时，给出一组解除耦合的一阶微分方程组：

$$\begin{cases} X_x^x = -\dfrac{n\sin(k_n x)X^x}{2k_n\cos(k_n x)} + C_x\sin(k_n x) \\ Y_y^y = -\dfrac{nY^y\sin(k_n y)}{2k_n\cos(k_n y)} + C_y\sin(k_n y) \\ Z_z^z = -\dfrac{nZ^z\sin(k_n z)}{2k_n\cos(k_n z)} + C_z\sin(k_n z) \end{cases} \tag{10.63}$$

显然，将式（10.62）代入式（10.63）可知，式（10.62）给出的解与式（10.63）的微分方程组是相容的。

2）齐次方程的解

下面具体求解这三个非齐次 1 阶微分方程。

在 X 方向上：

$$X_x^x = -\frac{n\sin(k_n x)X^x}{2k_n\cos(k_n x)} + C_x\sin(k_n x) \tag{10.64}$$

齐次方程的解：

$$\frac{\mathrm{d}X^x}{X^x} = -\frac{n\sin(k_n x)\mathrm{d}x}{2k_n\cos(k_n x)} = \frac{n\mathrm{d}[\cos(k_n x)]}{2k_n^2\cos(k_n x)}$$

$$\ln X^x = \frac{n}{2k_n^2}\ln[\cos(k_n x)] + C_1 \Rightarrow X^x = C\cos^{\frac{n}{2k_n^2}}(k_n x) \tag{10.65}$$

根据前面的讨论：$n=-2k_n^2$，或者 $n=k_n^2$，代入可得

$$X^x = C\cos^{\frac{n}{2k_n^2}}(k_n x) = C\cos^{(-1)}(k_n x) = \frac{C}{\cos(k_n x)} \quad (\text{如果} n=-2k_n^2) \tag{10.66}$$

$$X^x = C\cos^{\frac{n}{2k_n^2}}(k_n x) = C\cos^{\frac{1}{2}}(k_n x) = C\sqrt{\cos(k_n x)} \quad (\text{如果} n=k_n^2) \tag{10.67}$$

3）尝试法求特解

仔细观察非齐次微分方程（10.64）的结构，其非齐次项为 $C_x\sin(k_n x)$，因此，特解可能具有的形式为 $X^{x^*} = C^*\cos(k_n x)$，将此猜测解带入非齐次微分方程（10.64）中可得

$$X_x^x = -\frac{n\sin(k_n x)X^x}{2k_n\cos(k_n x)} + C_x\sin(k_n x)$$

$$-C^* k_n\sin(k_n x) = -\frac{n\sin(k_n x)C^*\cos(k_n x)}{2k_n\cos(k_n x)} + C_x\sin(k_n x)$$

$$-C^* k_n = -\frac{nC_3}{2k_n} + C^* \Rightarrow -2C^* k_n^2 = -nC^* + 2k_n C_x \Rightarrow C^* = \frac{2k_n C_x}{(n-2k_n^2)} \tag{10.68}$$

于是我们找出一个非齐次微分方程的特解为

$$X^{x*} = C^*\cos(k_n x) = \frac{2k_n C_x}{(n-2k_n^2)}\cos(k_n x) \tag{10.69}$$

同理可得

$$X^{x*} = \frac{2k_n C_x}{(n-2k_n^2)}\cos(k_n x),\quad Y^{y*} = \frac{2k_n C_y}{(n-2k_n^2)}\cos(k_n y),\quad Z^{z*} = \frac{2k_n C_z}{(n-2k_n^2)}\cos(k_n z) \tag{10.70}$$

式（10.70）是非齐次常微分方程组（10.63）的特解，与此解相应的 F 与式（10.45）本质上相同。

这样，非齐次方程的通解为

$$X^x = C\frac{1}{\cos(k_n x)} + \frac{2k_n C_x}{(n-2k_n^2)}\cos(k_n x) \text{或} X^x = C\sqrt{\cos(k_n x)} + \frac{2k_n C_x}{(n-2k_n^2)}\cos(k_n x) \tag{10.71}$$

更简洁的表达为

$$X^x = \frac{C^{x1}}{\cos(k_n x)} - C^x\cos(k_n x) \quad \text{或} \quad X^x = C^{x1}\sqrt{\cos(k_n x)} - C^x\cos(k_n x) \tag{10.72}$$

类似地，有解：

$$\begin{cases} X^x = C^{x1}\dfrac{1}{\cos(k_n x)} - C^x\cos(k_n x) \\ Y^y = C^{y1}\dfrac{1}{\cos(k_n y)} - C^y\cos(k_n y) \\ Z^z = C^{z1}\dfrac{1}{\cos(k_n z)} - C^z\cos(k_n z) \end{cases} \tag{10.73}$$

或

$$\begin{cases} X^x = C^{x1}\sqrt{\cos(k_n x)} - C^x\cos(k_n x) \\ Y^y = C^{y1}\sqrt{\cos(k_n y)} - C^y\cos(k_n y) \\ Z^z = C^{z1}\sqrt{\cos(k_n z)} - C^z\cos(k_n z) \end{cases} \tag{10.74}$$

从而得到可能的双旋度赫姆霍兹方程的分离变量解为

$$\boldsymbol{F}=\begin{bmatrix}F^x\\F^y\\F^z\end{bmatrix}=\begin{bmatrix}X^xY^xZ^x\\X^yY^yZ^y\\X^zY^zZ^z\end{bmatrix}=\begin{bmatrix}\left[\dfrac{C^{x1}}{\cos(k_nx)}-C^x\cos(k_nx)\right]\sin(k_ny)\sin(k_nz)\\ \sin(k_nx)\left[\dfrac{C^{y1}}{\cos(k_ny)}-C^y\cos(k_ny)\right]\sin(k_nz)\\ \sin(k_nx)\sin(k_ny)\left[\dfrac{C^{z1}}{\cos(k_nz)}-C^z\cos(k_nz)\right]\end{bmatrix}\tag{10.75}$$

或

$$\boldsymbol{F}=\begin{bmatrix}F^x\\F^y\\F^z\end{bmatrix}=\begin{bmatrix}X^xY^xZ^x\\X^yY^yZ^y\\X^zY^zZ^z\end{bmatrix}=\begin{bmatrix}[C^{x1}\sqrt{\cos(k_nx)}-C^x\cos(k_nx)]\sin(k_ny)\sin(k_nz)\\ \sin(k_nx)[C^{y1}\sqrt{\cos(k_ny)}-C^y\cos(k_ny)]\sin(k_nz)\\ \sin(k_nx)\sin(k_ny)[C^{z1}\sqrt{\cos(k_nz)}-C^z\cos(k_nz)]\end{bmatrix}\tag{10.76}$$

注意：这里仍然是 C^x、C^y、C^z 与分离常数相关，C^{x1}、C^{y1}、C^{z1} 是积分常数。

4）常数变易法求特解

前面已求出式（10.63）相应的齐次微分方程的通解为式（10.66）和式（10.67），根据常数变易法，有以下解法。

（1）令非齐次微分方程的通解为 $X^x=\dfrac{C(x)}{\cos(k_nx)}$，并将其代入式（10.64）可得

$$\frac{C'(x)}{\cos(k_nx)}+C(x)\frac{k_n\sin(k_nx)}{\cos^2(k_nx)}=-\frac{n\sin(k_nx)C(x)}{2k_n\cos^2(k_nx)}+C_x\sin(k_nx)$$

$$C'(x)\frac{1}{\cos(k_nx)}=C_x\sin(k_nx),\quad n=-2k_n^2$$

$$\mathrm{d}C(x)=C_x\sin(k_nx)\cos(k_nx)\mathrm{d}x=\begin{cases}-\dfrac{C_x}{k_n}\cos(k_nx)\mathrm{d}\cos(k_nx)\\ \dfrac{C_x}{k_n}\sin(k_nx)\mathrm{d}\sin(k_nx)\end{cases}\tag{10.77}$$

$$C(x)=\begin{cases}\displaystyle\int-\frac{C_x}{k_n}\cos(k_nx)\mathrm{d}\cos(k_nx)\\ \displaystyle\int\frac{C_x}{k_n}\sin(k_nx)\mathrm{d}\sin(k_nx)\end{cases}=\begin{cases}-\dfrac{C_x}{2k_n}\cos^2(k_nx)+C_1\\ \dfrac{C_x}{2k_n}\sin^2(k_nx)+C_2\end{cases}$$

因为 $\cos^2(k_nx)+\sin^2(k_nx)=1$，所以两个解只是 $C_1\neq C_2$ 而已。通解总可表示为

$$X^x=C(x)\frac{1}{\cos(k_nx)}=C^x\cos(k_nx)+\frac{C^{x1}}{\cos(k_nx)}\tag{10.78}$$

从而，与此通解相应的矢性变量的通解和式（10.75）相同，不再具体列出。

（2）令非齐次微分方程的通解为 $X^x = C(x)\sqrt{\cos(k_n x)}$，并将其代入式（10.64）可得

$$\begin{aligned}
&C'(x)\sqrt{\cos(k_n x)} - C(x)\frac{k_n \sin(k_n x)}{2\sqrt{\cos(k_n x)}} = -\frac{n\sin(k_n x)C(x)\sqrt{\cos(k_n x)}}{2k_n \cos(k_n x)} + C_x \sin(k_n x)\\
&C'(x)\sqrt{\cos(k_n x)} = C_x \sin(k_n x), \quad n = k_n^2\\
&\mathrm{d}C(x) = C_x \frac{\sin(k_n x)}{\sqrt{\cos(k_n x)}}\mathrm{d}x = -C_x \frac{1}{k_n\sqrt{\cos(k_n x)}}\mathrm{d}\cos(k_n x)\\
&C(x) = -C_x \int \frac{1}{k_n\sqrt{\cos(k_n x)}}\mathrm{d}\cos(k_n x) = C^x\sqrt{\cos(k_n x)} + C^{x1}
\end{aligned} \tag{10.79}$$

所以通解为

$$X^x = C(x)\sqrt{\cos(k_n x)} = C^x \cos(k_n x) + C^{x1}\sqrt{\cos(k_n x)} \tag{10.80}$$

与此通解相应的矢性变量的通解和式（10.76）相同，不再具体列出。

10.1.3 利用协调条件求解相关的微分方程

具体求解 X^x、Y^y 和 Z^z 的方法已经讨论了很多，其实最简单且直截了当地给出分离常数之间的关系还是利用之前提出的协调条件。事实上，如果利用协调条件，则式（10.22）以后的讨论都是不必要的。

对齐次双旋度赫姆霍兹方程，协调条件给出：

$$\nabla \cdot \boldsymbol{F} = \frac{\partial F_x}{\partial x} + \frac{\partial F_y}{\partial y} + \frac{\partial F_z}{\partial z} = 0 \tag{10.81}$$

将式（10.22）的结果代入式（10.81）：

$$\begin{aligned}
\nabla \cdot \boldsymbol{F} &= \frac{\partial F_x}{\partial x} + \frac{\partial F_y}{\partial y} + \frac{\partial F_z}{\partial z}\\
&= \sin(k_n y)\sin(k_n z)X_x^x + \sin(k_n x)\sin(k_n z)Y_y^y + \sin k_n x)\sin(k_n y)Z_z^z = 0
\end{aligned} \tag{10.82}$$

等式两端同除以 $\sin(k_n x)\sin(k_n y)\sin(k_n z)$ 可得

$$\frac{X_x^x}{\sin(k_n x)} + \frac{Y_y^y}{\sin(k_n y)} + \frac{Z_z^z}{\sin(k_n z)} = 0 \tag{10.83}$$

根据分量变量法可得常微分方程：

$$\begin{cases}
X_x^x = C^x \sin(k_n x)\\
Y_y^y = C^y \sin(k_n y)\\
Z_z^z = C^z \sin(k_n z)
\end{cases} \tag{10.84}$$

由式（10.83）给出明确的分量常数之间的关系为

$$C^x + C^y + C^z = 0 \tag{10.85}$$

该常微分方程的解为

$$\begin{cases} X^x = -\dfrac{C^x}{k_n}\cos(k_n x) + C^{x1} \\ Y^y = -\dfrac{C^y}{k_n}\cos(k_n y) + C^{y1} \\ Z^z = -\dfrac{C^z}{k_n}\cos(k_n z) + C^{z1} \end{cases} \tag{10.86}$$

利用齐次边界条件可得

$$\begin{cases} X^x = \dfrac{C^x}{k_n} - \dfrac{C^x}{k_n}\cos(k_n x) \\ Y^y = \dfrac{C^y}{k_n} - \dfrac{C^y}{k_n}\cos(k_n y) \\ Z^z = \dfrac{C^z}{k_n} - \dfrac{C^z}{k_n}\cos(k_n z) \end{cases} \tag{10.87}$$

与之相对应的解本质上和式（10.35）、式（10.37）相同，不再单独列出。

显然，采用协调条件进行分离变量，方法直接而简明。特别是：①直接给出了分离变量常数之间的关系式（10.85）；②仅给出了要求的解，不再需要通过验证来判断解的正确性或者对解进行取舍或增加限制条件。这也从一个侧面再次证明：包含双旋度算子的微分方程自身所隐含的协调条件是这类微分方程本身具有的基本属性。

本来还想尝试级数解法（最后的绝招）求解式（10.64），但看到利用所谓协调条件的完美结果，当然没有必要再自讨苦吃的去尝试超级烦琐的级数解法。不过，如果读者愿意做这方面的练习，又何尝不可？

10.2　双旋度赫姆霍兹方程解的验证

为了对所求出的各矢性变量解进行验证，这里再次给出 $\nabla\times\nabla\times\boldsymbol{F}$ 的分量表达式：

$$\nabla\times\nabla\times\boldsymbol{F} = \nabla\times\begin{bmatrix} \boldsymbol{i} & \boldsymbol{j} & \boldsymbol{k} \\ \dfrac{\partial}{\partial x} & \dfrac{\partial}{\partial y} & \dfrac{\partial}{\partial z} \\ F^x & F^y & F^z \end{bmatrix} = \begin{bmatrix} \{(F^y_{xy} - F^x_{yy}) - (F^x_{zz} - F^z_{xz})\}\boldsymbol{i} \\ \{(F^z_{yz} - F^y_{zz}) - (F^y_{xx} - F^x_{yx})\}\boldsymbol{j} \\ \{(F^x_{zx} - F^z_{xx}) - (F^z_{yy} - F^y_{zy})\}\boldsymbol{k} \end{bmatrix}$$

$$=\begin{bmatrix}\{(X_x^yY_y^yZ^y-X^xY_{yy}^xZ^x)-(X^xY^xZ_{zz}^x-X_x^zY^zZ_z^z)\}\boldsymbol{i}\\\{(X^zY_y^zZ_z^z-X^yY^yZ_{zz}^y)-(X_{xx}^yY^yZ^y-X_x^xY_y^xZ^x)\}\boldsymbol{j}\\\{(X_x^xY^xZ_z^x-X_{xx}^zY^zZ^z)-(X^zY_{yy}^zZ^z-X^yY_y^yZ_z^y)\}\boldsymbol{k}\end{bmatrix}$$

首先验证式（10.35）：

$$\boldsymbol{F}=\begin{bmatrix}F^x\\F^y\\F^z\end{bmatrix}=\begin{bmatrix}X^xY^xZ^x\\X^yY^yZ^y\\X^zY^zZ^z\end{bmatrix}=\begin{bmatrix}[C_x\cos(k_nx)+C_{x1}]\sin(k_ny)\sin(k_nz)\\\sin(k_nx)[C_y\cos(k_ny)+C_{y1}]\sin(k_nz)\\\sin(k_nx)\sin(k_ny)[C_z\cos(k_nz)+C_{z1}]\end{bmatrix}$$

考虑齐次边界条件后的解：

$$\boldsymbol{F}=\begin{bmatrix}F^x\\F^y\\F^z\end{bmatrix}=\begin{bmatrix}X^xY^xZ^x\\X^yY^yZ^y\\X^zY^zZ^z\end{bmatrix}=\begin{bmatrix}C^x[\cos(k_nx)-1]\sin(k_ny)\sin(k_nz)\\C^y\sin(k_nx)[\cos(k_ny)-1]\sin(k_nz)\\C^z\sin(k_nx)\sin(k_ny)[\cos(k_nz)-1]\end{bmatrix}$$

对于式（10.35），在 x 方向上：

$$\begin{aligned}&\{(X_x^yY_y^yZ^y-X^xY_{yy}^xZ^x)-(X^xY^xZ_{zz}^x-X_x^zY^zZ_z^z)\}\\&=(-k_n^2)\{[C_y\cos(k_nx)\sin(k_ny)\sin(k_nz)-(C_x\cos(k_nx)+C_{x1})\sin(k_ny)\sin(k_nz)]\\&\quad-[(C_x\cos(k_nx)+C_{x1})\sin(k_ny)\sin(k_nz)-\cos(k_nx)\sin(k_ny)[C_z\sin k_nz)]\}\\&=(-k_n^2)\sin(k_ny)\sin(k_nz)\{(C_y-2C_x+C_z)\cos(k_nx)-2C_{x1}\}\\&k^2F^x=k^2X^xY^xZ^x=k^2[C_x\cos(k_nx)+C_{x1}]\sin(k_ny)\sin(k_nz)\end{aligned}\tag{10.88}$$

对于齐次双旋度赫姆霍兹方程也就是要求：

$$\begin{cases}-k_n^2(C_y-2C_x+C_z)=k^2C_x\\2k_n^2C_{x1}=k^2C_{x1}\end{cases}\Rightarrow\begin{cases}-k_n^2\left(\dfrac{m^y}{k_n^3}-2\dfrac{m^x}{k_n^3}+\dfrac{m^z}{k_n^3}\right)=k^2\dfrac{m^x}{k_n^3}\\2k_n^2C_{x1}=k^2C_{x1}\end{cases}$$

$$\Rightarrow\begin{cases}-k_n^2(m^y-2m^x+m^z)=k^2m^x\\2k_n^2=k^2\end{cases}\Rightarrow\begin{cases}3k_n^2=k^2\\2k_n^2=k^2\end{cases}\tag{10.89}$$

矛盾。

式(10.89)中利用了式(10.33)的关系：$C^x=\dfrac{m^x}{k_n^3}$ 或 $C^x=-\dfrac{\lambda^x}{n^xk_n}$ 和 $C_x+C_y+C_z=0$。

对于考虑齐次边界条件的式（10.37），在上述验证式中取 $C_{x1}=-C_x$ 后，仍然是矛盾的。

但是，如果取式（10.35）积分常数 $C_{x1}=C_{y1}=C_{z1}=0$，即取后面的解式（10.45）：

$$\boldsymbol{F}=\begin{bmatrix}F^x\\F^y\\F^z\end{bmatrix}=\begin{bmatrix}X^xY^xZ^x\\X^yY^yZ^y\\X^zY^zZ^z\end{bmatrix}=\begin{bmatrix}C_x\cos(k_nx)\sin(k_ny)\sin(k_nz)\\C_y\sin(k_nx)\cos(k_ny)\sin(k_nz)\\C_z\sin(k_nx)\sin(k_ny)\cos(k_nz)\end{bmatrix}$$

在 x 方向上：

$$\begin{aligned}&\{(X^y_xY^y_yZ^y-X^xY^x_{yy}Z^x)-(X^xY^xZ^x_{zz}-X^z_xY^zZ^z_z)\}\\&=(-k_n^2)\{[C_y\cos(k_nx)\sin(k_ny)\sin(k_nz)-C_x\cos(k_nx)\sin(k_ny)\sin(k_nz)]\\&\quad-[C_x\cos(k_nx)\sin(k_ny)\sin(k_nz)-C_z\cos(k_nx)\sin(k_ny)\sin(k_nz)]\}\\&=-k_n^2\cos(k_nx)\sin(k_ny)\sin(k_nz)\{C_y-2C_x+C_z\}\\&\quad k^2F^x=k^2X^xY^xZ^x=k^2C_x\cos(k_nx)\sin(k_ny)\sin(k_nz)\end{aligned}\tag{10.90}$$

也就是要求：

$$-k_n^2\{C_y-2C_x+C_z\}=k^2C_x\tag{10.91}$$

利用关系 $C_y+C_x+C_z=0$，则有 $3k_n^2=k^2$，这里有点希望。为此对其他两个方向也进行验证：

$$\begin{cases}X\text{：}(X^y_xY^y_yZ^y-X^xY^x_{yy}Z^x)-(X^xY^xZ^x_{zz}-X^z_xY^zZ^z_z)\\=(-k_n^2)\{[C_y\cos(k_nx)\sin(k_ny)\sin(k_nz)-C_x\cos(k_nx)\sin(k_ny)\sin(k_nz)]\\\quad-[C_x\cos(k_nx)\sin(k_ny)\sin(k_nz)-C_z\cos(k_nx)\sin(k_ny)\sin(k_nz)]\}\\=-k_n^2\cos(k_nx)\sin(k_ny)\sin(k_nz)\{C_y-2C_x+C_z\}\\\quad k^2F^x=k^2X^xY^xZ^x=k^2C_x\cos(k_nx)\sin(k_ny)\sin(k_nz)\\Y\text{：}(X^zY^z_yZ^z_z-X^yY^yZ^y_{zz})-(X^y_{xx}Y^yZ^y-X^x_xY^x_yZ^x)\\=(-k_n^2)\{[C_z\sin(k_nx)\cos(k_ny)\sin(k_nz)-C_y\sin(k_nx)\cos(k_ny)\sin(k_nz)]\\\quad-[C_y\sin(k_nx)\cos(k_ny)\sin(k_nz)-C_x\sin(k_nx)\cos(k_ny)\sin(k_nz)]\}\\=-k_n^2\sin(k_nx)\cos(k_ny)\sin(k_nz)\{C_z-2C_y+C_x\}\\\quad k^2F^y=k^2X^yY^yZ^y=k^2C_y\sin(k_nx)\cos(k_ny)\sin(k_nz)\\Z\text{：}(X^x_xY^xZ^x_z-X^z_{xx}Y^zZ^z)-(X^zY^z_{yy}Z^z-X^yY^y_yZ^y_z)\\=(-k_n^2)\{[C_x\sin(k_nx)\sin(k_ny)\cos(k_nz)-C_z\sin(k_nx)\sin(k_ny)\cos(k_nz)]\\\quad-[C_z\sin(k_nx)\sin(k_ny)\cos(k_nz)-C_y\sin(k_nx)\sin(k_ny)\cos(k_nz)]\}\\=-k_n^2\sin(k_nx)\sin(k_ny)\cos(k_nz)\{C_z-2C_y+C_x\}\\\quad k^2F^z=k^2X^zY^zZ^z=k^2C_z\sin(k_nx)\sin(k_ny)\cos(k_nz)\end{cases}$$

也就是要求：

$$\begin{cases}-k_n^2\cos(k_nx)\sin(k_ny)\sin(k_nz)\{C_y-2C_x+C_z\}=k^2C_x\cos(k_nx)\sin(k_ny)\sin(k_nz)\\-k_n^2\sin(k_nx)\cos(k_ny)\sin(k_nz)\{C_z-2C_y+C_x\}=k^2C_y\sin(k_nx)\cos(k_ny)\sin(k_nz)\\-k_n^2\sin(k_nx)\sin(k_ny)\cos(k_nz)\{C_z-2C_y+C_x\}=k^2C_z\sin(k_nx)\sin(k_ny)\cos(k_nz)\end{cases}$$

$$\Rightarrow\begin{cases}-k_n^2\{C_y-2C_x+C_z\}=k^2C_x\\-k_n^2\{C_z-2C_y+C_x\}=k^2C_y\\-k_n^2\{C_z-2C_y+C_x\}=k^2C_z\end{cases}\tag{10.92}$$

利用关系 $C_y+C_x+C_z=0$，则有 $3k_n^2=k^2$。也就是说，齐次双旋度赫姆霍兹方程的一个解就是前面推导中的式（10.48）。这里，实际上对式（10.45）、式（10.48）已进行了验证。

接下来验证式（10.75）：

$$\boldsymbol{F}=\begin{bmatrix}F^x\\F^y\\F^z\end{bmatrix}=\begin{bmatrix}X^xY^xZ^x\\X^yY^yZ^y\\X^zY^zZ^z\end{bmatrix}=\begin{bmatrix}\left[\dfrac{C^{x1}}{\cos(k_nx)}-C^x\cos(k_nx)\right]\sin(k_ny)\sin(k_nz)\\\sin(k_nx)\left[\dfrac{C^{y1}}{\cos(k_ny)}-C^y\cos(k_ny)\right]\sin(k_nz)\\\sin(k_nx)\sin(k_ny)\left[\dfrac{C^{z1}}{\cos(k_nz)}-C^z\cos(k_nz)\right]\end{bmatrix}$$

和式（10.76）：

$$\boldsymbol{F}=\begin{bmatrix}F^x\\F^y\\F^z\end{bmatrix}=\begin{bmatrix}X^xY^xZ^x\\X^yY^yZ^y\\X^zY^zZ^z\end{bmatrix}=\begin{bmatrix}[C^{x1}\sqrt{\cos(k_nx)}-C^x\cos(k_nx)]\sin(k_ny)\sin(k_nz)\\\sin(k_nx)[C^{y1}\sqrt{\cos(k_ny)}-C^y\cos(k_ny)]\sin(k_nz)\\\sin(k_nx)\sin(k_ny)[C^{z1}\sqrt{\cos(k_nz)}-C^z\cos(k_nz)]\end{bmatrix}$$

先验证式（10.75）所示解，在 x 方向上：

$$\{(X_x^yY_y^yZ^y-X^xY_{yy}^xZ^x)-(X^xY^xZ_{zz}^x-X_x^zY^zZ_z^z)\}-k^2X^xY^xZ^x$$

$$=k_n^2\left\{\left[\cos(k_nx)\left[\frac{C^{y1}\sin(k_ny)}{\cos^2(k_ny)}+C^y\sin(k_ny)\right]\sin(k_nz)+\left[\frac{C^{x1}}{\cos(k_nx)}-C^x\cos(k_nx)\right]\right.\right.$$

$$\left.\sin(k_ny)\sin(k_nz)\right]-\left[-\left[\frac{C^{x1}}{\cos(k_nx)}-C^x\cos(k_nx)\right]\sin(k_ny)\sin(k_nz)+\cos(k_nx)\sin(k_ny)\right.$$

$$\left.\left.\left[\frac{C^{z1}\sin(k_nz)}{\cos^2(k_nz)}+C^z\sin(k_nz)\right]\right]\right\}$$

$$=k_n^2\sin(k_ny)\sin(k_nz)\left\{C^{y1}\frac{\cos(k_nx)}{\cos^2(k_ny)}+\frac{2C^{x1}}{\cos(k_nx)}-C^{z1}\frac{\cos(k_nx)}{\cos^2(k_nz)}+(C^y-2C^x+C^z)\cos(k_nx)\right\}$$

$$=k_n^2\sin(k_n y)\sin(k_n z)\left\{\frac{C^{y1}\cos(k_n x)}{\cos^2(k_n y)}+\frac{2C^{x1}\cos(k_n x)}{\cos^2(k_n x)}-\frac{C^{z1}\cos(k_n x)}{\cos^2(k_n z)}\right.$$

$$\left.+(C^y-2C^x+C^z)\cos(k_n x)\right\}$$

$$k^2F^x=k^2X^xY^xZ^x=k^2\left[\frac{C^{x1}}{\cos(k_n x)}-C^x\cos(k_n x)]\sin(k_n y)\sin(k_n z)\right] \tag{10.93}$$

也就是要求：

$$\begin{cases}k_n^2\left\{\dfrac{C^{y1}}{\cos^2(k_n y)}+\dfrac{2C^{x1}}{\cos^2(k_n x)}-\dfrac{C^{z1}}{\cos^2(k_n z)}\right\}=k^2\dfrac{C^{x1}}{\cos^2(k_n x)}\\ k_n^2(C^y-2C^x+C^z)=-k^2C^x\end{cases} \tag{10.94}$$

在一般情况下显然是不可能的（右端仅为 x 的函数，如要求 $C^{y1}=C^{z1}=0$，且 $2k_n^2=k^2$ 等），也就是说此解不满足齐次双旋度赫姆霍兹方程。

但是，如果令积分常数 $C^{x1}=C^{y1}=C^{z1}=0$，分离常数 $C^x+C^y+C^z=0$，则此解就是式（10.48），它是满足齐次双旋度赫姆霍兹方程的。

对于式（10.76）所示解，在 x 方向上：

$$\{(X_x^yY_y^yZ^y-X^xY_{yy}^xZ^x)-(X^xY^xZ_{zz}^x-X_x^zY^zZ_z^z)\}-k^2X^xY^xZ^x$$

$$=(k_n^2)\left\{\left[\cos(k_n x)\left[\frac{-C^{y1}\sin(k_n y)}{2\sqrt{\cos(k_n y)}}+C^y\sin(k_n y)]\sin(k_n z)+[C^{x1}\sqrt{\cos(k_n x)}\right.\right.\right.$$

$$\left.-C^x\cos(k_n x)]\sin(k_n y)\sin(k_n z)\right]-\left[-[C^{x1}\sqrt{\cos(k_n x)}-C^x\cos(k_n x)]\sin(k_n y)\sin(k_n z)\right.$$

$$\left.\left.\left.-\cos(k_n x)\sin(k_n y)\left[\frac{-C^{z1}\sin(k_n z)}{2\sqrt{\cos(k_n z)}}+C^z\sin(k_n z)\right]\right]\right]\right\}$$

$$=k_n^2\cos(k_n x)\sin(k_n y)\sin(k_n z)\left\{\frac{-C^{y1}}{2\sqrt{\cos(k_n y)}}+2\frac{C^{x1}}{\sqrt{\cos(k_n x)}}+\frac{-C^{z1}}{2\sqrt{\cos(k_n z)}}+(C^y-2C^x+C^z)\right\}$$

$$k^2F^x=k^2X^xY^xZ^x=k^2[C^{x1}\sqrt{\cos(k_n x)}-C^x\cos(k_n x)]\sin(k_n y)\sin(k_n z) \tag{10.95}$$

也就是要求：

$$\begin{cases}k_n^2\left\{\dfrac{-C^{y1}}{2\sqrt{\cos(k_n y)}}+2\dfrac{C^{x1}}{\sqrt{\cos(k_n x)}}+\dfrac{-C^{z1}}{2\sqrt{\cos(k_n z)}}\right\}=k^2C^{x1}\dfrac{1}{\sqrt{\cos(k_n x)}}\\ k_n^2\{C^y-2C^x+C^z\}=-k^2C^x\end{cases} \tag{10.96}$$

关于式（10.96）的讨论完全和式（10.94）相同，不再重复。

总之，经验证双旋度赫姆霍兹方程的分离变量解为

$$\boldsymbol{F}=\begin{bmatrix}F^x\\F^y\\F^z\end{bmatrix}=\begin{bmatrix}C_x\cos(k_n x)\sin(k_n y)\sin(k_n z)\\C_y\sin(k_n x)\cos(k_n y)\sin(k_n z)\\C_z\sin(k_n x)\sin(k_n y)\cos(k_n z)\end{bmatrix},\quad C_y+C_x+C_z=0,3k_n^2=k^2 \tag{10.97}$$

并且，此解也包含在前述各种方法的解（10.35）、解（10.37）、解（10.45）、解（10.48）、解（10.75）、解（10.76）中。当然直接且简明地给出解（10.48）是利用我们强调的所谓协调条件。

显然，式（10.97）所示的解满足齐次赫姆霍兹方程的协调条件 $\nabla\cdot\boldsymbol{F}(r)=0$ 。

10.3 推广应用

前面已经得到双旋度赫姆霍兹方程的分离变量解，并对解进行了验证。在此基础上，本节将从两个方面进行推广。一方面指出如何得到包含双旋度算子的另外两类微分方程（双旋度泊松方程和双旋度一般时域波动方程）在笛卡儿直角坐标系下的分离变量解；另一方面是尝试在非笛卡儿直角坐标系下获得双旋度赫姆霍兹方程的分离变量解。

10.3.1 双旋度泊松方程和双旋度一般时域波动方程的分离变量解

1）双旋度泊松方程的分离变量解

将齐次赫姆霍兹方程 $\nabla\times\nabla\times\boldsymbol{F}(\boldsymbol{r})-k^2\boldsymbol{F}(\boldsymbol{r})=0$ 中的系数 $k^2\to 0$ 可得齐次双旋度泊松方程 $\nabla\times\nabla\times\boldsymbol{F}(\boldsymbol{r})=0$（即双旋度拉普拉斯方程）。同时，在分离系数的讨论中，由 $n=-2k_n^2$，可得 $k^2=0$，方程性质改变，与之相应的解为

$$\boldsymbol{F}=\begin{bmatrix}F^x\\F^y\\F^z\end{bmatrix}=\begin{bmatrix}X^xY^xZ^x\\X^yY^yZ^y\\X^zY^zZ^z\end{bmatrix}=\begin{bmatrix}C\cos(k_n x)\sin(k_n y)\sin(k_n z)\\C\sin(k_n x)\cos(k_n y)\sin(k_n z)\\C\sin(k_n x)\sin(k_n y)\cos(k_n z)\end{bmatrix}$$

对其进行验证，在 x 方向上有

$$\begin{aligned}&\{(X_x^yY_y^yZ^y-X^xY_{yy}^xZ^x)-(X^xY^xZ_{zz}^x-X_x^zY^zZ_z^z)\}\\&=(-k_n^2)\{[C\cos(k_n x)\sin(k_n y)\sin(k_n z)-C\cos(k_n x)\sin(k_n y)\sin(k_n z)]\\&\quad-[C\cos(k_n x)\sin(k_n y)\sin(k_n z)-C\cos(k_n x)\sin(k_n y)\sin(k_n z)]\}=0\end{aligned} \tag{10.98}$$

显然，此解满足齐次双旋度泊松方程（即双旋度拉普拉斯方程）。

当然，也可以按前面相同的步骤进行详细的分析。为避免不必要的烦琐，对双旋度泊松方程的分离变量法不再专门讨论。

2）双旋度一般时域波动方程的分离变量解

对于齐次双旋度一般时域波动方程：

$$\nabla\times\nabla\times\boldsymbol{F}(\boldsymbol{r},t)+\frac{1}{c^2}\frac{\partial^2\boldsymbol{F}(\boldsymbol{r},t)}{\partial t^2}=0 \tag{10.99}$$

令

$$\boldsymbol{F}(\boldsymbol{r},t)=\boldsymbol{R}(\boldsymbol{r})T(t)=\begin{bmatrix}X^x(x)Y^x(y)Z^x(z)\boldsymbol{i}\\X^y(x)Y^y(y)Z^y(z)\boldsymbol{j}\\X^z(x)Y^z(y)Z^z(z)\boldsymbol{k}\end{bmatrix}T(t) \tag{10.100}$$

由式（10.2）可得

$$\nabla\times\nabla\times\boldsymbol{F}(\boldsymbol{r},t)=\begin{bmatrix}\{(F_{xy}^y-F_{yy}^x)-(F_{zz}^x-F_{xz}^z)\}\boldsymbol{i}\\\{(F_{yz}^z-F_{zz}^y)-(F_{xx}^y-F_{yx}^x)\}\boldsymbol{j}\\\{(F_{zx}^x-F_{xx}^z)-(F_{yy}^z-F_{zy}^y)\}\boldsymbol{k}\end{bmatrix}$$

$$=\begin{bmatrix}\{(X_x^yY_y^yZ^y-X^xY_{yy}^xZ^x)-(X^xY^xZ_{zz}^x-X_x^zY^zZ_z^z)\}\boldsymbol{i}\\\{(X^zY_y^zZ_z^z-X^yY^yZ_{zz}^y)-(X_{xx}^yY^yZ^y-X_x^xY_y^xZ^x)\}\boldsymbol{j}\\\{(X_x^xY^xZ_z^x-X_{xx}^zY^zZ^z)-(X^zY_{yy}^zZ^z-X^yY_y^yZ_z^y)\}\boldsymbol{k}\end{bmatrix}T(t)$$

所以

$$\nabla\times\nabla\times\boldsymbol{F}(\boldsymbol{r},t)+\frac{1}{c^2}\frac{\partial^2\boldsymbol{F}(\boldsymbol{r},t)}{\partial t^2}$$

$$=\begin{bmatrix}\{(X_x^yY_y^yZ^y-X^xY_{yy}^xZ^x)-(X^xY^xZ_{zz}^x-X_x^zY^zZ_z^z)\}\boldsymbol{i}\\\{(X^zY_y^zZ_z^z-X^yY^yZ_{zz}^y)-(X_{xx}^yY^yZ^y-X_x^xY_y^xZ^x)\}\boldsymbol{j}\\\{(X_x^xY^xZ_z^x-X_{xx}^zY^zZ^z)-(X^zY_{yy}^zZ^z-X^yY_y^yZ_z^y)\}\boldsymbol{k}\end{bmatrix}T(t)+\frac{1}{c^2}\frac{\mathrm{d}^2T(t)}{\mathrm{d}t^2}\begin{bmatrix}X^xY^xZ^x\boldsymbol{i}\\X^yY^yZ^y\boldsymbol{j}\\X^zY^zZ^z\boldsymbol{k}\end{bmatrix} \tag{10.101}$$

在 x 方向上，等式两边同除 $X^x(x)Y^x(y)Z^x(z)T(t)$ 可得

$$(X_x^yY_y^yZ^yT-X^xY_{yy}^xZ^xT)-(X^xY^xZ_{zz}^xT-X_x^zY^zZ_z^zT)+\frac{1}{c^2}X^xY^xZ^xT''=0$$

$$\left(\frac{X_x^yY_y^yZ^y}{X^xY^xZ^x}-\frac{Y_{yy}^x}{Y^x}\right)-\left(\frac{Z_{zz}^x}{Z^x}-\frac{X_x^zY^zZ_z^z}{X^xY^xZ^x}\right)+\frac{1}{c^2}\frac{T''}{T}=0 \tag{10.102}$$

于是，问题分解为

$$\begin{cases}\left(\dfrac{X_x^yY_y^yZ^y}{X^xY^xZ^x}-\dfrac{Y_{yy}^x}{Y^x}\right)-\left(\dfrac{Z_{zz}^x}{Z^x}-\dfrac{X_x^zY^zZ_z^z}{X^xY^xZ^x}\right)=k^2\\\dfrac{1}{c^2}\dfrac{T''}{T}=-k^2\end{cases} \tag{10.103}$$

式中，前者正是前面讨论的双旋度赫姆霍兹方程，可以按前面相同步骤进行。

后者是常系数齐次二阶微分方程：

$$\frac{1}{c^2}\frac{T''}{T}=-k^2 \Rightarrow T''+k^2c^2T=0 \tag{10.104}$$

当$k^2>0$时，特征方程为一对复数根：$r_1=\mathrm{j}kc$，$r_2=-\mathrm{j}kc$。

此时，常系数微分方程的解为

$$T=C_1\cos(kct)+C_2\sin(kct) \tag{10.105}$$

因此，根据前面对双旋度赫姆霍兹方程的讨论，双旋度一般时域波动方程的分离变量解为

$$\boldsymbol{F}(\boldsymbol{r},t)=\boldsymbol{R}(\boldsymbol{r})T(t)=\begin{bmatrix} X^xY^xZ^x\boldsymbol{i} \\ X^yY^yZ^y\boldsymbol{j} \\ X^zY^zZ^z\boldsymbol{k}\end{bmatrix}T(t)$$

$$=\begin{bmatrix} C_x\cos(k_nx)\sin(k_ny)\sin(k_nz)\boldsymbol{i} \\ C_y\sin(k_nx)\cos(k_ny)\sin(k_nz)\boldsymbol{j} \\ C_z\sin(k_nx)\sin(k_ny)\cos(k_nz)\boldsymbol{k}\end{bmatrix}(C_1\cos kct+C_2\sin kct),\qquad \begin{matrix} C_y+C_x+C_z=0 \\ 3k_n^2=k^2\end{matrix} \tag{10.106}$$

验证 在X方向上，等式两边同除$X^x(x)Y^x(y)Z^x(z)T(t)$可得

$$[(X_x^yY_y^yZ^y-X^xY_{yy}^xZ^x)-(X^xY^xZ_{zz}^x-X_x^zY^zZ_z^z)]T+\frac{1}{c^2}X^xY^xZ^xT''=0$$

$$-k_n^2(C_1\cos kct+C_2\sin kct)[(C_y\cos(k_nx)\sin(k_ny)\sin(k_nz)-C_x\cos(k_nx)\sin(k_ny)\sin(k_nz))$$

$$-(C_x\cos(k_nx)\sin(k_ny)\sin(k_nz)-C_z\cos(k_nx)\sin(k_ny)\sin(k_nz))]$$

$$-\frac{k^2c^2}{c^2}C_x\cos(k_nx)\sin(k_ny)\sin(k_nz)(C_1\cos kct+C_2\sin kct)=0$$

$$(C_1\cos kct+C_2\sin kct)\cos(k_nx)\sin(k_ny)\sin(k_nz)[-k_n^2(C_y-2C_x+C_z)-k^2C_x]=0 \tag{10.107}$$

也就是要求：

$$-k_n^2(C_y-2C_x+C_z)-k^2C_x=0\Rightarrow 3k_n^2=k^2 \tag{10.108}$$

这正是给定的分离常数关系。验证完毕。

10.3.2 曲线坐标系的双旋度赫姆霍兹方程分离变量解

作为尝试，还得到了柱坐标系下双旋度赫姆霍兹方程的分离变量解。当然其他曲线坐标系的分离变量解可以类似得到，此处不再详述。

在圆柱坐标系(ρ,φ,z)中，设：

$$\boldsymbol{F}=e_{\rho}F^{\rho}+e_{\varphi}F^{\varphi}+e_{z}F^{z},\quad \begin{bmatrix} F^{\rho}=R^{\rho}(\rho)\varPhi^{\rho}(\varphi)Z^{\rho}(z) \\ F^{\varphi}=R^{\varphi}(\rho)\varPhi^{\varphi}(\varphi)Z^{\varphi}(z) \\ F^{z}=R^{z}(\rho)\varPhi^{z}(\varphi)Z^{z}(z) \end{bmatrix} \tag{10.109}$$

因为

$$\begin{aligned}\nabla\times\boldsymbol{F}&=\left(\boldsymbol{e}_{\rho}\frac{\partial}{\partial\rho}+\boldsymbol{e}_{\varphi}\frac{\partial}{\rho\partial\varphi}+\boldsymbol{e}_{z}\frac{\partial}{\partial z}\right)\times\boldsymbol{F}=\frac{1}{\rho}\begin{bmatrix}\boldsymbol{e}_{\rho} & \rho\boldsymbol{e}_{\varphi} & \boldsymbol{e}_{z}\\ \dfrac{\partial}{\partial\rho} & \dfrac{\partial}{\partial\varphi} & \dfrac{\partial}{\partial z}\\ F^{\rho} & F^{\varphi} & F^{z}\end{bmatrix}\\ &=\boldsymbol{e}_{\rho}\left(\frac{1}{\rho}\frac{\partial F^{z}}{\partial\varphi}-\frac{\partial F^{\varphi}}{\partial z}\right)+\boldsymbol{e}_{\varphi}\left(\frac{\partial F^{\rho}}{\partial z}-\frac{\partial F^{z}}{\partial\rho}\right)+\boldsymbol{e}_{z}\left(\frac{\partial F^{\varphi}}{\partial\rho}-\frac{1}{\rho}\frac{\partial F^{\rho}}{\partial\varphi}+\frac{F^{\varphi}}{\rho}\right)\end{aligned} \tag{10.110}$$

所以

$$\begin{aligned}\nabla\times\nabla\times\boldsymbol{F}&=\left(\boldsymbol{e}_{\rho}\frac{\partial}{\partial\rho}+\boldsymbol{e}_{\varphi}\frac{\partial}{\rho\partial\varphi}+\boldsymbol{e}_{z}\frac{\partial}{\partial z}\right)\times\left[\left(\boldsymbol{e}_{\rho}\frac{\partial}{\partial\rho}+\boldsymbol{e}_{\varphi}\frac{\partial}{\rho\partial\varphi}+\boldsymbol{e}_{z}\frac{\partial}{\partial z}\right)\times(\boldsymbol{e}_{\rho}F^{\rho}+\boldsymbol{e}_{\varphi}F^{\varphi}+\boldsymbol{e}_{z}F^{z})\right]\\ &=\nabla\times\frac{1}{\rho}\begin{bmatrix}\boldsymbol{e}_{\rho} & \rho\boldsymbol{e}_{\varphi} & \boldsymbol{e}_{z}\\ \dfrac{\partial}{\partial\rho} & \dfrac{\partial}{\partial\varphi} & \dfrac{\partial}{\partial z}\\ F^{\rho} & F^{\varphi} & F^{z}\end{bmatrix}=\frac{1}{\rho}\begin{bmatrix}\boldsymbol{e}_{\rho} & \rho\boldsymbol{e}_{\varphi} & \boldsymbol{e}_{z}\\ \dfrac{\partial}{\partial\rho} & \dfrac{\partial}{\partial\varphi} & \dfrac{\partial}{\partial z}\\ \dfrac{1}{\rho}\dfrac{\partial F^{z}}{\partial\varphi}-\dfrac{\partial F^{\varphi}}{\partial z} & \dfrac{\partial F^{\rho}}{\partial z}-\dfrac{\partial F^{z}}{\partial\rho} & \dfrac{\partial F^{\varphi}}{\partial\rho}-\dfrac{1}{\rho}\dfrac{\partial F^{\rho}}{\partial\varphi}+\dfrac{F^{\varphi}}{\rho}\end{bmatrix}\\ &=\begin{bmatrix}\left[\dfrac{1}{\rho}\dfrac{\partial}{\partial\varphi}\left(\dfrac{\partial F^{\varphi}}{\partial\rho}-\dfrac{1}{\rho}\dfrac{\partial F^{\rho}}{\partial\varphi}+\dfrac{F^{\varphi}}{\rho}\right)-\dfrac{\partial}{\partial z}\left(\dfrac{\partial F^{\rho}}{\partial z}-\dfrac{\partial F^{z}}{\partial\rho}\right)\right]\boldsymbol{e}_{\rho}\\ \left[\dfrac{\partial}{\partial z}\left(\dfrac{1}{\rho}\dfrac{\partial F^{z}}{\partial\varphi}-\dfrac{\partial F^{\varphi}}{\partial z}\right)-\dfrac{\partial}{\partial\rho}\left(\dfrac{\partial F^{\varphi}}{\partial\rho}-\dfrac{1}{\rho}\dfrac{\partial F^{\rho}}{\partial\varphi}+\dfrac{F^{\varphi}}{\rho}\right)\right]\boldsymbol{e}_{\varphi}\\ \left[\dfrac{\partial}{\partial\rho}\left(\dfrac{\partial F^{\rho}}{\partial z}-\dfrac{\partial F^{z}}{\partial\rho}\right)-\dfrac{1}{\rho}\dfrac{\partial}{\partial\varphi}\left(\dfrac{1}{\rho}\dfrac{\partial F^{z}}{\partial\varphi}-\dfrac{\partial F^{\varphi}}{\partial z}\right)+\dfrac{1}{\rho}\left(\dfrac{\partial F^{\rho}}{\partial z}-\dfrac{\partial F^{z}}{\partial\rho}\right)\right]\boldsymbol{e}_{z}\end{bmatrix}\\ &=\begin{bmatrix}\left[\dfrac{1}{\rho}\left(F^{\varphi}_{\rho\varphi}-\dfrac{1}{\rho}F^{\rho}_{\varphi\varphi}+\dfrac{F^{\varphi}_{\varphi}}{\rho}\right)-(F^{\rho}_{zz}-F^{z}_{\rho z})\right]\boldsymbol{e}_{\rho}\\ \left[\left(\dfrac{1}{\rho}F^{z}_{\varphi z}-F^{\varphi}_{zz}\right)-\left(F^{\varphi}_{\rho\rho}-\dfrac{1}{\rho}F^{\rho}_{\varphi\rho}+\dfrac{1}{\rho^{2}}F^{\rho}_{\varphi}+\dfrac{F^{\varphi}_{\rho}}{\rho}-\dfrac{F^{\varphi}}{\rho^{2}}\right)\right]\boldsymbol{e}_{\varphi}\\ \left[(F^{\rho}_{z\rho}-F^{z}_{\rho\rho})-\left(\dfrac{1}{\rho^{2}}F^{z}_{\varphi\varphi}-\dfrac{1}{\rho}F^{\varphi}_{z\varphi}\right)+\dfrac{1}{\rho}(F^{\rho}_{z}-F^{z}_{\rho})\right]\boldsymbol{e}_{z}\end{bmatrix}\end{aligned}$$

$$
=\begin{bmatrix}
\left[\dfrac{1}{\rho}\left(R_{\rho}^{\varphi}\Phi_{\varphi}^{\varphi}Z^{\varphi}-\dfrac{1}{\rho}R^{\rho}\Phi_{\varphi\varphi}^{\rho}Z^{\rho}+\dfrac{R^{\varphi}\Phi_{\varphi}^{\varphi}Z^{\varphi}}{\rho}\right)-(R^{\rho}\Phi^{\rho}Z_{zz}^{\rho}-R_{\rho}^{z}\Phi^{z}Z_{z}^{z})\right]\boldsymbol{e}_{\rho} \\
\left[\left(\dfrac{1}{\rho}R^{z}\Phi_{\varphi}^{z}Z_{z}^{z}-R^{\varphi}\Phi^{\varphi}Z_{zz}^{\varphi}\right)-\left(\begin{matrix}R_{\rho\rho}^{\varphi}\Phi^{\varphi}Z^{\varphi}-\dfrac{1}{\rho}R_{\rho}^{\rho}\Phi_{\varphi}^{\rho}Z^{\rho}+\dfrac{1}{\rho^{2}}R^{\rho}\Phi_{\varphi}^{\rho}Z^{\rho}\\+\dfrac{R_{\rho}^{\varphi}\Phi^{\varphi}Z^{\varphi}}{\rho}-\dfrac{R^{\varphi}\Phi^{\varphi}Z^{\varphi}}{\rho^{2}}\end{matrix}\right)\right]\boldsymbol{e}_{\varphi} \\
\left[\begin{matrix}(R_{\rho}^{\rho}\Phi^{\rho}Z_{z}^{\rho}-R_{\rho\rho}^{z}\Phi^{z}Z^{z})-\left(\dfrac{1}{\rho^{2}}R^{z}\Phi_{\varphi\varphi}^{z}Z^{z}-\dfrac{1}{\rho}R^{\varphi}\Phi_{\varphi}^{\varphi}Z_{z}^{\varphi}\right)\\+\dfrac{1}{\rho}(R^{\rho}\Phi^{\rho}Z_{z}^{\rho}-R_{\rho}^{z}\Phi^{z}Z^{z})\end{matrix}\right]\boldsymbol{e}_{z}
\end{bmatrix}
\tag{10.111}
$$

从而

$$
\nabla\times\nabla\times\boldsymbol{F}-\frac{1}{c^{2}}\boldsymbol{F}
$$

$$
=\begin{bmatrix}
\left[\dfrac{1}{\rho}\left(R_{\rho}^{\varphi}\Phi_{\varphi}^{\varphi}Z^{\varphi}-\dfrac{1}{\rho}R^{\rho}\Phi_{\varphi\varphi}^{\rho}Z^{\rho}+\dfrac{R^{\varphi}\Phi_{\varphi}^{\varphi}Z^{\varphi}}{\rho}\right)-(R^{\rho}\Phi^{\rho}Z_{zz}^{\rho}-R_{\rho}^{z}\Phi^{z}Z_{z}^{z})-\dfrac{1}{c^{2}}R^{\rho}\Phi^{\rho}Z^{\rho}\right]\boldsymbol{e}_{\rho} \\
\left[\left(\dfrac{1}{\rho}R^{z}\Phi_{\varphi}^{z}Z_{z}^{z}-R^{\varphi}\Phi^{\varphi}Z_{zz}^{\varphi}\right)-\left(\begin{matrix}R_{\rho\rho}^{\varphi}\Phi^{\varphi}Z^{\varphi}-\dfrac{1}{\rho}R_{\rho}^{\rho}\Phi_{\varphi}^{\rho}Z^{\rho}+\dfrac{1}{\rho^{2}}R^{\rho}\Phi_{\varphi}^{\rho}Z^{\rho}\\+\dfrac{R_{\rho}^{\varphi}\Phi^{\varphi}Z^{\varphi}}{\rho}-\dfrac{R^{\varphi}\Phi^{\varphi}Z^{\varphi}}{\rho^{2}}\end{matrix}\right)-\dfrac{1}{c^{2}}R^{\varphi}\Phi^{\varphi}Z^{\varphi}\right]\boldsymbol{e}_{\varphi} \\
\left[\begin{matrix}(R_{\rho}^{\rho}\Phi^{\rho}Z_{z}^{\rho}-R_{\rho\rho}^{z}\Phi^{z}Z^{z})-\left(\dfrac{1}{\rho^{2}}R^{z}\Phi_{\varphi\varphi}^{z}Z^{z}-\dfrac{1}{\rho}R^{\varphi}\Phi_{\varphi}^{\varphi}Z_{z}^{\varphi}\right)\\+\dfrac{1}{\rho}(R^{\rho}\Phi^{\rho}Z_{z}^{\rho}-R_{\rho}^{z}\Phi^{z}Z^{z})-\dfrac{1}{c^{2}}R^{z}\Phi^{z}Z^{z}\end{matrix}\right]\boldsymbol{e}_{z}
\end{bmatrix}
\tag{10.112}
$$

此时分离变量解可能为

$$
\boldsymbol{F}=\begin{bmatrix}\boldsymbol{e}_{\rho}F^{\rho}\\\boldsymbol{e}_{\varphi}F^{\varphi}\\\boldsymbol{e}_{z}F^{z}\end{bmatrix}=\begin{bmatrix}C^{\rho}B_{\nu}(m_{n}\rho)\sin(\lambda_{n}\varphi)\sin(k_{n}z)\boldsymbol{e}_{\rho}\\C^{\phi}B_{\nu}(m_{n}\rho)\cos(\lambda_{n}\varphi)\sin(k_{n}z)\boldsymbol{e}_{\varphi}\\C^{z}B_{\nu}(m_{n}\rho)\sin(\lambda_{n}\varphi)\cos(k_{n}z)\boldsymbol{e}_{z}\end{bmatrix}
\tag{10.113}
$$

为避免不必要的烦琐，此处略去了大部分的过程，甚至连此解的验证工作都没有明确给出，这里只是说明能够得到非直角坐标下的分离变量解这一事实，有兴趣的读者可自行进行。

10.4　相关方程解的进一步讨论[①]

前面，主要对包含双旋度算子的三类微分方程的分离变量解进行了讨论。不过，经典理论认为：因为包含双旋度算子的三类微分方程具有欠定性特征，不能够唯一地确定相应矢性变量的值，因此在经典理论中一般添加各种散度假设（即各种规范条件），并利用矢量恒等式 $\nabla\times\nabla\times\boldsymbol{F}=\nabla\nabla\cdot\boldsymbol{F}-\nabla^2\boldsymbol{F}$ 将包含双旋度算子的三类微分方程转化为包含拉普拉斯算子的微分方程来求解。如果前面已经求出包含双旋度算子的微分方程的分离变量解（10.47）、解（10.97）和解（10.107）满足相应的包含拉普拉斯算子的微分方程，那么这种转换就是等效的，也就是合理的。由于包含拉普拉斯算子的齐次向量微分方程本质上是三个标量方程的组合，因此下面的验证我们仅在 x 方向验证即可。下面分别验证：

$$\boldsymbol{F}=\begin{bmatrix}F^x\\F^y\\F^z\end{bmatrix}=\begin{bmatrix}X^xY^xZ^x\\X^yY^yZ^y\\X^zY^zZ^z\end{bmatrix}=\begin{bmatrix}C\cos(k_nx)\sin(k_ny)\sin(k_nz)\\C\sin(k_nx)\cos(k_ny)\sin(k_nz)\\C\sin(k_nx)\sin(k_ny)\cos(k_nz)\end{bmatrix}$$

这是齐次双旋度泊松方程 $\nabla\times\nabla\times\boldsymbol{F}=0$ 的分离变量解（曾在式（10.97）中进行过验证），将其代入齐次向量泊松方程 $\nabla^2\boldsymbol{F}=0$，显然，在 x 方向上：

$$\begin{aligned}\nabla^2F_x&=\left(\frac{\partial^2}{\partial x^2}+\frac{\partial^2}{\partial y^2}+\frac{\partial^2}{\partial z^2}\right)F_x\\&=\left(\frac{\partial^2}{\partial x^2}+\frac{\partial^2}{\partial y^2}+\frac{\partial^2}{\partial z^2}\right)[C\cos(k_nx)\sin(k_ny)\sin(k_nz)]\\&=-3Ck_n^2\cos(k_nx)\sin(k_ny)\sin(k_nz)\neq 0\end{aligned}\tag{10.114}$$

也就是说，齐次双旋度泊松方程 $\nabla\times\nabla\times\boldsymbol{F}=0$ 的分离变量解并不满足相应的齐次向量泊松方程 $\nabla^2\boldsymbol{F}=0$（另外两个方向齐次双旋度泊松方程的解具有相同的结构，仍然不满足齐次向量泊松方程）。

齐次双旋度赫姆霍兹方程 $\nabla\times\nabla\times\boldsymbol{F}(\boldsymbol{r})-k^2\boldsymbol{F}(\boldsymbol{r})=0$ 的解为

$$\boldsymbol{F}=\begin{bmatrix}F^x\\F^y\\F^z\end{bmatrix}=\begin{bmatrix}C_x\cos(k_nx)\sin(k_ny)\sin(k_nz)\\C_y\sin(k_nx)\cos(k_ny)\sin(k_nz)\\C_z\sin(k_nx)\sin(k_ny)\cos(k_nz)\end{bmatrix},\quad \begin{aligned}C_y+C_x+C_z=0\\3k_n^2=k^2\end{aligned}$$

---

① 在本章的初稿中，10.4 节还简略给出了包含拉普拉斯算子的三类矢量微分方程的分离变量解的推导过程，并对这些解是否满足包含双旋度算子的相应微分方程进行了讨论。考虑这些内容的烦琐以及专业读者完全可以自主完成上述工作，最终决定取消上述内容。

而对于齐次的一般矢量赫姆霍兹方程 $\nabla^2 \boldsymbol{F}(\boldsymbol{r})+k^2\boldsymbol{F}(\boldsymbol{r})=0$，在 x 方向上：

$$\begin{aligned}\nabla^2 F_x+k^2F_x&=\left(\frac{\partial^2}{\partial x^2}+\frac{\partial^2}{\partial y^2}+\frac{\partial^2}{\partial z^2}\right)F_x+k^2F_x\\&=\left(\frac{\partial^2}{\partial x^2}+\frac{\partial^2}{\partial y^2}+\frac{\partial^2}{\partial z^2}+k^2\right)[C_x\cos(k_nx)\sin(k_ny)\sin(k_nz)]\\&=(-3k_n^2+k^2)C_x\cos(k_nx)\sin(k_ny)\sin(k_nz)=0\end{aligned}\tag{10.115}$$

显然齐次双旋度赫姆霍兹方程 $\nabla\times\nabla\times\boldsymbol{F}(\boldsymbol{r})-k^2\boldsymbol{F}(\boldsymbol{r})=0$ 的解也是相应的齐次矢量赫姆霍兹方程 $\nabla^2\boldsymbol{F}(\boldsymbol{r})+k^2\boldsymbol{F}(\boldsymbol{r})=0$ 的解，但前者原有的限制条件分离变量常数关系 $C_y+C_x+C_z=0$ 对于后者是不需要的。也就是说前者的解肯定也是后者的解，但后者的解未必一定是前者的解，后者的解范围更大。

同样，反映一般时域电磁场规律的双旋度一般时域电磁波动方程为

$$\nabla\times\nabla\times\boldsymbol{F}(\boldsymbol{r},t)+\frac{1}{c^2}\frac{\partial^2\boldsymbol{F}(\boldsymbol{r},t)}{\partial t^2}=\boldsymbol{f}(\boldsymbol{r},t)$$

该方程的分离变量解为

$$\boldsymbol{F}(\boldsymbol{r},t)=\begin{bmatrix}C_x\cos(k_nx)\sin(k_ny)\sin(k_nz)\boldsymbol{i}\\C_y\sin(k_nx)\cos(k_ny)\sin(k_nz)\boldsymbol{j}\\C_z\sin(k_nx)\sin(k_ny)\cos(k_nz)\boldsymbol{k}\end{bmatrix}(C_1\cos kct+C_2\sin kct),\quad \begin{matrix}C_y+C_x+C_z=0\\3k_n^2=k^2\end{matrix}$$

验证该解是否满足向量时域波动方程 $\nabla^2\boldsymbol{F}(\boldsymbol{r},t)-\dfrac{1}{c^2}\dfrac{\partial^2\boldsymbol{F}(\boldsymbol{r},t)}{\partial t^2}=0$：

$$\begin{aligned}&\nabla^2F_x-\frac{1}{c^2}F_x=\left(\frac{\partial^2}{\partial x^2}+\frac{\partial^2}{\partial y^2}+\frac{\partial^2}{\partial z^2}\right)F_x-\frac{1}{c^2}\frac{\partial^2F_x}{\partial t^2}\\&=\left(\frac{\partial^2}{\partial x^2}+\frac{\partial^2}{\partial y^2}+\frac{\partial^2}{\partial z^2}-\frac{1}{c^2}\frac{\partial^2}{\partial t^2}\right)[C_x\cos(k_nx)\sin(k_ny)\sin(k_nz)(C_1\cos kct+C_2\sin kct)]\\&=C_x\cos(k_nx)\sin(k_ny)\sin(k_nz)(C_1\cos kct+C_2\sin kct)\left[-3k_n^2+\frac{1}{c^2}k^2c^2\right]=0\end{aligned}\tag{10.116}$$

这与双旋度赫姆霍兹方程的结论类似，即双旋度一般时域波动方程原有的限制条件分离变量常数关系 $C_y+C_x+C_z=0$ 对于矢量一般时域波动方程是不需要的。也就是说前者的解肯定也是后者的解，但后者的解未必一定是前者的解，后者的解范围更大。

讨论：这样的验证结果让我们既吃惊又有意料之内的感觉。吃惊的是矢量赫姆霍兹方程和矢量一般时域波动方程与包含双旋度算子的相应方程具有完全不同的数学特性，要求完全不同的边界条件，描述的是完全不同的物理现象，但它们的解域却有相当的重

叠区域（仅分离常数的限制条件存在差异）。意料之内是因为毕竟经典电磁理论对现代电子技术的发展提供了强大的理论支撑，它肯定有合理的成分。这就像热力学中的卡诺定理中给出的所有工作在两个热源之间的热机效率表达式$\eta<1-\dfrac{T_2}{T_1}$一样，虽然其出发点（热质说）是错误的，但其正确的结论依然对热机的发展提供了强大的理论支撑。当然，这也从一个侧面说明了电磁理论的复杂性，同时，这也是我们暂时放弃时谐问题验证实验的一个原因（更重要的原因是没有条件进行相关的工作）。

10.5　结语（应用展望）

本章主要对如何获得双旋度赫姆霍兹方程在直角坐标系下的分离变量解进行了详细地讨论和验证。以此为基础，对曲线坐标系下双旋度赫姆霍兹方程的分离变量解以及如何获得双旋度泊松方程和双旋度一般时域波动方程的分离变量解进行了适当的推广。并就包含拉普拉斯算子的相关方程进行了验证，得到了一些有意思的结论。这些应该说是电磁场理论研究和计算电磁学的基础性工作，至于如何利用这些结果来发展计算电磁学，就是对此感兴趣的读者的事了。尽管本书主要是围绕计算电磁学进行讨论的，但由于本章相关内容是在本书整理阶段后期才获得的，所以本书其他章节的内容与本章关系不大（只是对一些重要结果做了少量引用），即使在构造三类微分方程的理论解时也没有用到本章内容。相信将本章相应结果加以完善并应用到计算电磁学算法研究中，能够获得好的结果。

参 考 文 献

[1] 梁昆淼. 数学物理方法. 4 版. 北京: 高等教育出版社, 2010.

[2] 王竹溪, 郭敦仁. 特殊函数概论. 北京: 北京大学出版社, 2000.

[3] 谢处方, 饶克谨. 电磁场与电磁波. 3 版. 北京: 高等教育出版社, 1999.

[4] 王高雄, 周之铭, 朱思铭, 等. 常微分方程. 2 版. 北京: 高等教育出版社, 1983.

[5] 《数学手册》编写组. 数学手册. 北京: 人民教育出版社, 1979.

本书主要参考文献

虽然本书各章都单独列出了参考文献，那些文献是作者在本书写作、整理过程中直接参考的主要文献。但在作者学习、研究电磁场理论和本书主要观点的形成过程中，实际上参考过更多的文献，它们对本书观点的形成都或多或少发挥了作用，但在本书书写过程中又不宜全部列在各章之后，或有所遗漏，为了表达对这些作者的尊重，现将曾给作者帮助且目前能够在作者书架上找到的主要参考书全部列于此，若有遗漏，敬请相关作者原谅。

[1] 麦克斯韦. 电磁通论. 戈革, 译. 北京: 北京大学出版社, 2010.

[2] 谢处方, 饶克谨. 电磁场与电磁波. 3 版. 北京: 高等教育出版社, 1999.

[3] 谢处方, 吴先良. 电磁散射理论与计算. 合肥: 安徽大学出版社, 2002.

[4] 斯特来顿. 电磁理论. 何国瑜, 译. 北京: 北京航空学院出版社, 1986.

[5] 傅君眉, 冯恩信. 高等电磁理论. 西安: 西安交通大学出版社, 2000.

[6] 杨儒贵. 高等电磁理论. 北京: 高等教育出版社, 2008.

[7] 全绍辉. 高等工程电磁理论. 北京: 北京航空航天大学出版社, 2013.

[8] 龚中麟. 近代电磁理论. 2 版. 北京: 北京大学出版社, 2010.

[9] 余恬, 雷虹. 电磁场分析中的应用数学. 北京: 北京邮电大学出版社, 2009.

[10] 符果行. 电磁场中的格林函数法. 北京: 高等教育出版社, 1993.

[11] 李忠元. 电磁场边界元素法. 北京: 北京工业学院出版社, 1987.

[12] 连汉雄. 电磁场理论的数学方法. 北京: 北京理工大学出版社, 1990.

[13] 王怀玉. 物理学中的数学方法. 北京: 科学出版社, 2013.

[14] 钱伟长. 格林函数和变分法在电磁场和电磁波计算中的应用. 上海: 上海大学出版社, 2006.

[15] 毕德显. 电磁场理论. 北京: 电子工业出版社, 1985.

[16] 马西奎. 电磁场理论及应用. 西安: 西安交通大学出版社, 2000.

[17] 马西奎. 复杂电磁场边值问题分域变量分离方法. 北京: 科学出版社, 2016.

[18] 尹真. 电动力学. 南京: 南京大学出版社, 1999.

[19] 郭硕鸿. 电动力学. 3 版. 北京: 高等教育出版社, 2008.

[20] 虞福春, 郑春开. 电动力学. 修订版. 北京: 北京大学出版社, 2003.

[21] 陈秉乾, 舒幼生, 胡望雨. 电磁学专题研究. 北京: 高等教育出版社, 2001.

[22] 赵凯华, 陈熙谋. 电磁学(上下册). 北京: 高等教育出版社, 1985.

[23] 杨本洛. 流体运动经典分析. 北京: 科学出版社, 1996.

[24] 杨本洛. 电磁场形式逻辑分析. 上海: 上海交通大学出版社, 2009.
[25] 杨本洛. 自然科学体系梳理. 上海: 上海交通大学出版社, 2005.
[26] 杨本洛. 量子力学形式逻辑与物质基础探析（中册）. 上海: 上海交通大学出版社, 2006.
[27] 杨本洛. 自然哲学基础分析. 上海: 上海交通大学出版社, 2001.
[28] 杨本洛. 两类“相对论”形式逻辑分析. 上海: 上海交通大学出版社, 2011.
[29] 宋文淼. 电磁波基本方程组. 北京: 科学出版社, 2003.
[30] 宋文淼. 电磁场中的微分算子. 北京: 科学出版社, 1999.
[31] 宋文淼. 实物与暗物的数理逻辑. 北京: 科学出版社, 2006.
[32] 张启仁. 经典场论. 北京: 科学出版社, 2003.
[33] 曹昌祺. 经典电动力学. 北京: 科学出版社, 2009.
[34] 葛德彪, 魏兵. 电磁波理论. 北京: 科学出版社, 2011.
[35] 张善杰. 工程电磁理论. 北京: 科学出版社, 2009.
[36] 彭桓武, 徐锡申. 理论物理基础. 北京: 北京大学出版社, 2003.
[37] 文柯一. 电磁理论的新进展. 北京: 国防工业出版社, 1999.
[38] 梁昌洪, 陈曦. 电磁理论前沿探索札记. 北京: 电子工业出版社, 2012.
[39] 梁昌洪, 谢拥军, 官伯然, 等. 简明微波. 北京: 高等教育出版社, 2006.
[40] 王一平, 郭宏福. 电磁波——传输 • 辐射 • 传播. 北京: 西安电子科技大学出版社, 2006.
[41] 陈抗生. 电磁场与电磁波. 2 版. 北京: 高等教育出版社, 2007.
[42] 杨诚敏. 电磁场的基本物理量 E、D、B、H. 北京: 人民教育出版社, 1983.
[43] 李凯. 分层介质中的电磁场和电磁波. 北京: 浙江大学出版社, 2010.
[44] 任伟, 赵家升. 电磁场与微波技术. 北京: 电子工业出版社, 2005.
[45] 王志良, 任伟. 电磁散射理论术. 北京: 四川科学技术出版社, 1994.
[46] 任伟. 数学化的场论: 球面世界的哲学. 北京: 科学出版社, 2013.
[47] 盛新庆. 电磁波述论. 北京: 科学出版社, 2007.
[48] 盛新庆. 计算电磁学要论. 北京: 科学出版社, 2008.
[49] 黄席椿. 论波速. 北京: 高等教育出版社, 1985.
[50] 彭仲秋. 瞬变电磁场. 北京: 高等教育出版社, 1989.
[51] 汪文秉. 瞬态电磁场. 西安: 西安交通大学出版社, 1991.
[52] 牛之琏. 时间域电磁法原理. 长沙: 中南大学出版社, 2007.
[53] 王长清, 祝西里. 瞬变电磁场——理论和计算. 北京: 北京大学出版社, 2011.
[54] 王长清. 现代计算电磁学基础. 北京: 北京大学出版社, 2005.
[55] 夏明耀, 王均宏. 电磁场理论与计算方法要论. 北京: 北京大学出版社, 2013.
[56] 胡友秋. 电磁学单位制. 合肥: 中国科学技术大学出版社, 2012.
[57] 何金良. 时频电磁暂态分析理论与方法. 北京: 清华大学出版社, 2015.
[58] 阮成礼. 超宽带天线理论与技术. 哈尔滨: 哈尔滨工业大学出版社, 2006.
[59] 阮成礼. 电磁导弹概论. 北京: 人民邮电出版社, 1994.

[60] 哈林登. 计算电磁场的矩量法. 王尔杰, 译. 北京: 国防工业出版社, 1981.
[61] 倪光正, 杨仕友. 工程电磁场数值计算. 北京: 机械工业出版社, 2006.
[62] 谢德馨, 杨仕友. 工程电磁场数值分析与综合. 北京: 机械工业出版社, 2009.
[63] 汤蕴缪, 梁艳萍. 电机电磁场的分析与计算. 北京: 机械工业出版社, 2010.
[64] 吕英华. 计算电磁学的数值方法. 北京: 清华大学出版社, 2006.
[65] 王秉中. 计算电磁学. 北京: 科学出版社, 2002.
[66] 颜威利, 杨庆新, 汪友华, 等. 电气工程电磁场数值分析. 北京: 机械工业出版社, 2005.
[67] 李泉凤. 电磁场数值计算与电磁铁设计. 北京: 清华大学出版社, 2002.
[68] 张玉. 电磁场并行计算. 西安: 西安电子科技大学出版社, 2006.
[69] 陶文铨. 数值传热学. 西安: 西安交通大学出版社, 2003.
[70] 戴遗山, 段文洋. 船舶在波浪中的势流理论. 北京: 国防工业出版社, 2008.
[71] 马科斯 · 波恩, 埃米尔 · 沃尔夫. 光学原理. 7 版. 杨葭荪, 译. 北京: 电子工业出版社, 2011.
[72] 何国瑜, 卢才成, 洪家才, 等. 电磁散射的计算和测量. 北京: 北京航空航天大学出版社, 2006.
[73] 聂在平. 目标与环境电磁散射特性建模（基础篇）. 北京: 国防工业出版社, 2009.
[74] 聂在平. 目标与环境电磁散射特性建模（应用篇）. 北京: 国防工业出版社, 2009.
[75] 马昌凤. 非稳态电磁场的 $A-\phi$ 方法. 北京: 上海科学技术出版社, 2008.
[76] 哈林登. 正弦电磁场. 孟侃, 译. 北京: 电子工业出版社, 1964.
[77] 哈尔姆斯. 非正弦电磁波的传播. 沈士团, 藕锋, 译. 北京: 人民邮电出版社, 1990.
[78] 戴振铎, 鲁述. 电磁理论中的并矢格林函数. 北京: 武汉大学出版社, 1995.
[79] 鲁述, 徐鹏根. 电磁场边值问题解析方法. 北京: 武汉大学出版社, 2005.
[80] Brady J M. Singular Electromagnetic Fields and Sources. Oxford: Clarendon Press Oxford, 1991.
[81] 陈敬熊, 李桂生. 电磁理论中的直接法与积分方程法. 北京: 科学出版社, 1987.
[82] 樊明武, 颜威利. 电磁场积分方程法. 北京: 机械工业出版社, 1988.
[83] 陈平. 电磁场理论与类比法. 上海: 中国纺织大学出版社, 1998.
[84] 徐明浩. 速度场的表述和边界涡量产生方法研究. 上海: 上海交通大学, 1995.
[85] 覃新川, 杨本洛. 双旋度泊松方程零阶积分表述的数值研究// 第九届全国现代数学和力学学术会议论文集. 上海: 上海大学出版社, 2004.
[86] 杨德全, 赵忠生. 边界元理论及应用. 北京: 北京理工大学出版社, 2002.
[87] 李忠元. 电磁场边界元素法. 北京: 北京工业学院出版社, 1987.
[88] 姚振汉, 王海涛. 边界元法. 北京: 高等教育出版社, 2010.
[89] 黎在良, 王乘. 高等边界元法. 北京: 科学出版社, 2008.
[90] 祝家麟, 袁政强. 边界元分析. 北京: 科学出版社, 2009.
[91] 吴洪潭. 边界元法在传热学中的应用. 北京: 国防工业出版社, 2008.
[92] 程志光, 高桥则雄, 博扎德 · 弗甘尼. 电气工程电磁热场模拟与应用. 北京: 科学出版社, 2009.
[93] 陈梦成. 三维断裂力学问题求解——超奇异积分方程方法. 成都: 西南交通大学出版社, 2007.
[94] 钟万勰. 应用力学对偶体系. 北京: 科学出版社, 2002.

[95] 冯康, 秦孟兆. 哈密尔顿系统的辛几何算法. 杭州: 浙江科学技术出版社, 2003.
[96] 余德浩. 自然边界元方法的数学理论. 北京: 科学出版社, 1993.
[97] 嵇醒, 臧跃龙, 程玉民. 边界元法进展及通用程序. 上海: 同济大学出版社, 1997.
[98] 申光宪, 刘德义, 于春肖. 多极边界元法和轧制工程. 北京: 科学出版社, 2005.
[99] 施瓦兹. 广义函数论. 姚家燕, 译. 北京: 高等教育出版社, 2010.
[100] 周锦城. 傅里叶级数与广义函数论. 北京: 科学出版社, 1983.
[101] 齐民友, 吴方同. 广义函数与数学物理方程. 2 版. 北京: 高等教育出版社, 1999.
[102] 刘星桥. 电工电子用广义函数. 北京: 电子工业出版社, 1995.
[103] 崔志勇, 金德俊, 卢喜观. 线性偏微分方程引论. 长春: 吉林大学出版社, 1991.
[104] 魏培君. 积分方程及其数值方法. 北京: 冶金工业出版社, 2007.
[105] 赵桢. 奇异积分方程. 北京: 北京师范大学出版社, 1984.
[106] 柯朗, 希尔伯特. 数学物理方法 I. 钱敏, 郭敦仁, 译. 北京: 科学出版社, 1981.
[107] 柯朗, 希尔伯特. 数学物理方法 II. 熊振翔, 杨应辰, 译. 北京: 科学出版社, 1977.
[108] 梁昆淼. 数学物理方法. 4 版. 北京: 高等教育出版社, 2010.
[109] 王竹溪, 郭敦仁. 特殊函数概论. 北京: 北京大学出版社, 2000.
[110] 王高雄, 周之铭, 朱思铭, 等. 常微分方程. 2 版. 北京: 高等教育出版社, 1983.
[111] 冷建华. 傅里叶变换. 北京: 清华大学出版社, 2004.
[112] 黄克智, 薛明德, 陆明万. 张量分析. 2 版. 北京: 清华大学出版社, 2003.
[113] 余天庆, 毛为民. 张量分析及应用. 北京: 清华大学出版社, 2006.
[114] 张鸣镛. 位势论. 北京: 北京大学出版社, 1998.
[115] 《数学百科全书》编译委员会. 数学百科全书(1～5 卷). 北京: 科学出版社, 1994～2000.
[116] 《数学手册》编写组. 数学手册. 北京: 人民教育出版社, 1979.
[117] 《常用积分表》编委会. 常用积分表. 合肥: 中国科学技术大学出版社, 2009.
[118] 邹凤梧, 刘中柱, 周怀春. 积分表汇编. 北京: 中国宇航出版社, 1992.
[119] Moler C B. MATLAB 数值计算. 喻文健, 译. 北京: 机械工业出版社, 2010.
[120] Hanselman D, Littlefield B. 精通 MATLAB6. 张航, 黄攀, 译. 北京: 清华大学出版社, 2002.
[121] 邓薇. MATLAB 函数速查手册. 北京: 人民邮电出版社, 2010.

附录 A 矢量恒等式与张量简介

A.1 一些重要的矢量恒等式

在下面的矢量恒等式中，$\boldsymbol{a}$、$\boldsymbol{b}$、$\boldsymbol{c}$ 为任意矢量函数，φ、ψ 为任意标量函数。

（1）不包含∇ 算符的矢量恒等式。

$$\boldsymbol{a}\cdot(\boldsymbol{b}\times\boldsymbol{c})=\boldsymbol{c}\cdot(\boldsymbol{a}\times\boldsymbol{b})=\boldsymbol{b}\cdot(\boldsymbol{c}\times\boldsymbol{a}) \tag{A.1}$$

$$\boldsymbol{a}\times(\boldsymbol{b}\times\boldsymbol{c})=\boldsymbol{b}(\boldsymbol{a}\cdot\boldsymbol{c})-\boldsymbol{c}(\boldsymbol{a}\cdot\boldsymbol{b})，\quad (\boldsymbol{a}\times\boldsymbol{b})\times\boldsymbol{c}=\boldsymbol{b}(\boldsymbol{a}\cdot\boldsymbol{c})-\boldsymbol{a}(\boldsymbol{b}\cdot\boldsymbol{c}) \tag{A.2}$$

（2）包含∇ 算符的矢量恒等式。

$$\nabla\cdot\nabla\times\boldsymbol{a}=0 \tag{A.3}$$

$$\nabla\times\nabla\varphi=0 \tag{A.4}$$

$$\nabla(\varphi\psi)=\varphi\nabla\psi+\psi\nabla\varphi \tag{A.5}$$

$$\nabla\frac{a^2}{2}=(\boldsymbol{a}\cdot\nabla)\boldsymbol{a}+\boldsymbol{a}\times\nabla\times\boldsymbol{a} \tag{A.6}$$

$$\nabla\cdot(\varphi\boldsymbol{a})=\varphi\nabla\cdot\boldsymbol{a}+\nabla\varphi\cdot\boldsymbol{a} \tag{A.7}$$

$$\nabla\times(\varphi\boldsymbol{a})=\varphi\nabla\times\boldsymbol{a}+\nabla\varphi\times\boldsymbol{a} \tag{A.8}$$

$$\nabla(\boldsymbol{a}\cdot\boldsymbol{b})=(\boldsymbol{b}\cdot\nabla)\boldsymbol{a}+(\boldsymbol{a}\cdot\nabla)\boldsymbol{b}+\boldsymbol{a}\times\nabla\times\boldsymbol{b}+\boldsymbol{b}\times\nabla\times\boldsymbol{a} \tag{A.9}$$

$$\nabla\cdot(\boldsymbol{a}\times\boldsymbol{b})=\boldsymbol{b}\cdot\nabla\times\boldsymbol{a}-\boldsymbol{a}\cdot\nabla\times\boldsymbol{b} \tag{A.10}$$

$$\nabla\times(\boldsymbol{a}\times\boldsymbol{b})=(\boldsymbol{b}\cdot\nabla)\boldsymbol{a}-(\boldsymbol{a}\cdot\nabla)\boldsymbol{b}+\boldsymbol{a}\nabla\cdot\boldsymbol{b}-\boldsymbol{b}\nabla\cdot\boldsymbol{a} \tag{A.11}$$

$$\nabla\cdot\nabla\varphi=\nabla^2\varphi=\Delta\varphi \tag{A.12}$$

$$\nabla\times\nabla\times\boldsymbol{a}=\nabla\nabla\cdot\boldsymbol{a}-\Delta\boldsymbol{a} \tag{A.13}$$

$$\Delta(\varphi\psi)=\psi\Delta\varphi+\varphi\Delta\psi+2\nabla\varphi\cdot\nabla\psi \tag{A.14}$$

$$\Delta(\varphi A)=\varphi\Delta A+A\Delta\varphi+2\nabla\varphi\cdot\nabla A \tag{A.15}$$

$$\nabla F(\varphi)=F'(\varphi)\nabla\varphi；\quad \nabla\varphi(\boldsymbol{r})=\varphi'(r)\frac{\boldsymbol{r}}{r} \tag{A.16}$$

（3）与距离 $\boldsymbol{R}=\boldsymbol{r}-\boldsymbol{r}'$ 相关的微分关系式。

$$\nabla\times\boldsymbol{r}=0\text{；}\quad\nabla\times\frac{\boldsymbol{r}}{r^3}=0\text{；}\quad\nabla\times[f(r)\boldsymbol{r}]=0 \tag{A.17}$$

$$\nabla\cdot\boldsymbol{r}=3\text{；}\quad\nabla\cdot\frac{\boldsymbol{r}}{r^3}=0\text{，}\quad r\neq 0 \tag{A.18}$$

$$\nabla r=\frac{\boldsymbol{r}}{r}\text{；}\quad\nabla f(r)=\frac{f'(r)}{r}\boldsymbol{r} \tag{A.19}$$

（4）积分定理。

标量格林定理：

$$\int_V(\varphi\nabla^2\psi+\nabla\varphi\cdot\nabla\psi)\mathrm{d}V=\oint_\Gamma\varphi(\mathrm{d}S\cdot\nabla\psi) \tag{A.20}$$

$$\int_V(\varphi\nabla^2\psi-\psi\nabla^2\varphi)\mathrm{d}V=\oint_\Gamma\mathrm{d}S\cdot(\varphi\nabla\psi-\psi\nabla\varphi) \tag{A.21}$$

矢量格林定理：

$$\int_V[(\nabla\times\boldsymbol{Q})\cdot(\nabla\times\boldsymbol{P})-\boldsymbol{P}\cdot(\nabla\times\nabla\times\boldsymbol{Q})]\mathrm{d}V=\oint_\Gamma(\boldsymbol{P}\times\nabla\times\boldsymbol{Q})\cdot\mathrm{d}\boldsymbol{S} \tag{A.22}$$

$$\int_V[\boldsymbol{Q}\cdot(\nabla\times\nabla\times\boldsymbol{P})-\boldsymbol{P}\cdot(\nabla\times\nabla\times\boldsymbol{Q})]\mathrm{d}V=\oint_\Gamma(\boldsymbol{P}\times\nabla\times\boldsymbol{Q}-\boldsymbol{Q}\times\nabla\times\boldsymbol{P})\cdot\mathrm{d}\boldsymbol{S} \tag{A.23}$$

斯托克斯公式：

$$\int_S(\nabla\times\boldsymbol{A})\cdot\mathrm{d}\boldsymbol{S}=\oint_L\boldsymbol{A}\cdot\mathrm{d}\boldsymbol{L}\text{；}\quad\int_S\mathrm{d}\boldsymbol{S}\cdot\nabla f=\oint_L f\mathrm{d}\boldsymbol{L}\text{；}\quad\int_S(\mathrm{d}\boldsymbol{S}\times\nabla)\times\boldsymbol{A}=\oint_L\mathrm{d}\boldsymbol{L}\times\boldsymbol{A} \tag{A.24}$$

高斯公式：

$$\int_V\nabla\cdot\boldsymbol{a}\mathrm{d}V=\int_S\boldsymbol{n}\cdot\boldsymbol{a}\mathrm{d}S\text{；}\quad\int_V\nabla\times\boldsymbol{a}\mathrm{d}V=\int_S\boldsymbol{n}\times\boldsymbol{a}\mathrm{d}S\text{；}\quad\int_V\nabla\varphi\mathrm{d}V=\int_S\boldsymbol{n}\varphi\mathrm{d}S \tag{A.25}$$

A.2 并矢及其表示

如果两个矢量 $\boldsymbol{A},\boldsymbol{B}$ 不是点积也不是叉积，而是并乘，即 $\vec{\vec{\boldsymbol{D}}}=\boldsymbol{AB}=\sum_{i=1}^{3}\sum_{j=1}^{3}a_ib_je_ie_j$，就构成一个二阶张量，在电磁理论中也常称为并矢。

并矢的多种表示方法：

$$\vec{\vec{\boldsymbol{D}}}=\boldsymbol{AB}=\begin{bmatrix}A_xB_x & A_xB_y & A_xB_z\\ A_yB_x & A_yB_y & A_yB_z\\ A_zB_x & A_zB_y & A_zB_z\end{bmatrix}=\begin{bmatrix}D_{xx} & D_{xy} & D_{xz}\\ D_{yx} & D_{yy} & D_{yz}\\ D_{zx} & D_{zy} & D_{zz}\end{bmatrix}$$

$$= A_xB_x\boldsymbol{e}_x\boldsymbol{e}_x + A_xB_y\boldsymbol{e}_x\boldsymbol{e}_y + A_xB_z\boldsymbol{e}_x\boldsymbol{e}_z + A_yB_x\boldsymbol{e}_y\boldsymbol{e}_x + A_yB_y\boldsymbol{e}_y\boldsymbol{e}_y$$
$$+ A_yB_z\boldsymbol{e}_y\boldsymbol{e}_z + A_zB_x\boldsymbol{e}_z\boldsymbol{e}_x + A_zB_y\boldsymbol{e}_z\boldsymbol{e}_y + A_zB_z\boldsymbol{e}_z\boldsymbol{e}_z$$
$$= \boldsymbol{D}^{(x)}\boldsymbol{e}_x + \boldsymbol{D}^{(y)}\boldsymbol{e}_y + \boldsymbol{D}^{(z)}\boldsymbol{e}_z = \boldsymbol{e}_x^{(x)}\boldsymbol{D} + \boldsymbol{e}_y^{(y)}\boldsymbol{D} + \boldsymbol{e}_z^{(z)}\boldsymbol{D}$$
$$= \overset{=}{\boldsymbol{D}}\cdot\boldsymbol{e}_x\boldsymbol{e}_x + \overset{=}{\boldsymbol{D}}\cdot\boldsymbol{e}_y\boldsymbol{e}_y + \overset{=}{\boldsymbol{D}}\cdot\boldsymbol{e}_z\boldsymbol{e}_z = \boldsymbol{e}_x\boldsymbol{e}_x\cdot\overset{=}{\boldsymbol{D}} + \boldsymbol{e}_y\boldsymbol{e}_y\cdot\overset{=}{\boldsymbol{D}} + \boldsymbol{e}_z\boldsymbol{e}_z\cdot\overset{=}{\boldsymbol{D}}$$

式中，$\begin{cases}\boldsymbol{D}^{(x)} = \overset{=}{\boldsymbol{D}}\cdot\boldsymbol{e}_x = D_{xx}\boldsymbol{e}_x + D_{yx}\boldsymbol{e}_y + D_{zx}\boldsymbol{e}_z \\ \boldsymbol{D}^{(y)} = \overset{=}{\boldsymbol{D}}\cdot\boldsymbol{e}_y = D_{xy}\boldsymbol{e}_x + D_{yy}\boldsymbol{e}_y + D_{zy}\boldsymbol{e}_z \\ \boldsymbol{D}^{(z)} = \overset{=}{\boldsymbol{D}}\cdot\boldsymbol{e}_z = D_{xz}\boldsymbol{e}_x + D_{yz}\boldsymbol{e}_y + D_{zz}\boldsymbol{e}_z\end{cases}$，$\begin{cases}{}^{(x)}\boldsymbol{D} = \boldsymbol{e}_x\cdot\overset{=}{\boldsymbol{D}} = D_{xx}\boldsymbol{e}_x + D_{xy}\boldsymbol{e}_y + D_{xz}\boldsymbol{e}_z \\ {}^{(y)}\boldsymbol{D} = \boldsymbol{e}_y\cdot\overset{=}{\boldsymbol{D}} = D_{yx}\boldsymbol{e}_x + D_{yy}\boldsymbol{e}_y + D_{yz}\boldsymbol{e}_z \\ {}^{(z)}\boldsymbol{D} = \boldsymbol{e}_z\cdot\overset{=}{\boldsymbol{D}} = D_{zx}\boldsymbol{e}_x + D_{zy}\boldsymbol{e}_y + D_{zz}\boldsymbol{e}_z\end{cases}$ 分别称为并矢的列矢量和行矢量表示。

并矢的双点积：$(\boldsymbol{ab}):(\boldsymbol{cd}) = (\boldsymbol{a}\cdot\boldsymbol{c})(\boldsymbol{b}\cdot\boldsymbol{d})$。并矢的双叉积：$(\boldsymbol{ab})_\times^\times(\boldsymbol{cd}) = (\boldsymbol{a}\times\boldsymbol{c})(\boldsymbol{b}\times\boldsymbol{d})$。

对称并矢：满足关系 $\overset{=}{\boldsymbol{A}}\cdot\boldsymbol{a} = \boldsymbol{a}\cdot\overset{=}{\boldsymbol{A}}$ 或 $\overset{=}{\boldsymbol{A}}_{ij} = \overset{=}{\boldsymbol{A}}_{ji}$ 的并矢。反对称并矢：满足关系 $\overset{=}{\boldsymbol{A}}\cdot\boldsymbol{a} = -\boldsymbol{a}\cdot\overset{=}{\boldsymbol{A}}$ 或 $\overset{=}{\boldsymbol{A}}_{ij} = -\overset{=}{\boldsymbol{A}}_{ji}$，$\overset{=}{\boldsymbol{A}}_{ii} = 0$ 的并矢。

单位并矢：$\overset{=}{\boldsymbol{I}} = \begin{bmatrix}1 & 0 & 0\\ 0 & 1 & 0\\ 0 & 0 & 1\end{bmatrix} = \boldsymbol{e}_x\boldsymbol{e}_x + \boldsymbol{e}_y\boldsymbol{e}_y + \boldsymbol{e}_z\boldsymbol{e}_z$；则有 $\overset{=}{\boldsymbol{D}}\cdot\overset{=}{\boldsymbol{I}} = \overset{=}{\boldsymbol{I}}\cdot\overset{=}{\boldsymbol{D}} = \overset{=}{\boldsymbol{D}}$，$\overset{=}{\boldsymbol{I}}\cdot\boldsymbol{C} = \boldsymbol{C}\cdot\overset{=}{\boldsymbol{I}} = \boldsymbol{C}$。

A.3 并矢的微分与积分

并矢的导数运算：

$$\frac{\mathrm{d}\overset{=}{\boldsymbol{A}}}{\mathrm{d}t} = \lim_{\Delta t\to 0}\frac{\boldsymbol{a}(t+\Delta t)\boldsymbol{b}(t+\Delta t) - \boldsymbol{a}(t)\boldsymbol{b}(t)}{\Delta t}$$
$$= \lim_{\Delta t\to 0}\frac{[\boldsymbol{a}(t+\Delta t) - \boldsymbol{a}(t)]\boldsymbol{b}(t+\Delta t)}{\Delta t} + \lim_{\Delta t\to 0}\frac{\boldsymbol{a}(t)[\boldsymbol{b}(t+\Delta t) - \boldsymbol{b}(t)]}{\Delta t} = \frac{\mathrm{d}\boldsymbol{a}}{\mathrm{d}t}\boldsymbol{b} + \boldsymbol{a}\frac{\mathrm{d}\boldsymbol{b}}{\mathrm{d}t}$$

矢量函数的梯度为一并矢，即 $\nabla\boldsymbol{a} = \boldsymbol{e}_x\dfrac{\partial\boldsymbol{a}}{\partial x} + \boldsymbol{e}_y\dfrac{\partial\boldsymbol{a}}{\partial y} + \boldsymbol{e}_z\dfrac{\partial\boldsymbol{a}}{\partial z} = \nabla a_x\boldsymbol{e}_x + \nabla a_y\boldsymbol{e}_y + \nabla a_z\boldsymbol{e}_z$。

特别地，对于 $\nabla\boldsymbol{r} = \nabla x\boldsymbol{e}_x + \nabla y\boldsymbol{e}_y + \nabla z\boldsymbol{e}_z = \boldsymbol{e}_x\boldsymbol{e}_x + \boldsymbol{e}_y\boldsymbol{e}_y + \boldsymbol{e}_z\boldsymbol{e}_z = \overset{=}{\boldsymbol{I}}$。

并矢的散度：$\nabla\cdot\overset{=}{\boldsymbol{D}} = (\nabla\cdot\boldsymbol{D}^{(x)})\boldsymbol{e}_x + (\nabla\cdot\boldsymbol{D}^{(y)})\boldsymbol{e}_y + (\nabla\cdot\boldsymbol{D}^{(z)})\boldsymbol{e}_z = \dfrac{\partial^{(x)}\boldsymbol{D}}{\partial x} + \dfrac{\partial^{(y)}\boldsymbol{D}}{\partial y} + \dfrac{\partial^{(z)}\boldsymbol{D}}{\partial z}$。

并矢的旋度：$\nabla\times\overset{=}{\boldsymbol{D}} = (\nabla\times\boldsymbol{D}^{(x)})\boldsymbol{e}_x + (\nabla\times\boldsymbol{D}^{(y)})\boldsymbol{e}_y + (\nabla\times\boldsymbol{D}^{(z)})\boldsymbol{e}_z$。

当 $\overset{=}{\boldsymbol{D}} = \overset{=}{\boldsymbol{I}}\psi$ 时，$\nabla\cdot\overset{=}{\boldsymbol{D}} = \nabla\cdot(\overset{=}{\boldsymbol{I}}\psi) = \dfrac{\partial\psi}{\partial x}\boldsymbol{e}_x + \dfrac{\partial\psi}{\partial x}\boldsymbol{e}_y + \dfrac{\partial\psi}{\partial x}\boldsymbol{e}_z = \nabla\psi$。

重要关系式：$\nabla\times\nabla\times\overset{=}{\boldsymbol{A}} = \nabla\nabla\cdot\overset{=}{\boldsymbol{A}} - \nabla^2\overset{=}{\boldsymbol{A}}$。

并矢的积分与一般标量函数和矢量函数的积分定义相同。

几个常用的并矢积分公式：

$$\int_V \nabla\cdot\bar{\bar{A}}\mathrm{d}V=\oint_S \boldsymbol{n}\cdot\bar{\bar{A}}\mathrm{d}S\ ;\quad \int_V \nabla\times\bar{\bar{A}}\mathrm{d}V=\oint_S \boldsymbol{n}\times\bar{\bar{A}}\mathrm{d}S$$

$$\int_S \boldsymbol{n}\cdot\nabla\times\bar{\bar{A}}\mathrm{d}S=\oint_C \mathrm{d}\boldsymbol{l}\cdot\bar{\bar{A}}\ ;$$

正交曲线坐标系中的并矢微分公式本书使用不多，可在相应参考书中查阅。

并矢分析的几个重要公式：

$$\nabla(\varphi\boldsymbol{A})=(\nabla\varphi)\boldsymbol{A}+\varphi(\nabla\boldsymbol{A})\ ,\quad \nabla\cdot(\varphi\bar{\bar{A}})=(\nabla\varphi)\times\bar{\bar{A}}+\varphi(\nabla\times\bar{\bar{A}})$$

$$\nabla\times(\boldsymbol{AB})=(\nabla\times\boldsymbol{A})\boldsymbol{B}+(\boldsymbol{A}\times\nabla)\boldsymbol{B}\ ,\quad \nabla\cdot(\boldsymbol{AB})=(\nabla\cdot\boldsymbol{A})\boldsymbol{B}+(\boldsymbol{A}\cdot\nabla)\boldsymbol{B}$$

A.4　验证几个与张量运算相关的恒等式

下面给出的与张量相关的恒等式在本书各章的理论推导中将用到，由于不是常用且并不直观，在这里统一给予验证。

根据张量的不变性原理，由张量来描述的物理规律和几何定理等，在任何坐标系下都具有不变性，也就是说张量恒等式只要在某一个坐标系下成立，则在任何坐标系下都成立。因此下面的验证工作都是在最简单的笛卡儿直角坐标系下进行。其中各式中的 G 是标量泊松方程或标量赫姆霍兹方程或标量一般时域波动方程的基本解。

为表达式的简略，采用记号：$\nabla G=\begin{bmatrix} g_1\boldsymbol{i}\\ g_2\boldsymbol{j}\\ g_3\boldsymbol{k}\end{bmatrix}$，$\nabla\nabla G=\begin{bmatrix} g_{11}\boldsymbol{ii} & g_{12}\boldsymbol{ij} & g_{13}\boldsymbol{ik}\\ g_{21}\boldsymbol{ji} & g_{22}\boldsymbol{jj} & g_{23}\boldsymbol{jk}\\ g_{31}\boldsymbol{ki} & g_{32}\boldsymbol{kj} & g_{33}\boldsymbol{kk}\end{bmatrix}$，并统一规定：上标表示分量代号，下标表示求导代号，注意这里的上下标与张量分析中的协变、逆变无关。

同时，在后面的验证过程中大多都利用了 $\nabla\nabla G$ 是对称张量的性质以及古典微积分理论中一般函数求导次序可以任意改变的性质。

（1）首先验证 $\nabla(\boldsymbol{a}\cdot\nabla G)=(\boldsymbol{a}\cdot\nabla)\nabla G=\boldsymbol{a}\cdot\nabla\nabla G$，其中 $\boldsymbol{a}$ 为常矢量。

因为，前端：

$$\nabla(\boldsymbol{a}\cdot\nabla G)=\nabla\left\{\begin{bmatrix} a^1\boldsymbol{i}\\ a^2\boldsymbol{j}\\ a^3\boldsymbol{k}\end{bmatrix}\cdot\begin{bmatrix} g_1\boldsymbol{i}\\ g_2\boldsymbol{j}\\ g_3\boldsymbol{k}\end{bmatrix}\right\}=\begin{bmatrix} \boldsymbol{i}\dfrac{\partial}{\partial x}\\ \boldsymbol{j}\dfrac{\partial}{\partial x}\\ \boldsymbol{k}\dfrac{\partial}{\partial x}\end{bmatrix}\{a^1g_1+a^2g_2+a^3g_3\}=\begin{bmatrix} (a^1g_{11}+a^2g_{21}+a^3g_{31})\boldsymbol{i}\\ (a^1g_{12}+a^2g_{22}+a^3g_{32})\boldsymbol{j}\\ (a^1g_{13}+a^2g_{23}+a^3g_{33})\boldsymbol{k}\end{bmatrix}$$

中部：

$$(\boldsymbol{a}\cdot\nabla)\nabla G=\left\{\begin{bmatrix}a^1\boldsymbol{i}\\a^2\boldsymbol{j}\\a^3\boldsymbol{k}\end{bmatrix}\cdot\begin{bmatrix}\boldsymbol{i}\dfrac{\partial}{\partial x}\\\boldsymbol{j}\dfrac{\partial}{\partial x}\\\boldsymbol{k}\dfrac{\partial}{\partial x}\end{bmatrix}\right\}\begin{bmatrix}g_1\boldsymbol{i}\\g_2\boldsymbol{j}\\g_3\boldsymbol{k}\end{bmatrix}=\left\{a^1\frac{\partial}{\partial x}+a^2\frac{\partial}{\partial y}+a^3\frac{\partial}{\partial z}\right\}\begin{bmatrix}g_1\boldsymbol{i}\\g_2\boldsymbol{j}\\g_3\boldsymbol{k}\end{bmatrix}$$

$$=\begin{bmatrix}\left(a^1\dfrac{\partial g_1}{\partial x}+a^2\dfrac{\partial g_1}{\partial y}+a^3\dfrac{\partial g_1}{\partial z}\right)\boldsymbol{i}\\\left(a^1\dfrac{\partial g_2}{\partial x}+a^2\dfrac{\partial g_2}{\partial y}+a^3\dfrac{\partial g_2}{\partial z}\right)\boldsymbol{j}\\\left(a^1\dfrac{\partial g_3}{\partial x}+a^2\dfrac{\partial g_3}{\partial y}+a^3\dfrac{\partial g_3}{\partial z}\right)\boldsymbol{k}\end{bmatrix}=\begin{bmatrix}(a^1g_{11}+a^2g_{12}+a^3g_{13})\boldsymbol{i}\\(a^1g_{21}+a^2g_{22}+a^3g_{23})\boldsymbol{j}\\(a^1g_{31}+a^2g_{32}+a^3g_{33})\boldsymbol{k}\end{bmatrix}=\begin{bmatrix}(a^1g_{11}+a^2g_{21}+a^3g_{31})\boldsymbol{i}\\(a^1g_{12}+a^2g_{22}+a^3g_{32})\boldsymbol{j}\\(a^1g_{13}+a^2g_{23}+a^3g_{33})\boldsymbol{k}\end{bmatrix}$$

后端：

$$\boldsymbol{a}\cdot(\nabla\nabla G)=\boldsymbol{a}\cdot\begin{bmatrix}g_{11}\boldsymbol{ii}&g_{12}\boldsymbol{ij}&g_{13}\boldsymbol{ik}\\g_{21}\boldsymbol{ji}&g_{22}\boldsymbol{jj}&g_{23}\boldsymbol{jk}\\g_{31}\boldsymbol{ki}&g_{32}\boldsymbol{kj}&g_{33}\boldsymbol{kk}\end{bmatrix}=\begin{bmatrix}a^1\boldsymbol{i}\\a^2\boldsymbol{j}\\a^3\boldsymbol{k}\end{bmatrix}\cdot\begin{bmatrix}\boldsymbol{i}(g_{11}\boldsymbol{i}+g_{12}\boldsymbol{j}+g_{13}\boldsymbol{k})\\\boldsymbol{j}(g_{21}\boldsymbol{i}+g_{22}\boldsymbol{j}+g_{23}\boldsymbol{k})\\\boldsymbol{k}(g_{31}\boldsymbol{i}+g_{32}\boldsymbol{j}+g_{33}\boldsymbol{k})\end{bmatrix}$$

$$=\begin{bmatrix}a^1(g_{11}\boldsymbol{i}+g_{12}\boldsymbol{j}+g_{13}\boldsymbol{k})\\+a^2(g_{21}\boldsymbol{i}+g_{22}\boldsymbol{j}+g_{23}\boldsymbol{k})\\+a^3(g_{31}\boldsymbol{i}+g_{32}\boldsymbol{j}+g_{33}\boldsymbol{k})\end{bmatrix}=\begin{bmatrix}(a^1g_{11}+a^2g_{21}+a^3g_{31})\boldsymbol{i}\\(a^1g_{12}+a^2g_{22}+a^3g_{32})\boldsymbol{j}\\(a^1g_{13}+a^2g_{23}+a^3g_{33})\boldsymbol{k}\end{bmatrix}$$

显然，左端=中部=右端，验证结束。

（2）证明当 $\boldsymbol{a}$ 为常矢量时，$\nabla\times[\boldsymbol{a}\cdot\nabla\nabla G]=0$ 。

$$\nabla\times[\boldsymbol{a}\cdot\nabla\nabla G]=\nabla\times\left\{\begin{bmatrix}\boldsymbol{i}a^1\\\boldsymbol{j}a^2\\\boldsymbol{k}a^3\end{bmatrix}\cdot\begin{bmatrix}g_{11}\boldsymbol{ii}&g_{12}\boldsymbol{ij}&g_{13}\boldsymbol{ik}\\g_{21}\boldsymbol{ji}&g_{22}\boldsymbol{jj}&g_{23}\boldsymbol{jk}\\g_{31}\boldsymbol{ki}&g_{32}\boldsymbol{kj}&g_{33}\boldsymbol{kk}\end{bmatrix}\right\}=\nabla\times\begin{bmatrix}a^1(g_{11}\boldsymbol{i}+g_{12}\boldsymbol{j}+g_{13}\boldsymbol{k})\\a^2(g_{21}\boldsymbol{i}+g_{22}\boldsymbol{j}+g_{23}\boldsymbol{k})\\a^3(g_{31}\boldsymbol{i}+g_{32}\boldsymbol{j}+g_{33}\boldsymbol{k})\end{bmatrix}$$

$$=\nabla\times\begin{bmatrix}(a^1g_{11}+a^2g_{21}+a^3g_{31})\boldsymbol{i}\\(a^1g_{12}+a^2g_{22}+a^3g_{32})\boldsymbol{j}\\(a^1g_{13}+a^2g_{23}+a^3g_{33})\boldsymbol{k}\end{bmatrix}$$

$$=\begin{bmatrix}\boldsymbol{i}&\boldsymbol{j}&\boldsymbol{k}\\\dfrac{\partial}{\partial x}&\dfrac{\partial}{\partial y}&\dfrac{\partial}{\partial z}\\a^1g_{11}+a^2g_{21}+a^3g_{31}&a^1g_{12}+a^2g_{22}+a^3g_{32}&a^1g_{13}+a^2g_{23}+a^3g_{33}\end{bmatrix}$$

$$=\begin{bmatrix}[(a^1g_{13}+a^2g_{23}+a^3g_{33})_2-(a^1g_{12}+a^2g_{22}+a^3g_{32})_3]\boldsymbol{i}\\ [(a^1g_{11}+a^2g_{21}+a^3g_{31})_3-(a^1g_{13}+a^2g_{23}+a^3g_{33})_1]\boldsymbol{j}\\ [(a^1g_{12}+a^2g_{22}+a^3g_{32})_1-(a^1g_{11}+a^2g_{21}+a^3g_{31})_2]\boldsymbol{k}\end{bmatrix}$$

$$=\begin{bmatrix}[(a^1g_{132}+a^2g_{232}+a^3g_{332})-(a^1g_{123}+a^2g_{223}+a^3g_{323})]\boldsymbol{i}\\ [(a^1g_{113}+a^2g_{213}+a^3g_{313})-(a^1g_{131}+a^2g_{231}+a^3g_{331})]\boldsymbol{j}\\ [(a^1g_{121}+a^2g_{221}+a^3g_{321})-(a^1g_{112}+a^2g_{212}+a^3g_{312})]\boldsymbol{k}\end{bmatrix}=0$$

（3）验证$\nabla\times(\nabla\nabla G)=0$。

$$\nabla\times(\nabla\nabla G)=\nabla\times\begin{bmatrix}g_{11}\boldsymbol{ii} & g_{12}\boldsymbol{ij} & g_{13}\boldsymbol{ik}\\ g_{21}\boldsymbol{ji} & g_{22}\boldsymbol{jj} & g_{23}\boldsymbol{jk}\\ g_{31}\boldsymbol{ki} & g_{32}\boldsymbol{kj} & g_{33}\boldsymbol{kk}\end{bmatrix}=\nabla\times\begin{bmatrix}\boldsymbol{i}(g_{11}\boldsymbol{i}+g_{12}\boldsymbol{j}+g_{13}\boldsymbol{k})\\ \boldsymbol{j}(g_{21}\boldsymbol{i}+g_{22}\boldsymbol{j}+g_{23}\boldsymbol{k})\\ \boldsymbol{k}(g_{31}\boldsymbol{i}+g_{32}\boldsymbol{j}+g_{33}\boldsymbol{k})\end{bmatrix}$$

$$=\begin{bmatrix}\boldsymbol{i} & \boldsymbol{j} & \boldsymbol{k}\\ \dfrac{\partial}{\partial x} & \dfrac{\partial}{\partial y} & \dfrac{\partial}{\partial z}\\ g_{11}\boldsymbol{i}+g_{12}\boldsymbol{j}+g_{13}\boldsymbol{k} & g_{21}\boldsymbol{i}+g_{22}\boldsymbol{j}+g_{23}\boldsymbol{k} & g_{31}\boldsymbol{i}+g_{32}\boldsymbol{j}+g_{33}\boldsymbol{k}\end{bmatrix}$$

$$=\begin{bmatrix}\boldsymbol{i}[(g_{312}\boldsymbol{i}+g_{322}\boldsymbol{j}+g_{332}\boldsymbol{k})-(g_{213}\boldsymbol{i}+g_{223}\boldsymbol{j}+g_{233}\boldsymbol{k})]\\ \boldsymbol{j}[(g_{113}\boldsymbol{i}+g_{123}\boldsymbol{j}+g_{133}\boldsymbol{k})-(g_{311}\boldsymbol{i}+g_{321}\boldsymbol{j}+g_{331}\boldsymbol{k})]\\ \boldsymbol{k}[(g_{211}\boldsymbol{i}+g_{221}\boldsymbol{j}+g_{231}\boldsymbol{k})-(g_{112}\boldsymbol{i}+g_{122}\boldsymbol{j}+g_{132}\boldsymbol{k})]\end{bmatrix}=\begin{bmatrix}0\boldsymbol{ii} & 0\boldsymbol{ij} & 0\boldsymbol{ik}\\ 0\boldsymbol{ji} & 0\boldsymbol{jj} & 0\boldsymbol{jk}\\ 0\boldsymbol{ki} & 0\boldsymbol{kj} & 0\boldsymbol{kk}\end{bmatrix}=0$$

证毕。

（4）验证$(\boldsymbol{a}\cdot\nabla\nabla G)\cdot\boldsymbol{b}=\boldsymbol{a}\cdot(\nabla\nabla G\cdot\boldsymbol{b})=\boldsymbol{a}\cdot(\boldsymbol{b}\cdot\nabla\nabla G)$。

因为，左端：

$$(\boldsymbol{a}\cdot\nabla\nabla G)\cdot\boldsymbol{b}=\left\{\begin{bmatrix}\boldsymbol{i}a^1\\ \boldsymbol{j}a^2\\ \boldsymbol{k}a^3\end{bmatrix}\cdot\begin{bmatrix}g_{11}\boldsymbol{ii} & g_{12}\boldsymbol{ij} & g_{13}\boldsymbol{ik}\\ g_{21}\boldsymbol{ji} & g_{22}\boldsymbol{jj} & g_{23}\boldsymbol{jk}\\ g_{31}\boldsymbol{ki} & g_{32}\boldsymbol{kj} & g_{33}\boldsymbol{kk}\end{bmatrix}\right\}\cdot\begin{bmatrix}\boldsymbol{i}b^1\\ \boldsymbol{j}b^2\\ \boldsymbol{k}b^3\end{bmatrix}=\begin{bmatrix}a^1(g_{11}\boldsymbol{i}+g_{12}\boldsymbol{j}+g_{13}\boldsymbol{k})\\ a^2(g_{21}\boldsymbol{i}+g_{22}\boldsymbol{j}+g_{23}\boldsymbol{k})\\ a^3(g_{31}\boldsymbol{i}+g_{32}\boldsymbol{j}+g_{33}\boldsymbol{k})\end{bmatrix}\cdot\begin{bmatrix}\boldsymbol{i}b^1\\ \boldsymbol{j}b^2\\ \boldsymbol{k}b^3\end{bmatrix}$$

$$=\begin{bmatrix}(a^1g_{11}+a^2g_{21}+a^3g_{31})\boldsymbol{i}\\ (a^1g_{12}+a^2g_{22}+a^3g_{32})\boldsymbol{j}\\ (a^1g_{13}+a^2g_{23}+a^3g_{33})\boldsymbol{k}\end{bmatrix}\cdot\begin{bmatrix}\boldsymbol{i}b^1\\ \boldsymbol{j}b^2\\ \boldsymbol{k}b^3\end{bmatrix}=\left\{\begin{matrix}(a^1g_{11}+a^2g_{21}+a^3g_{31})b^1\\ +(a^1g_{12}+a^2g_{22}+a^3g_{32})b^2\\ +(a^1g_{13}+a^2g_{23}+a^3g_{33})b^3\end{matrix}\right\}$$

同时，中部：

$$\boldsymbol{a}\cdot(\nabla\nabla G\cdot\boldsymbol{b})=\begin{bmatrix}\boldsymbol{i}a^1\\ \boldsymbol{j}a^2\\ \boldsymbol{k}a^3\end{bmatrix}\cdot\left\{\begin{bmatrix}g_{11}\boldsymbol{ii} & g_{12}\boldsymbol{ij} & g_{13}\boldsymbol{ik}\\ g_{21}\boldsymbol{ji} & g_{22}\boldsymbol{jj} & g_{23}\boldsymbol{jk}\\ g_{31}\boldsymbol{ki} & g_{32}\boldsymbol{kj} & g_{33}\boldsymbol{kk}\end{bmatrix}\cdot\begin{bmatrix}\boldsymbol{i}b^1\\ \boldsymbol{j}b^2\\ \boldsymbol{k}b^3\end{bmatrix}\right\}=\begin{bmatrix}\boldsymbol{i}a^1\\ \boldsymbol{j}a^2\\ \boldsymbol{k}a^3\end{bmatrix}\cdot\begin{bmatrix}b^1(g_{11}\boldsymbol{i}+g_{21}\boldsymbol{j}+g_{31}\boldsymbol{k})\\ b^2(g_{12}\boldsymbol{i}+g_{22}\boldsymbol{j}+g_{32}\boldsymbol{k})\\ b^3(g_{13}\boldsymbol{i}+g_{23}\boldsymbol{j}+g_{33}\boldsymbol{k})\end{bmatrix}$$

$$=\begin{bmatrix} \boldsymbol{i}a^1 \\ \boldsymbol{j}a^2 \\ \boldsymbol{k}a^3 \end{bmatrix}\begin{bmatrix} (b^1g_{11}+b^2g_{12}+b^3g_{13})\boldsymbol{i} \\ (b^1g_{21}+b^2g_{22}+b^3g_{23})\boldsymbol{j} \\ (b^1g_{31}+b^2g_{32}+b^3g_{33})\boldsymbol{k} \end{bmatrix}=\begin{Bmatrix} (b^1g_{11}+b^2g_{12}+b^3g_{13})a^1 \\ +(b^1g_{21}+b^2g_{22}+b^3g_{23})a^2 \\ +(b^1g_{31}+b^2g_{32}+b^3g_{33})a^3 \end{Bmatrix}$$

$$=\begin{Bmatrix} (a^1g_{11}+a^2g_{21}+a^3g_{31})b^1 \\ +(a^1g_{12}+a^2g_{22}+a^3g_{32})b^2 \\ +(a^1g_{13}+a^2g_{23}+a^3g_{33})b^3 \end{Bmatrix}$$

右端：

$$\boldsymbol{a}\cdot(\boldsymbol{b}\cdot\nabla\nabla G)=\begin{bmatrix} \boldsymbol{i}a^1 \\ \boldsymbol{j}a^2 \\ \boldsymbol{k}a^3 \end{bmatrix}\cdot\left\{\begin{bmatrix} \boldsymbol{i}b^1 \\ \boldsymbol{j}b^2 \\ \boldsymbol{k}b^3 \end{bmatrix}\cdot\begin{bmatrix} g_{11}\boldsymbol{ii} & g_{12}\boldsymbol{ij} & g_{13}\boldsymbol{ik} \\ g_{21}\boldsymbol{ji} & g_{22}\boldsymbol{jj} & g_{23}\boldsymbol{jk} \\ g_{31}\boldsymbol{ki} & g_{32}\boldsymbol{kj} & g_{33}\boldsymbol{kk} \end{bmatrix}\right\}=\begin{bmatrix} \boldsymbol{i}a^1 \\ \boldsymbol{j}a^2 \\ \boldsymbol{k}a^3 \end{bmatrix}\cdot\begin{bmatrix} b^1(g_{11}\boldsymbol{i}+g_{12}\boldsymbol{j}+g_{13}\boldsymbol{k}) \\ b^2(g_{21}\boldsymbol{i}+g_{22}\boldsymbol{j}+g_{23}\boldsymbol{k}) \\ b^3(g_{31}\boldsymbol{i}+g_{32}\boldsymbol{j}+g_{33}\boldsymbol{k}) \end{bmatrix}$$

$$=\begin{Bmatrix} (b^1g_{11}+b^2g_{21}+b^3g_{31})a^1 \\ +(b^1g_{12}+b^2g_{22}+b^3g_{32})a^2 \\ +(b^1g_{13}+b^2g_{23}+b^3g_{33})a^3 \end{Bmatrix}=\begin{Bmatrix} (a^1g_{11}+a^2g_{21}+a^3g_{31})b^1 \\ +(a^1g_{12}+a^2g_{22}+a^3g_{32})b^2 \\ +(a^1g_{13}+a^2g_{23}+a^3g_{33})b^3 \end{Bmatrix}$$

显然，$(\boldsymbol{a}\cdot\nabla\nabla G)\cdot\boldsymbol{b}=\boldsymbol{a}\cdot(\nabla\nabla G\cdot\boldsymbol{b})=\boldsymbol{a}\cdot(\boldsymbol{b}\cdot\nabla\nabla G)$ 成立，只是最后一式才用到 $\nabla\nabla G$ 为对称二阶张量的强化条件。

（5）验证 $(\boldsymbol{b}\cdot\nabla\nabla G)\times\boldsymbol{a}\neq\boldsymbol{b}\cdot(\nabla\nabla G\times\boldsymbol{a})$。

左端：

$$(\boldsymbol{b}\cdot\nabla\nabla G)\times\boldsymbol{a}=\left\{\begin{bmatrix} \boldsymbol{i}b^1 \\ \boldsymbol{j}b^2 \\ \boldsymbol{k}b^3 \end{bmatrix}\cdot\begin{bmatrix} g_{11}\boldsymbol{ii} & g_{12}\boldsymbol{ij} & g_{13}\boldsymbol{ik} \\ g_{21}\boldsymbol{ji} & g_{22}\boldsymbol{jj} & g_{23}\boldsymbol{jk} \\ g_{31}\boldsymbol{ki} & g_{32}\boldsymbol{kj} & g_{33}\boldsymbol{kk} \end{bmatrix}\right\}\times\begin{bmatrix} \boldsymbol{i}a^1 \\ \boldsymbol{j}a^2 \\ \boldsymbol{k}a^3 \end{bmatrix}=\begin{bmatrix} b^1(g_{11}\boldsymbol{i}+g_{12}\boldsymbol{j}+g_{13}\boldsymbol{k}) \\ b^2(g_{21}\boldsymbol{i}+g_{22}\boldsymbol{j}+g_{23}\boldsymbol{k}) \\ b^3(g_{31}\boldsymbol{i}+g_{32}\boldsymbol{j}+g_{33}\boldsymbol{k}) \end{bmatrix}\times\begin{bmatrix} \boldsymbol{i}a^1 \\ \boldsymbol{j}a^2 \\ \boldsymbol{k}a^3 \end{bmatrix}$$

$$=\begin{bmatrix} \boldsymbol{i} & \boldsymbol{j} & \boldsymbol{k} \\ b^1g_{11}+b^2g_{21}+b^3g_{31} & b^1g_{12}+b^2g_{22}+b^3g_{32} & b^1g_{13}+b^2g_{23}+b^3g_{33} \\ a^1 & a^2 & a^3 \end{bmatrix}$$

$$=\begin{bmatrix} [a^3(b^1g_{12}+b^2g_{22}+b^3g_{32})-a^2(b^1g_{13}+b^2g_{23}+b^3g_{33})]\boldsymbol{i} \\ [a^1(b^1g_{13}+b^2g_{23}+b^3g_{33})-a^3(b^1g_{11}+b^2g_{21}+b^3g_{31})]\boldsymbol{j} \\ [a^2(b^1g_{11}+b^2g_{21}+b^3g_{31})-a^1(b^1g_{12}+b^2g_{22}+b^3g_{32})]\boldsymbol{k} \end{bmatrix}$$

右端：

$$\boldsymbol{b}\cdot(\nabla\nabla G\times\boldsymbol{a})=\begin{bmatrix} \boldsymbol{i}b^1 \\ \boldsymbol{j}b^2 \\ \boldsymbol{k}b^3 \end{bmatrix}\cdot\left\{\begin{bmatrix} g_{11}\boldsymbol{ii} & g_{12}\boldsymbol{ij} & g_{13}\boldsymbol{ik} \\ g_{21}\boldsymbol{ji} & g_{22}\boldsymbol{jj} & g_{23}\boldsymbol{jk} \\ g_{31}\boldsymbol{ki} & g_{32}\boldsymbol{kj} & g_{33}\boldsymbol{kk} \end{bmatrix}\times\begin{bmatrix} \boldsymbol{i}a^1 \\ \boldsymbol{j}a^2 \\ \boldsymbol{k}a^3 \end{bmatrix}\right\}$$

$$=\begin{bmatrix} \boldsymbol{i}b^1 \\ \boldsymbol{j}b^2 \\ \boldsymbol{k}b^3 \end{bmatrix}\cdot\left\{\begin{bmatrix} \boldsymbol{i} & \boldsymbol{j} & \boldsymbol{k} \\ g_{11}\boldsymbol{i}+g_{12}\boldsymbol{j}+g_{13}\boldsymbol{j} & g_{21}\boldsymbol{i}+g_{22}\boldsymbol{j}+g_{23}\boldsymbol{j} & g_{31}\boldsymbol{i}+g_{32}\boldsymbol{j}+g_{33}\boldsymbol{j} \\ a^1 & a^2 & a^3 \end{bmatrix}\right\}$$

$$=\begin{bmatrix} \boldsymbol{i}b^1 \\ \boldsymbol{j}b^2 \\ \boldsymbol{k}b^3 \end{bmatrix}\cdot\left\{\begin{bmatrix} (a^3g_{21}-a^2g_{31})\boldsymbol{ii} & (a^3g_{22}-a^2g_{32})\boldsymbol{ij} & (a^3g_{23}-a^2g_{33})\boldsymbol{ik} \\ (a^1g_{31}-a^3g_{11})\boldsymbol{ji} & (a^1g_{32}-a^3g_{12})\boldsymbol{jj} & (a^1g_{33}-a^3g_{13})\boldsymbol{jk} \\ (a^2g_{11}-a^1g_{21})\boldsymbol{ki} & (a^2g_{12}-a^1g_{22})\boldsymbol{kj} & (a^2g_{13}-a^1g_{23})\boldsymbol{kk} \end{bmatrix}\right\}$$

$$=\begin{bmatrix} [b^1(a^3g_{21}-a^2g_{31})+b^2(a^1g_{31}-a^3g_{11})+b^3(a^2g_{11}-a^1g_{21})]\boldsymbol{i} \\ [b^1(a^3g_{22}-a^2g_{32})+b^2(a^1g_{32}-a^3g_{12})+b^3(a^2g_{12}-a^1g_{22})]\boldsymbol{j} \\ [b^1(a^3g_{23}-a^2g_{33})+b^2(a^1g_{33}-a^3g_{13})+b^3(a^2g_{13}-a^1g_{23})]\boldsymbol{k} \end{bmatrix}$$

$$=\begin{bmatrix} [a^1(b^2g_{31}-b^3g_{21})+a^2(-b^1g_{31}+b^3g_{11})+a^3(b^1g_{21}-b^2g_{11})]\boldsymbol{i} \\ [a^1(b^2g_{32}-b^3g_{12})+a^2(-b^1g_{32}+b^3g_{12})+a^3(b^1g_{22}-b^2g_{12})]\boldsymbol{j} \\ [a^1(b^2g_{33}-b^3g_{23})+a^2(-b^1g_{33}+b^3g_{13})+a^3(b^1g_{23}-b^2g_{13})]\boldsymbol{k} \end{bmatrix}$$

$$\neq\begin{bmatrix} [a^3(b^1g_{12}+b^2g_{22}+b^3g_{32})-a^2(b^1g_{13}+b^2g_{23}+b^3g_{33})]\boldsymbol{i} \\ [a^1(b^1g_{13}+b^2g_{23}+b^3g_{33})-a^3(b^1g_{11}+b^2g_{21}+b^3g_{31})]\boldsymbol{j} \\ [a^2(b^1g_{11}+b^2g_{21}+b^3g_{31})-a^1(b^1g_{12}+b^2g_{22}+b^3g_{32})]\boldsymbol{k} \end{bmatrix}=(\boldsymbol{b}\cdot\nabla\nabla G)\times\boldsymbol{a}$$

所以，左端≠右端，验证结束。

（6）验证当$\boldsymbol{a},\boldsymbol{b}$为常矢量时，$(\boldsymbol{a}\times\boldsymbol{b})\cdot\nabla\nabla G\neq\boldsymbol{a}\times(\boldsymbol{b}\cdot\nabla\nabla G)$。

左端：

$$(\boldsymbol{a}\times\boldsymbol{b})\cdot\nabla\nabla G)=\begin{bmatrix} \boldsymbol{i} & \boldsymbol{j} & \boldsymbol{k} \\ a^1 & a^2 & a^3 \\ b^1 & b^2 & b^3 \end{bmatrix}\cdot\nabla\nabla G=\begin{bmatrix} \boldsymbol{i}(a^2b^3-a^3b^2) \\ \boldsymbol{j}(a^3b^1-a^1b^3) \\ \boldsymbol{k}(a^1b^2-a^2b^1) \end{bmatrix}\cdot\begin{bmatrix} g_{11}\boldsymbol{ii} & g_{12}\boldsymbol{ij} & g_{13}\boldsymbol{ik} \\ g_{21}\boldsymbol{ji} & g_{22}\boldsymbol{jj} & g_{23}\boldsymbol{jk} \\ g_{31}\boldsymbol{ki} & g_{32}\boldsymbol{kj} & g_{33}\boldsymbol{kk} \end{bmatrix}$$

$$=\begin{bmatrix} \boldsymbol{i}[(a^2b^3-a^3b^2)g_{11}+(a^3b^1-a^1b^3)g_{21}+(a^1b^2-a^2b^1)g_{31}] \\ \boldsymbol{j}[(a^2b^3-a^3b^2)g_{12}+(a^3b^1-a^1b^3)g_{22}+(a^1b^2-a^2b^1)g_{32}] \\ \boldsymbol{k}[(a^2b^3-a^3b^2)g_{13}+(a^3b^1-a^1b^3)g_{23}+(a^1b^2-a^2b^1)g_{33}] \end{bmatrix}$$

右端：

$$\boldsymbol{a}\times(\boldsymbol{b}\cdot\nabla\nabla G)=\begin{bmatrix} \boldsymbol{i}a^1 \\ \boldsymbol{j}a^2 \\ \boldsymbol{k}a^3 \end{bmatrix}\times\left\{\begin{bmatrix} \boldsymbol{i}b^1 \\ \boldsymbol{j}b^2 \\ \boldsymbol{k}b^3 \end{bmatrix}\cdot\begin{bmatrix} g_{11}\boldsymbol{ii} & g_{12}\boldsymbol{ij} & g_{13}\boldsymbol{ik} \\ g_{21}\boldsymbol{ji} & g_{22}\boldsymbol{jj} & g_{23}\boldsymbol{jk} \\ g_{31}\boldsymbol{ki} & g_{32}\boldsymbol{kj} & g_{33}\boldsymbol{kk} \end{bmatrix}\right\}=\begin{bmatrix} \boldsymbol{i}a^1 \\ \boldsymbol{j}a^2 \\ \boldsymbol{k}a^3 \end{bmatrix}\times\begin{bmatrix} b^1(g_{11}\boldsymbol{i}+g_{12}\boldsymbol{j}+g_{13}\boldsymbol{k}) \\ b^2(g_{21}\boldsymbol{i}+g_{22}\boldsymbol{j}+g_{23}\boldsymbol{k}) \\ b^3(g_{31}\boldsymbol{i}+g_{32}\boldsymbol{j}+g_{33}\boldsymbol{k}) \end{bmatrix}$$

$$=\begin{bmatrix} \boldsymbol{i} & \boldsymbol{j} & \boldsymbol{k} \\ a^1 & a^2 & a^3 \\ b^1 g_{11}+b^2 g_{21}+b^3 g_{31} & b^1 g_{12}+b^2 g_{22}+b^3 g_{32} & b^1 g_{13}+b^2 g_{23}+b^3 g_{33} \end{bmatrix}$$

$$=\begin{bmatrix} [a^2(b^1 g_{13}+b^2 g_{23}+b^3 g_{33})-a^3(b^1 g_{12}+b^2 g_{22}+b^3 g_{32})]\boldsymbol{i} \\ [a^3(b^1 g_{11}+b^2 g_{21}+b^3 g_{31})-a^1(b^1 g_{13}+b^2 g_{23}+b^3 g_{33})]\boldsymbol{j} \\ [a^1(b^1 g_{12}+b^2 g_{22}+b^3 g_{32})-a^2(b^1 g_{11}+b^2 g_{21}+b^3 g_{31})]\boldsymbol{k} \end{bmatrix}$$

$$\neq\begin{bmatrix} \boldsymbol{i}[(a^2b^3-a^3b^2)g_{11}+(a^3b^1-a^1b^3)g_{21}+(a^1b^2-a^2b^1)g_{31}] \\ \boldsymbol{j}[(a^2b^3-a^3b^2)g_{12}+(a^3b^1-a^1b^3)g_{22}+(a^1b^2-a^2b^1)g_{32}] \\ \boldsymbol{k}[(a^2b^3-a^3b^2)g_{13}+(a^3b^1-a^1b^3)g_{23}+(a^1b^2-a^2b^1)g_{33}] \end{bmatrix}=(\boldsymbol{a}\times\boldsymbol{b})\cdot\nabla\nabla G$$

显然，左端≠右端，验证结束。

附录 B　与三维双旋度泊松方程有关的积分推导

B.1　积分表述与基本解

双旋度泊松方程的边值问题的提法：

$$\begin{cases}\nabla\times\nabla\times\boldsymbol{Q}(\boldsymbol{r})=\boldsymbol{f}(\boldsymbol{r}), & \boldsymbol{r}\in\Omega\\ \boldsymbol{n}\times\nabla\times\boldsymbol{Q}(\boldsymbol{r})=\overline{\boldsymbol{v}}(\boldsymbol{r}), & \boldsymbol{r}\in\Gamma_2\\ \boldsymbol{n}\times\boldsymbol{Q}(\boldsymbol{r})=\overline{\boldsymbol{u}}(\boldsymbol{r}), & \boldsymbol{r}\in\Gamma_1\end{cases} \tag{B.1}$$

双旋度泊松方程基本积分表述（0 阶积分表述）：

$$W\boldsymbol{Q}=\int_\Omega[\nabla G(\nabla\cdot\boldsymbol{Q})+\boldsymbol{f}G]\mathrm{d}\Omega-\oint_\Gamma[G\boldsymbol{n}\times\nabla\times\boldsymbol{Q}+\boldsymbol{n}\times\boldsymbol{Q}\times\nabla G+\nabla G(\boldsymbol{n}\cdot\boldsymbol{Q})]\mathrm{d}S \tag{B.2}$$

双旋度泊松方程旋度积分表述（1 阶积分表述）：

$$W\nabla\times\boldsymbol{Q}=\int_\Omega\boldsymbol{f}\times\nabla G\mathrm{d}\Omega-\oint_\Gamma[(\boldsymbol{n}\times\nabla\times\boldsymbol{Q})\times\nabla G+\nabla\nabla G\cdot(\boldsymbol{n}\times\boldsymbol{Q})]\mathrm{d}S \tag{B.3}$$

三维标量泊松方程基本解为

$$G(\boldsymbol{r},\boldsymbol{r}')=\frac{1}{4\pi r}=\frac{1}{4\pi\sqrt{(x-x_0)^2+(y-y_0)^2+(z-z_0)^2}} \tag{B.4}$$

基本解的梯度：

$$\nabla G(\boldsymbol{r},\boldsymbol{r}')=\nabla\frac{1}{4\pi r}=\frac{\boldsymbol{r}}{4\pi r^3}=\frac{(x-x_0)\boldsymbol{i}+(y-y_0)\boldsymbol{j}+(z-z_0)\boldsymbol{k}}{4\pi r^3} \tag{B.5}$$

基本解的二阶梯度：

$$\begin{aligned}\nabla\nabla G&=\nabla\nabla\left(\frac{1}{4\pi r}\right)=\frac{1}{4\pi r^3}(3\boldsymbol{r}_0\boldsymbol{r}_0-I)\\&=\frac{3}{4\pi r^5}\begin{pmatrix}(x-x_0)^2\boldsymbol{ii} & (x-x_0)(y-y_0)\boldsymbol{ij} & (x-x_0)(z-z_0)\boldsymbol{ik}\\(x-x_0)(y-y_0)\boldsymbol{ji} & (y-y_0)^2\boldsymbol{jj} & (y-y_0)(z-z_0)\boldsymbol{jk}\\(x-x_0)(z-z_0)\boldsymbol{ki} & (y-y_0)(z-z_0)\boldsymbol{kj} & (z-z_0)^2\boldsymbol{kk}\end{pmatrix}-\frac{1}{4\pi r^3}\begin{pmatrix}\boldsymbol{ii} & 0 & 0\\0 & \boldsymbol{jj} & 0\\0 & 0 & \boldsymbol{kk}\end{pmatrix}\end{aligned} \tag{B.6}$$

在使用边界元法求解时，由于基本解 $G(\boldsymbol{r},\boldsymbol{r}')$ 的奇异性，当场点 $\boldsymbol{r}$ 与源点 $\boldsymbol{r}'$ 趋于零（在边界元法中就是场点 $\boldsymbol{r}$ 与源点 $\boldsymbol{r}'$ 在同一个单元上）时，将出现必须处理的奇异积分的情况，具体如下。

（1）当使用基本积分表述时，将处理$\int_{\Gamma} G\mathrm{d}S$、$\int_{\Gamma} \nabla G\mathrm{d}S$、$\int_{\Omega} G\mathrm{d}\Omega$。

（2）当使用旋度积分表述时，将处理$\int_{\Gamma} \nabla G\mathrm{d}S$、$\int_{\Gamma} \nabla\nabla G\mathrm{d}S$、$\int_{\Omega} \nabla G\mathrm{d}\Omega$。

几点说明：

（1）公式中以(x_0, y_0)或(x_0, y_0, z_0)表示源点；以(x, y)或(x, y, z)表示场点（即积分坐标），有时表示$\boldsymbol{r}$的坐标。

（2）单元是边长$2a$的标准正方形或正方体，当单元为长方形或长方体时，用$2b, 2c$标记长方形或长方体另外边的长度，正方形或正方体的中心坐标为：(x_0, y_0)或(x_0, y_0, z_0)。

（3）为标记简洁，推导中常将$(x - x_0), (y - y_0), (z - z_0)$直接标记为$x, y, z$。

B.2 主要结论

（1）
$$\int_{\Gamma} \frac{1}{r}\mathrm{d}A = \iint_{\Gamma} \frac{1}{\sqrt{x^2 + y^2}}\mathrm{d}x\mathrm{d}y = 4a\ln\frac{\sqrt{2}+1}{\sqrt{2}-1} = 8a\ln(\sqrt{2}+1) \tag{B.7}$$

对于长方形单元：

$$\int_{\Gamma} \frac{1}{r}\mathrm{d}A = \iint_{\Gamma} \frac{1}{\sqrt{x^2 + y^2}}\mathrm{d}x\mathrm{d}y = 2b\ln\frac{\sqrt{a^2+b^2}+a}{\sqrt{a^2+b^2}-a} + 2a\ln\frac{\sqrt{a^2+b^2}+b}{\sqrt{a^2+b^2}-b} \tag{B.7$'$}$$

（2）
$$\int_{\Gamma} \nabla\frac{1}{r}\mathrm{d}A = -\int_{\Gamma} \frac{1}{r^2}\boldsymbol{r}_0\mathrm{d}A = -\int_{y_1}^{y_2}\mathrm{d}y\int_{x_1}^{x_2}\frac{x\boldsymbol{i} + y\boldsymbol{j}}{(x^2+y^2)^{3/2}}\mathrm{d}x = 0 \tag{B.8}$$

（3）
$$\int_{\Omega} \nabla\frac{1}{r}\mathrm{d}V = -\int_{\Omega} \frac{1}{r^2}\boldsymbol{r}_0\mathrm{d}V = -\int_{z_1}^{z_2}\mathrm{d}z\int_{y_1}^{y_2}\mathrm{d}y\int_{x_1}^{x_2}\frac{x\boldsymbol{i} + y\boldsymbol{j} + z\boldsymbol{k}}{(x^2+y^2+z^2)^{3/2}}\mathrm{d}x = 0 \tag{B.9}$$

（4）
$$\int_{\Omega} \frac{1}{r}\mathrm{d}V = \int_{z_1}^{z_2}\mathrm{d}z\int_{y_1}^{y_2}\mathrm{d}y\int_{x_1}^{x_2}\frac{1}{\sqrt{x^2+y^2+z^2}}\mathrm{d}x = 12a^2\ln(2+\sqrt{3}) - 2a^2\pi \tag{B.10}$$

对于长方体区域：

$$\begin{aligned}\int_{\Omega} \frac{1}{r}\mathrm{d}V &= \int_{z_1}^{z_2}\mathrm{d}z\int_{y_1}^{y_2}\mathrm{d}y\int_{x_1}^{x_2}\frac{1}{\sqrt{x^2+y^2+z^2}}\mathrm{d}x = d = \sqrt{a^2+b^2+c^2}\\ &= 4bc\ln\frac{d+a}{d-a} + 4ab\ln\frac{d+c}{d-c} + 4ac\ln\frac{d+b}{d-b} - 4b^2\arctan\frac{ac}{bd}\\ &\quad - 4a^2\arctan\frac{bc}{ad} - 4c^2\arctan\frac{ab}{cd}\end{aligned} \tag{B.10a}$$

特别地，

$$\int_{\Omega}\frac{1}{r}\mathrm{d}V=\begin{cases}8ac\ln\dfrac{d+a}{d-a}+4a^2\ln\dfrac{d+c}{d-c}-8a^2\arctan\dfrac{c}{d}-4c^2\arctan\dfrac{a^2}{cd}, & a=b\\ 12a^2\ln(2+\sqrt{3})-12a^2\arctan\dfrac{1}{\sqrt{3}}=12a^2\ln(2+\sqrt{3})-2a^2\pi, & a=b=c\end{cases}\tag{B.10b}$$

（5）$\int_{\Gamma}\nabla\nabla E\mathrm{d}A=\int_{\Gamma}\nabla\nabla\left(\dfrac{1}{4\pi r}\right)\mathrm{d}A=\int_{\Gamma}\dfrac{1}{4\pi r^3}(3\boldsymbol{r}_0\boldsymbol{r}_0-\bar{\bar{I}})\mathrm{d}A$

$$=\int_{\Gamma}\left\{\frac{3}{4\pi r^5}\begin{pmatrix}(x-x_0)^2\boldsymbol{ii} & (x-x_0)(y-y_0)\boldsymbol{ij} & (x-x_0)(z-z_0)\boldsymbol{ik}\\ (x-x_0)(y-y_0)\boldsymbol{ji} & (y-y_0)^2\boldsymbol{jj} & (y-y_0)(z-z_0)\boldsymbol{jk}\\ (x-x_0)(z-z_0)\boldsymbol{ki} & (y-y_0)(z-z_0)\boldsymbol{kj} & (z-z_0)^2\boldsymbol{kk}\end{pmatrix}-\frac{1}{4\pi r^3}\begin{pmatrix}\boldsymbol{ii} & 0 & 0\\ 0 & \boldsymbol{jj} & 0\\ 0 & 0 & \boldsymbol{kk}\end{pmatrix}\right\}\mathrm{d}A$$

$$=\frac{3}{4\pi}\begin{pmatrix}g_1\boldsymbol{ii} & 0 & 0\\ 0 & g_2\boldsymbol{jj} & 0\\ 0 & 0 & g_3\boldsymbol{kk}\end{pmatrix}-\frac{g_r}{4\pi}\begin{pmatrix}\boldsymbol{ii} & 0 & 0\\ 0 & \boldsymbol{jj} & 0\\ 0 & 0 & \boldsymbol{kk}\end{pmatrix}\tag{B.11}$$

式中，$g_r=-\dfrac{4\sqrt{2}}{b},g_i=-\dfrac{2\sqrt{2}}{b}$，且当 x_i 垂直于边界元平面时，$g_i=0$。

（6）$$\int_{\Omega}\nabla\nabla E\mathrm{d}V'=\int_{\Omega}\nabla\nabla\left(\frac{1}{4\pi r}\right)\mathrm{d}V'=\int_{\Omega}\frac{1}{4\pi r^3}(3\boldsymbol{r}_0\boldsymbol{r}_0-\bar{\bar{I}})\mathrm{d}V'=-\frac{1}{3}\begin{pmatrix}\boldsymbol{ii} & 0 & 0\\ 0 & \boldsymbol{jj} & 0\\ 0 & 0 & \boldsymbol{kk}\end{pmatrix}\tag{B.12}$$

B.3　具体推导过程

（1）$\int_{\Gamma}\dfrac{1}{r}\mathrm{d}A=\iint_{\Gamma}\dfrac{1}{\sqrt{(x-x_0)^2+(y-y_0)^2}}\mathrm{d}x\mathrm{d}y$，　$y_2>y_0>y_1$，　$x_2>x_0>x_1$

$$\xrightarrow{x=y\tan t}\int_{y_1}^{y_2}\mathrm{d}y\int_{x_1}^{x_2}\frac{1}{y\sec t}y\sec^2 t\mathrm{d}t=\int_{y_1}^{y_2}\mathrm{d}y\int_{x_1}^{x_2}\sec t\mathrm{d}t=\int_{y_1}^{y_2}\ln(\tan t+\sec t)\Big|_{x_1}^{x_2}\mathrm{d}y$$

$$=\int_{y_1}^{y_2}\ln\frac{\sqrt{x^2+y^2}+x}{y}\Bigg|_{x_1}^{x_2}\mathrm{d}y=\int_{y_1}^{y_2}\ln\frac{\sqrt{a^2+y^2}+a}{\sqrt{a^2+y^2}-a}\mathrm{d}y$$

令　$u=\ln\dfrac{\sqrt{a^2+y^2}+a}{\sqrt{a^2+y^2}-a}$，　$\mathrm{d}v=\mathrm{d}y$，　$v=y$，则

$$\mathrm{d}u=\frac{1}{\dfrac{\sqrt{a^2+y^2}+a}{\sqrt{a^2+y^2}-a}}\frac{1}{\left(\sqrt{a^2+y^2}-a\right)^2}\frac{y}{\sqrt{a^2+y^2}}[-2a]\mathrm{d}z=\frac{1}{y}\frac{-2a}{\sqrt{a^2+y^2}}\mathrm{d}z$$

$$\int_{y_1}^{y_2}\ln\frac{\sqrt{a^2+y^2}+a}{\sqrt{a^2+y^2}-a}\mathrm{d}y = y\ln\frac{\sqrt{a^2+y^2}+a}{\sqrt{a^2+y^2}-a}\Bigg|_{y_1}^{y_2} - \int_{y_1}^{y_2}\frac{1}{y}\frac{-2ay}{\sqrt{a^2+y^2}}\mathrm{d}z$$

$$\xrightarrow{y=a\tan t} 2a\ln\frac{\sqrt{2}+1}{\sqrt{2}-1} + 2a\int_{y_1}^{y_2}\frac{1}{a\sec t}a\sec^2 t\mathrm{d}t$$

$$= 2a\ln\frac{\sqrt{2}+1}{\sqrt{2}-1} + 2a\int_{y_1}^{y_2}\sec t\mathrm{d}t = 2a\ln\frac{\sqrt{2}+1}{\sqrt{2}-1} + 2a\ln(\sec t+\tan t)\Big|_{y_1}^{y_2}$$

$$= 2a\ln\frac{\sqrt{2}+1}{\sqrt{2}-1} + 2a\ln\frac{\sqrt{a^2+y^2}+y}{a}\Bigg|_{y_1}^{y_2} = 2a\ln\frac{\sqrt{2}+1}{\sqrt{2}-1} + 2a\ln\frac{\sqrt{2}+1}{\sqrt{2}-1}$$

$$= 4a\ln\frac{\sqrt{2}+1}{\sqrt{2}-1} = 8a\ln(\sqrt{2}+1)。$$

对于长方形单元，则有

$$\int_\Gamma \frac{1}{r}\mathrm{d}A = \iint_\Gamma \frac{1}{\sqrt{(x-x_0)^2+(y-y_0)^2}}\mathrm{d}x\mathrm{d}y = \cdots$$

$$= y\ln\frac{\sqrt{a^2+y^2}+a}{\sqrt{a^2+y^2}-a}\Bigg|_{y_1}^{y_2} + 2a\ln\frac{\sqrt{a^2+y^2}+y}{a}\Bigg|_{y_1}^{y_2} = 2b\ln\frac{\sqrt{a^2+b^2}+a}{\sqrt{a^2+b^2}-a} + 2a\ln\frac{\sqrt{a^2+b^2}+b}{\sqrt{a^2+b^2}-b}$$

（2）$\int_\Gamma \nabla\frac{1}{r}\mathrm{d}A = -\int_\Gamma \frac{1}{r^2}\boldsymbol{r}_0\mathrm{d}A = -\int_{y_1}^{y_2}\mathrm{d}y\int_{x_1}^{x_2}\frac{x\boldsymbol{i}+y\boldsymbol{j}}{(x^2+y^2)^{3/2}}\mathrm{d}x$

$$\xrightarrow{x=y\tan t} -\int_{y_1}^{y_2}\mathrm{d}y\int_{x_1}^{x_2}\frac{y\tan t\boldsymbol{i}+y\boldsymbol{j}}{y^3\sec^3 t}y\sec^2 t\mathrm{d}t = -\int_{y_1}^{y_2}\mathrm{d}y\int_{x_1}^{x_2}\frac{\tan t\boldsymbol{i}+\boldsymbol{j}}{y\sec t}\mathrm{d}t$$

$$= -\int_{y_1}^{y_2}\mathrm{d}y\int_{x_1}^{x_2}\frac{\sin t\boldsymbol{i}+\cos t\boldsymbol{j}}{y}\mathrm{d}t$$

$$= \int_{y_1}^{y_2}\frac{\cos t\boldsymbol{i}-\sin t\boldsymbol{j}}{y}\Bigg|_{x_1}^{x_2}\mathrm{d}y = \int_{y_1}^{y_2}\frac{\dfrac{y}{\sqrt{x^2+y^2}}\boldsymbol{i}-\dfrac{x}{\sqrt{x^2+y^2}}\boldsymbol{j}}{y}\Bigg|_{x_1}^{x_2}\mathrm{d}y$$

$$= \int_{y_1}^{y_2}\left[\frac{1}{\sqrt{x^2+y^2}}\boldsymbol{i} - \frac{x}{y\sqrt{x^2+y^2}}\boldsymbol{j}\right]_{x_1}^{x_2}\mathrm{d}y = \int_{y_1}^{y_2} -\frac{2a}{y\sqrt{a^2+y^2}}\boldsymbol{j}\mathrm{d}y$$

（到此为止已经说明$\int_\Gamma \nabla\frac{1}{r}\mathrm{d}A = 0$。因如果先对 y 积分，则 $\boldsymbol{j}$ 方向积分为零。）

（3）$\int_\Omega \nabla\frac{1}{r}\mathrm{d}V = -\int_\Omega \frac{1}{r^2}\boldsymbol{r}_0\mathrm{d}V = -\int_{z_1}^{z_2}\mathrm{d}z\int_{y_1}^{y_2}\mathrm{d}y\int_{x_1}^{x_2}\frac{x\boldsymbol{i}+y\boldsymbol{j}+z\boldsymbol{k}}{(x^2+y^2+z^2)^3}\mathrm{d}x$

$$\xrightarrow{x=\sqrt{y^2+z^2}\tan t} -\int_{z_1}^{z_2}\mathrm{d}z\int_{y_1}^{y_2}\mathrm{d}y\int_{x_1}^{x_2}\frac{\sqrt{y^2+z^2}\tan t\boldsymbol{i}+y\boldsymbol{j}+z\boldsymbol{k}}{\sqrt{y^2+z^2}^3\sec^3 t}\sqrt{y^2+z^2}\sec^2 t\mathrm{d}t$$

$$=-\int_{z_1}^{z_2}\mathrm{d}z\int_{y_1}^{y_2}\mathrm{d}y\int_{x_1}^{x_2}\frac{\sqrt{y^2+z^2}\tan t\boldsymbol{i}+y\boldsymbol{j}+z\boldsymbol{k}}{(y^2+z^2)\sec t}\mathrm{d}t$$

$$=-\int_{z_1}^{z_2}\mathrm{d}z\int_{y_1}^{y_2}\mathrm{d}y\int_{x_1}^{x_2}\frac{\sqrt{y^2+z^2}\sin t\boldsymbol{i}+y\cos t\boldsymbol{j}+z\cos t\boldsymbol{k}}{(y^2+z^2)}\mathrm{d}t$$

$$=\int_{z_1}^{z_2}\mathrm{d}z\int_{y_1}^{y_2}\left.\frac{\cos t\boldsymbol{i}}{\sqrt{y^2+z^2}}+\frac{y\sin t\boldsymbol{j}+z\sin t\boldsymbol{k}}{(y^2+z^2)}\right|_{x_1}^{x_2}\mathrm{d}y$$

$$=\int_{z_1}^{z_2}\mathrm{d}z\int_{y_1}^{y_2}\left.\frac{\frac{\sqrt{x^2+y^2}}{\sqrt{x^2+y^2+z^2}}\boldsymbol{i}}{\sqrt{y^2+z^2}}+\frac{\frac{xy}{\sqrt{x^2+y^2+z^2}}\boldsymbol{j}+\frac{xz}{\sqrt{x^2+y^2+z^2}}\boldsymbol{k}}{(y^2+z^2)}\right|_{x_1}^{x_2}\mathrm{d}y$$

$$=\int_{z_1}^{z_2}\mathrm{d}z\int_{y_1}^{y_2}\left[\frac{1}{\sqrt{x^2+y^2+z^2}}\boldsymbol{i}+\frac{\frac{xy}{\sqrt{x^2+y^2+z^2}}\boldsymbol{j}+\frac{xz}{\sqrt{x^2+y^2+z^2}}\boldsymbol{k}}{(y^2+z^2)}\right]_{x_1}^{x_2}\mathrm{d}y$$

$$=\int_{z_1}^{z_2}\mathrm{d}z\int_{y_1}^{y_2}\frac{\frac{2ay}{\sqrt{a^2+y^2+z^2}}\boldsymbol{j}+\frac{2az}{\sqrt{a^2+y^2+z^2}}\boldsymbol{k}}{(y^2+z^2)}\mathrm{d}y$$

（到此为止已经说明$\int_V\nabla\frac{1}{r}\mathrm{d}V=0$。因如果先对$y$或$z$积分，则$\boldsymbol{j}$或$\boldsymbol{k}$方向积分为零。）

（4）$\int_\Omega\frac{1}{r}\mathrm{d}V=\int_{z_1}^{z_2}\mathrm{d}z\int_{y_1}^{y_2}\mathrm{d}y\int_{x_1}^{x_2}\frac{1}{\sqrt{(x-x_0)^2+(y-y_0)^2+(z-z_0)^2}}\mathrm{d}x$

$$\xrightarrow{x=\sqrt{y^2+z^2}\tan t}\int_{z_1}^{z_2}\mathrm{d}z\int_{y_1}^{y_2}\mathrm{d}y\int_{x_1}^{x_2}\frac{1}{\sqrt{y^2+z^2}\sec t}\sqrt{y^2+z^2}\sec^2 t\mathrm{d}t=\int_{z_1}^{z_2}\mathrm{d}z\int_{y_1}^{y_2}\mathrm{d}y\int_{x_1}^{x_2}\sec t\mathrm{d}t$$

$$=\int_{z_1}^{z_2}\mathrm{d}z\int_{y_1}^{y_2}\ln(\tan t+\sec t)\Big|_{x_1}^{x_2}\mathrm{d}y=\int_{z_1}^{z_2}\mathrm{d}z\int_{y_1}^{y_2}\ln\left.\frac{x+\sqrt{x^2+y^2+z^2}}{\sqrt{y^2+z^2}}\right|_{x_1}^{x_2}\mathrm{d}y$$

$$=\int_{z_1}^{z_2}\mathrm{d}z\int_{y_1}^{y_2}\ln\frac{\sqrt{a^2+y^2+z^2}+a}{\sqrt{a^2+y^2+z^2}-a}\mathrm{d}y$$

令$u=\ln\frac{\sqrt{a^2+y^2+z^2}+a}{\sqrt{a^2+y^2+z^2}-a}$， $\mathrm{d}v=\mathrm{d}y$， $v=y$，有

$$\mathrm{d}u=\frac{1}{\dfrac{\sqrt{a^2+y^2+z^2}+a}{\sqrt{a^2+y^2+z^2}-a}}\frac{1}{\left(\sqrt{a^2+y^2+z^2}-a\right)^2}\frac{y}{\sqrt{a^2+y^2+z^2}}[-2a]\mathrm{d}y=\frac{1}{y^2+z^2}\frac{-2ay}{\sqrt{a^2+y^2+z^2}}\mathrm{d}y$$

则

$$\int_{z_1}^{z_2}\mathrm{d}z\int_{y_1}^{y_2}\ln\frac{\sqrt{a^2+y^2+z^2}+a}{\sqrt{a^2+y^2+z^2}-a}\mathrm{d}y=\int_{z_1}^{z_2}y\ln\frac{\sqrt{a^2+y^2+z^2}+a}{\sqrt{a^2+y^2+z^2}-a}\Bigg|_{y_1}^{y_2}\mathrm{d}z$$

$$-\int_{z_1}^{z_2}\mathrm{d}z\int_{y_1}^{y_2}\frac{1}{y^2+z^2}\frac{-2ay^2}{\sqrt{a^2+y^2+z^2}}\mathrm{d}y\xrightarrow{y=\sqrt{a^2+z^2}\tan t}\int_{z_1}^{z_2}2a\ln\frac{\sqrt{2a^2+z^2}+a}{\sqrt{2a^2+z^2}-a}\mathrm{d}z$$

$$+2a\int_{z_1}^{z_2}\mathrm{d}z\int_{y_1}^{y_2}\frac{(a^2+z^2)\tan^2 t}{(a^2+z^2)\tan^2 t+z^2}\frac{1}{\sqrt{a^2+z^2}\sec t}\sqrt{a^2+z^2}\sec^2 t\mathrm{d}t$$

$$=I+2a\int_{z_1}^{z_2}\mathrm{d}z\int_{y_1}^{y_2}\frac{(a^2+z^2)\tan^2 t}{(a^2+z^2)\tan^2 t+z^2}\sec t\mathrm{d}t$$

$$=I+2a\int_{z_1}^{z_2}\mathrm{d}z\int_{y_1}^{y_2}\frac{(a^2+z^2)\sin^2 t}{(a^2+z^2)\sin^2 t+z^2\cos^2 t}\frac{1}{\cos t}\mathrm{d}t$$

$$=I+2a\int_{z_1}^{z_2}\mathrm{d}z\int_{y_1}^{y_2}\frac{(a^2+z^2)\sin^2 t}{a^2\sin^2 t+z^2}\frac{1}{1-\sin^2 t}\mathrm{d}\sin t$$

$$=I+2a\int_{z_1}^{z_2}\mathrm{d}z\int_{y_1}^{y_2}\frac{1}{1-\sin^2 t}+\frac{-z^2}{a^2\sin^2 t+z^2}\mathrm{d}\sin t$$

$$=I+2a\int_{z_1}^{z_2}\left[\frac{1}{2}\ln\frac{1+\sin t}{1-\sin t}-z^2\frac{1}{az}\arctan\frac{a\sin t}{z}\right]_{y_1}^{y_2}\mathrm{d}z$$

$$=I+2a\int_{z_1}^{z_2}\left[\frac{1}{2}\ln\frac{1+\dfrac{y}{\sqrt{a^2+y^2+z^2}}}{1-\dfrac{y}{\sqrt{a^2+y^2+z^2}}}-\frac{z}{a}\arctan\frac{a\dfrac{y}{\sqrt{a^2+y^2+z^2}}}{z}\right]_{y_1}^{y_2}\mathrm{d}z$$

$$=I+2a\int_{z_1}^{z_2}\left[\frac{1}{2}\ln\frac{\sqrt{a^2+y^2+z^2}+y}{\sqrt{a^2+y^2+z^2}-y}-\frac{z}{a}\arctan\frac{ay}{z\sqrt{a^2+y^2+z^2}}\right]_{y_1}^{y_2}\mathrm{d}z$$

$$=I+\int_{z_1}^{z_2}2a\left[\ln\frac{\sqrt{2a^2+z^2}+a}{\sqrt{2a^2+z^2}-a}-2\frac{z}{a}\arctan\frac{a^2}{z\sqrt{2a^2+z^2}}\right]\mathrm{d}z,$$

所以

$$\int_{z_1}^{z_2}\mathrm{d}z\int_{y_1}^{y_2}\ln\frac{\sqrt{a^2+y^2+z^2}+a}{\sqrt{a^2+y^2+z^2}-a}\mathrm{d}y$$

$$=\int_{z_1}^{z_2}y\ln\frac{\sqrt{a^2+y^2+z^2}+a}{\sqrt{a^2+y^2+z^2}-a}\Bigg|_{y_1}^{y_2}\mathrm{d}z-\int_{z_1}^{z_2}\mathrm{d}z\int_{y_1}^{y_2}\frac{1}{y^2+z^2}\frac{-2ay^2}{\sqrt{a^2+y^2+z^2}}\mathrm{d}y$$

$$=\int_{z_1}^{z_2}y\ln\frac{\sqrt{a^2+y^2+z^2}+a}{\sqrt{a^2+y^2+z^2}-a}\Bigg|_{y_1}^{y_2}\mathrm{d}z+\int_{z_1}^{z_2}2a\left[\frac{1}{2}\ln\frac{\sqrt{a^2+y^2+z^2}+y}{\sqrt{a^2+y^2+z^2}-y}-\frac{z}{a}\arctan\frac{ay}{z\sqrt{a^2+y^2+z^2}}\right]\Bigg|_{y_1}^{y_2}\mathrm{d}z$$

$$=\int_{z_1}^{z_2}4a\left[\ln\frac{\sqrt{2a^2+z^2}+a}{\sqrt{2a^2+z^2}-a}-\frac{z}{a}\arctan\frac{a^2}{z\sqrt{2a^2+z^2}}\right]\mathrm{d}z$$

对于 $\int_{z_1}^{z_2}4a\ln\frac{\sqrt{2a^2+z^2}+a}{\sqrt{2a^2+z^2}-a}\mathrm{d}z$，令 $u=\ln\frac{\sqrt{2a^2+z^2}+a}{\sqrt{2a^2+z^2}-a}$，$\mathrm{d}v=4a\mathrm{d}z$，$v=4az$，则

$$\mathrm{d}u=\frac{1}{\dfrac{\sqrt{2a^2+z^2}+a}{\sqrt{2a^2+z^2}-a}}\frac{1}{\left(\sqrt{2a^2+z^2}-a\right)^2}\frac{z}{\sqrt{2a^2+z^2}}[-2a]\mathrm{d}z=\frac{1}{a^2+z^2}\frac{-2az}{\sqrt{2a^2+z^2}}\mathrm{d}z$$

$$\int_{z_1}^{z_2}4a\ln\frac{\sqrt{2a^2+z^2}+a}{\sqrt{2a^2+z^2}-a}\mathrm{d}z=4az\ln\frac{\sqrt{2a^2+z^2}+a}{\sqrt{2a^2+z^2}-a}\Bigg|_{z_1}^{z_2}-\int_{z_1}^{z_2}4az\frac{1}{a^2+z^2}\frac{-2az}{\sqrt{2a^2+z^2}}\mathrm{d}z$$

$$\xrightarrow{z=\sqrt{2}a\tan t}8a^2\ln\frac{\sqrt{3}+1}{\sqrt{3}-1}+8a^2\int_{z_1}^{z_2}\frac{2a^2\tan^2 t}{a^2+2a^2\tan^2 t}\frac{1}{\sqrt{2}a\sec t}\sqrt{2}a\sec^2 t\mathrm{d}t$$

$$=8a^2\ln\frac{\sqrt{3}+1}{\sqrt{3}-1}+8a^2\int_{z_1}^{z_2}\frac{2\tan^2 t}{1+2\tan^2 t}\sec t\mathrm{d}t$$

$$=8a^2\ln\frac{\sqrt{3}+1}{\sqrt{3}-1}+8a^2\int_{z_1}^{z_2}\frac{2\sin^2 t}{\cos^2 t+2\sin^2 t}\frac{1}{\cos^2 t}\mathrm{d}\sin t$$

$$=8a^2\ln\frac{\sqrt{3}+1}{\sqrt{3}-1}+8a^2\int_{z_1}^{z_2}\frac{1}{1-\sin^2 t}+\frac{-1}{1+\sin^2 t}\mathrm{d}\sin t$$

$$=8a^2\ln\frac{\sqrt{3}+1}{\sqrt{3}-1}+8a^2\left[\frac{1}{2}\ln\frac{1+\sin t}{1-\sin t}-\arctan(\sin t)\right]\Bigg|_{z_1}^{z_2}$$

$$=8a^2\ln\frac{\sqrt{3}+1}{\sqrt{3}-1}+8a^2\left[\frac{1}{2}\ln\frac{1+\dfrac{z}{\sqrt{2a^2+z^2}}}{1-\dfrac{z}{\sqrt{2a^2+z^2}}}-\arctan\frac{z}{\sqrt{2a^2+z^2}}\right]\Bigg|_{z_1}^{z_2}$$

$$=8a^2\ln\frac{\sqrt{3}+1}{\sqrt{3}-1}+8a^2\left[\frac{1}{2}\ln\frac{\sqrt{2a^2+z^2}+z}{\sqrt{2a^2+z^2}-z}-\arctan\frac{z}{\sqrt{2a^2+z^2}}\right]_{z_1}^{z_2}$$

$$=16a^2\left[\ln\frac{\sqrt{3}+1}{\sqrt{3}-1}-\arctan\frac{1}{\sqrt{3}}\right]$$

对于 $\int_{z_1}^{z_2}4z\arctan\frac{a^2}{z\sqrt{2a^2+z^2}}\mathrm{d}z$，令 $u=\arctan\frac{a^2}{z\sqrt{2a^2+z^2}}$， $\mathrm{d}v=4z\mathrm{d}z$， $v=2z^2$，则

$$\mathrm{d}u=\frac{1}{1+\left(\frac{a^2}{z\sqrt{2a^2+z^2}}\right)^2}\frac{-a^2}{z^2(2a^2+z^2)}\left[\sqrt{2a^2+z^2}+\frac{z^2}{\sqrt{2a^2+z^2}}\right]\mathrm{d}z$$

$$=\frac{-a^2}{z^2(2a^2+z^2)+a^4}\frac{2(a^2+z^2)}{\sqrt{2a^2+z^2}}\mathrm{d}z=\frac{-a^2}{a^2+z^2}\frac{2}{\sqrt{2a^2+z^2}}\mathrm{d}z$$

$$\int_{z_1}^{z_2}4z\arctan\frac{a^2}{z\sqrt{2a^2+z^2}}\mathrm{d}z=2z^2\arctan\frac{a^2}{z\sqrt{2a^2+z^2}}\bigg|_{z_1}^{z_2}-\int_{z_1}^{z_2}2z^2\frac{-a^2}{a^2+z^2}\frac{2}{\sqrt{2a^2+z^2}}\mathrm{d}z$$

$$\xrightarrow{z=\sqrt{2}a\tan t}4a^2\arctan\frac{1}{\sqrt{3}}+4a^2\int_{z_1}^{z_2}\frac{2a^2\tan^2 t}{a^2+2a^2\tan^2 t}\frac{1}{\sqrt{2}a\sec t}\sqrt{2}a\sec^2 t\mathrm{d}t$$

$$=4a^2\arctan\frac{1}{\sqrt{3}}+4a^2\int_{z_1}^{z_2}\frac{2\tan^2 t}{1+2\tan^2 t}\sec t\mathrm{d}t=4a^2\arctan\frac{1}{\sqrt{3}}+4a^2\int_{z_1}^{z_2}\frac{2\sin^2 t}{1+\sin^2 t}\frac{1}{1-\sin^2 t}\mathrm{d}\sin t$$

$$=4a^2\arctan\frac{1}{\sqrt{3}}+4a^2\int_{z_1}^{z_2}\frac{1}{1-\sin^2 t}+\frac{-1}{1+\sin^2 t}\mathrm{d}\sin t$$

$$=4a^2\arctan\frac{1}{\sqrt{3}}+4a^2\left[\frac{1}{2}\ln\frac{1+\sin t}{1-\sin t}-\arctan(\sin t)\right]_{z_1}^{z_2}$$

$$=4a^2\arctan\frac{1}{\sqrt{3}}+4a^2\left[\frac{1}{2}\ln\frac{1+\frac{z}{\sqrt{2a^2+z^2}}}{1-\frac{z}{\sqrt{2a^2+z^2}}}-\arctan\frac{z}{\sqrt{2a^2+z^2}}\right]_{z_1}^{z_2}$$

$$=4a^2\arctan\frac{1}{\sqrt{3}}+4a^2\left[\frac{1}{2}\ln\frac{\sqrt{2a^2+z^2}+z}{\sqrt{2a^2+z^2}-z}-\arctan\frac{z}{\sqrt{2a^2+z^2}}\right]_{z_1}^{z_2}$$

$$=4a^2\left[\ln\frac{\sqrt{3}+1}{\sqrt{3}-1}-\arctan\frac{1}{\sqrt{3}}\right]$$

故

$$\int_\Omega \frac{1}{r}\mathrm{d}V=\int_{z_1}^{z_2}\mathrm{d}z\int_{y_1}^{y_2}\mathrm{d}y\int_{x_1}^{x_2}\frac{1}{\sqrt{(x-x_0)^2+(y-y_0)^2+(z-z_0)^2}}\mathrm{d}x,\quad d=\sqrt{a^2+b^2+c^2}$$

$$=\int_{z_1}^{z_2}\mathrm{d}z\int_{y_1}^{y_2}\ln\frac{\sqrt{a^2+y^2+z^2}+a}{\sqrt{a^2+y^2+z^2}-a}\mathrm{d}y$$

$$=\int_{z_1}^{z_2}4a\left[\ln\frac{\sqrt{2a^2+z^2}+a}{\sqrt{2a^2+z^2}-a}-\frac{z}{a}\arctan\frac{a^2}{z\sqrt{2a^2+z^2}}\right]\mathrm{d}z$$

$$=16a^2\left[\ln\frac{\sqrt{3}+1}{\sqrt{3}-1}-\arctan\frac{1}{\sqrt{3}}\right]-4a^2\left[\ln\frac{\sqrt{3}+1}{\sqrt{3}-1}-\arctan\frac{1}{\sqrt{3}}\right]$$

$$=12a^2\ln(2+\sqrt{3})-2a^2\pi。$$

对于长方体区域，试计算$\int_\Omega \frac{1}{r}\mathrm{d}V$的值：

$$\int_\Omega \frac{1}{r}\mathrm{d}V=\int_{z_1}^{z_2}\mathrm{d}z\int_{y_1}^{y_2}\mathrm{d}y\int_{x_1}^{x_2}\frac{1}{\sqrt{(x-x_0)^2+(y-y_0)^2+(z-z_0)^2}}\mathrm{d}x=\cdots,d=\sqrt{a^2+b^2+c^2}$$

$$=4bc\ln\frac{d+a}{d-a}+4ab\ln\frac{d+c}{d-c}+4ac\ln\frac{d+b}{d-b}-4b^2\arctan\frac{ac}{bd}-4a^2\arctan\frac{bc}{ad}-4c^2\arctan\frac{ab}{cd}。$$

特别地，

$$\int_\Omega \frac{1}{r}\mathrm{d}V=\begin{cases}8ac\ln\dfrac{d+a}{d-a}+4a^2\ln\dfrac{d+c}{d-c}-8a^2\arctan\dfrac{c}{d}-4c^2\arctan\dfrac{a^2}{cd}, & a=b\\ 12a^2\ln(2+\sqrt{3})-12a^2\arctan\dfrac{1}{\sqrt{3}}=12a^2\ln(2+\sqrt{3})-2a^2\pi, & a=b=c\end{cases}$$

对于正方体这一特殊情况$(a=b=c)$，又返回到前面推导的结果。

（5）基本解的二阶导数在边界元上的奇异积分。因为：

$$\nabla\nabla G=\nabla\nabla\left(\frac{1}{4\pi r}\right)=\frac{1}{4\pi r^3}(3\boldsymbol{r}_0\boldsymbol{r}_0-\bar{\bar{I}})$$

$$=\frac{3}{4\pi r^5}\begin{pmatrix}(x-x_0)^2\boldsymbol{ii} & (x-x_0)(y-y_0)\boldsymbol{ij} & (x-x_0)(z-z_0)\boldsymbol{ik}\\ (x-x_0)(y-y_0)\boldsymbol{ji} & (y-y_0)^2\boldsymbol{jj} & (y-y_0)(z-z_0)\boldsymbol{jk}\\ (x-x_0)(z-z_0)\boldsymbol{ki} & (y-y_0)(z-z_0)\boldsymbol{kj} & (z-z_0)^2\boldsymbol{kk}\end{pmatrix}-\frac{1}{4\pi r^3}\begin{pmatrix}\boldsymbol{ii} & 0 & 0\\ 0 & \boldsymbol{jj} & 0\\ 0 & 0 & \boldsymbol{kk}\end{pmatrix}$$

所以，应对$G_{ij}=\int_{\Gamma_i}\nabla\nabla E\mathrm{d}A=\int_{\Gamma_i}\nabla\nabla\left(\frac{1}{4\pi r}\right)\mathrm{d}A$中每一项分别积分。

① $G_5^{12}=\int_\Gamma \frac{1}{r^5}(x-x_0)(y-y_0)\mathrm{d}A$。

a．当边界元所在的平面垂直于X或Y轴时，因为$x-x_0=0$或$y-y_0=0$所以$G_5^{12}=0$；

b. 对标准正方形单元，在目前情况下，外法向向量 n 必同时垂直于两个坐标轴。因此，在任何时候必垂直 x,y 坐标系中的一个，必有 $x-x_0=0$ 或 $y-y_0=0$；从而 $G_5^{12}=0$ 成立。

类似地可得 $G_j^{12}=\int_\Gamma \frac{(x-x_0)(y-y_0)}{r^j}\mathrm{d}A=G_j^{13}=\cdots=0,\quad j=1,2,\cdots,5$。

② $G_{ii}^{11}=\int_\Gamma \frac{1}{r^5}(x-x_0)^2\mathrm{d}A$。

a. 在本例中，积分平面总会垂直于 2 个坐标轴，当边界元所在的平面垂直于 X 轴时，因为 $x-x_0=0$，所以，$G_{ii}^{11}=\int_\Gamma \frac{1}{r^5}(x-x_0)^2\mathrm{d}A=0$。b. 当边界元所在的平面不垂直于 X 轴时，（在本例中，垂直于 Z 轴，不垂直于 X 轴）：

$$G_{ii}^{11}=\int_\Gamma \frac{1}{r^5}\left(x-x_0\right)^2\mathrm{d}A=\int_{y_1}^{y_2}\mathrm{d}y\int_{x_1}^{x_2}\frac{x^2}{[x^2+y^2]^{5/2}}\mathrm{d}x\xrightarrow{x=y\tan t}\int_{y_1}^{y_2}\mathrm{d}y\int_{x_1}^{x_2}\frac{y^2\tan^2 t}{y^5\sec^5 t}y\sec^2 t\mathrm{d}t$$

$$=\int_{y_1}^{y_2}\mathrm{d}y\int_{x_1}^{x_2}\frac{\tan^2 t}{y^2\sec^3 t}\mathrm{d}t=\int_{y_1}^{y_2}\mathrm{d}y\int_{x_1}^{x_2}\frac{\sin^2 t}{y^2}\cos t\,\mathrm{d}t$$

$$=\int_{y_1}^{y_2}\frac{\sin^3 t}{3y^2}\bigg|_{x_1}^{x_2}\mathrm{d}y=\int_{y_1}^{y_2}\frac{x^3}{3y^2[x^2+y^2]^{3/2}}\bigg|_{x_1}^{x_2}\mathrm{d}y$$

$$=\int_{y_1}^{y_2}\frac{2b^3}{3(y-y_0)^2[b^2+(y-y_0)^2]^{3/2}}\mathrm{d}y\xrightarrow{y=b\tan t}\int_{y_1}^{y_2}\frac{2b^3}{3}\frac{1}{b^2\tan^2 t\,b^3\sec^3 t}b\sec^2 t\mathrm{d}t$$

$$=\int_{y_1}^{y_2}\frac{2}{3b}\frac{\cos^3 t}{\sin^2 t}\mathrm{d}t=\int_{y_1}^{y_2}\frac{2}{3b}\frac{1-\sin^2 t}{\sin^2 t}\mathrm{d}\sin t$$

$$=\frac{2}{3b}\left[-\frac{1}{\sin t}-\sin t\right]\bigg|_{y_1}^{y_2}=-\frac{2}{3b}\left[\frac{\sqrt{b^2+y^2}}{y}+\frac{y}{\sqrt{b^2+y^2}}\right]\bigg|_{y_1}^{y_2}$$

故 $G_{ii}^{11}=\int_\Gamma \frac{1}{r^5}(x-x_0)^2\mathrm{d}A=-\frac{2}{3b}\left[\frac{\sqrt{b^2+(y-y_0)^2}}{y-y_0}+\frac{y-y_0}{\sqrt{b^2+(y-y_0)^2}}\right]\bigg|_{y_1}^{y_0-\varepsilon}\bigg|_{y_0+\varepsilon}^{y_2}$。

因为 $\lim\limits_{y-y_0\to\pm0}\frac{y-y_0}{\sqrt{b^2+(y-y_0)^2}}=0$ 且 $\lim\limits_{y-y_0\to\pm0}\frac{\sqrt{b^2+(y-y_0)^2}}{y-y_0}=\pm\infty$。所以，在古典意义下，上述积分不存在，只能在 Cauchy 主值意义下进行积分。

$$G_{ii}^{11}=(\text{P.V.})-\frac{2}{3b}\left[\frac{\sqrt{b^2+(y-y_0)^2}}{y-y_0}+\frac{y-y_0}{\sqrt{b^2+(y-y_0)^2}}\right]\bigg|_{y_1}^{y_2}=-\frac{4}{3b}\left[\sqrt{2}+\frac{1}{\sqrt{2}}\right]=-\frac{4}{\sqrt{2}b}=-\frac{2\sqrt{2}}{b}$$

③ $g_{ii}^{11}=\int_\Gamma \frac{1}{r^3}\mathrm{d}A$。

在本例中，积分平面总会垂直于某一坐标轴，设其垂直于 Z 轴，则有

$$g_{ii}^{11}=g_{ii}^{22}=g_{ii}^{33}=\int_{\Gamma}\frac{1}{r^3}\mathrm{d}A=\int_{y_1}^{y_2}\mathrm{d}y\int_{x_1}^{x_2}\frac{1}{[x^2+y^2]^{3/2}}\mathrm{d}x\xrightarrow{x=y\tan t}\int_{y_1}^{y_2}\mathrm{d}y\int_{x_1}^{x_2}\frac{1}{y^3\sec^3 t}y\sec^2 t\mathrm{d}t$$

$$=\int_{y_1}^{y_2}\mathrm{d}y\int_{x_1}^{x_2}\frac{1}{y^2}\cos t\mathrm{d}t=\int_{y_1}^{y_2}\frac{1}{y^2}\sin t\Big|_{x_1}^{x_2}\mathrm{d}y=\int_{y_1}^{y_2}\frac{1}{y^2}\frac{x}{\sqrt{x^2+y^2}}\Bigg|_{x_1}^{x_2}\mathrm{d}y=\int_{y_1}^{y_2}\frac{1}{y^2}\frac{2b}{\sqrt{b^2+y^2}}\mathrm{d}y$$

$$\xrightarrow{y=b\tan t}\int\frac{2b}{b^2\tan^2 t}\frac{1}{b\sec t}\frac{b}{\cos^2 t}\mathrm{d}t=\int\frac{2}{b\tan^2 t}\frac{1}{\cos t}\mathrm{d}t$$

$$=\int\frac{2}{b}\frac{\cos^2 t}{\sin^2 t}\frac{1}{\cos t}\mathrm{d}t=\int\frac{2}{b}\frac{1}{\sin^2 t}\mathrm{d}\sin t=-\frac{2}{b}\frac{1}{\sin t}\Bigg|_{y_1}^{y_2}=-\frac{2}{b}\frac{\sqrt{y^2+b^2}}{y}\Bigg|_{y_1}^{y_2}$$

故

$$g_{ii}^{11}=\int_{\Gamma}\frac{1}{r^3}\mathrm{d}A=\int_{y_1}^{y_2}\mathrm{d}y\int_{x_1}^{x_2}\frac{1}{[(x-x_0)^2+(y-y_0)^2]^{3/2}}\mathrm{d}x=-\frac{2}{b}\frac{\sqrt{b^2+(y-y_0)^2}}{y-y_0}\Bigg|_{y_1}^{y_0-\varepsilon}\Bigg|_{y_0+\varepsilon}^{y_2}$$

在 Cauchy 主值意义下进行积分：

$$g_{ii}^{11}=\int_{\Gamma}\frac{1}{r^3}\mathrm{d}A=\int_{y_1}^{y_2}\mathrm{d}y\int_{x_1}^{x_2}\frac{1}{[(x-x_0)^2+(y-y_0)^2]^{3/2}}\mathrm{d}x=(P.V.)-\frac{2}{b}\frac{\sqrt{(y-y_0)^2+b^2}}{(y-y_0)}\Bigg|_{y_1}^{y_2}=-\frac{4}{b}\sqrt{2}$$

所以

$$\int_{\Gamma}\nabla\nabla E\mathrm{d}A=\int_{\Gamma}\nabla\nabla\left(\frac{1}{4\pi r}\right)\mathrm{d}A=\int_{\Gamma}\frac{1}{4\pi r^3}(3\boldsymbol{r}_0\boldsymbol{r}_0-\bar{\bar{I}})\mathrm{d}A$$

$$=\int_{\Gamma}\left\{\frac{3}{4\pi r^5}\begin{pmatrix}(x-x_0)^2\boldsymbol{ii} & (x-x_0)(y-y_0)\boldsymbol{ij} & (x-x_0)(z-z_0)\boldsymbol{ik}\\(x-x_0)(y-y_0)\boldsymbol{ji} & (y-y_0)^2\boldsymbol{jj} & (y-y_0)(z-z_0)\boldsymbol{jk}\\(x-x_0)(z-z_0)\boldsymbol{ki} & (y-y_0)(z-z_0)\boldsymbol{kj} & (z-z_0)^2\boldsymbol{kk}\end{pmatrix}-\frac{1}{4\pi r^3}\begin{pmatrix}\boldsymbol{ii} & 0 & 0\\0 & \boldsymbol{jj} & 0\\0 & 0 & \boldsymbol{kk}\end{pmatrix}\right\}\mathrm{d}A$$

$$=\int_{\Gamma}\left\{\frac{3}{4\pi r^5}\begin{pmatrix}(x_1-\xi_1)^2\boldsymbol{ii} & 0 & 0\\0 & (x_2-\xi_2)^2\boldsymbol{jj} & 0\\0 & 0 & (x_3-\xi_3)^2\boldsymbol{kk}\end{pmatrix}-\frac{1}{4\pi r^3}\begin{pmatrix}\boldsymbol{ii} & 0 & 0\\0 & \boldsymbol{jj} & 0\\0 & 0 & \boldsymbol{kk}\end{pmatrix}\right\}\mathrm{d}A$$

$$=\frac{3}{4\pi}\begin{pmatrix}g_1\boldsymbol{ii} & 0 & 0\\0 & g_2\boldsymbol{jj} & 0\\0 & 0 & g_3\boldsymbol{kk}\end{pmatrix}-\frac{g_r}{4\pi}\begin{pmatrix}\boldsymbol{ii} & 0 & 0\\0 & \boldsymbol{jj} & 0\\0 & 0 & \boldsymbol{kk}\end{pmatrix}$$

式中，$g_r=-\frac{4\sqrt{2}}{b},g_i=-\frac{2\sqrt{2}}{b},i=1,2,3$，且当 x_i 垂直于边界元平面时，$g_i=0$。

（6）基本解的二阶导数在体积元上的奇异积分。因为

$$\nabla\nabla G=\nabla\nabla\left(\frac{1}{4\pi r}\right)=\frac{1}{4\pi r^3}(3\boldsymbol{r}_0\boldsymbol{r}_0-\bar{\bar{I}})$$

$$=\frac{3}{4\pi r^5}\begin{pmatrix}(x-x_0)^2\boldsymbol{ii} & (x-x_0)(y-y_0)\boldsymbol{ij} & (x-x_0)(z-z_0)\boldsymbol{ik}\\(x-x_0)(y-y_0)\boldsymbol{ji} & (y-y_0)^2\boldsymbol{jj} & (y-y_0)(z-z_0)\boldsymbol{jk}\\(x-x_0)(z-z_0)\boldsymbol{ki} & (y-y_0)(z-z_0)\boldsymbol{kj} & (z-z_0)^2\boldsymbol{kk}\end{pmatrix}-\frac{1}{4\pi r^3}\begin{pmatrix}\boldsymbol{ii} & 0 & 0\\0 & \boldsymbol{jj} & 0\\0 & 0 & \boldsymbol{kk}\end{pmatrix}$$

所以

$$\int_\Omega\nabla\nabla G\mathrm{d}V=\int_\Omega\nabla\nabla\left(\frac{1}{4\pi r}\right)\mathrm{d}V=\int_\Omega\frac{1}{4\pi r^3}(3\boldsymbol{r}_0\boldsymbol{r}_0-\bar{\bar{I}})\mathrm{d}V$$

$$=\int_\Omega\left[\frac{3}{4\pi r^5}\begin{pmatrix}(x_1-\xi_1)^2\boldsymbol{ii} & 0 & 0\\0 & (x_2-\xi_2)^2\boldsymbol{jj} & 0\\0 & 0 & (x_3-\xi_3)^2\boldsymbol{kk}\end{pmatrix}-\frac{1}{4\pi r^3}\begin{pmatrix}\boldsymbol{ii} & 0 & 0\\0 & \boldsymbol{jj} & 0\\0 & 0 & \boldsymbol{kk}\end{pmatrix}\right]\mathrm{d}V=-\frac{1}{3}\begin{pmatrix}\boldsymbol{ii} & 0 & 0\\0 & \boldsymbol{jj} & 0\\0 & 0 & \boldsymbol{kk}\end{pmatrix}$$

由于过程实在太烦琐，如果列出，有拖长篇幅之嫌，故略去过程。虽然此结果在本书的相关计算中并没有用到，只是这个结果非常的漂亮、简洁，故忍不住将其发表出来与大家共同欣赏。

附录 C 平行于铁磁体的通电导线产生的静磁场实测数据

平行于铁磁体的通电导线产生的静磁场是电磁场理论中一个比较简单的问题，在一般电磁学的教科书中都能见到。该问题在理想条件下（理想磁体边界和无穷大尺寸）可由镜像法得到理论解，同时实验较容易实现，且边界形状可以有一些变化（见本书正文图 5.8 所示的垂直边缘、外斜边缘和内斜边缘三种情况），通过大量计算总能找到经典的矢量泊松方程算法和新的双旋度泊松方程算法存在可以检测的差异的地方。事实上，下述实测数据的场点选择完全是从方便固定特斯拉计来确定，并没有特意选择。

本实测数据直接取材于本书作图程序的原始数据部分，注释部分也给出了实验条件等，这样做的目的是避免实验数据二次输入时可能导致的错误，当然这也给作者减少了部分工作量。

C.1 垂直边缘情况的实测数据

```
%% 此为铁磁平面上的磁场测试数据，实测磁场的单位为 10^-6T；边界为垂直边框。
%  实验平台为新定制的 500mm×800mm 工业纯铁平台，边界为垂直边框。
%  测试条件：
%     通电直导线距铁磁平面的距离为 57mm；导线距边缘为 250mm。电流强度为 20A 时的磁场。
%     垂直于铁磁平面时测试头位置距平面的距离为 25mm；平行于铁磁平面时测试头距平面
47.5mm。
%     垂直于铁磁平面时平台边界点的坐标为 195mm。平行于铁磁平面时边界点的坐标为 180mm。
%  实验地点：华东理工大学奉贤校区机械原理实验室。
   实验时间：2016-12-18。
   实验人：覃新川、张敏。

%% 测试点位置参数（横坐标，单位：mm）
    x57_20_Z=[425;420;415;410;405;400;390;380;370;360;%垂直方向测点坐标；
              340;320;300;280;270;260;250;240;230;220;
              210;205;200;195;190;185;180;175;170;160;
              150;140;130;120;110;100; 80; 60; 40;  0];

    x57_20_X=[435;430;425;420;415;410;400;390;380;360;%水平方向测点坐标；
              340;320;300;280;260;250;240;230;220;210;
              200;195;190;185;180;175;170;165;160;155;
              150;140;130;120;110;100; 80; 60; 40;  0];
   Xx1=0.445-x57_20_Z/1000;  %垂直于铁磁平面方向的磁场测量时的位置坐标（m）；
```

```
    Xx2=0.430-x57_20_X/1000;  %平行于铁磁平面方向的磁场测量时的位置坐标(m);

%% 垂直方向检测点的基础场强(无通电电流时的磁场)
    BZ57_01=[-17;-17;-16;-16;-16;-17;-17;-18;-19;-20;%垂直基础 1;
             -25;-31;-36;-40;-43;-47;-51;-56;-61;-66;
             -70;-70;-70;-69;-66;-63;-60;-57;-53;-48;
             -44;-41;-38;-36;-34;-33;-29;-27;-25;-22];
    BZ57_02=[-21;-20;-20;-20;-20;-21;-21;-22;-23;-25;%垂直基础 2;
             -30;-36;-41;-46;-49;-53;-57;-61;-66;-71;
             -75;-76;-76;-75;-73;-70;-67;-63;-60;-54;
             -50;-46;-44;-41;-39;-38;-34;-32;-30;-27];
    BZ57_03=[-21;-21;-21;-21;-21;-21;-22;  -22;-23;-25;%垂直基础 3;
             -30;-37;-42;-46;-49;-53;-58;  -62;-68;-73;
             -76;-77;-77;-75;-73;-69;-66;  -63;-60;-54;
             -51;-47;-45;-42;-40;-38;-35.5;-33;-31;-27];
    BZ57_0=(BZ57_01+BZ57_02+BZ57_03)/3;      % 垂直基础磁场平均值
%% 水平方向的基础场强(无通电电流时的磁场)
    BX57_01=[-23;  -22;-22;-21;-20;-20;-19;  -18;-16;  -16;%水平基础 1
             -16;  -15;-14;-14;-14;-14;-15;  -16;-18;  -22;
             -26;  -29;-31;-34;-37;-41;-44;  -47;-50.5;-53;
             -55.5;-60;-64;-68;-70;-72;-74.5;-72;-68;  -51];
    BX57_02=[-24;-24;  -24;-23;-23;  -22;-22;-21;-20;-19;%水平基础 2
             -19;-18.5;-18;-18;-19;  -19;-20;-21;-24;-28;
             -32;-35;  -37;-40;-43.5;-47;-50;-53;-56;-59;
             -61;-66;  -70;-74;-76;  -78;-81;-78;-74;-58];
    BX57_03=[-23;-22;-22;-22;  -21;-20;-20;-18;-18;  -18;%水平基础 3
             -17;-17;-17;-16;  -17;-17;-18;-19;-22;  -25;
             -30;-32;-36;-38.5;-42;-45;-48;-51;-54.5;-57;
             -59;-64;-68;-72;  -74;-76;-79;-77;-73;  -57];
    BX57_0=(BX57_01+BX57_02+BX57_03)/3;%水平基础磁场平均值

%% 垂直于铁磁平面方向的磁场测量数据(通电电流 20A):
    BZ57_20_1=[-98;-107;-111;-114;-115;-115;-113;-110;-108;-107;%垂直测量 1;
               -106;-108;-110;-114;-117;-121;-126;-131;-138;-145;
               -151;-152;-152;-149;-144;-136;-127;-119;-111; -98;
                -87; -81; -74; -69; -65; -61; -55; -50; -45; -38.5];
    BZ57_20_2=[-104;-110;-113;-115;-116;-116;-114;-111;-109;-107;%垂直测量 2;
               -106;-108;-111;-114;-117;-121;-127;-133;-140;-147;
               -153;-154;-153;-149;-144;-136;-128;-121;-112; -99;
                -89; -81; -74; -70; -66; -62; -55; -50; -46; -39];
    BZ57_20_3=[-103;-110;-114;-116;-117;-117;-116;-113;-111;-109;%垂直测量 3;
               -109;-112;-114;-117;-121;-125;-130;-136;-143;-150;
```

```
          -156;-157;-156;-153;-146;-138;-130;-122;-114;-101;
          -93; -85; -78; -73; -69; -65; -59; -54; -49; -42];
   BZ57_20=(BZ57_20_1+BZ57_20_2+BZ57_20_3)/3;% 垂直磁场测量平均值（20A)

%% 平行于铁磁平面方向的磁场测量数据（通电电流 20A）:
   BX57_20_1=[-298;-373;-309;-171; -98; -54; -16;  -2; -3; -4;%水平测量1:
              -2;   0;  -3;  -6;  -9; -11; -14; -18;-23;-30;
             -39; -43; -49; -55; -60; -65; -70; -75;-79;-83;
             -86; -91; -96;-100;-102;-103;-104;-101;-96;-77];
   BX57_20_2=[-294;-375;-318;-192;-110; -63; -19; -4;  -1;   -3;%水平测量2:
              -1;  -2;  -5;  -8; -12; -14; -16; -21;-26; -33;
             -41; -46; -51; -57; -62; -68; -74; -78;-82; -87;
             -90; -96;-101;-104;-107;-108;-109;-106;-99.5;-80];
   BX57_20_3=[-242; -337;-361;-256;-147; -83; -25;  -6; +1;  4;
               2;    0;  -3;  -6; -10; -12; -15; -18;-23;-30;%水平测量3:
             -38.5;-43; -48; -54; -60; -66; -71; -76;-81;-85;
             -88;  -95;-100;-103;-106;-107;-109;-105;-99;-80];
   BX57_20=(BX57_20_1+BX57_20_2+BX57_20_3)/3;%水平磁场测量平均值（20A)
```

C.2　外斜边缘情况的实测数据

```
%% 此为铁磁平面上的磁场测试数据，实测磁场的单位为10^-6T；边界为外斜边框。
%  实验平台为新定制的500mm×800mm工业纯铁平台，边界为外斜边框。
%  实验条件：
%       电流强度为20A时的磁场。通电直导线距铁磁平面的距离为57mm；导线距边缘为250mm。
%       垂直于铁磁平面时探头位置距平面的距离为25mm；平行于铁磁平面时探头中心距平面
30mm。
%       垂直于铁磁平面时平台边界点的坐标为 195mm。平行于铁磁平面时边界点的坐标为
190mm。
% 实验地点：华东理工大学奉贤校区机械原理实验室。
  实验时间：2016-12-18，20。
  实验人：覃新川、张敏。

%% 测试点位置参数（横坐标，单位：mm）
   x57_20_Z=[425;420;415;410;405;400;390;380;370;360;%垂直方向测点坐标;
            340;320;300;280;270;260;250;240;230;220;
            210;205;200;195;190;185;180;175;170;160;
            150;140;130;120;110;100; 80; 60; 40; 0];

   x57_20_X=[435;430;425;420;415;410;400;390;380;360;%水平方向测点坐标;
            340;320;300;280;260;250;240;230;220;210;
```

```
            200;195;190;185;180;175;170;165;160;155;
            150;140;130;120;110;100; 80; 60; 40;  0];
   Xx1=0.445-x57_20_Z/1000;   % 垂直于铁磁平面方向的磁场测量值位置坐标（m）;
   Xx2=0.430-x57_20_X/1000;   % 平行于铁磁平面方向的磁场测量值位置坐标（m）;

%% 垂直方向检测点的基础场强（无通电电流时的磁场）
  BZ57_01=[-30; -31; -32; -33; -35; -36; -39;-42;-45; -48;%垂直基础1;
           -52; -59; -66; -73; -76; -80; -84;-89;-94;-100;
          -106;-109;-111;-111;-110;-107;-103;-99;-96; -86;
           -76; -67; -59; -52; -46; -42; -35;-30;-27; -24];
   BZ57_02=[-33; -34; -36; -37; -38; -40; -43; -46; -49;-52;%垂直基础2;
            -56; -62; -70; -77; -81; -84; -88; -93; -98;-105;
           -111;-114;-115;-115;-114;-112;-108;-104;-100; -90;
            -80; -71; -63; -56; -51; -46; -39; -34; -31; -28];
   BZ57_03=[-28; -29; -31; -32;-34; -35; -38;-42;-44;-47;%垂直基础3;
            -52; -58; -64; -71;-75; -79; -83;-88;-93;-99;
           -105;-107;-109;-109;107;-105;-101;-97;-92;-84;
            -74; -66; -59; -52;-47; -42; -36;-31;-28;-25];
   BZ57_0=（BZ57_01+BZ57_02+BZ57_03）/3;    % 垂直基础磁场平均值

%% 水平方向的基础场强（无通电电流时的磁场）
BX57_01=[-1;  -1;  -1; -1;  0; -0; -0;  1;  2;   3;%水平基础1
         5;   6;   5;  4;   0; -5;  -9;-13;-19; -26;
       -37; -44; -52;-62;-71;-79;-87;-94;-99;-106;
      -108;-107;-101;-95;-88;-79;-62;-46;-29; -14];
   BX57_02=[-6;  -5;  -5;  -5; -5; -5; -4; -4;  -3;  -2;%水平基础2;
             0;   1;   0;  -1; -6;-12;-15;-19; -25; -32;
           -43; -50; -58; -68;-76;-84;-92;-98;-105;-111;
          -114;-112;-107;-100;-93;-86;-69;-52; -36; -21];
   BX57_03=[-5;  -5;   -5;  -5; -5; -5; -4; -3;  -2;  -1;%水平基础3;
             0;   1;   0;  -1; -6;-11;-15;-20; -25; -32;
           -43; -51; -58; -67;-76;-84;-92;-99;-105;-111;
          -113;-111;-107;-100;-93;-86;-68;-52;  -36; -22];
   BX57_0=（BX57_01+BX57_02+BX57_03）/3;    % 水平基础磁场平均值

%% 垂直于铁磁平面方向的磁场测量数据（通电电流20A）:
   BZ57_20_1=[-116;-126;-131;-133;-135;-136;-136;-135;-134;-134;%垂直测量1;
              -134;-135;-140;-146;-149;-153;-158;-163;-170;-177;
              -186;-189;-190;-190;-187;-182;-175;-168;-160;-142;
              -126;-112; -98; -87; -78; -71; -59; -50; -45; -38];
   BZ57_20_2=[-115;-123;-127;-130;-131;-132;-132;-132;-131;-130;%垂直测量2;
              -130;-132;-136;-142;-145;-149;-153;-159;-165;-173;
```

```
          -181;-184;-184;-183;-180;-175;-168;-161;-153;-136;
          -121;-106; -94; -83; -74; -67; -56; -48; -42; -35];
BZ57_20_3=[-116;-125;-130;-132;-133;-134;-134;-134;-134;-133;%垂直测量3;
          -133;-134;-139;-145;-148;-151;-156;-161;-168;-176;
          -184;-186;-187;-186;-182;-177;-170;-163;-154;-139;
          -123;-108; -96; -85; -76; -68; -57; -50; -44; -37];
BZ57_20=（BZ57_20_1+BZ57_20_2+BZ57_20_3）/3;     % 垂直磁场测量平均值

%% 平行于铁磁平面方向的磁场测量数据（通电电流20A）：
BX57_20_1=[-112;-114;-106; -90; -71; -52; -23;  -4;   5; 11;%水平测量1;
             15;  16;  12;   9;   3;  -4;  -9; -16; -23;-33;
            -49; -57; -67; -80; -92;-104;-115;-125;-133;-143;
           -147;-147;-142;-135;-127;-118; -98; -78; -59; -43];
BX57_20_2=[-112;-112;-105; -87; -70; -52; -23;  -5;   4; 10;%水平测量2;
             14;  14;  12;   8;   2;  -5; -10; -16; -24; -34;
            -49; -58; -68; -81; -94;-106;-116;-126;-134;-144;
           -149;-148;-143;-136;-128;-118; -98; -79; -59; -44];
BX57_20_3=[-108;-111;-101; -86; -69; -50; -22;  -5;   4; 10;%水平测量3;
             14;  14;  12;   8;   2;  -5; -10; -16; -24; -34;
            -49; -59; -70; -81; -94;-106;-118;-126;-135;-146;
           -151;-150;-145;-138;-129;-121;-101; -82; -63; -46];
BX57_20=（BX57_20_1+BX57_20_2+BX57_20_3）/3;     % 水平磁场测量平均值
```

C.3 内斜边缘情况的实测数据

```
%% 此为铁磁平面上的磁场测试数据，实测磁场的单位为10^-6T；边界为内斜边框。
%  实验平台为新定制的500mm×800mm工业纯铁平台，边界为外斜边框。
%  实验条件：
%    电流强度为20A时的磁场。通电直导线距铁磁平面的距离为57mm；导线距边缘为250mm。
%    垂直于铁磁平面时测试头位置距平面的距离为 31mm；平行于铁磁平面时测试头距平面30mm。
%    垂直于铁磁平面时平台边界点的坐标为 195mm。平行于铁磁平面时边界点的坐标为190mm。
%  实验地点：华东理工大学奉贤校区机械原理实验室。
   实验时间：2016-12-22，23。
   实验人：覃新川、张敏。

%% 测试点位置参数（横坐标，单位：mm）
  x57_20_Z=[425;420;415;410;405;400;390;380;370;360;%垂直方向测点坐标；
           340;320;300;280;270;260;250;240;230;220;
           210;205;200;195;190;185;180;175;170;160;
```

```
           150;140;130;120;110;100; 80; 60; 40; 10];

  x57_20_X=[435;430;425;420;415;410;400;390;380;360;%水平方向测点坐标;
            340;320;300;280;260;250;240;230;220;210;
            200;195;190;185;180;175;170;165;160;155;
            150;140;130;120;110;100; 80; 60; 40;   0];
  Xx1=0.445-x57_20_Z/1000;    % 垂直于铁磁平面方向的磁场测量值位置坐标（m）;
  Xx2=0.430-x57_20_X/1000;    % 平行于铁磁平面方向的磁场测量值位置坐标（m）;

%% 垂直方向检测点的基础场强（无通电电流时的磁场）
  BZ57_01=[-61;  -61; -62;  -62; -63; -64; -65;-65; -65; -65;%垂直基础1;
           -66;  -68; -73;  -80; -85; -90; -94;-99;-105;-111;
          -116;-118;-117;-115;-112;-106;-100;-92; -86;  -73;
           -64; -57;  -51; -47; -43; -40; -35;-32; -30;  -28];
  BZ57_02=[-63; -64;  -64; -65; -66; -66; -68;  -68; -68; -68;%垂直基础2;
           -68; -70;  -75; -83; -87; -92; -97;-102;-108;-114;
         -120;-121;-120;-118;-115;-109;-103; -95; -89; -77;
           -67; -60; -54; -50; -46; -43; -39;  -35; -33; -31];
  BZ57_03=[-62; -62; -62; -63; -64; -64; -65; -66; -66; -67;%垂直基础3;
           -67; -69; -74; -82; -86; -91; -96;-100;-107;-113;
         -118;-119;-120;-117;-113;-108;-101; -94; -88; -75;
          -65;- 58; -52; -48; -44; -42; -37; -34; -32; -30];
  BZ57_0=（BZ57_01+BZ57_02+BZ57_03）/3;      % 垂直基础磁场平均值
% 水平方向的基础场强（无通电电流时的磁场）
  BX57_01=[-1;  -1; -1;  -1;  0; -0; -0;  1;  2;    3;%水平基础1
             5;   6;   5;  4;  0; -5; -9;-13;-19; -26;
           -37; -44; -52;-62;-71;-79;-87;-94;-99;-106;
         -108;-107;-101;-95;-88;-79;-62;-46;-29;  -14];
  BX57_02=[-6;   -5; -5;   -5; -5; -5; -4; -4; -3;    -2; %水平基础2
             0;   1;   0;  -1; -6;-12;-15;-19; -25; -32;
           -43; -50; -58; -68;-76;-84;-92;-98;-105;-111;
         -114;-112;-107;-100;-93;-86;-69;-52;  -36;  -21];
  BX57_03=[-5;  -5;  -5;  -5;  -5; -5; -4; -3;   -2;   -1; %水平基础3
             0;   1;   0;  -1; -6;-11;-15;-20; -25;  -32;
           -43; -51; -58; -67;-76;-84;-92;-99;-105;-111;
         -113;-111;-107;-100;-93;-86;-68;-52;  -36;  -22];
  BX57_0=（BX57_01+BX57_02+BX57_03）/3;      % 水平基础磁场平均值

%% 垂直于铁磁平面方向的磁场测量数据（通电电流 20A）:
  BZ57_20_1=[-171;-174;-175;-174;-172;-169;-165;-160;-156;-152;%垂直测量1;
             -147;-144;-148;-154;-159;-164;-169;-176;-184;-192;
             -198;-198;-197;-193;-186;-177;-166;-154;-142;-122;
```

```
            -106; -93; -83; -76; -70; -65; -57; -50; -46; -41];
  BZ57_20_2=[-172;-176;-176;-175;-173;-170;-165;-161;-156;-152;%垂直测量2;
            -147;-144;-148;-154;-159;-164;-170;-176;-184;-192;
            -198;-199;-198;-193;-186;-176;-166;-152;-141;-121;
            -106; -93; -84; -76; -70; -64; -56; -50; -46; -40];
  BZ57_20_3=[-169;-174;-174;-173;-171;-169;-164;-160;-156;-152;%垂直测量3;
            -146;-144;-147;-154;-158;-164;-170;-176;-183;-192;
            -198;-199;-198;-193;-186;-177;-165;-154;-142;-122;
            -106; -93; -83; -76; -70; -65; -57; -51; -46; -41];
  BZ57_20=(BZ57_20_1+BZ57_20_2+BZ57_20_3)/3;%垂直磁场测量平均值(20A)

%% 平行于铁磁平面方向的磁场测量数据(通电电流20A):
  BX57_20_1=[-112;-114;-106; -90; -71; -52; -23;  -4;   5;  11;%水平测量1;
               15;  16;  12;   9;   3;  -4;  -9; -16; -23; -33;
              -49; -57; -67; -80; -92;-104;-115;-125;-133;-143;
            -147;-147;-142;-135;-127;-118;  -98; -78; -59; -43];
  BX57_20_2=[-112;-112; 105; -87; -70; -52; -23;  -5;   4;  10;%水平测量2;
               14;  14;  12;   8;   2;  -5; -10; -16; -24; -34;
              -49; -58; -68; -81; -94;-106;-116;-126;-134;-144;
            -149; -148;-143;-136;-128;-118; -98; -79; -59; -44];
  BX57_20_3=[-108;-111;-101; -86;  -69; -50; -22;  -5;   4;  10;%水平测量3;
               14;  14;  12;  8;    2;  -5; -10; -16; -24; -34;
              -49; -59; -70; -81; -94;-106;-118;-126;-135;-146;
            -151;-150;-145;-138;-129;-121;-101; -82; -63; -46];
  BX57_20=(BX57_20_1+BX57_20_2+BX57_20_3)/3;%水平磁场测量平均值(20A)
```

附录D 与三维双旋度赫姆霍兹方程有关的积分推导

D.1 积分表述与基本解

双旋度赫姆霍兹方程边值问题的提法：

$$\begin{cases}\nabla\times\nabla\times\boldsymbol{u}(\boldsymbol{r})-k^2\boldsymbol{u}(\boldsymbol{r})=\boldsymbol{f}(\boldsymbol{r}), & \boldsymbol{r}\in\Omega\\ \boldsymbol{n}\times\boldsymbol{u}(\boldsymbol{r})=\overline{\boldsymbol{u}}(\boldsymbol{r}), & \boldsymbol{r}\in\Gamma_1\\ \boldsymbol{n}\times\nabla\times\boldsymbol{u}(\boldsymbol{r})=\overline{\boldsymbol{v}}(\boldsymbol{r}), & \boldsymbol{r}\in\Gamma_2\end{cases}\tag{D.1}$$

双旋度赫姆霍兹方程基本积分表述（0 阶积分表述）：

$$\boldsymbol{WQ}=\int_{\Omega}[\nabla G(\nabla\cdot\boldsymbol{Q})+\boldsymbol{f}\,\boldsymbol{E}]\mathrm{d}\Omega-\oint_{\Gamma}[G\boldsymbol{n}\times\nabla\times\boldsymbol{Q}+\boldsymbol{n}\times\boldsymbol{Q}\times\nabla G+\nabla G(\boldsymbol{n}\cdot\boldsymbol{Q})]\mathrm{d}S\tag{D.2}$$

双旋度赫姆霍兹方程旋度积分表述（1 阶积分表述）：

$$\nabla\times\boldsymbol{Q}=\int_{\Omega}\boldsymbol{f}\times\nabla G\mathrm{d}\Omega-\oint_{\Gamma}[(\boldsymbol{n}\times\nabla\times\boldsymbol{Q})\times\nabla G+(\boldsymbol{n}\times\boldsymbol{Q})k^2G+(\boldsymbol{n}\times\boldsymbol{Q})\cdot\nabla\nabla G]\mathrm{d}S\tag{D.3}$$

三维标量赫姆霍兹方程基本解为

$$G=\frac{\mathrm{e}^{-\mathrm{j}kr}}{4\pi r}=\frac{\mathrm{e}^{-\alpha r}(\cos\beta r-\mathrm{j}\sin\beta r)}{4\pi r}\tag{D.4}$$

式中，

$$\mathrm{j}k=\mathrm{j}\omega\sqrt{\left(\varepsilon+\frac{\gamma}{\mathrm{j}\omega}\right)\mu}=\alpha+\mathrm{j}\beta,\quad \alpha=\omega\sqrt{\frac{\varepsilon\mu}{2}\left[\sqrt{1+\left(\frac{\gamma}{\omega\varepsilon}\right)^2}-1\right]}$$

$$\beta=\omega\sqrt{\frac{\varepsilon\mu}{2}\left[\sqrt{1+\left(\frac{\gamma}{\omega\varepsilon}\right)^2}+1\right]}\tag{D.5}$$

基本解的梯度：

$$\begin{aligned}\nabla G&=\nabla\left(\frac{\mathrm{e}^{-\mathrm{j}kr}}{4\pi r}\right)=\mathrm{e}^{-(\alpha+\mathrm{j}\beta)r}\frac{1+\alpha r+\mathrm{j}\beta r}{4\pi r^3}\boldsymbol{r}\\&=\frac{\mathrm{e}^{-\alpha r}\boldsymbol{r}}{4\pi r^3}[(1+\alpha r)\cos\beta r+\beta r\sin\beta r+\mathrm{j}(\beta r\cos\beta r-(1+\alpha r)\sin\beta r)]\end{aligned}\tag{D.6}$$

基本解的二阶梯度：

$$\nabla\nabla G=\frac{\mathrm{e}^{-\alpha r}}{4\pi r^3}\begin{bmatrix}\left(\dfrac{3}{r^2}+\dfrac{3\alpha}{r}+\alpha^2-\beta^2\right)\cos\beta r+\left(\dfrac{3\beta}{r}+2\alpha\beta\right)\sin\beta r\\ +\mathrm{j}\left[\left(\dfrac{3\beta}{r}+2\alpha\beta\right)\cos\beta r-\left(\dfrac{3\alpha}{r}+\alpha^2-\beta^2+\dfrac{3}{r^2}\right)\sin\beta r\right]\end{bmatrix}\begin{bmatrix}x^2\boldsymbol{ii} & xy\boldsymbol{ij} & xz\boldsymbol{ik}\\ yx\boldsymbol{ji} & y^2\boldsymbol{jj} & yz\boldsymbol{jk}\\ zx\boldsymbol{ki} & zy\boldsymbol{jk} & z^2\boldsymbol{kk}\end{bmatrix}$$

$$-\frac{\mathrm{e}^{-\alpha r}}{4\pi r^3}\begin{bmatrix}(\alpha r+1)\cos\beta r+\beta r\sin\beta r\\ \mathrm{j}(\beta r\cos\beta r-(1+\alpha r)\sin\beta r)\end{bmatrix}\begin{bmatrix}\boldsymbol{ii} & 0 & 0\\ 0 & \boldsymbol{jj} & 0\\ 0 & 0 & \boldsymbol{kk}\end{bmatrix} \quad \text{(D.7)}$$

在使用边界元法求解时，由于基本解 $G(\boldsymbol{r},\boldsymbol{r}')$ 的奇异性，当场点 $\boldsymbol{r}$ 与源点 $\boldsymbol{r}'$ 趋于零（在边界元法中就是场点 $\boldsymbol{r}$ 与源点 $\boldsymbol{r}'$ 在同一个单元上）时，将出现必须处理的奇异积分的情况。具体如下。

（1）当使用基本积分表述时，将处理 $\int_\Gamma G\mathrm{d}S$、$\int_\Gamma \nabla G\mathrm{d}S$、$\int_\Omega G\mathrm{d}\Omega$。

（2）当使用旋度积分表述时，将处理 $\int_\Gamma \nabla G\mathrm{d}S$、$\int_\Gamma \nabla\nabla G\mathrm{d}S$、$\int_\Omega \nabla G\mathrm{d}\Omega$。

几点说明：

（1）公式中以 (x_0,y_0) 或 (x_0,y_0,z_0) 表示源点；以 (x,y) 或 (x,y,z) 表示场点（即积分坐标）。

（2）单元是边长 $2a$ 的标准正方形或正方体，标准正方形或正方体的中心坐标为 (x_0,y_0) 或 (x_0,y_0,z_0)。

（3）为标记简洁，推导中常将 $(x-x_0),(y-y_0),(z-z_0)$ 直接标记为 x,y,z。

D.2 主要结论

（1）基本解的奇异积分。

$$\int_\Gamma G(\boldsymbol{r},\boldsymbol{r}')\mathrm{d}S=\lim_{r\to 0}\int_\Gamma\frac{\mathrm{e}^{-\mathrm{j}kr}}{4\pi r}\mathrm{d}S=\frac{2a\ln(\sqrt{2}+1)}{\pi}-\frac{\alpha a^2}{\pi}-\mathrm{j}\frac{\beta a^2}{\pi} \quad \text{(D.8)}$$

$$\int_\Omega G(\boldsymbol{r},\boldsymbol{r}')\mathrm{d}V=\lim_{r\to 0}\int_\Omega\frac{\mathrm{e}^{-\mathrm{j}kr}}{4\pi r}\mathrm{d}V=\left[\frac{3a^2}{\pi}\ln(2+\sqrt{3})-\frac{a^2}{2}-\frac{2\alpha a^3}{\pi}\right]-\mathrm{j}\frac{2\beta a^3}{\pi} \quad \text{(D.9)}$$

$$\lim_{r\to 0}\int_\Gamma k^2G(\boldsymbol{r},\boldsymbol{r}')\mathrm{d}S=\lim_{r\to 0}\int_\Gamma k^2\frac{\mathrm{e}^{-\mathrm{j}kr}}{4\pi r}\mathrm{d}S$$

$$=\frac{\beta^2-\alpha^2}{\pi}2a\ln(\sqrt{2}+1)-\alpha\frac{3\beta^2-\alpha^2}{\pi}a^2+\mathrm{j}\left[-\frac{\alpha\beta}{\pi}4a\ln(\sqrt{2}+1)+\frac{3\alpha^2\beta-\beta^3}{\pi}a^2\right] \quad \text{(D.10)}$$

（2）基本解的梯度 ∇G 的奇异积分。

$$\int_{\Gamma}\nabla G\mathrm{d}S=\int_{\Gamma}\nabla\left(\frac{\mathrm{e}^{-\mathrm{j}kr}}{4\pi r}\right)\mathrm{d}S=\int_{\Gamma}-\mathrm{e}^{-(\alpha+\mathrm{j}\beta)r}\frac{1+\alpha r+\mathrm{j}\beta r}{4\pi r^{3}}\boldsymbol{r}\mathrm{d}S=0 \tag{D.11}$$

$$\int_{\Omega}\nabla G\mathrm{d}V=\int_{\Omega}\nabla\left(\frac{\mathrm{e}^{-\mathrm{j}kr}}{4\pi r}\right)\mathrm{d}V=\int_{\Omega}\mathrm{e}^{-(\alpha+\mathrm{j}\beta)r}\frac{1+\alpha r+\mathrm{j}\beta r}{4\pi r^{3}}\boldsymbol{r}\mathrm{d}V=0 \tag{D.12}$$

（3）基本解的二阶梯度 $\nabla\nabla G$ 的奇异积分。

$$\int_{\Gamma}\nabla\nabla G\mathrm{d}S=\int_{\Gamma}\frac{1}{4\pi r^{3}}\left[\begin{array}{l}\dfrac{3}{r^{2}}+\dfrac{0}{r}+\left(\dfrac{\beta^{2}}{2}-\dfrac{\alpha^{2}}{2}\right)+r[0]+r^{2}\left[-\dfrac{7\beta^{4}}{8}+\dfrac{\alpha^{4}}{8}+\dfrac{\alpha^{2}\beta^{2}}{4}\right]\\ +r^{3}\left[\dfrac{2\alpha\beta^{4}}{3}-\dfrac{\alpha^{3}\beta^{2}}{3}-\dfrac{\alpha^{5}}{15}\right]+\mathrm{j}\left[\begin{array}{l}-\alpha\beta+0r+r^{2}\alpha\beta^{3}\\ +r^{3}\left(\dfrac{2\alpha^{2}\beta^{3}}{3}-\dfrac{\beta^{5}}{15}-\dfrac{\alpha^{4}\beta}{6}\right)\end{array}\right]\end{array}\right]$$

$$\times\begin{bmatrix}(x_{1}-\xi_{1})^{2}\boldsymbol{ii} & 0 & 0\\ 0 & y^{2}\boldsymbol{jj} & 0\\ 0 & 0 & z^{2}\boldsymbol{kk}\end{bmatrix}-\frac{1}{4\pi r^{3}}\left[\begin{array}{l}1+0r+r^{2}\left(\dfrac{\beta^{2}}{2}-\dfrac{\alpha^{2}}{2}\right)+r^{3}\left(-\alpha\beta^{2}+\dfrac{\alpha^{3}}{3}\right)\\ \qquad+\mathrm{j}\left[-\alpha\beta r^{2}-\dfrac{\beta^{3}r^{3}}{6}+\alpha^{2}\beta r^{3}\right]\end{array}\right]\begin{bmatrix}\boldsymbol{ii} & 0 & 0\\ 0 & \boldsymbol{jj} & 0\\ 0 & 0 & \boldsymbol{kk}\end{bmatrix}\mathrm{d}S \tag{D.13}$$

对各项分别积分，相关的奇异积分写在下面：

$$g_{5}^{11}=\int_{\Gamma}\frac{1}{r^{5}}(x-x_{0})^{2}\mathrm{d}A=-\frac{4}{\sqrt{2}a}=-\frac{2\sqrt{2}}{a}$$

$$g_{i}^{12}=\int_{\Gamma}\frac{1}{r^{i}}(x-x_{0})(y-y_{0})\mathrm{d}A=0,\quad j=5,3,1,0$$

$$g_{3}^{11}=\int_{\Gamma}\frac{1}{r^{3}}(x-x_{0})^{2}\mathrm{d}A=4a\ln(1+\sqrt{2})$$

$$g_{3}^{0}=\int_{\Gamma}\frac{1}{r^{3}}\mathrm{d}A=-\frac{4}{a}\sqrt{2}$$

$$g_{1}^{11}=\int_{\Gamma}\frac{(x-x_{0})^{2}}{r}\mathrm{d}A=a^{3}\left[\frac{2\sqrt{2}}{3}+\frac{7}{6}\ln(\sqrt{2}+1)\right]$$

$$g_{1}^{0}=\int_{\Gamma}\frac{1}{r}\mathrm{dA}=8a\ln(\sqrt{2}+1)$$

$$g_{0}^{11}=\int_{\Gamma}(x-x_{0})^{2}\mathrm{d}A=\frac{4}{3}a^{4}$$

$$g_{0}^{0}=\int_{\Gamma}\frac{1}{r^{0}}\mathrm{d}A=\iint_{\Gamma}\mathrm{d}x\mathrm{d}y=4a^{2}$$

需要注意的是：与泊松方程基本解类似，当坐标轴 x_j 垂直于边界元所在平面时，由于 $(x_j-x_{j0})^2=0$，则 $g_i^{11}=\int_{\Gamma}\frac{1}{r^{i}}(x_j-x_{j0})^2\mathrm{d}A=0,\ i=0,1,3,5$。

D.3 与三维双旋度赫姆霍兹方程有关的奇异积分推导

D.3.1 时谐基本解有关的奇异积分

基本解：

$$G=\frac{\mathrm{e}^{-\mathrm{j}kr}}{4\pi r}$$

由于

$$\mathrm{j}k=\mathrm{j}\omega\sqrt{\left(\varepsilon+\frac{\gamma}{\mathrm{j}\omega}\right)\mu}=\alpha+\mathrm{j}\beta$$

$$\alpha=\omega\sqrt{\frac{\varepsilon\mu}{2}\left[\sqrt{1+\left(\frac{\gamma}{\omega\varepsilon}\right)^2}-1\right]},\quad \beta=\omega\sqrt{\frac{\varepsilon\mu}{2}\left[\sqrt{1+\left(\frac{\gamma}{\omega\varepsilon}\right)^2}+1\right]}$$

所以$G=\dfrac{\mathrm{e}^{-\mathrm{j}kr}}{4\pi r}=\dfrac{\mathrm{e}^{-\alpha r}(\cos\beta r-\mathrm{j}\sin\beta r)}{4\pi r}$；只取实部后$G=\dfrac{\mathrm{e}^{-\alpha r}\cos\beta r}{4\pi r}$。

因为

$$\cos\beta r=1-\frac{\beta^2r^2}{2!}+\frac{\beta^4r^4}{4!}-\frac{\beta^6r^6}{6!}+\cdots,\quad \sin\beta r=\beta r-\frac{\beta^3r^3}{3!}+\frac{\beta^5r^5}{5!}-\frac{\beta^7r^7}{7!}+\cdots$$

$$\mathrm{e}^{-\alpha r}=\sum_{n=0}^{\infty}\frac{(-\alpha r)^n}{n!}=1-\frac{\alpha r}{1!}+\frac{\alpha^2r^2}{2!}-\frac{\alpha^3r^3}{3!}+\cdots$$

所以

$$\begin{aligned}
G(\boldsymbol{r},\boldsymbol{r}')&=\frac{\mathrm{e}^{-\mathrm{j}kr}}{4\pi r}=\frac{\mathrm{e}^{-\alpha r}}{4\pi r}(\cos\beta r-\mathrm{j}\sin\beta r)\\
&=\left(1-\frac{\alpha r}{1!}+\frac{\alpha^2r^2}{2!}-\frac{\alpha^3r^3}{3!}+\cdots\right)\left[\left(\frac{1}{4\pi r}-\frac{\beta^2r}{8\pi}+\frac{\beta^4r^3}{4!\times4\pi}\right)-\mathrm{j}\left(\frac{\beta}{4\pi}-\frac{\beta^3r^2}{3!\times4\pi}+\frac{\beta^5r^4}{5!\times4\pi}\right)\right]\\
&=\left[\left(\frac{1}{4\pi r}-\frac{\beta^2r}{8\pi}+\frac{\beta^4r^3}{4!\times4\pi}\right)-\alpha r\left(\frac{1}{4\pi r}-\frac{\beta^2r}{8\pi}\right)+\frac{\alpha^2r^2}{2!}\left(\frac{1}{4\pi r}-\frac{\beta^2r}{8\pi}\right)-\frac{\alpha^3r^3}{3!}\frac{1}{4\pi r}\right]\\
&\quad-\mathrm{j}\left[\left(\frac{\beta}{4\pi}-\frac{\beta^3r^2}{3!\times4\pi}+\frac{\beta^5r^4}{5!\times4\pi}\right)-\alpha r\left(\frac{\beta}{4\pi}-\frac{\beta^3r^2}{3!\times4\pi}\right)-\frac{\alpha^3r^3}{3!}\left(\frac{\beta}{4\pi}-\frac{\beta^3r^2}{3!\times4\pi}\right)\right]\\
&=\left[\left(\frac{1}{4\pi r}-\frac{\alpha}{4\pi}+\frac{(\alpha^2-\beta^2)r}{8\pi}+\frac{3\alpha\beta^2r^2-\alpha^3r^2}{24\pi}+Cr^3\right)-\mathrm{j}\left(\frac{\beta}{4\pi}-\frac{\alpha\beta r}{4\pi}-\frac{\beta^3r^2}{3!\times4\pi}+Cr^3\right)\right]
\end{aligned}$$

显然 $\lim\limits_{r\to 0}\int_{\Gamma} r^p \mathrm{d}A = 0(p \geqslant 1)$，$\lim\limits_{r\to 0}\int_{\Omega} r^p \mathrm{d}V = 0(p \geqslant 1)$。

说明：在今后类似上面的推导中，将仅保留对奇异积分推导有用的部分，即仅保证最后结果关于 r^p 的幂次小于零 $r^p(p\leqslant 0)$ 的项不会遗漏，对大于零的幂次 $r^p(p>0)$ 的项随时舍去。特此说明。

在附录 B 中已给出：

$$\int_{\Gamma}\frac{1}{r}\mathrm{d}A = \iint_{\Gamma}\frac{1}{\sqrt{(x-x_0)^2+(y-y_0)^2}}\mathrm{d}x\mathrm{d}y = 4a\ln\frac{\sqrt{2}+1}{\sqrt{2}-1} = 8a\ln(\sqrt{2}+1)$$

$$\int_{\Omega}\frac{1}{r}\mathrm{d}V = \int_{z_1}^{z_2}\mathrm{d}z\int_{y_1}^{y_2}\mathrm{d}y\int_{x_1}^{x_2}\frac{1}{\sqrt{x^2+y^2+z^2}}\mathrm{d}x = 12a^2\ln(2+\sqrt{3}) - 2a^2\pi$$

所以，可以立即得到

$$\begin{aligned}\int_{\Gamma} G(\boldsymbol{r},\boldsymbol{r}')\mathrm{d}S &= \lim_{r\to 0}\int_{\Gamma} G(\boldsymbol{r},\boldsymbol{r}')\mathrm{d}S = \lim_{r\to 0}\int_{\Gamma}\frac{\mathrm{e}^{-\mathrm{j}kr}}{4\pi r}\mathrm{d}S = \lim_{r\to 0}\int_{\Gamma}\frac{\mathrm{e}^{-\alpha r}}{4\pi r}(\cos\beta r - \mathrm{j}\sin\beta r)\mathrm{d}S \\ &= \lim_{r\to 0}\int_{\Gamma}\frac{1}{4\pi r}\mathrm{d}S - \lim_{r\to 0}\int_{\Gamma}\frac{\alpha}{4\pi}\mathrm{d}S - \mathrm{j}\lim_{r\to 0}\int_{\Gamma}\frac{\beta}{4\pi}\mathrm{d}S = \frac{2a\ln(\sqrt{2}+1)}{\pi} - \frac{\alpha a^2}{\pi} - \mathrm{j}\frac{\beta a^2}{\pi}\end{aligned}$$

$$\begin{aligned}\int_{\Omega} G(\boldsymbol{r},\boldsymbol{r}')\mathrm{d}V &= \lim_{r\to 0}\int_{\Omega} G(r,r')\mathrm{d}V = \lim_{r\to 0}\int_{\Omega}\frac{\mathrm{e}^{-\mathrm{j}kr}}{4\pi r}\mathrm{d}V = \lim_{r\to 0}\int_{\Omega}\frac{\mathrm{e}^{-\alpha r}}{4\pi r}(\cos\beta r - \mathrm{j}\sin\beta r)\mathrm{d}V \\ &= \lim_{r\to 0}\int_{\Omega}\frac{1}{4\pi r}\mathrm{d}V - \lim_{r\to 0}\int_{\Omega}\frac{\alpha}{4\pi}\mathrm{d}V - \mathrm{j}\lim_{r\to 0}\int_{\Omega}\frac{\beta}{4\pi}\mathrm{d}V \\ &= \left[\frac{3a^2}{\pi}\ln(2+\sqrt{3}) - \frac{a^2}{2} - \frac{2\alpha a^3}{\pi}\right] - \mathrm{j}\frac{2\beta a^3}{\pi}\end{aligned}$$

在边界元计算中，还需处理积分：$\int_{\Gamma}(\boldsymbol{n}\times\boldsymbol{u})k^2 G\mathrm{d}\Gamma$，下面给出相应表述。

因为

$$k^2 = -(\alpha+\mathrm{j}\beta)(\alpha+\mathrm{j}\beta) = \beta^2 - \alpha^2 - 2\alpha\beta\mathrm{j}$$

$$\cos\beta r = 1 - \frac{\beta^2 r^2}{2!} + \frac{\beta^4 r^4}{4!} - \frac{\beta^6 r^6}{6!} + \cdots,\quad \sin\beta r = \beta r - \frac{\beta^3 r^3}{3!} + \frac{\beta^5 r^5}{5!} - \frac{\beta^7 r^7}{7!} + \cdots$$

$$\mathrm{e}^{-\alpha r} = 1 + \frac{-\alpha r}{1!} + \frac{\alpha^2 r^2}{2!} - \frac{\alpha^3 r^3}{3!} + \frac{\alpha^4 r^4}{4!} - \cdots$$

所以

$$\begin{aligned}k^2 G(\boldsymbol{r},\boldsymbol{r}') &= k^2\frac{\mathrm{e}^{-\mathrm{j}kr}}{4\pi r} = [\beta^2 - \alpha^2 - 2\alpha\beta\mathrm{j}]\frac{\mathrm{e}^{-\alpha r}}{4\pi r}(\cos\beta r - \mathrm{j}\sin\beta r) \\ &= \frac{\mathrm{e}^{-\alpha r}}{4\pi r}\{(\beta^2-\alpha^2)\cos\beta r - 2\alpha\beta\sin\beta r + \mathrm{j}[(\alpha^2-\beta^2)\sin\beta r - 2\alpha\beta\cos\beta r]\}\end{aligned}$$

$$=\frac{e^{-\alpha r}}{4\pi r}\left\{(\beta^2-\alpha^2)\left(1-\frac{\beta^2r^2}{2!}\right)-2\alpha\beta\left(\beta r-\frac{\beta^3r^3}{3!}\right)+j[(\alpha^2-\beta^2)\sin\beta r-2\alpha\beta\cos\beta r]\right\}$$

$$=\frac{1}{4\pi r}\left(1+\frac{-\alpha r}{1!}+\cdots\right)\{(\beta^2-\alpha^2)-2\alpha\beta^2 r+j[-2\alpha\beta+(\alpha^2\beta-\beta^3)r]\}$$

$$=\frac{1}{4\pi r}\{[(\beta^2-\alpha^2)-2\alpha\beta^2 r-\alpha r(\beta^2-\alpha^2)]+j[-2\alpha\beta+(\alpha^2\beta-\beta^3)r+\alpha r(2\alpha\beta)]\}$$

$$=\frac{1}{4\pi r}\{[(\beta^2-\alpha^2)-\alpha r(3\beta^2-\alpha^2)]+j[-2\alpha\beta+(3\alpha^2\beta-\beta^3)r]\}$$

从而

$$\lim_{r\to 0}\int_\Gamma k^2G(\boldsymbol{r},\boldsymbol{r}')\mathrm{d}S=\lim_{r\to 0}\int_\Gamma k^2\frac{e^{-jkr}}{4\pi r}\mathrm{d}S$$

$$=\lim_{r\to 0}\int_\Gamma\frac{1}{4\pi r}\{[(\beta^2-\alpha^2)-\alpha r(3\beta^2-\alpha^2)]+j[-2\alpha\beta+(3\alpha^2\beta-\beta^3)r]\}\mathrm{d}S$$

$$=\lim_{r\to 0}\int_\Gamma\frac{\beta^2-\alpha^2}{4\pi r}\mathrm{d}S-\lim_{r\to 0}\int_\Gamma\frac{1}{4\pi}\alpha(3\beta^2-\alpha^2)\mathrm{d}S+j\left(-\lim_{r\to 0}\int_\Gamma\frac{2\alpha\beta}{4\pi r}\mathrm{d}S+\lim_{r\to 0}\int_\Gamma\frac{3\alpha^2\beta-\beta^3}{4\pi}\mathrm{d}S\right)$$

$$=\frac{\beta^2-\alpha^2}{4\pi}8a\ln(\sqrt{2}+1)-\frac{3\beta^2-\alpha^2}{4\pi}\alpha\cdot 4a^2+j\left[-\frac{\alpha\beta}{2\pi}8a\ln(\sqrt{2}+1)+\frac{3\alpha^2\beta-\beta^3}{4\pi}4a^2\right]$$

$$=\frac{\beta^2-\alpha^2}{\pi}2a\ln(\sqrt{2}+1)-\alpha\frac{3\beta^2-\alpha^2}{\pi}a^2+j\left[-\frac{\alpha\beta}{\pi}4a\ln(\sqrt{2}+1)+\frac{3\alpha^2\beta-\beta^3}{\pi}a^2\right]$$

D.3.2 时谐基本解的梯度有关的奇异积分

$$\nabla G=\nabla\left(\frac{e^{-jkr}}{4\pi r}\right)=\frac{1}{4\pi}\left[\frac{\partial}{\partial x}\left(\frac{e^{-jkr}}{r}\right)\boldsymbol{i}+\frac{\partial}{\partial y}\left(\frac{e^{-jkr}}{r}\right)\boldsymbol{j}+\frac{\partial}{\partial z}\left(\frac{e^{-jkr}}{r}\right)\boldsymbol{k}\right]$$

因为

$$\frac{\partial}{\partial x}(r)=\frac{\partial}{\partial x}\sqrt{(x-x_0)^2+(y-y_0)^2+(z-z_0)^2}=\frac{(x-x_0)}{\sqrt{(x-x_0)^2+(y-y_0)^2+(z-z_0)^2}}=\frac{x-x_0}{r}$$

$$\frac{\partial}{\partial x}(e^{-jkr})=-jke^{-jkr}\frac{\partial r}{\partial x}=-jke^{-jkr}\frac{(x-x_0)}{r}=-(\alpha+j\beta)e^{-\alpha r}(\cos\beta r-j\sin\beta r)\frac{x-x_0}{r}$$

$$=-e^{-\alpha r}\frac{(x-x_0)}{r}[(\alpha\cos\beta r+\beta\sin\beta r)+j(\beta\cos\beta r-\alpha\sin\beta r)$$

所以

$$\frac{\partial}{\partial x}\left(\frac{\mathrm{e}^{-(\alpha+\mathrm{j}\beta)r}}{r}\right)=\frac{\frac{\partial}{\partial x}(\mathrm{e}^{-(\alpha+\mathrm{j}\beta)r})r-\mathrm{e}^{-(\alpha+\mathrm{j}\beta)r}\cdot\frac{\partial}{\partial x}(r)}{r^2}$$

$$=-\frac{\left[(\alpha+\mathrm{j}\beta)\mathrm{e}^{-\alpha r}(\cos\beta r-\mathrm{j}\sin\beta r)\frac{x-x_0}{r}\right]r-\mathrm{e}^{-(\alpha+\mathrm{j}\beta)r}\frac{(x-x_0)}{r}}{r^2}$$

$$=-\mathrm{e}^{-(\alpha+\mathrm{j}\beta)r}\frac{(x-x_0)}{r}\left[\frac{(\alpha+j\beta)r+1}{r^2}\right]$$

$$=-\mathrm{e}^{-\alpha r}(\cos\beta r-\mathrm{j}\sin\beta r)\frac{(x-x_0)}{r}\left[\frac{1+\alpha r+\mathrm{j}\beta r}{r^2}\right]$$

从而

$$\nabla G=\frac{1}{4\pi}\left[\frac{\partial}{\partial x}\left(\frac{\mathrm{e}^{-(\alpha+\mathrm{j}\beta)r}}{r}\right)\boldsymbol{i}+\frac{\partial}{\partial y}\left(\frac{\mathrm{e}^{-(\alpha+\mathrm{j}\beta)r}}{r}\right)\boldsymbol{j}+\frac{\partial}{\partial z}\left(\frac{\mathrm{e}^{-(\alpha+\mathrm{j}\beta)r}}{r}\right)\boldsymbol{k}\right]$$

$$=-\mathrm{e}^{-(\alpha+\mathrm{j}\beta)r}\frac{1+\alpha r+\mathrm{j}\beta r}{4\pi r^3}[(x-x_0)\boldsymbol{i}+(y-y_0)\boldsymbol{j}+(z-z_0)\boldsymbol{k}]$$

$$=-\frac{\mathrm{e}^{-\alpha r}}{4\pi}(\cos\beta r-\mathrm{j}\sin\beta r)\frac{1+\alpha r+\mathrm{j}\beta r}{r^3}\boldsymbol{r}$$

$$=-\frac{\mathrm{e}^{-\alpha r}\boldsymbol{r}}{4\pi r^3}[(1+\alpha r)\cos\beta r+\beta r\sin\beta r+\mathrm{j}(\beta r\cos\beta r-(1+\alpha r)\sin\beta r)]$$

因为

$$\cos\beta r=1-\frac{\beta^2r^2}{2!}+\frac{\beta^4r^4}{4!}-\frac{\beta^6r^6}{6!}+\cdots,\quad \sin\beta r=\beta r-\frac{\beta^3r^3}{3!}+\frac{\beta^5r^5}{5!}-\frac{\beta^7r^7}{7!}+\cdots$$

$$\mathrm{e}^{-\alpha r}=\sum_{n=0}^{\infty}\frac{(-\alpha r)^n}{n!}=1-\frac{\alpha r}{1!}+\frac{\alpha^2r^2}{2!}-\frac{\alpha^3r^3}{3!}+\cdots$$

所以

$$\nabla G=-\frac{\mathrm{e}^{-\alpha r}}{4\pi}(\cos\beta r-\mathrm{j}\sin\beta r)\frac{1+\alpha r+\mathrm{j}\beta r}{r^3}[(x-x_0)\boldsymbol{i}+(y-y_0)\boldsymbol{j}+(z-z_0)\boldsymbol{k}]$$

$$=-\frac{\mathrm{e}^{-\alpha r}}{4\pi}\left[1-\frac{\beta^2r^2}{2!}+\frac{\beta^4r^4}{4!}-\frac{\beta^6r^6}{6!}-\mathrm{j}\left(\beta r-\frac{\beta^3r^3}{3!}+\frac{\beta^5r^5}{5!}-\frac{\beta^7r^7}{7!}\right)\right]\frac{1+\alpha r+\mathrm{j}\beta\cdot r}{r^3}\boldsymbol{r}$$

$$=-\frac{\mathrm{e}^{-\alpha r}}{4\pi r^3}\left[\left(1-\frac{\beta^2r^2}{2!}+\frac{\beta^4r^4}{4!}-\frac{\beta^6r^6}{6!}+\alpha r\left(1-\frac{\beta^2r^2}{2!}+\frac{\beta^4r^4}{4!}-\frac{\beta^6r^6}{6!}\right)+\beta r\left(\beta r-\frac{\beta^3r^3}{3!}+\frac{\beta^5r^5}{5!}\right)\right)\right.$$

$$\left.-\mathrm{j}\left(\beta r-\frac{\beta^3r^3}{3!}+\frac{\beta^5r^5}{5!}+\alpha r\left(\beta r-\frac{\beta^3r^3}{3!}+\frac{\beta^5r^5}{5!}\right)-\beta r\left(1-\frac{\beta^2r^2}{2!}+\frac{\beta^4r^4}{4!}\right)\right)\right]\boldsymbol{r}$$

$$=-\frac{\mathrm{e}^{-\alpha r}}{4\pi r^3}\left[\left(1+\alpha r-\frac{(1-2)\beta^2r^2}{2}-\frac{\alpha\beta^2r^3}{2}+\frac{(1-4)\beta^4r^4}{24}+\frac{\alpha\beta^4r^5}{24}-\frac{(1-6)\beta^6r^6}{720}\right)\right.$$

$$\left.-\mathrm{j}\left(0\beta r+\alpha\beta r^2-\frac{(1-3)\beta^3r^3}{6}-\frac{\alpha\beta^3r^4}{6}+\frac{(1-5)\beta^5r^5}{120}+\frac{\alpha\beta^5r^6}{120}\right)\right]\boldsymbol{r}$$

$$=-\frac{1}{4\pi r^3}\left(1-\frac{\alpha r}{1}+\frac{\alpha^2r^2}{2}-\frac{\alpha^3r^3}{6}\right)\left[\left(1+\alpha r+\frac{\beta^2r^2}{2}-\frac{\alpha\beta^2r^3}{2}-\frac{\beta^4r^4}{8}\right)-\mathrm{j}\left(\alpha\beta r^2+\frac{\beta^3r^3}{3}-\frac{\alpha\beta^3r^4}{6}\right)\right]\boldsymbol{r}$$

$$=-\frac{1}{4\pi r^3}\left[\left(1+\alpha r+\frac{\beta^2r^2}{2}-\frac{\alpha\beta^2r^3}{2}-\frac{\beta^4r^4}{8}\right)-\frac{\alpha r}{1}\left(1+\alpha r+\frac{\beta^2r^2}{2}-\frac{\alpha\beta^2r^3}{2}\right)\right.$$

$$+\frac{\alpha^2r^2}{2}\left(1+\alpha r+\frac{\beta^2r^2}{2}\right)-\frac{\alpha^3r^3}{6}(1+\alpha r)-\mathrm{j}\left(\alpha\beta r^2+\frac{\beta^3r^3}{3}-\frac{\alpha\beta^3r^4}{6}-\frac{\alpha r}{1}\left(\alpha\beta r^2+\frac{\beta^3r^3}{3}\right)\right.$$

$$\left.\left.+\frac{\alpha^2r^2}{2}\alpha\beta r^2\right)\right]\boldsymbol{r}$$

$$=-\frac{1}{4\pi r^3}\left[\left(1+(1-1)\alpha r+\frac{(\beta^2-2\alpha^2+\alpha^2)r^2}{2}-\frac{(1+1)\alpha\beta^2r^3}{2}-\frac{(3-1)\alpha^3r^3}{6}-\frac{\beta^4r^4}{8}+\frac{\alpha^2\beta^2r^4}{2}\right.\right.$$

$$\left.\left.+\frac{\alpha^2\beta^2r^4}{4}-\frac{\alpha^4r^4}{6}\right)-\mathrm{j}\left(\alpha\beta r^2+\frac{\beta^3r^3}{3}-\alpha^2\beta r^3-\frac{\alpha\beta^3r^4}{6}-\frac{\alpha\beta^3r^4}{3}+\frac{\alpha^3\beta r^4}{2}\right)\right]\boldsymbol{r}$$

$$=-\frac{1}{4\pi r^3}\left[\left(1+0r+\frac{(\beta^2-\alpha^2)r^2}{2}-\alpha\beta^2r^3-\frac{\alpha^3r^3}{3}+Cr^4\right)-\mathrm{j}\left(\alpha\beta r^2+\frac{\beta^3r^3}{3}-\alpha^2\beta r^3+Dr^4\right)\right]\boldsymbol{r}$$

其实，由于 $\iint_\Gamma \frac{1}{r^i}\boldsymbol{r}\mathrm{d}A=0\quad(i=0,1,2,3)$，导致 $\int_\Gamma \nabla\frac{\mathrm{e}^{-\mathrm{j}kr}}{r}\mathrm{d}A=0$，所以前面进行的推导是否正确对 $\int_\Gamma \nabla G\mathrm{d}A$、$\int_\Omega \nabla G\mathrm{d}V$ 的计算并不要紧（就奇异性而言）。

因为附录 B 已给出：$\int_\Gamma \frac{1}{r^3}\boldsymbol{r}\mathrm{d}A=0$，且显然有 $\int_\Gamma r^p\boldsymbol{r}\mathrm{d}A=0(p\geqslant 1)$，尚需证明①$\int_\Gamma \frac{1}{r}\boldsymbol{r}\mathrm{d}A=0$，②$\int_\Gamma \frac{1}{r^2}\boldsymbol{r}\mathrm{d}A=0$，③$\int_\Gamma r^0\boldsymbol{r}\mathrm{d}A=0$。

证明①：

$$\int_\Gamma \frac{1}{r}\boldsymbol{r}\mathrm{d}A=\int_{y_1}^{y_2}\mathrm{d}y\int_{x_1}^{x_2}\frac{x\boldsymbol{i}}{\sqrt{x^2+y^2+z_0^2}}\mathrm{d}x+\int_{x_1}^{x_2}\mathrm{d}x\int_{y_1}^{y_2}\frac{y\boldsymbol{j}}{\sqrt{x^2+y^2+z_0^2}}\mathrm{d}y$$

$$=\int_{y_1}^{y_2}\mathrm{d}y\int_{x_1}^{x_2}\frac{\boldsymbol{i}}{\sqrt{x^2+y^2+z_0^2}}\frac{1}{2}\mathrm{d}(x^2+y^2+z_0^2)+\int_{x_1}^{x_2}\mathrm{d}x\int_{y_1}^{y_2}\frac{\boldsymbol{j}}{\sqrt{x^2+y^2+z_0^2}}\frac{1}{2}\mathrm{d}(x^2+y^2+z_0^2)$$

$$=\int_{y_1}^{y_2}\boldsymbol{i}\sqrt{x^2+y^2+z_0^2}\Big|_{x_1}^{x_2}\mathrm{d}y+\int_{x_1}^{x_2}\boldsymbol{j}\sqrt{x^2+y^2+z_0^2}\Big|_{y_1}^{y_2}\mathrm{d}x$$

$$=\int_{y_1}^{y_2}\boldsymbol{i}[\sqrt{a^2+y^2+z_0^2}-\sqrt{a^2+y^2+z_0^2}]\mathrm{d}y+\int_{x_1}^{x_2}\boldsymbol{j}[\sqrt{x^2+a^2+z_0^2}-\sqrt{x^2+a^2+z_0^2}]\mathrm{d}x=0$$

证明②：

$$\int_\Gamma \frac{1}{r^2}\boldsymbol{r}\mathrm{d}A=\int_{y_1}^{y_2}\mathrm{d}y\int_{x_1}^{x_2}\frac{x\boldsymbol{i}}{x^2+y^2+z_0^2}\mathrm{d}x+\int_{x_1}^{x_2}\mathrm{d}x\int_{y_1}^{y_2}\frac{y\boldsymbol{j}}{x^2+y^2+z_0^2}\mathrm{d}y$$

$$=\int_{y_1}^{y_2}\boldsymbol{i}\left.\frac{\ln(x^2+y^2+z_0^2)}{2}\right|_{x_1}^{x_2}\mathrm{d}y+\int_{x_1}^{x_2}\boldsymbol{j}\left.\frac{\ln(x^2+y^2+z_0^2)}{2}\right|_{y_1}^{y_2}\mathrm{d}x$$

$$=\int_{y_1}^{y_2}\frac{\boldsymbol{i}}{2}[\ln(a^2+y^2+z_0^2)-\ln(a^2+y^2+z_0^2)]\mathrm{d}y$$

$$+\int_{x_1}^{x_2}\frac{\boldsymbol{j}}{2}[\ln(a^2+y^2+z_0^2)-\ln(a^2+y^2+z_0^2)]\mathrm{d}x$$

$$=0$$

证明③：

$$\int_\Gamma r^0\boldsymbol{r}\mathrm{d}A=\int_{y_1}^{y_2}\mathrm{d}y\int_{x_1}^{x_2}x\boldsymbol{i}\mathrm{d}x+\int_{x_1}^{x_2}\mathrm{d}x\int_{y_1}^{y_2}y\boldsymbol{j}\mathrm{d}y=\int_{y_1}^{y_2}\left.\frac{x^2\boldsymbol{i}}{2}\right|_{x_1}^{x_2}\mathrm{d}y+\int_{x_1}^{x_2}\left.\frac{y^2\boldsymbol{j}}{2}\right|_{y_1}^{y_2}\mathrm{d}x=0$$

也就是说，在时谐条件下，当单元为正方形单元时，由于积分区间对称，则即使 k 为复数也有

$$\int_\Gamma \nabla\frac{\mathrm{e}^{-\mathrm{j}kr}}{r}\mathrm{d}A=0\text{，}\quad\int_\Omega \nabla\frac{\mathrm{e}^{-\mathrm{j}kr}}{r}\mathrm{d}V=0$$

D.3.3 时谐基本解的二阶梯度有关的奇异积分

$$\nabla G=-\frac{\mathrm{e}^{-(\alpha+\mathrm{j}\beta)r}}{4\pi}\frac{1+\alpha r+\mathrm{j}\beta r}{r^3}\boldsymbol{r}=-\frac{\mathrm{e}^{-\alpha r}}{4\pi}(\cos\beta r-\mathrm{j}\sin\beta r)\frac{1+\alpha r+\mathrm{j}\beta r}{r^3}\boldsymbol{r}$$

$$\nabla\nabla G=\nabla\left\{-\frac{\mathrm{e}^{-(\alpha+\mathrm{j}\beta)r}}{4\pi}\frac{1+\alpha r+\mathrm{j}\beta r}{r^3}[(x-x_0)\boldsymbol{i}+(y-y_0)\boldsymbol{j}+(z-z_0)\boldsymbol{k}]\right\}$$

$$=\frac{1}{4\pi}\left(\mathrm{i}\frac{\partial}{\partial x}+\mathrm{j}\frac{\partial}{\partial y}+\mathrm{k}\frac{\partial}{\partial z}\right)\left\{-\mathrm{e}^{-(\alpha+\mathrm{j}\beta)r}\frac{1+\alpha r+\mathrm{j}\beta r}{r^3}[(x-x_0)\boldsymbol{i}+(y-y_0)\boldsymbol{j}+(z-z_0)\boldsymbol{k}]\right\}$$

因为

$$\frac{\partial}{\partial x}\left\{\mathrm{e}^{-(\alpha+\mathrm{j}\beta)r}\frac{1+\alpha r+\mathrm{j}\beta r}{r^3}[(x-x_0)\boldsymbol{i}+(y-y_0)\boldsymbol{j}+(z-z_0)\boldsymbol{k}]\boldsymbol{i}\right\}$$

$$=\left\{\frac{\partial\mathrm{e}^{-(\alpha+\mathrm{j}\beta)r}}{\partial x}\frac{1+\alpha r+\mathrm{j}\beta r}{r^3}\boldsymbol{r}+\mathrm{e}^{-(\alpha+\mathrm{j}\beta)r}\left[\frac{\partial}{\partial x}\left(\frac{1+\alpha r+\mathrm{j}\beta r}{r^3}\right)\right]\boldsymbol{r}+\mathrm{e}^{-(\alpha+\mathrm{j}\beta)r}\frac{1+\alpha r+\mathrm{j}\beta r}{r^3}\left[\frac{\partial r}{\partial x}\right]\right\}\boldsymbol{i}$$

三项分别求偏导。

第 1 项：因为

$$\frac{\partial}{\partial x}(\mathrm{e}^{-\mathrm{j}kr})=-\mathrm{j}k\mathrm{e}^{-\mathrm{j}kr}\frac{\partial r}{\partial x}=-\mathrm{j}k\mathrm{e}^{-\mathrm{j}kr}\frac{(x-x_0)}{r}=-(\alpha+\mathrm{j}\beta)\mathrm{e}^{-\alpha r}(\cos\beta r-\mathrm{j}\sin\beta r)\frac{x-x_0}{r}$$

所以

$$\left\{\frac{\partial}{\partial x}[\mathrm{e}^{-(\alpha+\mathrm{j}\beta)r}]\right\}\frac{1+\alpha r+\mathrm{j}\beta r}{r^3}[(x-x_0)\boldsymbol{i}+(y-y_0)\boldsymbol{j}+(z-z_0)\boldsymbol{k}]\boldsymbol{i}$$

$$=-(\alpha+\mathrm{j}\beta)\mathrm{e}^{-\alpha r}(\cos\beta r-\mathrm{j}\sin\beta r)\frac{x-x_0}{r}\frac{1+\alpha r+\mathrm{j}\beta r}{r^3}[(x-x_0)\boldsymbol{i}+(y-y_0)\boldsymbol{j}+(z-z_0)\boldsymbol{k}]\boldsymbol{i}$$

第 2 项：

$$\frac{\partial}{\partial x}\left[\frac{1+\alpha r+\mathrm{j}\beta r}{r^3}\right]=\frac{1}{r^6}\left\{r^3\frac{\partial}{\partial x}[1+\alpha r+\mathrm{j}\beta r]-\frac{\partial r^3}{\partial x}[1+\alpha r+\mathrm{j}\beta r]\right\}$$

$$=\frac{1}{r^6}\left\{r^3(\alpha+\mathrm{j}\beta)\frac{(x-x_0)}{r}-3r^2\left[-\frac{(x-x_0)}{r}\right][1+\alpha r+\mathrm{j}\beta r]\right\}$$

$$=\frac{x-x_0}{r^7}\{r^3(\alpha+\mathrm{j}\beta)-3r^2(1+\alpha r+\mathrm{j}\beta r)\}=-2\frac{x-x_0}{r^4}(\alpha+\mathrm{j}\beta)-3\frac{x-x_0}{r^5}$$

所以

$$\mathrm{e}^{-(\alpha+\mathrm{j}\beta)r}\left\{\frac{\partial}{\partial\xi_1}\left[\frac{1+\alpha r+\mathrm{j}\beta r}{r^3}\right]\right\}[(x-x_0)\boldsymbol{i}+(y-y_0)\boldsymbol{j}+(z-z_0)\boldsymbol{k}]\boldsymbol{i}$$

$$=\mathrm{e}^{-(\alpha+\mathrm{j}\beta)r}\left[2\frac{x-x_0}{r^4}(\alpha+\mathrm{j}\beta)+3\frac{x-x_0}{r^5}\right][(x-x_0)\boldsymbol{i}+(y-y_0)\boldsymbol{j}+(z-z_0)\boldsymbol{k}]\boldsymbol{i}$$

第 3 项：

$$\mathrm{e}^{-(\alpha+\mathrm{j}\beta)r}\frac{1+\alpha r+\mathrm{j}\beta r}{r^3}\left\{\frac{\partial}{\partial x}[(x-x_0)\boldsymbol{i}+(y-y_0)\boldsymbol{j}+(z-z_0)\boldsymbol{k}]\right\}i$$

$$=-\mathrm{e}^{-(\alpha+\mathrm{j}\beta)r}\frac{1+\alpha r+\mathrm{j}\beta r}{r^3}\boldsymbol{ii}$$

三项相加可得

$$\frac{\partial}{\partial x}\left\{-\mathrm{e}^{-(\alpha+\mathrm{j}\beta)r}\frac{1+\alpha r+\mathrm{j}\beta r}{r^3}[(x-x_0)\boldsymbol{i}+(y-y_0)\boldsymbol{j}+(z-z_0)\boldsymbol{k}]\right\}\boldsymbol{i}$$

$$=(\alpha+\mathrm{j}\beta)\mathrm{e}^{-(\alpha+\mathrm{j}\beta)r}\frac{x-x_0}{r}\cdot\frac{1+\alpha r+\mathrm{j}\beta r}{r^3}[(x-x_0)\boldsymbol{i}+(y-y_0)\boldsymbol{j}+(z-z_0)\boldsymbol{k}]\boldsymbol{i}$$

$$+\mathrm{e}^{-(\alpha+\mathrm{j}\beta)r}\cdot\left[2\frac{x-x_0}{r^4}(\alpha+\mathrm{j}\beta)+3\frac{x-x_0}{r^5}\right]\cdot[(x-x_0)\boldsymbol{i}+(y-y_0)\boldsymbol{j}+(z-z_0)\boldsymbol{k}]\boldsymbol{i}-\frac{\mathrm{e}^{-(\alpha+\mathrm{j}\beta)r}}{r^3}\begin{pmatrix}1+\alpha\\+\mathrm{j}\beta r\end{pmatrix}\boldsymbol{ii}$$

$$=\frac{\mathrm{e}^{-(\alpha+\mathrm{j}\beta)r}}{r^3}\left\{\left[(\alpha+\mathrm{j}\beta)\cdot(1+\alpha r+\mathrm{j}\beta r)+2(\alpha+\mathrm{j}\beta)+\frac{3}{r}\right]\frac{x-x_0}{r}\boldsymbol{ri}-\frac{\mathrm{e}^{-(\alpha+\mathrm{j}\beta)r}}{r^3}(1+\alpha r+\mathrm{j}\beta r)\boldsymbol{ii}\right.$$

$$=\frac{\mathrm{e}^{-(\alpha+\mathrm{j}\beta)r}}{r^3}\left\{\left[3\alpha+r(\alpha^2-\beta^2)+\frac{3}{r}+\mathrm{j}3\beta+2\mathrm{j}\alpha\beta r\right]\frac{x-x_0}{r}\boldsymbol{ri}-(1+\alpha r+\mathrm{j}\beta r)\boldsymbol{i}\right\}\boldsymbol{i}$$

$$
=\frac{\mathrm{e}^{-\alpha r}}{r^3}\begin{pmatrix}\cos\beta r\\ -\mathrm{j}\sin\beta r\end{pmatrix}\frac{x-x_0}{r}\left[3\alpha+r(\alpha^2-\beta^2)+\frac{3}{r}+\mathrm{j}3\beta+2\mathrm{j}\alpha\beta r\right]\boldsymbol{ri}
$$

$$
-\frac{\mathrm{e}^{-\alpha r}}{r^3}\begin{pmatrix}\cos\beta r\\ -\mathrm{j}\sin\beta r\end{pmatrix}(1+\alpha r+\mathrm{j}\beta r)\boldsymbol{ii}
$$

$$
=\frac{\mathrm{e}^{-\alpha r}}{r^4}(x-x_0)\begin{bmatrix}\left(3\alpha+r\alpha^2-r\beta^2+\dfrac{3}{r}\right)\cos\beta r+(3\beta+2\alpha\beta r)\sin\beta r\\ +\mathrm{j}[(3\beta+2\alpha\beta r)\cos\beta r-\left(3\alpha+r\alpha^2-r\beta^2+\dfrac{3}{r}\right)\sin\beta r]\end{bmatrix}
$$

$$
[(x-x_0)\boldsymbol{i}+(y-y_0)\boldsymbol{j}+(z-z_0)\boldsymbol{k}]\boldsymbol{i}-\frac{\mathrm{e}^{-\alpha r}}{r^3}\begin{bmatrix}(1+\alpha r)\cos\beta r+\beta r\sin\beta r\\ +\mathrm{j}(\beta r\cos\beta r-(1+\alpha r)\sin\beta r)\end{bmatrix}\boldsymbol{ii}
$$

最终得到结果：

$$
\nabla\nabla G=\frac{\mathrm{e}^{-\alpha r}}{4\pi r^3}\begin{bmatrix}\left(\dfrac{3}{r^2}+\dfrac{3\alpha}{r}+\alpha^2-\beta^2\right)\cos\beta r+\left(\dfrac{3\beta}{r}+2\alpha\beta\right)\sin\beta r\\ +\mathrm{j}\left[\left(\dfrac{3\beta}{r}+2\alpha\beta\right)\cos\beta r-\left(\dfrac{3\alpha}{r}+\alpha^2-\beta^2+\dfrac{3}{r^2}\right)\sin\beta r\right]\end{bmatrix}\cdot\begin{bmatrix}x^2\boldsymbol{ii} & xy\boldsymbol{ij} & xz\boldsymbol{ik}\\ xy\boldsymbol{ji} & y^2\boldsymbol{jj} & yz\boldsymbol{jk}\\ xz\boldsymbol{ki} & yz\boldsymbol{jk} & z^2\boldsymbol{kk}\end{bmatrix}
$$

$$
-\frac{\mathrm{e}^{-\alpha r}}{4\pi r^3}\begin{bmatrix}(\alpha r+1)\cos\beta r+\beta r\sin\beta r\\ \mathrm{j}(\beta r\cos\beta r-(1+\alpha r)\sin\beta r)\end{bmatrix}\begin{bmatrix}\boldsymbol{ii} & 0 & 0\\ 0 & \boldsymbol{jj} & 0\\ 0 & 0 & \boldsymbol{kk}\end{bmatrix}
$$

$$
=(A+\mathrm{j}B)\begin{bmatrix}x^2\boldsymbol{ii} & xy\boldsymbol{ij} & xz\boldsymbol{ik}\\ xy\boldsymbol{ji} & y^2\boldsymbol{jj} & yz\boldsymbol{jk}\\ xz\boldsymbol{ki} & yz\boldsymbol{jk} & z^2\boldsymbol{kk}\end{bmatrix}-(C+\mathrm{j}D)\begin{bmatrix}\boldsymbol{ii} & 0 & 0\\ 0 & \boldsymbol{jj} & 0\\ 0 & 0 & \boldsymbol{kk}\end{bmatrix}
$$

1）系数 A、B、C、D 的确定

因为 $\cos\beta r=1-\dfrac{\beta^2r^2}{2!}+\dfrac{\beta^4r^4}{4!}-\dfrac{\beta^6r^6}{6!}+\cdots$，$\sin\beta r=\beta r-\dfrac{\beta^3r^3}{3!}+\dfrac{\beta^5r^5}{5!}-\dfrac{\beta^7r^7}{7!}+\cdots$

$$
\mathrm{e}^{-\alpha r}=\sum_{n=0}^{\infty}\frac{(-\alpha r)^n}{n!}=1-\frac{\alpha r}{1!}+\frac{\alpha^2r^2}{2!}-\frac{\alpha^3r^3}{3!}+\frac{\alpha^4r^4}{4!}-\frac{\alpha^5r^5}{5!}+\cdots
$$

将上式代入 $\nabla\nabla G$ 的表达式，则张量前的系数为

$$
A=\frac{\mathrm{e}^{-\alpha r}}{4\pi r^3}\left(\frac{3}{r^2}+\frac{3\alpha}{r}+\alpha^2-\beta^2\right)\cos\beta r+\left(\frac{3\beta}{r}+2\alpha\beta\right)\sin\beta r
$$

$$
=\frac{\mathrm{e}^{-\alpha r}}{4\pi r^3}\left[\left(\frac{3}{r^2}+\frac{3\alpha}{r}+\alpha^2-\beta^2\right)\left(1-\frac{\beta^2r^2}{2!}+\frac{\beta^4r^4}{4!}-\frac{\beta^6r^6}{6!}\right)+\left(\frac{3\beta}{r}+2\alpha\beta\right)\left(\beta r-\frac{\beta^3r^3}{3!}+\frac{\beta^5r^5}{5!}\right)\right]
$$

$$=\frac{e^{-\alpha r}}{4\pi r^3}\left[\left(\frac{3}{r^2}+\frac{3\alpha}{r}+\alpha^2-\beta^2\right)-\frac{\beta^2 r^2}{2}\left(\frac{3}{r^2}+\frac{3\alpha}{r}+\alpha^2-\beta^2\right)+\left(\frac{3}{r^2}+\frac{3\alpha}{r}\right)\frac{\beta^4 r^4}{24}\right.$$

$$\left.+\left(\frac{3\beta}{r}+2\alpha\beta\right)\beta r-\left(\frac{3\beta}{r}+2\alpha\beta\right)\frac{\beta^3 r^3}{6}\right]$$

$$=\frac{e^{-\alpha r}}{4\pi r^3}\left\{\frac{3}{r^2}+\frac{3\alpha}{r}+\left(\alpha^2-\beta^2-\frac{3\beta^2}{2}+3\beta^2\right)+r\left(-\frac{3\alpha\beta^2}{2}+2\alpha\beta^2\right)\right.$$

$$\left.+r^2\left[\frac{3\beta^4}{24}+(\alpha^2-\beta^2)\frac{\beta^2}{2}-\frac{3\beta^4}{6}\right]+r^3\left(\frac{3\alpha\beta^4}{24}-\frac{2\alpha\beta^4}{6}\right)+\cdots\right\}$$

$$=\frac{1}{4\pi r^3}\left(1-\frac{\alpha r}{1!}+\frac{\alpha^2 r^2}{2!}-\frac{\alpha^3 r^3}{3!}+\frac{\alpha^4 r^4}{4!}-\frac{\alpha^5 r^5}{5!}\right)\left[\frac{3}{r^2}+\frac{3\alpha}{r}+\left(\alpha^2+\frac{\beta^2}{2}\right)+r\frac{\alpha\beta^2}{2}\right.$$

$$\left.+r^2\left(-\frac{7\beta^4}{8}+\frac{\alpha^2\beta^2}{2}\right)-r^3\frac{5\alpha\beta^4}{24}\right]$$

$$=\frac{1}{4\pi r^3}\left\{\frac{3}{r^2}+\frac{3\alpha}{r}+\left(\alpha^2+\frac{\beta^2}{2}\right)+r\frac{\alpha\beta^2}{2}+r^2\left[-\frac{7\beta^4}{8}+\frac{\alpha^2\beta^2}{2}\right]-r^3\frac{5\alpha\beta^4}{24}\right.$$

$$-\alpha r\left[\frac{3}{r^2}+\frac{3\alpha}{r}+\left(\alpha^2+\frac{\beta^2}{2}\right)+r\frac{\alpha\beta^2}{2}+r^2\left(-\frac{7\beta^4}{8}+\frac{\alpha^2\beta^2}{2}\right)\right]$$

$$+\frac{\alpha^2 r^2}{2!}\left[\frac{3}{r^2}+\frac{3\alpha}{r}+\left(\alpha^2+\frac{\beta^2}{2}\right)+r\frac{\alpha\beta^2}{2}\right]$$

$$\left.-\frac{\alpha^3 r^3}{3!}\left[\frac{3}{r^2}+\frac{3\alpha}{r}+\left(\alpha^2+\frac{\beta^2}{2}\right)\right]+\frac{\alpha^4 r^4}{4!}\left[\frac{3}{r^2}+\frac{3\alpha}{r}\right]-\frac{\alpha^5 r^5}{5!}\frac{3}{r^2}\right\}$$

$$=\frac{1}{4\pi r^3}\left\{\frac{3}{r^2}+\frac{1}{r}[3\alpha-3\alpha]+\left(\alpha^2+\frac{\beta^2}{2}-3\alpha^2+\frac{3}{2}\alpha^2\right)+r\left[\frac{\alpha\beta^2}{2}-\alpha^3-\frac{\alpha\beta^2}{2}+\frac{3}{2}\alpha^3-\frac{1}{2}\alpha^3\right]\right.$$

$$+r^2\left[-\frac{7\beta^4}{8}+\frac{\alpha^2\beta^2}{2}-\frac{\alpha^2\beta^2}{2}+\frac{\alpha^2}{2}\left(\alpha^2+\frac{\beta^2}{2}\right)-\frac{\alpha^3}{3!}3\alpha+\frac{3\alpha^4}{24}\right]$$

$$\left.+r^3\left[-\frac{5\alpha\beta^4}{24}+\frac{7\alpha\beta^4}{8}-\frac{\alpha^3\beta^2}{2}+\frac{\alpha^2}{2!}\frac{\alpha\beta^2}{2}-\frac{\alpha^3}{3!}\left(\alpha^2+\frac{\beta^2}{2}\right)+\frac{3\alpha^5}{24}-\frac{3\alpha^5}{120}\right]\right\}$$

$$=\frac{1}{4\pi r^3}\left\{\frac{3}{r^2}+\frac{0}{r}+\left(\frac{\beta^2}{2}-\frac{\alpha^2}{2}\right)+r[0]+r^2\left[-\frac{7\beta^4}{8}+\frac{\alpha^4}{8}+\frac{\alpha^2\beta^2}{4}\right]+r^3\left[\frac{2\alpha\beta^4}{3}-\frac{\alpha^3\beta^2}{3}-\frac{\alpha^5}{15}\right]\right\}$$

$$B=\frac{\mathrm{e}^{-\alpha r}}{4\pi r^3}(\alpha r+1)\cos\beta r+\beta r\sin\beta r$$

$$=\frac{\mathrm{e}^{-\alpha r}}{4\pi r^3}(\alpha r+1)\left(1-\frac{\beta^2r^2}{2!}+\frac{\beta^4r^4}{4!}-\frac{\beta^6r^6}{6!}\right)+\beta r\left(\beta r-\frac{\beta^3r^3}{3!}+\frac{\beta^5r^5}{5!}-\frac{\beta^7r^7}{7!}\right)$$

$$=\frac{\mathrm{e}^{-\alpha r}}{4\pi r^3}\left[1+\alpha r+r^2\left(-\frac{\beta^2}{2}+\beta^2\right)+r^3\left(-\frac{\alpha\beta^2}{2}\right)+r^4\left(\frac{\beta^4}{24}-\frac{\beta^4}{6}\right)+\cdots\right]$$

$$=\frac{1}{4\pi r^3}\left(1-\frac{\alpha r}{1!}+\frac{\alpha^2r^2}{2!}-\frac{\alpha^3r^3}{3!}\right)\left[1+\alpha r+r^2\frac{\beta^2}{2}-r^3\frac{\alpha\beta^2}{2}-r^4\frac{\beta^4}{8}\right]$$

$$=\frac{1}{4\pi r^3}\left\{1+\alpha r+r^2\frac{\beta^2}{2}-r^3\frac{\alpha\beta^2}{2}-\alpha r\left(1+\alpha r+r^2\frac{\beta^2}{2}\right)+\frac{\alpha^2r^2}{2!}(1+\alpha r)-\frac{\alpha^3r^3}{3!}\right\}$$

$$=\frac{1}{4\pi r^3}\left\{1+0r+r^2\left(\frac{\beta^2}{2}-\frac{\alpha^2}{2}\right)+r^3\left(-\alpha\beta^2+\frac{\alpha^3}{3}\right)\right\}$$

$$C=\frac{\mathrm{e}^{-\alpha r}}{4\pi r^3}\left[\left(\frac{3\beta}{r}+2\alpha\beta\right)\cos\beta r-\left(\frac{3\alpha}{r}+\alpha^2-\beta^2+\frac{3}{r^2}\right)\sin\beta r\right]$$

$$=\frac{\mathrm{e}^{-\alpha r}}{4\pi r^3}\left[\left(\frac{3\beta}{r}+2\alpha\beta\right)\left(1-\frac{\beta^2r^2}{2!}+\frac{\beta^4r^4}{4!}\right)-\left(\frac{3\alpha}{r}+\alpha^2-\beta^2+\frac{3}{r^2}\right)\left(\beta r-\frac{\beta^3r^3}{3!}+\frac{\beta^5r^5}{5!}\right)\right]$$

$$=\frac{\mathrm{e}^{-\alpha r}}{4\pi r^3}\left[\left(\frac{3\beta}{r}+2\alpha\beta\right)-\frac{\beta^2r^2}{2!}\left(\frac{3\beta}{r}+2\alpha\beta\right)+\frac{\beta^4r^4}{4!}\left(\frac{3\beta}{r}+2\alpha\beta\right)\right.$$

$$\left.-\beta r\left(\frac{3\alpha}{r}+\alpha^2-\beta^2+\frac{3}{r^2}\right)+\frac{\beta^3r^3}{3!}\left(\frac{3\alpha}{r}+\alpha^2-\beta^2+\frac{3}{r^2}\right)-\frac{\beta^5r^5}{5!}\left(\frac{3\alpha}{r}+\alpha^2-\beta^2+\frac{3}{r^2}\right)\right]$$

$$=\frac{\mathrm{e}^{-\alpha r}}{4\pi r^3}\left[\frac{3\beta}{r}-\frac{3\beta}{r}+2\alpha\beta-3\alpha\beta+r\left(-\frac{3\beta^3}{2!}-\alpha^2\beta+\beta^3+\frac{\beta^3}{2}\right)\right.$$

$$\left.+r^2\left(-\alpha\beta^3+\frac{\alpha\beta^3}{2}\right)+r^3\left(\frac{\beta^5}{8}+\frac{\alpha^2\beta^3-\beta^5}{6}-\frac{3\beta^5}{5!}\right)\right]$$

$$=\frac{1}{4\pi r^3}\left(1-\frac{\alpha r}{1!}+\frac{\alpha^2r^2}{2!}-\frac{\alpha^3r^3}{3!}+\frac{\alpha^4r^4}{4!}\right)\left[\frac{0}{r}-\alpha\beta-r\alpha^2\beta-r^2\frac{\alpha\beta^3}{2}+r^3\left(\frac{\alpha^2\beta^3}{6}-\frac{\beta^5}{15}\right)\right]$$

$$=\frac{1}{4\pi r^3}\left\{\left[-\alpha\beta-r\alpha^2\beta-r^2\frac{\alpha\beta^3}{2}+r^3\left(\frac{\alpha^2\beta^3}{6}-\frac{\beta^5}{15}\right)\right]\right.$$

$$\left.-\frac{\alpha r}{1!}\left(-\alpha\beta-r\alpha^2\beta-r^2\frac{\alpha\beta^3}{2}\right)+\frac{\alpha^2r^2}{2!}(-\alpha\beta-r\alpha^2\beta)-\frac{\alpha^3r^3}{3!}(-\alpha\beta)\right\}$$

$$=\frac{1}{4\pi r^3}\left\{-\alpha\beta+r(-\alpha^2\beta+\alpha^2\beta)+r^2\left(-\frac{\alpha\beta^3}{2}+\alpha^3\beta-\frac{\alpha\beta^3}{2}\right)\right.$$

$$\left.+r^3\left(\frac{\alpha^2\beta^3}{6}-\frac{\beta^5}{15}+\frac{\alpha^2\beta^3}{2}-\frac{\alpha^4\beta}{2}+\frac{\alpha^4\beta}{6}\right)\right\}$$

$$=\frac{1}{4\pi r^3}\left[-\alpha\beta+0r+r^2\alpha\beta^3+r^3\left(\frac{2\alpha^2\beta^3}{3}-\frac{\beta^5}{15}-\frac{\alpha^4\beta}{6}\right)\right]$$

$$D=\frac{\mathrm{e}^{-\alpha r}}{4\pi r^3}[\beta r\cos\beta r-(1+\alpha r)\sin\beta r]=\mathrm{e}^{-\alpha r}\left[\beta r\left(1-\frac{\beta^2 r^2}{2!}\right)-(1+\alpha r)\left(\beta r-\frac{\beta^3 r^3}{3!}\right)\right]$$

$$=\frac{\mathrm{e}^{-\alpha r}}{4\pi r^3}\left[\beta r-\frac{\beta^3 r^3}{2!}-\left(\beta r-\frac{\beta^3 r^3}{3!}\right)-\alpha\beta r^2+\frac{\alpha\beta^3 r^4}{3!}\right]$$

$$=\frac{\mathrm{e}^{-\alpha r}}{4\pi r^3}\left[\beta r-\beta r-\alpha\beta r^2-\frac{\beta^3 r^3}{2!}+\frac{\beta^3 r^3}{3!}+\frac{\beta^3 r^3}{3!}\right]$$

$$=\frac{1}{4\pi r^3}\left(1-\frac{\alpha r}{1!}+\frac{\alpha^2 r^2}{2!}+\cdots\right)\left[-\alpha\beta r^2-\frac{\beta^3 r^3}{6}\right]=\frac{1}{4\pi r^3}\left[-\alpha\beta r^2-\frac{\beta^3 r^3}{6}+\alpha^2\beta r^3\right]$$

最后结果为

$$\nabla\nabla E=\frac{1}{4\pi r^3}\left[\begin{array}{l}\frac{3}{r^2}+\frac{0}{r}+\left(\frac{\beta^2}{2}-\frac{\alpha^2}{2}\right)+r[0]+r^2\left[-\frac{7\beta^4}{8}+\frac{\alpha^4}{8}+\frac{\alpha^2\beta^2}{4}\right]+r^3\left[\frac{2\alpha\beta^4}{3}-\frac{\alpha^3\beta^2}{3}-\frac{\alpha^5}{15}\right]\\ +\mathrm{j}\left[-\alpha\beta+0r+r^2\alpha\beta^3+r^3\left(\frac{2\alpha^2\beta^3}{3}-\frac{\beta^5}{15}-\frac{\alpha^4\beta}{6}\right)\right]\end{array}\right]$$

$$\times\begin{bmatrix}(x-x_0)^2\boldsymbol{ii} & 0 & 0\\ 0 & y^2\boldsymbol{jj} & 0\\ 0 & 0 & z^2\boldsymbol{kk}\end{bmatrix}-\frac{1}{4\pi r^3}\left[\begin{array}{l}1+0r+r^2\left(\frac{\beta^2}{2}-\frac{\alpha^2}{2}\right)+r^3\left(-\alpha\beta^2+\frac{\alpha^3}{3}\right)\\ +\mathrm{j}\left[-\alpha\beta r^2-\frac{\beta^3 r^3}{6}+\alpha^2\beta r^3\right]\end{array}\right]\begin{bmatrix}\boldsymbol{ii} & 0 & 0\\ 0 & \boldsymbol{jj} & 0\\ 0 & 0 & \boldsymbol{kk}\end{bmatrix}$$

非常神奇的是系数为零的项$\left(\frac{1}{r^4},\frac{1}{r^2}\right)$，实际上这并不是神奇，而应该是数学本身的自洽性所决定的。在推导后面的奇异积分的过程中，$g_4^{11}=\int_\Gamma\frac{(x-x_0)^2}{r^4}\mathrm{d}A$，$g_2^{11}=\int_\Gamma\frac{(x-x_0)^2}{r^2}\mathrm{d}A$，$g_2^0=\int_\Gamma\frac{1}{r^2}\mathrm{d}A$即使在奇异积分（Cauchy 主值和 Hadamard 有限积分的意义）的条件下仍然困难重重。现在凡是奇异积分推导出现问题的地方，其相应的系数就为零。这种自洽性也从一个侧面证明我们的推导是基本正确的。

2）已有结论及其存在的问题

已有的相关奇异积分结论（g_5^{11} 符号命名规则：下标为 r 的方次，上标为变量名称代号）：

$$g_5^{11}=\int_\Gamma \frac{1}{r^5}(x-x_0)^2\,\mathrm{d}A=\int_{y_1}^{y_2}\mathrm{d}y\int_{x_1}^{x_2}\frac{(x-x_0)^2}{[(x-x_0)^2+(y-y_0)^2]^{5/2}}\mathrm{d}x=-\frac{4}{\sqrt{2}a}=-\frac{2\sqrt{2}}{a}$$

$$g_5^{12}=\int_\Gamma \frac{1}{r^5}(x-x_0)(y-y_0)\mathrm{d}A=0,\quad g_5^{21}=g_5^{31}=g_5^{13}=g_5^{23}=g_5^{32}=0$$

$$g_0^{11}=\int_\Gamma (x-x_0)^2\mathrm{d}A=\int_{y_1}^{y_2}\mathrm{d}y\int_{x_1}^{x_2}(x-x_0)^2\,\mathrm{d}x=\int_{y_1}^{y_2}\left.\frac{x^3}{3}\right|_{x_1}^{x_2}\mathrm{d}y=\frac{4}{3}a^4$$

$$g_3^{0}=\int_\Gamma \frac{1}{r^3}\mathrm{d}A=\int_{y_1}^{y_2}\mathrm{d}y\int_{x_1}^{x_2}\frac{1}{[(x-x_0)^2+(y-y_0)^2]^{3/2}}\mathrm{d}x=-\frac{4}{a}\sqrt{2}$$

$$g_1^{0}=\int_\Gamma \frac{1}{r}\mathrm{d}A=\iint_\Gamma \frac{1}{\sqrt{(x-x_0)^2+(y-y_0)^2}}\mathrm{d}x\mathrm{d}y=4a\ln\frac{\sqrt{2}+1}{\sqrt{2}-1}=8a\ln(\sqrt{2}+1)$$

$$g_0^{0}=\int_\Gamma \frac{1}{r^0}\mathrm{d}A=\iint_\Gamma \mathrm{d}x\mathrm{d}y=4a^2$$

鉴于项$\frac{1}{r^4},\frac{1}{r^2}$的系数为零，因此还需解决积分为

$$g_3^{12}=\int_\Gamma \frac{1}{r^3}(x-x_0)(y-y_0)\mathrm{d}A=0\text{，}\quad g_3^{11}=\int_\Gamma \frac{(x-x_0)^2}{r^3}\mathrm{d}A$$

$$g_1^{12}=\int_\Gamma \frac{1}{r}(x-x_0)(y-y_0)\mathrm{d}A=0\text{，}\quad g_1^{11}=\int_\Gamma \frac{(x-x_0)^2}{r}\mathrm{d}A$$

$g_0^{12}=\int_\Gamma (x-x_0)(y-y_0)\mathrm{d}A=0$ 的计算问题。

3）相关奇异积分推导

下面分别给出证明和推导过程。

（1）证明：

$$g_j^{12}=\int_\Gamma \frac{1}{r^j}(x-x_0)(y-y_0)\mathrm{d}A=\iint_\Gamma \frac{(x-x_0)(y-y_0)}{[(x-x_0)^2+(y-y_0)^2+(z-z_0)^2]^{j/2}}\mathrm{d}x\mathrm{d}y,\quad j=5,3,1$$

$$=\int_{y_1}^{y_2}\int_{x_1}^{x_2}\frac{(y-y_0)\mathrm{d}(x-x_0)^2\,\mathrm{d}y}{2[(x-x_0)^2+(y-y_0)^2+(z-z_0)^2]^{j/2}}$$

$$=\int_{y_1}^{y_2}\left.\frac{2(y-y_0)}{(j-2)[(x-x_0)^2+(y-y_0)^2+(z-z_0)^2]^{\frac{j}{2}-1}}\right|_{x_1}^{x_2}\mathrm{d}y$$

$$=\frac{2}{j-2}\int_{y_1}^{y_2}\left\{\frac{(y-y_0)}{[a^2+(y-y_0)^2+(z-z_0)^2]^{\frac{j}{2}-1}}-\frac{(y-y_0)}{[a^2+(y-y_0)^2+(z-z_0)^2]^{\frac{j}{2}-1}}\right\}\mathrm{d}y=0$$

由于对称性，先对 y 积分可得到类似结论；也就是说，无论是否垂直于 x, y 轴，积分都为零。

（2）证明：

$$g_0^{12}=\int_\Gamma (x-x_0)(y-y_0)\mathrm{d}A=\int_{y_1}^{y_2}\int_{x_1}^{x_2}\frac{(y-y_0)\mathrm{d}(x-x_0)^2\mathrm{d}y}{2}=\int_{y_1}^{y_2}\left.\frac{(y-y_0)(x-x_0)^2}{2}\right|_{x_1}^{x_2}\mathrm{d}y=0$$

（3）计算 $g_3^{11}=\int_\Gamma \frac{1}{r^3}(x-x_0)^2\mathrm{d}A$。

$$g_3^{11}=\int_\Gamma \frac{1}{r^3}(x-x_0)^2\mathrm{d}A=\int_{y_1}^{y_2}\mathrm{d}y\int_{x_1}^{x_2}\frac{x^2}{[x^2+y^2]^{3/2}}\mathrm{d}x\xrightarrow{x=y\tan t}\int_{y_1}^{y_2}\mathrm{d}y\int_{x_1}^{x_2}\frac{y^2\tan^2 t}{y^3\sec^3 t}y\sec^2 t\mathrm{d}t$$

$$=\int_{y_1}^{y_2}\mathrm{d}y\int_{x_1}^{x_2}\frac{\tan^2 t}{\sec t}\mathrm{d}t=\int_{y_1}^{y_2}\mathrm{d}y\int_{x_1}^{x_2}\frac{\sin^2 t}{\cos t}\mathrm{d}t=\int_{y_1}^{y_2}\left[-\sin t+\ln\left|\tan\left(\frac{\pi}{4}+\frac{t}{2}\right)\right|\right]_{x_1}^{x_2}\mathrm{d}y$$

$$\left\{\tan\left(\frac{\pi}{4}+\frac{t}{2}\right)=\frac{\tan\frac{\pi}{4}+\tan\frac{t}{2}}{1-\tan\frac{\pi}{4}\cdot\tan\frac{t}{2}}=\frac{1+\tan\frac{t}{2}}{1-\tan\frac{t}{2}}=\frac{1+\frac{1-\cos t}{\sin t}}{1-\frac{1-\cos t}{\sin t}}=\frac{\sin t-\cos t+1}{\sin t+\cos t-1}\right\}$$

$$=\int_{y_1}^{y_2}\left[-\frac{x}{\sqrt{x^2+y^2}}+\ln\left|\frac{\sin t-\cos t+1}{\sin t+\cos t-1}\right|\right]_{x_1}^{x_2}\mathrm{d}y=\int_{y_1}^{y_2}\left[-\frac{x}{\sqrt{x^2+y^2}}+\ln\left|\frac{x-y+\sqrt{x^2+y^2}}{x+y-\sqrt{x^2+y^2}}\right|\right]_{x_1}^{x_2}\mathrm{d}y$$

$$=\int_{y_1}^{y_2}\left[-\frac{2a}{\sqrt{a^2+y^2}}+2\ln\left|\frac{a-y+\sqrt{a^2+y^2}}{a+y-\sqrt{a^2+y^2}}\right|\right]\mathrm{d}y$$

式中，$\int_{y_1}^{y_2}\left[-\frac{2a}{\sqrt{a^2+y^2}}\right]\mathrm{d}y=-2a\ln\left|x+\sqrt{x^2+a^2}\right|\Big|_{y_1}^{y_2}=-2a\ln\frac{1+\sqrt{2}}{\sqrt{2}-1}=-4a\ln(1+\sqrt{2})$。

对于 $\int_{y_1}^{y_2}2\ln\left|\frac{a-y+\sqrt{a^2+y^2}}{a+y-\sqrt{a^2+y^2}}\right|\mathrm{d}y$，采用分部积分法。

令 $u=\ln\left|\frac{a-y+\sqrt{a^2+y^2}}{a+y-\sqrt{a^2+y^2}}\right|$，$\mathrm{d}v=2\mathrm{d}y$，$v=2y$，有

$$\mathrm{d}u=\frac{1}{\frac{a-y+\sqrt{a^2+y^2}}{a+y-\sqrt{a^2+y^2}}}\frac{\left[(a+y-\sqrt{a^2+y^2})\left(-1+\frac{y}{\sqrt{a^2+y^2}}\right)-(a-y+\sqrt{a^2+y^2})\left(1-\frac{y}{\sqrt{a^2+y^2}}\right)\right]}{(a+y-\sqrt{a^2+y^2})^2}\mathrm{d}y$$

$$=\frac{[(a+y-\sqrt{a^2+y^2})(-\sqrt{a^2+y^2}+y)-(a-y+\sqrt{a^2+y^2})(\sqrt{a^2+y^2}-y)]}{(a-y+\sqrt{a^2+y^2})(a+y-\sqrt{a^2+y^2})\sqrt{a^2+y^2}}\mathrm{d}y$$

$$=\frac{(-y-a-y-a+y+y)\sqrt{a^2+y^2}+(ay+y^2+a^2+y^2+ay-y^2-a^2-y^2)}{[(a^2-y^2-a^2-y^2)+\sqrt{a^2+y^2}(a+y-a+y)]\sqrt{a^2+y^2}}\mathrm{d}y$$

$$=\frac{-2a\sqrt{a^2+y^2}+2ay}{[-2y^2+2y\sqrt{a^2+y^2}]\sqrt{a^2+y^2}}\mathrm{d}y=\frac{-a\sqrt{a^2+y^2}+ay}{-y^2\sqrt{a^2+y^2}+y(a^2+y^2)}\mathrm{d}y$$

则

$$\int_{y_1}^{y_2}2\ln\left|\frac{a-y+\sqrt{a^2+y^2}}{a+y-\sqrt{a^2+y^2}}\right|\mathrm{d}y$$

$$=2y\ln\left|\frac{a-y+\sqrt{a^2+y^2}}{a+y-\sqrt{a^2+y^2}}\right|\Bigg|_{y_1}^{y_2}-\int_{y_1}^{y_2}2y\frac{-a\sqrt{a^2+y^2}+ay}{-y^2\sqrt{a^2+y^2}+y(a^2+y^2)}\mathrm{d}y$$

$$=2a\ln\left|\frac{\sqrt{2}}{2-\sqrt{2}}\times\frac{2+\sqrt{2}}{-\sqrt{2}}\right|-\int_{y_1}^{y_2}2\frac{-a\sqrt{a^2+y^2}+ay}{-y\sqrt{a^2+y^2}+(a^2+y^2)}\mathrm{d}y$$

$$=4a\ln\left|1+\sqrt{2}\right|+\int_{y_1}^{y_2}\frac{2a}{\sqrt{a^2+y^2}}\mathrm{d}y$$

$$=4a\ln\left|1+\sqrt{2}\right|+2a\ln\left|y+\sqrt{a^2+y^2}\right|\Bigg|_{y_1}^{y_2}$$

$$=4a\ln\left|1+\sqrt{2}\right|+2a\ln\left|\frac{\sqrt{2}+1}{\sqrt{2}-1}\right|=8a\ln\left|1+\sqrt{2}\right|$$

所以

$$g_3^{11}=\int_\Gamma\frac{1}{r^3}(x-x_0)^2\mathrm{d}A=\int_{y_1}^{y_2}\left[-\frac{2a}{\sqrt{a^2+y^2}}+2\ln\left|\frac{a-y+\sqrt{a^2+y^2}}{a+y-\sqrt{a^2+y^2}}\right|\right]\mathrm{d}y=4a\ln(1+\sqrt{2})$$

（4）计算 $g_1^{11}=\int_\Gamma\frac{(x-x_0)^2}{r}\mathrm{d}A$。

$$g_1^{11}=\int_\Gamma\frac{(x-x_0)^2}{r}\mathrm{d}A=\int_{y_1}^{y_2}\mathrm{d}y\int_{x_1}^{x_2}\frac{x^2}{\sqrt{x^2+y^2}}\mathrm{d}x\xrightarrow{x=y\tan t}\int_{y_1}^{y_2}\mathrm{d}y\int_{x_1}^{x_2}\frac{y^2\tan^2 t}{y\sec t}y\sec^2 t\mathrm{d}t$$

$$=\int_{y_1}^{y_2}\mathrm{d}y\int_{x_1}^{x_2}y^2\tan^2 t\sec t\mathrm{d}t=\int_{y_1}^{y_2}\mathrm{d}y\int_{x_1}^{x_2}y^2\frac{\sin^2 t}{\cos^3 t}\mathrm{d}t$$

$$=\int_{y_1}^{y_2} y^2\left[\frac{\sin t}{2\cos^2 t}-\frac{1}{2}\ln\left|\tan\left(\frac{\pi}{4}+\frac{t}{2}\right)\right|\right]_{x_1}^{x_2}\mathrm{d}y$$

$$\left\{\tan\left(\frac{\pi}{4}+\frac{t}{2}\right)=\frac{\tan\frac{\pi}{4}+\tan\frac{t}{2}}{1-\tan\frac{\pi}{4}\cdot\tan\frac{t}{2}}=\frac{1+\tan\frac{t}{2}}{1-\tan\frac{t}{2}}=\frac{1+\frac{1-\cos t}{\sin t}}{1-\frac{1-\cos t}{\sin t}}=\frac{\sin t-\cos t+1}{\sin t+\cos t-1}\right\}$$

$$=\int_{y_1}^{y_2}\frac{y^2}{2}\left[\frac{\frac{x}{\sqrt{x^2+y^2}}}{\frac{y^2}{x^2+y^2}}-\ln\left|\frac{\sin t-\cos t+1}{\sin t+\cos t-1}\right|\right]_{x_1}^{x_2}\mathrm{d}y$$

$$=\int_{y_1}^{y_2}\frac{y^2}{2}\left[\frac{x\sqrt{x^2+y^2}}{y^2}-\ln\left|\frac{x-y+\sqrt{x^2+y^2}}{x+y-\sqrt{x^2+y^2}}\right|\right]_{x_1}^{x_2}\mathrm{d}y$$

$$=\int_{y_1}^{y_2} y^2\left[\frac{a\sqrt{a^2+y^2}}{y^2}-\ln\left|\frac{a-y+\sqrt{a^2+y^2}}{a+y-\sqrt{a^2+y^2}}\right|\right]\mathrm{d}y$$

式中，

$$\int_{y_1}^{y_2} a\sqrt{a^2+y^2}\,\mathrm{d}y=\frac{a}{2}\left(y\sqrt{a^2+y^2}+a^2\ln\left|y+\sqrt{a^2+y^2}\right|\right)\Big|_{y_1}^{y_2}$$

$$=\frac{a}{2}\left(2a^2\sqrt{2}+a^2\ln\frac{1+\sqrt{2}}{-1+\sqrt{2}}\right)=\frac{a^3}{2}[2\sqrt{2}+2\ln(1+\sqrt{2})]=a^3[\sqrt{2}+\ln(1+\sqrt{2})]$$

对于 $\int_{y_1}^{y_2}-y^2\ln\left|\frac{a-y+\sqrt{a^2+y^2}}{a+y-\sqrt{a^2+y^2}}\right|\mathrm{d}y$，采用分部积分法。

令 $u=\ln\left|\frac{a-y+\sqrt{a^2+y^2}}{a+y-\sqrt{a^2+y^2}}\right|$， $\mathrm{d}v=-y^2\mathrm{d}y$， $v=-\frac{1}{3}y^3$，则

$$\mathrm{d}u=\frac{\mathrm{d}y}{\frac{a-y+\sqrt{a^2+y^2}}{a+y-\sqrt{a^2+y^2}}}\frac{1}{(a+y-\sqrt{a^2+y^2})^2}$$

$$\times\left[(a+y-\sqrt{a^2+y^2})\left(-1+\frac{y}{\sqrt{a^2+y^2}}\right)-(a-y+\sqrt{a^2+y^2})\left(1-\frac{y}{\sqrt{a^2+y^2}}\right)\right]$$

$$=\frac{\mathrm{d}y}{(a-y+\sqrt{a^2+y^2})}\frac{1}{(a+y-\sqrt{a^2+y^2})}\frac{y-\sqrt{a^2+y^2}}{\sqrt{a^2+y^2}}[2a]$$

从而有

$$\int_{y_1}^{y_2} -y^2 \ln\left|\frac{a-y+\sqrt{a^2+y^2}}{a+y-\sqrt{a^2+y^2}}\right| \mathrm{d}y = uv\Big|_{y_1}^{y_2} - \int_{y_1}^{y_2} v\mathrm{d}u$$

$$= -\frac{1}{3}y^3 \cdot \ln\left|\frac{a-y+\sqrt{a^2+y^2}}{a+y-\sqrt{a^2+y^2}}\right|\Bigg|_{y_1}^{y_2}$$

$$-\int_{y_1}^{y_2} -\frac{1}{3}y^3 \frac{1}{a-y+\sqrt{a^2+y^2}} \cdot \frac{2a}{a+y-\sqrt{a^2+y^2}} \cdot \frac{y-\sqrt{a^2+y^2}}{\sqrt{a^2+y^2}} \mathrm{d}y$$

$$= -\frac{1}{3}a^3 \cdot \ln\left|\frac{0+\sqrt{2}}{2-\sqrt{2}} \cdot \frac{0-\sqrt{2}}{2+\sqrt{2}}\right| + \frac{1}{3}\int_{y_1}^{y_2} y^3 \frac{1}{a-y+\sqrt{a^2+y^2}} \cdot \frac{2a}{a+y-\sqrt{a^2+y^2}} \cdot \frac{y-\sqrt{a^2+y^2}}{\sqrt{a^2+y^2}} \mathrm{d}y$$

$$\xrightarrow{y=a\tan t} 0 + \frac{1}{3}\int_{y_1}^{y_2} \frac{a^3\tan^3 t}{a-a\tan t+a\sec t} \cdot \frac{2a}{a+a\tan t-a\sec t} \cdot \frac{a\tan t-a\sec t}{a\sec t} a\sec^2 t\mathrm{d}y$$

$$= \frac{1}{3}\int_{y_1}^{y_2} \frac{a^3\sin^3 t}{\cos t-\sin t+1} \cdot \frac{2}{\cos t+\sin t-1} \cdot \frac{\sin t-1}{\cos^3 t}\mathrm{d}y = \frac{2a^3}{3}\int_{y_1}^{y_2} \frac{\sin^3 t}{-2\sin t(\sin t-1)} \cdot \frac{\sin t-1}{\cos^3 t}\mathrm{d}y$$

$$= -\frac{a^3}{3}\int_{y_1}^{y_2} \frac{\sin^2 t}{\cos^3 t}\mathrm{d}y = -\frac{a^3}{3}\left[\frac{\sin t}{2\cos^2 t} - \frac{1}{2}\ln\left|\tan\left(\frac{\pi}{4}+\frac{t}{2}\right)\right|\right]\Bigg|_{y_1}^{y_2} \left\{\text{前有}: \tan\left(\frac{\pi}{4}+\frac{t}{2}\right) = \frac{\sin t-\cos t+1}{\sin t+\cos t-1}\right\}$$

$$= -\frac{a^3}{3}\left[\frac{\sin t}{2\cos^2 t} - \frac{1}{2}\ln\left|\frac{\sin t-\cos t+1}{\sin t+\cos t-1}\right|\right]\Bigg|_{y_1}^{y_2}$$

$$= -\frac{a^3}{3}\left[\frac{\dfrac{y}{\sqrt{a^2+y^2}}}{2\dfrac{a^2}{a^2+y^2}} - \frac{1}{2}\ln\left|\frac{\dfrac{y}{\sqrt{a^2+y^2}} - \dfrac{a}{\sqrt{a^2+y^2}} + 1}{\dfrac{y}{\sqrt{a^2+y^2}} + \dfrac{a}{\sqrt{a^2+y^2}} - 1}\right|\right]\Bigg|_{y_1}^{y_2}$$

$$= -\frac{a^3}{3}\left[\sqrt{2} - \frac{1}{2}\ln\left|\frac{\dfrac{1}{\sqrt{2}} - \dfrac{1}{\sqrt{2}} + 1}{\dfrac{1}{\sqrt{2}} + \dfrac{1}{\sqrt{2}} - 1}\right| + \frac{1}{2}\ln\left|\frac{\dfrac{-1}{\sqrt{2}} - \dfrac{1}{\sqrt{2}} + 1}{\dfrac{-1}{\sqrt{2}} + \dfrac{1}{\sqrt{2}} - 1}\right|\right] = -\frac{a^3}{6}[2\sqrt{2} - \ln(\sqrt{2}+1)]$$

所以

$$g_1^{11} = \int_\Gamma \frac{(x-x_0)^2}{r}\mathrm{d}A = a^3[\sqrt{2}+\ln(1+\sqrt{2})] - \frac{a^3}{6}[2\sqrt{2}-\ln(\sqrt{2}+1)] = a^3\left[\frac{2\sqrt{2}}{3} + \frac{7}{6}\ln(\sqrt{2}+1)\right]$$

4）最后表达式

将 $g_j^{12}=\int_\Gamma \frac{1}{r^j}(x-x_0)(y-y_0)\mathrm{d}A=0, j=5,4,3,2,1,0$ 代入 $\nabla\nabla G$ 的一般表达式可简化为

$$\int_\Gamma \nabla\nabla E \mathrm{d}S$$

$$=\int_\Gamma \frac{1}{4\pi r^3}\begin{bmatrix}\frac{3}{r^2}+\frac{0}{r}+\left(\frac{\beta^2}{2}-\frac{\alpha^2}{2}\right)+r[0]+r^2\left[-\frac{7\beta^4}{8}+\frac{\alpha^4}{8}+\frac{\alpha^2\beta^2}{4}\right]+r^3\left[\frac{2\alpha\beta^4}{3}-\frac{\alpha^3\beta^2}{3}-\frac{\alpha^5}{15}\right]\\ +\mathrm{j}\left[-\alpha\beta+0r+r^2\alpha\beta^3+r^3\left(\frac{2\alpha^2\beta^3}{3}-\frac{\beta^5}{15}-\frac{\alpha^4\beta}{6}\right)\right]\end{bmatrix}$$

$$\times\begin{bmatrix}(x-x_0)^2\boldsymbol{ii} & 0 & 0\\ 0 & y^2\boldsymbol{jj} & 0\\ 0 & 0 & z^2\boldsymbol{kk}\end{bmatrix}-\frac{1}{4\pi r^3}\begin{bmatrix}1+0r+r^2\left(\frac{\beta^2}{2}-\frac{\alpha^2}{2}\right)+r^3\left(-\alpha\beta^2+\frac{\alpha^3}{3}\right)\\ +\mathrm{j}\left[-\alpha\beta r^2-\frac{\beta^3r^3}{6}+\alpha^2\beta r^3\right]\end{bmatrix}\begin{bmatrix}\boldsymbol{ii} & 0 & 0\\ 0 & \boldsymbol{jj} & 0\\ 0 & 0 & \boldsymbol{kk}\end{bmatrix}\mathrm{d}S$$

相关积分重复写在下面：

$$g_i^{12}=\int_\Gamma \frac{1}{r^i}(x-x_0)(y-y_0)\mathrm{d}A=0,\quad j=5,3,1,0$$

$$g_5^{11}=\int_\Gamma \frac{1}{r^5}(x-x_0)^2\mathrm{d}A=-\frac{4}{\sqrt{2}a}=-\frac{2\sqrt{2}}{a}$$

$$g_3^{11}=\int_\Gamma \frac{1}{r^3}(x-x_0)^2\mathrm{d}A=4a\ln(1+\sqrt{2})$$

$$g_1^{11}=\int_\Gamma \frac{(x-x_0)^2}{r}\mathrm{d}A=a^3\left[\frac{2\sqrt{2}}{3}+\frac{7}{6}\ln(\sqrt{2}+1)\right]$$

$$g_0^{11}=\int_\Gamma (x-x_0)^2\mathrm{d}A=\int_{y_1}^{y_2}\mathrm{d}y\int_{x_1}^{x_2}(x-x_0)^2\mathrm{d}x=\int_{y_1}^{y_2}\frac{x^3}{3}\bigg|_{x_1}^{x_2}\mathrm{d}y=\frac{4}{3}a^4$$

$$g_3^{0}=\int_\Gamma \frac{1}{r^3}\mathrm{d}A=\int_{y_1}^{y_2}\mathrm{d}y\int_{x_1}^{x_2}\frac{1}{[(x-x_0)^2+(y-y_0)^2]^{3/2}}\mathrm{d}x=-\frac{4}{a}\sqrt{2}$$

$$g_1^{0}=\int_\Gamma \frac{1}{r}\mathrm{d}A=\iint_\Gamma \frac{1}{\sqrt{(x-x_0)^2+(y-y_0)^2}}\mathrm{d}x\mathrm{d}y=4a\ln\frac{\sqrt{2}+1}{\sqrt{2}-1}=8a\ln(\sqrt{2}+1)$$

$$g_0^{0}=\int_\Gamma \frac{1}{r^0}\mathrm{d}A=\iint_\Gamma \mathrm{d}x\mathrm{d}y=4a^2$$

需要注意的是：与泊松方程基本解类似，当坐标轴 x_j 垂直于边界元所在平面时，由于 $(x_j-x_{j0})^2=0$，则 $g_i^{11}=\int_\Gamma \frac{1}{r^i}(x_j-x_{j0})^2\mathrm{d}A=0, i=0,1,3,5$ 。

附录E　时域积分处理

E.1　时域积分表述概述

双旋度一般时域波动方程定解问题的恰当提法是

$$\begin{cases}\nabla\times\nabla\times\boldsymbol{u}(\boldsymbol{r},t)+\dfrac{1}{c^2}\dfrac{\partial^2\boldsymbol{u}(\boldsymbol{r},t)}{\partial t^2}=\boldsymbol{f}(\boldsymbol{r},t), & \boldsymbol{r}\in\Omega,t\geqslant 0\\ \boldsymbol{n}\times\nabla\times\boldsymbol{u}(\boldsymbol{r},t)=\overline{\boldsymbol{v}}(\boldsymbol{r},t), & \boldsymbol{r}\in\Gamma_2,t\geqslant 0\\ \boldsymbol{n}\times\boldsymbol{u}(\boldsymbol{r},t)=\overline{\boldsymbol{u}}(\boldsymbol{r},t), & \boldsymbol{r}\in\Gamma_1,t\geqslant 0\\ \boldsymbol{u}(\boldsymbol{r},t)\Big|_{t=0}=\overline{\boldsymbol{p}}(\boldsymbol{r}),\quad \dfrac{\partial\boldsymbol{u}(\boldsymbol{r},t)}{\partial t}\Big|_{t=0}=\overline{\boldsymbol{q}}(\boldsymbol{r}), & \boldsymbol{r}\in\Omega,t=0\end{cases}\tag{E.1}$$

式中，Γ_1,Γ_2 为域 Ω 的边界，$\Gamma_1+\Gamma_2=\Gamma$ 。

双旋度一般时域波动方程基本积分表述（0阶积分表述）：

$$\begin{aligned}\boldsymbol{u}(\boldsymbol{r},t)=&\int_0^\tau\int_\Omega[\nabla G(\nabla\cdot\boldsymbol{u})+\boldsymbol{f}G]\mathrm{d}\Omega\mathrm{d}t'+\frac{1}{c^2}\int_\Omega\boldsymbol{u}\frac{\partial G}{\partial t}\mathrm{d}\Omega\Big|_0^\tau-\frac{1}{c^2}\int_\Omega G\frac{\partial\boldsymbol{u}}{\partial t}\mathrm{d}\Omega\Big|_0^\tau\\&-\int_0^\tau\oint_\Gamma G\boldsymbol{n}\times\nabla\times\boldsymbol{u}+\boldsymbol{n}\times\boldsymbol{u}\times\nabla G+\nabla G(\boldsymbol{n}\cdot\boldsymbol{u})\mathrm{d}S\mathrm{d}t'\end{aligned}\tag{E.2}$$

双旋度一般时域波动方程旋度积分表述（1阶积分表述）：

$$\begin{aligned}\nabla\times\boldsymbol{u}=&\int_0^t\int_\Omega\boldsymbol{f}\times\nabla G\mathrm{d}\Omega dt'+\frac{1}{c^2}\int_\Omega\nabla G\times\frac{\partial\boldsymbol{u}}{\partial t'}\mathrm{d}\Omega\Big|_0^t-\frac{1}{c^2}\int_\Omega\frac{\partial}{\partial t'}(\nabla G)\times\boldsymbol{u}\mathrm{d}\Omega\Big|_0^t\\&-\int_0^t\oint_\Gamma\{(\boldsymbol{n}\times\boldsymbol{u})\cdot\nabla\nabla G-(\boldsymbol{n}\times\boldsymbol{u})\nabla^2G+\nabla G\times(\boldsymbol{n}\times\nabla\times\boldsymbol{u})\}\mathrm{d}\Gamma\mathrm{d}t'\end{aligned}\tag{E.3}$$

因此，利用一般时域波动方程的积分表述式（E.2）、式（E.3）进行动态计算的核心就是如何处理好两个积分表述中既包含位置变量也包含时间变量的各积分项计算以及各项对应的物理意义。

E.2　基本解及其导数

欲处理式（E.2）、式（E.3）中各项的时间积分，需首先对基本解进行相应讨论。

在三维情况下，齐次标量一般时域波动方程 $\nabla^2G-\dfrac{1}{c^2}\dfrac{\partial^2G}{\partial t^2}=\delta(\boldsymbol{r},t)$ 的解，也就是所谓的基本解为

$$G(\boldsymbol{r},\boldsymbol{r}';\ t,t')=\frac{1}{4\pi|\boldsymbol{r}-\boldsymbol{r}'|}\delta\left[\frac{|\boldsymbol{r}-\boldsymbol{r}'|}{c}-(t-t')\right],\quad t>t' \tag{E.4}$$

上述形式解或者说积分表述从形式上看无疑是很漂亮的，推导过程也基本正确（使用两种或两种以上方法推导，并经反复查验，也没有发现错误），但由于基本解(E.4)的特殊性，主要是存在δ函数，并且δ函数既与位置相关也与时间相关，这就导致上述两个积分表述的应用极为困难。

如果令$s=\dfrac{|\boldsymbol{r}-\boldsymbol{r}'|}{c}-(t-t')$，则基本解的梯度为

$$\nabla G(\boldsymbol{r},\boldsymbol{r}';\ t,t')=\nabla_{r'}\left\{\frac{1}{4\pi|\boldsymbol{r}-\boldsymbol{r}'|}\delta\left[\frac{|\boldsymbol{r}-\boldsymbol{r}'|}{c}-(t-t')\right]\right\}$$

$$=\frac{1}{4\pi|\boldsymbol{r}-\boldsymbol{r}'|^2}\left\{\delta\left[\frac{|\boldsymbol{r}-\boldsymbol{r}'|}{c}-(t-t')\right]-\frac{1}{4c\pi|\boldsymbol{r}-\boldsymbol{r}'|}\delta'_s\left[\frac{|\boldsymbol{r}-\boldsymbol{r}'|}{c}-(t-t')\right]\right\}\boldsymbol{R}_0,\quad t>t' \tag{E.5}$$

式中，$\boldsymbol{r}',t'$为空间和时间的源点，$\boldsymbol{r},t$为空间和时间的场点，$\boldsymbol{R}_0=\dfrac{\boldsymbol{r}-\boldsymbol{r}'}{|\boldsymbol{r}-\boldsymbol{r}'|}$为单位向量。

基本解的二阶梯度：

$$\nabla\nabla G(\boldsymbol{r},\boldsymbol{r}';t,t')=\nabla_{r'}\left\{\frac{(\boldsymbol{r}-\boldsymbol{r}')}{4\pi|\boldsymbol{r}-\boldsymbol{r}'|^3}\delta-\frac{(\boldsymbol{r}-\boldsymbol{r}')}{4c\pi|\boldsymbol{r}-\boldsymbol{r}'|^2}\delta'_{\mathrm{s}}\right\}$$

$$=\left[\frac{2}{4\pi|\boldsymbol{r}-\boldsymbol{r}'|^3}\delta-\frac{2}{4c\pi|\boldsymbol{r}-\boldsymbol{r}'|^2}\delta'_{\mathrm{s}}+\frac{1}{4c^2\pi|\boldsymbol{r}-\boldsymbol{r}'|}\delta''_{\mathrm{ss}}\right]\boldsymbol{R}_0\boldsymbol{R}_0 \tag{E.6}$$

基本解$G(\boldsymbol{r},\boldsymbol{r}';t,t')$除了有对位置的变化率，还存在对时间的变化率。

基本解对时间的导数：

$$\frac{\partial G}{\partial t'}=\frac{1}{4\pi|\boldsymbol{r}-\boldsymbol{r}'|}\delta'_{\mathrm{s}}\left[\frac{|\boldsymbol{r}-\boldsymbol{r}'|}{c}-(t-t')\right]=\frac{1}{4\pi|\boldsymbol{r}-\boldsymbol{r}'|}\delta'_{t'}\left[\frac{|\boldsymbol{r}-\boldsymbol{r}'|}{c}-(t-t')\right] \tag{E.7}$$

也就是说，有重要关系式：

$$\delta'_s\left[\frac{|\boldsymbol{r}-\boldsymbol{r}'|}{c}-(t-t')\right]=\delta'_{t'}\left[\frac{|\boldsymbol{r}-\boldsymbol{r}'|}{c}-(t-t')\right],\quad\left\{s=\frac{|\boldsymbol{r}-\boldsymbol{r}'|}{c}-(t-t')\right\} \tag{E.8}$$

$$\delta'_{\mathrm{t}}\left[\frac{|\boldsymbol{r}-\boldsymbol{r}'|}{c}-(t-t')\right]=-\delta'_{t'}\left[\frac{|\boldsymbol{r}-\boldsymbol{r}'|}{c}-(t-t')\right] \tag{E.9}$$

在处理时间积分时，我们还常常遇到另一个重要关系式：

$$\delta'_\rho\left[\frac{|\boldsymbol{r}-\boldsymbol{r}'|}{c}-(t-t')\right]=\frac{1}{c}\delta'_s\left[\frac{|\boldsymbol{r}-\boldsymbol{r}'|}{c}-(t-t')\right],\quad s=\frac{|\boldsymbol{r}-\boldsymbol{r}'|}{c}-(t-t'),\quad \rho=|\boldsymbol{r}-\boldsymbol{r}'| \tag{E.10}$$

E.3 与基本积分表述直接相关的积分项

首先，必须说明：由于基本解$G(\boldsymbol{r},\boldsymbol{r}';t,t')$中包含$\delta$函数，且$\delta$函数与时间$(t,t')$、位置$(\boldsymbol{r},\boldsymbol{r}')$直接相关，这就导致各积分项积分时必须整体进行处理。下面就双旋度一般时域波动方程的基本积分表述式（9.15）或式（8.12）中各项的处理方式进行介绍。

（1）$\int_0^t\int_\Omega fG\mathrm{d}\Omega\mathrm{d}t'$。

$$\int_0^t\int_\Omega fG\mathrm{d}\Omega\mathrm{d}t' = \int_\Omega\int_0^t f(\boldsymbol{r}',t')\frac{1}{4\pi|\boldsymbol{r}-\boldsymbol{r}'|}\delta\left[\frac{|\boldsymbol{r}-\boldsymbol{r}'|}{c}-(t-t')\right]\mathrm{d}t'\mathrm{d}\Omega$$

$$= \begin{cases} \int_\Omega \boldsymbol{f}\left(\boldsymbol{r}',t-\dfrac{|\boldsymbol{r}-\boldsymbol{r}'|}{c}\right)\dfrac{1}{4\pi|\boldsymbol{r}-\boldsymbol{r}'|}\mathrm{d}\Omega, & 0\leqslant t' = t-\dfrac{|\boldsymbol{r}-\boldsymbol{r}'|}{c}\leqslant t \\ 0, & \boldsymbol{t}' = t-\dfrac{|\boldsymbol{r}-\boldsymbol{r}'|}{c}\notin[0,t] \end{cases} \quad \text{(E.11)}$$

这实际上就是经典电磁场理论中使用较多的矢量达朗贝尔方程在无界空间的解（所谓推迟势），表示体积源对解的贡献，这部分贡献是刚好到达考察点（场点）的体积源的贡献，而到达场点的各源点的时间并不相同，因此仍然是体积分。当$t'\neq t_i = i\Delta t$，$\forall i\in N_+$（N_+为正整数集）时，必须进行时间插值。

注意：t'表示由距离确定的时间，是一个确定值（后同）。

在边界元阶段，体积分部分无奇异性。在求域内值阶段，体积分将出现奇异性，其处理方式是利用解析积分公式：

$$\frac{1}{4\pi}\int_{V_j}\frac{\boldsymbol{f}_j}{R_j}\mathrm{d}V_j = \frac{\boldsymbol{f}_j(\boldsymbol{r}',t)}{4\pi}\int_{V_j}\frac{1}{R_j}\mathrm{d}V_j = \frac{\boldsymbol{f}_j(\boldsymbol{r}',t)}{4\pi}[12a^2\ln(2+\sqrt{3})-2a^2\pi]$$

应用条件：$\boldsymbol{r}=\boldsymbol{r}',t=t'$（处理奇异性的解析积分公式主要利用附录B和附录D的相关结果）。

（2）$\int_0^t\oint_\Gamma G(\boldsymbol{n}\times\nabla\times\boldsymbol{u})\mathrm{d}\Gamma\mathrm{d}t'$。

$$\int_0^t\oint_\Gamma G(\boldsymbol{n}\times\nabla\times\boldsymbol{u})\mathrm{d}\Gamma\mathrm{d}t' = \oint_\Gamma\int_0^{t+\varepsilon}\frac{1}{4\pi|\boldsymbol{r}-\boldsymbol{r}'|}\delta\left[\frac{|\boldsymbol{r}-\boldsymbol{r}'|}{c}-(t-t')\right][\boldsymbol{n}(\boldsymbol{r}')\times\nabla\times\boldsymbol{u}(\boldsymbol{r}',t')]\mathrm{d}t'\mathrm{d}\Gamma$$

$$= \begin{cases} \oint_\Gamma \dfrac{1}{4\pi|\boldsymbol{r}-\boldsymbol{r}'|}\left[\boldsymbol{n}(\boldsymbol{r}')\times\nabla\times\boldsymbol{u}\left(\boldsymbol{r}',t-\dfrac{|\boldsymbol{r}-\boldsymbol{r}'|}{c}\right)\right]\mathrm{d}\Gamma, & 0\leqslant t' = t-\dfrac{|\boldsymbol{r}-\boldsymbol{r}'|}{c}\leqslant t \\ 0, & t' = t-\dfrac{|\boldsymbol{r}-\boldsymbol{r}'|}{c}\notin[0,t] \end{cases} \quad \text{(E.12)}$$

仍然需要注意到达此场点的各源点的扰动时间并不相同，需要全曲面积分，以后不再另作说明。

在边界元阶段，面积分将会出现奇异性；边界奇异性处理仍然是利用解析积分公式：

$$\frac{1}{4\pi}\int_{S_j}\frac{\boldsymbol{n}\times\nabla\times\boldsymbol{u}(\boldsymbol{r},t)}{R}\mathrm{d}S_j=\frac{\boldsymbol{n}\times\nabla\times\boldsymbol{u}(\boldsymbol{r},t')}{4\pi}[8a\ln(\sqrt{2}+1)]$$

应用条件：$\boldsymbol{r}=\boldsymbol{r}',t=t'$。需要注意：当$\boldsymbol{n}\times\nabla\times\boldsymbol{u}(\boldsymbol{r},t')$为待求量时，$\boldsymbol{n}\times\nabla\times\boldsymbol{u}(\boldsymbol{r}',t')=\boldsymbol{n}\times\nabla\times\boldsymbol{u}(\boldsymbol{r},t)$成为未知量的一部分（将改变方程左端项的系数）；在求域内值阶段，边界积分不可能出现奇异性问题。

（3）对于面积分项$\int_0^t\oint_\Gamma \boldsymbol{n}\cdot\boldsymbol{u}\nabla G\mathrm{d}\Gamma\mathrm{d}t'$的处理稍微复杂一些。

$$\int_0^t\oint_\Gamma \boldsymbol{n}\cdot\boldsymbol{u}\nabla G\mathrm{d}\Gamma\mathrm{d}t'=\oint_\Gamma\int_0^t\boldsymbol{n}(\boldsymbol{r}')\cdot\boldsymbol{u}(\boldsymbol{r}',t')\nabla_{r'}\left\{\frac{1}{4\pi|\boldsymbol{r}-\boldsymbol{r}'|}\delta\left[\frac{|\boldsymbol{r}-\boldsymbol{r}'|}{c}-(t-t')\right]\right\}\mathrm{d}t'\mathrm{d}\Gamma$$

$$=\oint_\Gamma\int_0^t\boldsymbol{n}\cdot\boldsymbol{u}(\boldsymbol{r}',t')\left\{\frac{1}{4\pi|\boldsymbol{r}-\boldsymbol{r}'|^2}\delta\left[\frac{|\boldsymbol{r}-\boldsymbol{r}'|}{c}-(t-t')\right]-\frac{1}{4c\pi|\boldsymbol{r}-\boldsymbol{r}'|}\delta'\left[{}_s\frac{|\boldsymbol{r}-\boldsymbol{r}'|}{c}-(t-t')\right]\right\}\boldsymbol{R}_0\mathrm{d}t'\mathrm{d}\Gamma$$

$$=\oint_\Gamma\frac{\boldsymbol{n}\cdot\boldsymbol{u}\left(\boldsymbol{r}',t-\dfrac{|\boldsymbol{r}-\boldsymbol{r}'|}{c}\right)}{4\pi|\boldsymbol{r}-\boldsymbol{r}'|^2}\boldsymbol{R}_0\mathrm{d}\Gamma-\oint_\Gamma\int_0^t\left\{\left[\frac{\boldsymbol{n}\cdot\boldsymbol{u}(\boldsymbol{r}',t')}{4c\pi|\boldsymbol{r}-\boldsymbol{r}'|}\boldsymbol{R}_0\right]\delta_s'\left[\frac{|\boldsymbol{r}-\boldsymbol{r}'|}{c}-(t-t')\right]\right\}\mathrm{d}s\mathrm{d}\Gamma\{\text{分部积分}\}$$

$$=\oint_\Gamma\frac{\boldsymbol{n}\cdot\boldsymbol{u}\left(\boldsymbol{r}',t-\dfrac{|\boldsymbol{r}-\boldsymbol{r}'|}{c}\right)}{4\pi|\boldsymbol{r}-\boldsymbol{r}'|^2}\boldsymbol{R}_0\mathrm{d}\Gamma-\oint_\Gamma\frac{\boldsymbol{n}\cdot\boldsymbol{u}(\boldsymbol{r}',t')}{4c\pi|\boldsymbol{r}-\boldsymbol{r}'|}\boldsymbol{R}_0\delta\left[\frac{|\boldsymbol{r}-\boldsymbol{r}'|}{c}-(t-t')\right]\mathrm{d}\Gamma\Bigg|_0^t$$

$$+\oint_\Gamma\int_0^t\left\{\frac{\partial}{\partial s}\left[\frac{\boldsymbol{n}\cdot\boldsymbol{u}(\boldsymbol{r}',t')}{4c\pi|\boldsymbol{r}-\boldsymbol{r}'|}\boldsymbol{R}_0\right]\delta(s)\right\}\mathrm{d}t'\mathrm{d}\Gamma$$

$$=\oint_\Gamma\left[\frac{\boldsymbol{n}\cdot\boldsymbol{u}\left(\boldsymbol{r}',t-\dfrac{|\boldsymbol{r}-\boldsymbol{r}'|}{c}\right)}{4\pi|\boldsymbol{r}-\boldsymbol{r}'|^2}+\frac{\boldsymbol{n}\cdot\boldsymbol{u}_{t'}'\left(\boldsymbol{r}',t-\dfrac{|\boldsymbol{r}-\boldsymbol{r}'|}{c}\right)}{4c\pi|\boldsymbol{r}-\boldsymbol{r}'|}\right]\boldsymbol{R}_0\mathrm{d}\Gamma$$

$$-\oint_\Gamma\frac{\boldsymbol{n}\cdot\boldsymbol{u}(\boldsymbol{r}',t)}{4c\pi|\boldsymbol{r}-\boldsymbol{r}'|}\boldsymbol{R}_0\delta\left[\frac{|\boldsymbol{r}-\boldsymbol{r}'|}{c}-(t-t')\right]\mathrm{d}\Gamma\Bigg|_0^t=I_1+I_2 \tag{E.13}$$

$$I_1=\begin{cases}\oint_\Gamma\left[\dfrac{\boldsymbol{n}\cdot\boldsymbol{u}\left(\boldsymbol{r}',t-\dfrac{|\boldsymbol{r}-\boldsymbol{r}'|}{c}\right)}{4\pi|\boldsymbol{r}-\boldsymbol{r}'|^2}+\dfrac{\boldsymbol{n}\cdot\boldsymbol{u}_{t'}'\left(\boldsymbol{r}',t-\dfrac{|\boldsymbol{r}-\boldsymbol{r}'|}{c}\right)}{4c\pi|\boldsymbol{r}-\boldsymbol{r}'|}\right]\boldsymbol{R}_0\mathrm{d}\Gamma, & 0\leqslant t'=t-\dfrac{|\boldsymbol{r}-\boldsymbol{r}'|}{c}\leqslant t\\ 0, & t'=t-\dfrac{|\boldsymbol{r}-\boldsymbol{r}'|}{c}\notin[0,t]\end{cases}$$

$$I_2=-\oint_\Gamma \frac{\boldsymbol{n}\cdot\boldsymbol{u}(\boldsymbol{r}',t')}{4\pi c|\boldsymbol{r}-\boldsymbol{r}'|}\boldsymbol{R}_0\delta\left[\frac{|\boldsymbol{r}-\boldsymbol{r}'|}{c}-(t-t')\right]\mathrm{d}\Gamma\bigg|_{t'=0}^{t}$$

$$=-\oint_\Gamma \frac{\boldsymbol{n}\cdot\boldsymbol{u}(\boldsymbol{r}',t)}{4\pi c|\boldsymbol{r}-\boldsymbol{r}'|}\boldsymbol{R}_0\delta\left[\frac{|\boldsymbol{r}-\boldsymbol{r}'|}{c}\right]\mathrm{d}\Gamma+\oint_\Gamma \frac{\boldsymbol{n}\cdot\boldsymbol{u}(\boldsymbol{r}',0)}{4\pi c|\boldsymbol{r}-\boldsymbol{r}'|}\boldsymbol{R}_0\delta\left[\frac{|\boldsymbol{r}-\boldsymbol{r}'|}{c}-t\right]\mathrm{d}\Gamma$$

$$=0(\text{方向不定})+\int_0^{2\pi}\int_0^{R_{\max}}\frac{\boldsymbol{n}\cdot\boldsymbol{u}(\boldsymbol{r}',0)}{4\pi c\rho}\boldsymbol{R}_0\delta\left[\frac{\rho}{c}-t\right]\rho\mathrm{d}\theta\mathrm{d}\rho=\int_0^{2\pi}\frac{\boldsymbol{n}\cdot\boldsymbol{u}(\boldsymbol{r}',0)\big|_{\rho=ct}}{4\pi\rho}\boldsymbol{R}_0\rho\mathrm{d}\theta$$

$$=\sum_{i=1}^{m'}\frac{\boldsymbol{n}\cdot\boldsymbol{u}(\boldsymbol{r}'',0)}{4\pi\rho}\boldsymbol{R}_0\Delta L_i'\bigg|_{\rho=ct}$$

对 I_2 的说明：当 $t'=t$，只有 $R=0$，才能使 $s=0$，而此时 R 的方向不定，只能相应部分为零，这实际上是奇异性处理的结果。当 $t'=0$，只有相距 $|\boldsymbol{r}-\boldsymbol{r}'|=ct$ 的源（初始条件 $\boldsymbol{u}(\boldsymbol{r}',t')\big|_{t'=0}$）才会对 $I_2\neq0$ 有贡献，此时需要空间插值。式中的 $\boldsymbol{r}''$ 为球面 $\rho=ct$ 与边界元 Γ_i 的交线的中点坐标，因此 $\boldsymbol{u}(\boldsymbol{r}'',0)$ 需通过空间插值决定；$\Delta L_i'$ 为球面 $|\boldsymbol{r}-\boldsymbol{r}'|=\rho=ct$ 与积分表面 Γ 的交线在 i 号边界元范围内的弧线长度。

注意：I_1 是全面积积分，对应不同的时刻（场点与源点的距离不同，时刻不同，因此对于不同边界元，需通过时间插值确定该时刻的 $\boldsymbol{n}\cdot\boldsymbol{u}$、$\boldsymbol{n}\cdot\boldsymbol{u}_{t'}'$ 值）；I_2 是线积分，仅与初始时刻的值相对应。

在边界元阶段，面积分将会出现奇异性，此时，奇异部分 $I_1=I_2=0$（此时 R 的方向不定），也可理解为按解析积分公式：$\int_{\Gamma_j}\nabla\frac{1}{4\pi R}\mathrm{d}A_j=0$；作为待求量时，此项对未知量的系数没有贡献，在求域内值阶段，边界积分不可能出现奇异性问题。

（4）对于面积分项 $\int_0^t\oint_\Gamma(\boldsymbol{n}\times\boldsymbol{u})\times\nabla G\mathrm{d}\Gamma\mathrm{d}t$，类似处理可得

$$\int_0^t\oint_\Gamma\boldsymbol{n}\times\boldsymbol{u}\times\nabla G\mathrm{d}\Gamma\mathrm{d}t'=\oint_\Gamma\int_0^t\boldsymbol{n}(\boldsymbol{r}')\times\boldsymbol{u}(\boldsymbol{r}',t')\times\nabla_{r'}\left\{\frac{1}{4\pi|\boldsymbol{r}-\boldsymbol{r}'|}\delta\left[\frac{|\boldsymbol{r}-\boldsymbol{r}'|}{c}-(t-t')\right]\right\}\mathrm{d}t'\mathrm{d}\Gamma$$

$$=\oint_\Gamma\int_0^t\boldsymbol{n}\times\boldsymbol{u}(\boldsymbol{r}',t')\times\left\{\frac{1}{4\pi|\boldsymbol{r}-\boldsymbol{r}'|^2}\delta\left[\frac{|\boldsymbol{r}-\boldsymbol{r}'|}{c}-(t-t')\right]-\frac{1}{4c\pi|\boldsymbol{r}-\boldsymbol{r}'|}\delta_s'\left[\frac{|\boldsymbol{r}-\boldsymbol{r}'|}{c}-(t-t')\right]\right\}\frac{\boldsymbol{R}}{R}\mathrm{d}t'\mathrm{d}\Gamma$$

$$=\oint_\Gamma\frac{\boldsymbol{n}\times\boldsymbol{u}\left(\boldsymbol{r}',t-\frac{|\boldsymbol{r}-\boldsymbol{r}'|}{c}\right)}{4\pi|\boldsymbol{r}-\boldsymbol{r}'|^2}\times\frac{\boldsymbol{R}}{R}\mathrm{d}\Gamma-\oint_\Gamma\int_0^t\left\{\left[\frac{\boldsymbol{n}\times\boldsymbol{u}(\boldsymbol{r}',t')}{4c\pi|\boldsymbol{r}-\boldsymbol{r}'|}\times\frac{\boldsymbol{R}}{R}\right]\delta_s'\left[\frac{|\boldsymbol{r}-\boldsymbol{r}'|}{c}-(t-t')\right]\right\}\mathrm{d}s\mathrm{d}\Gamma$$

{分部积分}

$$=\oint_{\Gamma}\frac{\boldsymbol{n}\times\boldsymbol{u}\left(\boldsymbol{r}',t-\frac{|\boldsymbol{r}-\boldsymbol{r}'|}{c}\right)}{4\pi|\boldsymbol{r}-\boldsymbol{r}'|^2}\times\frac{\boldsymbol{R}}{R}\mathrm{d}\Gamma-\oint_{\Gamma}\frac{\boldsymbol{n}\times\boldsymbol{u}(\boldsymbol{r}',t')}{4c\pi|\boldsymbol{r}-\boldsymbol{r}'|}\times\frac{\boldsymbol{R}}{R}\delta\left[\frac{|\boldsymbol{r}-\boldsymbol{r}'|}{c}-(t-t')\right]\mathrm{d}\Gamma\bigg|_0^t$$

$$+\oint_{\Gamma}\int_0^t\left\{\frac{\partial}{\partial s}\left[\frac{\boldsymbol{n}\times\boldsymbol{u}(\boldsymbol{r}',t')}{4c\pi|\boldsymbol{r}-\boldsymbol{r}'|}\times\frac{\boldsymbol{R}}{R}\right]\delta(s)\right\}\mathrm{d}t'\mathrm{d}\Gamma$$

$$=\oint_{\Gamma}\left[\frac{\boldsymbol{n}\times\boldsymbol{u}\left(\boldsymbol{r}',t-\frac{|\boldsymbol{r}-\boldsymbol{r}'|}{c}\right)}{4\pi|\boldsymbol{r}-\boldsymbol{r}'|^2}+\frac{\boldsymbol{n}\times\boldsymbol{u}'_{t'}\left(\boldsymbol{r}',t-\frac{|\boldsymbol{r}-\boldsymbol{r}'|}{c}\right)}{4c\pi|\boldsymbol{r}-\boldsymbol{r}'|}\right]\times\frac{\boldsymbol{R}}{R}\mathrm{d}\Gamma-\oint_{\Gamma}\frac{\boldsymbol{n}\times\boldsymbol{u}(\boldsymbol{r}',0)}{4c\pi|\boldsymbol{r}-\boldsymbol{r}'|}$$

$$\times\frac{\boldsymbol{R}}{R}\delta\left[\frac{|\boldsymbol{r}-\boldsymbol{r}'|}{c}-t\right]\mathrm{d}\Gamma\bigg|_0^t=I_1+I_2 \tag{E.14}$$

$$I_1=\begin{cases}\oint_{\Gamma}\left[\frac{\boldsymbol{n}\times\boldsymbol{u}\left(\boldsymbol{r}',t-\frac{|\boldsymbol{r}-\boldsymbol{r}'|}{c}\right)}{4\pi|\boldsymbol{r}-\boldsymbol{r}'|^2}+\frac{\boldsymbol{n}\times\boldsymbol{u}'_{t'}\left(\boldsymbol{r}',t-\frac{|\boldsymbol{r}-\boldsymbol{r}'|}{c}\right)}{4c\pi|\boldsymbol{r}-\boldsymbol{r}'|}\right]\times\frac{\boldsymbol{R}}{R}\mathrm{d}\Gamma, & 0\leqslant t'=t-\frac{|\boldsymbol{r}-\boldsymbol{r}'|}{c}\leqslant t\\ 0, & t'=t-\frac{|\boldsymbol{r}-\boldsymbol{r}'|}{c}\notin[0,t]\end{cases}$$

$$I_2=-\oint_{\Gamma}\frac{\boldsymbol{n}\times\boldsymbol{u}(\boldsymbol{r}',t')}{4\pi c|\boldsymbol{r}-\boldsymbol{r}'|}\times\frac{\boldsymbol{R}}{R}\delta\left[\frac{|\boldsymbol{r}-\boldsymbol{r}'|}{c}-(t-t')\right]\mathrm{d}\Gamma\bigg|_0^t$$

$$=-\oint_{\Gamma}\frac{\boldsymbol{n}\times\boldsymbol{u}(\boldsymbol{r}',t)}{4\pi c|\boldsymbol{r}-\boldsymbol{r}'|}\times\frac{\boldsymbol{R}}{R}\delta\left[\frac{\rho}{c}\right]\mathrm{d}\Gamma+\oint_{\Gamma}\frac{\boldsymbol{n}\times\boldsymbol{u}(\boldsymbol{r}',0)}{4\pi c|\boldsymbol{r}-\boldsymbol{r}'|}\times\frac{\boldsymbol{R}}{R}\delta\left[\frac{\rho}{c}-t\right]\mathrm{d}\Gamma$$

$$=0(\text{方向不定})+\int_0^{2\pi}\int_0^{R_{\max}}\frac{\boldsymbol{n}\times\boldsymbol{u}(\boldsymbol{r}',0)}{4\pi\rho}\times\frac{\boldsymbol{R}}{R}\delta\left[\frac{\rho}{c}-t\right]\rho\mathrm{d}\theta\mathrm{d}\frac{\rho}{c}=\int_0^{2\pi}\frac{\boldsymbol{n}\times\boldsymbol{u}(\boldsymbol{r}'',0)}{4\pi\rho}\times\frac{\boldsymbol{R}}{R}\rho\mathrm{d}\theta\bigg|_{\rho=ct}$$

$$=\begin{cases}\sum_{i=1}^{m'}\frac{\boldsymbol{n}\times\boldsymbol{u}(\boldsymbol{r}'',0)}{4\pi\rho}\times\frac{\boldsymbol{R}}{R}\Delta L_i'\bigg|_{\rho=ct}, & \Delta L_i'\text{为球面}|\boldsymbol{r}-\boldsymbol{r}'|=\rho=ct\text{与}\Gamma\text{的交线在}i\text{号边界元内的长度，}\boldsymbol{r}''\text{为}\Delta L_i\text{的中点;}\boldsymbol{u}(\boldsymbol{r}'',0)\text{需要进行空间插值确定}\\ 0, & \text{与球面}|\boldsymbol{r}-\boldsymbol{r}'|=\rho=ct\text{不相交的边界元}\end{cases}$$

同样：I_1 是全面积积分，对应不同的时刻；I_2 是线积分，仅与初始时刻的值相对应。

在边界元阶段，面积分将会出现奇异性，此时，奇异部分 $I_1=I_2=0$（此时 R 的方向不定），也可理解为按解析积分公式：$\int_{\Gamma_j}\nabla\frac{1}{4\pi R}\mathrm{d}A_j=0$，作为待求量时，此项对未知量的系数没有贡献。在求域内值阶段，边界积分不可能出现奇异性问题。

（5）对于体积分项 $\int_0^t\int_{\Omega}(\nabla G)(\nabla\cdot\boldsymbol{u})\mathrm{d}\Omega\mathrm{d}t$，临时可不考虑（按 $\nabla\cdot\boldsymbol{u}=0$ 处理）。

（6）问题的关键是$-\frac{1}{c^2}\int_\Omega \frac{\partial \boldsymbol{u}}{\partial t}G\mathrm{d}\Omega\Big|_0^t + \frac{1}{c^2}\int_\Omega \boldsymbol{u}\frac{\partial G}{\partial t}\mathrm{d}\Omega\Big|_0^t$这两项的处理。首先考虑第一项$\frac{1}{c^2}\int_\Omega \frac{\partial \boldsymbol{u}}{\partial t}G\mathrm{d}\Omega\Big|_0^t$。

$$\begin{aligned}
&\frac{1}{c^2}\int_\Omega \frac{\partial \boldsymbol{u}}{\partial t}G\mathrm{d}\Omega\Big|_0^t = \frac{1}{c^2}\int_\Omega \frac{\partial \boldsymbol{u}}{\partial t}\frac{\delta\left[\frac{|\boldsymbol{r}-\boldsymbol{r}'|}{c}\right]}{4\pi|\boldsymbol{r}-\boldsymbol{r}'|}\mathrm{d}\Omega\Big|_{t'=t} - \frac{1}{c^2}\int_\Omega \frac{\partial \boldsymbol{u}}{\partial t}\frac{\delta\left[\frac{|\boldsymbol{r}-\boldsymbol{r}'|}{c}-t\right]}{4\pi|\boldsymbol{r}-\boldsymbol{r}'|}\mathrm{d}\Omega\Big|_{t'=0}\\
&=\frac{1}{c}\int_\Omega \frac{\partial \boldsymbol{u}}{\partial t}\frac{\delta\left[\frac{|\boldsymbol{r}-\boldsymbol{r}'|}{c}\right]}{4\pi|\boldsymbol{r}-\boldsymbol{r}'|}\rho^2\sin\varphi\mathrm{d}\frac{\rho}{c}\mathrm{d}\theta\mathrm{d}\varphi\Big|_{t'=t} - \frac{1}{c}\int_\Omega \frac{\partial \boldsymbol{u}}{\partial t}\frac{\delta\left[\frac{|\boldsymbol{r}-\boldsymbol{r}'|}{c}-t\right]}{4\pi|\boldsymbol{r}-\boldsymbol{r}'|}\rho^2\sin\varphi\mathrm{d}\frac{\rho}{c}\mathrm{d}\theta\mathrm{d}\varphi\Big|_{t'=0}\\
&=I_1-I_2
\end{aligned} \tag{E.15}$$

式中，

$$\begin{aligned}
I_1 &= \frac{1}{c}\int_\Omega \frac{\partial \boldsymbol{u}}{\partial t}\frac{\delta\left[\frac{|\boldsymbol{r}-\boldsymbol{r}'|}{c}\right]}{4\pi|\boldsymbol{r}-\boldsymbol{r}'|}\rho^2\sin\varphi d\frac{\rho}{c}\mathrm{d}\theta d\varphi\Big|_{t'=t} = \frac{1}{c}\lim_{\rho\to 0}\oint_\Gamma \frac{\partial \boldsymbol{u}(\boldsymbol{r}',t)}{\partial t'}\frac{1}{4\pi\rho}\Big|_{\rho\to 0}\mathrm{d}\Gamma\\
&=\lim_{\rho\to 0}\left\{\frac{1}{c}\left[\frac{\partial \boldsymbol{u}(\boldsymbol{r}'',t)}{\partial t}\right]^*\cdot\frac{1}{4\pi\rho}\cdot 4\pi\rho^2\right\} = \lim_{\rho\to 0}\left\{\frac{1}{c}\left[\frac{\partial \boldsymbol{u}(\boldsymbol{r}'',t)}{\partial t}\right]^*\cdot\rho\right\} = 0
\end{aligned} \tag{E.16}$$

关于I_2的处理，在局部球坐标系下，

$$\begin{aligned}
I_2 &= \int_\Omega \frac{\partial \boldsymbol{u}(\boldsymbol{r}',t)}{\partial t}\frac{1}{4c^2\pi|\boldsymbol{r}-\boldsymbol{r}'|}\delta\left[\frac{|\boldsymbol{r}-\boldsymbol{r}'|}{c}-(t-t')\right]\mathrm{d}\Omega\Big|_{t'=0}\\
&=\int_\Omega \frac{\partial \boldsymbol{u}(\boldsymbol{r}',0)}{\partial t}\frac{1}{4c^2\pi|\boldsymbol{r}-\boldsymbol{r}'|}\delta\left[\frac{|\boldsymbol{r}-\boldsymbol{r}'|}{c}-t\right]\mathrm{d}\Omega\\
&=\int_0^\pi\int_0^{2\pi}\int_0^{R_{\max}} \frac{\partial \boldsymbol{u}(\boldsymbol{r}',0)}{\partial t}\frac{1}{4c\pi\rho}\delta\left[\frac{\rho}{c}-t\right]\rho^2\sin\varphi\mathrm{d}\varphi\mathrm{d}\theta\mathrm{d}\frac{\rho}{c}\\
&=\int_0^\pi\int_0^{2\pi} \frac{\partial \boldsymbol{u}(\boldsymbol{r}'',0)}{\partial t}\frac{1}{4c\pi\rho}\rho^2\sin\varphi\mathrm{d}\varphi\mathrm{d}\theta\Big|_{\rho=ct}\\
&=\begin{cases}\displaystyle\sum_{i=1}^{m'}\frac{\partial \boldsymbol{u}(\boldsymbol{r}_i'',0)}{\partial t'}\frac{1}{4\pi c\rho}\Delta\Gamma_i'\Big|_{\rho=ct}, & \text{球面}\rho=ct\text{与}\Omega\text{的交面所在体积元的和，需要进行空间插值}\\ 0, & \text{与球面}|\boldsymbol{r}-\boldsymbol{r}'|=\rho=ct\text{不相交的体积元}\end{cases}
\end{aligned} \tag{E.17}$$

式中的$\boldsymbol{r}''$为球面$\rho=ct$与体积元Ω_i的交面的中点坐标，因此$\dfrac{\partial u(\boldsymbol{r}'',0)}{\partial t'}$需通过空间插值决定。$\Delta\Gamma_i'$为球面$|\boldsymbol{r}-\boldsymbol{r}'|=\rho=ct$与$\Omega$的交面在$i$号体积元范围内的等效弧面面积，等效弧面面积$\Delta\Gamma_i'$近似可按$\boldsymbol{r}''$点处分别沿$\theta,\varphi$方向的切线在该体积元内的长度$b_{q\theta},b_{q\varphi}$的乘积$b_{q\theta}\times b_{q\varphi}$考虑；另外，这里本身是对一个球面进行积分，完全可以重新进行单元划分。这也正是我们在程序设计时的做法。

由此可知：此项确实反映了初始条件对解的影响（体现在I_2上），并且也只有在这一项才反映了$\dfrac{\partial \boldsymbol{u}(\boldsymbol{r}',0)}{\partial t'}$的影响，这种反映的直观表现只在最大延迟时间内有效；同时，由时间奇异性$t=t'$必然导致的空间奇异性在这项也有反映（体现在I_1上），即单元本身对其的作用。

无论在边界元阶段，还是在求域内值阶段，由于延迟的作用，从计算角度都不会产生奇异性。

（7）$\dfrac{1}{c^2}\displaystyle\int_\Omega \boldsymbol{u}\frac{\partial G}{\partial t}\mathrm{d}\Omega\Big|_0^t$。

$$\frac{1}{c^2}\int_\Omega \boldsymbol{u}\frac{\partial G}{\partial t}\mathrm{d}\Omega\Big|_0^t=\frac{1}{c^2}\int_\Omega \boldsymbol{u}(\boldsymbol{r}',t')\frac{\delta_{t'}'\left[\dfrac{|\boldsymbol{r}-\boldsymbol{r}'|}{c}-(t-t')\right]}{4\pi|\boldsymbol{r}-\boldsymbol{r}'|}\mathrm{d}\Omega\Bigg|_0^t$$

$$=\frac{1}{c^2}\int_\Omega \boldsymbol{u}(\boldsymbol{r}',t)\frac{\delta_s'\left[\dfrac{|\boldsymbol{r}-\boldsymbol{r}'|}{c}\right]}{4\pi|\boldsymbol{r}-\boldsymbol{r}'|}\mathrm{d}\Omega\Bigg|_{t'=t}-\frac{1}{c^2}\int_\Omega \boldsymbol{u}(\boldsymbol{r}',0)\frac{\delta_s'\left[\dfrac{|\boldsymbol{r}-\boldsymbol{r}'|}{c}-t\right]}{4\pi|\boldsymbol{r}-\boldsymbol{r}'|}\mathrm{d}\Omega\Bigg|_{t=0}$$

{对球坐标系下的距离坐标分量ρ使用分步积分法}

$$=\frac{1}{c}\int_\Omega \boldsymbol{u}(\boldsymbol{r}',t)\frac{\delta_s'\left[\dfrac{|\boldsymbol{r}-\boldsymbol{r}'|}{c}\right]}{4\pi|\boldsymbol{r}-\boldsymbol{r}'|}\rho^2\sin\theta\mathrm{d}\varphi\mathrm{d}\theta\mathrm{d}\frac{\rho}{c}\Bigg|_{t'=t}-\frac{1}{c}\int_\Omega \boldsymbol{u}(\boldsymbol{r}',0)\frac{\delta_s'\left[\dfrac{|\boldsymbol{r}-\boldsymbol{r}'|}{c}-t\right]}{4\pi|\boldsymbol{r}-\boldsymbol{r}'|}\rho^2\sin\theta\mathrm{d}\varphi\mathrm{d}\theta\mathrm{d}\frac{\rho}{c}\Bigg|_{t'=0}$$

$$=\frac{1}{c}\oint_{\Gamma1}\left[\frac{\boldsymbol{u}(\boldsymbol{r}',t)}{4\pi\rho}\rho^2\sin\theta\right]\delta\left[\frac{|\boldsymbol{r}-\boldsymbol{r}'|}{c}\right]\mathrm{d}\varphi\mathrm{d}\theta\Bigg|_{t'=t}\Bigg|_{\rho=0}^{\rho_{\max}}$$

$$-\int_\Omega\frac{\partial}{\partial\rho}\left[\frac{\boldsymbol{u}(\boldsymbol{r}',t)}{4\pi|\boldsymbol{r}-\boldsymbol{r}'|}\rho^2\sin\theta\right]\delta\left[\frac{|\boldsymbol{r}-\boldsymbol{r}'|}{c}\right]\mathrm{d}\varphi\mathrm{d}\theta d\frac{\rho}{c}\Bigg|_{t'=t}$$

$$-\frac{1}{c}\oint_{\Gamma2}\left[\frac{\boldsymbol{u}(\boldsymbol{r}',0)}{4\pi\rho}\rho^2\sin\theta\right]\delta\left[\frac{|\boldsymbol{r}-\boldsymbol{r}'|}{c}-t\right]\mathrm{d}\varphi\mathrm{d}\theta\Bigg|_{t'=0}\Bigg|_{\rho=0}^{\rho_{\max}}$$

$$+\int_\Omega\frac{\partial}{\partial\rho}\left[\frac{\boldsymbol{u}(\boldsymbol{r}',0)}{4\pi|\boldsymbol{r}-\boldsymbol{r}'|}\rho^2\sin\theta\right]\delta\left[\frac{|\boldsymbol{r}-\boldsymbol{r}'|}{c}-t\right]\mathrm{d}\varphi\mathrm{d}\theta\mathrm{d}\frac{\rho}{c}\Bigg|_{t'=0}$$

$$=-\frac{1}{c}\oint_{\Gamma 1}\left[\frac{\boldsymbol{u}(\boldsymbol{r}',t)}{4\pi\rho}\rho^2\sin\theta\right]\delta\left[\frac{|\boldsymbol{r}-\boldsymbol{r}'|}{c}\right]\mathrm{d}\varphi\mathrm{d}\theta\Bigg|_{t'=t}\Bigg|_{\rho=0}$$

$$-\oint_{\Gamma 3}\frac{\partial}{\partial\rho}\left[\frac{\boldsymbol{u}(\boldsymbol{r}',t)}{4\pi|\boldsymbol{r}-\boldsymbol{r}'|}\rho^2\sin\theta\right]\mathrm{d}\varphi\mathrm{d}\theta\Bigg|_{t'=t}\Bigg|_{\Gamma 3:\rho\to 0}$$

$$-\frac{1}{c}\oint_{\Gamma 2}\left[\frac{\boldsymbol{u}(\boldsymbol{r}',0)}{4\pi\rho}\right]\delta\left[\frac{|\boldsymbol{r}-\boldsymbol{r}'|}{c}-t\right]\rho^2\sin\theta\mathrm{d}\varphi\mathrm{d}\theta\Bigg|_{t'=0}\Bigg|_{\rho_{\max}}$$

$$+\oint_{\Gamma 4}\frac{\partial}{\partial\rho}\left[\frac{\boldsymbol{u}(\boldsymbol{r}',0)}{4\pi|\boldsymbol{r}-\boldsymbol{r}'|}\rho^2\sin\theta\right]\mathrm{d}\varphi\mathrm{d}\theta\Bigg|_{t'=0}\Bigg|_{\rho=ct}=I_1+I_2+I_3+I_4 \tag{E.18}$$

式中多次利用了性质：$\int_L a\delta(b)\mathrm{d}l=0 \quad (b\neq 0)$。

$$I_1=-\frac{1}{c}\oint_{\Gamma 1}\left[\frac{\boldsymbol{u}(\boldsymbol{r}',t)}{4\pi\rho}\rho^2\sin\theta\right]\delta\left[\frac{|\boldsymbol{r}-\boldsymbol{r}'|}{c}\right]\mathrm{d}\varphi\mathrm{d}\theta\Bigg|_{t'=t}\Bigg|_{\rho=0}$$
$$=-\frac{1}{4c\pi}\lim_{\rho\to 0}\int_0^{\pi}\sin\theta\mathrm{d}\theta\int_0^{2\pi}\boldsymbol{u}(\boldsymbol{r}',t)\delta\left[\frac{|\boldsymbol{r}-\boldsymbol{r}'|}{c}\right]\rho\mathrm{d}\varphi=0 \tag{E.19}$$

此式的结果运用了性质：$x\delta(x)=0$，这实际上就是体积元本身的影响。

$$I_2=-\lim_{\rho\to 0}\oint_{\Gamma 3}\frac{\partial}{\partial\rho}\left[\frac{\boldsymbol{u}(\boldsymbol{r}',t)}{4\pi\rho}\rho^2\sin\theta\right]\mathrm{d}\varphi\mathrm{d}\theta\Bigg|_{t'=t}\Bigg|_{\Gamma 1:\rho\to 0}$$
$$=-\lim_{\rho\to 0}\oint_{\Gamma 3}\frac{\partial}{\partial\rho}\left[\frac{\boldsymbol{u}(\boldsymbol{r}',t)}{4\pi}\rho^2\sin\theta\right]\mathrm{d}\varphi\mathrm{d}\theta\Bigg|_{t'=t}\Bigg|_{\Gamma 1:\rho\to 0}$$
$$=-\frac{\boldsymbol{u}(\boldsymbol{r}',t)}{2\pi}\lim_{\rho\to 0}\int_0^{2\pi}\rho\mathrm{d}\varphi\int_0^{\pi}\sin\theta\mathrm{d}\theta=0 \tag{E.20}$$

式（E.20）仍然是奇异性处理结果，只在求内部点时存在。

$$I_3=-\frac{1}{c}\oint_{\Gamma 2}\frac{\boldsymbol{u}(\boldsymbol{r}',0)}{4\pi\rho}\delta\left[\frac{|\boldsymbol{r}-\boldsymbol{r}'|}{c}-t\right]\rho^2\sin\theta\mathrm{d}\varphi\mathrm{d}\theta\Bigg|_{t'=0}\Bigg|_{\rho_{\max}}=0 \tag{E.21}$$

显然，当所讨论点最远体积元 $\rho_{\max}\neq ct$ 时，其值为零。当所讨论最远点满足 $\rho_{\max}=ct$，由于最远点的面积趋于零，因此积分为零。

$$I_4=\oint_{\Gamma 4}\frac{\partial}{\partial\rho}\left[\frac{\boldsymbol{u}(\boldsymbol{r}'',0)}{4\pi\rho}\rho^2\sin\theta\right]\mathrm{d}\varphi\mathrm{d}\theta\Bigg|_{t'=0}\Bigg|_{\rho=ct}$$
$$=\begin{cases}\displaystyle\sum_{j=1}^{m''}\frac{\boldsymbol{u}(\boldsymbol{r}'',0)}{4\pi\rho^2}\Delta\Gamma_j, & \text{与曲面}|\boldsymbol{r}-\boldsymbol{r}'|=\rho=ct\text{相交的全体体积元的和}\\ 0, & \text{与}|\boldsymbol{r}-\boldsymbol{r}'|=\rho=ct\text{不相交的体积元}\end{cases} \tag{E.22}$$

式中，$\Delta\Gamma_j$ 为 j 号体积元与曲面 $\rho=ct$ 的交面面积。

I_4 中的 $\boldsymbol{r}''$ 为球面 $\rho = ct$ 与体积元 Ω_j 的交面的中点坐标，因此 $\boldsymbol{u}(\boldsymbol{r}'',0)$ 需通过空间插值决定，$\Delta\Gamma_i'$ 为球面 $|\boldsymbol{r}-\boldsymbol{r}'| = \rho = ct$ 与 Ω 的交面在 i 号体积元范围内的等效弧面面积。同样，等效弧面面积 $\Delta\Gamma_i'$ 近似可按 $\boldsymbol{r}_j''$ 点处分别沿 θ,φ 方向的切线在该体积元内的长度 $b_{q\theta},b_{q\varphi}$ 的乘积 $b_{q\theta}\times b_{q\varphi}$ 考虑；另外，这里本身是对一个球面进行积分，完全可以重新进行单元划分。我们在程序中就是这样处理的。

无论在边界元阶段，还是在求域内值阶段，由于延迟的作用，该项都不会产生奇异性。

E.4　与旋度积分表述直接相关的积分项

对于以势函数表示的电磁场波动方程，势函数的旋度才是希望求取并能够获得唯一解的物理量。因此使用旋度表述求解域内旋度值尽管困难，也是必须进行的工作，讨论的方式仍然是首先处理时间积分。

由于过程实在太烦琐，如果列出，有拖长篇幅之嫌。同时，由于时间的关系，本书也没有来得及采用这部分相关计算的结果，故略去，有机会再行发表。

后　记

作为机械专业的大学毕业生（重庆大学），研究生阶段（大连理工大学）曾接触工程力学，博士阶段（哈尔滨工程大学）做了一段时间的船舶推进（流体力学），曾在研究所工作，做机械产品设计近 10 年，在大学教过 7 年机械基础课，当过杨本洛教授的专职助手，在上海交通大学做过 5 年的流体力学基础理论研究，现在华东理工大学机械与动力工程学院本科教学实验中心担任实验教师。对于为什么出版关于电磁理论研究的书籍做如下说明。

1. 研究起因（为什么研究电磁场数值计算？）

大约是 2007 年 11 月下旬的一天下午，本人接到上海交通大学杨本洛教授的电话，他告诉我，中兴通讯股份有限公司准备在上海浦东成立中兴通讯上海通讯基础研究中心，由杨本洛教授担任研究中心负责人，准备以杨本洛教授在电磁场理论中的已有研究结果为基础，以他所倡导的“物质第一性和逻辑自洽化”原则为指导，仔细分析经典电磁场理论可能存在的问题，建立新的电磁场求解体系，并努力将新的电磁场求解体系应用到中兴通讯的相关产品设计中。杨老师希望本人能够参与该项工作。作为杨老师曾经的科研助手，此时已离开上海交通大学半年有余，正为在北京从事商用制冷设备安装服务的一家公司研制一种新型高效换热器。由于在上海交通大学从事基础理论研究期间主要进行流体力学方面的基础理论研究工作，没有关注杨老师在电磁场理论方面的相关研究，故回复杨老师：本人能力有限，加上对电磁理论不熟悉（此时甚至写不出完整的麦克斯韦方程），不想参与此项工作。但杨老师说电磁理论的机理和相关计算远较流体力学相关计算简单，相信我的能力能够胜任此项工作，并反复说明将在过年前直接与中兴通讯股份有限公司签订劳动合同，且收入与中兴通讯相关职位挂钩（收入较高）等。考虑到本人喜欢基础理论研究，且作为杨老师多年的研究助手，熟悉杨老师的工作方法，也尊重杨老师在基础理论方面所做大量工作，愿意为基础理论研究做出力所能及的贡献，于是，答应了杨老师的邀请。

由于对电磁理论及其计算方法完全缺乏了解，当天就到上海交通大学闵行校区的精华书店购买了多本计算电磁学的有关教材，记得有王秉中编著的《计算电磁学》（科学出版社 2005 年 2 月出版），吕英华编著的《计算电磁学的数值方法》（清华大学出版社 2006 年 6 月出版），倪光正等编著的《工程电磁场数值计算》（机械工业出版社 2006 年 10 月出版）等。通过近一个月的潜心学习，对电磁理论有了大致的了解。最重要的是结合本人已有的科学研究经历，发现一个奇特的现象：随着计算机软硬件技术的发展，数值计算技术在各应用学科得到广泛应用。例如，一个有限元法就解决了固体力学的几乎所有工程问题，因此（结构）计算力学教材只讲有限元方法；而流体力学或数值传热学则用差分法，例如，陶文铨院士 60 万字的专著《数值传热学》就只讲了有限容积差分法，因为这一方法基本能够解决数值传热学的几乎所有工程实际问题。但在当时接触的三本《计算电磁学》相关教材中，都涉及了有限元法、差分法和边界元这三种基本数值方法。除了使用这三种基本数值计算方法，更有利用物理规律构造的时域有限差分法（FDTD）和使用棱边元的矢量有限元方法在计算电磁学中应运而生；还有冷僻的蒙特卡罗概率算法也成为计算电磁学的重要内容；甚至还有中学阶段物理就了解的镜像法等也用于电磁场的数值分析（模拟电荷法）。这从一个侧面说明：如果说以实验定律为基础的麦克斯韦方程本身没有大的问题，那么麦克斯韦方程组的求解问题就一定是一个尚待更好解决的问题，否则在工程上无需使用多种计算方法去进行多种尝试。这就是本人后来开展电磁场数值计算研究的主要原因，当然这也是本人对本书所涉及的相关研究内容的最初认识。

2007 年 12 月下旬（包括圣诞节当天），在杨老师的安排下，来到深圳中兴通讯总部参加其内部举办的关于电磁场数值计算的小型研讨会，除时任中兴通讯董事长（侯为贵）、监事会主席（记不清是否是张太峰先生）外，还有技术总监等相关人员参加，另外中国科学院电子学研究所张晓娟研究员（代表宋文淼）、上海天文台相关人员（记不清人名，只记得该人为美国宇航研究院院士，对相对论持否定态度）等十多人参加。侯董事长曾在会上明确指出：在中国如果中兴通讯这样的上市公司都不支持电磁场相关基础理论研究，那么将很难再找到来自企业的支持。并要求：中兴通讯上海通讯基础研究中心在春节前一定要挂牌，目前存在什么问题提出来。这都表明中兴通讯对该项工作的重视。但杨本洛教授不知出于什么考虑，在深圳待了三天两夜后，却告知他希望上海交通大学能够介入本次合作，而我将以上海交通大学老师的身份参加研究工作。总之这次原本说好让我和中兴通讯签订劳动合同的事没有兑现。鉴于本人当时已没有工作，孩子尚在中学学习，同时支持杨本洛教授进行基础理论研究的原上海交通大学谢绳武校长已离职（再回上海交通大学将非常困难），加之本人之前离开上海交通大学的不愉快，夫人要求本人另外找工作。2008 年 3 月华东理工大学同意本人加入该校机械与动力工程学院新建立的能源转换研究室从事余热利用、强化传热方面的研究工作。这样关于电磁场数值计算的相关研究当然就停了下来。

进入华东理工大学，本准备在余热利用、强化传热等方面做一些利国利民的实际工作，不想继续在基础理论研究这样的“无底深渊”中挣扎，走所谓正常科研工作的路，甚至闪过借此进行教授资格申报的念头（我是 1995 年的老副教授，20 多年来从未想过、更没有申报过教授资格）。但经过不到一年的实际工作，由于各种原因（当然包括自己的原因），想走“正常”科研道路是走不通的。其时，鉴于在上海交通大学的经验，夫人对我提出了“孩子心思细腻敏感，在孩子上大学之前，无论发生任何情况，都尽量不要离开华东理工大学”的要求，希望我有份稳定的工作，为孩子的高考提供起码的物质条件和稳定的心理条件（不要因为本人没有工作，影响孩子专心高考）。作为高学历的丈夫和父亲（在过去的岁月里，一直为对家庭的经济贡献不够而感到愧疚），她的这个要求并不过分。在想做事却做不了又走不成的情况下，大约自 2008 年 10 月开始，只能利用大量的时间学习电磁场理论与数值计算的相关书籍。通过近一年的大量阅读，初步判断各种规范条件可能是麦克斯韦方程求解存在问题的根本原因，并开始利用现有条件（本科毕业设计，大学生创新活动 USRP）进行各种探索。

2009 年 4 月到北京出差期间，非常难得的与大学同学相聚，在同学相聚的兴奋中，谈到了生活的无奈和做事的艰难，当然也谈到了正在艰难进行的电磁场基础理论研究，谈到了为给学生提供一台旧电脑要经历多少周折等。非常凑巧的是，其中的蒲长晏同学也是一个想做事的人，马上表态“需要几台计算机？完全可以无偿支持！”聚会之后，蒲同学到了我当时住的宾馆，看到满床乱放的新书（到北京后有去西单图书大厦的习惯，当天上午刚去购买了近 10 本有关电磁场理论与数值计算的新书），蒲同学进一步表明了支持基础理论研究的意愿，初步探讨了支持方式和支持力度，也感慨基础理论研究的艰辛和成功的不易。

回到上海后，想到自己赚钱的不易，对是否接受蒲同学的支持与帮助始终犹豫不决。在蒲同学的多次劝说下（以合同的形式，利益共享），终于决定接受蒲同学的帮助，并于 2009 年 6 月 23 日在上海与蒲长晏同学签订了《基础研究合同》，开始排除各种干扰全身心地投入电磁场数值计算的研究中。

2. 研究历史概述

1）2007 年 11 月～12 月

开始接触《计算电磁学》，从相关教材中多种计算方法几乎没有侧重的介绍，初步判断计算电磁学可能存在大的逻辑推理或数学问题，播下了开展本书所涉及的电磁场数值计算研究的最初种子。

2）2008 年 9 月～2009 年 6 月

大量阅读电磁场理论和计算电磁学的相关书籍，从理性判断各种规范条件的无理性，也正是各种规范条件地引入，导致计算电磁学不能很好地支持工程应用。开始利用学校资源（本科毕业设计、大学生创新活动 USRP 等），在力所能及的范围内进行探索、尝试。

3）2009 年 7 月～2010 年 9 月

2009 年 6 月 23 日与蒲长宴签订《基础研究合同》后，在蒲同学的经费支持下，开始招兵买马。这一阶段专注于基础理论研究，主要是提出了问题，明确了完善解决电磁场问题的标准(包含双旋度算子的三个范定方程的求解和工程实际边界条件问题。通俗地讲就是需要翻越“三座大山”，跨过“一条不知深浅的河”)。通过对赫姆霍兹方程的边界元计算方法的成功开发，基本确定主要研究思路是正确的，值得继续研究。这期间还得到大学同学谭跃钢（武汉理工大学博士生导师）的多方支持。

4）2010 年 10 月～2012 年 10 月

在本人提议下，蒲长晏（甲方）、覃新川（乙方）、李昇（丙方，研究生同学）三方于 2010 年 9 月 13 日在上海签订《关于电磁场数值计算基础研究的合作协议》（值得一提的是谭跃钢还专程由武汉到上海见证了协议的签订），协议规定由甲、丙两方提供研究资金，乙方负责组织研究人员进行电磁场基础理论研究和相关应用研究，要求在 2～3 年的时间内完成研究工作。同时，硕士研究生同学樊琨（上海海事大学副教授，数学、物理理论基础扎实是其特点）也正式加入研究行列。在充足资金的支持下，开始按既定路线进行研究。在李、樊的强烈建议下，考虑基础理论研究的艰难（在最多 3 年资助时间内，难以在基础理论上获得突破）和基础理论的最终目的仍然是应用，希望借助支持，在应用研究方面投入了一些时间、资金和人力，先后开展了与电磁场数值计算相关的磁悬浮、大电机发热问题、磁力耦合器等应用项目的研究，虽然从传热角度解决了大电机的发热问题，并完成 400kW 防爆电机设计与试制，以及完成大功率磁力耦合器的可行性研究等一些应用研究结果，但由于整个经济形势的下行趋势和推广工作的失误，没能达到以应用研究“养”理论研究的目的。同时在理论研究方面由于本人投入精力的减少，缺乏理论支撑，在具体算法上盲目尝试，走了一点弯路（如在多极子算法上投入太多人力物力）。

5）2012 年 10 月～2013 年 10 月

在之前的电磁场计算研究中，限于人力我们将理论研究的重点放在新方法的实现上，没有适当人力开展经典算法、软件算法比较研究和实验验证工作。此时开始逐渐认识到新算法和经典算法的比较研究和实验验证工作的重要性。后期构建了相应的计算模型和实验验证模型。完成实验模型的经典算法、新算法的程序框架设计。这一阶段还对应用研究“养”基础理论研究抱有幻想，希望出现奇迹。

6）2013 年 10 月～2014 年 10 月

2013 年 9 月最后一笔赞助款到位，2014 年 3 月 30 日吃散伙饭，在极为困难的条件下（没钱、没人），完全放弃应用研究“养”基础理论研究的幻想，调入机械学院本科教学实验中心，推卸能够推卸的所有杂务，专注电磁场基础理论研究，完成实验模型的经典算法、新算法程序修改。初步完成两个模型实验，但其实验精度都不足以验证新算法的正确性，其中静磁场验证实验（铁磁平面上通电电流产生的磁场）能够定性证明，需进一步提高实验精度并解决测量重复性的问题（后来知道是零飘修正问题引起的实验数据不能重复），因此受到鼓舞。

7）2014 年 10 月～2015 年 10 月

利用学校创新基金，开设短学期创新实验课程——磁悬浮测试实验研究，获得较高测试精度的静磁场实验条件，已基本证实新的双旋度泊松方程求解结果与试验基本吻合。目前正在建立低频（工频附近）电磁感应实验台，希望在低频范围验证与时谐问题相对应的赫姆霍兹方程求解结果，并希望利用低频实验台验证一般时域波动方程的求解结果。此工作目前仍在继续进行。

8）2015 年 11 月至今

2015 年 10 月 24 日（星期六），海外学者任伟（任伟系四川人，现已移民加拿大。1979～1990 年在现电子科技大学（原成都电讯工程学院）学习，获得应用数学学士、（电磁工程）硕士、博士学位，是谢处方、林为干的得意弟子，可以说是偏重于电磁理论的应用数学家；90 年代又在美国宾州州立大学物理学家 V.V.Varadan 门下获物理学博士，并曾在著名物理学家 A.N.Norris 门下做博士后工作，应该是偏重于电磁理论的物理学家；认识近十年，知道其一直致力于哲学研究，所以不知应该如何称谓，只得以海外学者尊称之）到家，送我其近作《数学化的场论——球面世界的哲学》，两人在没有干扰的情况下相处两天，主要是讨论一些学术观点，也谈到了合作的可能方式，应该是相谈甚欢。而后，花约半月拜读其大作（当然，有相当多的内容没有读懂，读懂的部分也并不完全赞同）。在这个过程中，突然产生了将这近十年在电磁理论方面的工作整理成书的强烈冲动（以前虽然也有整理成书的想法，但考虑任务的艰巨、经济的压力、工作并不完善以及出版事务的烦琐等，已基本放弃），哪怕是为了获得对该工作的支持，使研究工作能够继续进行。这应该是本书的由来吧。

3. 感谢

本书能够出版，需要感谢一批曾给予无私帮助、支持的前辈、老师、贵人、朋友、同学和亲人。

首先要感谢（原煤炭工业部哈尔滨煤矿机械研究所）李元吉教授、（大连理工大学）王希诚教授、隋允康教授、（哈尔滨工程大学）黄胜教授和（上海交通大学）杨本洛教授（按接触时间顺序）等前辈、老师，他们以高尚的人格、渊博的学识教会我如何做人、做事，使我逐渐进入学术研究的殿堂，不致在当今物欲横流的世界迷失方向。没有他们的谆谆教诲，是不可能有本书的出版面世的。感谢蒲长晏、李昇同学在经济上的大力支持和帮助，感谢他们愈 200 万元没有任何回报的无私支持。感谢樊琨、谭跃刚、吕尚宁、王平、梁文仲同学以及好友赖云霄、李正、任伟、朱建华、顾俊英、严东、刘长虹、陈琴珠、王运江等在精神上和一些具体事务上的帮助和鼓励。最后感谢夫人和孩子以及所有帮助和关心我的亲朋好友、领导同事对研究工作的长期支持和容忍。没有这些帮助、支持、鼓励和容忍，本人无论如何也不可能敢于向本书所涉及的庞大体系发起冲击，也就不会有本书的出版。

最后，需要说明的是本书是本人近十年研究电磁场数值计算的一个总结，属于一家之言，是研究笔记的汇总，虽经整理、修改，尽力使其符合“书”或“专著”的要求，但仍难脱去研究笔记的本色。同时，由于时间、精力的限制，很多问题并没有研究透彻，有的明确指出来了，也有遗漏的地方，当然还有能力所限根本没有想到的地方。总之不当之处甚至是错误在所难免，欢迎大家批评、讨论。如果本书对读者起到一点启发或者抛砖引玉的作用，那么本人这一年多的整理之苦就没有白费，对我就是极大的安慰。

作　者

于上海奉贤海湾棕榈滩家中

2015 年 12 月初稿，2017 年 1 月定稿